핵심 지적측량학

권기욱 · 김준현 지음

도서출판 동화기술

머리말

지적측량은 전국적으로 구성되어 있는 삼각점, 지적삼각점, 도근점 등 측량의 기준점을 기준하여 토지에 대한 권리관계를 밝히는 토지 경계를 획정하며, 정확한 국토기본자료를 얻기 위하여 지적공부에 등록하기 위한 목적으로 시행하는 측량을 말한다. 또한 지적측량의 범위도 일필지 경계로부터 상대적으로 지상 건축물의 위치와 지하시설물의 관계위치를 측량하여 공부에 등록하고 이를 다목적으로 활용하여야 한다. 따라서 지적측량은 토지등록의 기본단위인 일필지를 구획하고 경계를 설정하는 것을 말하며 필지의 경계를 정확히 설정해야 하기 때문에 첨단장비를 이용한 고도의 측량기술이 필요하다. 최근에는 기존의 2차원 기반의 지적정보구축 및 3차원 입체지적 정보구축에 있어서 위성측량기술 및 무인비행기를 활용한 측량기법을 많이 이용되고 있다.

또한, 현재 추진 중인 지적재조사는 토지의 실제 현황과 일치하지 아니하는 지적공부의 등록사항을 바로 잡고 종이에 구현된 지적을 디지털 지적으로 전환함으로써 국토를 효율적으로 관리함과 아울러 국민의 재산권 보호에 기여함을 목적으로 하고 있다.

본서의 구성은 총 12장으로 구성되어 있다. 제1장에서는 지적측량 개요, 경계의 설정기준, 지적측량의 구분, 지적측량좌표 원점 등의 지적측량에 관련된 기초적인 사항을 설명하였으며, 제2장에서는 거리측량 및 각측량, 제3장은 측량시 발생되는 오차처리에 관한 사항을 제4장에서 제6장까지는 기초측량인 지적삼각측량, 지적삼각보조측량, 지적도근측량의 기준 및 계산방법 등으로 구성되며, 제7장은 지적세부측량의 종류 및 방법 등으로 구성이 되어 있으며, 제8장은 수치지적측량 방법에 대하여, 제9장은 면적을 측정하여 계산하는 방법, 제10장은 지적제도, 제11장에서는 최근 그 사용빈도가 많아진 인공위성을 이용한 지적위성측량의 방법 및 관련규정 제12장은 지적재조사측량으로 구성하였다.

이 책은 지적측량의 연구나 실무에 다소나마 도움이 되었으면 하는 마음으로 만들고자 노력하였으나 부족하거나 미비한 점 등에 대해서 양해를 바라며, 책의 자료정리 및 편집, 교정을 도와주신 모든 분들과 출판을 맡아준 도서출판 동화기술에도 진심으로 감사를 드린다.

차례

제3장 오차론

제4장 지적삼각측량

제5장 지적삼각보조측량

제6장 지적도근측량

제7장 지적세부 측량

제8장 수치지적측량

제9장 면적측정

제10장 지적제도

제11장 지적위성측량

제12장 지적재조사측량

제13장 부록 474

01

지적측량 총론

1.1 지적측량 개요

1.1.1 지적측량의 정의

지적측량은 전국적으로 구성되어 있는 삼각점, 지적삼각점, 도근점 등 측량의 기준점을 기준하여, 토지에 대한 권리관계를 밝히는 토지 경계를 획정하며 정확한 국토기본자료를 얻기 위하여 지적공부에 등록하기 위한 목적으로 시행하는 측량을 말한다.

따라서 지적측량은 토지등록의 기본단위인 일필지를 구획하고 경계를 설정하는 것을 말한다. 필지의 경계를 정확히 설정해야 하기 때문에 지적측량은 고도의 기술이 필요하다.

지적측량은 지적제도(또는 토지등록)의 필수적인 방법으로 구체적으로 다음과 같은 사항을 보조하는 역할을 갖고 있다.

① 토지경계를 획정하기 위하여 필요한 정보의 수집
② 경계 내의 정보의 분석
③ 지상에 토지의 경계를 설정하고 이를 보호
④ 토지경계를 도해나 좌표로 등록
⑤ 경계선 내의 정보를 보존 및 관리
⑥ 토지경계 변동의 이동정리
⑦ 토지 일필지별 정보를 토지행정의 기초 자료로 제공
⑧ 토지경계를 법률적으로 보장

위의 역할 중 앞의 3가지는 지적측량의 업무에 속하며, ⑤부터 ⑧까지는 소관청에서 수행한다. 지적측량의 가장 중요한 기능은 첫째, 각 필지의 위치·경계·면적을 정해주고, 지적도상에 나타난 일필지의 경계와 현지와의 동일성을 나타내주는 것이다. 둘째, 토지관리에 필요한 전반적인 정보를 만족시켜 주기 위해서 다목적지적을 위한 정보를 제공한다는 것이다.

구체적으로 지적측량(cadastral surveying)은 토지의 등록을 목적으로 국토의 기본자료를 효율적으로 관리하기 위하여 토지의 소재, 지번, 지목, 면적, 경계 및 위치와 소유자 등 토지에 관한 필요한 정보의 수집과 물권이 미치는 한계를 밝히는 측량을 말하며, 엄격한 규범 속에서 국가가 시행하는 행정처분에 속하는 귀속측량이다.

1.1.2 지적측량의 목적

지적측량은 측지측량과는 다른 형태의 특수 측량분야로서 특별한 목적을 가지고 있다. 이 특별한 목적은 전체적인 토지의 형태보다는 법률적인 토지단위인 일필지의 경계와 토지소유권의 한계 등을 정확하게 규명하여 나타내는 기술적 요소로서 토지이용의 증대로 모든 국가의 지적측량이 다목적 기본 자료를 제공할 수 있는 측량으로 확대되고 있다.

지적관리에 필요한 모든 정보가 시대적 상황에 따라 변모함에 따라 지적측량도 변하여 왔다. 나폴레옹의 토지개혁 당시의 세지적에서는 토지의 면적을 측정하여 결정하는 것에 비중을 두었으며, 그 후 산업의 발달과 더불어 토지세의 의존에서 탈피하여 소유권의 보호측면에서 필요한 토지의 경계와 위치를 중요시하는 법적 효력을 갖는 지적측량의 성격을 강하게 지니는 법지적의 특징으로 나타나게 되었고, 2차 대전 이후 토지가 산업발전의 근간이 되면서 산업입지정책에 따라서 생활환경의 조성과 거주지환경조성 등 국토를 효율적으로 이용하기 위한 계획적인 활용성과 통제기능을 요구하게 되었다.

따라서 각국의 지적측량의 범위를 일필지 경계로부터 상대적으로 지상 건축물의 위치와 지하시설물의 관계위치를 측량하여 공부에 등록하고 이를 다목적으로 활용하도록 하고 있다. 따라서 지적측량은 공・사유재산의 경계를 확정하는 목적과 경계선 안에서의 모든 법률관계를 규명할 수 있어야 하기 때문에 다음 사항을 포괄해야 할 것이다.

① 공개념이 강한 지역에 있어서의 토지구획선을 정형화하여 토지경계의 관리와 소유권 관계를 명확히 하는 기능을 가지며,

② 소유한계를 나타내는 소유경계선(담장, 울타리 등)과 자연경계선(둑, 구거, 절벽 등)이 경계를 나타내는 자료는 되지만 경계표지의 설치를 의무화하여 경계보존과 복구의 기능이 신속 확실하여야 하고,

③ 토지의 모든 정보는 지적측량으로 확정된 필지별로 토지관리에 필요한 제반 기초사항과 권리관계 및 관련정보를 나타낼 수 있어야 하며,

④ 동일한 토지가 축척이 다른 형태로 존재하더라도 지상의 경계에 영향을 주지 않도록 수치적 방법에 의한 경계점의 보존관리의 기능을 가지고,

⑤ 일필지 내의 건축물이나 지하시설물 등의 상호관계를 나타낼 수 있어야 한다.

그러므로 지적측량의 특성은 토지의 효율적인 관리와 소유권의 보호에 기여할 수 있는 일필지의 토지경계를 결정하여 관리함에 있어서 등록되거나 보관된 자료를 토지이동에 따라 변동된 모든 사항을 신속하게 정리・보존하고, 특히 등록된 자료에 대한 지상의 복원능력이 지적측량의 기술적 특성의 생명이라 할 수 있다.

따라서 지적측량의 목적은 ① 토지를 지적공부에 등록하는 경우와 ② 지적공부에 등록된 경계점을 지상에 복원하기 위하여 필지의 경계 또는 좌표와 면적을 정하는 측량으로

구분할 수 있다.

결과적으로 지적측량은 물권을 확정하여 지적공부에 공시하고, 공시된 물권을 현지에 확인함으로써 관념적인 소유권을 실체적으로 특정하여 물권의 소재를 명확히 하는데 그 목적이 있다.

1.1.3 지적측량의 성격

지적측량의 성격을 비교적 명확하게 알 수 있는 것은 측량법에 규정하고 있는 일반측량의 특성을 비교해봄으로써 구체적으로 알 수 있다.

지적측량은 토지를 지적공부에 등록을 하기 위하여 하는 측량이므로 일반측량과는 다른 특징을 가지고 있다. 즉, 지적측량은 토지표시사항 중 경계와 면적을 평면으로 측정하는 측량이다. 따라서 측량방법은 법률로써 정하고, 법률로 정하여진 규정에 따라 하여야 하므로 귀속측량이라고 하는 한편, 토지에 대한 물권이 미치는 범위, 위치, 양을 결정하고 보장하는 측량이므로 사법측량이라고도 한다. 이에 반하여 일반측량, 이를 테면 토목측량, 측지측량은 각종 공사를 목적으로 하므로 그 공사의 시공과 완성을 지원하는 위치에서 실시하는 측량으로 토지의 지표상의 형태를 존재하는 모습 그대로 측량하여 현황을 파악하는 방식이다. 따라서 공작물과 지형현황을 파악하는 역할을 하는 단위공사의 부분적인 기능을 담당한다.

지적측량의 성과는 지적공부에 등록·공시되므로 영구적으로 보존활용이 되고, 아무리 새로운 기술이 개발되더라도 법률로 정한 내용과 다른 방법으로는 측량성과를 결정할 수 없는 반면에, 일반측량은 공사의 목적에 따라 각종의 측량방법을 동원할 수 있고 공사가 완료되면 그 측량성과는 보존의 의미가 없을 뿐더러 그 활용도 공사시공의 관계자에게만 제공이 된다. 즉, 측량성과의 활용에 있어서 지적측량은 대중성이 있으나 일반측량은 대중성이 없다는 뜻이다. 지적측량이 법률로서 규정된 절차와 방법으로 하여야만 하는 이유도 시기적으로 아무리 오래되었다 하더라도 물권공시의 안전을 위하여 측량성과의 효력이 유지되어야 하기 때문이다.

지적측량은 토지를 필지별로 지적공부에 등록함으로써 공공성과 공익성을 추구하는 공공행정의 일부에 속한다고 할 수 있으므로 일관성 있는 행정을 수행하기 위해 행정주체인 국가는 지적측량성과를 등록하여 영구적으로 구애받지 않고, 계속적인 효력을 발생할 수 있어야 한다.

따라서, 토지등록제도의 안정성 확보를 위해 지적측량의 방법과 절차에도 엄격한 법률적 규제가 수반되어 아무리 개선된 기술과 첨단의 장비에 의한 측량이라 할지라도 그것이 법령에 규정된 지적측량방법과 절차를 무시한 경우에는 그 측량 자체로서는 가치 있는 것이 될지는 모르나 지적측량으로서는 무의미한 것이 된다. 즉, 지적측량은 그 체계의 균형을 지속하기 위해서 법령으로 규제된 방법과 절차를 고수해야 하는 귀속측량이라고 할 수 있고, 또 토지에 대한 물권이 미치는 범위인 일필지의 경계를 확정한다는 의미에서 사법측량이라고도 한다.

또한 기술적 측면에서 지적측량은 경계복원능력을 가지며, 경계복원은 국가의 공적기록인 지적공부에 의해서만 가능하게 된다.

하지만, 지적측량과 일반측량의 측량방법이 부분적으로 동일하긴 하나 지적측량이 토지의 정확한 경계설정과 토지소유권 범위의 명확한 표시를 공부에 등록하는 것을 주목적으로 하므로 토지 형태를 있는 그대로 측정하는 일반측량의 결과로서는 지적측량의 복합적 효과를 거둘 수 없을 뿐만 아니라 일반측량의 성과를 지적측량의 성과로 대체할 수도 없다.

표 1-1은 지적측량과 일반측량의 특성을 위에서 설명한 내용을 항목별로 비교한 것이다.

표 1-1. 지적측량과 일반측량의 특성 비교

구분 항목	지 적 측 량	일 반 측 량
목적	• 토지에 대한 물권이 미치는 범위와 면적 등을 확정 · 공시하기 위한 사법적 측량	• 건설공사의 시행을 위하여 각종 공작물의 형태 및 지형 등을 나타내기 위한 측량
이익 관계상	• 토지소유자의 입장에 서서 토지소유자를 대신하여 하는 측량	• 기업가의 입장에서 하는 측량
담당기관	• 시 · 도(건설도시국 지적과) • 시 · 군 · 구(지적과 · 민원과)	• 국토교통부(국토지리정보원)
측량기관	• 국가(국토정보공사, 지적측량업등록업자)	• 측량업등록자(자유업)
측량종목	• 신규등록, 토지분할, 경계복원, 현황측량 등	• 공공측량 및 일반측량
측량방법	• 경위의측량, 전파 · 광파기 측량, 사진측량, 위성측량 등	• 규정사항 없음 (모든 측량방법 적용 가능)
측량성과 검사	• 국가기관(소관청) • 시 · 도(지적삼각측량, 경위의측량방법으로 실시한 지적확정측량) • 시 · 군 · 구(지적측량기준점성과 및 지적공부 정리를 하는 세부측량)	• 없음
측량성과의 보존	• 영구보존	• 건설공사 준공 시 보존불필요
오류측량에 대한 책임	• 1차 : 지적측량을 한 국토정보공사 및 지적측량업자(수행자) • 2차 : 국가(소관청)	• 측량자

※ 지적소관청 : 지적공부를 관리하는 특별자치시장, 시장(「제주특별자치도 설치 및 국제자유도시 조성을 위한 특별법」 제10조 제2항에 따른 행정시의 시장을 포함하며, 「지방자치법」 제3조 제3항에 따라 자치구가 아닌 구를 두는 시의 시장은 제외한다) · 군수 또는 구청장(자치구가 아닌 구의 구청장을 포함한다)을 말한다.

1.1.4 공간정보의 구축 및 관리 등에 관한 법률 규정

제1조(목적) 이 법은 측량의 기준 및 절차와 지적공부(地籍公簿)·부동산종합공부(不動産綜合公簿)의 작성 및 관리 등에 관한 사항을 규정함으로써 국토의 효율적 관리 및 국민의 소유권 보호에 기여함을 목적으로 한다.

제2조(정의) 이 법에서 사용하는 용어의 뜻은 다음과 같다.

1. "측량"이란 공간상에 존재하는 일정한 점들의 위치를 측정하고 그 특성을 조사하여 도면 및 수치로 표현하거나 도면상의 위치를 현지(現地)에 재현하는 것을 말하며, 측량용 사진의 촬영, 지도의 제작 및 각종 건설사업에서 요구하는 도면작성 등을 포함한다.
2. "기본측량"이란 모든 측량의 기초가 되는 공간정보를 제공하기 위하여 국토교통부장관이 실시하는 측량을 말한다.
3. "공공측량"이란 다음 각 목의 측량을 말한다.
   가. 국가, 지방자치단체, 그 밖에 대통령령으로 정하는 기관이 관계 법령에 따른 사업 등을 시행하기 위하여 기본측량을 기초로 실시하는 측량
   나. 가목 외의 자가 시행하는 측량 중 공공의 이해 또는 안전과 밀접한 관련이 있는 측량으로서 대통령령으로 정하는 측량
4. "지적측량"이란 토지를 지적공부에 등록하거나 지적공부에 등록된 경계점을 지상에 복원하기 위하여 제21호에 따른 필지의 경계 또는 좌표와 면적을 정하는 측량을 말하며, 지적확정측량 및 지적재조사측량을 포함한다.

4의2. "지적확정측량"이란 제86조 제1항에 따른 사업이 끝나 토지의 표시를 새로 정하기 위하여 실시하는 지적측량을 말한다.

4의3. "지적재조사측량"이란 「지적재조사에 관한 특별법」에 따른 지적재조사사업에 따라 토지의 표시를 새로 정하기 위하여 실시하는 지적측량을 말한다.

6. "일반측량"이란 기본측량, 공공측량 및 지적측량 외의 측량을 말한다.
7. "측량기준점"이란 측량의 정확도를 확보하고 효율성을 높이기 위하여 특정 지점을 제6조에 따른 측량기준에 따라 측정하고 좌표 등으로 표시하여 측량 시에 기준으로 사용되는 점을 말한다.
8. "측량성과"란 측량을 통하여 얻은 최종 결과를 말한다.
9. "측량기록"이란 측량성과를 얻을 때까지의 측량에 관한 작업의 기록을 말한다.
10. "지도"란 측량 결과에 따라 공간상의 위치와 지형 및 지명 등 여러 공간정보를 일정한 축척에 따라 기호나 문자 등으로 표시한 것을 말하며, 정보처리시스템을 이용하여 분석, 편집 및 입력·출력할 수 있도록 제작된 수치지형도[항공기나 인공위성 등을 통하여 얻은 영상정보를 이용하여 제작하는 정사영상지도(正射映像地圖)를 포함한다]

와 이를 이용하여 특정한 주제에 관하여 제작된 지하시설물도·토지이용현황도 등 대통령령으로 정하는 수치주제도(數値主題圖)를 포함한다.

18. “지적소관청”이란 지적공부를 관리하는 특별자치시장, 시장(「제주특별자치도 설치 및 국제자유도시 조성을 위한 특별법」 제10조 제2항에 따른 행정시의 시장을 포함하며, 「지방자치법」 제3조 제3항에 따라 자치구가 아닌 구를 두는 시의 시장은 제외한다) ·군수 또는 구청장(자치구가 아닌 구의 구청장을 포함한다)을 말한다.
19. “지적공부”란 토지대장, 임야대장, 공유지연명부, 대지권등록부, 지적도, 임야도 및 경계점좌표등록부 등 지적측량 등을 통하여 조사된 토지의 표시와 해당 토지의 소유자 등을 기록한 대장 및 도면(정보처리시스템을 통하여 기록·저장된 것을 포함한다)을 말한다.

19의2. “연속지적도”란 지적측량을 하지 아니하고 전산화된 지적도 및 임야도 파일을 이용하여, 도면상 경계점들을 연결하여 작성한 도면으로서 측량에 활용할 수 없는 도면을 말한다.

19의3. “부동산종합공부”란 토지의 표시와 소유자에 관한 사항, 건축물의 표시와 소유자에 관한 사항, 토지의 이용 및 규제에 관한 사항, 부동산의 가격에 관한 사항 등 부동산에 관한 종합정보를 정보관리체계를 통하여 기록·저장한 것을 말한다.

20. “토지의 표시”란 지적공부에 토지의 소재·지번(地番)·지목(地目)·면적·경계 또는 좌표를 등록한 것을 말한다.
21. “필지”란 대통령령으로 정하는 바에 따라 구획되는 토지의 등록단위를 말한다.

※ 공간정보 구축 및 관리 등에 관한 법률 시행령

제5조(1필지로 정할 수 있는 기준)

① 법 제2조 제21호에 따라 지번부여지역의 토지로서 소유자와 용도가 같고 지반이 연속된 토지는 1필지로 할 수 있다.

② 제1항에도 불구하고 다음 각 호의 어느 하나에 해당하는 토지는 주된 용도의 토지에 편입하여 1필지로 할 수 있다. 다만, 종된 용도의 토지의 지목(地目)이 “대”(垈)인 경우와 종된 용도의 토지 면적이 주된 용도의 토지 면적의 10퍼센트를 초과하거나 330제곱미터를 초과하는 경우에는 그러하지 아니하다.

1. 주된 용도의 토지의 편의를 위하여 설치된 도로·구거(溝渠 : 도랑) 등의 부지
2. 주된 용도의 토지에 접속되거나 주된 용도의 토지로 둘러싸인 토지로서 다른 용도로 사용되고 있는 토지

22. “지번”이란 필지에 부여하여 지적공부에 등록한 번호를 말한다.
23. “지번부여지역”이란 지번을 부여하는 단위지역으로서 동·리 또는 이에 준하는 지역을 말한다.

24. “지목”이란 토지의 주된 용도에 따라 토지의 종류를 구분하여 지적공부에 등록한 것을 말한다.
25. “경계점”이란 필지를 구획하는 선의 굴곡점으로서 지적도나 임야도에 도해(圖解) 형태로 등록하거나 경계점좌표등록부에 좌표 형태로 등록하는 점을 말한다.
26. “경계”란 필지별로 경계점들을 직선으로 연결하여 지적공부에 등록한 선을 말한다.
27. “면적”이란 지적공부에 등록한 필지의 수평면상 넓이를 말한다.
28. “토지의 이동(異動)”이란 토지의 표시를 새로 정하거나 변경 또는 말소하는 것을 말한다.
29. “신규등록”이란 새로 조성된 토지와 지적공부에 등록되어 있지 아니한 토지를 지적공부에 등록하는 것을 말한다.
30. “등록전환”이란 임야대장 및 임야도에 등록된 토지를 토지대장 및 지적도에 옮겨 등록하는 것을 말한다.
31. “분할”이란 지적공부에 등록된 1필지를 2필지 이상으로 나누어 등록하는 것을 말한다.
32. “합병”이란 지적공부에 등록된 2필지 이상을 1필지로 합하여 등록하는 것을 말한다.
33. “지목변경”이란 지적공부에 등록된 지목을 다른 지목으로 바꾸어 등록하는 것을 말한다.
34. “축척변경”이란 지적도에 등록된 경계점의 정밀도를 높이기 위하여 작은 축척을 큰 축척으로 변경하여 등록하는 것을 말한다.

제6조(측량기준) ① 측량의 기준은 다음 각 호와 같다.

1. 위치는 세계측지계(世界測地系)에 따라 측정한 지리학적 경위도와 높이(평균해수면으로부터의 높이를 말한다. 이하 이 항에서 같다)로 표시한다. 다만, 지도 제작 등을 위하여 필요한 경우에는 직각좌표와 높이, 극좌표와 높이, 지구중심 직교좌표 및 그 밖의 다른 좌표로 표시할 수 있다.
2. 측량의 원점은 대한민국 경위도원점(經緯度原點) 및 수준원점(水準原點)으로 한다. 다만, 섬 등 대통령령으로 정하는 지역에 대하여는 국토교통부장관이 따로 정하여 고시하는 원점을 사용할 수 있다.

③ 제1항에 따른 세계측지계, 측량의 원점 값의 결정 및 직각좌표의 기준 등에 필요한 사항은 대통령령으로 정한다.

※ 공간정보 구축 및 관리 등에 관한 법률 시행령

제7조(세계측지계 등) ① 법 제6조 제1항에 따른 세계측지계(世界測地系)는 지구를 편평한 회전타원체로 상정하여 실시하는 위치측정의 기준으로서 다음 각 호의 요건을 갖춘 것을 말한다.

1. 회전타원체의 장반경(張半徑) 및 편평률(扁平率)은 다음 각 목과 같을 것

가. 장반경 : 6,378,137미터
나. 편평률 : 298.257222101분의 1
2. 회전타원체의 중심이 지구의 질량중심과 일치할 것
3. 회전타원체의 단축(短軸)이 지구의 자전축과 일치할 것

② 법 제6조 제1항에 따른 대한민국 경위도원점(經緯度原點) 및 수준원점(水準原點)의 지점과 그 수치는 다음 각 호와 같다.

1. 대한민국 경위도원점
가. 지점 : 경기도 수원시 영통구 월드컵로 92(국토지리정보원에 있는 대한민국 경위도원점 금속표의 십자선 교점)
나. 수치
1) 경도 : 동경 127도 03분 14.8913초
2) 위도 : 북위 37도 16분 33.3659초
3) 원방위각 : 165도 03분 44.538초(원점으로부터 진북을 기준으로 오른쪽 방향으로 측정한 우주측지관측센터에 있는 위성기준점 안테나 참조점 중앙)
2. 대한민국 수준원점
가. 지점 : 인천광역시 남구 인하로 100(인하공업전문대학에 있는 원점표석 수정판의 영눈금선 중앙점
나. 수치 : 인천만 평균해수면상의 높이로부터 26.6871미터 높이

제7조(측량기준점) ① 측량기준점은 다음 각 호의 구분에 따른다.

1. 국가기준점 : 측량의 정확도를 확보하고 효율성을 높이기 위하여 국토교통부장관이 전 국토를 대상으로 주요 지점마다 정한 측량의 기본이 되는 측량기준점
2. 공공기준점 : 제17조 제2항에 따른 공공측량시행자가 공공측량을 정확하고 효율적으로 시행하기 위하여 국가기준점을 기준으로 하여 따로 정하는 측량기준점
3. 지적기준점 : 특별시장 · 광역시장 · 도지사 또는 특별자치도지사(이하 "시 · 도지사"라 한다)나 지적소관청이 지적측량을 정확하고 효율적으로 시행하기 위하여 국가기준점을 기준으로 하여 따로 정하는 측량기준점

※ 공간정보 구축 및 관리 등에 관한 법률 시행령

제8조(측량기준점의 구분) ① 법 제7조 제1항에 따른 측량기준점은 다음 각 호의 구분에 따른다.

1. 국가기준점
가. 우주측지기준점 : 국가측지기준계를 정립하기 위하여 전 세계 초장거리간섭계와 연결하여 정한 기준점
나. 위성기준점 : 지리학적 경위도, 직각좌표 및 지구중심 직교좌표의 측정 기준으로 사용하기 위하여 대한민국 경위도원점을 기초로 정한 기준점
다. 수준점 : 높이 측정의 기준으로 사용하기 위하여 대한민국 수준원점을 기초로 정한 기준점

라. 중력점 : 중력 측정의 기준으로 사용하기 위하여 정한 기준점
마. 통합기준점 : 지리학적 경위도, 직각좌표, 지구중심 직교좌표, 높이 및 중력 측정의 기준으로 사용하기 위하여 위성기준점, 수준점 및 중력점을 기초로 정한 기준점
바. 삼각점 : 지리학적 경위도, 직각좌표 및 지구중심 직교좌표 측정의 기준으로 사용하기 위하여 위성기준점 및 통합기준점을 기초로 정한 기준점
사. 지자기점(地磁氣點) : 지구자기 측정의 기준으로 사용하기 위하여 정한 기준점
2. 공공기준점
가. 공공삼각점 : 공공측량 시 수평위치의 기준으로 사용하기 위하여 국가기준점을 기초로 하여 정한 기준점
나. 공공수준점 : 공공측량 시 높이의 기준으로 사용하기 위하여 국가기준점을 기초로 하여 정한 기준점
3. 지적기준점
가. 지적삼각점(地籍三角點) : 지적측량 시 수평위치 측량의 기준으로 사용하기 위하여 국가기준점을 기준으로 하여 정한 기준점
나. 지적삼각보조점 : 지적측량 시 수평위치 측량의 기준으로 사용하기 위하여 국가기준점과 지적삼각점을 기준으로 하여 정한 기준점
다. 지적도근점(地籍圖根點) : 지적측량 시 필지에 대한 수평위치 측량 기준으로 사용하기 위하여 국가기준점, 지적삼각점, 지적삼각보조점 및 다른 지적도근점을 기초로 하여 정한 기준점
② 제1항에 따른 각 기준점은 필요에 따라 등급을 구분할 수 있다.

1.1.5 지적측량의 효과

정부는 국토 전반에 대한 토지관련 자료를 다목적으로 이용하기 위하여 지적제도를 창설 운영할 필요가 있으며, 지적제도는 지적측량을 기초수단으로 하여 이루어진다.

지적측량으로 구해진 일필지의 위치 · 경계 · 면적 등은 토지에 관한 가장 기본적인 자료이기 때문에 이를 공적기록장부인 지적공부에 등록 · 공시함으로써 국가정책의 계획, 실행, 진행 등에 효율적으로 활용할 수 있게 되고, 일반사회의 분야에서도 이용 가능한 필지 정보에 대한 지식을 통하여 많은 직접적 이익을 얻게 된다.

따라서 지적측량의 효과는 「일필지정보가 등록된 지적공부를 어디에 어떻게 활용할 수 있는가?」하는 것으로 분석될 수 있고, 그 구체적인 내용을 살펴보면 다음과 같다.

① 사회복지사업 또는 지역사회 공익사업 등의 계획 및 분배에서 수혜자를 찾을 때 지적공부가 유용하게 이용될 수 있다. 즉, 지적공부는 소유자와 연결되어 있고, 필지와 소유자를 연관시키는 수단으로는 필지의 지리적 위치와 토지소재를 첨가하고 있기 때문이다.

② 토지이용규제 등을 할 때 지적공부에 등록된 정보를 이용할 수 있다. 즉, 토지처분은 소유자의 의사에 달려있지만 지적에서는 소유자명을 필지별로 연관시키고 있으므로 이러한 정보를 토지이용규제를 관장하는 기관에서 이용할 수 있다.

③ 도시개발사업, 농어촌정비사업, 택지 및 산업단지 조성사업 등의 계획이 지적도상에서 가능하여 사업계획을 위한 측량을 생략할 수 있으므로 시간과 경비가 절감되고, 정밀도가 높은 지적도는 정확한 계획과 시공을 가능하게 한다.
특히, 농지 및 택지의 도시개발사업을 시행하는 경우에는 지적공부에 의해 용지계획을 합리적으로 수행할 수 있다.

④ 농・임업의 경영에 있어서는 지적공부에 의해 정확한 경계와 면적 등을 알 수 있으므로 수익이나 소요자재 등의 보다 정확한 계산이 가능하고, 협업을 하는 경우에도 수익의 배분, 비용의 분담을 합리적으로 할 수 있다.

⑤ 기타 토지행정, 조세행정, 등기, 통계, 국・공유지관리 등의 활동에 직접적으로 이용된다.

1.1.6 지적측량의 법률적 효력

지적측량은 행정주체인 국가가 법 아래서 구체적인 사실에 관한 법의 집행으로서 행하는 공법행위 중 권력적・단독적 행위인 행정처분이라 할 수 있다. 따라서 지적측량에는 일반적으로 행정처분이 성립될 때 발생하는 구속력, 공정력, 확정력, 강제력 등이 발생하는 것이다.

1) 구속력

지적측량의 내용에 대해 소관청(국가) 자신이나 소유자 및 관계인에게 발생하는 효력을 말하며, 지적측량을 한 경우에 소관청이나 소유자는 지적측량결과에 대해 그것이 유효하게 존재하는 한 그것을 존중하고 또 그에 복종해야 하는 것이지 결코 정당한 절차 없이 그 존재를 부정하거나 그 효력을 기피할 수 없는 것이다. 만약, 소관청이 자기가 행한 지적측량에 명백한 하자를 인정한 경우라도 이를 취소하는 절차를 밟기 전에는 이미 발생한 구속력은 그대로 존속하며, 특별한 경우로 법령에 따라 그 효력발생이 불확정 형태에 있는 경우를 제외하고는 모든 지적측량은 완료와 동시에 구속력이 발생된다.

2) 공정력

지적측량이 유효하게 성립하기 위한 요건을 갖추지 못하여 하자가 있다고 인정될 때라도 절대무효인 경우를 제외하고는 소관청, 감독청, 법원 등의 권한 있는 기관에 의하여

쟁송 또는 직권으로 그 내용을 취소할 때까지는 그 행위는 적법한 추정을 받고 누구라도 그 효력을 부인하지 못하는 효력을 말하며, 이 경우 공정력은 당사자, 소관청뿐만 아니라 국가기관과 제3자에 대해서도 그 효력을 발생한다.

3) 확정력

확정력이란, 일단 유효하게 성립된 지적측량에 대해서는 일정한 기간을 경과한 뒤에 그 상대방이나 기타 이해관계인이 그 효력을 다툴 수 없을 뿐 아니라 소관청자체도 특별한 사유가 있는 경우를 제외하고는 그 성과를 변경할 수 없는 효력을 말하며, 그 행위의 효력을 다툴 수 없는 불가쟁력은 행정쟁송절차상의 심급제도와 관련된 아래 쟁송수단이 인정되고 있는가 여부에 따라 출허기간을 초과하였거나 소정의 심급이 완료된 때 또는 그 처분의 성립시에 각각 발생되고, 불가변력은 측량의 성립과 동시에 발생한다.

4) 강제력

행정청 자체의 자격으로 집행할 수 있는 강력한 효력이란 뜻에서 집행력 또는 제재력이라고도 하며, 사법행위의 내용실현이 사법권의 힘을 빌리지 않으면 안 된다는 의미와는 근본적으로 다르다.

물론, 지적측량의 내용에 대해서 이의가 있을 때에는 절차를 밟아서 그 내용을 변경할 수 있는 제도가 보장되고 있지만 어떻든 적법한 변경이 성립할 때까지는 그 집행을 중단할 수 없는 것이다.

※ 공간정보의 구축 및 관리 등에 관한 법률

제29조(지적측량의 적부심사 등) ① 토지소유자, 이해관계인 또는 지적측량수행자는 지적측량성과에 대하여 다툼이 있는 경우에는 대통령령으로 정하는 바에 따라 관할 시·도지사를 거쳐 지방지적위원회에 지적측량 적부심사를 청구할 수 있다.

② 제1항에 따른 지적측량 적부심사청구를 받은 시·도지사는 30일 이내에 다음 각 호의 사항을 조사하여 지방지적위원회에 회부하여야 한다.

1. 다툼이 되는 지적측량의 경위 및 그 성과
2. 해당 토지에 대한 토지이동 및 소유권 변동 연혁
3. 해당 토지 주변의 측량기준점, 경계, 주요 구조물 등 현황 실측도

③ 제2항에 따라 지적측량 적부심사청구를 회부받은 지방지적위원회는 그 심사청구를 회부받은 날부터 60일 이내에 심의·의결하여야 한다. 다만, 부득이한 경우에는 그 심의기간을 해당 지적위원회의 의결을 거쳐 30일 이내에서 한 번만 연장할 수 있다.

④ 지방지적위원회는 지적측량 적부심사를 의결하였으면 대통령령으로 정하는 바에 따라 의결서를 작성하여 시・도지사에게 송부하여야 한다.
⑤ 시・도지사는 제4항에 따라 의결서를 받은 날부터 7일 이내에 지적측량 적부심사 청구인 및 이해관계인에게 그 의결서를 통지하여야 한다.
⑥ 제5항에 따라 의결서를 받은 자가 지방지적위원회의 의결에 불복하는 경우에는 그 의결서를 받은 날부터 90일 이내에 국토교통부장관을 거쳐 중앙지적위원회에 재심사를 청구할 수 있다.
⑦ 제6항에 따른 재심사청구에 관하여는 제2항부터 제5항까지의 규정을 준용한다. 이 경우 "시・도지사"는 "국토교통부장관"으로, "지방지적위원회"는 "중앙지적위원회"로 본다.
⑧ 제7항에 따라 중앙지적위원회로부터 의결서를 받은 국토교통부장관은 그 의결서를 관할 시・도지사에게 송부하여야 한다.
⑨ 시・도지사는 제4항에 따라 지방지적위원회의 의결서를 받은 후 해당 지적측량 적부심사 청구인 및 이해관계인이 제6항에 따른 기간에 재심사를 청구하지 아니하면 그 의결서 사본을 지적소관청에 보내야 하며, 제8항에 따라 중앙지적위원회의 의결서를 받은 경우에는 그 의결서 사본에 제4항에 따라 받은 지방지적위원회의 의결서 사본을 첨부하여 지적소관청에 보내야 한다.
⑩ 제9항에 따라 지방지적위원회 또는 중앙지적위원회의 의결서 사본을 받은 지적소관청은 그 내용에 따라 지적공부의 등록사항을 정정하거나 측량성과를 수정하여야 한다.
⑪ 제9항 및 제10항에도 불구하고 특별자치시장은 제4항에 따라 지방지적위원회의 의결서를 받은 후 해당 지적측량 적부심사 청구인 및 이해관계인이 제6항에 따른 기간에 재심사를 청구하지 아니하거나 제8항에 따라 중앙지적위원회의 의결서를 받은 경우에는 직접 그 내용에 따라 지적공부의 등록사항을 정정하거나 측량성과를 수정하여야 한다.
⑫ 지방지적위원회의 의결이 있은 후 제6항에 따른 기간에 재심사를 청구하지 아니하거나 중앙지적위원회의 의결이 있는 경우에는 해당 지적측량성과에 대하여 다시 지적측량 적부심사청구를 할 수 없다.

1.1.7 지적측량의 대상

지적공부에 등록할 경계의 설정과 복원을 통한 모든 측량 및 경계에 관련하여 관계위치를 밝히는 모든 측량은 지적측량의 대상이 된다. 지적측량은 일필지를 만들어 내거나 일필지의 경계 내에서 어떤 결과적인 변화를 수행한다고 할 수 있으며, 그 내용은 일필지의 경계확정을 위한 정보의 수집, 수집된 정보의 분석, 일필지의 경계확정, 경계의 등록, 경계선 정보의 보존, 정보의 공급 등의 일련의 작업을 통합・운영하게 된다.

지적기술자는 필요한 정보를 수집하고, 수집된 정보를 사회・환경적, 법률적 증거에 토대를 두고 분석하여 일필지의 경계를 확정하는 역할을 담당하게 되며, 국가는 그 등록을 주관하고 공부의 비치・보존을 담당함으로써 장차 필지의 경계를 재확정하기 위한 기초정보를 제공한다.

지적측량은 토지에 관하여 지형, 지물과 같은 자연적인 것보다도 경계, 지목, 소유자 등과 같은 인위적인 내용을 주로 하여 작업하게 되는 것으로 그 방법에 있어서는 어떤 절차에 따라서 측량을 하는지는 각국의 지적법령에 의해서 결정된다고 할 수 있다.

우리나라 현행법에서는 지적소관청이 직권 또는 소유자 및 이해관계인의 신청에 의해 지적측량을 하는 대상을 법률로서 다음과 같이 그 범위를 규정하고 있다.

① 멸실된 지적공부를 복구할 때
② 지적공부에 새로이 등록(신규등록)할 토지가 생긴 때
③ 임야대장에 등록된 토지를 토지대장에 옮겨(등록전환) 등록할 때
④ 1필지의 토지를 2필지 이상으로 분할할 때
⑤ 바다로 된 토지를 등록 말소할 때
⑥ 지적도 또는 임야도의 축척을 변경할 때
⑦ 도시개발사업, 농어촌정비사업, 주택건설사업, 택지개발사업, 산업단지조성사업, 도시 및 주거환경 정비법에 의한 정비사업, 지역균형개발 및 지방중소기업 육성에 관한 법률에 의한 지역개발 사업, 토지개발 등의 사업시행으로 인하여 토지의 이동이 있을 때
⑧ 지적측량기준점의 표석 또는 표지를 설치할 때
⑨ 지적공부의 등록사항을 정정하기 위하여 필요할 때
⑩ 토지의 경계를 좌표로 등록할 때
⑪ 소관청이 측량수행자가 행한 지적측량의 성과를 검사할 때
⑫ 지적공부에 등록된 경계를 지표상에 복원할 때
⑬ 지상구조물 또는 지형·지물이 점유하는 위치형상을 지적도 또는 임야도에 등록된 경계와 대비하여 표시하는 데 필요할 때

토지표시사항 중 경계의 설정과 변경을 하는 토지이동과 이에 따르는 기준점측량, 경계의 복원, 지적측량의 검사, 경계와의 관계위치를 설정하기 위한 측량들을 지적측량의 대상으로 하고 있다.

1.2 지적측량 좌표의 원점

지적측량에 사용하는 좌표의 원점은 통일원점, 구소삼각측량원점, 특별소삼각측량원점으로 구획되어 있으며, 앞으로 세계측지계로 전환하기 위해서는 모든 원점을 통일원점으로 통합하여야 한다. 지적측량에서 주로 사용되고 있는 것은 통일원점과 일부지역의 구소삼각원점이다.

1.2.1 통일원점

지적측량의 기준이 되는 원점으로 일명 경위도 원점이라 하며 실제로 존재하는 원점이 아니라 가상원점으로서 지적도나 임야도의 도곽구획의 기준이 된다. 우리나라의 삼각점에서 수평위치에 표시에 이용하고 있는 평면직각 종횡선 좌표는 1841년 발표된 벳셀값을 이용한 측지원점의 설치와 그것을 가우스 상사 이중투영의 방법에 의하여 계산된 좌표이다. 조선총독부의 토지 조사령에 의거 실시한 토지조사사업에 의하여 설정된 원점이다.

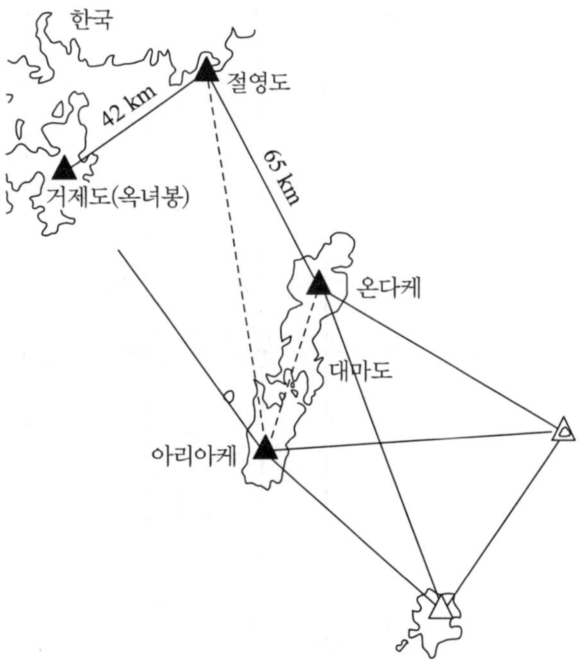

그림 1-1. 대마연결망

표 1-2. 삼각망(대마연결망)을 통한 거제도 · 절영도 경위도 좌표

명칭	경 도	위 도	거리(m)
절영도	동경 129° 03′16″.2455	북위 35° 04′46″.0656	41,758.98m
거제도	동경 128° 34′41″.1968	북위 34° 50′56″.7549	

그 당시 삼각점의 설치는 일본의 도쿄 원점과 연결하기 위해 대마도의 1등삼각점인 온다케(御嶽)와 아리아케(有明山)에서 우리나라의 남단인 부산의 절영도(현재 영도)와 거제도(옥녀봉)의 사각망을 구성하여 연결 · 설치한 것이다.

이 두 삼각점을 본점으로 하여 북상하면서 우리나라의 삼각점을 관측 · 계산한 것이다. 우리나라의 통일원점의 위치는 그림 1-2와 같다.

평면직각좌표는 북위 38도를 기준축으로 하고 동서로 각각 2°씩 다음과 같이 구획되어 있어 이 점에서 자오선에 그은 절선의 북방향을 X축으로 정하고 이것에 직각된 방향을 Y축 방향으로 하여 동쪽을 정(正, +)으로 한다. 또 원점의 좌표를 X=0, Y=0으로 한다.

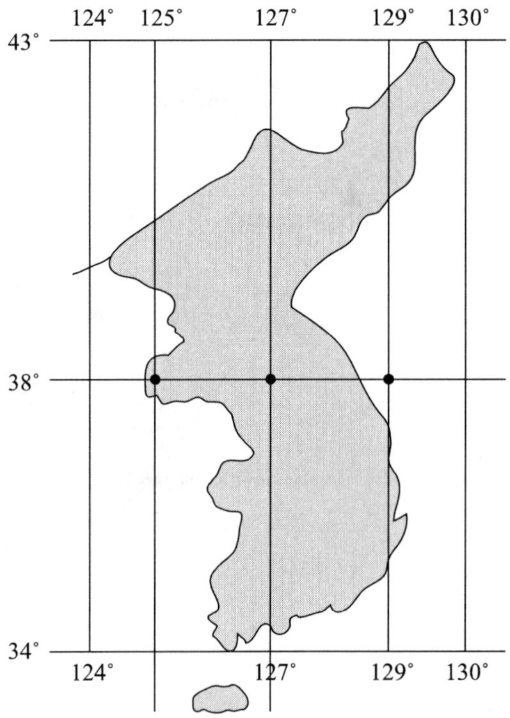

그림 1-2 통일원점 위치(서부, 중부, 동부)

[별표 2] 직각좌표의 기준(제7조 제3항 관련)

1. 직각좌표계 원점

명칭	원점의 경위도	투영원점의 가산(加算)수치	원점축척계수	적용구역
서부 좌표계	경도 : 동경 125° 00′ 위도 : 북위 38° 00′	X(N) 600,000 m Y(E) 200,000 m	1.0000	동경 124～126°
중부 좌표계	경도 : 동경 127° 00′ 위도 : 북위 38° 00′	X(N) 600,000 m Y(E) 200,000 m	1.0000	동경 126～128°
동부 좌표계	경도 : 동경 129° 00′ 위도 : 북위 38° 00′	X(N) 600,000 m Y(E) 200,000 m	1.0000	동경 128～130°
동해 좌표계	경도 : 동경 131° 00′ 위도 : 북위 38° 00′	X(N) 600,000 m Y(E) 200,000 m	1.0000	동경 130～132°

비고

가. 각 좌표계에서의 직각좌표는 다음의 조건에 따라 T · M (Transverse Mercator, 횡단 머케이터) 방법으로 표시하고, 원점의 좌표는(X=0, Y=0)으로 한다.

1) X축은 좌표계 원점의 자오선에 일치하여야 하고, 진북방향을 정(+)으로 표시하며, Y축은 X축에 직교하는 축으로서 진동방향을 정(+)으로 한다.

2) 세계측지계에 따르지 아니하는 지적측량의 경우에는 가우스상사이중투영법으로 표시하되, 직각좌표계 투영원점의 가산(加算)수치를 각각 X(N) 500,000미터(제주도지역 550,000미터), Y(E) 200,000 m로 하여 사용할 수 있다.

나. 국토교통부장관은 지리정보의 위치측정을 위하여 필요하다고 인정할 때에는 직각좌표의 기준을 따로 정할 수 있다. 이 경우 국토교통부장관은 그 내용을 고시하여야 한다.

1.2.2 구소삼각측량원점

구소삼각측량원점은 일제강점기의 토지조사사업 이전에 대한제국정부에서 이미 특별한 원점을 설정하여 측량을 실시한 지역이 있으며, 이러한 지역에는 구소삼각원점이라 하여 경인(경기도, 서울특별시의 일부 지역)지역 및 경상북도의 대구인근지역에서 부분적으로 시행하였다. 즉, 대한제국정부는 대삼각측량을 실시하지 아니하고 특정지역에 대한 소삼각측량만 실시하였다. 현재는 행정구역명칭이 변경되어 있어 이 구분과 약간의 차이가 있다.

- 경인지역(19개) : 시흥, 교동, 김포, 양천, 강화, 진위, 안산, 양성, 수원, 용인, 남양, 통진, 안성, 죽산, 광주, 인천, 양지, 과천, 부평
- 대구인근지역(8개) : 대구, 고령, 청도, 영천, 현풍, 자인, 하양, 경산

이상의 27개 지역이며, 원점은 대부분 망실되어 다음 표 1-3과 같이 11개만 남아 있다. 구소삼각점은 지역 내 약 5,000방리(方理)를 1구역으로 하는 중앙부에 위치한 삼각점

에서 북극성의 최대이각(Elongation)을 측정하여 진자오선과 방위각을 결정하였다.

구소삼각지역의 원점을 사용하는 지역 중 조본원점 · 고초원점 · 율곡원점 · 현창원점 및 소라원점의 평면직각 종횡선 수치의 단위는 미터(m)로 하고, 망산원점 · 계양원점 · 가리원점 · 등경원점 · 구암원점 및 금산원점의 평면직각 종횡선 수치의 단위는 간(間)으로 하였다. 이 경우 각각의 원점에 대한 평면직각 종횡선 수치는 "0"으로 하였기 때문에 종횡선 수치에 정, 부(+, −)의 부호가 있으며, 현재는 m단위로 환산 중에 있다.

표 1-3. 구소삼각측량 원점

지역	원점명	동경	북위	삼각점수
경기 · 서울 지방	망산(강화)	126° 22′ 24″ .596	37° 43′ 07″ .060	77 (5)
	계양(김포)	126° 42′ 49″ .685	37° 33′ 01″ .124	99 (5)
	조본(수원)	127° 14′ 07″ .397	37° 26′ 35″ .262	169 (15)
	가리(안양)	126° 51′ 59″ .430	37° 25′ 30″ .532	185 (2)
	등경(남양)	126° 51′ 32″ .845	37° 11′ 52″ .885	220 (5)
	고초(용인)	127° 14′ 41″ .585	37° 09′ 03″ .530	171 (8)
대구 · 경북 지역	율곡(영천)	128° 57′ 30″ .916	35° 57′ 21″ .322	193 (4)
	현창(경산)	128° 46′ 03″ .947	35° 51′ 46″ .967	121 (5)
	구암(대구)	128° 35′ 46″ .186	35° 51′ 30″ .878	171 (5)
	금산(고령)	128° 17′ 26″ .070	35° 43′ 46″ .532	126 (9)
	소라(청도)	128° 43′ 36″ .841	35° 39′ 58″ .199	196 (5)

※ ( )의 숫자는 일반원점의 성과가 병기된 원점의 수이다.

1.2.3 특별소삼각원점

1912년 임시토지조사국에서 시가지세를 급히 징수하여 늘어나는 재정수요에 충당할 목적으로 대삼각측량을 생략하고 독립된 특별소삼각측량을 실시하여 훗날 이를 일반삼각점과 연결하는 방식을 취하였다.

실시지역은 19개 지역으로 평양, 의주, 신의주, 진남포, 전주, 강경, 원산, 함흥, 청진, 경성, 나남, 회령, 원산, 진주, 광주, 나주, 목포, 군산 등의 18개 지역과 지형상 대삼각측량으로 연결할 수 없는 울릉도에 독립된 원점을 정하였다.

특별소삼각원점은 그 측량지역의 서남단의 삼각점으로 하고 종선에 1만 m, 횡선에 3만 m로 가정하였다. 원점은 기선의 한쪽 점에서 북극성 또는 태양의 고도관측에 의하여 방위각을 결정하였으며, 원점의 위치는 현재 성과표상에 표시되지 않고 있다.

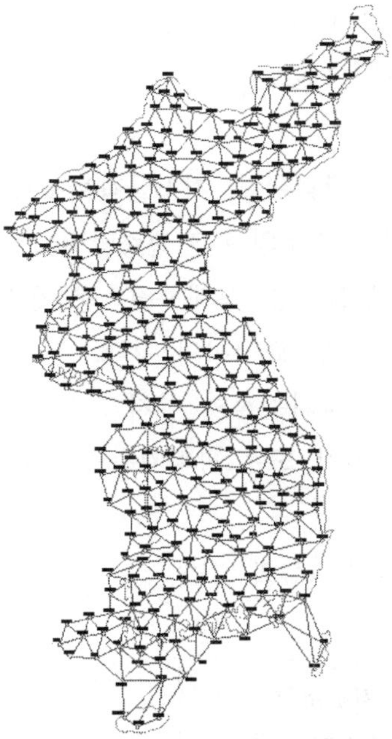

그림 1-3. 대삼각본점망도

1.3 지적측량의 구분 및 순서

1.3.1 지적측량의 구분 방법

지적측량은 지적기준점을 정하기 위한 기초측량과 1필지의 경계와 면적을 정하는 세부측량으로 구분되며, 사용하는 장비에 따라 평판측량, 전자평판, 경위의측량, 전파기 또는 광파기 측량, 위성측량 등의 방법으로 시행한다.

일반적으로 평판측량방법은 도해측량에 의한 세부측량에, 경위의측량방법과 전파기 또는 광파기 측량방법은 지적측량기준점 또는 경계점을 기초로 하는 경위의측량으로 하는 세부측량에, 사진측량과 위성측량은 기초측량과 세부측량에 각각 사용한다. 따라서 경위의측량, 전파기 또는 광파기 측량, 평판(전자)측량, 위성측량 방법 등은 지적측량에 널리 활용되고 있다.

사진측량방법은 평면위치를 결정하는 지적측량의 특성상 항공기에 의한 수직사진에 의한 측량방법이 활용되고 있으나, 고가의 정밀장비와 대공표지설치 · 항공기촬영 · 사진도화작업 등 측량조작이 복잡하고 많은 경비가 소요되는 등의 제약이 많다. 위성측량은 GNSS위성으로부터 전송파를 수신하여 공간좌표를 이용한 것으로서 지적기준점측량에 활용되고 있다.

기초측량에는 지적삼각측량, 지적삼각보조측량, 도근측량이 있으며, 세부측량에는 경위의측량방법으로 하는 경우와 평판측량방법으로 하는 경우로 나눌 수 있는데 신규등록측량, 등록전환측량, 분할측량, 경계복원측량, 현황측량, 확정측량 등이 있다. 지적측량의 종류와 방법을 도표화하면 표 1-4와 같다.

기초측량은 지적측량기준점의 설치 또는 세부측량을 실시하기 위하여 필요한 경우에 경위의측량방법, 전파기 또는 광파기측량방법, 위성측량방법 등에 의하여 실시한다.

표 1-4. 지적측량의 종류와 방법

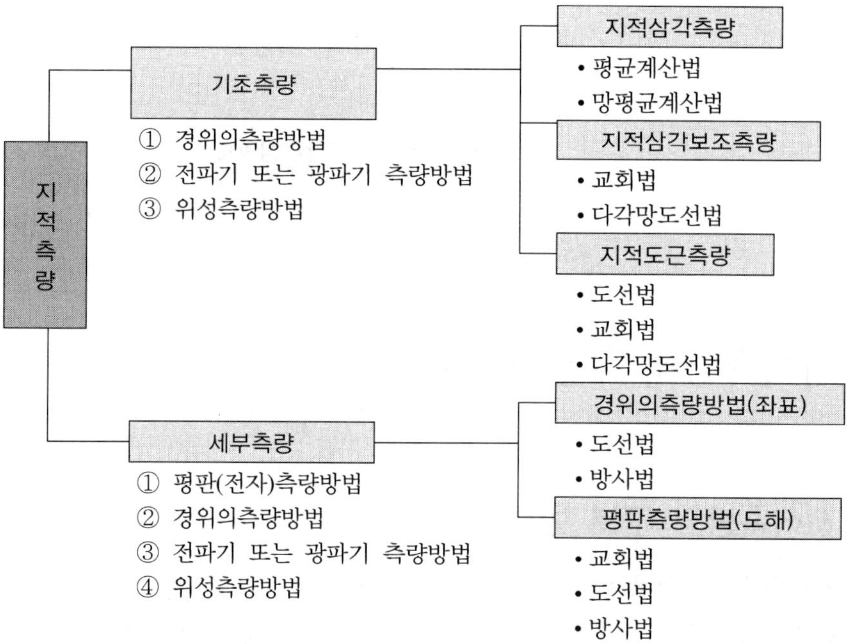

1.3.2 지적측량의 순서

지적측량은 지적기초측량에 속하는 지적삼각측량, 지적삼각보조측량, 지적도근측량에 이어서 지적세부측량, 제도, 면적측정, 지적공부작성의 순으로 실시되며 측량 작업순서를 도표화하면 다음 표 1-5와 같다.

표 1-5. 지적측량 작업순서

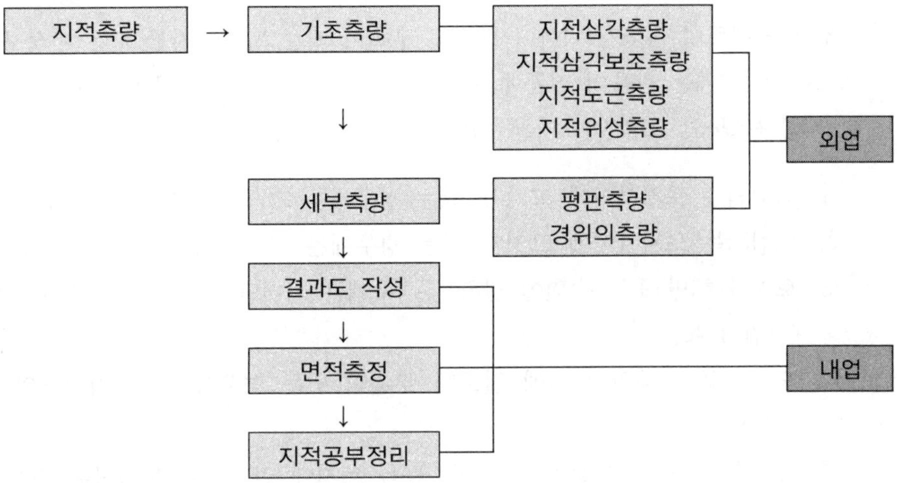

1.4 지적측량 절차

1.4.1 토지 경계의 정의

토지 경계는 일반적으로 이를 줄여서 경계라고 하며, 지적에서는 지적공부에 등록하는 단위 토지의 공부상 구획선을 말한다.

도해지적에서 경계라 할 때는 지적공부상에 그려진 일필지의 구획선을 말하고, 좌표지적에서 경계라 함은 경계점좌표등록부에 등록된 좌표의 연결을 말한다.

경계선은 2개의 토지사이의 구획선 또는 도해지적에서는 지적도나 임야도에 그려진 토지의 구획선을 말한다. 좌표지적에서는 어떤 점의 좌표(평면직각종횡선 수치)와 그 이웃하는 좌표의 연결을 말한다. 물론 좌표수치가 도면상으로 연결되는 선이 경계선이며 결코 지상의 현지 지물 등은 경계선이 아니다.

일반적인 경계의 형성방법으로는 점을 사용하게 되며 토지의 지상경계는 울타리, 벽, 둑, 담장, 도로, 하천 등의 가장자리를 따라 설정하는 것이 통례이나 경계점 표지를 경계로 설정할 수 있다.

우리나라에서는 지형·지물 또는 구조물에 의해 경계를 설정할 때는 가급적 현황과 차이가 없는 정도에서 굴곡점 사이를 직선으로 연결하도록 규정하고 있다.

1) 지상경계의 결정기준

경계를 새로이 정하기 위하여 토지의 구획이 되는 지형·지물 또는 지상구조물을 경계로 설정할 때에는 다음의 기준에 따라야 한다. 다만, 토지의 구획이 되는 지형·지물 또는 지상구조물의 소유권이 다른 때에는 그러하지 아니하다.

① 연접되는 토지사이에 고저가 없는 경우에는 그 구조물의 중앙(그림 1-4a)
② 연접되는 토지사이에 고저가 있는 경우에는 그 구조물의 하단부(그림 1-4b)
③ 토지가 해면 또는 수면에 접하는 경우에는 최대만조위 또는 최대만수위가 되는 선(그림 1-4c)
④ 도로·구거 등의 토지에 절토된 부분이 있는 경우에는 그 경사면의 상단부(그림 1-4d)
⑤ 공유수면매립지의 토지 중 제방 등을 토지에 편입하여 등록하는 경우에는 바깥쪽 어깨부분(그림 1-4e)

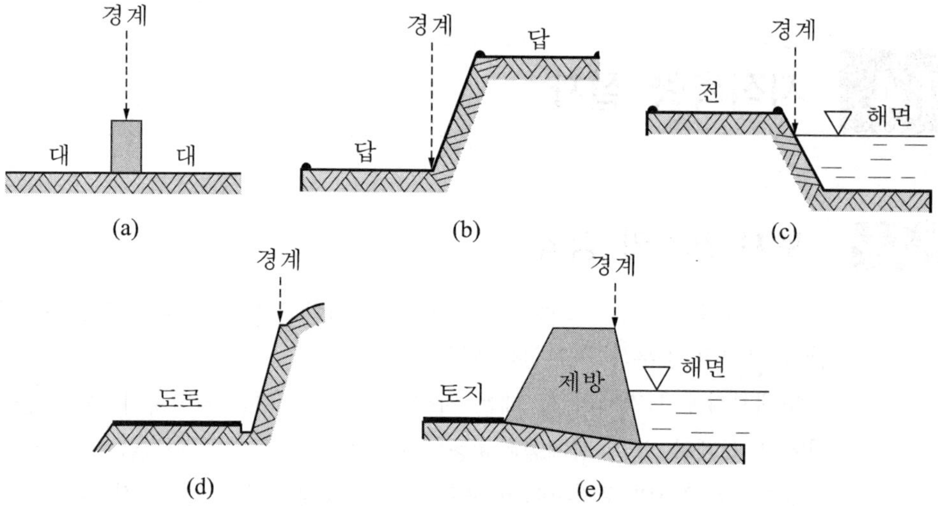

그림 1-4. 지상경계의 결정기준

2) 경계점 표지 설치에 의한 경계점

다음의 경우는 지상경계점에 법에서 규정한 경계점표지를 설치한 후 측량할 수 있다.

① 도시개발사업 등의 사업시행자가 사업지구의 경계를 결정하기 위하여 분할하고자 하는 경우
② 공공사업 등에 의한 사업시행자와 국가기관 또는 지방자치단체의 장이 토지를 취득

하기 위하여 분할하고 하는 경우

③ 국토의 계획 및 이용에 관한 법률의 규정에 의한 도시관리계획 결정고시와 지형도면 고시가 된 지역의 도시관리계획선에 따라 토지를 분할하고자 하는 경우

④ 소유권이전, 매매 등을 위하여 필요한 경우와 토지의 불합리한 지상경계를 시정하기 위한 경우

⑤ 관계법령에 의하여 인·허가 등을 받아 분할하고자 하는 경우

3) 분할 금지 대상

분할에 따른 지상경계는 지상 건축물을 걸리게 결정하여서는 아니된다. 다만 다음과 같은 경우에는 분할할 수 있다.

① 법원의 확정판결이 있는 경우

② 공공사업 등으로 공공용지의 지목으로 되는 토지의 경우

③ 도시개발사업 지구의 경계 결정 및 도시관리계획 결정고시와 지형도면 고시가 된 지역의 도시관리계획선에 따라 분할하는 경우

1.4.2 지적측량의 신청 및 처리

지적측량의 필요성이 인정될 경우에 지적측량의 신청은 토지소유자 및 이해관계인의 신청에 의하거나 소관청이 직권으로 행한다. 지적법에 의한 등록사항정정을 할 때, 소관청이 측량수행자가 한 측량을 검사할 때 등의 경우를 제외한 지적측량을 신청함에 있어서는 국토정보공사 및 지적측량업을 등록한 자에게 측량의뢰 사유를 기재한 지적측량의뢰서를 제출하여야 한다.

다만, 신규등록 및 등록전환, 분할 측량을 신청하고자 하는 경우에는 사유를 기재한 신청서에 측량종류별 해당하는 서류로 지적측량 의뢰서에 첨부하여야 한다.

1.4.3 측량기간 및 측량수수료

지적측량수행자는 의뢰인으로부터 지적측량의뢰를 받은 때에는 측량기간·측량일자 및 측량수수료 등을 기재한 지적측량수행계획서를 의뢰하여 그 다음날까지 소관청에 제출하여야 한다. 그러나 지적측량수행계획서를 제출한 후 변경사유가 발생한 때에는 지체없이 그 사유를 기재한 변경계획서를 소관청에 제출하여야 한다.

1) 측량기간

측량기간은 읍 · 면 · 동지역은 5일로 한다. 다만, 지적측량수행자와 측량의뢰인 간에 따로 기간을 정하는 경우에는 측량기간은 계약한 기간(검사기간을 포함한다)으로 한다. 또한 측량검사기간은 읍 · 면 · 동지역은 4일로 한다. 다만, 지적측량수행자와 측량의뢰인 간에 따로 계약을 체결한 경우에는 그 계약기간의 4분의 1을 측량검사 기간으로 본다. 그렇지만 지적 기준점을 설치하여 측량 및 측량검사를 하는 경우에는 지적기준점이 15점 이하인 때에는 4일을, 15점 초과인 때에는 4일에 15점을 초과하는 4점까지 마다 1일을 가산한다.

위의 사항 중 측량종목별 측량기간 및 측량성과의 검사기간을 도표화하면 표 1-6과 같다.

표 1-6. 지적측량 및 성과검사기간

<table>
<tr><th rowspan="2">구분</th><th colspan="2">측량기간(측량수행자)</th><th colspan="2">측량검사기간(소관청)</th><th rowspan="2">비고</th></tr>
<tr><th>동지역</th><th>읍 · 면지역</th><th>동지역</th><th>읍 · 면지역</th></tr>
<tr><td>일반</td><td>5일</td><td>5일</td><td>4일</td><td>4일</td><td rowspan="2">지적기준점을 설치하는 경우에는 측량기간 또는 측량검사기간을 15점까지는 4일을, 15점을 초과하는 경우에는 4일에 15점을, 초과하는 4점까지 마다 1일을 추가</td></tr>
<tr><td>계약</td><td colspan="2">계약기간</td><td colspan="2">계약기간의 4분의 1</td></tr>
</table>

2) 지적측량 · 수수료

측량 및 검사 등의 지적측량수수료는 토지소유자(민원인)가 지적측량을 의뢰할 때에는 수수료를 지적측량수행자에게 지급하여야 하며, 토지소유자가 의뢰하여야 함에도 불구하고 의뢰가 없는 경우 소관청이 직권으로 지적측량을 한 때에는 이에 소요되는 비용을 토지소유자로부터 징수한다. 이때 기간 내에 하지 아니한 경우 비용 징수는 지방세체납처분의 예에 의한다. 지적측량수수료는 지적측량수행자가 함부로 조정하지 못하고 국토교통부장관이 매년 12월 말일까지 고시한다. 지적측량수수료의 산정에 관하여 필요한 사항은 국토교통부장관이 정한다.

1.4.4 지적측량성과의 검사항목 및 결정

1) 지적측량성과의 검사항목

지적측량성과검사를 할 때에는 다음 각 호의 사항을 검사하여야 한다.

① 기초측량

가. 기지점사용의 적정여부

나. 지적기준점설치망 구성의 적정여부

다. 관측각 및 거리측정의 정확여부

라. 계산의 정확여부

마. 지적기준점 선점 및 표지설치의 정확여부

바. 지적기준점성과와 기지경계선과의 부합여부

② 세부측량

가. 기지점사용의 적정여부

나. 측량준비도 및 측량결과도 작성의 적정여부

다. 기지점과 지상경계와의 부합여부

라. 경계점 간 계산거리(도상거리)와 실측거리의 부합여부

마. 면적측정의 정확여부

바. 관계법령의 분할제한 등의 저촉 여부

2) 지적측량성과 결정

지적측량성과와 검사성과의 연결교차가 다음 허용범위 이내일 때는 그 지적측량성과를 결정한다.

① 지적삼각점 : 0.20 m

② 지적삼각보조점 : 0.25 m

③ 지적도근점

- 경계점좌표등록부 시행지역 : 0.15 m
- 그 밖의 지역 : 0.25 m

④ 경계점

- 경계점좌표등록부 시행지역 : 0.10 m
- 그 밖의 지역 : $\frac{3}{10}M$ mm (M은 축척분모)

⑤ 지적재조사 측량성과 경우

- 지적기준점 : ± 0.03 m
- 경계점 : ± 0.07 m

MEMO

02

거리측량 및 각측량

2.1 거리측량

거리의 측정은 측량에서 가장 기본적인 측정으로서 보통 거리는 기준타원체면 상에서 상호 지점들간의 최단거리로 정의되고, 지적측량에서 거리는 반드시 수평거리로 측정되며 경사거리는 수평거리로 환산하여야 한다.

2.1.1 거리측정의 개념

보통 2점간의 거리라 하면 고저차에 관계없이 중력과 직교하는 수평방향으로 측량하여 연결한 직선의 길이로 일반적으로 수평거리를 말한다. 그러나 측량에 있어서 거리라고 하면 길이와 필요한 정확도에 따라 다음과 같이 정의한다.

- 기준타원체면상의 최단거리
- 기준면이 반경 6,370 km일 때의 구면상의 호의 길이
- 수평으로 측정한 길이

거리는 그림 2-1과 같은 관계가 있으며, 그 중 연직거리를 일반적으로 고저차라 한다. 일반적인 지형에 있어서 측정되는 거리는 보통 경사거리이므로 이것을 수평거리로 고쳐야 한다.

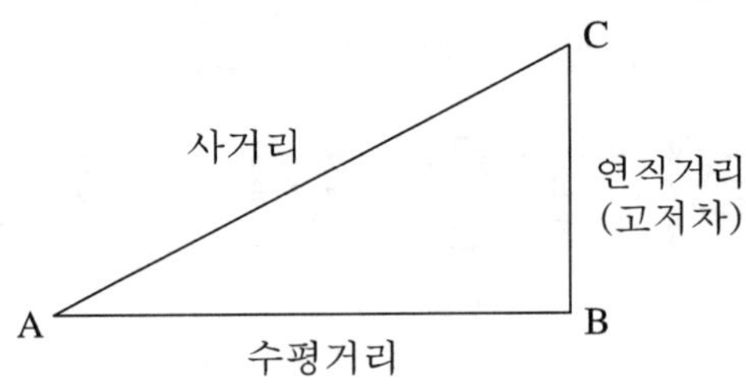

그림 2-1. 거리의 관계

2.1.2 기준면상의 거리

좁은 지역에서의 측량인 국지측량에서는 수평거리는 평행이라 생각하지만 엄밀한 의미에서 살펴보면 기하학적 평면이 아니라 곡면이다.

국가삼각점 성과표의 거리는 준거타원체(기준면)상의 거리로 표시되어 있다. 준거타원

체의 표면은 원점에서 평면해수면과 일치하므로 근사적으로 평균해수면상의 거리라고 말할 수 있다.

준거타원상의 거리, 즉 기준면상의 거리는 곡면상의 거리(구면거리)이며 이것을 평면에 투영한 것이 평면거리이다. 구면거리와 평면거리의 차이를 투영오차라고 말하며, 이 오차를 측량의 정밀도상에 허용할 수 있다고 하여서 행하는 측량을 소지측량(국지측량)이라고 한다. 보통의 정밀도로서 작은 지역에서 행하는 삼각측량, 다각측량과 지적측량에서 행하는 도근측량 등은 일반적으로 평면거리로 처리한다.

따라서 일반측량에서 측정된 경사거리를 기준면에 변환시키는 계산, 즉 투영계산을 행한다. 이것은 좁은 지역의 측량에서도 후에 인접지역을 연결하여 넓은 지역을 접합했을 경우 이처럼 취급하여 놓으면 모두 동일한 기준면으로 계산되어 모순 없이 활용에 유리해진다. 그러므로 지적측량에서는 기준면상의 거리를 기준으로 취한 기준타원체면상의 좌표로의 위치가 주어진 국가삼각점에 의해 통일을 기한다.

다음 평면거리계산 서식을 보면 S는 기준면상의 거리이며, 이것은 연직각 또는 표고에 의해 계산된다.

1) 연직각을 측정하여 기준면거리를 계산하는 식

$$S = D \times \cos\frac{1}{2}(\alpha_1 + \alpha_2) - \frac{D(H_1' + H_2')}{2R} \tag{2.1}$$

여기서, S : 기준면상의 거리
D : 측정거리(경사거리)
α : 연직각(올려본 각, 내려본 각) − 절대치로 사용함
R : 지구의 반지름 6,370 km
H_1' : 측점표고($H_1 + i$)
H_2' : 시준점의 표고($H_2 + f$)

2) 표고에 의한 기준면거리를 계산하는 식

$$S = D - \frac{(H_1' - H_2')^2}{2D} - \frac{D(H_1' + H_2')}{2R} \tag{2.2}$$

이러한 기준면상의 거리를 계산하기 위해서는 표고(H)를 알아야 하는데 표고의 계산식은 다음과 같다.

$$H_2 = H_1 + h$$

$$h = L \cdot \tan\frac{1}{2}(\alpha_1 - \alpha_2) + \frac{1}{2}(i_1 - i_2 + f_1 - f_2) \qquad (2.3)$$

$$L = D \cdot \cos\ \alpha_1 \ \text{또는}\ \alpha_2$$

여기서, H_1 : 기지점표고

H_2 : 소구점표고

$\alpha_1 \alpha_2$: 연직각

$i_1 i_2$: 기계고

$f_1 f_2$: 시준고

h : 고저차

L : 수평거리

D : 경사거리

이 계산식을 사용하려면 연직각을 양점에서 교차 측정하여야 하는데 이때에는 지적법 규정에 의하여 정·반 2회의 평균치를 필요로 한다.

2.1.3 평면거리

지적측량에서 사용하는 거리는 모두 평면거리이다. 즉 지적삼각측량, 도근측량, 세부측량시의 거리는 평면상의 거리이다. 평면거리란 지구의 구면에 일정한 원점을 설정하여 지구의 표면을 평면에다 투영했을 때의 평면상의 거리를 뜻한다.

지구의 타원체상의 거리를 구면거리(기준면상의 거리)라 하여 구별하는데 어느 두 점간의 평면거리는 원점에서 떨어질수록 구면거리보다 길어진다.

수평거리란 수평면상의 거리라는 뜻인데 고인물이 움직이지 않는 상태의 수면은 평면과는 다르다. 즉, 바닷물이 잔잔하다고 하여도 둥근 지구 표면을 둘러 싸여 있기 때문에 이러한 수평면은 크게 보면 구면인 것이 된다.

측정거리는 당연히 곡면상의 거리를 1차 실용거리로 사용하는데 필요하다. 그러나 지적측량에서는 곡면을 평면으로 취급한다. 그래서 국지적인 일정범위를 평면으로 보고 측량하는 방안을 채택한 것이 평면직각좌표체계이다. 평면직각좌표체계는 국가마다 요구 정도에 알맞게 원점을 설정하고, 그 원점을 중심으로 평면에 투영하여 곡면을 평면으로 간주하여 점의 위치를 측량하는 것이다. 이 평면직각좌표체계에서는 거리도 평면거리라야 할 것은 물론이다. 우리나라에서는 3원점(통일원점)을 두고 일부 기타 원점으로 되어 있다.

평면거리의 계산은 다음과 같다.

$$D = S \times K \tag{2.4}$$

$$K = 1 + \frac{(Y_1 + Y_2)^2}{8R^2} \tag{2.5}$$

여기서, Y : 원점으로부터 두 점까지의 횡선거리(km)

$$R = (R_1 \cdot R_2)^{\frac{1}{2}} = 6,372,199.7\text{m} \tag{2.6}$$

여기서, R_1 : 자오선곡률반경

R_2 : 묘유선곡률반경

이 계산식을 위해서는 식(2.3)에 의하여 표고를 구한 다음에 식(2.1), 식(2.2)에 의하여 기준면거리(S)를 산출하여 축척계수(K)를 곱하면 평면거리를 계산할 수 있는 것이다.

[별지 제37호 서식]

표고계산부

약도

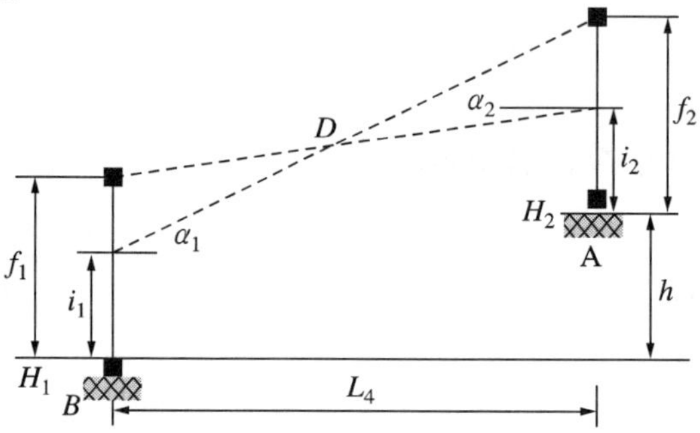

공식

$$H_2 = H_1 + h$$

$$h = L \cdot \tan\frac{1}{2}(\alpha_1 - \alpha_2) + \frac{1}{2}(i_1 - i_2 + f_1 - f_2)$$

$$L = D \cdot \cos\alpha_1 \text{ 또는 } \alpha_2$$

여기서, H_1 : 기지점표고 　 $\alpha_1\ \alpha_2$: 연직각
H_2 : 소구점표고 　 $i_1\ i_2$: 기계고
h : 고저차 　 $f_1 f_2$: 시준고
L : 수평거리 　 D : 경사거리

기지점명	충북1점	충북2점	점	점
소구점명	보1점		점	
L	785.69 m	601.24 m	m	m
α_1	$+2°\ 19'53''$	$+3°\ 51'53''$		
α_2	$-2°\ 19'53''$	$-3°\ 51'53''$		
$(\alpha_1 - \alpha_2)$	$4°\ 39'26''$	$7°\ 44'30''$		
$\tan\frac{(\alpha_1 - \alpha_2)}{2}$	+0.0140664	+0.067662		
$L \cdot \tan\frac{(\alpha_1 - \alpha_2)}{2}$	31.95 m	40.68 m		
i_1	1.60	1.59		
i_2	1.65	1.61		
f_1	2.23	2.30		
f_2	2.15	2.20		
$\frac{(i_1 - i_2 + f_1 - f_2)}{2}$	0.03	0.08		
h	31.98	40.76		
H_1	438.59	429.85		
H_2	470.58	470.61		
평 균	470.59 m			
교 차	−0.03 m			
공 차	0.12 m			
계산자			검사자	

※ 교차 = 470.58 − 470.61 = −0.03 　 ※ S_1, S_2 : 기지점에서 소구점까지 평면거리(km)

※ 공차 = 0.05m + 0.05($S_1 + S_2$) = 0.05 + 0.05(0.78569 + 0.60124) = 0.12m

평면거리계산부

약도

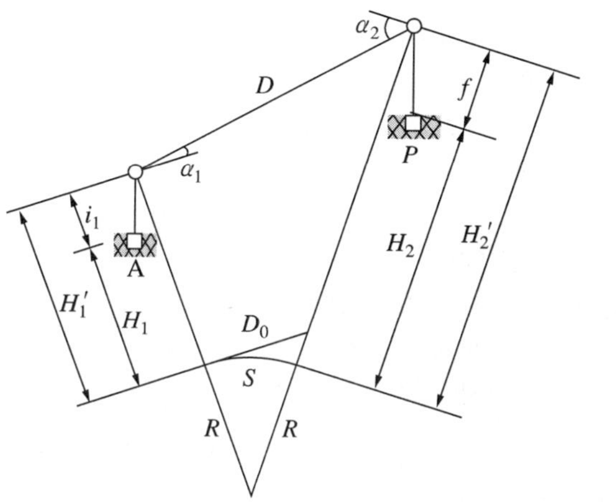

공식

- 연직각에 의한 계산

$$S = D \times \cos\frac{1}{2}(\alpha_1 + \alpha_2) - \frac{D(H_1' + H_2')}{2R}$$

- 표고에 의한 계산

$$S = D - \frac{(H_1' - H_2')^2}{2D} - \frac{D(H_1' + H_2')}{2R}$$

- 평면거리

$$D_o = S \times K \left(K = 1 + \frac{(Y_1 + Y_2)^2}{8R^2} \right)$$

여기서, R : 곡률반경(6372199.7m)

D : 경사거리 S : 기준면거리

H_1, H_2 : 표고 i_1 : 기계고

K : 축척계수 i_2 : 기계고

α_1, α_2 : 연직각(절대치)

Y_1, Y_2 : 원점에서 삼각점까지 횡선거리(km)

연직각 의한 계산		표고에 의한 계산	
방향		충북10 → 보1	
D	736.42 m	D	736.42 m
α_1	1° 11′ 30″	2D	1472.84
α_2	1° 08′ 00″	H_1'	302.20
$\frac{1}{2}(\alpha_1+\alpha_2)$	1° 09′ 45″	H_2'	316.80
$\cos\frac{1}{2}(\alpha_1+\alpha_2)$	0.999794	$(H_1'-H_2')$	− 14.60
$D\times\cos\frac{1}{2}(\alpha_1+\alpha_2)$	736.268 m	$(H_1'-H_2')^2$	213.16
$H_1' = H_1 + i_1$	302.20 (300.65 + 1.55)	$\frac{(H_1'-H_2')^2}{2D}$	0.145
$H_2' = H_2 + i_2$	316.80 (315.17 + 1.63)	$D-\frac{(H_1'-H_2')}{2D}$	736.275
R	6,372,199.7	R	6,372,199.7
$2R$	12,744,399.3	$2R$	12,744,399.3
$\frac{D(H_1'+H_2')}{2R}$	0.036	$\frac{D(H_1'+H_2')}{2R}$	0.036
S	736.233	S	736.240
Y_1	90.0 km	Y_1	90.0 km
Y_2	90.0	Y_2	90.0
$(Y_1+Y_2)^2$	32,400.00	$(Y_1+Y_2)^2$	32,400.00
$8R^2$	324,839,427.7 km	$8R^2$	324,839,427.7 km
$K = 1 + \frac{(Y_1+Y_2)^2}{8R^2}$	1.0000997	$K = 1 + \frac{(Y_1+Y_2)^2}{8R^2}$	1.0000997
$S\times K$	736.306 m	$S\times K$	736.313 m
평균(D_o)		736.31 m	
계 산 자		검 사 자	

예제 01 기지점 예1과 예2에서부터 소구점 예3에 대한 표고를 구하기 위하여 연직각을 측정하였다. 주어진 서식에 의하여 표고를 계산하시오.

1) 예1에서 예3

수평거리(L)=4712.68 m	연직각(α_1)= +2°16′ 53″
연직각(α_2)=-2°17′ 15″	기계고(i_1)= +1.65 m
기계고(i_2)=1.63 m	시준고(f_1)=3.21 m
시준고(f_2)=3.14 m	예1표고(H_1)=459.58 m

2) 예2에서 예3

수평거리(L)=3976.93 m	연직각(α_1)= +1°53′ 46″
연직각(α_2)=-1°53′ 38″	기계고(i_1)= +1.68 m
기계고(i_2)=1.64 m	시준고(f_1)=3.42 m
시준고(f_2)=3.25 m	예1표고(H_1)=515.75 m

해설 표고의 계산은 연직각관측부를 참고해야 하는데 연직각의 측정은 두 점간을 교호 측정하는 것으로 되어 있다. 이것은 기차와 구차(양차)를 소거할 수 있기 때문이다.

1) 계산(예1에서 예3)

(1) 수평거리 $L=4712.68\text{m}$

(2) 고처차(h)

$$h=L\cdot\tan\frac{1}{2}(\alpha_1-\alpha_2)+\frac{1}{2}(i_1-i_2+f_1-f_2)$$
$$=4712.68\times\tan\frac{1}{2}(2°16'53''+2°17'15'')+\frac{1}{2}(1.65-1.63+3.21-3.14)$$
$$=+188.04\text{m}$$

(3) 소구점의 표고(H_2)

$H_1=459.58(\text{기지})+188.04=647.62\text{m}$

2) 계산(예2에서 예3)

(1) 수평거리(L)=3976.93m

(2) 고처차(h)

$$h=3976.93\times\tan\frac{1}{2}(1°53'46''+1°53'38'')+\frac{1}{2}(1.68-1.64+3.42-3.25)$$
$$=131.68\text{m}$$

(3) 소구점의 표고(H_2)

$H_2=515.75(\text{기지})+131.68=647.43\text{m}$

3) 교차 및 공차 계산

(1) 교차 $=647.62-647.43=0.19\text{m}$

(2) 공차 $=0.05+0.05(S_1+S_2)=0.05+0.05\times(4.71268+3.97693)=0.48\text{m}$

표고계산부

약도

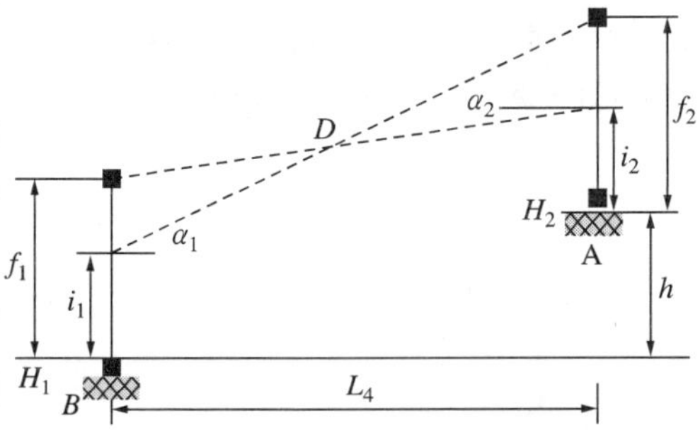

공식

$$H_2 = H_1 + h$$

$$h = L \cdot \tan\frac{1}{2}(\alpha_1 - \alpha_2) + \frac{1}{2}(i_1 - i_2 + f_1 - f_2)$$

$$L = D \cdot \cos\alpha_1 \text{ 또는 } \alpha_2$$

여기서, H_1 : 기지점표고　　$\alpha_1\ \alpha_2$: 연직각
H_2 : 소구점표고　　$i_1\ i_2$: 기계고
h : 고저차　　$f_1\ f_2$: 시준고
L : 수평거리　　D : 경사거리

기지점명	예1점	예2점	점	점
소구점명	예3점		점	
L	4712.68 m	3976.93 m	m	m
α_1	$+2° 16' 53''$	$+1° 53' 46''$		
α_2	$-2° 17' 15''$	$-1° 53' 38''$		
$(\alpha_1-\alpha_2)$	$4° 34' 08''$	$3° 47' 24''$		
$\tan\frac{(\alpha_1-\alpha_2)}{2}$	+0.039892	+0.033086		
$L \cdot \tan\frac{(\alpha_1-\alpha_2)}{2}$	+188.00 m	+131.58 m		
i_1	1.65	1.68		
i_2	1.63	1.64		
f_1	3.21	3.42		
f_2	3.14	3.25		
$\frac{(i_1-i_2+f_1-f_2)}{2}$	+0.04	+0.10		
h	+188.04	+131.68		
H_1	459.58	515.75		
H_2	647.62	647.43		
평 균	647.52 m			
교 차	0.19 m			
공 차	0.48 m			
계산자		검사자		

예제 02 광파측거기에 의하여 두 점간(예1～예3)의 거리를 측정하여 다음과 같이 기장하였다. 이때의 두 점간의 평면거리를 계산하시오.

수평거리$(D)=4712.68$ m	연직각$(\alpha_1)=+2°16'\ 53''$	연직각$(\alpha_2)=-2°17'\ 15''$
기지점표고$(H_1)=459.58$ m	기지점표고$(H_2)=648.35$ m	기계고$(i)=1.45$ m
원점에서의 거리$(Y_1)=13.5$ km	원점에서의 거리$(Y_2)=15.3$ km	시준고$(f)=2.48$ m

해설

1) 연직각에 의한 평면거리 계산

(1) 공식

$$S=D\times\cos\frac{1}{2}(\alpha_1+\alpha_2)-\frac{D(H_1'+H_2')}{2R},\quad K=1+\frac{(Y_1+Y_2)^2}{8R^2}$$

여기서, S : 기준면상의 거리
D : 측정거리(경사거리)
α : 연직각(올려본 각, 내려본 각) → 절대치로 사용함
R : 지구의 반지름 6,372,199.7 m
K : 축척계수
H_1 : 측점표고(H_1+i)
H_2 : 시준점의 표고(H_2+f)

(2) 계산

$$S=4712.68\times\cos\frac{1}{2}(2°16'53''+2°17'15'')-\frac{4712.68\,(461.23+650.83)}{(2\times 6372199.7)}=4708.519\,\text{m}$$

$$K=1+\frac{(13.5+15.3)^2}{8\times 6372199.7^2}=1.000003$$

$$D=S\times K=1.000003\times 4708.519=4708.53\,\text{m}$$

2) 표고에 의한 기준면거리를 계산하는 식

(1) 공식

$$\text{기준면거리}(S)=D-\frac{(H_1'-H_2')^2}{2D}-\frac{D(H_1'+H_2')}{2R}$$

$$\text{축척계수}(K)=1+\frac{(Y_1+Y_2)^2}{8R^2}$$

$$\text{평면거리}(D_0)=S\times K$$

(2) 계산

$$S=4712.68-\frac{(461.23-650.83)^2}{2\times 4712.68}-\frac{4712.68\times(461.23+650.83)}{2\times 6372199.7}=4708.455\,\text{m}$$

$$K=1+\frac{(13.5+15.3)^2}{8\times 6372199.7^2}=1.000003$$

$$D=S\times K=1.000003\times 4708.455=4708.47\,\text{m}$$

3) 평면거리의 결정(평균)

$$\text{평균}(D_0)=\frac{(4708.53+4708.47)^2}{2}=4708.50\,\text{m}$$

평면거리계산부

약도

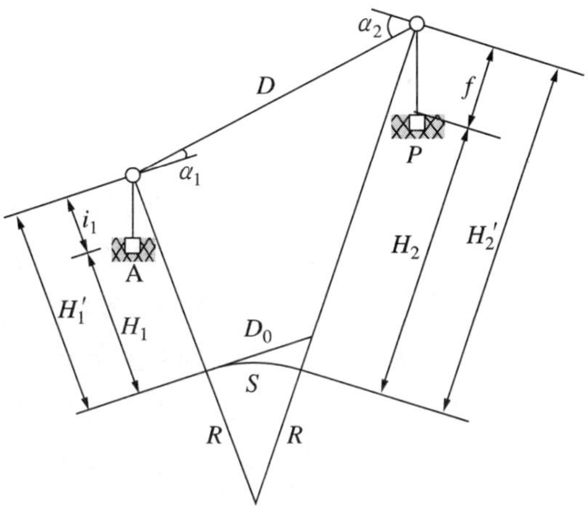

공식

• 연직각에 의한 계산

$$S = D \times \cos\frac{1}{2}(\alpha_1 + \alpha_2) - \frac{D(H_1' + H_2')}{2R}$$

• 표고에 의한 계산

$$S = D - \frac{(H_1' - H_2')^2}{2D} - \frac{D(H_1' + H_2')}{2R}$$

• 평면거리

$$D_o = S \times K \left(K = 1 + \frac{(Y_1 + Y_2)^2}{8R^2} \right)$$

여기서, R : 곡률반경(6,372,199.7 m)
D : 경사거리 S : 기준면거리
H_1, H_2 : 표고 i_1 : 기계고
K : 축척계수 i_2 : 기계고
α_1, α_2 : 연직각(절대치)
Y_1, Y_2 : 원점에서 삼각점까지 횡선거리(km)

연직각 의한 계산		표고에 의한 계산	
방향		예1 → 예3	
D	4712.68 m	D	4712.68 m
α_1	2° 16′ 53″	2D	9425.36
α_2	−2° 17′ 15″	H_1'	461.23
$\frac{1}{2}(\alpha_1+\alpha_2)$	2° 17′ 04″	H_2'	650.83
$\cos\frac{1}{2}(\alpha_1+\alpha_2)$	0.999205	$(H_1'-H_2')$	−189.60
$D\times\cos\frac{1}{2}(\alpha_1+\alpha_2)$	4708.93 m	$(H_1'-H_2')^2$	35,948.16
$H_1' = H_1 + i_1$	461.23	$\frac{(H_1'-H_2')^2}{2D}$	3.81
$H_2' = H_2 + i_2$	650.83	$D - \frac{(H_1'-H_2')}{2D}$	4708.86
R	6,372,199.7	R	6,372,199.7
$2R$	12,744,399.3	$2R$	12,744,399.3
$\frac{D(H_1'+H_2')}{2R}$	0.411	$\frac{D(H_1'+H_2')}{2R}$	0.411
S	4708.519	S	4708.455
Y_1	13.5 km	Y_1	13.5 km
Y_2	15.3	Y_2	15.3
$(Y_1+Y_2)^2$	829.44	$(Y_1+Y_2)^2$	829.44
$8R^2$	324,839,427.7 km	$8R^2$	324,839,427.7 km
$K = 1 + \frac{(Y_1+Y_2)^2}{8R^2}$	1.000003	$K = 1 + \frac{(Y_1+Y_2)^2}{8R^2}$	1.000003
$S\times K$	4708.53 m	$S\times K$	4708.47 m
평균(D_0)		4708.50 m	
계산자		검사자	

2.2 전자기파측거기(EDM) 거리측정

2.2.1 개요

전파 및 광파에 의한 간접거리측량을 할 수 있는 장비를 전자기파거리측량기라 한다. 사용기계로서는 전파에 의한 것은 전파거리측량기, 광파에 의한 것은 광파거리측량기라고 한다. 최근에 개발된 측량기계로 장거리를 높은 정밀도로 신속히 관측할 수 있다.

이제까지의 삼각측량에서는 각을 관측하여 변장으로부터 수평위치 계산을 하였으나, 전자기파거리측량기는 변장을 정밀히 관측할 수 있으므로 오늘날 각의 관측이 필요 없이 오직 변의 길이만 정확히 관측하여 수평위치를 관측할 수 있는 삼변측량이 가능하게 되었다.

2.2.2 EDM의 종류

1) 전파거리측량기(Microwave or Electromagnetic Instruments)

주국과 종국에서 발사 및 반사하는 장치로서 전파가 2점간을 왕복한 시간으로부터 거리를 구하는 장치이다. 비, 눈, 안개, 등의 기상조건에 좌우되지 않기 때문에 장거리(40～50 km)의 측거에 유리하다.

2) 광파거리측량기(Electro-Optical Instruments)

측점에 세운 기계로부터 빛을 발사하여 목표점에 반사하여 돌아오는 반사파의 위상과 발사파의 위상차로 거리를 구하는 방법으로 사용법이 간단하고 정밀도도 좋기 때문에 널리 보급되고 있다.

3) 라디오파 측량기(Long Radio-Wave Instruments)

라디오측거기는 주로 수로측량에 사용되며, 수백 km의 장파를 사용한다. 측정범위는 파장이 1 km 이상의 장파를 사용한 것으로 항해, 항공 등 항행의 위치조정, 지구와 인공위성의 거리측정 등 특수한 경우에 이용된다.

표 2-1. 광파거리측량기 및 전파거리측량기의 특징 비교

구분	광파거리측량기(electro-optical system)	전파거리측량기(microwave system)
반송파(carrier wave)	적외선, 레이저광선, 가시광선(X-enon-flash)	극소단파(microwave)
장치의 구성	기계(station) 반사경(reflector)	주국(master station) 종국(slave station)
관측범위(range)	단거리용(적외선, 가시광선) 5 km 이내 중거리용(레이저광선) 60 km 이내	장거리용 30∼150 km
정확도 ± a (mm) ± b (ppm)	± (2 mm) ± (2 ppm) 이내	± (15 mm) ± (5 ppm) 이내
대표적 기종(최초모델)	Geodimeter	Tellurometer
장점	• 정확도가 높다. • 경량, 작업, 신속, 트랜싯트와 병용가능 • 지형이나 측점 부근의 장애물의 영향을 받지 않는다.	• 장거리 관측에 접합하다. • 기상(안개, 가벼운 비)이나 지형의 시통성에 영향을 크게 받지 않는다.
단점	• 기상(안개, 비 등)이나 지형의 시통성에 영향을 받는다.	• 단거리 관측 시 정확도가 비교적 낮다. • 움직이는 장애물, 송전선 부근, 지면의 반사파 등의 간섭을 받는다.
최소조작인원	1명 (목표지점에 반사경을 설치했을 때)	2명 (주국, 종국에 각 1명)
조작시간	한 번 10∼20분 1회 관측시간 8초 내외	한 번 20∼30분 1회 관측시간 30초 내외

2.2.3 광파 측량기에 의한 거리측정

광파 측량기는 기계로부터 빛을 발사하여 발사광과 반사경으로부터 되돌아오는 반사광과의 위상차에 의해서 거리를 구한다.

주파수를 개별적으로 관측하는 기계도 있지만, 자동적으로 각종의 주파수를 발사하여 거리를 구하고 거리값을 디지털로서 나타낸다. 빛을 반사시키는 쪽에는 반사프리즘을 세우게 되는데 3면에서 빛을 반사시켜 역방향으로 평행하게 진행되도록 되어 있다. 거리에 따라 프리즘의 수를 변화시켜 측량기의 수광량을 조절할 수 있다.

광파 측량기는 기상조건에 영향을 받지만 다음과 같은 장점을 갖고 있기 때문에 트래버스나 삼변측량과 같은 기준점측량 뿐만 아니라 각종의 측량에 활용되고 있다.

① 지형의 영향을 받지 않는다.

② 100 m 이상이 되어도 높은 정확도로서 측정할 수 있다.

③ 50 m 이상이 되어 테이프로 측정하기 어려운 경우에 매우 효과적이다.
④ 테이프를 사용하는 경우보다 작업인원수가 작다.
⑤ 트랜싯을 병용하면 미지점의 3차원 좌표를 구할 수 있다.

2.2.4 전자기파 거리측량기의 원리

현재의 전자기파 거리측량기는 광파나 전파를 일정파장의 주파수로 변조하여 이 변조파의 왕복 위상 변화를 관측하여 거리를 구한다. 대기 중의 전자기파 속도 v는 약 3×10^8 m/sec의 값을 가지고 있다. 이 전자기파를 일정한 주파수로 변조하면 v/f로 정해지는 파장을 갖는 변조파가 된다. 가령 $f = 7.5 \times 10^6$ Hz라면 변조파장 λ는 40 m가 된다. 이 변조파장을 거리관측의 매개체로 하여 쓴다.

지금 $2\pi f = w$로 하여 w 및 v에서 변조파의 왕복에서 위상차 Ψ를 관측하면 D가 구해진다. 여기서는 위상은 파의 진동상태를 각도로 나타낸 것이므로 일반적으로 $2n\pi + \Psi$의 형태로 표시된다. 그림 2-2에서 관측거리 D는 다음 식에서 n과 Ψ를 측정하면 계산된다.

$$\frac{2D}{\lambda} = n + \frac{\psi}{2\pi} \quad , \quad d = n\frac{\lambda}{2} + \frac{\Psi}{2\pi} \cdot \frac{\lambda}{2}$$

여기서, $n = 2D$ 사이에 포함되는 변조파의 수

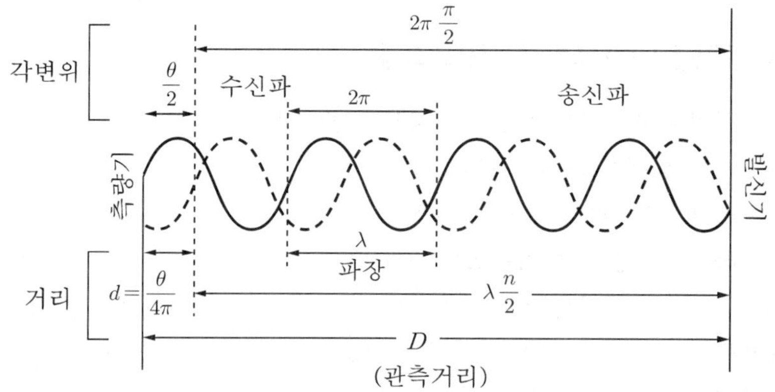

그림 2-2. 전자파 측량기의 원리

2.3 일반 거리측량 및 오차보정

2.3.1 개요

거리의 측정은 측량에서 가장 기본적인 측정으로서 보통 거리는 기준타원체면 상에서 상호 지점들간의 최단거리로 정의되며, 지적측량에서 거리는 반드시 수평거리로 측정되고, 경사거리는 수평거리로 환산하여야 한다. 측정방법에는 직접거리측정법과 간접거리측정법이 있다. 직접거리측정법은 줄자나 전자파 측거기, 광파 측거기 등을 이용해서 거리를 측정하는 방법이고, 간접거리측정법은 측선과 각, 그리고 기하학적 관계를 이용해 미지의 측선을 계산에 의해 산출하는 방법으로서 스타디아 측량, 삼각측량, 위성측량 등이 있다.

2.3.2 거리측정방법

1) 약측에 의한 측정법

약식측정법은 일반적으로 약측이라 하며, 측량기구를 거의 사용하지 않고 거리를 구하는 방법으로 개략값을 얻기 위한 측량이라든지, 예측 및 검사와 대조할 목적으로 사용된다. 그러나 측량정밀도가 좋지 않아 측량에서 잘 사용하지는 않는다.

(1) 보측(Pacing)

보측은 정밀한 거리측정을 하는 도중이나 그 결과를 검사해본다든지 소축척의 지도를 만드는 측량에서 세부의 거리를 측정할 때 등 여러 방면에 이용되며, 보측의 정확성은 측량을 하는 사람의 경험과 지형에 따라 다르다. 보통은 조금만 경험이 있으면 1/100의 정밀도를 쉽게 얻을 수가 있다. 보통 1보는 75 cm 정도이고 두 다리의 1보씩을 합쳐 1복보(stride)라 한다.

$$\text{거리}(\mathrm{m}) = \left(\frac{\text{복보수}}{2} + \text{복보수}\right) \tag{2.7}$$

(2) 목측(Eye Measurement)

정상적인 시력을 가진 자가 목측으로 개략의 거리를 알 수 있는 표준은 다음과 같다.

① 4,000 m : 건축물의 창문수를 헤아릴 수 있는 거리
② 3,000 m : 사람 또는 우마가 점으로 보이는 거리
③ 1,200 m : 사람 또는 우마가 명확히 식별할 수 있는 거리
④ 800 m : 사람의 운동을 식별할 수 있는 거리
⑤ 400 m : 사람의 각 부분을 명확히 식별할 수 있는 거리
⑥ 300 m 이하의 거리에 있어서는 사람의 느낌에 따라 많은 차이가 있기 쉬우므로 이 범위에서 정확에 가까운 거리를 추정하려면 일정한 거리에 대상물을 정해 놓고 항상 연습을 하거나 또는 적당한 거리의 목표물을 보측 등에 의하여 검정하는 방법도 있다. 목측은 천후, 지형 및 관측자의 위치 등에 따라 달라지는 경우가 많다.

(3) 음측(Acoustic Measurement)

음측은 공기 중에 음이 전달되는 속도를 이용하여 거리를 측정하는 방법이다.

음파의 전파속도는 온도 0℃로 건조된 공기에서는 332 m/sec이다. 온도가 t ℃인 때의 음파의 전파속도 V는 다음과 같이 나타난다.

$$V = 332 + \frac{9}{16} t \,(\mathrm{m/s}) \tag{2.8}$$

광파의 전파속도는 음파에 비하여 대단히 빠르므로 이를 무시한다고 하고 "피스톨", 불꽃같은 불빛 또는 포를 쏘았을 때 연기를 본 후 소리가 관측자의 귀에 들릴 때까지 시간을 초시계(stop watch)로 측정하여 그 측정시간을 2.40초라고 하면 거리는 다음과 같다.

$$\text{거리} = \text{음속} \times \text{시간} = 332 + \left(\frac{9}{16}\right) \times 2.40 = 798.15\,\mathrm{m}$$

음파의 전파속도는 풍력에 영향을 받기 쉬우므로 주의를 요한다.

(4) 시각법

닮은 삼각형의 원리를 응용하여 거리를 측정하는 방법으로, 시점에서 팔을 완전히 펴서 구하고자 하는 지점까지 거리를 알고 표척(staff)의 높이를 구할 때 이용하는 약측법이다.

$$\frac{H}{D} = \frac{l}{d}$$

$$\therefore D = \frac{d}{l} H \tag{2.9}$$

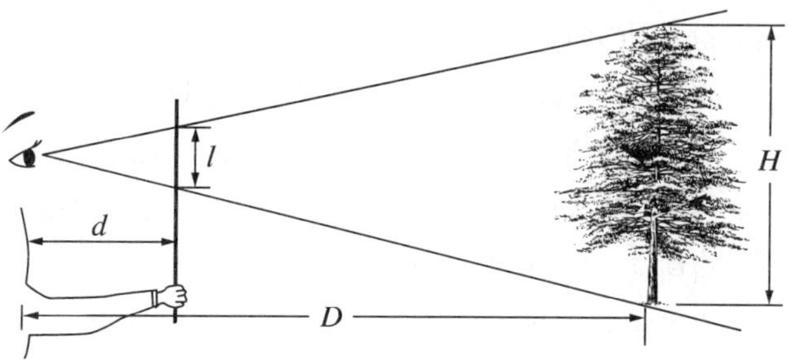

그림 2-3. 시각에 의한 거리측정

(5) 윤정계(Odometer)

윤정계는 원둘레를 정확히 알고 있는 바퀴의 회전수를 세어, 즉 원둘레 × 회전수 = 거리를 계산하는 방법으로 정밀도는 약 1/200이다. 도면상에서 곡선 길이를 측정하는 기구(곡선계, curvimeter)와 같은 원리이다.

2) 직접측정법

직접거리측정의 경우는 측정값에 보정값(특성치보정, 경사보정 등)을 더함으로써 바른 거리가 구해지지만, 간접측정과 약식측정방법의 경우는 다른 것을 측정해서 계산이나 도해(圖解)로 거리를 구하는 것이다.

(1) 측정용 기구

거리측정을 위한 기구로는 간편성을 위주로 한 것으로부터 정밀용에 이르기까지 많은 종류가 있다. 테이프에 의한 측정일 경우에는 테이프 외에도 이를 보조하는 폴(pole), 추, 핀 등이 사용된다.

① 테이프(줄자)

㉠ 포권척(Cloth tape)

마포(麻布) 속에 동 또는 놋쇠로 가느다란 선을 길이방향으로 짜 넣어 쉽게 늘어나지 않게 만든 후 테이프 표면에 도료(塗料)를 씌워 눈금을 표시한 것으로 폭이 15 mm 내외이고, 눈금단위가 0.5 cm, 길이는 20 m, 30 m, 50 m가 있다. 가격이 싸고 가벼우며, 취급이 간편하고 부러지지도 않기 때문에 편리하나 신축이 크기 때문에 높은 정확도를 기대할 수 없다. 따라서 높은 정도를 필요로 하지 않는 일반측량, 즉 평판측량에서 방사법, 지거법 등에 쓰인다. 특히, 건습이나 장력의 변화에 의한 신축성이 크므로 물에 젖지 않도록 주의한다.

ⓛ 강권척(Steel tape)

정밀도가 높으며, 기준점 측량에 있어서 보통 정밀도의 기선측량과 다각측량의 거리측정에 널리 사용된다. 강권척의 재질은 보통강, 스테인리스강 또는 탄소강 등의 특수강 등이 사용되며, 폭은 약 1 cm, 두께는 약 0.2~0.4 mm의 띠 모양 상태로 만들어져 있다.

무거워서 부러지기 쉽고 녹슬기 쉬운 결점은 있으나 온도, 장력, 느슨함에 대한 보정이 이론적으로 구하는 것이 가능하므로 높은 정도가 요구되는 측량에 사용된다. 강권척을 잡을 때는 권척끼우개를 사용하는 것이 안전하다.

ⓒ 에스론줄자

유리섬유를 염화비닐로 싼 것으로서 최소 눈금자는 1 mm이며, 건습에 의하여 신축하지 않아 물속에서도 사용할 수 있다. 또 유연하기 때문에 취급하기 쉽다. 비닐의 굳어지는 것과 물러 늘어지는 변화에 의한 신축이 있으나, 강권척의 다음으로 신뢰성이 있다.

ⓔ 인바테이프(Inva tape)

특수 니켈강으로 되어 있으며, 열팽창계수가 극히 작아서 온도변화에 의한 신축이 매우 작아 정밀을 요하는 기선측량이나 삼각측량과 1/1,000,000 이상의 정밀도를 필요로 하는 측량인 댐, 구조물 등의 변형측량 등에 사용한다. 특히 녹슬기 쉽고 부러지기 쉽다..

② 거리측정용 보조기구

㉠ 측침(Chaining pin)

체인의 끝을 표시하기 위하여 사용되는 것으로서 1단(端)이 둥근 고리로 되어 있는 30 cm 내외의 굵은 철선으로 만들어져 있다.

ⓛ 낙침(Drop pin)

경사지에서 수평거리를 측정하는 경우에 이것을 늘어뜨려 체인 1단의 직하점(直下點)을 지상에 결정할 때에 사용하는 것으로서 핀의 하단에 연추를 달아서 무게를 준 것이다.

ⓒ 테이프 온도계(Tape thermometer)

거리를 정밀하게 측정할 경우에 온도변화에 따른 보정을 하기 위하여 온도를 측정할 때 사용하는 것이다.

ⓔ 장력계(Spring balance)

강권척을 일정한 힘을 주어 인장하는 경우에 그 강도를 알기 위하여 테이프 손잡이에 부착하여 사용한다.

㉤ 폴(Pole)

측점 위에 세워 측점의 방향을 결정하거나 측점의 위치를 표시하는데 사용되는 것으로서 가볍고 튼튼한 나무나 속이 빈 강철을 사용하며, 지름 3 cm 정도의 원통인 막대가 보통이다. 길이 2 m에 20 cm마다 백색과 적색을 칠하여 사용한다.

(2) 평지측정

거리측정에 필요한 인원은 전측자, 후측자, 기록자 등 3인이다.

A, B의 2점간의 거리를 측정할 때에는 먼저 A, B점에 폴(pole)을 세우고, 전측자는 측침을 휴대하고 권척 선단(눈금 0이 있는 쪽)을 쥐고 A점에서 B점을 향하여 전진한다. 한편 후측자는 A점에서 권척의 후단(권척의 끝)이 나타나면 전진중지 신호를 하고 전측자를 A, B 2점간의 일직선상에 오도록 신호를 한다. 전측자가 일직선상에 오면 이동을 중지시키고 권척을 당겨 같은 직선상에 있도록 한 뒤, 후측자는 권척의 후단을 정확히 B점에 맞춘 상태에서 전측자에 권척을 당기도록 신호한다. 일정한 장력을 가한 상태에서 후측자는 준금의 정확을 확인함과 동시에 전측자로 하여금 권척선단의 “0”에 측침을 꼽도록 신호한다. 측침이 없을 때에는 눈금 “0”의 위치에 십자를 긋도록 한다.

다음은 전측자가 B점에 도달하면 측침이 꽂힌 중간점과 B점간의 거리를 이상과 같은 방법으로 측정하는데, 후측자는 당해구간의 거리를 정확히 독정한 뒤 먼저 측정한 거리를 가산하여 2점간의 거리로 기록한다.

(3) 경사지 측정

경사지의 거리측정은 직접 수평거리를 측정하는 방법과 직접 사거리와 고도를 측정하여 수평거리로 환산하는 방법이 있다.

① 직접 수평거리를 측정하는 방법

경사지에 있는 2점 A, B간의 거리를 권척으로 측정하는 방법으로는 그림 2-4와 그림 2-5의 올려 재는(登側 : Chaining up hill) 방법과 내려 재는(降側 : Chaining down hill) 방법이 있다. 어느 방법이던 소구간을 권척으로 수평을 유지하면서 계단식으로 거리를 연속적으로 재는 방법이다.

수평거리 D는 다음 식으로 구한다.

$$D = l_1 + l_2 + l_3 \cdots + l_n \tag{2.10}$$

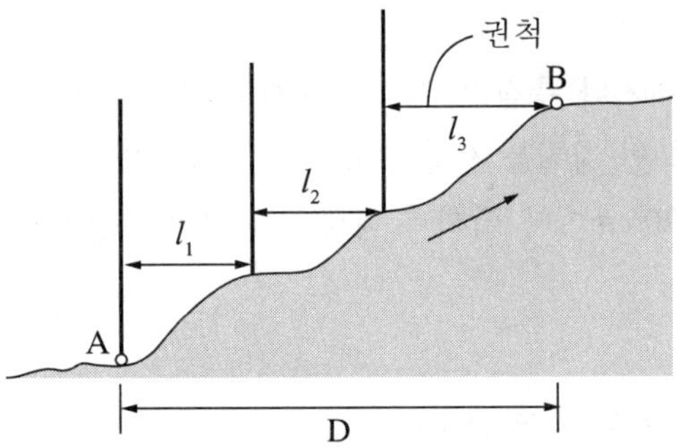

그림 2-4. 올려 재는 방법(등측)

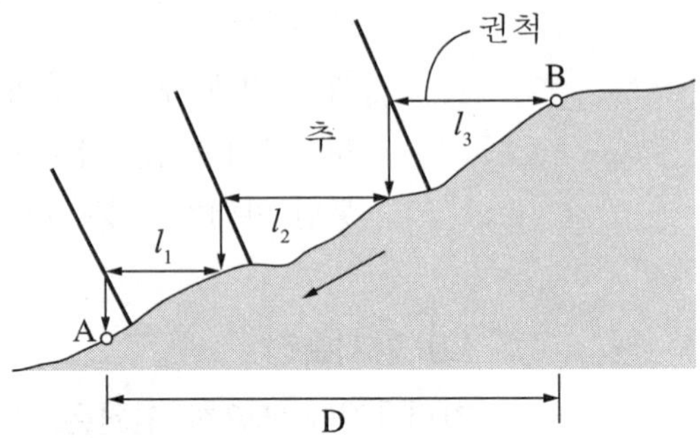

그림 2-5. 내려 재는 방법(강측)

이때 거리 측정 시 주의할 사항은 다음과 같다.

㉠ 권척을 수평으로 유지하기 위하여 측면으로부터 내려 보거나 또는 수평기포관을 자에 달아매어 수평을 확인한다.

㉡ A, B간의 짧은 구간으로 분할하는 경우 측간을 사용하여 재는 진행방향의 직선에서 벗어나지 않도록 한다.

㉢ 그림 2-4와 같이 올려 재는 방법(등측법)에서는 폴(pole)을 연직으로 세운다.

㉣ 내려 재는 방법(강측법)에서는 그림 2-5와 같이 권척과 폴의 교점으로부터 추를 내려 그 위치를 지상에 표시한다.

㉤ 정도와 능률면에서 내려 재는 방법이 좋다.

② 사거리와 고도를 측정하는 방법

경사거리의 측정은 평탄지의 거리측정요령과 같이 하며, 이를 수평거리로 환산하기 위하여 동시에 고도를 측정하여야 하는데 그 측정요령은 다음과 같다.

그림 2-6과 같이 경사각(고도) θ를 측정함에 있어 A에 거치하고 기계고(말뚝 위부터 기계의 횡축까지의 높이)를 측정한 뒤 B점에 세운 표간의 h높이 B′를 시준하면 연직분도반의 독수는 고도 θ이다.

사거리 L과 고도 θ로서 수평거리 D는 다음 식으로 구한다.

$$D = L\cos\theta$$
$$D = \sqrt{L^2 - h^2} \tag{2.11}$$

여기서, L : 경사거리
θ : 경사각
D : 수평거리

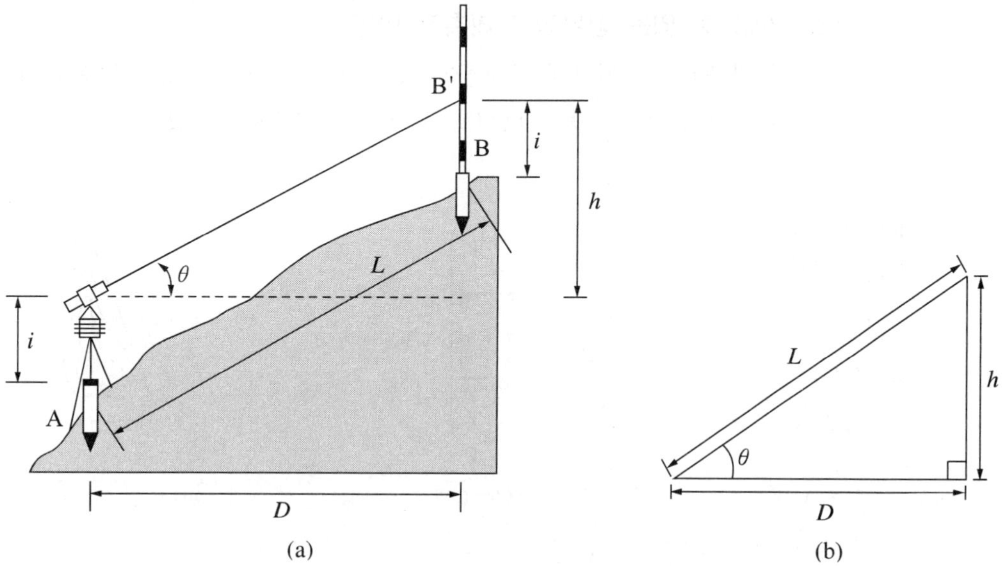

그림 2-6. 사거리와 고도측정

3) 간접측정법

(1) 보조기선을 이용하는 방법

이 방법은 삼각측량을 응용한 방법이다. 그림 2-7과 같이 측선 AB의 거리 D를 구하기 위해서는 측점 A에서 지형의 상황을 참작하여 적당한 길이의 보조기 선 AC를 설치하고 길이 b를 정확하게 직접 측정한다.

다음은 구하고자 하는 측선과 보조측선과의 교점 A에 경위의를 세워 각 α를 측정하고 다시 측점 B에 경위의를 옮기고 각 β를 측정하면, 구하고자 하는 AB간의 거리 D는 삼각법의 정현법칙에 의하여 다음 식으로 구해진다.

$$D = b\,\frac{\sin\{180^\circ - (\alpha + \beta)\}}{\sin\beta} = b\,\frac{\sin(\alpha + \beta)}{\sin\beta} \tag{2.12}$$

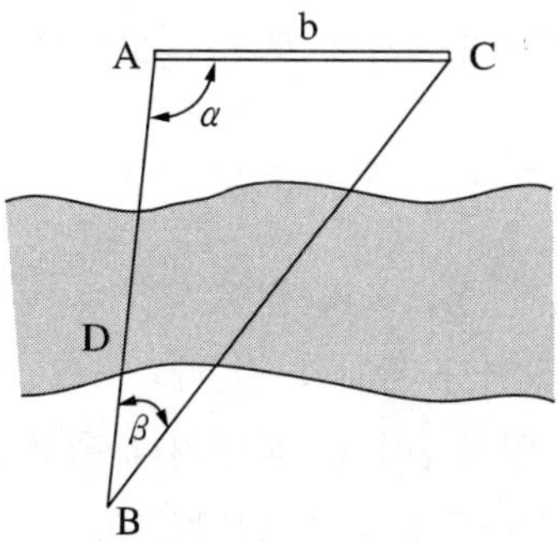

그림 2-7. 보조기선 이용

(2) 장애물이 있는 경우의 거리측량 방법

거리를 관측하려는 지역에 장애물이 있을 때 그림 2-8의 ①~⑥과 같이 삼각형 또는 닮은 삼각형의 원리를 이용, 간접적으로 거리를 측정할 수 있다.

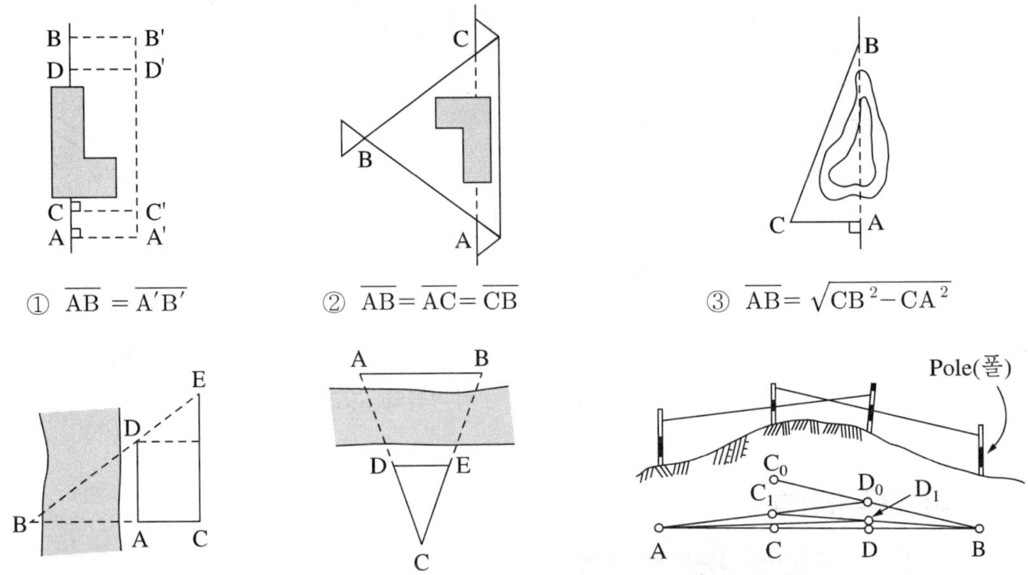

① $\overline{AB} = \overline{A'B'}$

② $\overline{AB} = \overline{AC} = \overline{CB}$

③ $\overline{AB} = \sqrt{CB^2 - CA^2}$

④ $\overline{AB} = \dfrac{\overline{AC} \times \overline{AD}}{\overline{CE} - \overline{AD}}$

⑤ $\overline{AB} = \dfrac{\overline{AC}}{\overline{CE}} \cdot \overline{DE}$

⑥ Pole을 이용해서 직선거리 측정 C점의 Pole과 D점의 Pole을 교차로 이동시킨다.

그림 2-8. 장애물이 있을 경우의 거리측량 방법

4) 거리측량의 보정

줄자에 의한 거리측정결과에는 각종 원인에 의한 정오차가 포함되어 있다. 강권척을 이용하여 1/10,000 이내의 정밀도로 측정하고자 하는 경우에는 이 정오차를 제거하기 위하여 다음과 같은 보정이 필요하다. 1/100,000까지의 정밀도가 필요한 측정에서도 보정이 필요하며, 포권척 또는 유리섬유테이프에서는 보통 온도보정이 무시된다.

(1) 오차의 원인

① 거리측량에서 줄자에 의한 정오차의 원인

㉠ 표준자보다 줄자의 길이가 짧거나 길 때

㉡ 거리측정 시 정확히 일직선이 안 되었거나 측점의 연결이 잘못 되었을 때

㉢ 경사지에서 줄자가 수평으로 되지 않았을 때

② 거리측량에서 줄자에 의한 우연오차의 원인
㉠ 측정 시 온도가 변했을 때
㉡ 측정 시 줄자를 당기는 힘이 일정하지 못할 때
㉢ 측정 시 습도가 변했을 때

(2) 특성값(상수) 보정

줄자를 오랜 기간 사용하면 신축하는 경우가 많으므로 정밀하게 거리측량을 하는 경우에는 미리 그 줄자의 고유길이를 알아둘 필요가 있다. 이 고유길이를 특성값 또는 자정수라 한다. 비교 점검한 결과로부터 테이프(줄자)가 갖는 고유의 특성치에 대한 보정을 말한다. 30 m테이프를 표준상태에서 비교한 결과 29.996 m로 짧을 경우 특성치는 30∼0.004 m로 나타내며 실측거리는 더 긴 값을 읽게 되므로 비례적으로 빼주어야 한다. 즉, 다음 표 2-2와 같다.

$$C_i = \pm \Delta l \cdot \frac{L}{l} = \pm \Delta l \times n \tag{2.13}$$

여기서, L : 실측거리　　l : 테이프길이
Δl : 특성치　　n : 측정 횟수

표 2-2. 줄자의 신축

줄자의 상태	측정결과	보정방법
늘어난 것(+)	짧게 측정됨	특성값을 더한다.
줄어든 것(−)	길게 측정됨	특성값을 뺀다.

예제 03 표준자와 비교하여 50 m에 4.2 mm 늘어난 줄자를 사용하여 253.751 m를 측정하였다. 실제거리는 얼마인가?

해설 줄자가 늘어났으므로 실제보다 짧게 측정되므로 실제거리는 측정길이보다 길게 되어야 한다.

보정량 $C_i = \pm \Delta l \cdot \frac{L}{l} = (+4.2) \times \frac{253.751}{50} = +21.3\,\text{mm}$

실제거리 $= 253.751 + 0.0213 = 253.772\,\text{m}$

예제 04 표준치보다 0.0065 m 짧은 50 m 줄자로 어떤 거리를 측정하여 500 m를 얻었을 때의 실제거리는?

해설

보정량 $C_i = \pm \Delta l \cdot \frac{L}{l} = (-0.0065) \times \frac{500}{50} = -0.065\,\text{m}$

실제거리 $= 500 - 0.065 = 499.935\,\text{m}$

(3) 온도보정

줄자는 온도가 증가함에 따라 팽창하거나 수축한다. 따라서 온도차에 의하여 줄자에 신축오차가 생기므로 보정량을 구하여야 한다.

t : 측정시의 온도	t_0 : 표준온도	
α : 테이프의 팽창계수	L : 측정거리	C_t : 온도보정

이라고 하면

$$C_t = +\alpha(t - t_0)L \tag{2.14}$$

줄자의 팽창계수는 일반적으로 강권척에서는 0.000012/℃, 인바줄자에서는 0.0000009/℃ 정도이며, 표준온도란 줄자 검정시의 온도로서 보통 15~20℃이다.

예제 05 표준온도 20℃인 줄자로 26.5℃일 때 거리측량을 하여 50.1372 m를 얻었다. 보정량과 실제거리를 구하라. 단, 줄자의 팽창계수는 0.000012이다.

해설 보정량 $C_t = +\alpha(t - t_0)L = +12 \times 10^{-6} \times (26.5 - 20.0) \times 50137.2 = +3.91\ \mathrm{mm} = 0.00391\ \mathrm{m}$

실제거리 $= 50.1372 + 0.00391 = 50.1411\ \mathrm{m}$

(4) 장력보정 및 처짐보정

어떠한 사정으로 장력을 바꾼다든지 또는 줄자를 검정할 때와 다른 상태로 한 경우에는 다음 식으로 보정값을 계산할 수가 있다.

① 장력의 보정

P : 측정 시의 장력(kg)	P_0 : 표준장력(검정 시의 장력, kg)
A : 줄자의 단면적(cm^2)	L : 측정길이(m)
E : 줄자의 탄성계수(kg/cm^2, 일반적으로 2,100,000 kg/cm^2)	

라고 하면 장력의 보정 C_p는

$$C_p = \frac{(P - P_0)}{AE} L \tag{2.15}$$

장력에 의한 오차는 다음 3가지 방법에 의하여 소거할 수 있다.

㉠ 장력계(spring balance)로 표준장력에 맞추어 장력을 가한다.

㉡ 보정량을 계산하여 보정한다.

㉢ 처짐(sag)은 장력이 커지면 커질수록 감소한다.

예제 06 표준장력 7 kg인 줄자를 10 kg으로 잡아당겨 50.1372 m를 얻었다. 줄자의 면적이 0.05 cm², 줄자의 탄성계수가 2,100,000 kg/cm²일 때 보정량과 실제거리를 구하시오.

해설

보정량 $C_p = \dfrac{(P-P_0)}{AE}L = +\dfrac{(10-7)}{0.05\times 2.1\times 10^6}\times 50137.2 = +1.43\,\text{mm}$

실제거리 $=50.1372+0.00143=50.1386\,\text{m}$

② 처짐의 보정

줄자에 장력 P를 가하여 지점 AB 사이에 매달면 줄자는 자기 무게에 의하여 인장된 AB의 상태로 된다. 이 곡선을 처짐이라고 말한다. 지면에 닿게 하여 검정한 것을 매달린 상태로 하여 사용하든지 반대로 직선 AB$=L$과 AB$=l$와의 차이만큼 보정이 필요하다.

P : 장력(kg)	W : 강철테이프의 자체무게(g/m)
L : AB의 길이(m)	l : 인장 길이(m)

라고 하면 처짐의 보정 D_s는 다음 식으로 표시된다.

$$D_s = L - l = \frac{L}{24}\left(\frac{WL}{P}\right)^2 \tag{2.16}$$

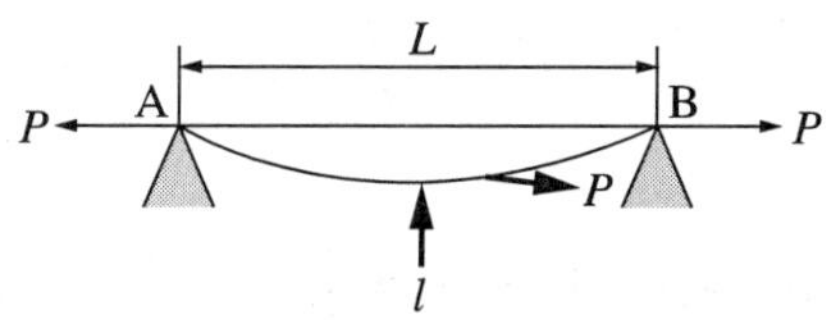

그림 2-9. 줄자의 처짐에 대한보정

(5) 경사보정

경사거리를 수평거리로 고치기 위한 보정을 경사보정이라 한다. 경사보정을 하려면 양끝의 고저차(표고) 또는 고저각(연직각)을 측정하여야 된다.

① 고저차(표고)를 잰 경우

그림 2-10에 있어서

$$C_g = -\frac{h^2}{2L} \tag{2.17}$$

여기서, h : 두 점 사이의 고저차

L : 경사거리

$$L_0 = L - \frac{h^2}{2L} \tag{2.18}$$

$L = 50$ m, $h = 5$ m로 할 때 생략항을 계산하면 $\frac{h^4}{L^3} = 0.005$ m, 다시 말하여 0.5 cm 정도이며, $h = 4$ m라고 하면 0.2 cm 정도이다. 그러나 고저차가 큰 경우, 특히 정밀한 거리측정에 있어서는 일단 이항의 필요 여부를 조사할 필요가 있다.

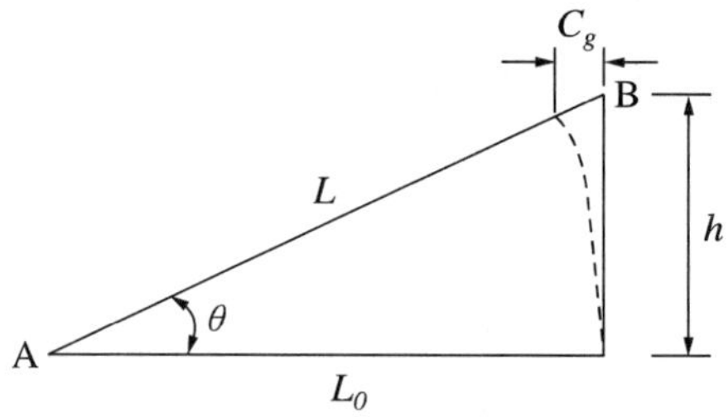

그림 2-10. 경사보정

② 고저각(연직각)을 측정한 경우

그림 2-10에 있어서

$$C_g = -2L\sin^2\frac{\theta}{2}\ ,\ L_0 = L - 2L\sin^2\frac{\theta}{2} \tag{2.19}$$

(6) 기준면상의 길이에 대한 보정

높이의 보정 또는 투영보정이라고도 말하며, 평균표고가 H인 장소에 있는 수평거리를 L, 기준면상 길이 L_0로 고치는 보정이다. 측량지역의 표고가 높다든지 넓은 지역을 대상으로 하는 경우에는 기준면으로서의 투영보정을 하여야 하지만 그렇지 않은 경우는 생략하여도 좋다.

R을 지구의 곡률반지름이라고 하면 그림 2-11에 있어서

$$\frac{L_0}{L} = \frac{R}{R+H}$$

$$\therefore\ L_0 = L\left(\frac{R}{R+H}\right) \fallingdotseq L\left(1 - \frac{H}{R}\right)$$

$$L_0 = L\left(1 - \frac{H}{R} + \frac{H^2}{R^2} + \cdots\right)$$

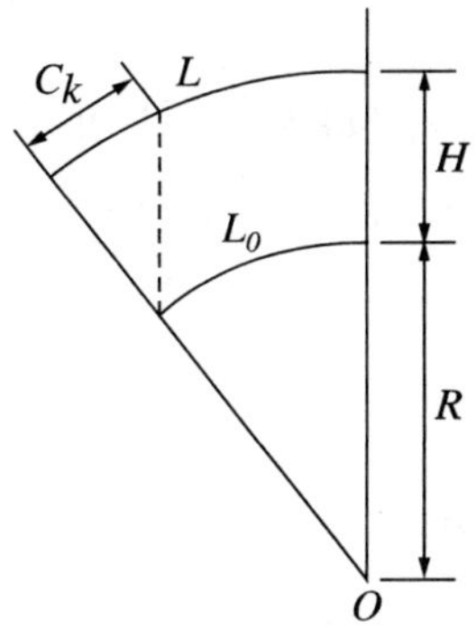

그림 2-11. 기준면상의 보정

괄호안의 3항 이하를 생략하면

$$L_0 = L - \frac{LH}{R} \tag{2.20}$$

이때에 보정량 C_k는 $L - L_0$라고 하면

$$\therefore C_k = -\frac{LH}{R}$$

여기서, H : 기준면에서의 높이(표고)
R : 지구의 곡률 반지름
L : 수평거리

R은 일반적인 경우 대략 반경 6,370 km를 사용한다. 실제작업에서는 온도, 경사 및 높이의 여러 보정은 계산표를 이용하고 있다.

예제 07 표고 520.50 m인 지역에 설치한 기선의 길이가 500 m일 경우에 기준면 상의 거리로 보정하시오. 단, $R = 6370$ km이다.

해설 보정량 $C_k = -\frac{LH}{R} = -\frac{520.50}{6370 \times 10^3} \times 500 = -0.041\,\text{m}$

실제거리 $= 500 - 0.041 = 499.959\,\text{m}$

이상의 보정 방법에 의하면 어떤 거리를 측정했을 때의 정확한 거리를 구하기 위한 식은 다음과 같다. 즉, 실제거리 D는 관측거리 L에 각 보정량을 더한다.

$$D = L + C_i + C_t + C_p + C_s + C_g + C_h \cdots$$

(7) 축척보정

기준면상의 거리는 기준타원체상의 거리이므로 곡면상의 거리이다. 지적측량에서 사용하는 거리는 평면거리라야 하기 때문에 기준면 상의 거리(S)를 평면직각좌표상의 평면거리(D)로 보정한다.

$$D = S \times K \tag{2.21}$$

여기서 D는 평면거리, S는 구면거리, K는 축척계수로 다음과 같다.

$$K = 1 + \frac{(Y_1 + Y_2)^2}{8R^2} \tag{2.22}$$

여기서, K : 축척계수

Y_1, Y_2 : 원점으로부터의 두 점의 횡선(y_1, y_2)거리(km)

R : 지구곡률반경(6,372,199.7 m)

5) 거리측정 오차

거리측정에서 정확한 결과를 얻기 위해서는 측정할 때에 매우 주의해야 하며, 오차를 효과적으로 보정해야만 한다. 오차를 효과적으로 보정하기 위해서는 우선 오차의 종류와 발생원인, 그리고 보정방법에 대하여 알아야 한다.

오차는 정오차와 우연오차로 분류되며, 정오차는 항상 일정하게 누적되지 않는다.

정오차는 주로 거리와 관측횟수에 비례하고, 우연오차는 관측횟수의 제곱근에 비례한다. 따라서, 전체거리 D를 관측횟수 n으로 나누어 얻은 1구간의 거리에 대한 정오차를 δ라 하고, 우연오차를 ϵ, 전체거리의 정오차를 δ_s, 우연오차를 ϵ_s 로 표시하면 각 오차는 $\delta_s = \delta n$, $\epsilon_s = \sqrt{n} \cdot \epsilon$ 으로 나타나고 전체거리 D에 대한 확률오차 γ는 오차전파법칙에 의하여

$$\gamma = \sqrt{(\delta n)^2 + (\sqrt{n} \cdot \epsilon)^2} \tag{2.23}$$

으로 나타낼 수 있다. 위 식에서 거리에 비례하는 정오차가 오차의 대부분을 차지하므로 정오차의 원인을 규명하면 오차를 감소시킬 수 있다.

(1) 오차의 종류와 보정

거리측정오차는 거리측정의 보정을 정리하여 보면 다음과 같다.

표 2-3. 오차의 종류와 보정

오차의 종류			분류	보정방법
순서	오차의 원인	오차명		
①	강권척 길이의 부정확에 의해 발생	특성값 오차	정오차	표준자와 비교하여 보정
②	온도측정의 부정확에 의한 발생	온도오차	정오차	온도측정하여 보정
③	장력의 변화에 의해 발생	장력오차	정오차	장력측정하여 보정
④	처짐이 검정시의 상태와 다르기 때문에 발생	처짐오차	정오차	장력측정하여 보정
⑤	줄자가 경사진 경우 발생	경사오차	정오차	고저차를 측정하여 보정
⑥	줄자가 똑바른 수평이 되지 않는 경우 발생	수평오차	정오차	줄자를 수평 되게 측정하여 보정
⑦	줄자가 직선으로 인장하지 못하여 발생	직선오차	정오차	줄자를 직선으로 인장하게 측정하여 보정
⑧	눈금의 오독과 오기에 의해 발생	독취오차	우연오차	주의 또는 측정자의 대체
⑨	거리 측정시 연결점에서 실수로 발생	이음오차	우연오차	주의 또는 측정자의 대체
⑩	기상의 변화로 발생	기상오차	우연오차	주의 또는 측정자의 대체

(2) 보정방법

어떤 기선을 관측했을 때 보정계산에 사용되는 데이터로서 다음 값들이 필요하다.

- **기선척의 고유값** : 팽창계수, 탄성계수, 단면적, 단위길이 중량, 기차 및 측정시의 장력과 온도

줄자의 읽음값
줄자독정치의 온도
— 각 측정 회수마다 다른 값을 나타낸다.

줄자의 장력
줄자양단의 고저차
줄자의 지지간격
— 각 측정 구간마다 일정치이다.

기선위치의 표고 — 전 측정 구간에 대해서 일정하다고 간주한다.

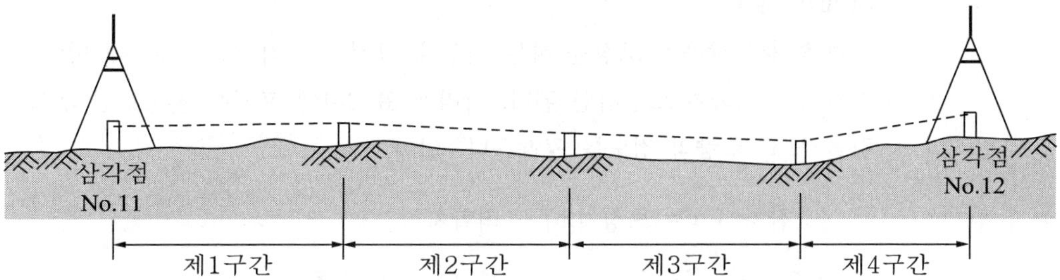

그림 2-12. 기선측량에서의 구간분할

이해를 돕도록 하기 위하여 보정계산식을 계산예와 함께 표시한다. 기선길이는 그림 2-12와 같은 삼각점 No.11과 No.12를 잇는 거리인데, 줄자의 길이가 부족하므로 그림 2-12와 같이 4개 구간으로 나누어서 측량한다. 여기서는 제1구간에 대한 계산 예를 든다.

잔차(V) = 측정치 − 평균치(평균치 → 99.8167 m)

$\Sigma V^2 = 256 \times 10^{-8}$ 정도의 계산에 사용된다.

온도보정 C_t, 거리 L을 측정한 때의 온도가 줄자를 검정한 때의 온도와 다른 경우는 온도차에 의한 테이프의 신축량을 보정하여야 한다. 보정량 C_t는 다음 식과 같다.

$$C_t = +\alpha(t - t_0)L$$

여기서, α : 줄자의 팽창계수(0.000012/℃)

t_0 : 검정시의 온도

t : 측정시의 온도

표 2-4. 온도보정 및 잔차 보정

[1]	[2]	[3]	[4]	[5]	[6]	[7]
회수	측정길이 (m)	온도차 (℃)	보정량 (C_t)	보정치 (m)	잔차 V (×10−4)	V^2 (×10−8)
1	98.8151	1.3	0.0016	99.8167	0	0
2	54	1.2	0.0014	68	1	1
⋮	⋮	⋮	⋮	⋮	⋮	⋮
10	52	1.1	0.0013	65	−2	4

거리의 측정은 10회 이상 되풀이 하여 그때마다 온도를 측정하여 보정한다. 보정계산은 표 2-4와 같이 한다. 이 표에서는 제3회부터 제9회까지의 측정치에 관한 기재를 생략했다. [5]의 수치를 평균하면 99.8167 m로 된다. 이것을 온도보정 후의 기선길이의 최확치(m)로 본다.

계속해서 각종의 보정을 하는 것인데 그것들은 각 회의 측정에 있어서 일정하므로 이 최확치에 대하여 보정하면 된다. 따라서 표 2-4에 표시한 온도보정 후의 각 회의 흐트러짐을 보고 측량의 정도를 구해둔다. 먼저,

잔차(V) = 보정치[5] − 최확치

를 계산하여 [6]란에 적어 넣는다. 동시에 V^2을 계산하여 [7]의 란에 적어 넣는다. [7]의

란을 모아 $\Sigma V^2 = 256 \times 10^{-8}$을 얻는다.

이것에 의해 기선측량의 확률오차 r을 다음과 같이 계산한다.

$$확률오차\ r = \pm 0.6745\sqrt{\frac{\Sigma V^2}{n(n-1)}} = \pm 0.6745\sqrt{\frac{256\times 10^{-8}}{10\times 9}}$$

$$= \pm 1.14\times 10^{-4}(\mathrm{m})$$

여기서, n : 측정횟수(=10)

확률오차란 그 오차보다도 큰 오차 또는 작은 오차가 일어날 확률이 각각 1/2인 것 같은 오차를 말한다. 즉, 표 2-6과 같은 측정결과로부터 최확값 99.8167 m를 얻었으나, 위에 얻어진 r의 값을 사용해서 이 기선의 길이를 99.8167 ± 0.000114 m로 나타내면 10개의 측정치 가운데 5개는 이 범위에 들어간다는 것을 의미한다. 계산상에서는 확률오차의 유효숫자는 2~3자리로 한다.

그 이상 수열은 무의미하다. 예를 들면, 상기의 0.000114 m에서는 측량에 있어서의 최소독수 단위 0.1 mm보다도 1/100까지 더 적다.

확률오차를 써서 이 측량의 정도를 다음과 같이 나타낸다.

$$정도 = \frac{확률오차}{최확값} = \frac{1.14\times 10^{-4}}{99.8167} = \frac{1}{876{,}000}$$

장력보정 C_p는 테이프 검정시의 장력 P_0보다 큰 힘 P로 긴장(緊張)시키고 거리를 재면 테이프가 늘어나기 때문에 측정되는 거리는 정확한 거리보다 짧아진다. 따라서 보정량은 다음과 같이 계산된다.

$$C_p = +\frac{(P-P_0)}{AE}L = +\frac{(11-5)}{0.028\times 2\times 10^6}\times 99.8167 = +0.01069$$

$$= +0.0107(\mathrm{m})$$

여기서, P : 측정 시의 장력(=11 kg)

P_0 : 검정 시의 장력(=5 kg)

L : 온도보정 후의 길이(=99.8167)

A : 기선척의 단면적(=0.028 cm^2)

E : 기선척의 탄성계수(2 × 10^6 kg/cm^2)

처짐보정 C_s는 줄자의 자중 때문에 늘어진다. 이 늘어짐은 어떠한 힘으로 줄자를 잡아

당겨도 없앨 수가 없다. 줄자로 2점간 거리측정을 하여 늘어나면 그 분량만큼 테이프가 길게 독취된다. 따라서 처짐의 보정량 C_s는 항상 (−)가 된다.

$$C_s = -\frac{W^2L^3}{24n^2P^2} = -\frac{1}{24}\left(\frac{0.023}{4\times 8}\right)^2 \times 99.8167^2 = -0.214(\mathrm{m})$$

여기서, W : 기선척의 단위길이 당 중량(=0.023 kg/m)

n : 중간에 항목을 설치해 특정구간을 등분할한 경우의 분할수(중간에 항목을 설치하지 않는 경우는 $n=1$이지만 예제에서는 4등분하여 지지하고 있으므로 $n=4$가 된다)

표 2-5. 기선척 검정값

표시길이(m)	특정값(m)	표시길이(m)	특정값(m)
50.0000	+0.0004	80.0000	+0.0006
60.0000	+0.0005	90.0000	+0.0007
70.0000	+0.0005	100.0000	+0.0008

($T_o = 20°$, $P_0 = 5$kg)

참고

정규장력 P_n

장력보정 C_p와 처짐보정 C_s가 상쇄하는 것과 같은 장력을 정규장력이라고 말한다. $C_p + C_s = 0$으로 하면 다음 식이 얻어진다.

$$(P_n - P_0) \cdot P_n^2 = \frac{AE}{24}\left(\frac{WL}{n}\right)^2$$

이 식에 의한 P_n으로 기선척을 늘여 측정하면 장력과 처짐의 보정은 불필요해진다.

특정값 보정 C_i는 줄자의 검정에 의하여 특정값이 구해진다. 이 측량에 사용한 줄자의 특정값은 표 2-5와 같이 주어진다. 거리의 측정치는 99.8167 m이므로 이 값에 가장 가까운 특정치로써 C_i = +0.0008 m를 취한다.

여기서, 온도보정 후의 길이에 대해서 위의 각 보정을 더하면 다음과 같다.

온도보정 후의 길이		99.8167 (m)
장력보정	C_p	+ 0.0107
처짐보정	C_s	− 0.0214
특정치보정	C_i	+ 0.0008
		99.8068 (m)

경사보정 C_g는 줄자의 양단이 동일한 수평면상에 없는 경우, 즉 비고 H가 있는 경우에는 이것을 수평면상의 길이로 보정한다. 상기의 특정값 보정까지의 보정을 끝낸 값을 L이라고 하면 보정은 다음 식으로 계산된다.

$$C_g = -\frac{H^2}{2L} = -\frac{0.45^2}{2 \times 99.8068} = -0.0010(\mathrm{m})$$

위의 식에 의하여 제1구간의 수평거리 L_1은 다음과 같이 된다.

$$L_1 = 99.8068 - 0.0010 = 99.8058(\mathrm{m})$$

제곱근의 계산을 이용하면 계산이 간단하다.

$$L_1 = \sqrt{99.8068^2 - 0.45^2} = 99.8058(\mathrm{m})$$

기선의 전장 및 정도(그림 2-12)의 제2, 제3, 제4구간에 대해서도 동일하게 계산을 하고, 전 구간을 종합하면 다음과 같이 된다.

구간	거리(m)	확률오차 ×10 − 4
제1구간	99.8058	± 1.14
제2구간	99.9231	± 2.12
제3구간	99.5672	± 1.96
제4구간	99.8053	± 2.22
ΣL = 399.1014(m)		

전 구간의 길이 $L_t = \Sigma L = L_1 + L_2 + L_3 + L_4$에 대한 확률오차 r은 다음과 같다. (오차전파의 법칙)

$$r_t = \pm\sqrt{r_1^2 + r_2^2 + r_3^2 + r_4^2} = \pm\left(\sqrt{1.14^2 + 2.12^2 + 1.96^2 + 2.22^2}\right) \times 10^{-4}$$

$$= \pm 3.82 \times 10^{-4}$$

이것을 적용하여

$$\text{기선측량의 정도} = \frac{3.82 \times 10^{-4}}{384.1014} = \frac{1}{1005501} \fallingdotseq \frac{1}{1000000}$$

기준면보정은 상기의 기선전장 $L_t = 384.1014$ (m)는 어떤 표고($H = 350$ m로 한다)에서의 수평면상에서의 거리이다. 따라서 이것을 표고 0 m의 기준면상에서의 거리 L_0로 보정하지 않으면 안 된다. 이 계산은 다음과 같이 한다. 다만 R은 지구반경으로 6,370 km로 한다.

$$L_0 = L_t\left(1-\frac{H}{R}\right) = 384.1014\left(1-\frac{0.35}{6370}\right) = 384.0803(\text{m})$$

6) 거리측정의 정밀도

거리측정의 정밀도(또는 정확도)는 오차/실제거리로 표시하나 오차와 실제거리를 발견하기란 거의 불가능하므로 오차는 평균제곱오차 또는 확률오차, 실제거리는 수회 측정한 평균값으로 대신하여 정밀도를 구한다. 따라서 거리측정의 정밀도를 나타내는 방법에는 앞서 설명한 것처럼 3가지 방법이 있지만 보통 ③의 방법으로 많이 사용한다.

① 1회 측정의 평균제곱오차 또는 확률오차
② 2회 측정의 차이와 평균제곱오차(또는 최확값)의 비율
③ 몇 회 측정의 확률오차와 평균제곱오차의 비율

일반적으로 잔차는 알기 어려우므로 측정값이 어느 정도 잔차에 가까운지 그 정확성은 불분명하다. 오차론에서 다수회의 측정으로부터 얻은 평균값을 잔차에 가장 가까운 값, 다시 말해서 최확값이라고 한다.

이 최확값의 신뢰도를 나타내는 평균제곱오차 또는 확률오차의 크기를 가지고 측정 정밀도의 상태를 나타내는 일이 일반적으로 행하여지고 있다. 어떤 구간에 있어서 n회 측정으로부터 얻은 값을 $l_1,\ l_2,\ \cdots,\ l_n$이라고 하면 최확값 m은

$$m = \frac{(l_1 + l_2 + l_3 + \ \cdots \ + l_n)}{n} = \frac{\Sigma l}{n} \tag{2.24}$$

여기서, 측정값과 최확값의 차(잔차) $V = l - L$로부터 최확값 L의 평균제곱 오차 M, 확률오차 R은 다음 식에 의해 구할 수 있다.

$$M = \sqrt{\frac{\Sigma V^2}{n(n-1)}}$$
$$R = \pm 0.6745M \tag{2.25}$$

여기서, L에 대한 정밀도는 M/L 또는 R/L로 표시한다.

또 어떤 구간을 여러 개로 나누어 측정하는 경우 각각의 측정값을 $l_1,\ l_2,\ l_3,\ \cdots,\ l_n$ 이것들의 평균제곱오차를 $m_1,\ m_2,\ m_3,\ \cdots,\ m_n$이라고 하면 전체길이 $L = l_1,\ l_2,\ l_3,\ \cdots,\ l_n$에 대한 평균제곱오차 M은 다음과 같다.

$$M = \sqrt{m_1^2 + m_2^2 + \ \cdots \ + m_n^2} \tag{2.26}$$

또 각각의 측정값을 $l_1, l_2, l_3, \cdots, l_n$한 측정값의 확률오차는 $l_1 \pm r_1$로 표시하면 이때 $l_1 \pm r_1 + \cdots + l_n \pm r_n$이고, 전체길이 $L = l_1, l_2, l_3, \cdots, l_n$이다.

이에 대한 확률오차 R은 다음과 같다.

$$R = \sqrt{r_1^2 + r_2^2 + \cdots + r_n^2} \tag{2.27}$$

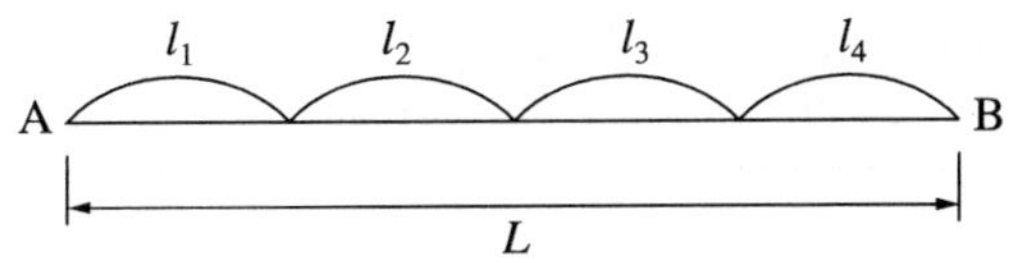

그림 3-13. 구간분할측정

정밀 기선측량에서 보통 측정거리의 최확값에 확률오차 r을 첨가하여 그 정밀도를 표시하고 있다.

일반의 거리측정에서는 같은 구간을 아주 여러 번 측정하는 일은 드물며, 왕복 2회로 하는 것이 보통이다. 이런 경우 왕복차이를 사용하여 평균제곱오차 또는 확률오차를 같게 취급하는 경우가 있다. 또 이 정밀도를 1/10,000로 표시하는 경우가 있다. 이것은 최확값에 대한 최확값의 평균제곱오차 또는 확률오차의 비율이며, 도근측량에서 거리의 정밀도는 일반적으로 왕복오차 d와 전체길이 비율로서 나타난다.

예제 08

2점간의 거리를 같은 상태에서 5회 측정하여 다음 결과를 얻었다. 이 거리의 평균값을 구하고 그 측정정도를 평균제곱오차로 표시하시오.

측정회수	측정치	V	V^2
1회	150.38 m	− 3	9
2회	150.56 m	+15	225
3회	150.48 m	+ 7	49
4회	150.29 m	−12	144
5회	150.33 m	− 8	64

해설

$l_0 = 150.41$, $\Sigma V^2 = 491$, $m_0 = \pm\sqrt{\dfrac{491}{5\times 4}} = \pm 4.95\text{cm}$, 정밀도 $= \dfrac{0.0495}{150.141} \fallingdotseq \dfrac{1}{3000}$

그리고 2회 측정치의 교차와 그 평균값과의 비로 표시하는 방법은 2회의 측정치를 l_1, l_2, 그 평균값을 L_0라 하면 그 정도(정밀도)는 다음 식으로 표시된다.

정도 $= \dfrac{l_1 - l_2}{L_0}$

예제 09

2점간의 거리를 2회 측정하여 다음과 같은 측정치를 얻었다. 그 정도를 구하라.

측정회수	관측치
1회	84.45 m
2회	84.47 m

해설

$$L_0 = \frac{84.45 + 84.47}{2} = 84.46\,\text{m}$$

$$\therefore \text{정도} = \frac{84.47 - 84.45}{84.46} = \frac{0.02}{84.46} = \frac{1}{4223}$$

2.4 각측량

2.4.1 개요

각과 거리는 지표면의 제점의 위치결정에서 없어서는 안 될 중요한 기본적 요소 중의 하나이며, 이들 조합에 의하여 효과적으로 그 목적을 이룰 수 있다.

거리 측정을 정밀하게 하였다 하더라도 각측정의 정밀도가 거리측정의 정밀도와 부합되지 않으면 정밀한 측량성과를 얻을 수 없으므로 측각에 사용되는 기계의 구조, 특성, 사용방법, 측각법, 오차 등을 익혀 높은 정도의 측량성과를 얻도록 하여야 한다.

1) 각의 정의

그림 2-14에서 점 O로부터 두 개의 측점 P_1, P_2를 시준할 때에 각 시준선을 수평면에 투영한 측선이 이루는 각 α를 수평각이라 하고, 연직면 내에서 수평선과 시준선이 이루는 각 β를 연직각이라고 한다.

수평각에 있어서 임의의 기준 방향으로부터 우측으로 측정한 각 α_0를 방향각이라 하고, 특히 진북을 기준방향으로 잡았을 경우에는 방위각이라 한다. 연직각은 시준선이 수평선보다 위에 있으면 앙각(+) 아래에 있으면 부각(−)으로 구분한다. 또한 연직각 대신에 연직선의 상방향인 천정으로부터 측정한 각인 천정각 Z를 사용하기도 한다.

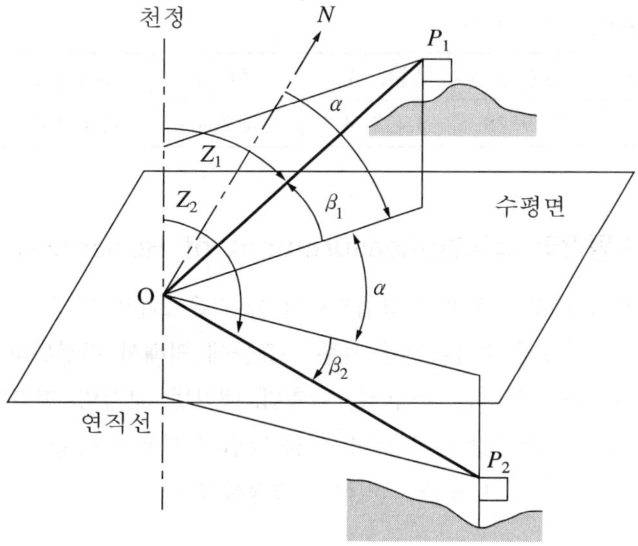

그림 2-14. 각(Angle)

2) 각의 단위

(1) 도(degree)

원주를 360등분하여 호에 대한 중심각을 1도라 하고, 이를 60등분한 것을 1분, 다시 1분을 60등분한 것을 1초라고 한다.

(2) 그레이드(grade)

원주를 400등분한 호에 대한 중심각을 1그레이드(grade)라 하고, 이를 100등분한 것을 1센티그레이드(c)라 하며, 또 이것을 100등분한 것을 1센티센티그레이드(c.c)라고 한다.

이 각의 단위는 유럽의 여러 나라에서 널리 사용되고 있으며, 특히 정밀각측정기 및 실체도화기에는 그레이드 단위를 널리 사용한다.

(3) 호도(radian)

원의 반지름과 동일한 호가 이루는 중심각을 1라디안(radian)이라고 한다. 호를 사용하면 수학적 연산이 편리하나 측량에서 사용하는 측각기의 눈금은 도 혹은 그레이드로 표시되어 있으므로 측량계산에 있어서 도 혹은 그레이드를 호도로 환산해야 할 필요가 있다.

$$2\pi^{rad} = 360^{\circ} = 400^{g}$$

1호도를 도, 혹은 그레이드로 표시하면 다음 표와 같다. 또한 1호도를 도, 분, 초로 표시할 때는 각각 ρ°, ρ', ρ''의 기호로 표시한다.

표 2-6. 각의 환산

rad	도(°)	분(′)	초(″)	grad(g)	(c)	(c.c)
1	57.29578	3,437.747	206,264.8	63.66198	6,366.198	636,619.8

3) 수평각의 측정법(Measurement of Horizontal angle)

수평각 측정의 일반적 방법으로서 한 각은 2개의 방향으로 이루어지고, 각각의 방향은 데오드라이트의 중심위치와 시준 목표들에 의해서 결정된다.

수평각을 관측하는 방법에는 단측법, 배각법, 교각법, 편각법, 방위각법, 방향관측, 각관측법 등으로 분류할 수 있으며, 이들 방법의 사용은 측량의 종류나 소요정확도 및 소요시간, 경제적인 측면 등을 고려하여 결정하게 된다.

(1) 단측법

이 방법은 단각법이라고도 하며, 측각기계를 사용하여 2점 사이의 각을 1회관측으로 나중 읽음값에서 처음 읽음값의 차를 내는 경우와 또는 1대회 평균각을 구하는 관측방법도 있다. 이 방법은 간단하여 시간과 노력이 단축되는 반면에 정확도는 떨어진다.

그림 2-15에서 ∠AOB를 측정하려면 우선 기계를 O점에 세우고 다음과 같이 측정한다.

① 망원경 정위상태에서 하부고정나사를 풀어 하부운동으로 A점을 시준하고 하부고정나사를 잠그고 초독을 읽는다.
② 상부고정나사를 풀고 상부운동으로 시계침 방향으로 B점을 시준하여 종독을 읽는다.
③ 같은 방법으로 망원경 반위상태에서 측점 B를 시준하고 반시계침 방향으로 측점 A를 시준하여 각을 읽는다.
④ 종독에서 초독을 감하면 ∠AOB가 된다.

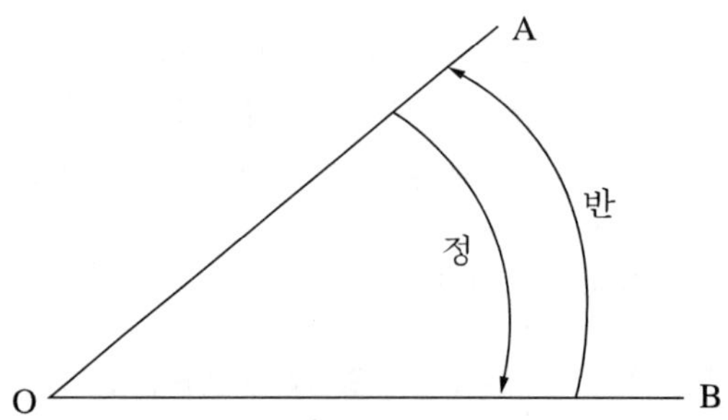

그림 2-15. 단측법

표 2-7. 단측법에 의한 야장기입의 예

측점	망원경	시준점	관측각	결과	평균각	비고
O	정	A B	0° 03′ 20″ 55° 41′ 40″	55° 38′ 20″	55° 38′ 30″	
	반	B A	235° 42′ 00″ 180° 03′ 20″	55° 38′ 40″		

(2) 배각법

반복횟수에 비례하여 각종 오차의 영향을 작게 하여 보다 정밀한 측각이 필요할 때 이 방법을 사용하며, 반복법이라고도 한다. 최근의 복축형 기계로 관측하는 모든 경우에 사용되고 있다. 이 방법은 도근측량에 시행하는 경우가 있다.

그림 2-16에서 단측법에서와 마찬가지로 초독 α_0와 종독 α_1을 취한다. 단 α_1은 ∠AOB의 대략값으로 뒤에 평균값과 비교하는데 참고가 되는 값이므로 야장의 비고란에 적어둔다.

① α_1의 각을 고정한 후 하부를 풀어 다시 A점을 시준한다.

② 하부를 고정하고 상부운동으로 B점을 시준해서 α_2를 얻는다.

③ 이와 같은 방법을 반복하여 ∠AOB를 구한다.

$$\angle \mathrm{AOB} = \frac{\alpha_n - \alpha_0}{n}$$

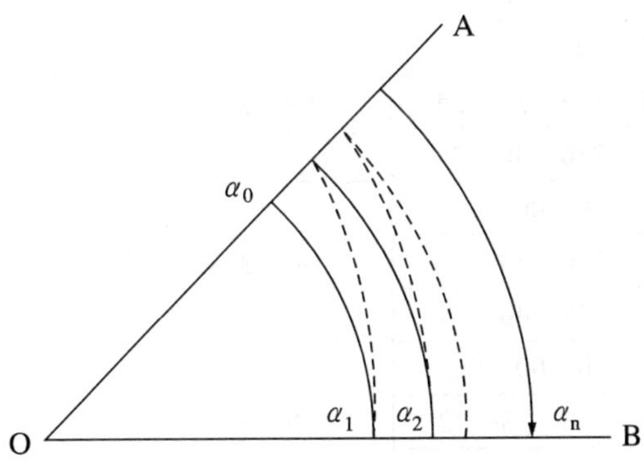

그림 2-16. 배각법

[배각관측부 서식]

배각관측 및 거리측정부

도선명 : 가 축척 : 1200분의 1

측점	시준점	배수	관측각	평균각	고도 (정/반)	고도 (평균)	측정 거리	수평 거리
보6	보7	0	0° 00′ 00″	72° 21′55″	° ′ ″	° ′ ″	m	m 22.54
		1	72 21 53					
	1	3	217 05 45					
1	보6	0	0 00 00	258 08 50				25.27
		1	258 08 57					
	2	3	54 26 30					
2	1	0	0 00 00	104 35 03				69.05
		1	104 35 08					
	3	3	313 45 09					
3	2	0	0 00 00	141 54 17				65.57
		1	141 54 17					
	4	3	64 42 51					
4	3	0	0 00 00	148 52 28				58.39
		1	148 52 25					
	5	3	86 37 24					
5	4	0	0 00 00	158 35 11				86.56
		1	158 35 15					
	6	3	1155 45 33					
6	5	0	0 00 00	192 13 29				84.87
		1	192 13 25					
	7	3	216 40 27					
7	6	0	0 00 00	256 33 37				78.10
		1	256 33 36					
	8	3	49 40 51					
8	7	0	0 00 00	110 33 33				65.19
		1	110 33 32					
	보9	3	331 40 39					
보9	8	0	0 00 00	187 29 53				
		1	187 29 50					
	보4	3	202 29 39					

2020.10.15. 관측	관측자 : 홍길동	사용기계 : GTS-313	날씨 : 맑음	풍력 : 미풍

배각법의 특징으로는

① 방향각법과 비교하여 읽기오차 β의 영향을 적게 받는다.
② 눈금을 직접 측정할 수 없는 미량의 값을 누적하여 반복회수 n로 나누어 각을 구하므로 읽기오차가 작아 기계의 최소 읽음값보다 세밀한 값을 읽을 수 있다.
③ 눈금의 불량에 의한 오차를 최소로 하기 위하여 n회의 반복 결과가 360°에 가깝게 해야 하는 것이 이상적이지만, n은 측각의 정밀도와 관계되는 것이므로 바꿀 수는 없다. 그러나 일반적으로 넓은 범위의 눈금을 사용하는 결과로 되어 눈금 부정오차의 영향은 적어진다.
④ 내축과 외축을 사용하여 이들 조합에 의한 내축과 외축의 연직선(또는 연직축)에 대한 불일치에 의하여 연직축 오차가 생기는 경우가 있으므로 데오드라이트를 다루는데 충분한 주의가 필요하다.
⑤ 배각법은 방향수가 적은 경우에는 편리하나 삼각측량과 같이 많은 방향이 있는 경우에는 적합하지 않다.

(3) 교각법(Direct angle method)

교각법은 2개의 측선이 만드는 교각을 독립하여 측정하는 것을 말한다. 교각의 측정에는 주로 배각법을 사용하며, 교각에는 하나의 폐다각형을 형성한 경우에 내각과 외각으로 나눌 수 있다. 폐다각형의 내각을 측정하는 것을 내각법, 외각을 측정하는 것은 외각법이라 한다. 도근측량에서 교각을 배각법에 의하여 측정하는 방법은 높은 정도를 요하는 시가지 지역에서 사용되며, 보다 높은 정도를 요구하는 때는 교각을 좌회・우회로 측정한다.

① 내각법

내각은 그림 2-17과 같이 좌회 또는 우회로 측정하는데 일반적으로 관측진행방향에 따라 우회각을 측정하는 것이 보통이다.

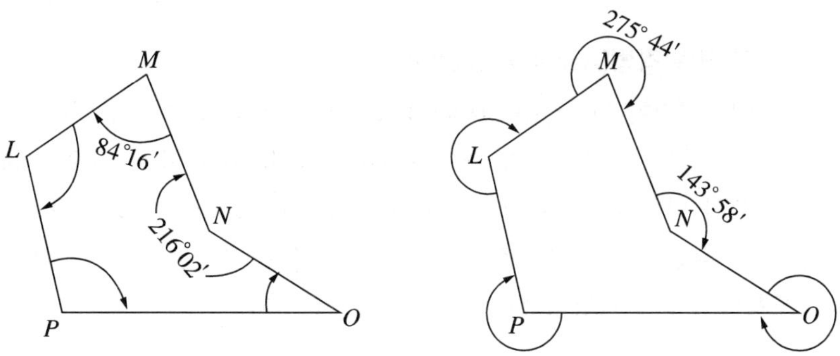

그림 2-17. 내각(좌), 외각(우)

② **외각법**

외각은 우회 또는 좌회로 측정하며, 이것도 역시 배각법에 의하여 내각에서와 같이 일반적으로 진행하는 방향을 따라 우회각을 측정하는 것이 보통이다.

(4) 편각법(Deflection angle method)

각 측선이 바로 앞 측선의 연장선과 이루는 각을 편각(deflection angle)이라 하며 이를 측정하는 방법을 편각법이라 한다. 편각은 180°보다 작은 각이며 연장선 오른쪽에 만들어지는 경우에는 우편각이라 하고 R 또는 (+)로 표기하며, 반대로 왼쪽에 만들어지는 경우는 좌편각이라 하며 L 또는 (−)로 표기한다.

편각의 측정방법은 그림 2-18에서와 같이 측점 B에 트랜싯을 세우고 망원경을 반전하여 측점 A를 시준하고 초독을 읽는다. 그런 다음 하부 고정나사를 잠그고 다시 망원경을 정위로 돌린 후 상부운동으로 다음 측점 C를 시준하고 각을 읽은 후, 종독에서 초독을 빼면 바로 편각이 된다.

이때 망원경을 정위로 후시하고 반위를 전시해서 얻은 편각도 측정하여 그 각을 평균하면 기계적 오차를 소거할 수 있다. 이 방법은 도로, 철도와 같은 노선의 종단 측량에 많이 이용된다.

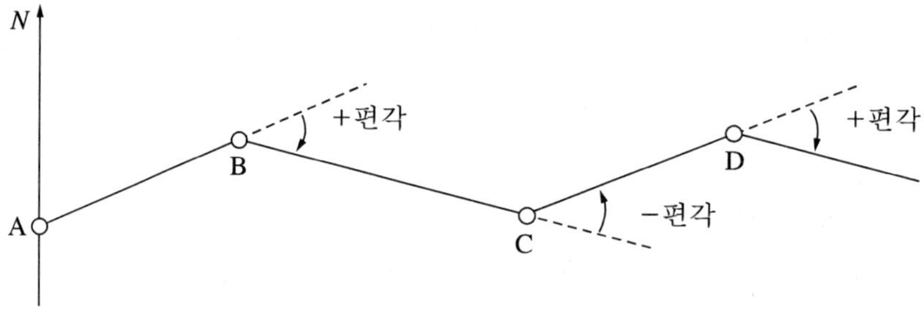

그림 2-18. 편각법

(5) 방위각법(Azimuth method)

어느 일정한 기준선(reference line)으로부터 다음 측선과 이루는 각을 시계침 방향으로 측정한 각을 그 측선의 방향각(direction angle)이라 하며, 자오선(meridian)을 기준선으로 할 때의 방향각을 방위각(meridian angle or azimuth)이라 한다.

방위각은 북을 기준으로 하여 시계방향으로 측정한 각을 말하며 방위각은 진북방위각, 도북방위각, 자북방위각의 세 가지로 구분한다.

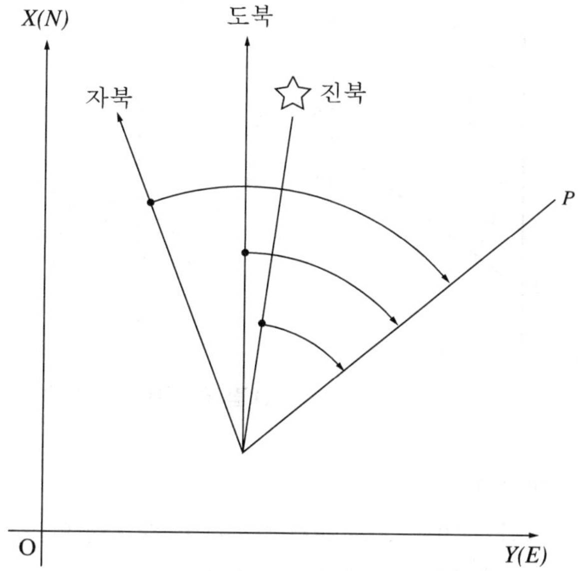

그림 2-19. 방위각의 구분

① 진북방위각

진북방위각(True Meridian)은 자오선의 북방향(북극)을 기준으로 하여 시계방향(우회)으로 측정한 각을 말한다. 자오선은 북극과 측점과 남극을 연결하는 유일한 선을 말한다.

② 도북방위각(Grid Meridian)

평면직각종횡선의 종축(X축)의 북방향을 기준으로 하여 우회로 측정한 각을 말한다. 즉, 도북방위각은 우리나라 3원점의 종선을 각각 기준으로 하여 구획된 지적도 도곽의 종선과 일치되며 원점상에서는 도북방위각과 진북방위각이 일치된다. 도북방위각은 각 원점에서 동 또는 서로 멀리 떨어질수록 진북방위각의 차가 커지며 이를 자오선수차라 하고, 삼각측량 성과표에서는 이를 α로 표시한다.

③ 자북방위각(Magnetic Meridian)

자침이 가리키는 북방향을 기준으로 하여 위회로 측정한 각을 말한다. 자북은 우리나라 위치에서 북극을 향한 때 약간 서편에 기울어져 이를 서편차라 한다.

④ 방위각측정법

방향각 또는 방위각을 측정하는 방법을 전원법 또는 방위각법이라 하며 다음과 같이 두 가지 방법에 의하여 각 측선의 방위각을 측정할 수 있다.

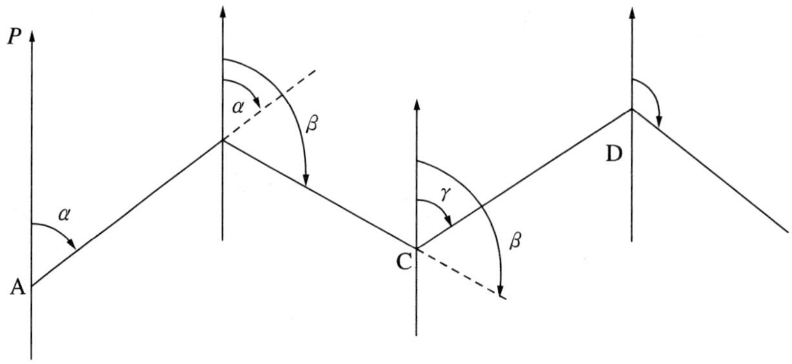

그림 2-20. 반전법

㉠ 반전법

그림 2-20과 같은 순서에 의하여 각 측선의 방위각을 구하는 방법이다.

- 트래버스의 출발점 A에 트랜싯을 세우고 기준방향 P를 시준한다.
- 상부운동으로 다음 측점 B를 시준하여 측선 AB의 방향각 α를 구하고 고정나사(상부고정나사)를 잠근다.
- 고정나사를 잠근 상태로 기계를 다음 측점 B로 옮겨 세우고 망원경을 반전하여 반위 상태에서 하부 운동으로 A를 시준한다.
- 망원경을 다시 정위로 한 후 AB측선의 연장선을 얻는다.
- 상부운동으로 다음 측점 C를 시준한다.

이 때 트랜싯에는 이미 각을 가진 채로 AB방향에 있었으므로 C점을 시준한 각은 자연히 측선 BC의 방향각 β를 얻게 된다.

㉡ 부전법

망원경을 반전하지 않고 정상적으로 각 측선의 방위각을 측정하는 방법이다.

- 그림 2-21에서 측점 A에 기계를 세우고 기준 방향 P를 시준하고 상부운동으로 측점 B를 시준하여 측선 AB의 방향각 α를 구하고 고정나사(상부고정나사)를 잠근다.
- 고정나사를 고정한 상태로 기계를 B로 옮긴다.
- 망원경을 정위상태에서 하부운동으로 A를 시준한다. 이 때 망원경의 방향은 BA이고 수평 분도원의 초독의 방향은 기준방향 P와 일치하나 방향이 180° 반대가 된다.
- 망원경을 정위상태에서 상부운동으로 C점을 시준하고 180°를 감하면 BC방향각 β를 얻게 된다.

  $\alpha + 180° + \theta_1 = 180° + \beta$

[방위각관측 서식]

방위각관측 및 거리측정부

도선명 : 가 　　　　　　　　　　　　　　　　　　　　　　　　　　축척 : 1200분의 1

측점	시준점	방위각	고도 정	고도 반	고도 평균	측정거리 1회	측정거리 2회	측정거리 평균	수평거리
			° ′ ″		° ′ ″			m	m
보1	보2	0° 00′ 00″							.
보1	1	29 51 45	67 18 00	112 41 30	67 18 15	66.93	66.93	66.93	61.75
1	2	301 16 02				72.41	72.41	72.41	72.41
2	3	272 29 46				65.85	65.85	65.85	65.85
3	4	338 49 23				56.74	56.74	56.74	56.74
4	5	8 42 52	82 37 48	97 22 14	82 37 47	59.17	59.17	59.17	58.68
5	6	342 50 49				137.43	137.43	137.43	137.43
6	7	3 08 26				88.46	88.46	88.46	88.46
7	8	317 36 50				101.78	101.78	101.78	101.78
8	보10	354 39 11	102 46 50	77 14 00	102 46 25	245.59	245.59	245.59	239.51
보10	보8	313 28 15				.	.	.	.
						.	.	.	.
						.	.	.	.

2020. 10. 15. 관측	관측자 : 홍길동	사용기계 : GTS211D	날씨 : 맑음	풍력 : 미풍

- 다음에 상부고정나사를 잠그고 수평 분도원의 각을 고정한 채로 기계를 C점으로 옮긴다.
- 하부운동으로 B를 후시하고 상부운동으로 D점을 전시하면 CD측선의 방향각 δ를 얻게 된다.

$\delta = 180° + \alpha + \theta_1 (180° + \theta_2) = 360° + \alpha + \theta_1 + \theta_2 = \alpha + \theta_1 + \theta_2$

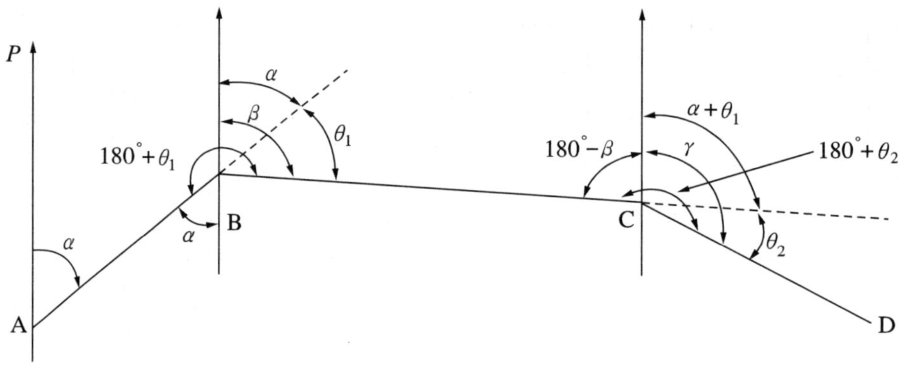

그림 2-21. 역방위각법

(6) 방향관측법(Direction Method)

일명 연속측각법이라 하며, 측각 정도가 균일하게 되고 특히 삼각측량과 같이 1측점에서 동시에 많은 각을 측정하는 때에 적합하며, 배각법에 비하면 관측시간을 절약할 수 있을 뿐만 아니라 기계오차를 소거할 수 있으므로 삼각측량에서 주로 사용된다.

① 원방향의 선정

방향관측법에 있어서 일련의 관측방향 중 최초에 기계를 표정하는 방향을 원방향 또는 영방향이라 한다. 원방향은 방향관측법의 기준이 되므로 이에 오차가 있을 때에는 모든 방향의 관측성과에 영향을 주기 때문에 그 선정에 있어서는 다음의 사항을 주의해야 한다.

㉠ 원방향의 시준점은 시준에 있어 무엇보다도 안정성이 있어야 하므로 시통이 용이할 것

㉡ 원방향의 시준점은 다른 시준점들을 평균한 높이에 가까울 것

㉢ 시준거리의 장단에 따른 시준오차를 균일하게 하기 위하여 각 시준점에 이르는 거리의 대략 중간거리를 택할 것

㉣ 원방향은 관측시에 따라 순광의 위치에서 시준할 수 있을 것

② 관측요령

㉠ 기계를 O점에 세우고 OA를 기준방향으로 하고 망원경을 정위상태로 하여 상부운동으로 A점을 시준하여 초독 α_0를 얻는다.

㉡ 상부운동으로 기준방향에서 시계침 방향(우회각)으로 B, C, D순으로 시준하여 그 값을 얻는다.

㉢ 최종의 D점을 관측한 후에 망원경을 반위로 하여 반시계침 방향(좌회각)으로 측정하여 기준방향으로 돌아가면 왕복측정이 된다. 이것을 1대회관측이라 한다.

㉣ n대회관측을 하려면 1회마다 지표에 대한 분도원의 눈금을 180°/n만큼씩 이동시켜서 눈금부정확오차를 제거한다.

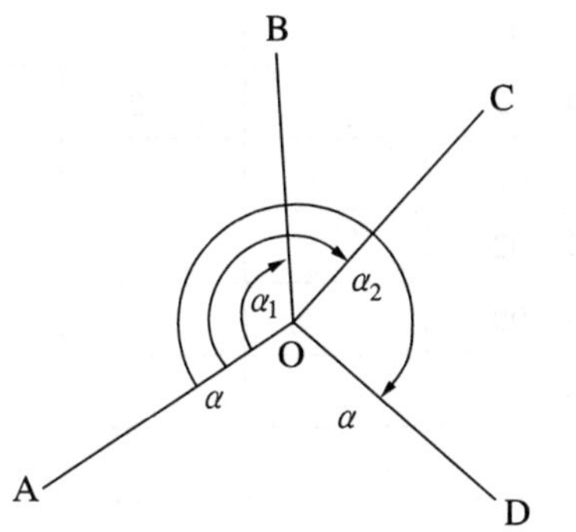

그림 2-22. 방향관측법

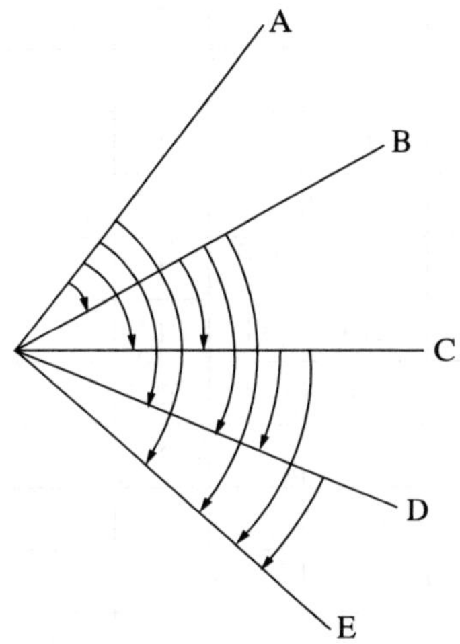

그림 2-23. 각관측법

(7) 각관측법

수평각측정법 중 가장 정밀한 측정방법으로서 1등 삼각측량에 이용된다. 관측할 여러 방향선 사이의 각을 방향관측법으로 관측하여 최소자승법에 의하여 각각의 최확값을 구한다. 한 측점에서 관측할 방향수가 m일 때 총 각관측수와 조건식 수는 다음과 같다.

$$\text{총 각관측 수}(N) = \frac{1}{2}m(m-1)$$

$$\text{조건식 수} = n - m + 1$$

예제 10 관측방향수 4이면 조선식수와 관측각 총수는 얼마인가?

해설 각 총수 $\frac{1}{2} \times 4(4-1) = 6$, 조건식 수 $6-4+1=3$

[수평각관측부 서식]

수평각관측부

측점명 : 충북5

시간	윤곽도	경위	순번	시준점	방향각	조정		
						출발차	폐색차	결과
10:10	0	정	1	서영6	0 00 00		0	0 00 00
			2	보1	299 48 04		−4	299 48 00
			1	서영6	360 00 08		−8	360 00 00
	180	반	1		180 00 04	−4	0	360 00 00
			2		119 48 04	−4	+4	299 48 04
			1		179 59 55	−4	+9	0 00 00
	90	정	1		90 00 00		0	0 00 00
			2		29 48 03		−1	299 48 02
			1		90 00 02		−2	360 00 00
	270	반	1		270 00 00			360 00 00
			2		209 48 02			299 48 02
10:50			1		270 00 00			0 00 00

2020.12.01. 관측	관측자 : 홍길동	사용기계 : GTS-313	날씨 : 맑음	풍력 : 화풍

※ 폐색차 조정은 제1각에 $\frac{E}{n}$, 제2각에 $\frac{E}{n}\times 2$, 제3각에 $\frac{E}{n}\times 3$ … 등으로 배부한다.

여기서 E는 폐색차, n은 측각수이다.

(예) 윤곽도 0° 폐색차 조정 : $E=-8$, $n=2$이므로 0, $\frac{-8}{2}=-4$, $\frac{-8}{2}\times 2=-8$

2.4.2 연직각측정법

연직각관측법에는 고저각과 천정각거리 및 천저각거리(천저각, 연직각, 경사각) 등이 있으며, 주로 삼각점의 표고차를 구하기 위해 행한다.

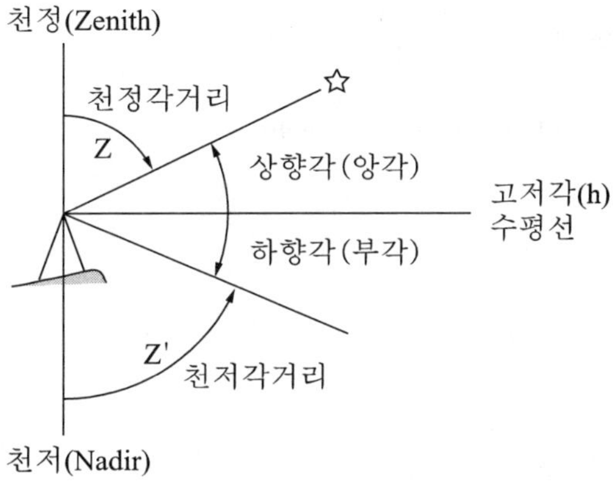

그림 2-24. 연직각

1) 고저각 및 천정각거리

고저각은 수평선을 기준으로 관측 대상에 대한 시준선과 이루는 각을 말하며, 시준선이 수평선보다 위에 있으면 올려본 각인 상향각[또는 앙각(+)], 시준선이 수평선보다 아래쪽에 있으면 내려본 각인 하향각[또는 부각(−)]이라 한다.

이에 반하여 연직선방향(천정)을 기준으로 나타낸 각을 천정각이라 하며, 그 거리를 천정각거리라 한다. 한편 천저를 기준으로 하여 나타낸 각을 천저각 또는 천저각거리라 한다.

따라서 천정각거리와 고저각 사이에는 여각($\alpha = 90° - Z$)의 관계가 있다.

2) 천정각거리 관측

일반적인 경우 그림 2-25와 같이 망원경의 시준선은 정확하게 90°, 270°의 선에 일치하지 않아서 오차 C를 가진다. 이 경우 망원경 정위에서의 독취값을 r, 반전한 독취값을 l이라 하고 연직각을 Z라고 하면 다음과 같다. 그림에서

망원경 정위 $90° - Z = 90° - r + c - n$

망원경 반위 $90° - Z = -270° - l - c + n$

이 되며, 양관측을 더함으로써

$$2Z = r - l + 360°$$

로 되어 C, n의 양오차가 소거되므로 구하고자 하는 천정각거리와 연직각은

$$천정각(Z) = \frac{(r - \ell)}{2} + 180°$$

$$연직각(r) = \frac{(-r + \ell)}{2} - 90°$$

이 된다.

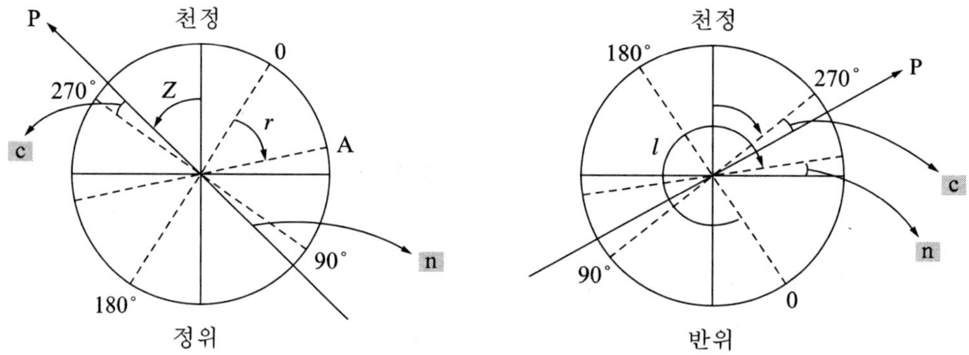

그림 2-25. 천정각거리와 연직각

연직각관측은 수평각관측과 마찬가지로 망원경을 정 · 반 관측하여 기계오차를 소거하며, 기계의 정치 및 관측 준비는 수평각관측의 일반사항과 같고, 지적법규에 규정된 사항을 보면 다음과 같다.

① 각 측점에서 정 · 반으로 2회 관측하여야 한다.

② 정 · 반 관측치의 최대치와 최소치의 교차가 30초 이내인 때에는 그 평균치를 연직각으로 한다.

③ 2개의 기지점에서 소구점의 표고를 계산한 결과 그 교차가 0.05 m + 0.05 ($S_1 + S_2$) m 이하인 때에는 그 평균치를 표고로 한다. 여기서 S_1, S_2는 기지점에서 소구점까지의 평면거리로서 km 단위로 표시한 수이다.

[별지 제36호 서식]

연직각관측부

측점명 보45점						
시분	시준점	윤곽	경위	관측각	연직각	평균
11:20	9	90	정	91°37′00″	1°37′00″	
		270	반	267°22′45″	1°37′15″	
		90	정	91°37′20″	1°37′20″	
		270	반	268°23′10″	1°36′50″	+ 1°37′06″
기계고 i = 1.20 m					시준고 f = 2.74	

측점명 9점						
시분	시준점	윤곽	경위	관측각	연직각	평균
13:25	보45	90	정	88°11′52″	1°48′08″	
		270	반	271°48′00″	1°48′00″	
		90	정	88°11′40″	1°48′20″	
		270	반	271°48′15″	1°48′15″	− 1°48′11″
기계고 i = 1.65					시준고 f = 2.50	

[약도]

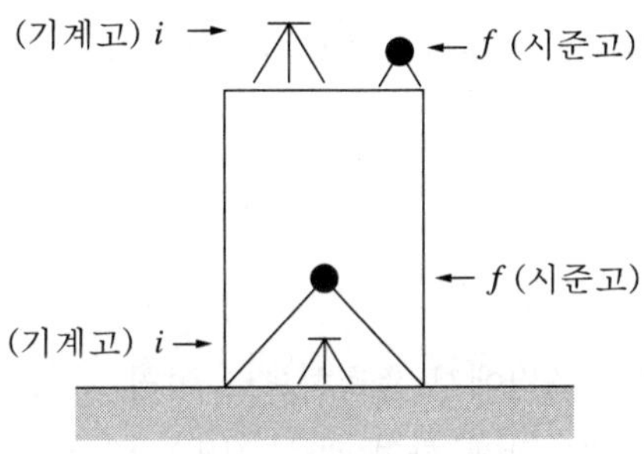

[기재상의 주의]

1. 관측시간은 시작과 끝 시간을 기입한다.
2. 윤곽은 정측회 또는 반측회에서 수평에 해당하는 각도를 기입한다.
3. 천저를 0°로 한 기계를 사용하는 때에는 측정한 그대로의 각치를 기입하고 연직각은 다음 식에 의하여 산출한다.
   정측회 = 관측치 − 90°
   반측회 = 270° − 관측치
4. 올려본 각 또는 내려본 각의 부호는 최종 평균란에만 기입한다.

2020.10.1. 관측	관측자 : 홍길동	사용기계 : TM-10C	날씨 : 맑음	풍력 : 화풍

210 mm × 297 mm (보존용지(1종) 70 g/m²)

2.4.3 각관측 오차와 소거법

관측에 있어 관측에 수반하는 오차를 작게 하여 관측 정밀도를 높이는 것이 중요하다. 따라서 오차의 원인을 알아서 이것에 대처해야 한다. 관측에서 생기는 오차를 크게 구별하면 정오차와 부정오차로 나눌 수 있다. 정오차는 일정한 크기와 부호를 가지고 누적하며, 부정오차는 그 크기와 부호가 일정하지 않고 관측회수의 제곱근에 비례하여 누적하는 것으로 생각되고 있다.

1) 기계적 오차의 소거

① 분도반의 편심오차 : 이는 기계의 제작상 결함으로 인해 기계의 수평회전축(연직축)과 수평분도반의 중심이 일치하지 않아서 생기는 오차이다.

② 시준축의 편심오차 : 이 또한 기계의 제작상 결함으로 인해 망원경이 수준축 주위로 회전할 때 시준선이 만드는 평면이 수평분도반의 중심을 지나지 않아 생기는 오차이다. 망원경의 외심오차로서 이는 망원경을 정·반위 위치에서 관측한 값을 평균하면 소거된다.

③ 시준축오차 : 이는 트랜싯의 제2조건이 불완전해서 생기는 오차로서 망원경의 정·반위의 관측값을 평균하면 소거된다.

④ 수평축오차 : 이는 제3조건이 불완전해서 생기는 오차로서 망원경의 정·반위의 관측값을 평균하면 소거된다.

⑤ 연직축오차 : 이는 기계의 제1조건이 불완전해서 생기는 오차로서 이는 제1조건을 만족시키는 방법 외에는 소거법이 없다.

2) 각관측에 수반되는 오차

우리가 야외에 나가서 관측에 종사하는 경우 여러 조건에서 관측하므로 여러 가지 오차를 수반한다. 따라서 이것들의 오차를 될 수 있는 한 작게 하여 관측 정밀도를 높이는 것이 중요하다.

트랜싯의 기계오차는 정오차로서 이것을 관측방법을 적절히 함으로써 제거할 수 있지만, 부정오차로서 목표의 시준에 수반하는 시준오차, 눈금독취에 수반하는 독취오차는 기계의 성능, 육안의 분해능력, 외계의 상황 등에도 관계하므로 어느 정도 생기는 것은 피할 수가 없다. 그러나 이것들은 여러 조건에 의하여 더 증가할 가능성이 있으므로 이것 이외의 원인에 의한 오차와 더불어 누적하여 관측오차를 크게 하는 요인을 제거하기 위해 노력하여야 한다.

(1) 정오차의 원인과 처리방법

오차의 종류	원 인	처리방법
시준축 오차 (c)	시준축과 수평축이 직교하지 않는다. $(c) = c \cdot \sec h$ 여기서, c : 경사량, h : 시준점의 고저	망원경을 정·반으로 관측하여 평균한다.
수평축 오차 (i)	수평축이 연직축에 직교하지 않는다. $(i) = i \cdot \tan h$ 여기서, i : 연직축, h : 시준점의 고저	상동
연직축 오차	연직축이 정확히 연직선에 있지 않다. $(v) = v \cdot \sin u \cdot \tan h$ 로서 수평눈금읽기에 영향이 있다. 여기서, u : 그 경사의 방향과 시준방향과의 각 v : 경사량	연직축과 수평기의 직교를 조정한다. 정반의 관측으로는 제거되지 않는다.
내심 오차	시준기의 회전축과 분도원의 중심이 불일치	180° 차이가 있는 2개의 버니어를 읽어 평균을 취한다.
외심 오차	회전축에 대하여 망원의 위치가 편심하여 있다.	망원경의 정반의 평균값을 취한다.
분도원의 눈금 오차	눈금의 부정확	읽은 분도원의 위치를 변화시켜 관측회수를 많이 하여 평균한다.
측점 또는 시준점의 편심에 의한 오차	측점의 중심과 기계의 중심 및 측표의 중심이 동일 연직선상에 있지 않다.	편심거리와 편심각을 측정하여 편심보정을 한다.

(2) 부정오차(우연오차)의 원인과 처리방법

오차의 종류	원 인	처리방법
망원경의 시도부정에 의한 오차	망원경의 시도 조정이 불충분하여 상이 십자선의 위치와 불일치되어 시차를 만들어 관측오차가 생긴다.	접안경과 대물경을 정확히 조정한다.
목표시준의 불량	기상상태(안개 또는 연기, 광선의 상태 등)나 배경의 상황에 의하여 시준목표가 흐릿해지는 것 등에 의한 관측오차	측표를 선명한 색채로 하고 관측시기를 선택한다.
빛의 굴절에 의한 오차	공기굴절의 불균일 또는 시준선이 지나치게 지형이나 지물에 접근하여 있는 경우 등	수평각은 아지랑이가 적은 조석에, 수직각은 기차의 영향이 적은 정오 전후에 관측하도록 시기를 선택하며, 또 시준선이 지형지물에서 벗어나도록 한다.
기기의 진동, 삼각의 나사 등에 의한 것	지반의 연약, 풍압, 삼각나사의 느슨함 등으로 인한 오차, 특히 고측표의 관측은 기기의 진동에 영향이 크다.	필요에 따라 각판을 설치한다. 또 측로복 등을 측기점 주위 등에 설치한다.
관측자의 피로 등에 의한 관측오차	관측자의 정신적·육체적 피로가 직접 관측값의 오차에 영향을 준다.	항상 몸을 주의하여 최량의 상태로서 관측에 임한다.

2.4.4 각 오차와 거리 오차와의 관계

각과 거리를 측정할 경우 양자의 측정 정밀도를 균등(balance)하게 하여야 한다. O점에 기계를 설치하여 A를 시준하여 B점을 관측하는데 있어서 측각오차(θ) 및 위치오차(Δl)가 발생하는 경우 다음과 같이 계산된다.

$$\rho : \theta = S : \Delta l \tag{2.28}$$

여기서, S : O에서 B까지 거리

θ : 측각오차

Δl : B에서의 위치오차

ρ : $\dfrac{180°}{\pi}$ $(=206265'')$

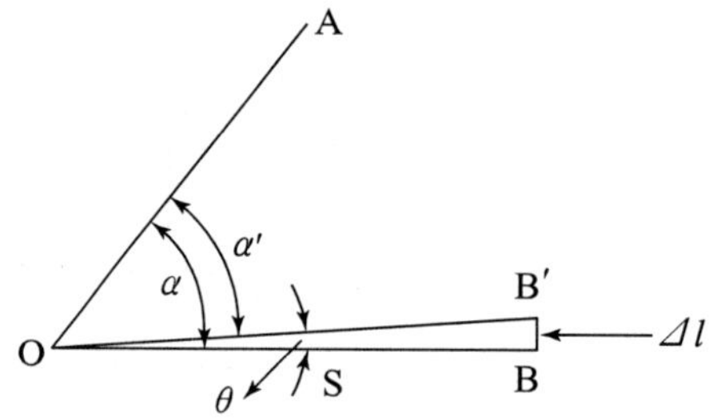

위치오차 $\Delta l = \dfrac{\theta}{\rho} \times S$

측각오차 $\theta = \dfrac{\Delta l}{S} \times \rho$

그림 2-26. 각오차와 거리오차

예제 11 기지점 A에서 기지점 B를 관측한 결과, 각도가 실제보다 34″만큼 오측되었을 때 위치오차는? (단 두지점간 거리 S는 2 km)

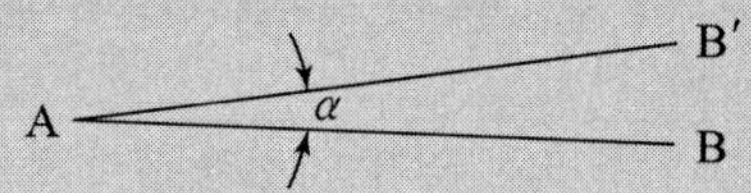

해설

위치오차 $\Delta l = \dfrac{\alpha}{\rho} \times S$에서

$\Delta l = \dfrac{34''}{206265''} \times 2{,}000 = 0.33\,\text{m}$

03

오차론

3.1 오차

측정에는 항상 오차가 수반되며 어떤 방법으로도 이를 완전히 제거할 수가 없으므로 측량에서 얻은 관측자료는 참값이 아니다. 따라서 측량에서는 일정한 오차범위 내의 값을 모두 측량의 결과값으로 사용하게 되는데 가능한 범위 내에서 참값에 가까운 값을 구하여 이를 참값에 대신하게 된다.

3.1.1 오차론의 정의

오차론은 측정치의 오차에 대한 성질을 규명하고 오차의 영향을 평균하여 최확값을 구하거나 혹은 결과의 정확도를 평가하는 방법을 연구하는 학문이다.

- 미지량의 측정 시 결과치가 서로 일치하지 않음
- 오차가 존재함을 의미
- 관측에서 얻은 결과치는 참값(true value)이 아닌 근사치(approximate value)
- 측정치(관측치) 중에는 참값이 있을 수 있으나 확인할 수 없음
- 최확값(most probable value)을 구하여 참값으로 대신 사용

3.1.2 오차의 종류

1) 정오차(constant)

측정조건이 일정한 경우 항상 일정한 크기와 부호의 오차가 발생되며 수학적 법칙과 물리학적 법칙을 따르며 누적오차(cumulative errors) 혹은 계통적오차(systematic error)라고 한다.

2) 우연오차(accidental error)

정오차와 과오(mistake)로 인해 발생되는 오차를 제외한 나머지 부분의 오차로 그 발생원인이 확실치 않고 보정 역시 어려우며 확률법칙에 의한 최소제곱법(method of least squares)에 따라 처리한다.

3) 과오(mistake)

관측자의 잘못 등 관측자의 부주의와 미숙에 의하여 발생되는 오차이며 과대오차(Gross Error)로 불리기도 하며 이것은 수학적 혹은 물리적 오차와는 전혀 그 성질이 다르다.

3.1.3 오차의 3법칙

① 작은 오차가 생기는 확률은 큰 오차가 생기는 확률보다 크다.
② 같은 크기의 (+), (−)의 오차가 생기는 확률은 비슷하다.
③ 극히 큰 오차는 기대확률은 영(zero)이다.

3.1.4 오차곡선(error curve : 확률곡선 probability curve)

$$y = f(x)$$
$$y = c(e)^{-(hx)^2}$$

여기서, x : 오차의 크기
y : x의 오차를 생기게 하는 확률
c, h : 관측의 정밀도계수(관측조건에 따른 상수)
e : 자연대수의 밑수(base)

이 함수가 오차의 3법칙을 만족시키게 되려면

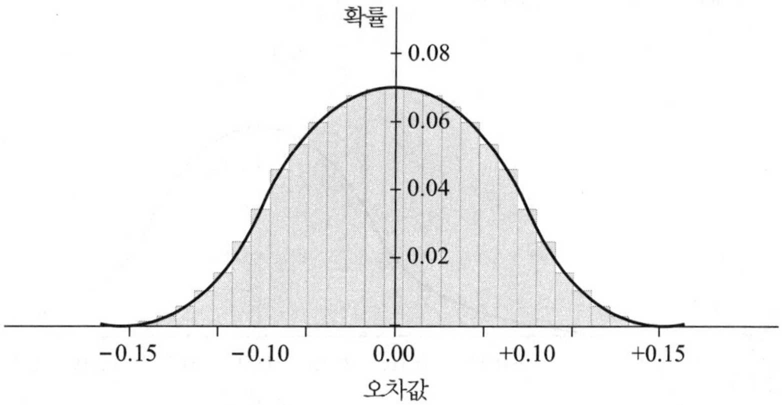

그림 3-1. 오차곡선(error curve)

① 최대의 확률을 갖는 위치의 오차는 0(zero)이 되어야 한다.
② 같은 크기의 (+), (−)의 오차는 같은 모양으로 표현되어야 한다($y = f(x)$의 곡선은 y축에 대해서 대칭).
③ 오차의 절대치가 증가하면 y는 감소한다(x가 대단히 커지면 y는 0에 접근한다).

3.1.5 정확도와 정밀도

1) 정확도(正確度 : Accuracy)

표준치 혹은 허용치에의 적합도(부합도)를 나타낸다. 정확도는 또한 성과(측정치의 결과)의 질에 관계되며 그 성과를 얻은 작업(운영)의 질에 관계되는 정밀도와는 구별되어야 한다. 정확도의 표현은 오차를 참값으로 나눈 형태($\frac{\text{오차}}{\text{참값}}$)로 하여 분자를 1로 표시한 $\frac{1}{(\quad)}$의 형태로 나타낸다.

2) 정밀도(精密度 : Precision)

측정을 할 때의 정교도(치밀도 또는 세밀도)를 나타내는 것이며 측정 결과를 얻기 위한 작업(운영)의 질에 관계되는 것이고 측정 시 기기 또는 방법의 완전성의 정도(程度)를 표시하는 말이다. 그러므로 정밀도는 성과의 균질성 혹은 재생성을 나타내는 척도가 되며 정밀도는 성과의 질에 관계되는 정확도와 구별되어야 한다.

정밀도는 측정의 과정과 밀접한 관계가 있으며, 측정 장비와 측정 방법에 크게 영향을 받는다. 측정값들의 분포상태가 최확치(대표값) 주변에 밀집되어 있으면 정밀하고 분포상태가 널리 퍼져 있으면 정밀하지 못한 것이다. 또한 정밀도는 관측값 상호간의 관계를 나타내는 경우에도 사용된다.

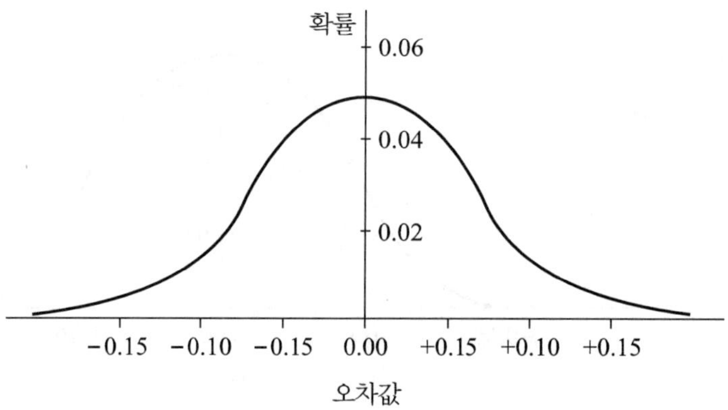

그림 3-2. 정밀도가 낮은 측정

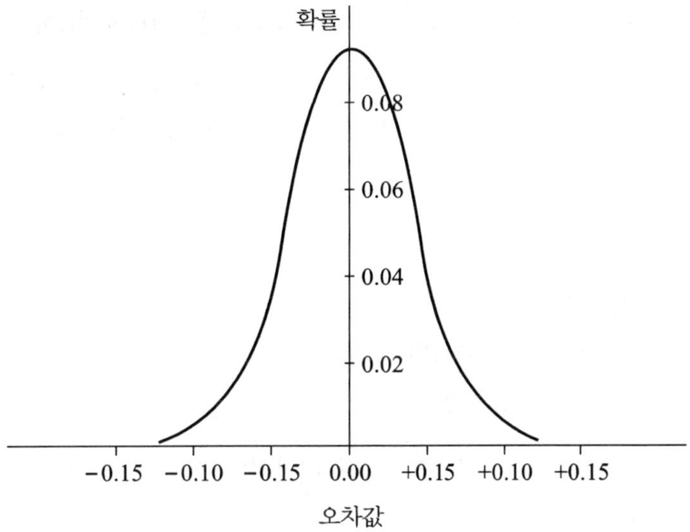

그림 3-3. 정밀도가 높은 측정

3.2 관측값의 처리

3.2.1 용어의 정의

1) 참값(True Value)

참(true)이라는 의미가 추상적인 개념인 것처럼 대부분의 경우에서 참값이라는 의미 또한 관념적인 값이다. 따라서 참값은 절대로 발견될 수 없으며 측정치 중에는 참값이 존재할 수도 있으나 그것이 참값이었다는 사실을 알 수가 없기 때문이다.

2) 오차(Error)

참값과 측정치와의 차를 오차, 즉 참오차라 할 수 있으나 참값을 알 수 없는 것과 같이 참오차도 절대로 알 수 없다. 따라서 참오차는 단지 측정치와 참값의 차로서 정의되는 추상적인 개념에 불과하다.

3) 최확값(most probable value)과 잔차(residual)

최확값(most probable value)은 관측에서 참값을 알 수 없으므로 참값에 가장 가깝게 신뢰될 수 있을 것으로 판단되는 값으로 산술평균치를 사용한다.

$$\overline{X} = \frac{\Sigma X_i}{N} \tag{3.1}$$

여기서, $\overline{X}$: 최확값

ΣX_i : 관측치의 총합

N : 총 관측 횟수

잔차(residual)는 어떤 관측값의 최확치와 개별 관측치와의 차를 말한다.

$$v = X_i - \overline{X} \tag{3.2}$$

여기서, v : 잔차

X_i : 관측값

$\overline{X}$: 최확값

4) 상대오차(Relative Error)

정확도와 같은 의미로 사용되며 측정값의 크기와 오차의 크기와의 비를 말한다.

예제 01

1) 10 m 거리관측에 발생된 오차 : ±1 mm
2) 100 m 거리관측에 발생된 오차 : ±1 mm

해설

1) 10 m 관측의 상대오차 = $\frac{1}{10,000}$

2) 100 m 관측의 상대오차 = $\frac{1}{100,000}$

즉, 2)의 관측이 1)의 관측보다 더 정확하다.

5) 경중률(중량 : Weight)

어느 한 측정값과 이와 연관된 다른 측정값에 대한 상대적인 신뢰성을 표현하는 척도이다.

$$\overline{X_w} = \frac{\Sigma WX_i}{\Sigma W} \tag{3.3}$$

여기서, $\overline{X_w}$: 경중률이 적용된 평균

ΣWX_i : 관측에 고려된 독립 경중률의 합

ΣW : 경중률의 합

- 횟수에 비례 : $W \propto N$ (여기서, W : 경중률, N : 횟수)
- 길이에 반비례 : $W \propto \frac{1}{S}$ (여기서, W : 경중률, S : 길이)
- 표준편차의 제곱에 반비례 : $W \propto \frac{1}{\sigma^2}$ (여기서, W : 경중률, σ : 표준편차)

6) 표준편차(SD : Standard Deviation)

산포도를 표시하는데 가장 보편적으로 사용하는 척도는 표준편차이다. 관측값(X_i)이 평균값($\overline{X}$) 주위에 분포되어 있는 상태, 즉 산포도를 알기 위하여 그들의 편차($X_i - \overline{X}$)와 그 평균값($\overline{X}$)을 사용하면 좋을 것 같으나 실제적으로 편차의 합[$\sum_{i=0}^{n}(X_i - \overline{X})$]은 0이 되므로 사용할 수 없다.

① 동일조건인 경우 : $\mathrm{SD}(\sigma) = \sqrt{\frac{\Sigma(X_i - \overline{X})^2}{N-1}}$

② 산술평균의 경우 : $\mathrm{SD}(\sigma) = \sqrt{\frac{\Sigma(X_i - \overline{X})^2}{N(N-1)}}$

③ 관측조건이 다른 경우 : $\mathrm{SD}(\sigma) = \sqrt{\frac{\Sigma W(X_i - \overline{X})^2}{(N-1)\Sigma W}}$

여기서, W : 경중률

7) 확률오차(Probable Error)

$$E_p = C_p \cdot \sigma \tag{3.4}$$

여기서, E_p : 확률오차

C_p : 확률분포곡선에 따른 계수(0.6745)

σ : 표준편차

예제 02 50%, 90%, 95%의 오차가 발생할 확률오차는?

해설

1) 50% 발생할 확률오차 $E_{50} = 0.6745 \cdot \sigma$
2) 90% 발생할 확률오차 $E_{90} = 1.6449 \cdot \sigma$
3) 95% 발생할 확률오차 $E_{95} = 1.9599 \cdot \sigma$

8) 평균편차(MD : Mean Deviation)

표준편차와 같이 산포도를 표시하는 중요한 방법의 하나로 평균편차(Mean or Average Deviation)라고도 한다.

$$\mathrm{MD} = \frac{\Sigma \mid X_i - \overline{X} \mid}{N} \tag{3.5}$$

여기서, X_i : 관측값

$\overline{X}$: 산술평균

N : 관측횟수

9) 확률분포(probability distribution)

표본공간의 가능한 모든 사건을 나타내는 확률변수와 그에 대응하는 확률을 나타낸 것

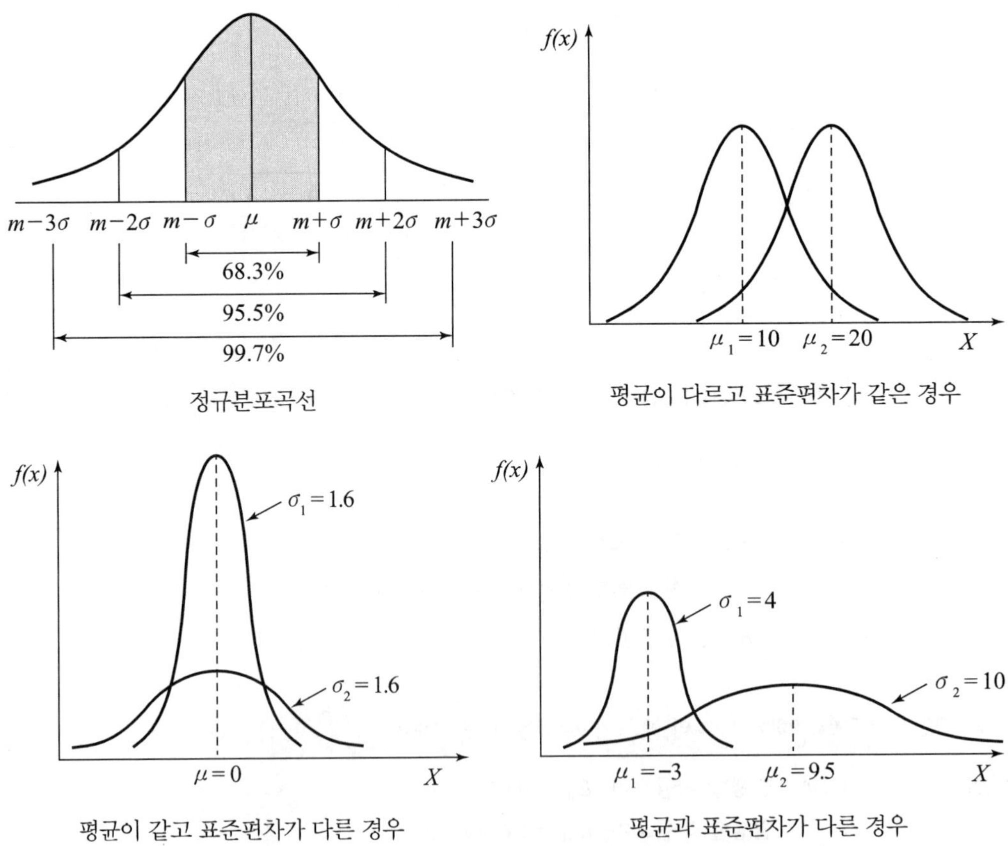

그림 3-4. 평균과 표준편차에 따른 오차곡선

10) 정규분포(normal distribution)

관측값 처리의 기본이 되는 연속확률분포

예제 03 두 측점(A, B)간의 거리를 서로 다른 세(a, b, c) 사람이 측정하여 다음과 같은 결과를 얻었다. 두 점 A, B간 거리의 최확값을 구하라.

1) 52.450 m (2회 측정 평균치)
2) 52.447 m (4회 측정 평균치)
3) 52.458 m (8회 측정 평균치)

해설 경중률은 측정 횟수에 비례하므로

$$\overline{X_w} = \frac{\Sigma WX_i}{\Sigma W} = \frac{(52.450\times 2)+(52.447\times 4)+(52.458\times 8)}{(2+4+8)} = 52.454\,\text{m}$$

측점 A, B간 거리의 최확값은 52.454 m이다.

예제 04 두 사람(갑, 을)이 A, B 2점간의 높이차를 측정하기 위해 여러 번 관측을 하여 다음과 같은 값을 얻었다. 두 사람의 결과로부터 A, B 두 점간 비고의 최확값을 구하라.

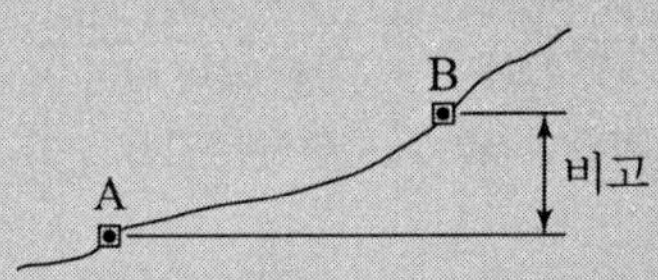

1) 갑의 결과 : 39.000 m ± 0.008 m
2) 을의 결과 : 39.003 m ± 0.004 m

해설 1) 두 사람의 관측 경중률

$$W_{갑} : W_{을} = \frac{1}{0.008^2} : \frac{1}{0.004^2} = 1 : 4$$

2) 최확값

$$\overline{X_w} = \frac{\Sigma WX_i}{\Sigma W} = \frac{(39.000\times 1)+(39.003\times 4)}{(1+4)} = 39.0024 \fallingdotseq 39.002\,\text{m}$$

예제 05 어떤 각을 두 사람(갑, 을)이 서로 다른 기계를 이용하여 측정한 결과 다음과 같은 결과를 얻었다. 최확값과 표준편차를 구하라.

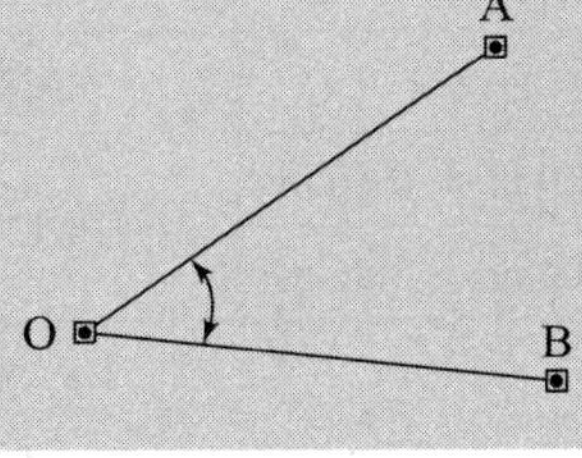

1) 갑의 관측값($\angle AOB$) : 24°13′36″ ± 3.1″
2) 을의 관측값($\angle AOB$) : 24°13′24″ ± 13.8″

해설

1) 경중률(W)

$$W_{갑} : W_{을} = \frac{1}{3.1^2} : \frac{1}{13.8^2} = 20 : 1$$

2) 최확값

$$\overline{X_w} = \frac{\Sigma WX_i}{\Sigma W} = (24°13') + \frac{(36'' \times 20) + (24'' \times 1)}{(20+1)} = 24°13'35.4''$$

3) 잔차 (v = 최확값 − 관측값)

갑 = 24°13′35.4″ − 24°13′36″ = −0.06

을 = 24°13′35.4″ − 24°13′24″ = +11.4

관측자	관측각	최확값	잔차(v)	경중률(W)	$W \cdot v^2$
갑	24°13′36″ ± 3.1″	24°13′35.4″	−0.06	20	7.20
을	24°13′24″ ± 13.8″		+11.4	1	129.26
			Σ	21	137.16

4) 표준편차(σ)

관측조건이 다른 경우의 표준편차는

$$\sigma = \pm\sqrt{\frac{\Sigma W(X_i - \overline{X})^2}{(N-1)\Sigma W}} = \pm\sqrt{\frac{137.16}{(2-1)\times 21}} = \pm 2.6''$$

∴ ∠AOB 의 최확값 및 표준편차는 24°13′35.4″ ± 2.6″

예제 06 A, B 두 사람이 동일한 테이프를 사용하여 같은 거리를 A는 5회, B는 6회 측정하여 다음과 같은 값을 얻었다. 두 점간의 거리를 구하고 표준편차(평균제곱오차)를 구하라.

(A) = 511.20 m ± 0.86 m

(B) = 510.00 m ± 3.46 m

해설

1) 두(A, B) 사람 관측의 경중률

$$W_A : W_B = \frac{1}{0.86^2} : \frac{1}{3.46^2} = 1.3520 : 0.0835 = 16.2 : 1$$

2) 평균(최확값)

$$\overline{X_w} = \frac{\Sigma WX_i}{\Sigma W} = \frac{(511.2 \times 16.2) + (510.00 \times 1)}{(16.2+1)} = 511.13\ \text{m}$$

3) 잔차(v)

A = 511.13 − 511.20 = −0.07

B = 511.13 − 510.00 = +1.13

관측자	관측각	최확값	잔차(v)	경중률(W)	$W \cdot v^2$
A	511.20 m ± 0.86 m	511.13 m	−0.07	16.2	0.08
B	510.00 m ± 3.46 m		+1.13	1.0	1.28
			Σ	17.2	1.36

4) 표준편차(σ)

$$\sigma = \pm\sqrt{\frac{\Sigma W(X_i - \overline{X})^2}{(N-1)\Sigma W}} = \pm\sqrt{\frac{1.36}{(2-1)\times 17.2}} = \pm 0.28\,\text{m}$$

5) 최확값 및 표준편차 = 511.13 m ± 0.28 m

예제 07 직선 AD를 그림과 같이 세 구간(AB, BC, CD)으로 나누어 각각 독립적으로 측정한 결과 다음과 같은 값을 얻었다. 직선 AD의 거리와 표준편차를 구하라.

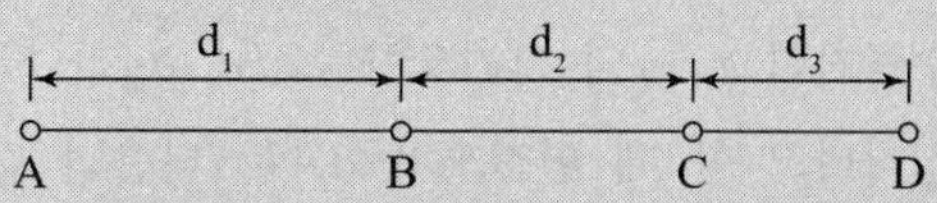

$AB(d_1)$ = 51.00 m ± 0.05 m

$BC(d_2)$ = 36.50 m ± 0.04 m

$CD(d_3)$ = 26.75 m ± 0.03 m

해설 ∴ AB의 거리 = 51.00 m + 36.50 m + 26.75 m = 114.25 m

∴ 표준편차(σ) = $\pm\sqrt{0.05^2 + 0.04^2 + 0.03^2}$ = ±0.005 m

예제 08 그림과 같은 직사각형 모양의 필지를 측량하여 다음과 같은 값을 얻었다. 그 면적과 표준편차를 구하라.

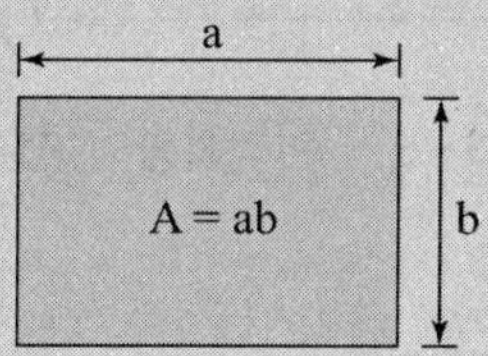

a = 15 m ± 2.3 mm

b = 25 m ± 3.6 mm

해설 1) 면적 = 15 m × 25 m = 375 m^2

2) 표준편차(σ) = $\pm\sqrt{(l_1^2 \times m_2^2) + (l_2^2 \times m_1^2)}$ = $\pm\sqrt{(15^2 \times 0.0036^2) + (25^2 \times 0.0023^2)}$

= ±0.0789 m^2

∴ 면적 및 표준편차 = 375 m^2 ± 0.0789 m^2

3.2.2 면적 및 체적의 정확도

면적과 체적은 거리관측을 통하여 계산되므로 거리측량의 정확도와 면적 및 체적 측량의 정확도 사이의 관계를 고려하면 산정할 수 있다.

1) 면적의 정확도

관측된 수평거리 x, y의 거리오차를 dx, dy라 하고 거리관측의 정확도가 $\frac{dx}{x}=\frac{dy}{y}=k$로 일정하다고 할 때 면적오차 dA는 다음과 같다.

$$dA=(x+dx)(y+dy)-xy=xdy+ydx+dx\cdot dy \tag{3.6}$$

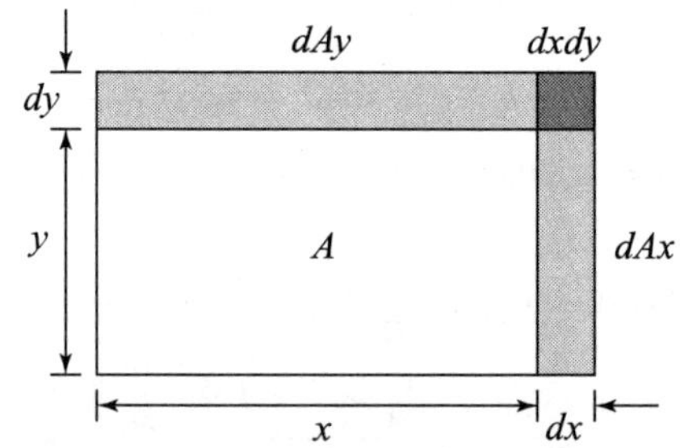

그림 3-5. 면적측량의 정확도

미소항의 2차식을 무시하고 양변을 면적(A)으로 나누면 면적 정확도는 다음과 같다.

$$\frac{dA}{A}=\frac{dy}{y}+\frac{dx}{x}=2\frac{dl}{l}=2k \tag{3.7}$$

즉, 면적측량의 정확도는 거리측량 정확도의 2배이다.

예제 09 면적이 300 m^2인 지역에서 측량을 실시하였다. 측정면적을 0.1 m^2까지 정확히 산출하기 위하여 관측거리는 어느 정도 정확히 관측하여야 하는가?

해설 $\frac{dA}{A}=\frac{dy}{y}+\frac{dx}{x}=2\frac{dl}{l}=2k$에서

$dA=0.1\ m^2$, $A=300\ m^2$이므로

$\therefore\ \frac{dl}{l}=\frac{1}{2}\cdot\frac{dA}{A}=\frac{0.1}{2\times 300}=\frac{1}{6{,}000}$

2) 체적의 정확도

관측된 수평거리, 수직거리 x, y, z의 거리오차를 dx, dy, dz라 하고 거리관측의 정확도가 $\frac{dx}{x}=\frac{dy}{y}=\frac{dz}{z}=k$로 일정하다고 할 때 체적오차 dV는 다음과 같다.

$$\begin{aligned} dV &= (x+dx)(y+dy)(z+dz)-xyz \\ &= xydz+xzdy+xdydz+yzdx+ydxdz+zdxdy+dxdydz \end{aligned} \tag{3.8}$$

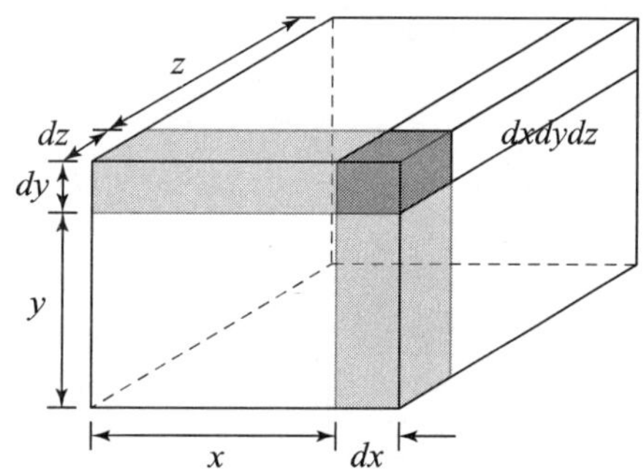

그림 3-6. 체적측량의 정확도

미소항의 2차식을 무시하고 양변을 면적(V)으로 나누면 체적 정확도는 다음과 같다.

$$\frac{dV}{V}=\frac{dz}{z}+\frac{dy}{y}+\frac{dx}{x}=3\frac{dl}{l}=3k \tag{3.9}$$

즉, 체적측량의 정확도는 거리측량 정확도의 3배이다.

예제 10 수평 및 수직거리를 동일한 정확도로 관측하여 육면체의 체적을 2,500 m^3로 구하였다. 수평 및 수직거리 관측의 정확도를 $\frac{1}{30,000}$로 허용할 경우 발생되는 체적계산의 오차는 얼마인가?

해설 $\frac{dV}{V}=\frac{dx}{x}+\frac{dy}{y}+\frac{dz}{z}=3\frac{dl}{l}=3k$에서

$V=2,500\ m^3$, $\frac{dl}{l}=\frac{1}{30,000}$이므로

$\therefore\ dV=3\cdot\frac{dl}{l}\cdot V=3\times\frac{1}{30,000}\times 2,500=0.25\,m^3$

MEMO

04

지적삼각측량

4.1 지적삼각측량 개요

우리나라의 기본적인 삼각점은 대삼각본점, 대삼각보점, 소삼각1등점, 소삼각2등점으로 구분되고, 전국에 많은 점이 설치되어 있으며 이들 점들은 일정한 비율로 전국토를 그물처럼 뒤덮고 있는데 이것을 "삼각망"이라고 부른다. 그러나 초기에 설치된 이런 삼각점들이 세월이 흘러 파손, 멸실이 심하여 대규모의 측량을 하고자 할 때 없어진 기본삼각점을 복구할 필요가 있거나 새로운 삼각점을 설치할 필요가 있을 때 삼각측량을 실시하게 되는데 이런 측량이 저적삼각측량이다. 지적법령에서는 측량방법과 사용기계 등에 대하여 자세히 규정하고 있으며 측량의 절차는 [계획수립 → 준비 및 현지답사 → 선점 및 조표 → 관측 및 계산 → 성과표의 작성] 순서로 실시된다.

지적삼각측량이라 함은 지적측량의 기초가 되는 지적삼각점의 위치를 삼각법에 의하여 관측·계산하는 데서 붙여진 이름이며, 지적측량 중 가장 정밀도가 높은 측량으로 측량법에 의하여 설치한 위성기준점, 통합기준점, 삼각점 및 지적삼각점을 기초로 하여 경위의 측량방법, 전파기 또는 광파기 측량방법, 위성측량방법 등으로 하되 그 계산은 평균계산법 또는 망평균계산법에 의한다.

4.2 지적삼각측량의 기준

지적삼각점을 이용하여 지적삼각측량을 할 경우 아래의 기준을 따른다.

① 지적삼각측량을 하는 때에는 미리 지적삼각점표지를 설치하여야 한다.

② 지적삼각점의 명칭은 측량지역이 소재하고 있는 특별시, 광역시 또는 도 명칭 중 두 글자를 선택하고 시·도 단위로 일련번호를 붙여서 정한다.

③ 지적삼각점은 유심다각망, 삽입망, 사각망, 삼각쇄 또는 삼변 이상의 망으로 구성하여야 한다.

④ 삼각형의 각 내각은 30° 이상 120° 이하로 한다. 다만, 망평균계산법과 삼변측량에 따르는 경우에는 그러하지 아니한다.

표 4-1. 시·도 단위 지적삼각점 명칭

기관명	명칭	기관명	명칭	기관명	명칭
서울특별시	서울	울산광역시	울산	전라남도	전남
부산광역시	부산	경 기 도	경기	경상북도	경북
대구광역시	대구	강 원 도	강원	경상남도	경남
인천광역시	인천	충청북도	충북	제 주 도	제주
광주광역시	광주	충청남도	충남		
대전광역시	대전	전라북도	전북		

4.3 지적삼각점의 관측과 계산

지적삼각점의 관측은 경위의 측량방법과 전파기 또는 광파기측량방법으로 구분할 수 있다.

1) 경위의측량방법

① 관측은 10초독 이상의 경위의를 사용할 것
② 수평각 관측은 3대회(윤곽도는 0도, 60도, 120도로 한다)의 방향관측법에 따를 것
③ 수평각의 측각공차는 표 4-2에 따른다.

표 4-2. 수평각 공차

종별	1방향각	1 측회의 폐색	삼각형 내각관측의 합과 180도와의 차	기지각과의 차
공차	30초 이내	±30초 이내	±30초 이내	±40초 이내

2) 전파기 · 광파기 측량방법

① 전파 또는 광파측거기는 표준편차가 ± [5 mm + 5 ppm] 이상인 정밀측거기를 사용할 것
② 점간거리는 5회 측정하여 그 측정치의 최대치와 최소치의 교차가 평균치의 10만분의 1 이하일 때에는 그 평균치를 측정거리로 하고, 원점에 투영된 평면거리에 따라 계산할 것
③ 삼각형의 내각은 세 변의 평면거리에 따라 계산하며, 기지각과의 차는 ± 40초 이내일 것

3) 연직각 관측 및 계산

① 각 측점에서 정반으로 각 2회 관측할 것

② 관측치의 최대치와 최소치의 교차가 30초 이내일 때에는 그 평균치를 연직각으로 할 것

③ 2점의 기지점에서 소구점의 표고를 계산한 결과 그 교차가 0.05 m + 0.05 $(S_1 + S_2)$ m인 경우는 그 평균치로 한다. 여기서, S는 기지점에서 소구점까지의 평면거리로서 킬로미터 단위로 표시한 수를 말한다.

지적삼각점의 계산은 진수를 사용하여 각규약과 변규약에 따른 평균계산법 또는 망평균계산법에 따르며, 계산단위는 표 4-3에 따른다.

표 4-3. 지적삼각점의 관측과 계산

<table>
<tr><th colspan="3">구 분</th><th colspan="6">지적삼각측량</th></tr>
<tr><td rowspan="4">선점</td><td colspan="2">기준점</td><td colspan="6">삼각점, 지적삼각점</td></tr>
<tr><td colspan="2">점간거리</td><td colspan="6">2 ~ 5 km</td></tr>
<tr><td colspan="2">삼각형 내각</td><td colspan="6">30 ~ 120°</td></tr>
<tr><td colspan="2">측량방법의 종류</td><td colspan="3">경위의측량방법</td><td colspan="3">전파 · 광파기측량방법</td></tr>
<tr><td rowspan="10">관측</td><td colspan="2">관측정밀도</td><td colspan="3">10초독 이상 정밀경위의</td><td colspan="3">± (5 mm + 5 ppm)정밀측거기</td></tr>
<tr><td colspan="2">수평각 관측</td><td colspan="3">3대회(0, 60, 120°) 방향관측</td><td colspan="3"></td></tr>
<tr><td colspan="2">삼각형내각 계산</td><td colspan="3"></td><td colspan="3">3변의 평면거리로 계산</td></tr>
<tr><td colspan="2">점간거리 측정</td><td colspan="3"></td><td colspan="3">5회 측정, 교차 10만분의 1</td></tr>
<tr><td colspan="2">연직각 관측</td><td colspan="6">정 · 반 2회 관측, 최대 · 최소 교차가 30초 이내 경우 평균치</td></tr>
<tr><td colspan="2">소구점 표고 계산</td><td colspan="3"></td><td colspan="3">0.05 m + 0.05 $(S_1 + S_2)$ m
이하 경우 평균치</td></tr>
<tr><td rowspan="4">수평각의 측각오차</td><td>1방향각</td><td colspan="3">30초 이내</td><td colspan="3"></td></tr>
<tr><td>1측회의 폐색</td><td colspan="3">±30초 이내</td><td colspan="3"></td></tr>
<tr><td>삼각형 내각 관측치합과 180°의 차</td><td colspan="3">±30초 이내</td><td colspan="3"></td></tr>
<tr><td>기지각과의 차</td><td colspan="6">±40초 이내</td></tr>
<tr><td rowspan="3">계산</td><td colspan="2">계산방법</td><td colspan="6">진수를 사용하여 각규약과 변규약에 의한 평균계산법
또는 망평균계산법 사용</td></tr>
<tr><td colspan="2">계산단위</td><td>각</td><td>변장</td><td>진수</td><td>좌표 · 표고</td><td>경위도</td><td>자오선 수차</td></tr>
<tr><td colspan="2">종별</td><td>초</td><td>cm</td><td>6자리 이상</td><td>cm</td><td>초아래 3자리</td><td>초아래 1자리</td></tr>
</table>

※ 여기서 S_1, S_2는 기지점에서 소구점까지의 평면거리(km)

4.4 지적삼각망의 종류

지적삼각삼은 사각망, 유심다각망, 삽입망, 삼각쇄, 삼각망 등이 있으며 그 특징은 표 4-4와 같다.

표 4-4. 지적삼각망의 종류 및 특징

사각망	① 사각형의 각 정점을 연결하여 구성한 삼각망이다. ② 조건식의 수가 가장 많아 정밀도가 높다.	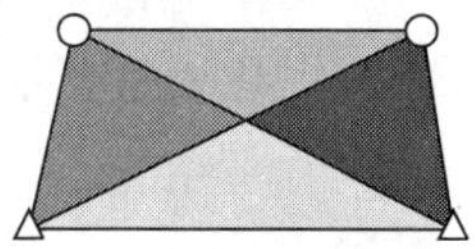
유심다각망	① 한 점을 중심으로 여러 개의 삼각형을 결합시킨 삼각망이다. ② 넓은 지역에 주로 이용한다. ③ 농지측량 및 평탄한 지역에 사용된다. ④ 정밀도는 비교적 높은 편이다.	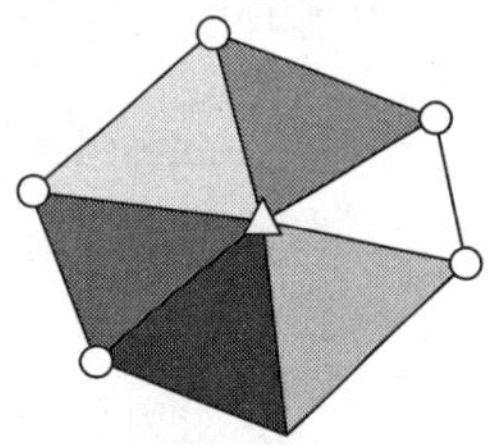
삽입망	삼각쇄와 유심다각망의 장점을 결합하여 구성한 삼각망으로, 지적삼각측량에서 가장 흔하게 사용한다.	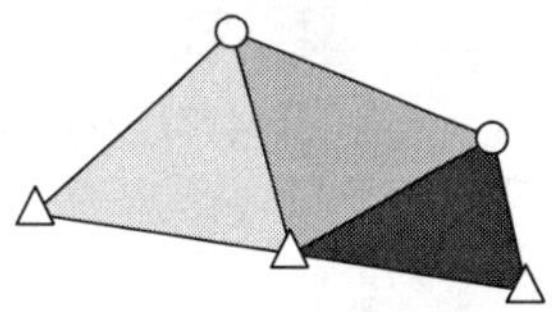
삼각쇄	① 폭이 좁고 긴 지역에 적합하다. ② 노선·하천측량에 주로 이용한다. ③ 측량이 신속하고 경비가 절감되지만 정밀도가 낮다.	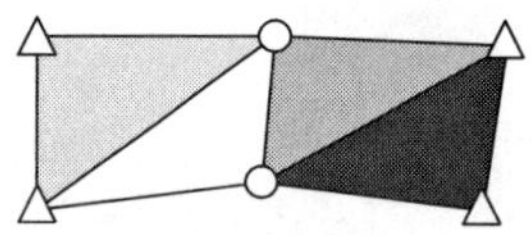
삼각망	두 개 이상의 기선을 이용하는 삼각망으로, 그 형태에 구애됨이 없이 최소제곱법의 원리에 따라 관측값을 정밀하게 조정한다.	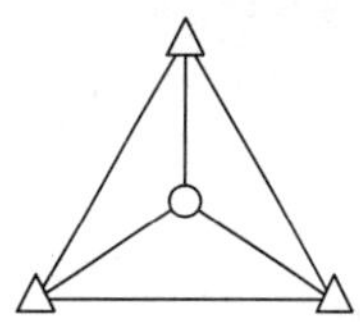

4.5 기선 및 삼각점 선점조건

기선을 선정 시 다음의 조건을 고려하여야 한다.

① 되도록 평탄할 것
② 기선의 양끝이 서로 잘 보이고 기선위의 모든 점이 잘 보일 것
③ 부근의 삼각점에 연경하는데 편리할 것
④ 기선의 길이는 삼각망의 변장과 거의 같아야 하므로 만일 이러한 길이를 쉽게 얻을 수 없는 경우는 기선을 증대시키는데 적당할 것

또한 삼각망을 구성 시 삼각점은 다음의 조건을 고려하여 선점을 한다.

① 교통의 장애를 받지 않고 삼각형의 내각이 전부 관측할 수 있어야 한다.
② 삼각형의 내각은 60°에 가깝게 하는 것이 좋으나 1개의 내각은 30～120° 이하로 한다.
③ 표지와 기계가 움직이지 않을 견고한 지점이어야 한다.
④ 가능한 측점수가 적고 세부측량에 이용가치가 커야 한다.
⑤ 삼각점간 시준이 양호하고 후속측량에 편리하고 영구적으로 보존할 수 있어야 한다.

4.6 관측각의 조정

지적삼각망은 각방정식, 측점방정식, 변방정식을 이용하여 관측각을 조정한다.

① 각 방정식

- 삼각규약 : 삼각망 중 삼각형 내각의 합은 180°가 되어야 한다. 즉, 다각형 내각의 합은 $180° \times (n-2)$를 만족하여야 한다.
- 망규약 : 어느 기지변의 방위각은 다른 기지변의 방위각으로부터 순차적으로 계산될 때 계산에 의해 구해진 방위각은 주어진 기지변의 방위각과 같아야 한다.

② 측점 방정식

한 측점 주위에 있는 모든 각의 합은 반드시 360°가 되어야 한다.

③ 변 방정식

삼각망 중에서 임의의 한 변의 길이는 계산 순서에 관계없이 항상 일정하여야 한다.

또한, 방정식에 대한 수는 표 4-5와 같이 계산된다.

표 4-5. 방정식 수 계산

각 방정식 수	$S-P+1$
변 방정식 수	$B+S-2P+2$
측점 방정식 수	$w-l+1$
총 방정식의 수	$B+a-2P+3$

여기서, W : 한 점 주위의 각수　　l : 한 점 주위의 변 수
a : 관측각 수　　B : 기선 수
S : 변의 총수　　P : 삼각점 수

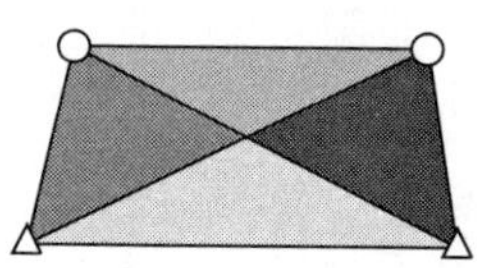

구분	계산식	결과
각방정식 수	$S-P+1$	∴ 6-4+1=3
변방정식 수	$B+S-2P+2$	∴ 1+6-2×4+2=1
측점방정식 수	$W-l+1$	∴ 2-3+1=0
총 방정식 수	$B+a-2P+3$	∴ 1+8-2×4+3=4

4.7 편심(귀심) 계산

편심관측은 삼각점의 중심에 기계를 세울 수 없을 경우 또는 시준점을 시준할 때 장애물 등으로 인하여 표척을 세우지 못할 경우에 삼각점 또는 시준점의 가까운 거리 약 5 m 이내로 이동하여 기계를 세우거나 표척을 세워서 관측한다. 이러한 편심관측 방법으로 측점편심방법과 점표귀심방법이 있다.

표 4-6. 편심 계산

• 측점편심 : 기계를 세워야 하는 측점의 위치에서 기계를 이동하여 설치 후 관측하는 방법

• 점표편심 : 시준하여야 하는 시준점의 위치를 이동한 폴을 관측하는 방법

ΔP_1CB 에서 sin법칙 $\frac{e}{\sin x_1}=\frac{S_1'}{\sin(360-\phi)}$ $\therefore\ x_1=\frac{e}{S_1'}\sin(360-\phi)\rho''$	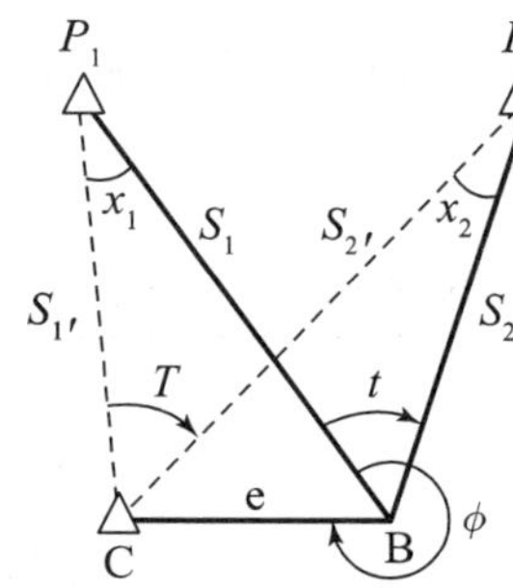
ΔP_2CB 에서 sin법칙 $\frac{e}{\sin x_2}=\frac{S_2'}{\sin(360-\phi+t)}$ $\therefore\ x_2=\frac{e}{S_2'}\sin(360-\phi+t)\rho''$	
$\therefore\ T+x_1=t+x_2$ $T=t+x_2-x_1$	

4.8 지적삼각점 성과표의 기록 및 관리

시・도지사가 지적삼각점 성과를 관리할 때에는 다음의 사항을 지적삼각점 성과표에 기록・관리하여야 한다.

표 4-7. 지적삼각점 성과표 기재사항

기록 및 관리사항	① 지적삼각점의 명칭 및 번호와 기준원점명 ② 좌표 및 표고 ③ 경도 및 위도(필요한 경우로 한정한다) ④ 자오선수차 ⑤ 시준점의 명칭 및 방위각과 거리 ⑥ 소재지와 측량연월일

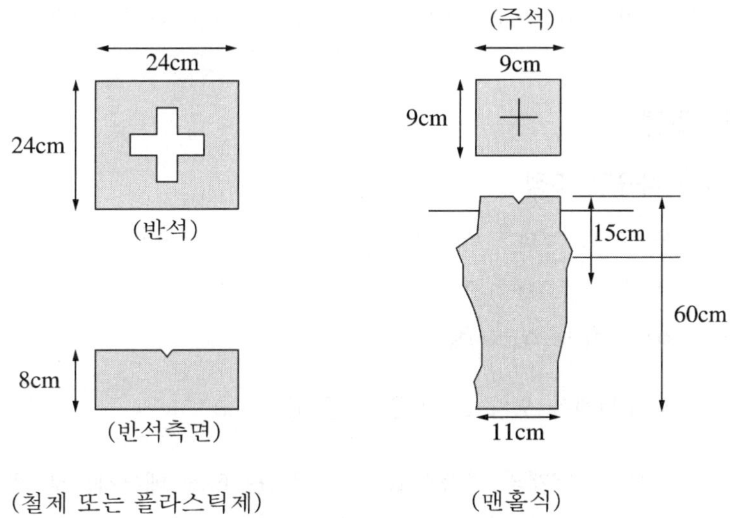

그림 4-1. 지적삼각점 표석

4.9 지적삼각망 조정

4.9.1 사각망

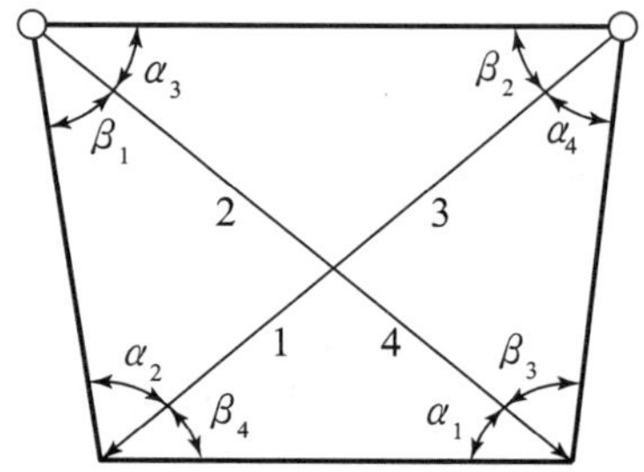

1) 정의

기지점 2개를 이용하여 소구점 2개를 설치하는 방법으로 가장 정밀한 계산방법이지만 계산방식이 복잡하다는 단점이 있고 기선이 확고하여야 한다.

2) 조정

(1) 각규약 조정

$$\alpha_1 + \beta_1 + \alpha_2 + \beta_2 + \alpha_3 + \beta_3 + \alpha_4 + \beta_4 = 360^\circ \quad (4.1)$$

$$\alpha_1 + \beta_4 = \alpha_3 + \beta_2 \quad (4.2)$$

$$\alpha_2 + \beta_1 = \alpha_4 + \beta_3 \quad (4.3)$$

식(4.1)에서 오차 $\varepsilon = (\Sigma\alpha + \Sigma\beta) - 360^\circ$

각오차는 8개의 관측각(α_i, β_i)에 균등하게 배부하므로 배부량은 각각 $\frac{\varepsilon}{8}$씩이다.
8개의 배부량을 다 더하면 오차 ε와 같아야 한다. 다를 경우 90°에 가까운 각에 0.1초를 더하거나 빼주어야 한다.
각규약 등식에 따라 미세한 오차가 발생할 경우에는 식(4.2), 식(4.3)에서

$$(\alpha_1 + \beta_4) - (\alpha_3 + \beta_2) = e_1$$
$$(\alpha_2 + \beta_1) - (\alpha_4 + \beta_3) = e_2$$

이며 오차배부는 $\frac{e_1}{4}$과 $\frac{e_2}{4}$가 된다.

따라서,

$\alpha_1+\beta_4>\alpha_3+\beta_2$ 경우 α_1, β_4는 (−)로 α_3, β_2는 (+)로 배부

$\alpha_1+\beta_4<\alpha_3+\beta_2$ 경우 α_1, β_4는 (+)로 α_3, β_2는 (−)로 배부

$\alpha_2+\beta_1>\alpha_4+\beta_3$ 경우 α_2, β_1는 (−)로 α_4, β_3는 (+)로 배부

$\alpha_2+\beta_1<\alpha_4+\beta_3$ 경우 α_2, β_1는 (+)로 α_4, β_3는 (−)로 배부한다.

(2) 변규약 조정

$\sin\alpha_1 \times \sin\alpha_2 \times \cdots \times \sin\alpha_n = \sin\beta_1 \times \sin\beta_2 \times \cdots \sin\beta_n$

$$\frac{\sin\alpha_1 \cdot \sin\alpha_2 \cdot \sin\alpha_3 \cdot \sin\alpha_4}{\sin\beta_1 \cdot \sin\beta_2 \cdot \sin\beta_3 \cdot \sin\beta_4} = 1 \tag{4.4}$$

식(4.4)에서 $\sin\alpha$, $\sin\beta$ 값을 각각 곱한 값의 합을 π로 표시하면

$$E_1 = \frac{\pi\sin\alpha}{\pi\sin\beta} - 1$$

E_1을 조정하기 위해서 sin값의 표차(Δ)를 구하여 변규약 오차를 조정한다.

표차(Δ)$=\sin 10'' \times \cos\alpha(\beta) = 48.4814 \times \cos\alpha(\beta)$

$E_2 = \dfrac{\pi\sin\alpha'}{\pi\sin\beta'} - 1$이 된다.

(3) 변규약의 경정수

$$x_1'' = \frac{10'' \cdot E_1}{|E_1 - E_2|},\ x_2'' = \frac{10'' \cdot E_2}{|E_1 - E_2|} \tag{4.5}$$

검산 $|x_1'' - x_2''| = 10''$

(4) 변장 계산

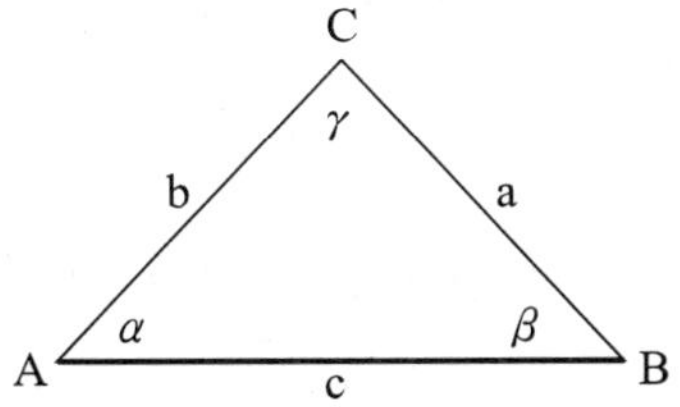

$$\frac{a}{\sin\alpha} = \frac{b}{\sin\beta} = \frac{c}{\sin\gamma}$$

※ $a = \dfrac{c \times \sin\alpha}{\sin\gamma}$

※ $b = \dfrac{c \times \sin\beta}{\sin\gamma}$

(5) 방위각 계산

AC방위각 = AB방위각 − α

BC방위각 = AB방위각 ± 180° + β

(6) 종횡선 좌표 계산

A점 → C점 종횡선 좌표	B점 → C점 종횡선 좌표
$X_C = X_A + b \cdot \cos V_a^c$ $Y_C = Y_A + b \cdot \sin V_a^c$	$X_C = X_B + a \cdot \cos V_b^c$ $Y_C = Y_B + a \cdot \sin V_b^c$

예제 01 그림과 같은 사각망에서 기지점 좌표와 관측내각이 다음과 같을 경우 별지 서식에 의해 관측내각을 조정하고 소구점(기성7 및 기성8)의 좌표를 계산하시오(단, 각은 초 단위 소수 1자리까지, 거리 및 좌표는 m단위 소수 2자리까지 계산할 것).

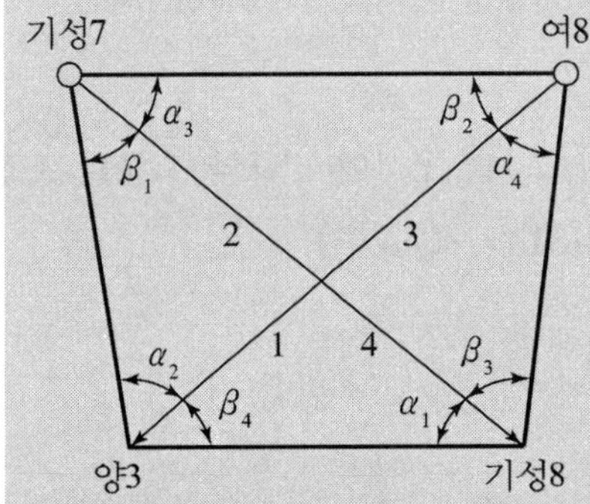

점명	X좌표	Y좌표
양3	453278.75 m	192562.46 m
여8	454263.52 m	194459.26 m

각명	관측각	각명	관측각
α_1	37°08′20.2″	β_1	35°24′36.4″
α_2	59°53′15.4″	β_2	49°47′59.4″
α_3	34°53′47.4″	β_3	44°51′35.8″
α_4	50°26′12.8″	β_4	47°33′50.2″

해설

1) 각규약 조정

(1) $(\Sigma\alpha + \Sigma\beta) - 360° = \varepsilon$

$359°59'37.6'' = -22.4''$

조정량 $\dfrac{\varepsilon}{8} = -2.8''$ 이므로 $+2.8''$씩 배부한다.

(2) $(\alpha_1 + \beta_4) - (\alpha_3 + \beta_2) = e_1$

$84°42'10.4'' - 84°41'46.8'' = +23.6''$

조정량 $\dfrac{e_1}{4} = 5.9''$이고 (+)이므로 α_1, $\beta_4 = -5.9''$, α_3, $\beta_2 = +5.9''$씩 배부한다.

(3) $(\alpha_2 + \beta_1) - (\alpha_4 + \beta_3) = e_2$

$95°17'51.8'' - 95°17'48.6'' = +3.2''$

조정량 $\dfrac{e_2}{4} = 0.8''$이고 (+)이므로 α_2, $\beta_1 = -0.8''$, α_4, $\beta_3 = +0.8''$씩 배부한다.

2) 변규약 조정

(1) E_1 계산

$$E_1 = \frac{\pi \sin\alpha}{\pi \sin\beta} - 1 = \frac{0.603738 \times 0.865048 \times 0.572130 \times 0.770935}{0.579433 \times 0.763821 \times 0.705389 \times 0.738021} - 1$$
$$= \frac{0.230357}{0.230405} - 1 = -208(\rightarrow -0.000208)$$

(2) $\Delta\alpha$, $\Delta\beta$, 계산

$\Delta\alpha = \sin 10'' \times \cos\alpha$, $\Delta\beta = \sin 10'' \times \cos\beta$

여기서, 소수점 이하 6자리까지 구하기 위해 10^6을 곱하면

* $\Delta\alpha_1 = 48.4814 \times \cos 37°\,08'17.1'' = 39$

$\Delta\beta_1 = 48.4814 \times \cos 35°\,24'38.4'' = 40$

나머지도 위와 같이 계산하며, 부호는 $\pi\sin\alpha < \pi\sin\beta$이면 E_1 값이 $(-)$이므로 $\sin\alpha$에는 $(+)\Delta\alpha$, $\sin\beta$는 $(-)\Delta\beta$로 조정하여 $\sin\alpha'$, $\sin\beta'$를 구한다.

(3) E_2 계산

$$E_2 = \frac{\pi \sin\alpha'}{\pi \sin\beta'} - 1 = \frac{0.603777 \times 0.865072 \times 0.572170 \times 0.770966}{0.579393 \times 0.763790 \times 0.705355 \times 0.737988} - 1$$
$$= \frac{0.230404}{0.230359} - 1 = +195(\rightarrow +0.000195)$$

$|E_1 - E_2| = 403$

(4) 경정수(x_1'', x_2'') 계산

$$x_1'' = \frac{10'' E_1}{|E_1 - E_2|} = \frac{10'' \times (-208)}{403} = -5.2''$$

$$x_2'' = \frac{10'' E_2}{|E_1 - E_2|} = \frac{10'' \times 195}{403} = +4.8''$$

[검산] $|x_1'' - x_2''| = |-5.2'' - (+4.8'')| = 10''$

3) 변장 계산

($A=$ 양3, $B=$ 기성8, $C=$ 기성7, $D=$ 여8)

기지변 변장 $AD = \sqrt{\Delta x^2 + \Delta y^2} = \sqrt{(984.77)^2 + (1896.80)^2} = 2137.20\,\mathrm{m}$

$$AC = \frac{AD \times \sin\beta_2}{\sin\gamma_2} = \frac{2137.20 \times \sin 49°\,48'02.9''}{\sin 70°\,18'34.5''} = 1733.78\,\mathrm{m}$$

$$DC = \frac{AD \times \sin\alpha_2}{\sin\gamma_2} = \frac{2137.20 \times \sin 59°\,53'22.6''}{\sin 70°\,18'34.5''} = 1963.63\,\mathrm{m}$$

나머지도 위와 같이 계산하며 다음과 같은 변형인 경우에는 2삼각형에서 기성7, 3삼각형에서 기성8, 4삼각형에서 양3, 다시 4삼각형에서 여8의 순서로 계산한다.

4) 방위각 계산

기지변 방위각 $\theta = \tan^{-1}\dfrac{\Delta y}{\Delta x} = \tan^{-1}\dfrac{1896.80}{984.77} = 62°\,33'46.1''$ (1상한)

$V_A^D = 62°\,33'46.1''$

$V_A^C = V_A^D - \alpha_2 = 62°\,33'46.1'' - 59°\,53'22.6'' = 2°\,40'23.5''$

$V_D^C = V_A^D \pm 180° + \beta_2 = 62°\,33'46.1'' + 180° + 49°\,48'02.9'' = 292°\,21'49.0''$

나머지도 위와 같이 계산한다.

5) 종횡선좌표 계산

종선좌표 $X=$ 기지점 종선 좌표 + 종선차(Δx) 여기서, $\Delta x=\cos V\times l$ (변장)

횡선좌표 $Y=$ 기지점 횡선 좌표 + 횡선차(Δy) 여기서, $\Delta y=\sin V\times l$ (변장)

삼각형에서 기성7의 종횡선 좌표 계산

<양3 → 기성7>

$X_1=453278.75+(\cos 2°40'23.5''\times 1733.78)=455010.64\,\text{m}$

$Y_1=192562.46+(\sin 2°40'23.5''\times 1733.78)=192643.32\,\text{m}$

<여8 → 기성7>

$X_2=454263.52+(\cos 292°21'49.0''\times 1963.63)=455010.65\,\text{m}$

$Y_2=194459.26+(\sin 292°21'49.0''\times 1963.63)=192643.32\,\text{m}$

평균하면 $X=(455010.64+455010.65)\div 2=455010.64\,\text{m}$

$Y=(192643.32+192643.32)\div 2=192643.32\,\text{m}$

문제 01

그림과 같은 사각망에서 기지점 좌표와 관측내각이 다음과 같을 경우에 소구점(서7, 서8)의 좌표를 계산하시오(단, 각은 초 단위 소수 1자리까지, 거리 및 좌표는 m단위 소수 2자리까지 계산할 것).

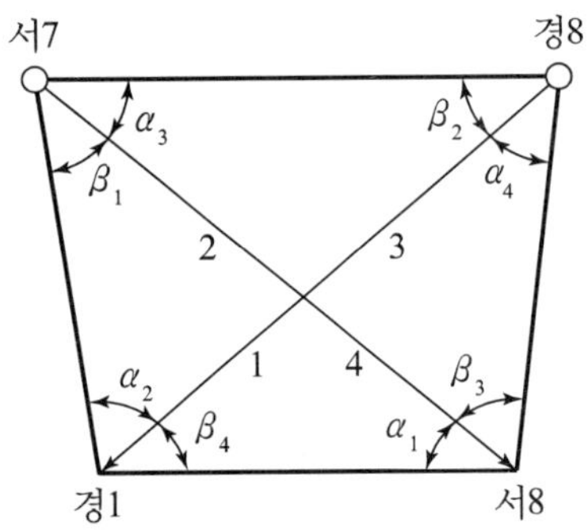

점명	X좌표	Y좌표
경1	466736.27 m	192741.81 m
경8	466858.80 m	194965.72 m

각명	관측각	각명	관측각
α_1	40°35′16.2″	β_1	22°44′28.7″
α_2	53°03′56.6″	β_2	48°58′36.1″
α_3	55°12′57.2″	β_3	48°31′49.5″
α_4	27°16′37″	β_4	63°36′15.5″

문제 02

그림과 같은 사각망에서 기지점 좌표와 관측내각이 다음과 같을 경우 서식에 의하여 관측내각을 조정하고 소구점의 좌표를 계산하시오(단, 각은 초 단위 소수 1자리까지, 거리 및 좌표는 m단위 소수 2자리까지 계산할 것).

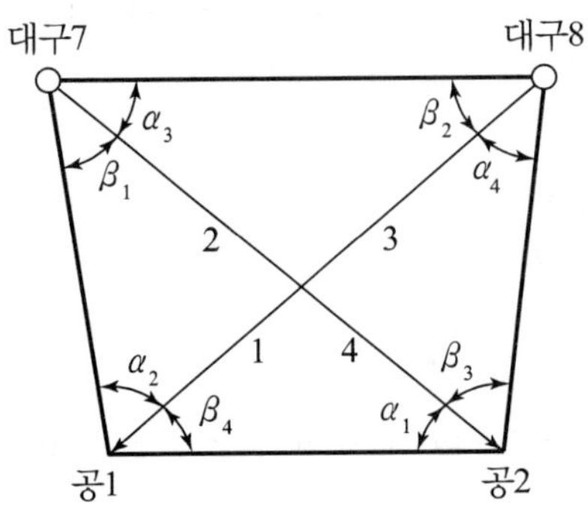

점명	X좌표	Y좌표
공1	3081.36 m	7779.45 m
공2	3738.38 m	9587.49 m

각명	관측각	각명	관측각
α_1	52°09′22.8″	β_1	54°13′10.5″
α_2	36°08′36.5″	β_2	37°49′12.0″
α_3	51°49′10.3″	β_3	50°37′57.7″
α_4	39°43′43.3″	β_4	37°28′48.7″

4.9.2 유심다각망

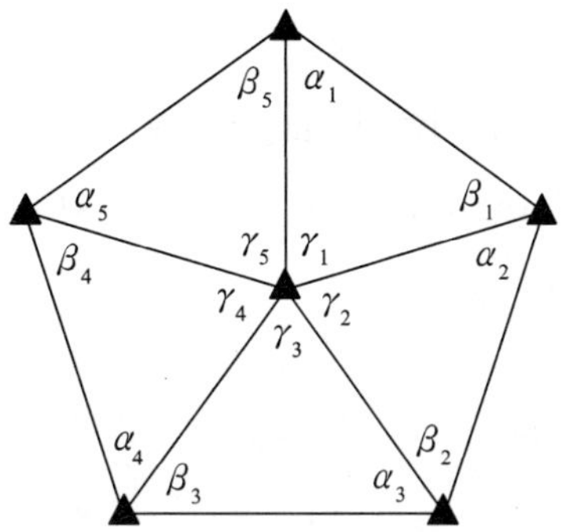

1) 정의

기지 2점간의 거리와 방위각을 이용하여 보통 5각형 이상의 폐다각형을 형성한 삼각형의 계산으로 일시에 여러 점을 설치할 수 있는 이점이 있다.

2) 조정

① 각규약 조정

$$\alpha_1 + \beta_1 + \gamma_1 = 180°$$
$$\alpha_2 + \beta_2 + \gamma_2 = 180°$$
$$\alpha_3 + \beta_3 + \gamma_3 = 180°$$
$$\alpha_4 + \beta_4 + \gamma_4 = 180°$$
$$\alpha_5 + \beta_5 + \gamma_5 = 180° \qquad (4.6)$$

② 측점 규약 조정

$$\gamma_1 + \gamma_2 + \gamma_3 + \gamma_4 + \gamma_5 = 360° \qquad (4.7)$$

식(4.6), 식(4.7)에서 $(\mathrm{II}) = \dfrac{\sum\varepsilon - 3e}{2n}$, $(\mathrm{I}) = \dfrac{-\varepsilon - (\mathrm{II})}{3}$ (4.8)

여기서, n : 삼각형 수

ε : 각 삼각형 내각의 합과 180°와의 차

e : 중심각의 합과 360°와의 차

③ 변규약 조정

$$\frac{\sin\alpha_1 \cdot \sin\alpha_2 \cdot \sin\alpha_3 \cdot \sin\alpha_4 \cdot \sin\alpha_5}{\sin\beta_1 \cdot \sin\beta_2 \cdot \sin\beta_3 \cdot \sin\beta_4 \cdot \sin\beta_5} = 1 \qquad (4.9)$$

식(4.9)에서 $\sin\alpha$, $\sin\beta$ 값을 각각 곱한 값의 합을 π로 표시하면

$$E_1 = \frac{\pi \sin\alpha}{\pi \sin\beta} - 1$$

E_1을 조정하기 위해서 sin값의 표차($\varDelta$)를 구하여 변규약 오차를 조정한다.

표차$(\varDelta) = \sin 10'' \times \cos\alpha(\beta) = 48.4814 \times \cos\alpha(\beta)$

$$E_2 = \frac{\pi \sin\alpha'}{\pi \sin\beta'} - 1 \tag{4.10}$$

④ 변규약 경정수

$10'' : |E_1 - E_2| = x_1'' : E_1$

$$x_1'' = \frac{10'' \cdot E_1}{|E_1 - E_2|},\ x_2'' = \frac{10'' \cdot E_2}{|E_1 - E_2|} \tag{4.11}$$

검산 $|x_1'' - x_2''| = 10''$

⑤ 변장 계산

$$\frac{a}{\sin\alpha} = \frac{b}{\sin\beta} = \frac{c}{\sin\gamma}$$

$$a = \frac{c \times \sin\alpha}{\sin\gamma}$$

$$b = \frac{c \times \sin\beta}{\sin\gamma}$$

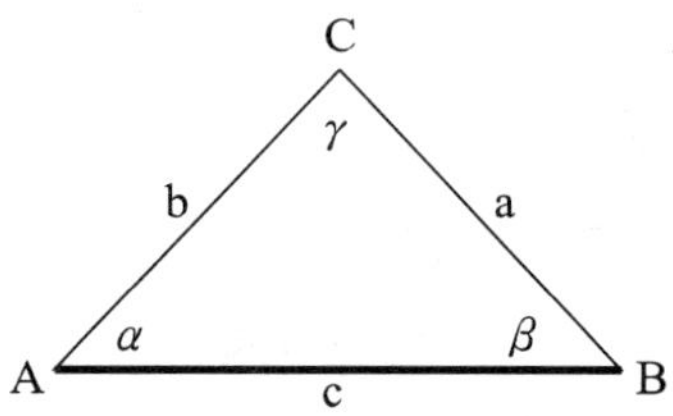

⑥ 방위각 계산

AC방위각 = AB방위각 − α

BC방위각 = AB방위각 ± 180° + β

⑦ 종횡선 좌표 계산

A점 → C점 종횡선 좌표	B점 → C점 종횡선 좌표
$X_C = X_A + b \cdot \cos V_a^c$ $Y_C = Y_A + b \cdot \sin V_a^c$	$X_C = X_B + a \cdot \cos V_b^c$ $Y_C = Y_B + a \cdot \sin V_b^c$

예제 02 지적삼각측량 유심다각망을 구성하고 내각을 관측하여 다음과 같이 결과를 얻었다. 주어진 서식으로 소구점의 좌표를 계산하시오(단, 각은 초단위 소수 1자리까지, 거리 및 좌표는 m단위 소수 2자리까지 계산하시오).

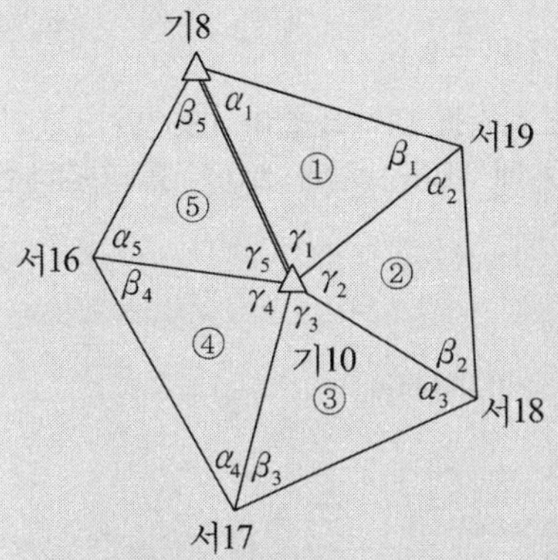

점명	X좌표	Y좌표
기8	467607.88 m	194719.60 m
기10	464357.92 m	197280.74 m

	점명	각명	관측각
①	기8	α_1	39°59′14.1″
	서19	β_1	55°20′42.2″
	기10	γ_1	84°40′17.6″
②	서19	α_2	60°29′03.2″
	서18	β_2	44°38′03.3″
	기10	γ_2	74°52′43.3″
③	서18	α_3	59°08′45.8″
	서17	β_3	54°10′56.6″
	기10	γ_3	66°40′09.2″
④	서17	α_4	47°29′29.5″
	서16	β_4	56°43′19.5″
	기10	γ_4	75°47′20.0″
⑤	서16	α_5	66°14′34.9″
	기8	β_5	55°45′48.4″
	기10	γ_5	57°59′29.9″

해설

1) 기지점간 거리 및 방위각 계산

<기10 → 기8> $L=\sqrt{\Delta x^2+\Delta y^2}=\sqrt{3249.96^2+(-2561.14)^2}=4137.83\,\text{m}$

$$\theta=\tan^{-1}\left(\frac{\Delta y}{\Delta x}\right)=\tan^{-1}\left(\frac{-2561.14}{3249.96}\right)=38^\circ 14'23.9''\ \text{(4상한)}$$

$$V=360^\circ-\theta=360^\circ-38^\circ 14'23.9''=321^\circ 45'36.1''$$

2) 각규약 조정

(1) 각 삼각형 내각의 합과 180°와의 차(ε) 계산

$\varepsilon_1=+13.9''$, $\varepsilon_2=-10.2''$, $\varepsilon_3=-8.4''$, $\varepsilon_4=+9.0''$, $\varepsilon_5=-6.8''$

(2) 중심각의 합계($\sum\gamma$)와 360°와의 차(e) 계산

$e=360^\circ 00'00.0''-360^\circ=0''$

(3) $\sum\varepsilon=+13.9''+(-10.2'')+(-8.4'')+9.0''+(-6.8'')=-2.5''$

$$\text{망규약}(II)=\frac{\sum\varepsilon-3e}{2n}=\frac{(-2.5)-(3\times 0)}{2\times 5}=-0.2''\ (\text{여기서, } n\text{ : 삼각형수})$$

$$\text{삼각규약}(I)=\frac{-\varepsilon-(II)}{3}\ \text{이므로}$$

$$\text{① 삼각형}(I)=\frac{-13.9-(-0.2)}{3}=-4.57=-4.6''$$

$$\text{② 삼각형}(I)=\frac{-(-10.2)-(-0.2)}{3}=3.47=3.5''$$

③ 삼각형$(I) = \dfrac{-(-8.4)-(-0.2)}{3} = 2.87 = 2.9''$

④ 삼각형$(I) = \dfrac{-9.0-(-0.2)}{3} = -2.93 = 2.9''$

⑤ 삼각형$(I) = \dfrac{-(-6.8)-(-0.2)}{3} = 2.33 = 2.3''$

※ 각규약(I) 조정 시 단수처리로 인해 삼각형 내각의 합이 180°와 ±0.1'' 차이가 생길 수 있다. 이때는 삼각형 내각 중 90°에 가까운 각에 ±0.1''를 가감해준다.

3) 변규약 조정

(1) E_1 계산

$$E_1 = \frac{\pi\sin\alpha}{\pi\sin\beta} - 1 = \frac{0.323907}{0.323905} - 1 = 6\,(\rightarrow 0.000006)$$

(2) $\Delta\alpha$, $\Delta\beta$ 계산

$\Delta\alpha = \sin10'' \times \cos\alpha$, $\Delta\beta = \sin10'' \times \cos\beta$

여기서, 소수점 이하 6자리까지 구하기 위해 10^6을 곱하면 $\Delta\alpha$, $\Delta\beta = 48.4814 \times \cos\alpha$, β가 된다.

$\Delta\alpha_1 = 48.4814 \times \cos39°59'09.5'' = 37$

$\Delta\beta_1 = 48.4814 \times \cos55°20'37.6'' = 28$

나머지도 위와 같이 계산하며, $\pi\sin\alpha > \pi\sin\beta$이면 E_1 값이 (+)이므로 $\sin\alpha$에는 $-\Delta\alpha$, $\sin\beta$에는 $+\Delta\beta$로 조정하여 $\sin\alpha'$, $\sin\beta'$를 구한다.

(3) E_2 계산

$$E_2 = \frac{\pi\sin\alpha'}{\pi\sin\beta'} - 1 = \frac{0.323849}{0.323964} - 1 = -355\,(\rightarrow -0.000355)$$

$|E_1 - E_2| = |6-(-355)| = 361$

(4) 경정수(x_1'', x_2'') 계산

$$x_1'' = \frac{10'' \times E_1}{|E_1 - E_2|} = \frac{10'' \times 6}{361} = +0.2''$$

$$x_2'' = \frac{10'' \times E_1}{|E_1 - E_2|} = \frac{10'' \times (-355)}{361} = -9.8''$$

[검산] $|x_1'' - x_2''| = 10''$가 된다.

4) 변장 계산

<기8 → 서19> $L = \dfrac{4137.83 \times \sin84°40'12.9''}{\sin55°20'37.8''} = 5008.56\,\text{m}$

<기10 → 서19> $L = \dfrac{4137.83 \times \sin39°59'09.3''}{\sin55°20'37.8''} = 3232.47\,\text{m}$

나머지도 다음과 같이 계산한다.

5) 방위각 계산

<기8 → 서19> $V = 321°45'36.1'' - 180° - 39°59'09.3'' = 101°46'26.8''$

<기10 → 서19> $V = 321°45'36.1'' + 84°40'12.9'' = 46°25'49.0''$

나머지도 위와 같이 계산한다.

6) 종횡선 좌표 계산

<기8 → 서19> $X_1 = 467607.88 + (\cos 101°46'26.8'' \times 5000.56) = 466585.86\,\text{m}$

$Y_1 = 194719.60 + (\sin 101°46'26.8'' \times 5000.56) = 199622.78\,\text{m}$

<기10 → 서19> $X_2 = 464357.92 + (\cos 46°25'49.0'' \times 3232.47) = 466585.86\,\text{m}$

$Y_2 = 197280.74 + (\sin 46°25'49.0'' \times 3232.47) = 199622.78\,\text{m}$

평균하면 $X = (466585.86 + 466585.86) \div 2 = 466585.86\,\text{m}$

$Y = (199622.78 + 199622.78) \div 2 = 199622.78\,\text{m}$

문제 03

지적 삼각측량을 유심다각망으로 구성하고 내각을 관측하여 다음의 결과를 얻었다. 주어진 서식으로 보2와 보3의 좌표를 계산하시오(단, 좌표는 m단위 소수2자리까지 계산하시오).

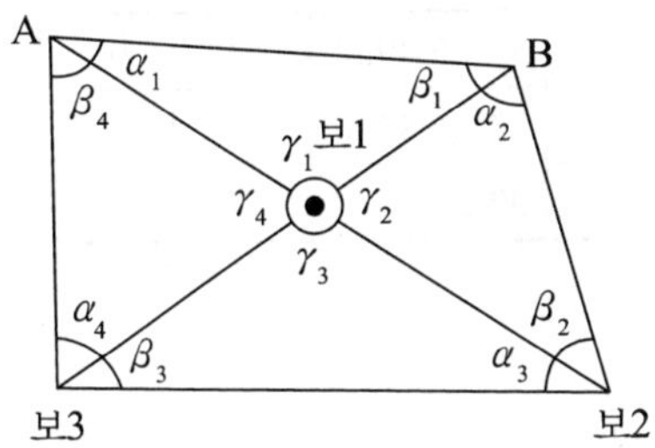

점명	X좌표	Y좌표
A	5779.63 m	5363.37 m
B	5632.95 m	7488.35 m

점명	각명	관측각	점명	각명	관측각
A	α_1	47°18′54.9″	보2	α_3	43°08′26.4″
B	β_1	42°09′22.9″	보3	β_3	47°10′28.4″
보1	γ_1	90°31′47.2″	보1	γ_3	89°40′62.2″
B	α_2	40°39′87.8″	보3	α_4	48°48′04.7″
보2	β_2	49°43′41.5″	A	β_4	41°00′38.9″
보1	γ_2	89°35′54.0″	보1	γ_4	90°11′18.8″

문제 04

지적삼각측량을 유심다각망으로 구성하여 내각을 관측하여 다음과 같이 결과를 얻었다. 주어진 서식으로 소구점의 좌표를 계산하시오(단, 각은 초단위 소수1자리까지, 거리 및 좌표는 m 단위 소수2자리까지 계산하시오).

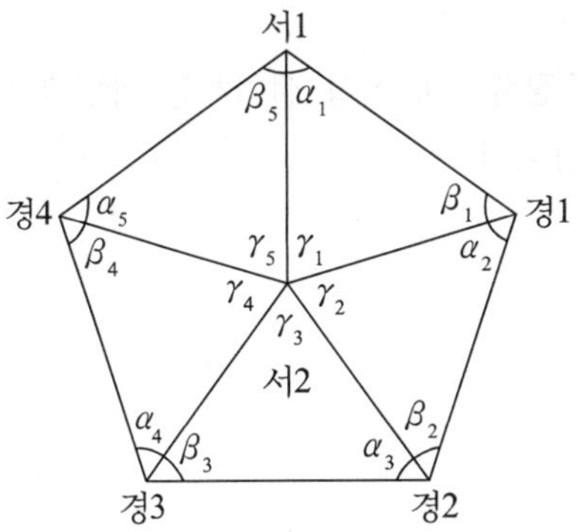

점명	X좌표	Y좌표
서1	463297.22 m	194456.29 m
서2	465493.77 m	193622.56 m

점명	각명	관측각	점명	각명	관측각
서1	α_1	50°43′35.1″	서2	γ_3	75°47′09.0″
경1	β_1	58°38′07.0″	경3	α_4	58°08′58.5″
서2	γ_1	70°38′20.1″	경4	β_4	51°26′42.6″
경1	α_2	55°53′25.5″	서2	γ_4	70°24′15.8″
경2	β_2	52°30′47.5″	경4	α_5	51°29′34.6″
서2	γ_2	71°35′48.5″	서1	β_5	56°56′01.7″
경2	α_3	53°37′35.9″	서2	γ_5	71°34′26.3″
경3	β_3	50°35′20.4″			

문제 05

지적삼각측량을 유심다각망으로 구성하고 내각을 관측하여 다음의 결과를 얻었다. 주어진 서식으로 P_2와 P_3의 좌표를 계산하시오(단, 좌표는 m단위 소수 2자리까지 계산하시오).

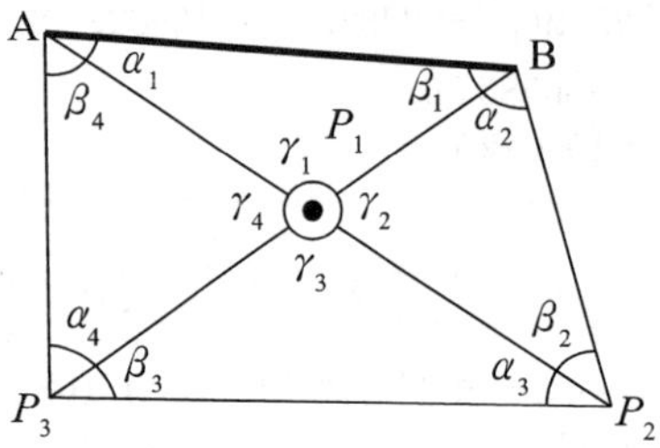

점명	X좌표	Y좌표
A	4981.83 m	4264.47 m
B	4622.87 m	7395.42 m

점명	각명	관측각	점명	각명	관측각
A	α_1	50°37′57.8″	P_2	α_3	54°13′10.2″
B	β_1	39°43′45.9″	P_3	β_3	36°08′38.9″
P_1	γ_1	89°38′22.0″	P_1	γ_3	89°38′12.9″
B	α_2	37°28′49.8″	P_3	α_4	37°49′11.5″
P_2	β_2	52°09′22.6″	A	β_4	51°49′09.8″
P_1	γ_2	90°21′45.1″	P_1	γ_4	90°21′42.5″

4.9.3 삽입망

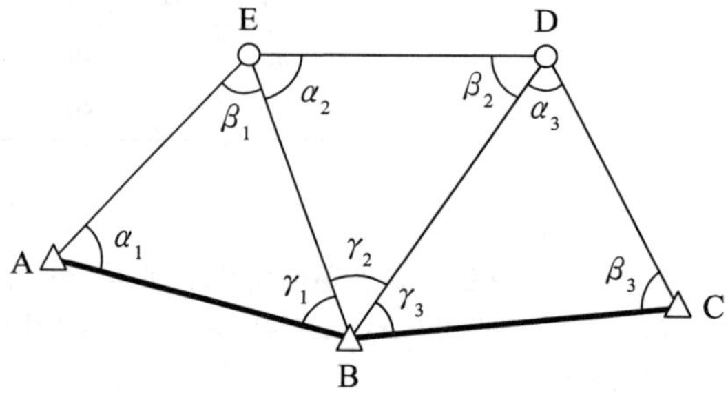

1) 정의

기지 2변을 기준으로 하여 신설되는 기준점을 1개 이상 설치하는 방법으로서 일반적으로 안전하고 실무에 가장 많이 이용되는 망이다.

2) 조정

① 각규약 조정

$$\alpha_1 + \beta_1 + \gamma_1 = 180°$$
$$\alpha_2 + \beta_2 + \gamma_2 = 180°$$
$$\alpha_3 + \beta_3 + \gamma_3 = 180° \quad (4.12)$$

② **측점규약 조정**

$$\sum\gamma = \text{기지내각}(\angle ABC) \tag{4.13}$$

식(4.12), 식(4.13)에서 $(\text{II}) = \dfrac{\sum\varepsilon - 3e}{2n}$, $(\text{I}) = \dfrac{-\varepsilon - (\text{II})}{3}$ (4.14)

여기서, n : 삼각형 수

ε : 각 삼각형 내각의 합과 180°와의 차

e : $\sum\gamma$와 기지내각의 차

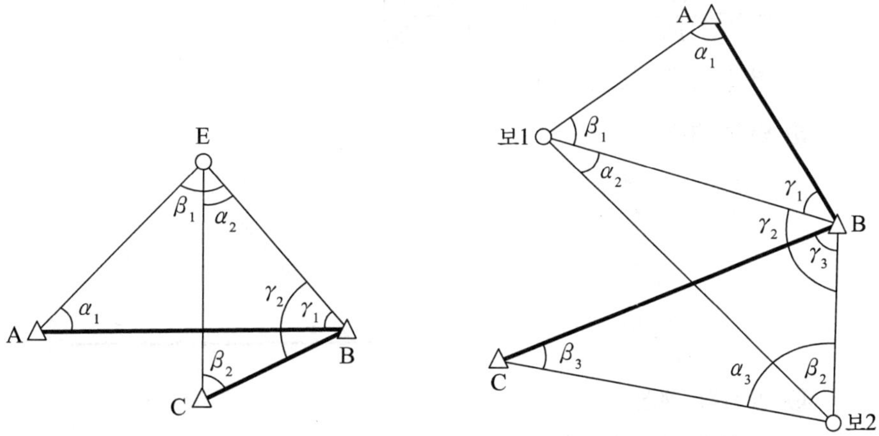

변형형 1 변형형 2

변형형은 표준형과 기지오차(e) 및 각규약(I)의 계산방법이 다르다.

[변형형 1]

기지오차 $(e) = (\gamma_2 - \gamma_1) -$ 기지내각

$$1 : (\text{I}) = \frac{-\varepsilon_1 - (\text{II})}{3} \tag{4.15}$$

$$2 : (\text{I}) = \frac{-\varepsilon_2 - (\text{II})}{3}$$

[변형형 2]

기지오차 $(e) = (\gamma_1 + \gamma_2 - \gamma_3) -$ 기지내각

$$1 : (\text{I}) = \frac{-\varepsilon_1 - (\text{II})}{3}$$

$$2 : (\text{I}) = \frac{-\varepsilon_2 - (\text{II})}{3} \tag{4.16}$$

$$3 : (\text{I}) = \frac{-\varepsilon_3 - (\text{II})}{3}$$

③ 변규약 조정

$$\frac{\sin\alpha_1 \cdot \sin\alpha_2 \cdot \sin\alpha_3 \cdot \ell_1}{\sin\beta_1 \cdot \sin\beta_2 \cdot \sin\beta_3 \cdot \ell_2} = 1 \tag{4.17}$$

$$E_1 = \frac{\pi\sin\alpha \cdot \ell_1}{\pi\sin\beta \cdot \ell_2} - 1,\ E_2 = \frac{\pi\sin\alpha' \cdot \ell_1}{\pi\sin\beta' \cdot \ell_2} - 1 \tag{4.18}$$

※ 표차$(\Delta) = \sin 10'' \times \cos\alpha(\beta) = 48.4814 \times \cos\alpha(\beta)$

④ 변규약 경정수

$$x_1'' = \frac{10'' \cdot E_1}{|E_1 - E_2|},\ x_2'' = \frac{10'' \cdot E_2}{|E_1 - E_2|} \tag{4.19}$$

검산 $|x_1'' - x_2''| = 10''$

⑤ 변장 계산

$$\frac{a}{\sin\alpha} = \frac{b}{\sin\beta} = \frac{c}{\sin\gamma}$$

$$a = \frac{c \times \sin\alpha}{\sin\gamma}$$

$$b = \frac{c \times \sin\beta}{\sin\gamma}$$

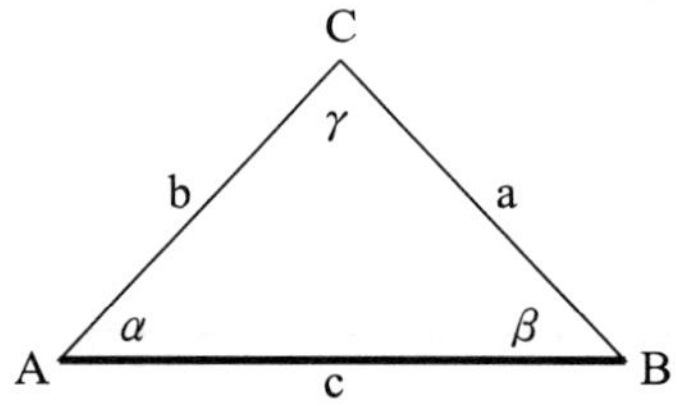

⑥ 방위각 계산

AC방위각 = AB방위각 − α

BC방위각 = AB방위각 ± 180° + β

⑦ 종횡선 좌표 계산

A점 → C점 종횡선 좌표	B점 → C점 종횡선 좌표
$X_C = X_A + b \cdot \cos V_a^c$	$X_C = X_B + a \cdot \cos V_b^c$
$Y_C = Y_A + b \cdot \sin V_a^c$	$Y_C = Y_B + a \cdot \sin V_b^c$

예제 03 삼각측량을 실시하여 다음과 같은 값을 얻었다. 이를 삽입망 조정 계산방법으로 내각을 조정하시오(단, 거리는 cm 단위, 각은 0.1″까지 5사5입 하시오).

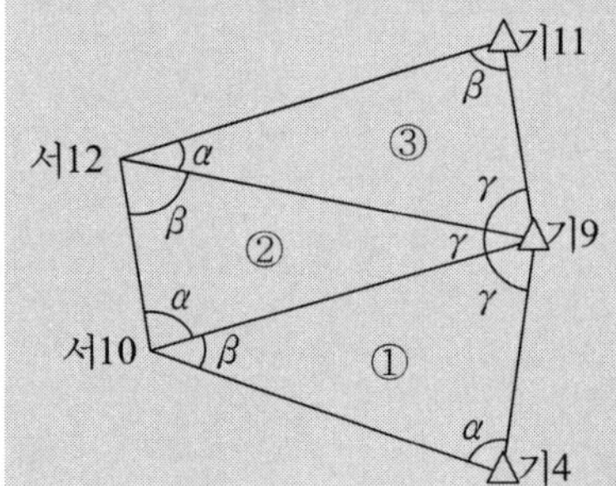

점명	X좌표	Y좌표
기4	439591.97 m	189428.53 m
기9	442819.63 m	189755.27 m
기11	446216.59 m	189692.90 m

각명	관측각	각명	관측각	각명	관측각
α_1	60°12′28.8″	α_2	64°42′22.0″	α_3	60°30′29.1″
β_1	65°18′46.4″	β_2	55°21′57.2″	β_3	60°43′42.0″
γ_1	54°28′38.1″	γ_2	59°55′44.0″	γ_3	58°45′44.6″

해설 1) 기지점간 거리 및 방위각 계산

<기양4 → 기9> $l_1 = \sqrt{\Delta x^2 + \Delta y^2} = \sqrt{3227.66^2 + 326.74^2} = 3244.16\,\text{m}$

$$\theta = \tan^{-1}\left(\frac{\Delta y}{\Delta x}\right) = \tan^{-1}\left(\frac{326.74}{3227.66}\right) = 5°\,46'49.6''\ (1\text{상한})$$

$$V\frac{기9}{기4} = 5°\,46'49.6''$$

<기9 → 기양11> $l_2 = \sqrt{\Delta x^2 + \Delta y^2} = \sqrt{3396.96^2 + (-62.37)^2} = 3397.53\,\text{m}$

$$\theta = \tan^{-1}\left(\frac{\Delta y}{\Delta x}\right) = \tan^{-1}\left(\frac{62.37}{3396.96}\right) = 1°\,03'06.7''\ (4\text{상한})$$

$$V\frac{기11}{기9} = 360° - 1°\,03'06.7'' = 358°\,56'53.3''$$

2) 각규약 조정

(1) $\sum\varepsilon = -6.7 + 3.2 + (-4.3) = -7.8''$

(2) 각삼각형 γ각의 합과 기지 내각과의 차(e)계산

$\sum\gamma = 173°\,10'06.7''$

기지내각 $= 358°\,56'53.3'' - (180° + 5°\,46'49.6'') = 173°\,10'03.7''$

$\ast\ e = 173°\,10'06.7'' - 173°\,10'03.7'' = +3.0''$가 된다.

(3) $(II) = \dfrac{\sum\varepsilon - 3e}{2n} = \dfrac{-7.8 - (3\times 3.0)}{2\times 3} = -2.8''$

$(I) = \dfrac{-\varepsilon - (II)}{3}$ 이므로 삼각형$(I) = \dfrac{-(-6.7) - (-2.8)}{3} = -3.17 = +3.2''$

삼각형$(I) = \dfrac{-3.2 - (-2.8)}{3} = -0.13 = -0.1''$

삼각형$(I) = \dfrac{-(-4.3) - (-2.8)}{3} = 2.37 = +2.4''$

※ 각규약(I) 조정 시 단수처리 인하여 삼각형 내각의 합이 180°와 ±0.1''의 차이가 생길 수 있다. 이때는 90°에 가까운 각에 ±0.1''를 추가 배부한다.

3) 변규약 조정

(1) E_1 계산

$$E_1 = \frac{\pi\sin\alpha \cdot l_1}{\pi\sin\beta \cdot l_2} - 1 = \frac{0.867843\times 0.904128\times 0.870431\times 3244.16}{0.908608\times 0.822798\times 0.872317\times 3397.53} - 1$$

$$= \frac{2215.683375}{2215.681952} - 1 = +1(+0.000001)$$

(2) $\Delta\alpha$, $\Delta\beta$ 계산

$\Delta\alpha = \sin 10''\times\cos\alpha,\ \Delta\beta = \sin 10''\times\cos\beta$

$\Delta\alpha_1 = 48.4814\times\cos 60°\,12'32.0'' = 24$

$\Delta\beta_1 = 48.4814\times\cos 65°\,18'49.5'' = 20$

나머지도 위와 같이 계산되며, 부호는 $\pi\sin\alpha\cdot l_1 > \pi\sin\beta\cdot l_2$ 이면 E_1값이 (+)이므로 $\sin\alpha$에는 $-\Delta\alpha$, $\sin\beta$에는 $+\Delta\beta$로 조정하여 $\sin\alpha'$, $\sin\beta'$를 구한다.

(3) E_2계산

$$E_2 = \frac{\pi\sin\alpha' \cdot l_1}{\pi\sin\beta' \cdot l_2} - 1 = \frac{0.867819\times 0.904107\times 0.870407\times 3244.16}{0.908628\times 0.822826\times 0.872341\times 3397.53} - 1$$

$$= \frac{2215.509550}{2215.867088} - 1 = -161(\rightarrow -0.000161)$$

$$|E_1 - E_2| = |+1-(-161)| = 162$$

(4) 경정수(x_1'', x_2'') 계산

$$x_1'' = \frac{10'' \times E_1}{|E_1 - E_2|} = \frac{10'' \times 1}{162} = +0.1''$$

$$x_2'' = \frac{10'' \times E_2}{|E_1 - E_2|} = \frac{10'' \times (-161)}{162} = -9.9''$$

[검산] $|x_1'' - x_2''| = 10''$

4) 변장계산

<기4 → 서10> $L = \frac{3244.16 \times \sin 54°28'38.5''}{\sin 65°18'49.6''} = 2905.96\,\text{m}$

<기9 → 서10> $L = \frac{3244.16 \times \sin 60°12'31.9''}{\sin 65°18'49.6''} = 3098.61\,\text{m}$

나머지도 다음과 같이 계산한다.

5) 방위각 계산

<기4 → 서10> $V = 5°46'49.6'' - 60°12'31.9'' = 305°34'17.7''$

<기9 → 서10> $V = 5°46'49.6'' + 180° + 54°28'38.5'' = 240°15'28.1''$

나머지도 위와 같이 계산한다.

6) 종횡선 좌표 계산

<기4 → 서10> $X_1 = 439591.97 + (\cos 305°34'17.7'' \times 2905.96) = 441282.42\,\text{m}$

$Y_1 = 189428.53 + (\sin 305°34'17.7'' \times 2905.96) = 187064.85\,\text{m}$

<기9 → 서10> $X_2 = 442819.63 + (\cos 240°15'28.1'' \times 3098.61) = 441282.42\,\text{m}$

$Y_2 = 189755.27 + (\sin 240°15'28.1'' \times 3098.61) = 187064.85\,\text{m}$

문제 06

삼각측량을 실시하여 다음과 같은 값을 얻었다. 이를 삽입망 조정 계산방법으로 내각을 조정하시오(단, 거리는 cm 단위, 각은 0.1″까지 5사5입 하시오).

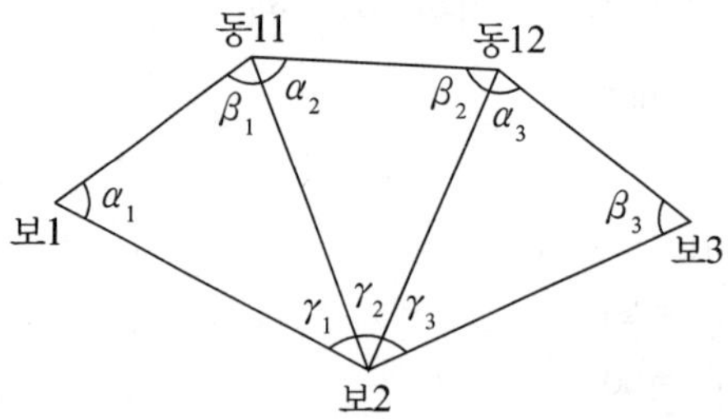

점명	X좌표	Y좌표
보1	437601.85 m	183099.92 m
보2	438658.97 m	183951.75 m
보3	439718.15 m	183124.88 m

각명	관측각	각명	관측각	각명	관측각
α_1	70°28′07.4″	α_2	67°41′12.5″	α_3	79°80′48.0″
β_1	68°65′52.1″	β_2	74°20′50.4″	β_3	74°53′30.9″
γ_1	40°26′03.7″	γ_2	37°57′52.9″	γ_3	24°45′42.1″

문제 07

삼각측량을 실시하여 다음과 같은 값을 얻었다. 이를 삽입망 조정 계산방법으로 조정하시오(단, 거리는 cm 단위, 각은 0.1″까지 5사5입 하시오).

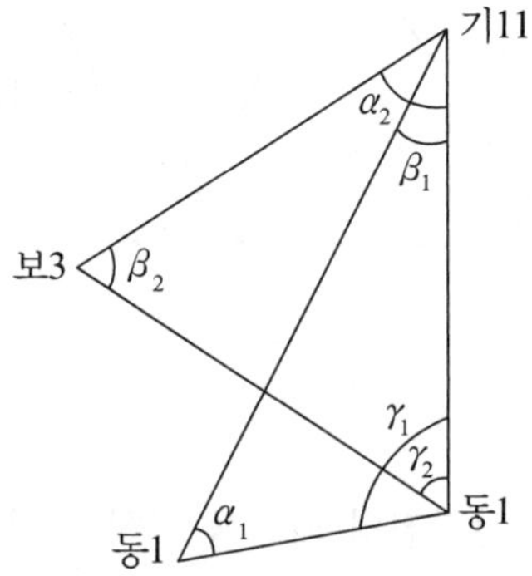

점명	X좌표	Y좌표
동1	313244.61 m	121118.30 m
동2	313427.58 m	123210.59 m
동3	314116.79 m	121399.62 m

각명	관측각	각명	관측각
α_1	34°09′27.5″	α_2	83°53′69.2″
β_1	65°33′59.6″	β_2	41°39′22.5″
γ_1	80°16′23.1″	γ_2	54°26′24.9″

문제 08

지적삼각측량 삽입망으로 구성하여 내각을 관측한 결과가 다음과 같을 때, 주어진 서식을 이용하여 P_1과 P_2의 좌표를 계산하시오(단, 계산방법과 서식의 작성은 지적 관련 법규 및 규정에 따른다).

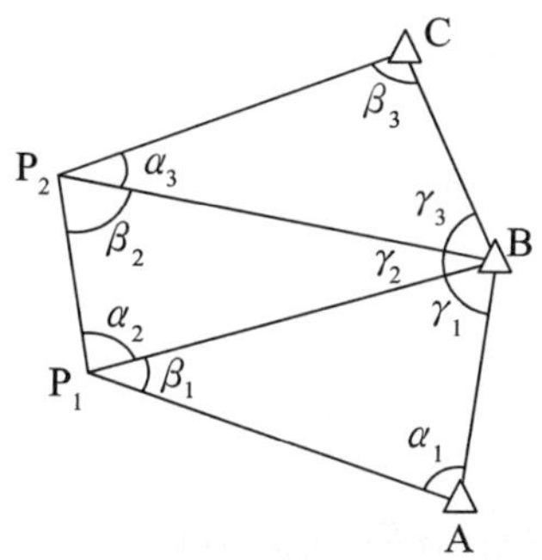

점명	X좌표	Y좌표
A	4591.97 m	4428.53 m
B	7819.63 m	4755.27 m
C	11216.59 m	4692.90 m

각명	관측각	각명	관측각	각명	관측각
α_1	60°12′29.2″	α_2	64°42′21.3″	α_3	60°30′28.2″
β_1	65°18′45.8″	β_2	55°21′58.0″	β_3	60°43′41.6″
γ_1	54°28′37.9″	γ_2	59°55′44.1″	γ_3	58°45′45.7″

문제 09

지적삼각점측량을 삽입망으로 구성하여 내각을 관측한 결과가 아래와 같을 때, 주어진 서식을 완성하시오(단, 계산방법과 서식의 작성은 지적 관련 법규 및 규정에 따른다).

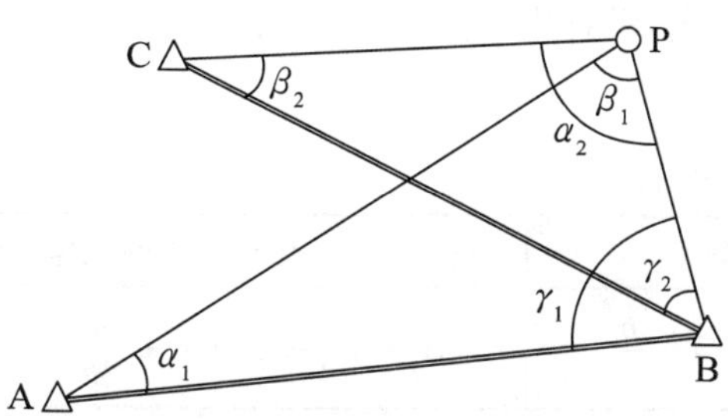

점명	X좌표	Y좌표
A	424245.57 m	241105.81 m
B	424428.60 m	243208.68 m
C	425137.78 m	241485.26 m

각명	관측각	각명	관측각
α_1	33°04′31.8″	α_2	92°15′11.7″
β_1	72°15′53.5″	β_2	40°25′32.5″
γ_1	74°39′23.5″	γ_2	47°19′08.8″

4.9.4 삼각쇄

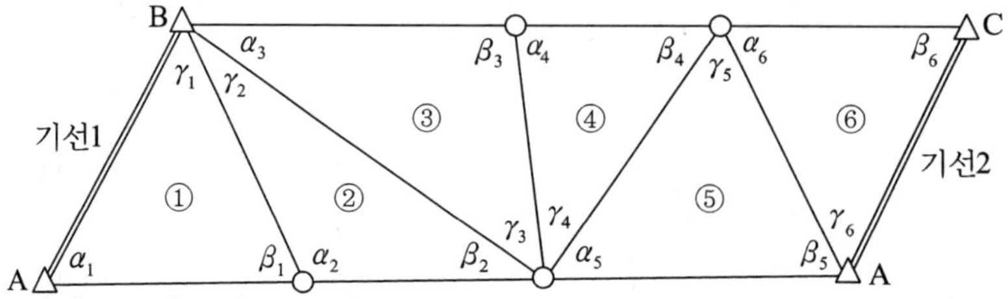

1) 정의

삼각쇄는 삽입망과 같이 기지변에 폐색을 시켜 삼각점의 좌표를 구하는 방법으로 다른 삼각망 조정보다 각조정이 간단한 것이 특징이며, 삼각쇄망이 특수성(위치 조건 불만족) 때문에 출발점에서 시작하여 도착점에 이르면 기지점에 폐색이 되지 않고 약간의 차이가 발생하기도 한다.

2) 조정

① 각규약 조정

$$\begin{aligned} \alpha_1 + \beta_1 + \gamma_1 &= 180° \\ \alpha_2 + \beta_2 + \gamma_2 &= 180° \\ &\vdots \\ \alpha_6 + \beta_6 + \gamma_6 &= 180° \end{aligned} \qquad (4.20)$$

식(4.20)에서 $\varepsilon = (\alpha + \beta + \gamma) - 180°$, $\varepsilon/3$으로 균등 배분한다.

만약, 균등배분 시 $\pm 0.1''$ 차이가 날 경우 90° 가까운 각에 나머지를 배분한다.

② 망규약(방위각 오차) 조정

계산 방위각 = 기지 도착방위각

$$\text{계산 방위각 } V_D^C = V_B^A + \Sigma\gamma \text{ 홀수} - \Sigma\gamma \text{ 짝수} \qquad (4.21)$$

방위각 오차 $q = V_D^C$ − 기지도착 방위각

표 4-8. 방위각 오차(q)의 배분

γ 각이 좌측에 있을 때	γ 각이 우측에 있을 때
$\alpha = -\dfrac{q}{2n}$, $\beta = -\dfrac{q}{2n}$, $\gamma = +\dfrac{q}{n}$	$\alpha = +\dfrac{q}{2n}$, $\beta = +\dfrac{q}{2n}$, $\gamma = -\dfrac{q}{n}$

③ 변규약 조정

$$\frac{\sin\alpha_1 \cdot \sin\alpha_2 \cdot \sin\alpha_3 \cdot \sin\alpha_4 \cdot \sin\alpha_5 \cdot \sin\alpha_6 \cdot l_1}{\sin\beta_1 \cdot \sin\beta_2 \cdot \sin\beta_3 \cdot \sin\beta_4 \cdot \sin\beta_5 \cdot \sin\beta_6 \cdot l_2} = 1 \tag{4.22}$$

$$E_1 = \frac{\pi\sin\alpha \cdot \ell_1}{\pi\sin\beta \cdot \ell_2} - 1,\ E_2 = \frac{\pi\sin\alpha' \cdot \ell_1}{\pi\sin\beta' \cdot \ell_2} - 1 \tag{4.23}$$

※ 표차(Δ)$= \sin 10'' \times \cos\alpha(\beta) = 48.4814 \times \cos\alpha(\beta)$

④ 변규약 경정수

$$x_1'' = \frac{10'' \cdot E_1}{|E_1 - E_2|},\ x_2'' = \frac{10'' \cdot E_2}{|E_1 - E_2|} \tag{4.24}$$

검산 $|x_1'' - x_2''| = 10''$

⑤ 변장 계산

$$\frac{a}{\sin\alpha} = \frac{b}{\sin\beta} = \frac{c}{\sin\gamma}$$

$$a = \frac{c \times \sin\alpha}{\sin\gamma}$$

$$b = \frac{c \times \sin\beta}{\sin\gamma}$$

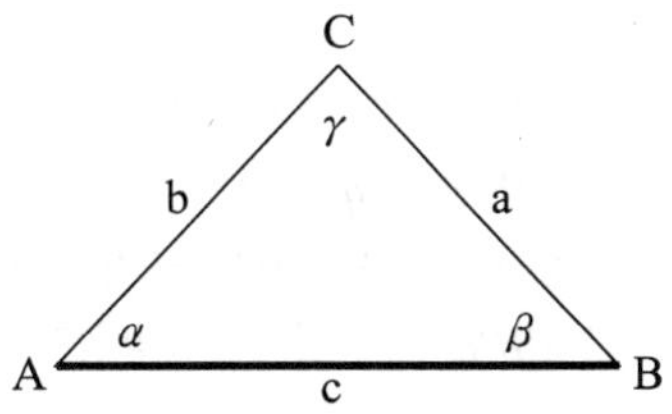

⑥ 방위각 계산

AC방위각 = AB방위각 − α

BC방위각 = AB방위각 ± 180° + β

⑦ 종횡선 좌표 계산

A점 → C점 종횡선 좌표	B점 → C점 종횡선 좌표
$X_C = X_A + b \cdot \cos V_a^c$	$X_C = X_B + a \cdot \cos V_b^c$
$Y_C = Y_A + b \cdot \sin V_a^c$	$Y_C = Y_B + a \cdot \sin V_b^c$

예제 04 다음 삼각쇄망의 관측결과에 의하여 서식을 완성하고 기양7의 좌표를 구하시오(단, 각은 초단위 소수1자리까지, 거리와 좌표는 m단위 소수2자리까지 계산하시오).

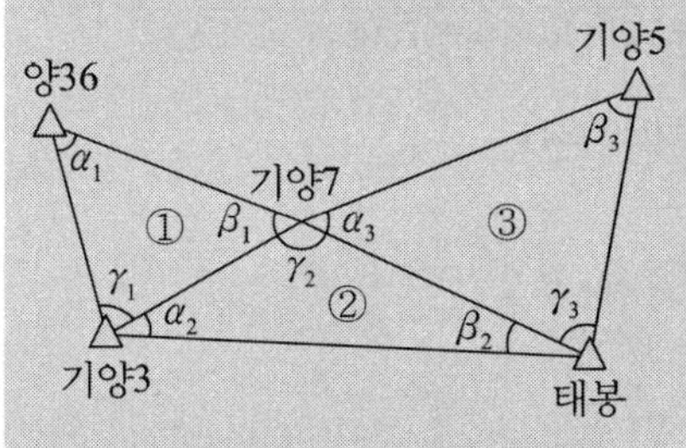

점명	X좌표	Y좌표
기양3	481465.61 m	182383.79 m
양36	482414.39 m	180789.65 m
태봉	482110.80 m	184548.52 m
기양5	483901.31 m	183969.41 m

각명	관측각	각명	관측각	각명	관측각
α_1	39°54′54.5″	α_2	59°25′56.6″	α_3	61°04′15.0″
β_1	66°52′18.3″	β_2	34°51′02.3″	β_3	65°06′30.6″
γ_1	73°12′36.7″	γ_2	85°42′52.4″	γ_3	53°49′30.0″

해설 1) 기지점간 거리 및 방위각 계산

<기양3 → 양36> $l_1 = \sqrt{\Delta x^2 + \Delta y^2} = \sqrt{948.78^2 + (-1594.14)^2} = 1855.12\,\text{m}$

$\theta = \tan^{-1}\left(\dfrac{\Delta y}{\Delta x}\right) = \tan^{-1}\left(\dfrac{1594.14}{948.78}\right) = 59°\,14'25.0''$ (4상한)

$V = 360° - 59°\,14'25.0'' = 300°\,45'35.0''$

<태봉 → 기양5> $l_2 = \sqrt{\Delta x^2 + \Delta y^2} = \sqrt{1790.51^2 + 579.11^2} = 1881.83\,\text{m}$

$\theta = \tan^{-1}\left(\dfrac{\Delta y}{\Delta x}\right) = \tan^{-1}\left(\dfrac{579.11}{1790.51}\right) = 17°\,55'22.5''$ (4상한)

$V = 360° - 17°\,55'22.5'' = 342°\,04'37.5''$

2) 각규약 조정

(1) 각내각의 합과 180°와의 차(ε) 계산

① 삼각형 $\varepsilon_1 = -10.5''$, $\varepsilon_1/3 = -3.5''$

② 삼각형 $\varepsilon_2 = -8.7''$, $\varepsilon_2/3 = -2.9''$

③ 삼각형 $\varepsilon_3 = +15.6''$, $\varepsilon_3/3 = +5.2''$가 되며 이 값으로 1차 조정한다.

(2) 방위각 오차(q) 계산

출발점에서 시작하여 도착점에 폐색시켜 기지방위각과의 차를 계산한다.

산출방위각 = 기지출발방위각 + $\gamma_1 - 180° - \gamma_2 + 180° + \gamma_3$

$= 300°\,04'35.0'' + 73°\,12'40.2'' - 180° - 85°\,42'55.3'' + 180° + 53°\,49'24.8''$

$= 342°\,04'44.7''$

q = 산출방위각 − 기지방위각 $= 342°\,04'44.7'' - 342°\,04'37.5'' = +7.2''$

(3) 기지각 오차(각규약 경정수) 계산

γ각이 좌측에 있을 때	γ각이 우측에 있을 때
$\alpha = -\dfrac{q}{2n} = -1.2''$	$\alpha = +\dfrac{q}{2n} = +1.2''$
$\beta = -\dfrac{q}{2n} = -1.2''$	$\beta = +\dfrac{q}{2n} = +1.2''$
$\gamma = +\dfrac{q}{n} = +2.4''$	$\gamma = -\dfrac{q}{n} = -2.4''$

3) 변규약 조정

(1) E_1 계산

$$E_1 = \frac{\pi \sin\alpha \cdot l_1}{\pi \sin\beta \cdot l_2} - 1 = \frac{0.641670 \times 0.861034 \times 0.875209 \times 1855.12}{0.919637 \times 0.571446 \times 0.907098 \times 1881.83} - 1$$

$$= \frac{897.048282}{897.069788} - 1 = -24(\rightarrow -0.000024)$$

(2) $\Delta\alpha$, $\Delta\beta$ 계산

$\Delta\alpha = \sin 10'' \times \cos\alpha$, $\Delta\beta = \sin 10'' \times \cos\beta$

$\Delta\alpha_1 = 48.4814 \times \cos 39°\,54'59.2'' = 37$

$\Delta\beta_1 = 48.4814 \times \cos 66°\,52'23.0'' = 19$

나머지도 위와 같이 계산하며

부호는 $\pi\sin\alpha \cdot l_1 < \pi\sin\beta \cdot l_2$이면 E_1 값이 $(-)$이므로 $\sin\alpha$에는 $+\Delta\alpha$, $\sin\beta$에는 $-\Delta\beta$로 조정하여 $\sin\alpha'$, $\sin\beta'$를 구한다.

(3) E_2 계산

$$E_2 = \frac{\pi\sin\alpha' \cdot l_1}{\pi\sin\beta' \cdot l_2} - 1 = \frac{0.641707 \times 0.861059 \times 0.875232 \times 1855.12}{0.919618 \times 0.571406 \times 0.907078 \times 1881.83} - 1$$

$$= \frac{897.149631}{896.968685} - 1 = +202(\rightarrow +0.000202)$$

$$|E_1 - E_2| = |-24 - (+202)| = 226$$

(4) 경정수(x_1'', x_2'')계산

$$x_1'' = \frac{10'' \times E_1}{|E_1 - E_2|} = \frac{10'' \times (-24)}{226} = -1.1''$$

$$x_2'' = \frac{10'' \times E_2}{|E_1 - E_2|} = \frac{10'' \times 202}{226} = +8.9''$$

[검산] $|x_1'' - x_2''| = |-1.1'' - (+8.9'')| = 10''$

4) 변장 계산

<양36 → 기양7> $L = \dfrac{1855.12 \times \sin 73°12'37.8''}{\sin 66°52'21.9''} = 1931.25\,\text{m}$

<기양9 → 기양7> $L = \dfrac{1855.12 \times \sin 39°55'00.3''}{\sin 66°52'21.9''} = 1294.41\,\text{m}$

나머지도 다음과 같이 계산한다.

5) 방위각 계산

<양36 → 기양7> $V = 300°45'35.0'' - 180° - 39°55'00.3'' = 80°50'34.7''$

<기양3 → 기양7> $V = 300°45'35.0'' + 73°12'37.8'' = 13°58'12.8''$

나머지도 위와 같이 계산한다.

6) 종횡선좌표 계산

<양36 → 기양7> $X_1 = 482414.39 + (\cos 80°50'34.7'' \times 1931.25) = 482721.73\,\text{m}$

$Y_1 = 180789.65 + (\sin 80°50'34.7'' \times 1931.25) = 182696.29\,\text{m}$

<기양3 → 기양7> $X_2 = 481465.61 + (\cos 13°58'12.8'' \times 1294.41) = 482721.73\,\text{m}$

$Y_2 = 182383.79 + (\sin 13°58'12.8'' \times 1294.41) = 182696.28\,\text{m}$

평균하면 $X = (482721.73 + 482721.73) \div 2 = 482721.73\,\text{m}$

$Y = (182696.29 + 182696.28) \div 2 = 182696.28\,\text{m}$

문제 10

다음은 삼각쇄망의 관측결과에 의하여 서식을 완성하고 강7, 강8의 좌표를 구하시오(단, 각은 초단위 소수1자리까지, 거리와 좌표는 m단위 소수2자리까지 계산하시오).

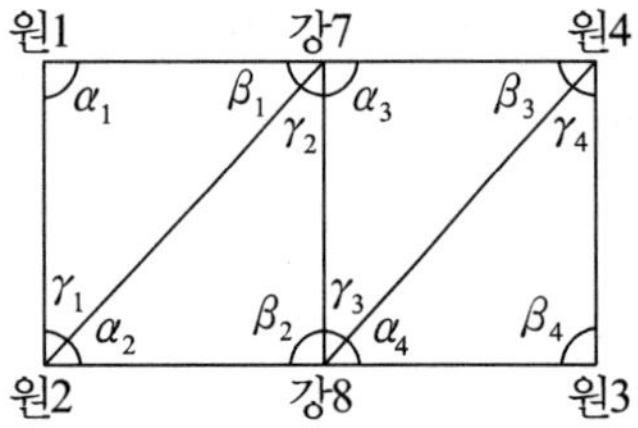

점명	X좌표	Y좌표
원2	452168.36 m	194042.88 m
원1	454290.12 m	193818.34 m
원3	449945.04 m	200036.83 m
원4	453036.10 m	199313.05 m

각명	관측각	각명	관측각	각명	관측각	각명	관측각
α_1	69°29′46.6″	α_2	51°01′42.2″	α_3	80°16′51.9″	α_4	56°16′45.3″
β_1	40°17′58.2″	β_2	65°59′02.4″	β_3	51°06′49.2″	β_4	60°45′47.7″
γ_1	70°12′11.6″	γ_2	62°59′16.5″	γ_3	48°36′17.5″	γ_4	62°57′26.4″

문제 11

다음 삼각쇄망의 관측결과에 의하여 서식을 완성하고 형13의 좌표를 구하시오(단, 각은 초단위 소수1자리까지 거리와 좌표는 m단위 소수 2자리까지 계산).

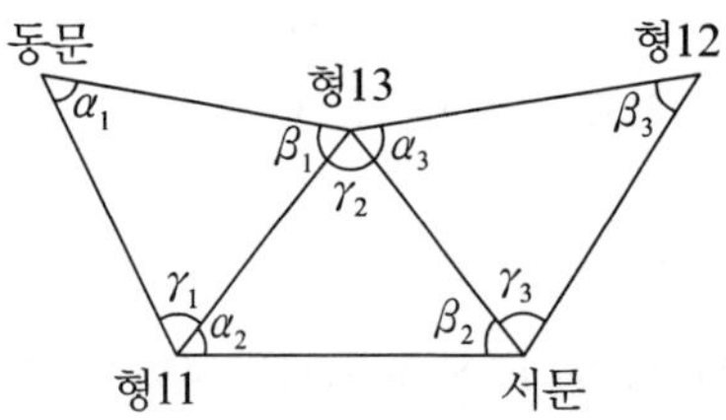

점명	X좌표	Y좌표
형11	461365.59 m	152483.80 m
동문	462314.22 m	150889.59 m
서문	462194.21 m	155451.86 m
형12	463985.30 m	154872.44 m

각명	관측각	각명	관측각	각명	관측각
α_1	49°55′02.6″	α_2	61°25′73.6″	α_3	58°04′24.1″
β_1	57°52′09.1″	β_2	32°50′51.1″	β_3	67°05′59.2″
γ_1	72°12′38.6″	γ_2	85°42′68.2″	γ_3	54°49′33.1″

[예제1 정답]

사 각 망 조 정 계 산 부

점 명	각명	관측각	각규약 ε/8	각규약 e	각규약 조정각	sinα / sinβ	Δα / Δβ	sinα′ / sinβ′	α−x₁″ / β−x₁″	변규약 조정각
기성8	α_1	37°08′20″.2	+2″.8	-5″.9	37°08′17″.1	0.603738	+390	0.603777	+5.2	37°08′22″.3
기성7	β_1	35 24 36.4	+2.8	-0.8	35 24 38.4	0.579433	-400	0.579393	-5.2	35 24 33.2
									γ_1	107 27 04.5
양3	α_2	59°53′15″.4	+2″.8	-0″.8	59°53′17″.4	0.865048	+240	0.865072	+5.2	59°53′22″.6
여8	β_2	49 47 59.4	+2.8	+5.9	49 48 08.1	0.763821	-310	0.763790	-5.2	49 48 02.9
									γ_2	70 18 34.5
기성7	α_3	34°53′47″.4	+2″.8	+5″.9	34°53′56″.1	0.572130	+400	0.572170	+5.2	34°54′01″.3
기성8	β_3	44 51 35.8	+2.8	+0.8	44 51 39.4	0.705389	-340	0.705355	-5.2	44 51 34.2
									γ_3	100 14 24.5
여8	α_4	50°26′12″.8	+2″.8	+0″.8	50°26′16″.4	0.770935	+310	0.770966	+5.2	50°26′21″.6
양3	β_4	47 33 50.2	+2.8	-5.9	47 33 47.1	0.738021	-330	0.737988	-5.2	47 33 41.9
									γ_4	81 59 56.5

변장 $\alpha\times\sin\alpha(\gamma)/\sin\beta$	방위각	종횡선좌표 X	종횡선좌표 Y	점명
양3 → 여8	양3 → 여8	453278.75	192562.46	양3
2137m.20	62°33′46″.1	454263.52	194459.26	여8
양3 → 기성7	양3 → 기성7			기성7
1733.78	2 40 23.5	455010.64	192643.32	
여8 → 기성7	여8 → 기성7			
1963.63	292 21 49.0	455010.65	192643.32	
	평균	455010.64	192643.32	
기성7 → 기성8	기성7 → 기성8			기성8
2739.48	147 15 50.3	452706.27	194124.75	
여8 → 기성8	여8 → 기성8			
1592.77	192 07 24.5	452706.27	194124.75	
	평균	452706.27	194124.75	
여8 → 양3	여8 → 양3			양3
2137.20	242 33 46.1	453278.75	192562.46	
기성8 → 양3	기성8 → 양3			
1663.88	290 07 28.0	453278.75	192562.45	
	평균	453278.75	192562.46	
기성8 → 여8	기성8 → 여8			여8
1592.77	12 07 28.0	454263.52	194459.26	
양3 → 여8	양3 → 여8			
2137.21	62 33 46.1	454263.53	194459.27	
양3 → 여8	양3 → 여8			
2137.20	62 33 46.1	454263.52	194459.26	

$\Sigma\alpha+\Sigma\beta$ 359°59′37″.6

-) 360 00 00.0

ε = -22.4

$\frac{\epsilon}{8}$ = -2.8

조정각 합계: 360°00′00″.0

E_1	
$\pi\sin\alpha$	0.230357
$\pi\sin\beta$	0.230405

E_2	
$\pi\sin\alpha'$	0.230404
$\pi\sin\beta'$	0.230359

$\alpha_1+\beta_4=$ 84°42′10″.4

-) $\alpha_3+\beta_2=$ 84 41 46.8

e_1 = +23.6 $\frac{e_1}{4}=$ 5.9

$\alpha_2+\beta_1=$ 95 17 51.8

-) $\alpha_4+\beta_3=$ 95 17 48.6

e_2 = +3.2 $\frac{e_2}{4}=$ 0.8

$E_1=\frac{\pi\sin\alpha}{\pi\sin\beta}-1=$ -208

$E_2=\frac{\pi\sin\alpha'}{\pi\sin\beta'}-1=$ 195

$|E_1-E_2|=$ 403

$\Delta\alpha$, $\Delta\beta$=10차임

$x_1''=\frac{10''E_1}{|E_1-E_2|}=$ -5.2″

$x_1''=\frac{10''E_1}{|E_1-E_2|}=$ +4.8″

검산: $|x_1''-x_2''|=10''$

약 도

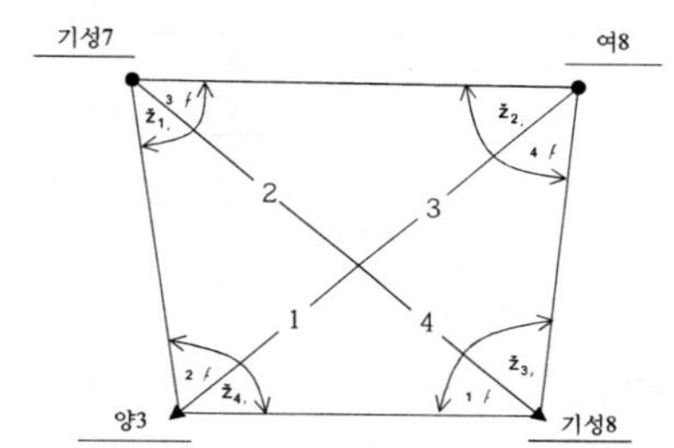

[문제1 정답]

사 각 망 조 정 계 산 부

점명	각명	관측각	각규약 ε/8	각규약 e	각규약 조정각	sinα / sinβ	Δα / Δβ	sinα′ / sinβ′	α−x₁" / β−x₁"	변규약 조정각
서8	α_1	40°35′16″.2	0″.4	0″.4	40°35′17″.0	0.650616	+37	0.650653	+0″.3	40°35′17″.3
서7	β_1	22 44 28 .7	0 .4	0 .3	22 44 29 .4	0.386574	-45	0.386529	-0 .3	22 44 29 .1
									γ_1	116 40 13 .6
경1	α_2	53°03′56″.6	0″.4	0″.3	53°03′57″.3	0.799327	+29	0.799356	+0″.3	53°03′57″.6
경8	β_2	48 58 36 .1	0 .4	-0 .4	48 58 36 .1	0.754443	-32	0.754411	-0 .3	48 58 35 .8
									γ_2	77 57 26 .6
서7	α_3	55°12′57″.2	0″.4	-0″.4	55°12′57″.2	0.821307	+28	0.821335	+0″.3	55°12′57″.5
서8	β_3	48 31 49 .5	0 .4	-0 .3	48 31 49 .6	0.749308	-32	0.749276	-0 .3	48 31 49 .3
									γ_3	76 15 13 .2
경8	α_4	27°16′37″.0	0″.4	-0″.3	27°16′37″.1	0.458292	+43	0.458335	+0″.3	27°16′37″.4
경1	β_4	63 36 15 .5	0 .4	0 .4	63 36 16 .3	0.895747	-22	0.895725	-0 .3	63 36 16 .0
									γ_4	89 07 06 .6
$\Sigma\alpha+\Sigma\beta$		359°59′56″.7			360°00′00″.0					
	-)	360 00 00 .0								
		ε = - 3.3								
		$\frac{\epsilon}{8}$ = - 0.4								

변장 $\alpha\times\sin\alpha(\gamma)/\sin\beta$	방위각	종횡선좌표 X	종횡선좌표 Y	점명
경1→경8	경1 → 경8	466736ᵐ.27	192741ᵐ.81	경1
2227ᵐ.28	86°50′47″.0	466858 .80	194965 .72	경8
경1 → 서7 / 1718 .17	경1 → 서7 / 33 46 49 .4	468164 .37	193697 .13	서7
경8 → 서7 / 1820 .39	경8 → 서7 / 315 49 22 .8	468164 .37	193697 .13	서7
	평균	468164 .37	193697 .13	서7
서7 → 서8 / 2359 .85	서7 → 서8 / 191 02 20 .3	465848 .18	193245 .27	서8
경8 → 서8 / 1995 .31	경8 → 서8 / 239 34 09 .6	465848 .18	193245 .28	서8
	평균	465848 .18	193245 .28	서8
경8 → 경1 / 2227 .28	경8 → 경1 / 266 50 47 .0	466736 .27	192741 .81	경1
서8 → 경1 / 1020 .87	서8 → 경1 / 330 27 03 .0	466736 .27	192741 .82	경1
	평균	466736 .27	192741 .82	경1
서8 → 경8 / 1995 .32	서8 → 경8 / 59 34 09 .6	466858 .80	194965 .73	경8
경1 → 경8 / 2227 .28	경1 → 경8 / 86 50 47 .0	466858 .80	194965 .73	경8
→	→	466858 .80	194965 .73	경8

$\pi\sin\alpha$	$\pi\sin\alpha'$
0.195748	0.195791
E_1 $\pi\sin\beta$	E_2 $\pi\sin\beta'$
0.195751	0.195707

° ′ ″

$\alpha_1+\beta_4=$ 104 11 31 .7
-) $\alpha_3+\beta_2=$ 104 11 33 .3

e_1 = - 1.6 $\frac{e_1}{4}=$ -0.4

$\alpha_2+\beta_1=$ 75 48 25 .3
-) $\alpha_4+\beta_3=$ 75 48 26 .5

e_2 = - 1.2 $\frac{e_2}{4}=$ -0.3

$E_1=\frac{\pi\sin\alpha}{\pi\sin\beta}-1=-15$

$E_2=\frac{\pi\sin\alpha'}{\pi\sin\beta'}-1=429$

$|E_1-E_2|=444$

$\Delta\alpha$, $\Delta\beta$ = 10차임

$x_1''=\frac{10''E_1}{|E_1-E_2|}=-0.3''$

$x_1''=\frac{10''E_1}{|E_1-E_2|}=+9.7''$

검산: $|x_1''-x_2''|=10''$

약 도

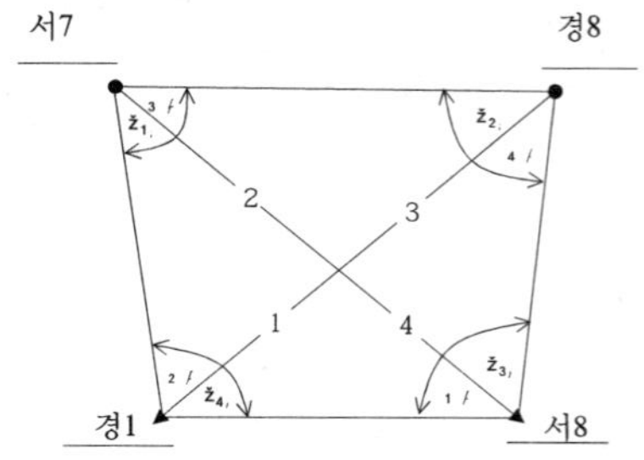

[문제2 정답]

사 각 망 조 정 계 산 부

점 명	각명	관측각	각규약 ε/8	각규약 e	각규약 조정각	sinα / sinβ	Δα / Δβ	sinα′ / sinβ′	α−x₁″ / β−x₁″	변규약 조정각
공2	α_1	52°09′22″.8	-0″.3	2″.7	52°09′25″.2	0.789695	+30	0.789725	+0″.3	52°09′25″.5
대구7	β_1	54 13 10 .5	-0 .3	-1 .5	54 13 08 .7	0.811259	-28	0.811231	-0 .3	54 13 08 .4
									γ_1	73 37 26 .1
공1	α_2	36°08′36″.5	-0″.2	-1″.5	36°08′34″.8	0.589803	+39	0.589842	+0″.3	36°08′35″.1
대구8	β_2	37 49 12 .0	-0 .2	-2 .7	37 49 09 .1	0.613172	-38	0.613134	-0 .3	37 49 08 .8
									γ_2	106 02 16 .1
대구7	α_3	51°49′10″.3	-0″.2	-2″.7	51°49′07″.4	0.786059	+30	0.786089	+0″.3	51°49′07″.7
공2	β_3	50 37 57 .7	-0 .2	1 .5	50 37 59 .0	0.773100	-31	0.773069	-0 .3	50 37 58 .7
									γ_3	77 32 53 .6
대구8	α_4	39°43′43″.3	-0″.2	1″.5	39°43′44″.6	0.639158	+37	0.639195	+0″.3	39°43′44″.9
공1	β_4	37 28 48 .7	-0 .2	2 .7	37 28 51 .2	0.608497	-38	0.608459	-0 .3	37 28 50 .9
									γ_4	102 47 24 .2

변장 ($\alpha \times \sin\alpha(\gamma)/\sin\beta$)	방위각	종횡선좌표 X	종횡선좌표 Y	점명
공1 → 공2	공1 → 공2	3081ᵐ.36	7779ᵐ.45	공1
1923ᵐ.72	70°01′46″.1	3738 .38	9587 .49	공2
공2 → 대구7 / 2275 .08	공2 → 대구7 / 302 11 11 .6	4950 .26	7662 .05	대구7
공1 → 대구7 / 1872 .59	공1 → 대구7 / 356 24 20 .0	4950 .27	7662 .05	대구7
평균		4950 .26	7662 .05	대구7
공1 → 대구8 / 2935 .09	공1 → 대구8 / 32 32 55 .1	5555 .45	9358 .57	대구8
대구7 → 대구8 / 1801 .23	대구7 → 대구8 / 70 22 03 .9	5555 .44	9358 .57	대구8
평균		5555 .44	9358 .57	대구8
대구7 → 공2 / 2275 .08	대구7 → 공2 / 122 11 11 .6	3738 .38	9587 .49	공2
대구8 → 공2 / 1831 .43	대구8 → 공2 / 172 49 10 .3	3738 .37	9587 .49	공2
평균		3738 .38	9587 .49	공2
대구8 → 공1 / 2935 .09	대구8 → 공1 / 212 32 55 .2	3081 .35	7779 .44	공1
공2 → 공1 / 1923 .72	공2 → 공1 / 250 01 46 .1	3081 .36	7779 .45	공1
→	→	3081 .36	7779 .44	

$\Sigma\alpha + \Sigma\beta$ = 360°00′01″.8
-) 360 00 00 .0
ε = 1 .8
$\frac{\epsilon}{8}$ = 0 .2

조정각 합계: 360°00′00″.0

$\pi\sin\alpha$	$\pi\sin\alpha'$
0.234007	0.234054
E_1: $\pi\sin\beta$	E_2: $\pi\sin\beta'$
0.234010	0.233964

$\alpha_1 + \beta_4 =$ 89°38′11″.5
-) $\alpha_3 + \beta_2 =$ 89 38 22 .3
e_1 = -10 .8 $\frac{e_1}{4} = -2.7$

$\alpha_2 + \beta_1 =$ 90 21 47 .0
-) $\alpha_4 + \beta_3 =$ 90 21 41 .0
e_2 = 6 .0 $\frac{e_2}{4} = +1.5$

$E_1 = \frac{\pi\sin\alpha}{\pi\sin\beta} - 1 = -13$

$E_2 = \frac{\pi\sin\alpha'}{\pi\sin\beta'} - 1 = 385$

$|E_1 - E_2| = 398$

$\Delta\alpha$, $\Delta\beta$=10차임

$x_1'' = \frac{10''E_1}{|E_1 - E_2|} = -0.3''$

$x_1'' = \frac{10''E_1}{|E_1 - E_2|} = +9.7''$

검산: $|x_1'' - x_2''| = 10''$

약 도

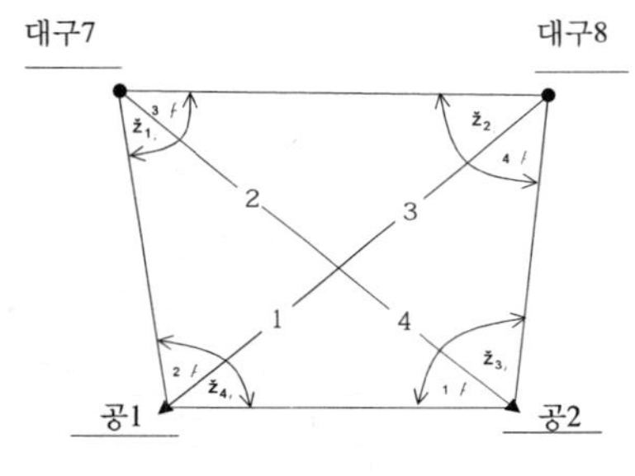

[예제2 정답]

유심다각망 조정계산부

삼각형	점명	각명	관측각	각규약 I	각규약 II	각규약 조정각	sinα / sinβ	Δα / Δβ	sinα′ / sinβ′	α−x₁ / β−x₁	변규약 조정각
1	기8	α_1	39°59′14″.1	-4″.6		39°59′09″.5	0.642600	-37	0.642563	-0″.2	39°59′09″.3
	서19	β_1	55°20′42″.2	-4.6		55°20′37″.6	0.822579	+28	0.822607	+0.2	55°20′37″.8
	기10	γ_1	84°40′17″.6	-4.5	-0″.2	84°40′12″.9				γ_1	84°40′12″.9
		+)	180°00′13″.9			180°00′00″.0					
			180°00′00″.0								
		-) ϵ_1 =	13″.9								
2	서19	α_2	60°29′03″.2	+3″.5		60°29′06″.7	0.870228	-24	0.870204	-0″.2	60°29′06″.5
	서18	β_2	44°38′03″.3	+3.5		44°38′06″.8	0.702591	+34	0.702625	+0.2	44°38′07″.0
	기10	γ_2	74°52′43″.3	+3.4	-0″.2	74°52′46″.5				γ_2	74°52′46″.5
		+)	179°59′49″.8			180°00′00″.0					
			180°00′00″.0								
		-) ϵ_2 =	-10″.2								
3	서18	α_3	59°08′45″.8	+2″.9		59°08′48″.7	0.858485	-25	0.858460	-0″.2	59°08′48″.5
	서17	β_3	54°10′56″.6	+2.9		54°10′59″.5	0.810892	+28	0.810920	+0.2	54°10′59″.7
	기10	γ_3	66°40′09″.2	+2.8	-0″.2	66°40′11″.8				γ_3	66°40′11″.8
		+)	179°59′51″.6			180°00′00″.0					
			180°00′00″.0								
		-) ϵ_3 =	-8″.4								
4	서17	α_4	47°29′29″.5	-2″.9		47°29′26″.6	0.737168	-33	0.737135	-0″.2	47°29′26″.4
	서16	β_4	56°43′19″.5	-2.9		56°43′16″.6	0.836011	+27	0.836038	+0.2	56°43′16″.8
	기10	γ_4	75°47′20″.0	-3.0	-0″.2	75°47′16″.8				γ_4	75°47′16″.8
		+)	180°00′09″.0			180°00′00″.0					
			180°00′00″.0								
		-) ϵ_4 =	9″.0								
5	서16	α_5	66°14′34″.9	+2″.4		66°14′37″.3	0.915267	-20	0.915247	-0″.2	66°14′37″.1
	기8	β_5	55°45′48″.4	+2.3		55°45′50″.7	0.826728	+27	0.826755	+0.2	55°45′50″.9
	기10	γ_5	57°59′29″.9	+2.3	-0″.2	57°59′32″.0				γ_5	57°59′32″.0
		+)	179°59′53″.2			180°00′00″.0					
			180°00′00″.0								
		-) ϵ_5 =	-6″.8								
6		α_6	° ′ ″.	″.		° ′ ″.	.		.	″.	° ′ ″.
		β_6	.	.		.	.		.	.	.
		γ_6	.	.	″.	.				γ_6	.
		+)	.			.					
			180°00′00″.0								
		-) ϵ_6 =	.								
$\Sigma\gamma$			360°00′00″.0	제1기선 ℓ_1	m.						
360° 또는 기지내각			360°00′00″.0	제2기선 ℓ_2	.						
		-) e =	0″.0								

	$\pi\sin\alpha\cdot\ell_1$		$\pi\sin\alpha'\cdot\ell_1$
	0.323907		0.323849
E_1	$\pi\sin\beta\cdot\ell_2$	E_1	$\pi\sin\beta'\cdot\ell_2$
	0.323905		0.323964

$\Sigma\epsilon$ = -2.5

$$(\mathrm{II}) = \frac{\Sigma\epsilon - 3e}{2n} = -0.2$$

$$(\mathrm{I}) = \frac{-\epsilon-(\mathrm{II})}{3} = -4.6$$

n: 삼각형수 +3.5 +2.9 -2.9 +2.3

$$E_1 = \frac{\pi\sin\alpha}{\pi\sin\beta} - 1 = 6$$

$$E_2 = \frac{\pi\sin\alpha'}{\pi\sin\beta'} - 1 = -355$$

$|E_1 - E_2|$ = 361

$\Delta\alpha, \Delta\beta = 10$차임

$$x_1'' = \frac{10''E_1}{|E_1 - E_2|} = -0.2$$

$$x_1'' = \frac{10''E_1}{|E_1 - E_2|} = +9.8$$

검산: $|x_1'' - x_2''| = 10''$

변장 ($\alpha\times\sin\alpha(\gamma)/\sin\beta$)	방위각	종횡선좌표 X	종횡선좌표 Y	점명
기10 → 기8	기10 → 기8	464357.92 m	197280.74 m	기10
4137.83 m	321°45′36″.1	467607.88	194719.60	기8
기8 → 서19	기8 → 서19	466585.86	199622.78	
5008.56	101°46′26″.8			
기10 → 서19	기10 → 서19	466585.86	199622.78	서19
3232.47	46°25′49″.0			
	평균	466585.86	199622.78	
서19 → 서18	서19 → 서18	462277.32	200701.40	
4441.50	165°56′42″.5			
기10 → 서18	기10 → 서18	462277.32	200701.40	서18
4003.73	121°18′35″.5			
	평균	462277.32	200701.40	
서18 → 서17	서18 → 서17	460160.26	196692.30	
4533.74	242°09′47″.0			
기10 → 서17	기10 → 서17	460160.25	196692.31	서17
4238.71	187°58′47″.3			
	평균	460160.26	196692.30	
서17 → 서16	서17 → 서16	463952.19	193565.27	
4914.98	320°29′20″.9			
기10 → 서16	기10 → 서16	463952.18	193565.28	서16
3737.55	263°46′04″.1			
	평균	463952.18	193565.28	
서16 → 기8	서16 → 기8	467607.87	194719.61	
3833.61	173°12′7″.0			
기10 → 기8	기10 → 기8	467607.87	194719.61	기8
4137.82	321°45′36″.1			
	평균	467607.87	194719.61	
→	→	.	.	
.	.			
→	→	.	.	
.	.			
	평균	.	.	
점 → 점	점 → 점	.	.	
.	.			

약 도

[문제3 정답]

유심다각망 조정 계산부

삼각형	점명	각명	관측각	각규약 I	각규약 II	각규약 조정각	sinα / sinβ	Δα / Δβ	sinα′ / sinβ′	α−x₁ / β−x₁	변규약 조정각
1	A	α_1	47°18′54″.9	-1″.7		47°18′53″.2	0.735089	-33	0.735056	-5″.1	47°18′48″.1
	B	β_1	42 09 22 .9	-1 .7		42 09 21 .2	0.671150	+36	0.671186	+5 .1	42 09 26 .3
	보1	γ_1	90 31 47 .2	-1 .7	0″.1	90 31 45 .6				γ_1	90 31 45 .6
		+)	180 00 05.0			180 00 00 .0					
			180 00 00.0								
		-) ϵ_1 =	5.0								
2	B	α_2	40°39′87″.8	-1″.1		40°40′26″.7	0.651755	-37	0.651718	-5″.1	40°40′21″.6
	보2	β_2	49 43 41 .5	-1 .1		49 43 40 .4	0.762983	+31	0.763014	+5 .1	49 43 45 .5
	보1	γ_2	89 35 54 .0	-1 .2	0″.1	89 35 52 .9				γ_2	89 35 52 .9
		+)	180 00 03.3			180 00 00 .0					
			180 00 00.0								
		-) ϵ_2 =	3.3								
3	보2	α_3	43°08′26″.4	1″.0		43°08′27″.4	0.683795	-35	0.683760	-5″.1	43°08′22″.3
	보3	β_3	47 10 28 .4	1 .0		47 10 29 .4	0.733431	+33	0.733464	+5 .1	47 10 34 .5
	보1	γ_3	89 40 62 .2	0 .9	0″.1	89 40 63 .2				γ_3	89 40 63 .2
		+)	179 59 57.0			180 00 00 .0					
			180 00 00.0								
		-) ϵ_3 =	- 3.0								
4	보3	α_4	48°48′04″.7	-0″.8		48°48′03″.9	0.752427	-32	0.752395	-5″.1	48°47′58″.8
	A	β_4	41 00 38 .9	-0 .8		41 00 38 .1	0.656198	+37	0.656235	+5 .1	41 00 43 .2
	보1	γ_4	90 11 18 .8	-0 .9	0″.1	90 11 18 .0				γ_4	90 11 18 .0
		+)	180 00 02.4			180 00 00 .0					
			180 00 00.0								
		-) ϵ_4 =	2.4								
5		α_5									
		β_5									
		γ_5								γ_5	
		+)									
			180 00 00.0								
		-) ϵ_5 =									
6		α_6									
		β_6									
		γ_6								γ_6	
		+)									
			180 00 00.0								
		-) ϵ_6 =									
$\Sigma\gamma$			360 00 02 .2	제1기선 ℓ_1	m.						
360° 또는 기지내각			360 00 00 .0	제2기선 ℓ_2	.						
		-) e =	2 .2								

	$\pi\sin\alpha \cdot \ell_1$		$\pi\sin\alpha' \cdot \ell_1$
	0.246499		0.246451
E_1	$\pi\sin\beta \cdot \ell_2$	E_1	$\pi\sin\beta' \cdot \ell_2$
	0.246450		0.246498

$\Sigma\epsilon$ = +7.7

$(\mathrm{II}) = \dfrac{\Sigma\epsilon - 3e}{2n} = +0.1$

$(\mathrm{I}) = \dfrac{-\epsilon - (\mathrm{II})}{3} = -1.7$

-1.1
+1.0
-0.8

n: 삼각형수

$E_1 = \dfrac{\pi\sin\alpha}{\pi\sin\beta} - 1 = +199$

$E_2 = \dfrac{\pi\sin\alpha'}{\pi\sin\beta'} - 1 = -191$

$|E_1 - E_2| = 390$

$\Delta\alpha, \Delta\beta = 10$차임

$x_1'' = \dfrac{10'' E_1}{|E_1 - E_2|} = +5.1$

$x_1'' = \dfrac{10'' E_1}{|E_1 - E_2|} = -4.9$

검산: $|x_1'' - x_2''| = 10''$

변장 ($\alpha \times \sin\alpha(\gamma)/\sin\beta$)	방위각	종횡선좌표 X	종횡선좌표 Y	점명
A → B	A → B	5779.63 m	5363.37 m	A
2130.04 m	93°56′55″.2	5632.95	7488.35	B
A → 보1	A → 보1			
1429.68	141°15′43″.3	4664.46	6258.01	보1
B → 보1	B → 보1			
1565.80	231°47′28″.9	4664.46	6258.00	
	평균	4664.46	6258.00	
B → 보2	B → 보2			
2052.11	191°07′07″.3	3619.36	7092.62	보2
보1 → 보2	보1 → 보2			
1337.47	141°23′21″.8	3619.35	7092.61	
	평균	3619.36	7092.62	
보2 → 보3	보2 → 보3			
1823.51	278°14′59″.5	3881.02	5287.98	보3
보1 → 보3	보1 → 보3			
1246.89	231°04′25″.0	3881.01	5287.98	
	평균	3881.02	5287.98	
보3 → A	보3 → A			
1900.11	21626.2	5779.63	5363.37	A
보1 → A	보1 → A			
1429.67	321°15′43″.0	5779.62	5363.37	
	평균	5779.62	5363.37	
→	→			
→	→			
	평균			
→	→			
→	→			
	평균			
→	→			

약 도

[문제4 정답]

유심다각망 조정계산부

삼각형	점명	각명	관측각	각규약 I	각규약 II	각규약 조정각	sinα / sinβ	Δα / Δβ	sinα′ / sinβ′	α−x₁ / β−x₁	변규약 조정각
1	서1	α_1	50°43′35″.1	-1″.0		50°43′34″.1	0.774129	+31	0.774160	+2″.1	50°43′36″.2
	경1	β_1	58 38 07 .0	-1 .0		58 38 06 .0	0.853869	-25	0.853844	-2 .1	58 38 03 .9
	서2	γ_1	70 38 20 .1	-1 .1	0″.9	70 38 19 .9				γ_1	70 38 19 .9
		+)	180 00 02.2			180 00 00 .0					
			180 00 00.0								
		-) ϵ_1 =	2.2								
2	경1	α_2	55°53′25″.5	-0″.8		55°53′24″.7	0.827964	+27	0.827991	+2″.1	55°53′26″.8
	경2	β_2	52 30 47 .5	-0 .8		52 30 46 .7	0.793491	-30	0.793461	-2 .1	52 30 44 .6
	서2	γ_2	71 35 48 .5	-0 .8	0″.9	71 35 48 .6				γ_2	71 35 48 .6
		+)	180 00 01.5			180 00 00 .0					
			180 00 00.0								
		-) ϵ_2 =	1.5								
3	경2	α_3	53°37′35″.9	-2″.1		53°37′33″.8	0.805164	+29	0.805193	+2″.1	53°37′35″.9
	경3	β_3	50 35 20 .4	-2 .1		50 35 18 .3	0.772605	-31	0.772574	-2 .1	50 35 16 .2
	서2	γ_3	75 47 09 .0	-2 .0	0″.9	75 47 07 .9				γ_3	75 47 07 .9
		+)	180 00 05.3			180 00 00 .0					
			180 00 00.0								
		-) ϵ_3 =	5.3								
4	경3	α_4	58°08′58″.5	0″.7		58°08′59″.2	0.849430	+26	0.849456	+2″.1	58°09′01″.3
	경4	β_4	51 26 42 .6	0 .7		51 26 43 .3	0.782014	-30	0.781984	-2 .1	51 26 41 .2
	서2	γ_4	70 24 15 .8	0 .8	0″.9	70 24 17 .5				γ_4	70 24 17 .5
		+)	179 59 56.9			180 00 00 .0					
			180 00 00.0								
		-) ϵ_4 =	- 3.1								
5	경4	α_5	51°29′34″.6	-1″.2		51°29′33″.4	0.782528	+30	0.782558	+2″.1	51°29′35″.5
	서1	β_5	56 56 01 .7	-1 .2		56 56 00 .5	0.838038	-26	0.838012	-2 .1	56 55 58 .4
	서2	γ_5	71 34 26 .3	-1 .1	0″.9	71 34 26 .1				γ_5	71 34 26 .1
		+)	180 00 02.6			180 00 00 .0					
			180 00 00.0								
		-) ϵ_5 =	2.6								
6		α_6	° ′ ″.	″.		° ′ ″.	.		.	″.	° ′ ″.
		β_6	.	.		.	.		.	.	.
		γ_6	.	.	″.	.				γ_6	.
		+)	.			.					
			180 00 00.00								
		-) ϵ_6 =	.								

$\Sigma\gamma$	359 59 59 .7	제1기선 ℓ_1	m.
360° 또는 기지내각	360 00 00 .0	제2기선 ℓ_2	.
-) e =	- 0 .3		

	$\pi\sin\alpha \cdot \ell_1$		$\pi\sin\alpha' \cdot \ell_1$
	0.343034		0.343095
E_1	$\pi\sin\beta \cdot \ell_2$	E_1	$\pi\sin\beta' \cdot \ell_2$
	0.343059		0.342999

$\Sigma\epsilon = 8.5$

$(\text{II}) = \dfrac{\Sigma\epsilon - 3e}{2n} = 0.9$

$(\text{I}) = \dfrac{-\epsilon - (\text{II})}{3} = -1.0$

-0.8

-2.1

+0.7

n: 삼각형수 -1.2

$E_1 = \dfrac{\pi\sin\alpha}{\pi\sin\beta} - 1 = -73$

$E_2 = \dfrac{\pi\sin\alpha'}{\pi\sin\beta'} - 1 = +280$

$|\ E_1 - E_2\ | = 353$

$\Delta\alpha, \Delta\beta = 10$차임

$x_1'' = \dfrac{10'' E_1}{|E_1 - E_2|} = -2.1$

$x_1'' = \dfrac{10'' E_1}{|E_1 - E_2|} = +7.9$

검산: $|x_1'' - x_2''| = 10''$

변장 ($\alpha\times\sin\alpha(\gamma)/\sin\beta$)	방위각	종횡선좌표 X	종횡선좌표 Y	점명
서2 → 서1	서2 → 서1	465493.77m	193622.56m	서2
2349.45m	159°12′54″.3	463297.22	194456.29	서1
서1 → 경1	서1 → 경1	464120.43	191994.32	
2595.95	288 29 18 .1			
서2 → 경1	서2 → 경1	464120.43	191994.33	경1
2130.07	229 51 14 .2			
평균		464120.43	191994.32	
경1 → 경2	경1 → 경2	466653.46	191726.44	
2547.16	353 57 47 .4			
서2 → 경2	서2 → 경2	466653.47	191726.45	경2
2222.64	301 27 02 .8			
평균		466653.46	191726.44	
경2 → 경3	경2 → 경3	467706.08	194308.91	
2788.76	67 49 26 .9			
서2 → 경3	서2 → 경3	467706.08	194308.92	경3
2316.34	17 14 10 .7			
평균		467706.08	194308.92	
경3 → 경4	경3 → 경4	465597.32	196136.49	
2790.50	139 05 09 .4			
서2 → 경4	서2 → 경4	465597.32	196136.49	경4
2516.06	87 38 28 .2			
평균		465597.32	196136.49	
경4 → 서1	경4 → 서1	463297.23	194456.28	
2848.42	216 08 52 .7			
서2 → 서1	서2 → 서1	463297.23	194456.28	서1
2349.44	159 12 54 .3			
평균		463297.23	194456.28	
→	→	.	.	
.	.			
→	→	.	.	
.	.			
평균		.	.	
점 → 점	점 → 점	.	.	
.	.			

약 도

[문제5 정답]

유심다각망 조정계산부

삼각형	점명	각명	관측각	각규약 I	각규약 II	각규약 조정각	$\sin\alpha$ / $\sin\beta$	$\Delta\alpha$ / $\Delta\beta$	$\sin\alpha'$ / $\sin\beta'$	$\alpha-x_1$ / $\beta-x_1$	변규약 조정각
1	A	α_1	50°37′57″.8	-2″.0		50°37′55″.8	0.773090	+31	0.773121	+0″.2	50°37′56″.0
	B	β_1	39 43 45 .9	-2 .0		39 43 43 .9	0.639155	-37	0.639118	-0 .2	39 43 43 .7
	P_1	γ_1	89 38 22 .0	-1 .9	0″.2	89 38 20 .3				γ_1	89 38 20 .3
		+)	180 00 05.7			180 00 00 .0					
			180 00 00.0								
		-) ϵ_1 =	5.7								
2	B	α_2	37°28′49″.8	+0″.8		37°28′50″.6	0.608494	+38	0.608532	+0″.2	37°28′50″.8
	P_2	β_2	52 09 22 .6	+0 .8		52 09 23 .4	0.789689	-30	0.789659	-0 .2	52 09 23 .2
	P_1	γ_2	90 21 45 .1	+0 .7	0″.2	90 21 46 .0				γ_2	90 21 46 .0
		+)	179 59 57.5			180 00 00 .0					
			180 00 00.0								
		-) ϵ_2 =	- 2.5								
3	P_2	α_3	54°13′10″.2	-0″.7		54°13′09″.5	0.811261	+28	0.811289	+0″.2	54°13′09″.7
	P_3	β_3	36 08 38 .9	-0 .7		36 08 38 .2	0.589816	-39	0.589777	-0 .2	36 08 38 .0
	P_1	γ_3	89 38 12 .9	-0 .8	0″.2	89 38 12 .3				γ_3	89 38 12 .3
		+)	180 00 02.0			180 00 00 .0					
			180 00 00.0								
		-) ϵ_3 =	2.0								
4	P_3	α_4	37°49′11″.5	-1″.3		37°49′10″.2	0.613176	+38	0.613214	+0″.2	37°49′10″.4
	A	β_4	51 49 09 .8	-1 .3		51 49 08 .5	0.786062	-30	0.786032	-0 .2	51 49 08 .3
	P_1	γ_4	90 21 42 .5	-1 .4	0″.2	90 21 41 .3				γ_4	90 21 41 .3
		+)	180 00 03.8			180 00 00 .0					
			180 00 00.0								
		-) ϵ_4 =	3.8								
5		α_5	° ′ ″.	″.		° ′ ″.	.		.	″.	° ′ ″.
		β_5	.	.		.	.		.	.	.
		γ_5	.	.	″.	.				γ_5	.
		+)	.			.					
			180 00 00.0								
		-) ϵ_5 =									
6		α_6	° ′ ″.	″.		° ′ ″.	.		.	″.	° ′ ″.
		β_6	.	.		.	.		.	.	.
		γ_6	.	.	″.	.				γ_6	.
		+)	.			.					
			180 00 00.0								
		-) ϵ_6 =	.								
$\Sigma\gamma$			360 00 02 .5	제1기선 ℓ_1	m.						
360° 또는 기지내각			360 00 00 .0	제2기선 ℓ_2	.						
		-) e =	2 .5								

	$\pi\sin\alpha \cdot \ell_1$		$\pi\sin\alpha' \cdot \ell_1$
	0.234009		0.234055
E_1	$\pi\sin\beta \cdot \ell_2$	E_1	$\pi\sin\beta' \cdot \ell_2$
	0.234011		0.233964

$\Sigma\epsilon$ = 9.0

$(\text{II}) = \frac{\Sigma\epsilon - 3e}{2n} = 0.2$

$(\text{I}) = \frac{-\epsilon-(\text{II})}{3} =$ -2.0
+0.8
+0.7
-1.3

n: 삼각형수

$E_1 = \frac{\pi\sin\alpha}{\pi\sin\beta} - 1 =$ -9

$E_2 = \frac{\pi\sin\alpha'}{\pi\sin\beta'} - 1 =$ +389

$|E_1 - E_2|$ = 398

$\Delta\alpha, \Delta\beta = 10$차임

$x_1'' = \frac{10'' E_1}{|E_1 - E_2|} = -0.2$

$x_1'' = \frac{10'' E_1}{|E_1 - E_2|} = +9.8$

검산: $|x_1'' - x_2''| = 10''$

변장 ($\alpha \times \sin\alpha(\gamma)/\sin\beta$)	방위각	종횡선좌표 X	종횡선좌표 Y	점명
A → B	A → B	4981m.83	4264m.47	A
3151m.46	96°32′25″.2	4622.87	7395.42	B
A → P_1	A → P_1	3289.19	5356.45	P_1
2014.31	147 10 21 .2			
B → P_1	B → P_1	3289.19	5356.45	
2436.41	236 48 41 .5			
	평균	3289.19	5356.45	
B → P_2	B → P_2	1711.58	6374.15	P_2
3085.22	199 19 50 .7			
P_1 → P_2	P_1 → P_2	1711.58	6374.15	
1877.38	147 10 27 .5			
	평균	1711.58	6374.15	
P_2 → P_3	P_2 → P_3	1875.66	3195.45	P_3
3182.93	272 57 17 .8			
P_1 → P_3	P_1 → P_3	1875.67	3195.45	
2582.24	236 48 39 .8			
	평균	1875.66	3195.45	
P_3 → A	P_3 → A	4981.82	4264.47	A
3284.97	185 29 29 .4			
P_1 → A	P_1 → A	4981.83	4264.47	
2014.31	327 10 21 .1			
	평균	4981.82	4264.47	
→	→	.	.	
.	.			
→	→	.	.	
.	.			
	평균	.	.	
→	→	.	.	
.	.			
→	→	.	.	
.	.			
	평균	.	.	
점 → 점	점 → 점	.	.	
.	.			

약 도

[예제3 정답]

삽입망 조정계산부

삼각형	점명	각명	관측각	각규약 I	각규약 II	조정각	sinα / sinβ	Δα / Δβ	sinα′ / sinβ′	α−x_1 / β−x_1	변규약 조정각
1	기4	α_1	60°12′28″.8	+3″.2		60°12′32″.0	0.867843	−24	0.867819	−0″.1	60°12′31″.9
	서10	β_1	65 18 46 .4	+3 .1		65 18 49 .5	0.908608	+20	0.908628	+0 .1	65 18 49 .6
	기9	γ_1	54 28 38 .	+3 .2	−2 .8″	54 28 38 .5				γ_1	54 28 38 .5
		+)	179 59 53 .3			180 00 00 .0					
			180 00 00 .0								
		−) ϵ_1 =	−6 .7								
2	서10	α_2	64°42′22″.0	−0″.2		64°42′21″.8	0.904128	−21	0.904107	−0″.1	64°42′21″.7
	기12	β_2	55 21 57 .2	−0 .1		55 21 57 .1	0.822798	+28	0.822826	+0 .1	55 21 57 .2
	기9	γ_2	59 55 44 .0	−0 .1	−2 .8	59 55 41 .1				γ_2	59 55 41 .1
		+)	180 00 03 .2			180 00 00 .0					
			180 00 00 .0								
		−) ϵ_2 =	+3 .2								
3	서12	α_3	60°30′29″.1	+2″.4		60°30′31″.5	0.870431	−24	0.870407	−0″.1	60°30′31″.4
	기11	β_3	60 43 42 .0	+2 .3		60 43 44 .5	0.872317	+24	0.872341	+0 .1	60 43 44 .4
	기9	γ_3	58 45 44 .6	+2 .4	−2″.8	58 45 44 .2				γ_3	58 45 44 .2
		+)	179 59 55 .7			180 00 00 .0					
			180 00 00 .0								
		−) ϵ_3 =	−4 .3								
4		α_4	° ′ ″.	″.		° ′ ″.	.		.	″.	° ′ ″.
		β_4	.	.		.	.		.	.	.
		γ_4	.	.	″.	.				γ_4	.
		+)	.			.					
			180 00 00 .0								
		−) ϵ_4 =									
5		α_5	° ′ ″.	″.		° ′ ″.	.		.	″.	° ′ ″.
		β_5	.	.		.	.		.	.	.
		γ_5	.	.	″.	.				γ_5	.
		+)	.			.					
			180 00 00 .0								
		−) ϵ_5 =	.								
6		α_6	° ′ ″.	″.		° ′ ″.	.		.	″.	° ′ ″.
		β_6	.	.		.	.		.	.	.
		γ_6	.	.	″.	.				γ_6	.
		+)	.			.					
			180 00 00 .0								
		−) ϵ_6 =	.								
$\Sigma\gamma$			173 10 6 .7	제1기선 ℓ_1	3244ᵐ.16						
360° 또는 기지내각			173 10 3 .7	제2기선 ℓ_2	3397 .53						
		−) e =	+3 .0								

	$\pi\sin\alpha \cdot \ell_1$		$\pi\sin\alpha' \cdot \ell_1$
	2215.683375		2215.509550
E_1	$\pi\sin\beta \cdot \ell_2$	E_1	$\pi\sin\beta' \cdot \ell_2$
	2215.681952		2215.867088

$\Sigma\epsilon$ = -7.8

$(\text{II}) = \dfrac{\Sigma\epsilon - 3e}{2n}$ = -2.8

$(\text{I}) = \dfrac{-\epsilon - (\text{II})}{3}$ = +3.2
-.01
+2.4

n: 삼각형수

$E_1 = \dfrac{\pi\sin\alpha}{\pi\sin\beta} - 1 =$ 1

$E_2 = \dfrac{\pi\sin\alpha'}{\pi\sin\beta'} - 1 =$ -161

$|E_1 - E_2|$ = 162

$\Delta\alpha, \Delta\beta = 10$차임

$x_1'' = \dfrac{10'' E_1}{|E_1 - E_2|} = +0.1''$

$x_1'' = \dfrac{10'' E_1}{|E_1 - E_2|} = -9.9''$

검산: $|x_1'' - x_2''| = 10''$

변장 ($\alpha \times \sin\alpha(\gamma)/\sin\beta$)	방위각	종횡선좌표 X	종횡선좌표 Y	점명
기4점 → 기9점	기4점 → 기9점	439591ᵐ.97	189428ᵐ.53	기4
3244ᵐ.16	5°46′49″.6	442819.63	189755.27	기9
기4 → 서10	기4 → 서10	441282.42	187064.85	서10
2905.96	305 34 17 .7			
기9 → 서10	기9 → 서10	441282.42	187064.85	
3098.61	240 15 28 .1			
평균		441282.42	187064.85	
서10 → 서12	서10 → 서12	444531.64	186812.08	서12
3259.04	355 33 06 .4			
기9 → 서12	기9 → 서12	444531.63	186812.09	
3404.89	300 11 09 .2			
평균		444531.64	186812.08	
서12 → 기11	서12 → 기11	446216.59	189692.90	기11
3337.39	59 40 37 .7			
기9 → 기11	기9 → 기11	446219.59	189692.90	
3397.53	358 56 53 .4			
평균		446219.59	189692.90	
→	→	.	.	
.	.			
→	→	.	.	
.	.			
평균		.	.	
→	→	.	.	
.	.			
→	→	.	.	
.	.			
평균		.	.	
→	→	.	.	
.	.			
→	→	.	.	
.	.			
평균		.	.	
기9 → 기11	기9 → 기11	446216.59	189692.90	기11
3397.53	358 56 53 .3			

약 도

[문제6 정답]

삽입망 조정계산부

삼각형	점명	각명	관측각	각규약 I	각규약 II	각규약 조정각	sinα / sinβ	Δα / Δβ	sinα′ / sinβ′	α−x_1 / β−x_1	변규약 조정각
1	보1	α_1	70°28′07″.4	-0″.6		70°28′06″.8	0.942458	+16	0.942474	+3″.0	70°28′09″.8
	동11	β_1	686552.1	-0.6		686551.5	0.934190	-17	0.934173	-3.0	686548.5
	보2	γ_1	402603.7	-0.6	-1″.4	402601.7				γ_1	402601.7
		+)	1800003.2			1800000.0					
			1800000.0								
		-) ϵ_1 =	3.2								
2	동11	α_2	67°41′12″.5	1″.9		67°41′14″.4	0.925126	+18	0.925144	+3″.0	67°41′17″.4
	동12	β_2	742050.4	1.8		742052.2	0.962917	-13	0.962904	-3.0	742049.2
	보2	γ_2	375752.9	1.9	-1″.4	375753.4				γ_2	375753.4
		+)	1795955.8			1800000.0					
			1800000.0								
		-) ϵ_2 =	-4.2								
3	동12	α_3	79°80′48″.0	0″.2		79°80′48″.2	0.985841	+8	0.985849	+3″.0	79°80′51″.2
	보3	β_3	745330.9	0.1		745331.0	0.965436	-13	0.965423	-3.0	745328.0
	보2	γ_3	244542.1	0.1	-1″.4	244540.8				γ_3	244540.8
		+)	1800001.0			1800000.0					
			1800000.0								
		-) ϵ_3 =	1.0								
4		α_4	° ′ ″.	″.		° ′ ″.	.		.	″.	° ′ ″.
		β_4	.	.		.	.		.	.	.
		γ_4	.	.	″.	.				γ_4	.
		+)	.			.					
			1800000.0								
		-) ϵ_4 =	.								
5		α_5	° ′ ″.	″.		° ′ ″.	.		.	″.	° ′ ″.
		β_5	.	.		.	.		.	.	.
		γ_5	.	.	″.	.				γ_5	.
		+)	.			.					
			1800000.0								
		-) ϵ_5 =	.								
6		α_6	° ′ ″.	″.		° ′ ″.	.		.	″.	° ′ ″.
		β_6	.	.		.	.		.	.	.
		γ_6	.	.	″.	.				γ_6	.
		+)	.			.					
			1800000.0								
		-) ϵ_6 =	.								
Σγ			1030938.7	제1기선 ℓ_1	1357m.61						
360° 또는 기지내각			1030935.9	제2기선 ℓ_2	1343.72						
		-) e =	2.8								

	πsinα · ℓ_1		πsinα′ · ℓ_1
	1166.929976		1166.981962
E_1	πsinβ · ℓ_2	E_1	πsinβ′ · ℓ_2
	1166.960991		1166.908287

$\Sigma\epsilon$ = 0.0

(Ⅱ) = $\frac{\Sigma\epsilon - 3e}{2n}$ = -1.4

(Ⅰ) = $\frac{-\epsilon-(\text{Ⅱ})}{3}$ = -0.6

n: 삼각형수 +1.9 +0.1

$E_1 = \frac{\pi\sin\alpha}{\pi\sin\beta} - 1$ = -27

$E_2 = \frac{\pi\sin\alpha'}{\pi\sin\beta'} - 1$ = +63

| E_1 - E_2 | = 90

$\Delta\alpha, \Delta\beta$ = 10차임

$x_1'' = \frac{10''E_1}{|E_1 - E_2|} = -3.0$

$x_1'' = \frac{10''E_1}{|E_1 - E_2|} = +7.0$

검산: $|x_1'' - x_2''| = 10''$

변장 ($\alpha \times \sin\alpha(\gamma)/\sin\beta$)	방위각	종횡선좌표 X	종횡선좌표 Y	점명
보1 → 보2	보1 → 보2	437601m.85	183099m.92	보1
1357m.61	38°51′43″.0	438658.97	183951.75	보2
보1 → 동11	보1 → 동11	438404.57	182605.94	
942.54	3282333.2			
보2 → 동11	보2 → 동11	438404.57	182605.94	동11
1369.64	2591744.7			
	평균	438404.57	182605.94	
동11 → 동12	동11 → 동12	439261.69	182782.00	
875.02	113627.3			
보2 → 동12	보2 → 동12	439261.70	182782.00	동12
1315.90	2971538.1			
	평균	439261.70	182782.00	
동12 → 보3	동12 → 보3	439718.15	183124.87	
570.88	3654446.9			
보2 → 보3	보2 → 보3	439718.15	183124.88	보3
1343.72	3220118.9			
	평균	439718.15	183124.88	
→	→	.	.	
.	.			
→	→	.	.	
.	.			
	평균	.	.	
→	→	.	.	
.	.			
→	→	.	.	
.	.			
	평균	.	.	
→	→	.	.	
.	.			
→	→	.	.	
.	.			
	평균	.	.	
보2 → 보3	보2 → 보3	439718.15	183124.88	보3
1342.72	3220118.9			

약 도

[문제7 정답]

삽 입 망　조 정 계 산 부

삼각형	점명	각명	관측각	각규약 I	각규약 II	조정각	sinα / sinβ	Δα / Δβ	sinα′ / sinβ′	α−x₁ / β−x₁	변규약 조정각
1	동1	α_1	34°09′27″.5	3″.2		34°09′30″.7	0.561485	-40	0.561445	-1″.8	34°09′28″.9
	기11	β_1	65 33 59 .6	3 .2		65 34 02 .8	0.910449	+20	0.910469	+1 .8	65 34 04 .6
	동2	γ_1	80 16 23 .1	3 .1	0″.3	80 16 26 .5				γ_1	80 16 26 .5
		+)	179 59 50.2			180 00 00 .0					
			180 00 00.0								
		-) ϵ_1 =	- 9.8								
2	기11	α_2	83°53′69″.2	1″.3		83°54′10″.5	0.994343	- 5	0.994338	-1″.8	83°54′08″.7
	동3	β_2	41 39 22 .5	1 .2		41 39 23 .7	0.664664	+36	0.664700	+1 .8	41 39 25 .5
	동2	γ_2	54 26 24 .9	1 .2	-0″.3	54 26 25 .8				γ_2	54 26 25 .8
		+)	179 59 56.6			180 00 00 .0					
			180 00 00.0								
		-) ϵ_2 =	- 3.4								
3		α_3	° ′ ″.	″.		° ′ ″.	.		.	″.	° ′ ″.
		β_3	.	.		.	.		.	.	.
		γ_3	.	.	″.	.				γ_3	.
		+)	.			.					
			180 00 00 0.0								
		-) ϵ_3 =	.								
4		α_4	° ′ ″.	″.		° ′ ″.	.		.	″.	° ′ ″.
		β_4	.	.		.	.		.	.	.
		γ_4	.	.	″.	.				γ_4	.
		+)	.			.					
			180 00 00 0.0								
		-) ϵ_4 =	.								
5		α_5	° ′ ″.	″.		° ′ ″.	.		.	″.	° ′ ″.
		β_5	.	.		.	.		.	.	.
		γ_5	.	.	″.	.				γ_5	.
		+)	.			.					
			180 00 00 0.0								
		-) ϵ_5 =	.								
6		α_6	° ′ ″.	″.		° ′ ″.	.		.	″.	° ′ ″.
		β_6	.	.		.	.		.	.	.
		γ_6	.	.	″.	.				γ_6	.
		+)	.			.					
			180 00 00 0.0								
		-) ϵ_6 =	.								
$\Sigma\gamma$			254 95 8 .2	제1기선 ℓ_1	2100m.28		$\pi\sin\alpha \cdot \ell_1$: 1172.604553		$\pi\sin\alpha' \cdot \ell_1$: 1172.515121		
360° 또는 기지내각			255 00 0 .7	제2기선 ℓ_2	1937.68		E_1 $\pi\sin\beta \cdot \ell_2$: 1172.572857		E_1 $\pi\sin\beta' \cdot \ell_2$: 1172.662126		
		-) e =	- 2 .5								

변장 $\alpha\times\sin\alpha(\gamma)/\sin\beta$	방위각	종횡선좌표 X	종횡선좌표 Y	점명
동1 → 동2	동1 → 동2	313244m.61	121118m.30	동1
2100m.28	85°00′08″.0	313427.58	123210.59	동2
동1 → 기11	동1 → 기11	314680.30	122881.40	
2273.70	50 50 39 .1			
동2 → 기11	동2 → 기11	314680.30	122881.39	기11
1295.25	345 16 34 .5			
	평균	314680.30	122881.40	
기11 → 동3	기11 → 동3	314116.80	121399.63	
1585.30	249 10 43 .2			
동2 → 동3	동2 → 동3	314116.79	121399.63	동3
1937.68	290 50 08 .7			
	평균	314116.80	121399.63	
→	→	.	.	
.	.			
→	→	.	.	
.	.			
	평균	.	.	
→	→	.	.	
.	.			
→	→	.	.	
.	.			
	평균	.	.	
→	→	.	.	
.	.			
→	→	.	.	
.	.			
	평균	.	.	
→	→	.	.	
.	.			
→	→	.	.	
.	.			
	평균	.	.	
동2 → 동3	동2 → 동3	314116.79	121399.62	동3
1937.68	290 50 08 .7			

약 도

$\Sigma\epsilon$ = -6.4

$(\text{II}) = \dfrac{\Sigma\epsilon - 3e}{2n} = +0.3$

$(\text{I}) = \dfrac{-\epsilon - (\text{II})}{3} = +3.2$

n: 삼각형수　　+1.2

$E_1 = \dfrac{\pi\sin\alpha}{\pi\sin\beta} - 1 = +27$

$E_2 = \dfrac{\pi\sin\alpha'}{\pi\sin\beta'} - 1 = -125$

$|E_1 - E_2| = 152$

$\Delta\alpha, \Delta\beta = 10$차임

$x_1'' = \dfrac{10'' E_1}{|E_1 - E_2|} = +1.8$

$x_1'' = \dfrac{10'' E_1}{|E_1 - E_2|} = -8.2$

검산: $|x_1'' - x_2''| = 10''$

[문제8 정답]

삽 입 망 조 정 계 산 부

삼각형	점명	각명	관측각	각규약 I	각규약 II	각규약 조정각	sinα / sinβ	Δα / Δβ	sinα′ / sinβ′	α−x₁ / β−x₁	변규약 조정각
1	A	α_1	60°12′29″.2	3″.5		60°12′32″.7	0.867844	+24	0.867868	+0″.2	60°12′32″.9
	P_1	β_1	65 18 45.8	3.5		65 18 49.3	0.908608	−20	0.908588	−0.2	65 18 49.1
	B	γ_1	54 28 37.9	3.5	−3″.4	54 28 38.0				γ_1	54 28 38.0
		+)	179 59 52.9			180 00 00.0					
			180 00 00.0								
		−) ϵ_1 =	−7.1								
2	P_1	α_2	64°42′21″.3	0″.0		64°42′21″.3	0.904127	+21	0.904148	+0″.2	64°42′21″.5
	P_2	β_2	55 21 58.0	0.0		55 21 58.0	0.822800	−28	0.822722	−0.2	55 21 57.8
	B	γ_2	59 55 44.1	0.0	−3″.4	59 55 40.7				γ_2	59 55 40.7
		+)	180 00 03.4			180 00 00.0					
			180 00 00.0								
		−) ϵ_2 =	3.4								
3	P_2	α_3	60°30′28″.2	2″.6		60°30′30″.8	0.870429	+24	0.870453	+0″.2	60°30′31″.0
	C	β_3	60 43 41.6	2.7		60 43 44.3	0.872317	−24	0.872293	−0.2	60 43 44.1
	B	γ_3	58 45 45.7	2.6	−3″.4	58 45 44.9				γ_3	58 45 44.9
		+)	179 59 55.5			180 00 00.0					
			180 00 00.0								
		−) ϵ_3 =	−4.5								
4		α_4									
		β_4									
		γ_4								γ_4	
		+)									
			180 00 00.0								
		−) ϵ_4 =									
5		α_5									
		β_5									
		γ_5								γ_5	
		+)									
			180 00 00.0								
		−) ϵ_5 =									
6		α_6									
		β_6									
		γ_6								γ_6	
		+)									
			180 00 00.0								
		−) ϵ_6 =									
Σγ			173 10 07.7	제1기선 ℓ_1	3244m.16						
360° 또는 기지내각			173 10 03.7	제2기선 ℓ_2	3397.53						
		−) e =	4.0								

	$\pi\sin\alpha \cdot \ell_1$ / $\pi\sin\beta \cdot \ell_2$		$\pi\sin\alpha' \cdot \ell_1$ / $\pi\sin\beta' \cdot \ell_2$
E_1	2216.678386	E_1	2215.852220
	2216.687338		2215.367575

$\Sigma\epsilon$ = -8.2

$(\mathrm{II}) = \dfrac{\Sigma\epsilon - 3e}{2n}$ = -3.4

$(\mathrm{I}) = \dfrac{-\epsilon-(\mathrm{II})}{3}$ = +3.5

n: 삼각형수 +0.0 +2.6

$E_1 = \dfrac{\pi\sin\alpha}{\pi\sin\beta} - 1 =$ -4

$E_2 = \dfrac{\pi\sin\alpha'}{\pi\sin\beta'} - 1 =$ 219

$|E_1 - E_2|$ = 223

$\Delta\alpha, \Delta\beta$ = 10차임

$x_1'' = \dfrac{10'' E_1}{|E_1 - E_2|} = -0.2$

$x_1'' = \dfrac{10'' E_1}{|E_1 - E_2|} = +9.8$

검산: $|x_1'' - x_2''| = 10''$

변장 $\alpha \times \sin\alpha(\gamma)/\sin\beta$	방위각	종횡선좌표 X	종횡선좌표 Y	점명
A → B	A → B	4591m.97	4428m.53	A
3244m.16	5°46′49″.6	7819.63	4755.27	B
A → P_1	A → P_1	6282.41	2064.85	P_1
2905.95	305 34 16.7			
B → P_1	B → P_1	6282.40	2064.85	
3098.62	240 15 27.6			
평균		6282.40	2064.85	
P_1 → P_2	P_1 → P_2	9531.62	1812.08	P_2
3259.04	355 33 06.1			
B → P_2	B → P_2	9531.62	1812.08	
3404.89	300 11 08.3			
평균		9531.62	1812.08	
P_2 → C	P_2 → C	11216.59	4692.90	C
3337.40	59 40 37.3			
B → C	B → C	11216.59	4692.90	
3397.53	358 56 53.2			
평균		11216.59	4692.90	
→	→			
→	→			
평균				
→	→			
→	→			
평균				
→	→			
→	→			
평균				
B → C	B → C	11216.59	4692.90	C
3397.53	358 56 53.3			

약 도

[문제9 정답]

삽입망 조정계산부

삼각형	점명	각명	관측각	각규약 I	각규약 II	각규약 조정각	sinα / sinβ	Δα / Δβ	sinα′ / sinβ′	α−x₁ / β−x₁	변규약 조정각
1	A	α_1	33°04′31″.8	0″.6		33°04′32″.4	0.545746	+41	0.545787	+1″.0	33°04′33″.4
	P	β_1	72°15′53″.5	0.6		72°15′54″.1	0.952476	-15	0.952461	-1.0	72°15′53″.1
	B	γ_1	74°39′23″.5	0.5	+9″.5	74°39′33″.5				γ_1	74°39′33″.5
		+)	179°59′48″.8			180°00′00″.0					
			180°00′00″.0								
		-) ϵ_1 =	-11.2								
2	P	α_2	92°15′11″.7	5″.5		92°15′17″.2	0.999226	+2	0.999224	+1″.0	92°15′18″.2
	C	β_2	40°25′32″.5	5.5		40°25′38″.0	0.648482	-37	0.648445	-1.0	40°25′37″.0
	B	γ_2	47°19′08″.8	5.5	-9″.5	47°19′04″.8				γ_2	47°19′04″.8
		+)	179°59′53″.0			180°00′00″.0					
			180°00′00″.0								
		-) ϵ_2 =	-7.0								
3		α_3									
		β_3									
		γ_3								γ_3	
		+)									
			180°00′00″.0								
		-) ϵ_3 =									
4		α_4									
		β_4									
		γ_4								γ_4	
		+)									
			180°00′00″.0								
		-) ϵ_4 =									
5		α_5									
		β_5									
		γ_5								γ_5	
		+)									
			180°00′00″.0								
		-) ϵ_5 =									
6		α_6									
		β_6									
		γ_6								γ_6	
		+)									
			180°00′00″.0								
		-) ϵ_6 =									

Σγ	272°01′4″.7	제1기선 ℓ_1	2110m.82
360° 또는 기지내각	272°02′8″.8	제2기선 ℓ_2	1863.63
-) e =	-14.1		

	$\pi\sin\alpha \cdot \ell_1$		$\pi\sin\alpha' \cdot \ell_1$
	1151.079946		1151.164118
E_1	$\pi\sin\beta \cdot \ell_2$	E_1	$\pi\sin\beta' \cdot \ell_2$
	1151.096306		1151.012501

$\Sigma\epsilon$ = -4.2

$(\mathrm{II}) = \dfrac{\Sigma\epsilon - 3e}{2n} = +9.5$

$(\mathrm{I}) = \dfrac{-\epsilon - (\mathrm{II})}{3} = +0.6$

n: 삼각형수 +5.5

$E_1 = \dfrac{\pi\sin\alpha}{\pi\sin\beta} - 1 =$ -14

$E_2 = \dfrac{\pi\sin\alpha'}{\pi\sin\beta'} - 1 =$ +132

| E₁ - E₂ | = 146

$\Delta\alpha, \Delta\beta$ = 10차임

$x_1'' = \dfrac{10''E_1}{|E_1 - E_2|} = -1.0$

$x_1'' = \dfrac{10''E_1}{|E_1 - E_2|} = +9.0$

검산: $|x_1'' - x_2''| = 10''$

변장 ($a\times\sin\alpha(\gamma)/\sin\beta$)	방위각	종횡선좌표 X	종횡선좌표 Y	점명
A → B	A → B	424245m.57	241105m.81	A
2110m.82	85°01′32″.2	424428.60	243208.68	B
A → P	A → P	425562.83	242788.77	P
2137.18	51°56′58″.8			
B → P	B → P	425562.83	242788.78	
1209.46	339°41′05″.7			
	평균	425562.83	242788.78	
P → C	P → C	425137.78	241485.26	C
1371.07	251°56′24″.0			
B → C	B → C	425137.78	241485.26	
1863.63	292°22′01″.1			
	평균	425137.78	241485.26	
→	→			
→	→			
	평균			
→	→			
→	→			
	평균			
→	→			
→	→			
	평균			
→	→			
→	→			
	평균			
B → C	B → C	425137.78	241485.26	C
1863.63	292°22′01″.1			

약 도

[예제4 정답]

삼각쇄 조정계산부

삼각형	점명	각명	관측각	각규약 3/ε	각규약 조정각	각규약 경정수	각규약 조정각	sin α / sin β	Δα / Δβ	sin α′ / sin β′	α-x₁″ / β+x₁″	변규약 조정각
1	양36	α_1	39°54′4″.5	+3″.5	39°54′8″.0	+1″.2	39°54′9″.2	0.641670	+37	0.641707	+1.1	39°55′0″.3
	기양7	β_1	665218.3	+3.5	665221.8	+1.2	665223.0	0.919637	-19	0.919618	-1.1	665221.9
	기양3	γ_1	731236.7	+3.5	731240.2	-2.4	731237.8				γ_1	731237.8
		+)	1795949.5	+10.5								
			1800000.0									
		-) ε_1 =	-10.5									
2	기양3	α_2	59°25′6″.6	+2.9	592559.5	-1.2	592558.3	0.861034	+25	0.861059	+1.1	592559.4
	태봉	β_2	345102.3	+2.9	345105.2	-1.2	345104.0	0.571446	-40	0.571406	-1.1	345102.9
	기양7	γ_2	854252.4	+2.9	854255.3	+2.4	854257.7				γ_2	854257.7
		+)	1795951.3	+8.7								
			1800000.0									
		-) ε_2 =	-8.7									
3	기양7	α_3	61°04′5″.0	-5.2	610409.8	+1.2	610411.0	0.875209	+23	0.875232	+1.1	610412.1
	기양5	β_3	650630.6	-5.2	650625.4	+1.2	650626.6	0.907098	-20	0.907078	+1.1	650625.5
	태봉	γ_3	534930.0	-5.2	534924.8	-2.4	534922.4				γ_3	534922.4
		+)	1800015.6	-15.6								
			1800000.0									
		-) ε_3 =	15.6									
4		α_4	° ′ ″									
		β_4										
		γ_4									γ_4	
		+)										
			1800000.0									
		-) ε_4 =										
5		α_5	° ′ ″									
		β_5										
		γ_5									γ_5	
		+)										
			1800000.0									
		-) ε_5 =										
6		α_6	° ′ ″									
		β_6										
		γ_6									γ_6	
		+)										
			1800000.0									
		-) ε_6 =										

산출방위각	3420444.7	제1기선 ℓ_1	1855m12
기지방위각	3420437.5	제2기선 ℓ_2	1881.83
q	7.2		

	π sinα · ℓ_1		π sinα′ · ℓ_1
	897.048282		897.149631
E_1	π sinβ · ℓ_2	E_2	π sinβ′ · ℓ_2
	897.079788		897.968685

각규약경정수계산

γ 각이 좌측에 있을 경우	γ 각이 우측에 있을 경우
$\alpha=-\frac{q}{2n}=-1.2$	$\alpha=+\frac{q}{2n}=+1.2$
$\beta=-\frac{q}{2n}=-1.2$	$\beta=+\frac{q}{2n}=+1.2$
$\gamma=+\frac{q}{n}=+2.4$	$\gamma=-\frac{q}{n}=-2.4$

n: 삼각형 수

$$E_1=\frac{\pi\sin\alpha\cdot\ell_1}{\pi\sin\beta\cdot\ell_2}-1=-24$$

$$E_2=\frac{\pi\sin\alpha'\cdot\ell_1}{\pi\sin\beta'\cdot\ell_2}-1=+202$$

$|E_1-E_2|=226$

$\Delta\alpha$, $\Delta\beta$ = 10″차임

$$x_1''=\frac{10''E_1}{|E_1-E_2|}=-1.1$$

$$x_1''=\frac{10''E_1}{|E_1-E_2|}=+8.9$$

검산: $x_1''+x_2''=10''$

변장 $a\times\frac{\sin\alpha(\gamma)}{\sin\beta}$	방위각	종횡선좌표 X	종횡선좌표 Y	점명
기양3 → 양36	기양3 → 양36	481465m61	182383m79	기양3
1885m12	300°45′5″.0	482414.39	180789.65	양36
양36 - 기양7	양36 → 기양7	482721.73	182696.29	기양7
1931.25	805034.7			
기양3 - 기양7	기양3 → 기양7	482721.73	182696.28	
1294.41	135812.8			
평균		482721.73	182696.28	
기양3 - 태봉	기양3 → 태봉	482110.81	184548.53	태봉
2258.84	732412.2			
기양7 - 태봉	기양7 → 태봉	482110.80	184548.52	
1950.39	1081515.1			
평균		482110.80	184548.52	
기양7 - 기양5	기양7 → 기양5	483901.31	183969.41	기양5
1735.59	471103.0			
태봉 - 기양5	태봉 → 기양5	483901.31	183969.41	
1881.83	3420437.5			
평균		483901.31	183969.41	
-	→			
-	→			
평균				
-	→			
-	→			
평균				
-	→			
-	→			
평균				
태봉 → 기양5	태봉 → 기양5	483901.31	183969.41	기양5
1881.83	3420437.5			

약도

[문제10 정답]

삼각쇄 조정계산부

삼각형	점명	각명	관측각	각규약 3/ε	각규약 조정각	각규약 경정수	각규약 조정각	sin α / sin β	Δα / Δβ	sin α′ / sin β′	α-x₁″ / β+x₁″	변규약 조정각
1	원1	α_1	69°29′6″.6	1″.2	69°29′7″.8	+0″.4	69°29′8″.2	0.936652	+17	0.936669	+6m.7	69°29′4″.9
	강7	β_1	40 17 58.2	1.2	40 17 59.4	+0.4	40 17 59.8	0.646789	-37	0.646752	-6.7	40 17 53.1
	원2	γ_1	70 12 11.6	1.2	70 12 12.8	-0.8	70 12 12.0				γ_1	70 12 12.0
		+)	179 59 56.4	+3.6								
			180 00 00.0									
		-) ε_1 =	-3.6									
2	원2	α_2	51°01′42″.2	-0.3	51 01 41.9	-0.4	51 01 41.5	0.777456	+30	0.777486	+6.7	51 01 48.2
	강8	β_2	65 59 02.4	-0.4	65 59 02.0	-0.4	65 59 01.6	0.913430	-20	0.913410	-6.7	65 58 54.9
	강7	γ_2	62 59 16.5	-0.4	62 59 16.1	+0.8	62 59 16.9				γ_2	62 59 16.9
		+)	180 00 01.1	-1.1								
			180 00 00.0									
		-) ε_2 =	1.1									
3	강7	α_3	80°16′51″.9	0.5	80 16 52.4	+0.4	80 16 52.8	0.985649	+8	0.985657	+6.7	80 16 59.5
	원4	β_3	51 06 49.2	0.5	51 06 49.7	+0.4	51 06 50.1	0.778396	-30	0.778366	-6.7	51 06 43.4
	강8	γ_3	48 36 17.5	0.4	48 36 17.9	-0.8	48 36 17.1				γ_3	48 36 17.1
		+)	179 59 58.6	+1.4								
			180 00 00.0									
		-) ε_3 =	-1.4									
4	강8	α_4	56°16′45″.3	0.2	56 16 45.5	-0.4	56 16 45.1	0.831753	+27	0.831780	+6.7	56 16 51.8
	원3	β_4	60 45 47.7	0.2	60 45 47.9	-0.4	60 45 47.5	0.872609	-24	0.872585	-6.7	60 45 40.8
	원4	γ_4	62 57 26.4	0.2	62 57 26.6	+0.8	62 57 27.4				γ_4	62 57 27.4
		+)	179 59 59.4	+0.6								
			180 00 00.0									
		-) ε_4 =	-0.6									
5		α_5	° ′ ″									
		β_5										
		γ_5									γ_5	
		+)										
			180 00 00.0									
		-) ε_5 =										
6		α_6	° ′ ″									
		β_6										
		γ_6									γ_6	
		+)										
			180 00 00.0									
		-) ε_6 =										

변장 $a\times\frac{\sin\alpha(\gamma)}{\sin\beta}$	방위각	종횡선좌표 X	종횡선좌표 Y	점명
원2 → 원1	원2 → 원1	452168m.36	194042m.88	원2
2133m.61	353°57′2″.5	454290.12	193818.34	원1
원1 - 강7	원1 → 강7	453515.03	196823.95	강7
3103.94	104 27 37.6			
원2 - 강7	원2 → 강7	453515.03	196823.94	
3089.96	64 09 44.5			
	평균	453515.03	196823.94	
원2 - 강8	원2 → 강8	450885.49	196770.04	강8
3013.83	115 11 32.7			
강7 - 강8	강7 → 강8	450885.49	196770.04	
2630.09	181 10 27.6			
	평균	450885.49	196770.04	
강7 - 원4	강7 → 원4	453036.10	199313.05	원4
2534.77	100 53 28.1			
강8 - 원4	강8 → 원4	453036.10	199313.05	
3330.47	49 46 44.7			
	평균	453036.10	199313.05	
강8 - 원3	강8 → 원3	449945.04	200036.84	원3
3399.47	106 03 36.5			
원4 - 원3	원4 → 원3	449945.05	200036.83	
3174.66	166 49 17.3			
	평균	449945.04	200036.84	
-	→			
-	→			
	평균			
-	→			
-	→			
	평균			
원4 → 원3	원4 → 원3	449945.04	200036.83	원3
3174.67	166 49 17.3			

산출방위각	166 49 20.5	제1기선 ℓ_1	2133m.61
기지방위각	166 49 17.3	제2기선 ℓ_2	3174.67
q	3.2		

E_1		E_2	
$\pi\sin\alpha\cdot\ell_1$	1273.754655	$\pi\sin\alpha'\cdot\ell_1$	1273.878615
$\pi\sin\beta\cdot\ell_2$	1273.962862	$\pi\sin\beta'\cdot\ell_2$	1273.777961

각규약경정수계산

γ 각이 좌측에 있을 경우	γ 각이 우측에 있을 경우
$\alpha=-\frac{q}{2n}=-0.4$	$\alpha=+\frac{q}{2n}=0.4$
$\beta=-\frac{q}{2n}=-0.4$	$\beta=+\frac{q}{2n}=0.4$
$\gamma=+\frac{q}{n}=0.8$	$\gamma=-\frac{q}{n}=-0.8$

n: 삼각형 수

$$E_1 = \frac{\pi\sin\alpha\cdot\ell_1}{\pi\sin\beta\cdot\ell_2}-1=-163$$

$$E_2 = \frac{\pi\sin\alpha'\cdot\ell_1}{\pi\sin\beta'\cdot\ell_2}-1=+79$$

$|E_1-E_2| = 242$

$\Delta\alpha$, $\Delta\beta$ = 10″차임

$$x_1'' = \frac{10''E_1}{|E_1-E_2|}=-6.7$$

$$x_1'' = \frac{10''E_1}{|E_1-E_2|}=+3.3$$

검산: $x_1''+x_2''=10''$

약도

[문제11 정답]

삼각쇄 조정계산부

삼각형	점명	각명	관측각	각규약 3/ε	각규약 조정각	각규약 경정수	각규약 조정각	sin α / sin β	Δα / Δβ	sin α′ / sin β′	α-x₁″ / β+x₁″	변규약 조정각
1	동문	α_1	49°55′12″.6	3″.2	49°55′15″.8	+0″.7	49°55′16″.5	0.765129	-31	0.765098	-0″.6	49°55′15″.9
	형13	β_1	57 52 09 .1	3 .2	57 52 12 .3	+0 .7	57 52 13 .0	0.846846	+26	0.846872	+0 .6	57 52 13 .6
	형11	γ_1	72 12 38 .6	3 .3	72 12 41 .9	-1 .4	72 12 40 .5				γ_1	72 12 40 .5
		+)	179 59 50.3	+9 .7								
			180 00 00.0									
		-) ε_1 =	- 9.7									
2	형11	α_2	61°25′73″.6	-4 .3	61 25 69 .3	-0 .7	61 25 68 .6	0.878281	-23	0.878258	-0 .6	61 25 68 .0
	서문	β_2	32 50 51 .1	-4 .3	32 50 46 .8	+0 .7	32 50 46 .1	0.542385	+41	0.542426	+0 .6	32 50 46 .7
	형13	γ_2	85 42 68 .2	-4 .3	85 42 63 .9	+1 .4	85 42 65 .3				γ_2	85 42 65 .3
		+)	180 00 12.9	-12 .9								
			180 00 00.0									
		-) ε_2 =	12.9									
3	형13	α_3	58°04′24″.1	1 .2	58 04 25 .3	+0 .7	43 21 26 .0	0.686545	-35	0.686510	-0 .6	43 21 25 .4
	형12	β_3	67 05 59 .2	1 .2	67 06 00 .4	+0 .7	81 49 01 .1	0.989818	+ 7	0.989825	+0 .6	81 49 01 .7
	서문	γ_3	54 49 33 .1	1 .2	54 49 84 .3	-1 .4	54 49 32 .9				γ_3	54 49 32 .9
		+)	179 59 56.4	+3 .6								
			180 00 00.0									
		-) ε_3 =	- 3.6									
4		α_4	° ′ ″									
		β_4										
		γ_4									γ_4	
		+)										
			180 00 00.0									
		-) ε_4 =										
5		α_5	° ′ ″									
		β_5										
		γ_5									γ_5	
		+)										
			180 00 00.0									
		-) ε_5 =										
6		α_6	° ′ ″									
		β_6										
		γ_6									γ_6	
		+)										
			180 00 00.0									
		-) ε_6 =										

변장 $a\times\frac{\sin\alpha(\gamma)}{\sin\beta}$	방위각	종횡선좌표 X	종횡선좌표 Y	점명
형11 → 동문	형11 → 동문	461365m.59	152483m.80	형11
1855m.10	300°45′6″.7	462314.22	150889.59	동문
동문 - 형13	동문 → 형13	462998.94	152859.86	형13
2085.86	70 50 10.8			
형11 - 형13	형11 → 형13	462998.94	152859.86	
1676.08	12 57 57.2			
	평균	462998.94	152859.86	
형11 - 서문	형11 → 서문	462194.21	155451.86	서문
3081.56	74 24 05.2			
형13 - 서문	형13 → 서문	462194.21	155454.86	
2714.05	107 14 51.9			
	평균	462194.21	155454.86	
형13 - 형12	형13 → 형12	463985.30	154872.45	형12
2241.30	63 53 26.5			
서문 - 형12	서문 → 형12	463985.30	154872.44	
1882.48	342 04 24.8			
	평균	463985.30	154872.44	
-	→			
-	→			
	평균			
-	→			
-	→			
	평균			
-	→			
-	→			
	평균			
서문 → 형12	서문 → 형12	463985.30	154872.44	형12
1882.48	342 04 24.7			

산출방위각	342 04 29 .0	제1기선 ℓ_1	1855m.10
기지방위각	342 04 24 .7	제2기선 ℓ_2	1882 .48
q	4 .3		

E_1: $\pi\sin\alpha\cdot\ell_1$ = 855.863459, $\pi\sin\beta\cdot\ell_2$ = 855.850343

E_2: $\pi\sin\alpha'\cdot\ell_1$ = 855.762742, $\pi\sin\beta'\cdot\ell_2$ = 855.947370

각규약경정수계산

γ 각이 좌측에 있을 경우	γ 각이 우측에 있을 경우
$\alpha=-\frac{q}{2n}=-0.7$	$\alpha=+\frac{q}{2n}=+0.7$
$\beta=-\frac{q}{2n}=-0.7$	$\beta=+\frac{q}{2n}=+0.7$
$\gamma=+\frac{q}{n}=+1.4$	$\gamma=-\frac{q}{n}=-1.4$

n: 삼각형 수

$$E_1=\frac{\pi\sin\alpha\cdot\ell_1}{\pi\sin\beta\cdot\ell_2}-1=+15$$

$$E_2=\frac{\pi\sin\alpha'\cdot\ell_1}{\pi\sin\beta'\cdot\ell_2}-1=-216$$

$|E_1-E_2|=231$

$\Delta\alpha$, $\Delta\beta$ = 10"차임

$$x_1''=\frac{10''E_1}{|E_1-E_2|}=+0.6$$

$$x_1''=\frac{10''E_1}{|E_1-E_2|}=-9.4$$

검산: $x_1''+x_2''=10''$

약 도

MEMO

05

지적삼각보조측량

5.1 지적삼각보조측량 개요

지적삼각보조측량은 지적삼각측량과 같은 높은 정밀도를 필요로 하지 않을 경우에 행하는 것으로 지적도근측량을 시행할 때 기존의 삼각점과의 연결이 곤란한 경우에 설치하며, 이미 설치된 위성기준점, 통합기준점, 지적삼각점 및 지적삼각보조점을 기초로 하여 경위의측량방법, 전파기 또는 광파기 측량방법, 위성측량방법에 의하되, 그 계산은 교회법 또는 다각망도선법에 의한다.

측량의 절차는 [계획수립 → 준비 및 현지답사 → 선점 및 조표 → 관측 및 계산 → 성과표의 작성] 순서로 실시된다.

5.2 지적삼각보조측량의 기준

① 지적삼각보조측량을 하는 때 필요한 경우 미리 지적삼각보조점 표지를 설치하여야 한다.

② 지적삼각보조점은 측량지역별로 설치순서에 따라 일련번호를 부여하되, 영구표지를 설치하는 경우 시·군·구 별로 일련번호를 부여한다(지적삼각보조점의 일련번호 앞에 "보"자를 붙임).

③ 지적삼각보조점은 교회망 또는 교점다각망으로 구성하여야 한다.

④ 경위의측량방법과 전파기 또는 광파기 측량방법에 의하여 교회법으로 지적삼각보조측량을 할 때에는 다음의 기준에 의한다.

- 3방향의 교회에 의할 것. 다만, 지형상 부득이하여 2방향의 교회에 의해 결정하는 때에는 각 내각을 관측하여 각 내각의 관측치의 합계와 180°와의 차가 ±40초 이내인 때에는 이를 각 내각에 고르게 배분하여 사용할 수 있다.
- 삼각형의 각 내각은 30° 이상 120° 이하로 할 것

⑤ 전파기 또는 광파기 측량방법에 의하여 다각망도선법으로 지적삼각보조측량을 할 때에는 다음의 기준에 의한다.

- 3점 이상의 기지점을 포함한 결합다각방식에 의할 것
- 1도선(기지점과 교점간 또는 교점과 교점간)의 점의 수는 기지점과 교점을 포함하

여 5개 이하로 할 것

- 도선의 거리(기지점과 교점 또는 교점과 교점간의 점간거리의 총합계)는 4킬로미터 이하로 할 것

5.3 지적삼각보조점의 관측 및 계산

5.3.1 교회법

1) 경위의측량방법

① 관측은 20초독 이상의 경위의를 사용할 것

② 수평각 관측은 2대회(윤곽도는 0도, 90도로 한다)의 방향관측법에 따를 것

③ 수평각의 측각공차는 다음 표에 따를 것. 이 경우 삼각형 내각의 관측치를 합한 값과 180도와의 차는 내각을 전부 관측한 경우에 적용한다.

표 5-1. 지적삼각보조측량 수평각 측각공차

종별	1방향각	1측회의 폐색	삼각형 내각관측의 합과 180도와의 차	기지각과의 차
공차	40초 이내	±40초 이내	±50초 이내	±50초 이내

표 5-2. 계산단위

종별	각	변의 길이	진수	좌표
공차	초	cm	6자리 이상	cm

④ 2개의 삼각형으로부터 계산한 위치의 연결교차($\sqrt{종선교차^2 + 횡선교차^2}$)가 0.30미터 이하일 때에는 그 평균치를 지적삼각보조점의 위치로 할 것. 이 경우 기지점과 소구점 사이의 방위각 및 거리는 평균치에 따라 새로 계산하여 정한다.

2) 전파기 또는 광파기측량방법

① 전파 또는 광파측거기는 표준편차가 ± [5 mm + 5 ppm] 이상인 정밀측거기를 사용할 것

② 점간거리는 5회 측정하여 그 측정치의 최대치와 최소치의 교차가 평균치의 10만분

의 1 이하일 때에는 그 평균치를 측정거리로 하고, 원점에 투영된 평면거리에 따라 계산할 것

③ 연직각의 관측 및 계산

- 각 측점에서 정반으로 각 2회 관측
- 관측치의 최대치와 최소치의 교차가 30초 이내일 때에는 그 평균치를 연직각으로 할 것

5.3.2 다각망도선법

경위의측량방법, 전파기 또는 광파기측량방법과 다각망도선법에 따른 지적삼각보조점의 관측 및 계산은 다음 기준에 따른다.

① 관측과 계산방법에 관하여는 교회법의 경위의측량방법 규정을 준용하고, 점간거리 및 연직각의 관측방법에 관하여는 교회법의 전파기또는 광파기측량방법을 준용할 것. 다만, 다각망도선법에 따른 지적삼각보조점의 수평각관측은 배각법에 따를 수 있으며, 1회 측정각과 3회 측정각의 평균치에 대한 교차는 30초 이내로 한다.

② 도선별 평균방위각과 관측방위각의 폐색오차는 $\pm 10\sqrt{n}$ 초 이내로 할 것. 이 경우 n은 폐색변을 포함한 변의 수를 말한다.

③ 도선별 연결오차는 $0.05 \times S$ 미터 이하로 할 것. 이 경우 S는 도선의 거리를 1천으로 나눈 수를 말한다.

④ 측각오차의 배분

- 배각법에 따르는 경우 : 측선장에 반비례하여 각 측선의 관측각에 배분

$$K = -\frac{e}{R} \times r \tag{5.1}$$

여기서, K : 각 측선에 배분할 초단위의 각도

e : 초단위의 오차

R : 폐색변을 포함한 각 측선장의 반수의 총합계

r : 각 측선장의 반수(반수는 측선장 1미터에 대하여 1천을 기준으로 한 수)

⑤ 종선오차 및 횡선오차의 배분

- 배각법에 따르는 경우 다음의 계산식에 따라 각 측선의 종선차 또는 횡선차 길이에 비례하여 배분할 것

$$T = -\frac{e}{L} \times l \tag{5.2}$$

여기서, T : 각 측선의 종선차 또는 횡선차에 배분할 센티미터 단위의 수치
e : 종선오차 또는 횡선오차
L : 종선차 또는 횡선차의 절대치의 합계
l : 각 측선의 종선차 또는 횡선차

측량방법별 지적삼각보조점의 관측과 계산은 다음 표 5-3과 같다.

표 5-3. 지적삼각보조점의 관측 및 계산

<table>
<tr><th colspan="3">구 분</th><th colspan="5">지적삼각보조측량</th></tr>
<tr><td colspan="3">측량방법</td><td colspan="2">경위의측량방법</td><td colspan="2">전파기·광파기 측량방법</td><td>다각망도선법</td></tr>
<tr><td rowspan="19">교회법</td><td rowspan="6">선점</td><td>기준점</td><td colspan="5">삼각점, 지적삼각점</td></tr>
<tr><td>점간거리</td><td colspan="4">1 ~ 3 km</td><td>0.5 ~ 1 km</td></tr>
<tr><td>측량방법</td><td colspan="4">3방향교회(지형상부득시 2방향 교회)</td><td>3점 이상을 포함 결합다각방식</td></tr>
<tr><td>삼각형내각</td><td colspan="4">30 ~ 120°</td><td></td></tr>
<tr><td>1도선거리</td><td colspan="2"></td><td colspan="2"></td><td>4 km 이하</td></tr>
<tr><td>1도선점수</td><td colspan="2"></td><td colspan="2"></td><td>5점 이하(기지점, 교점 포함)</td></tr>
<tr><td rowspan="6">관측</td><td>관측정밀도</td><td colspan="2">20초독 정밀경위의</td><td colspan="2">±(5 mm + 5 ppm) m 이하</td><td>20초독 정밀경위의</td></tr>
<tr><td>수평각관측</td><td colspan="2">2대회방향관측(0, 90°)</td><td colspan="2"></td><td>2대회 방향관측</td></tr>
<tr><td>삼각형내각계산</td><td colspan="2"></td><td colspan="3">3변의 평면거리로 계산</td></tr>
<tr><td>점간거리측정</td><td colspan="2"></td><td colspan="3">5회 측정, 평균치 10만분의 1 m 이하</td></tr>
<tr><td>연직각관측</td><td colspan="2"></td><td colspan="3">정·반 2회 관측, 최대·최소치 교차 30초 이내</td></tr>
<tr><td>소구점표고계산</td><td colspan="2"></td><td colspan="3">0.05 m + 0.05($S_1 + S_2$) m 이하</td></tr>
<tr><td rowspan="4">수평각측각공차</td><td>1방향각</td><td colspan="2">40초 이내</td><td colspan="2"></td><td></td></tr>
<tr><td>1측회 폐색</td><td colspan="2">±40초 이내</td><td colspan="2"></td><td></td></tr>
<tr><td>삼각형내각관측치 합과 180° 차</td><td colspan="2">±50초 이내</td><td colspan="2"></td><td></td></tr>
<tr><td>기지각과 차</td><td colspan="5">±50초 이내</td></tr>
<tr><td rowspan="3">계산</td><td>계산방법</td><td colspan="5">교회법 및 다각망도선법에 의한다.</td></tr>
<tr><td>계산단위</td><td>각</td><td>변장</td><td>진수</td><td>좌표</td><td></td></tr>
<tr><td>종별</td><td>초</td><td>cm</td><td>6자리</td><td>cm</td><td></td></tr>
<tr><td rowspan="5"></td><td rowspan="5">오차배부</td><td>연결교차</td><td colspan="4">0.30 m 이하</td><td></td></tr>
<tr><td>폐색오차</td><td colspan="2"></td><td colspan="2"></td><td>±10 $\sqrt{n}$초 이내</td></tr>
<tr><td>연결오차</td><td colspan="2"></td><td colspan="2"></td><td>0.05 × S m 이하</td></tr>
<tr><td>측각오차배부</td><td colspan="2"></td><td colspan="2"></td><td>$K = -e/R \times r$
(측선장에 반비례)</td></tr>
<tr><td>종·횡선오차배부</td><td colspan="2"></td><td colspan="2"></td><td>$T = -e/L \times l$
(길이에 비례배분)</td></tr>
</table>

※ 여기서 S_1, S_2는 기지점에서 소구점까지의 평면거리(km)

5.4 지적삼각보조점 성과표의 기록 및 관리

지적소관청이 지적삼각보조점 성과를 관리할 때에는 다음의 사항을 지적삼각보조점 성과표에 기록·관리하여야 한다.

표 5-4. 지적삼각보조점 성과표 기재사항

기록 및 관리사항	① 번호 및 위치의 약도 ② 좌표와 직각좌표계 원점명 ③ 경도와 위도(필요한 경우로 한정한다) ④ 표고(필요한 경우로 한정한다) ⑤ 소재지와 측량연월일 ⑥ 도선등급 및 도선명 ⑦ 표지의 재질 ⑧ 도면번호 ⑨ 설치기관 ⑩ 조사연월일, 조사자의 직위·성명 및 조사 내용

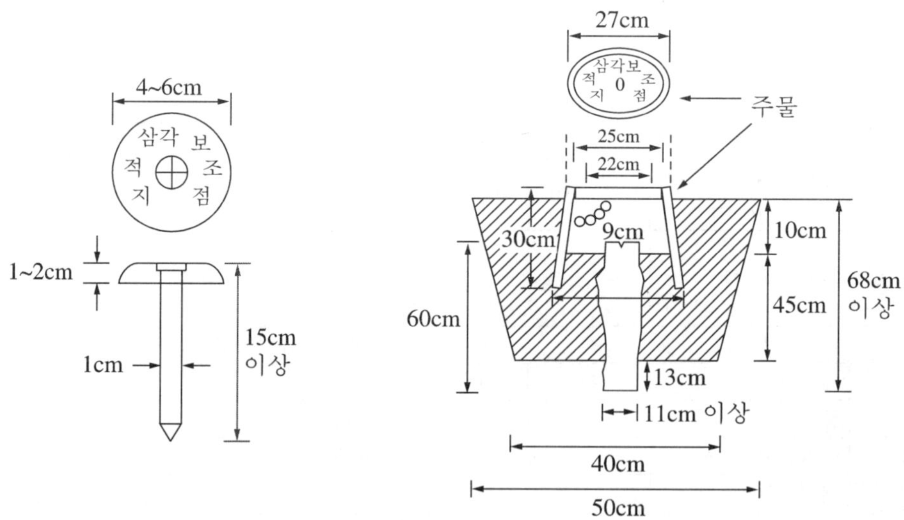

그림 5-1. 지적삼각보조점 표지 및 표석

06

지적도근측량

6.1 지적도근측량의 개요

6.1.1 지적도근측량 개설

1) 측량목적

지적세부측량의 정확한 시행을 위하여 삼각점간을 연결하는 기준점을 측량하여 설치하는데, 이를 지적도근측량이라 한다.

세부측량은 평판측량법에 의하여 도해적으로 시행하는 것이므로 토지조사와 같은 전국적 대규모의 세부측량을 거쳐 각 도면의 접합을 정밀하게 하려면 미리 삼각점을 기초로 도근측량을 하여 각 측량 결과도에 이 도근점을 전개하여야 하며, 이는 누적오차를 없애기 위함이다.

토지조사 사업당시 1매의 원도상에 6점 이상의 도근점을 배치하여 도해적 측량의 성과를 확실하게 하는 한편, 측량의 시행을 쉽게 하고 지적도를 일정한 크기의 도곽선으로 끊어 놓아도 그 상호의 접합부에 오차가 없도록 하였다.

2) 도근측량시행

지적도근측량 또는 다각측량은 지적기초점을 설치하기 위하여 사용되는 편리하고 신속한 방법이다. 도근측량은 삼각측량이나 삼변측량을 시행하기 어려운 밀집한 시가지에서나 삼림지역에서 시준길이가 짧은 경우에 유효하다.

또한 도시재개발, 신시가지 개발 등에 따른 도시개발사업이나 공업개발에 의하여 광대지 이동지역이 지적도 또는 임야도 1매 이상의 면적에 해당하는 경우와 지적세부측량 시행상 특별히 필요한 때에 실시한다.

지적세부측량의 기준이 되는 도근점의 설치를 필요로 하는 때에 시행하는 측량으로서 주로 경위의측량법에 의하여 점의 위치를 평면직각종횡선으로 표시하며, 일반적으로 이 측량을 다각측량이라 한다. 도근측량은 삼각측량에 비하여 그 정도는 낮으나 직접세부측량의 기준점으로서 가장 많이 사용되는 중요한 역할을 한다. 또한 도근측량은 세부측량을 용이하게 하는 동시에 그 정도에 순응할 수 있는 요건이 구비되어야 한다.

지적도근측량은 세부측량의 기준이 되는 기초점인 도근점을 설치하기 위하여 위성기준점, 통합기준점, 삼각점, 지적삼각점, 지적삼각보조점 및 도근점을 기준점으로 하여 경위의측량방법, 전파기 또는 광파기 측량방법, 위성측량방법 및 국토교통부장관이 승인한 측량방법에 의하되, 그 계산은 도선법, 교회법, 다각망도선법에 의하여 실시한다.

6.1.2 지적도근측량 도선의 종류

1) 개방도선

개방도선은 기지점에서 시작되어 미지점에서 끝나는 것으로서 이러한 도선의 형태에서는 현지측정에 대하여 방향과 거리의 착오나 오차를 검사할 수 있는 계산 방법이 없다.

오차를 줄이기 위해서는 거리관측을 2회씩 시행하고, 각관측은 반복관측을 하거나 모든 도선의 나침방위각을 관측 또는 일정간격마다 천문관측을 실시하여 검정한다. 이와 같은 사전 주의에도 불구하고 그 성과에 대한 불완전성 때문에 개방도선은 높은 정확도를 요하는 목적의 측량에는 사용되지 않으며, 지적측량에서도 사용하지 못하도록 규정하고 있다.

개방도선은 출발점 이외에는 기지점이나 가정좌표점이 포함되지 않아 검증할 수 있는 도근점이 없기 때문에 개방도선을 보강하기 위하여 다음과 같은 몇 가지 방법이 사용되고 있다.

- 각 도근점간 거리는 양쪽 방향에서 관측하고 데오드라이트의 시거선을 이용하여 개략값을 검정한다.
- 측점에서의 각관측값은 나침방위를 측정하여 개략적으로 검측한다.
- 방위각이나 방위를 태양이나 항성관측으로 검정한다.

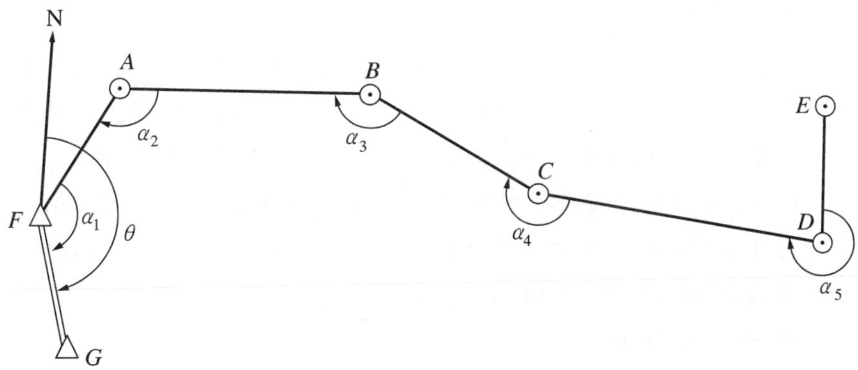

그림 6-1. 개방도선

2) 폐합도선

이 도선은 수평위치를 알 수 있는 한 점에서 출발하여 다시 동일한 점에 되돌아와 폐합하는 도선을 말한다. 이러한 도선은 각에 대한 내부점검이 가능하다. 그러나 도선의 표정에 따른 각과 거리의 오차 중에서 정오차만을 분리해서 알아낼 수 없으므로 보정상 문제가 있다. 따라서 이 방법은 정밀을 요하는 사업에는 적용이 부적정하다.

폐합도선에서의 정오차의 발생가능성을 최소화하기 위하여 모든 거리관측장비는 엄밀하게 조정된 것을 사용하며, 일정간격마다 천문관측에 의한 방위각보정을 실시해야 한다. 또한, 임의의 측지기준점에서 시작하지 않는 경우나 다른 측량업무에서의 위치점과 상호관련성에 유의해야 한다.

따라서, 이 방법은 다른 방법으로는 해결이 곤란한 부득이한 경우를 제외하고는 사용하지 않는 것이 좋다.

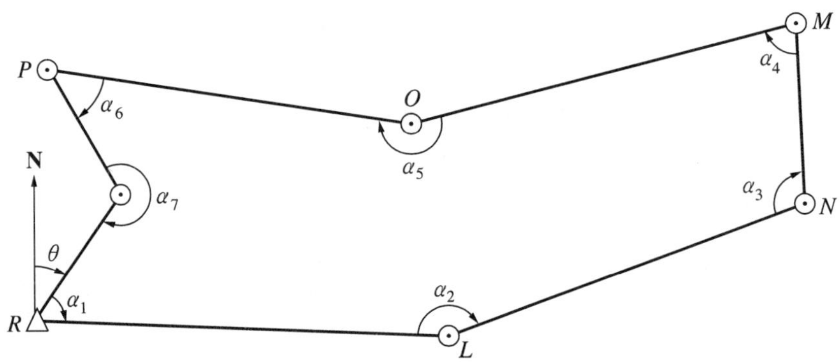

그림 6-2. 폐합도선

3) 결합도선

결합도선은 기지점에서 시작하여 다른 수평기지점에 결합한다. 수평기지점은 평면직각종횡선 X, Y좌표로 주어진다. 이러한 도선의 형태는 계산적으로 검정이 가능하며 기지방향과 거리에 있어서의 정오차의 검사도 가능하기 때문에 유리하다. 검정방법은 측정각을 합산하여 도선의 형태에 따라 합에 의한 각 폐합오차의 자동검정이 가능하나, 이러한 형태의 도선에서도 각 측정에 내포된 정오차는 검정할 수 없다. 따라서, 측정용 장비와 기구 등은 사전에 정오차의 크기를 알고 이를 제거할 수 있도록 엄밀한 기계검정이나 조정이 선행되어야 한다.

결합도선은 폐합도선의 일종이지만 출발점에 다시 되돌아와 폐합시키지 않고 다른 기지점에 폐색시킴으로써 보다 더 높은 신뢰성을 가질 수 있는 것이 장점이다. 따라서 지적도근측량에서는 주로 이 방법에 의하여 시행하도록 규정되어 있다.

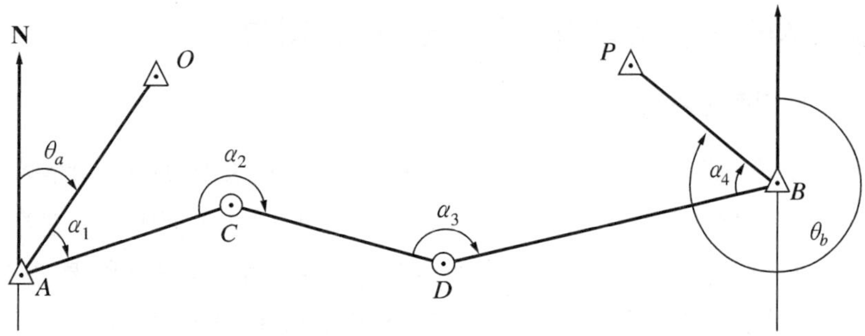

그림 6-3. 결합도선

4) 내각도선

내각도선은 기지점간의 방위각이나 방위를 알고 도선의 거리를 수평거리로 측정하며, 각은 데오드라이트로 관측한다.

각 점에 순차적으로 기계를 세우고 내각을 관측한 다음 내각의 폐합오차는 각 측점에서 동일한 크기로 발생하였다고 가정하여 균등하게 배분한다. 그러나 엄밀하게 말하면 측선의 길이에 따라 각오차가 서로 다르게 나타나므로 측정의 길이를 고려하여 각오차를 배부하는 것이 이상적이다. 시가지 지적측량지역 이외에서는 일반적으로 균등 배분한다.

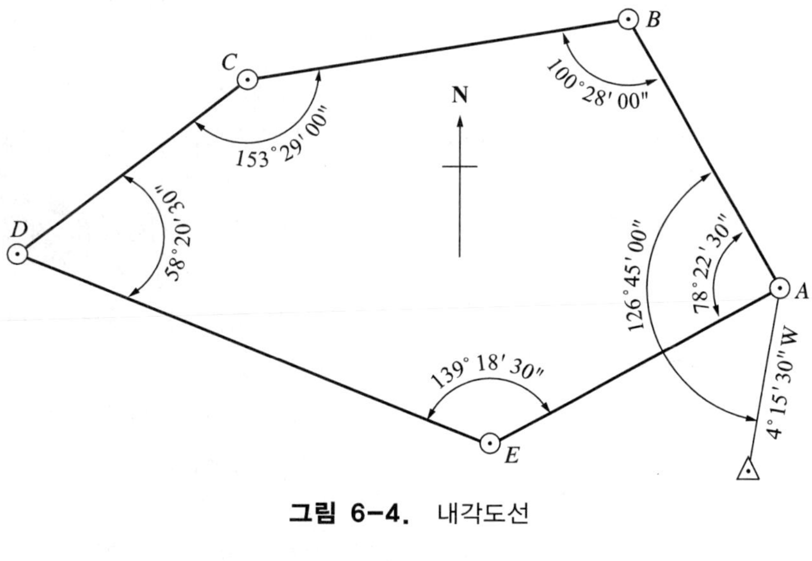

그림 6-4. 내각도선

6.1.3 지적도근측량의 기준 및 대상지역

1) 지적도근측량의 기준

도근측량의 시행은 도선법과 교회법, 다각망 도선법으로 나누며, 도선법은 이를 다시 방위각법에 의한 도선법과 배각법(반복법)에 의한 도선법으로 구분한다.

도선은 이를 1등도선과 2등도선으로 구분하며, 1등도선은 특히 측량의 정도를 높이고자 하는 때와 2등도선의 기준으로 하고자 하는 때에 행한다.

수평각의 관측은 시가지 지역, 축척변경지역과 경계점좌표등록부 시행지역은 배각법에 의하고 그 밖의 지역은 배각법과 방위각법을 혼용 사용한다.

① 지적도근측량을 하는 때에는 미리 지적도근점표지를 설치하여야한다.
② 지적도근점의 번호는 영구표지를 설치하는 경우에는 시・군・구별로, 영구표지를 설치하지 않는 경우에는 시행지역별로 설치순서에 따라 일련번호를 부여한다(교점은 지적도근점의 번호 앞에 "교"자를 붙임).
③ 지적도근측량의 도선은 다음의 기준에 의하여 1등도선과 2등도선으로 구분한다.
  ㉠ 1등도선은 위성기준점, 통합기준점, 삼각점・지적삼각점 및 지적삼각보조점의 상호간을 연결하는 도선 또는 다각망도선으로 할 것
  ㉡ 2등도선은 위성기준점, 통합기준점, 삼각점・지적삼각점 또는 지적삼각보조점과 지적도근점을 연결하거나 지적도근점 상호간을 연결하는 도선으로 할 것
  ㉢ 1등도선은 가・나・다 순으로, 2등도선은 ㄱ・ㄴ・ㄷ순으로 표기할 것
④ 지적도근점은 결합도선・폐합도선・왕복도선・다각망도선으로 구성하여야 한다.
⑤ 경위의측량방법에 의하여 도선법으로 지적도근측량을 하는 때에는 다음의 기준에 의한다.
  ㉠ 도선은 위성기준점, 통합기준점, 삼각점・지적삼각점, 지적삼각보조점 및 지적도근점의 상호간을 연결하는 결합도선에 의할 것
  (지형상 부득이 한 때에는 폐합도선 또는 왕복도선에 의할 수 있다)
  ㉡ 1도선의 점의 수는 40점 이하로 할 것
  (지형상 부득이 한 때에는 50점까지로 할 수 있다)
⑥ 경위의측량방법이나 전파기 또는 광파기 측량방법에 의하여 다각망도선법으로 지적도근측량을 하는 때에는 다음의 기준에 의한다.
  ㉠ 3점 이상의 기지점을 포함한 결합다각방식에 의할 것
  ㉡ 1도선의 점의 수는 20개 이하로 할 것

2) 지적도근측량의 대상지역

① 축척변경측량을 위하여 지적확정측량을 하는 경우
② 도시개발사업 등으로 인하여 지적확정측량을 하는 경우
③ 도시지역 및 준도시지역에서 세부측량을 하는 경우
④ 측량지역의 면적이 당해 지적도 1장에 해당하는 면적 이상인 경우
⑤ 세부측량 시행상 특히 필요한 경우

6.1.4 지적도근측량의 순서

지적도근측량의 순서는 그림 6-5와 같다.

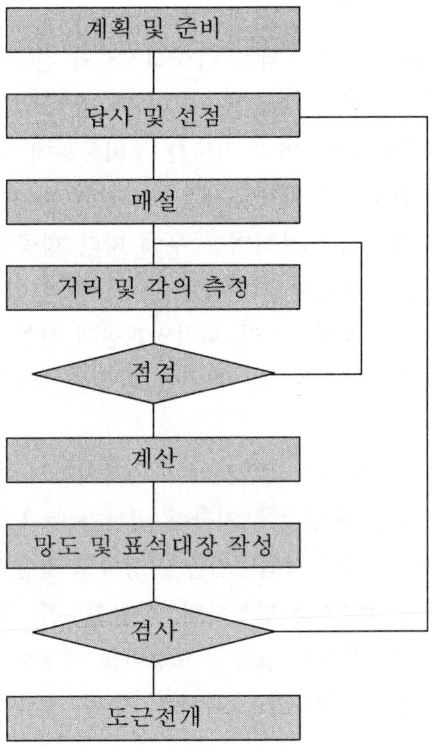

그림 6-5. 지적도근측량의 순서

6.2 지적도근측량의 작업과정

6.2.1 계획수립

도근측량의 작업계획은 측량지역의 상황, 필요한 측량 정밀도, 경제성, 작업기간 등의 사항을 고려하여 계획을 수립하는데 그 계획의 내용은 다음과 같다.

① 점의 밀도와 배점계획
② 작업시기와 일수
③ 작업방법(측거, 측각, 관측장비의 종류, 작업반 편성 등)
④ 작업에 소요되는 경비

이러한 계획을 수립하는 데는 측량신청자와 긴밀한 협의 하에 요구사항이 충분히 반영되도록 참고해야 한다.

작업계획은 측량대상지역의 지도를 준비하는데 있어서 각 기관이 발행하는 각종 지형도를 이용하여 전체적인 계획을 세운다. 지적측량기준점의 성과는 국토지리정보원의 삼각 및 수준측량 성과표를 이용하며 경우에 따라 항공사진을 사용한다.

이러한 성과를 이용하여 지도상에서 측량지역 지적도의 소요 정확도를 고려한 배점밀도와 점간거리, 노선총연장거리, 다각망교점의 선정 등을 계획한다. 여기서 배점밀도를 고려하면서 도근점을 배점해보고 지형에 적합한 작업방법과 필요한 관측장비도 예정해 둔다.

상기 사항을 계획한 후 작업시기는 측량지역의 기상, 측량보조원을 고용하기 쉬운 시기, 측량기계, 측량조원편성에 지장이 없는가 등을 고려하여 결정한다.

위 계획을 재검토하여 작업방법을 결정하고 측량지역의 지세, 관측장비의 수량, 측량조원수를 고려하여 작업조를 편성하며, 작업일수를 결정한다.

작업계획 전반에 걸쳐서 항상 소요경비를 염두해 두고 만일 요구되는 정도를 만족시키는 측량방법이 몇 가지가 있을 때에는 그 중 경비가 적게 드는 방법, 즉 가장 경제적인 방법을 택한다.

6.2.2 작업준비

측량조원은 지정된 측량지역과 작업량을 숙지하고 작업에 필요한 관측장비 및 기구, 관측서식, 사무용품, 기타 관계 부서의 협조문, 대민협조요청 등에 관하여 분담하여 준비토록 하며 다음 사항에 대하여 고려해야 한다.

① 관측장비, 기구, 관측서식, 소모품류를 준비한다.
② 기계를 검사한다. 작업시 사용하는 관측장비를 작업현장에 도착 후에 고장을 발견한다면 경비를 낭비하게 되므로 출발 전에 충분한 검사를 실시해야 하며, 경위의의 검사와 강권척 및 광파기 · 전파측량기를 검사한다.
③ 기지점의 성과를 복사한다. 기지점으로 사용하는 삼각점의 성과는 지리원에서 열람 또는 초본을 수수료와 함께 신청하여 열람 또는 발급받는다. 지적삼각점 성과의 열람은 광역시장 · 도지사, 도근점의 성과는 소관청에 신청하면 된다.

6.2.3 답사 및 선점

현지답사는 작업계획에 따라 현지의 작업 가능성을 재점검함으로써 계획을 확정시킨다. 기준점의 배치, 측량방법 등을 결정하기 위하여 측량지역에 답사하여 최소의 시간, 노력으로 정밀도를 높일 수 있는 방법을 강구한다.

1) 선점계획도의 작성 및 답사

선점계획도는 보통 당해 지역의 지적도축척에 따라 1/10 정도 크기의 축척으로 축소하여 전체 지역을 한눈에 볼 수 있도록 작성한다. 즉, 당해 지역의 지적도의 일람도 축척과 같이 하는 것이 편리하다.

선점계획도에는 지적도의 도곽선과 그 종횡선수치, 행정구역계 및 명칭, 삼각점의 위치, 기타 일람도에 등재된 주요 도로, 하천, 제방 및 구거 등을 표시하고 도선의 편성 및 도근점의 도곽별 배치 등을 계획하는 것이다.

2) 선점

현지답사에서 얻어진 결과에 의하여 도상계획을 하고, 이에 따라 현장에 나아가서 실제로 측점에 말뚝을 설치하는 작업으로 다음과 같은 점에 유의하여 설치한다.

현지조사와 작업계획에 따라 현지에서 도근점의 위치를 확정하는 것을 선점이라 하고, 이때에는 지형도와 지적도 축척의 1/10 정도 크기의 축도한 지적도인 선점약도로 사용하고 지적삼각점과 연계하여 개략적인 노선을 결정하며, 이 자료를 휴대하고 현지에서 지역설정에 맞는 선점을 시작한다.

도근점의 선점은 다음 사항을 착안하여 선점한다.

① 지적도근점은 영구적으로 유지 관리하기에 지장이 없는 장소에 설치한다.
② 측각 및 거리관측이 용이한 곳에 배치한다.
③ 보전이 양호한 노변의 수도관 뚜껑 및 차도와 보도의 경계석 등을 적절히 이용한다.
④ 현지여건이 구릉지나 시가지와 같이 밀집지역인 경우 지적도근점을 조밀하게 배치하고 정형지구나 농촌지역은 비교적 점간 거리를 넓게 배치하여 후속 세부측량에 지장이 없도록 한다.
⑤ 도선은 가장 가까운 거리의 기초점간을 연결하여 되도록 도선점수를 적게 하고 일직선에 가깝도록 편성한다.
⑥ 점간거리는 되도록 등거리로 한다.
⑦ 지적도근점은 지적도 1도곽에 6점 이상을 배치하도록 하고 도선망은 정방형에 가깝도록 설치한다.
⑧ 점의 위치는 세부측량을 실시하기에 편리한 지점에 설치한다.
⑨ 측량계획도에 측점의 명칭 또는 번호 등을 기입하여 착오를 방지한다.
⑩ 교통에 방해가 되지 않고 시통에 방해가 되지 않는 곳에 설치한다.

배점밀도는 현지조사를 통해 도해와 수치측량방법으로 혼용하여야 할 필요성이 있고, 현지 여건이 구릉지와 밀집지역인 경우에는 도근점을 조밀하게 배치하고 정형지구나 농촌지역은 비교적 점간 거리를 넓게 배치하여 후속 지적세부측량에 지장이 없도록 고려한다.

지적도근점에 대하여는 표석을 설치하지 아니하고 표항으로 대체하여 영구보존을 고려하지 않으나, 필요한 경우에는 표철을 사용하고 이때에는 규정에 의한 표석대장을 작성한다.

선점노선의 연장은 일반적으로 1도선이 300 m에서 1,500 m 이내로 들도록 설치한다.

측량지역 내에서의 도선거리는 지역의 협소와 밀집 정도를 참작하여 망으로 구성하고 도선 평균거리를 확인한 후, 도근점 점간거리는 지적도 축척분모의 1/10을 기준으로 하여 일반적으로 50 m에서부터 150 m 이내로 한다.

6.2.4 매설

선점이 끝나면 측점을 표시하기 위하여 측량의 목적에 따라 말뚝을 매설하고 적절한 표지를 설치한다. 설치에 있어서 시가지 지역, 도시개발사업시행지역 및 축척변경시행지역에서는 측량시행 전에 도근점 표석 또는 표지를 매설한다.

말뚝의 재료로는 콘크리트, 석주, 나무말뚝 등을 사용하는데 일시적으로 사용할 때는 나무말뚝을 이용하고 영구적으로 보존할 경우에는 콘크리트나 석주를 이용하여 지하에 견고하게 설치한다. 또 측점상에는 폴(pole)을 세워 고정하고 그 위에 측량기를 달아 놓으면 관측할 때 편리하다.

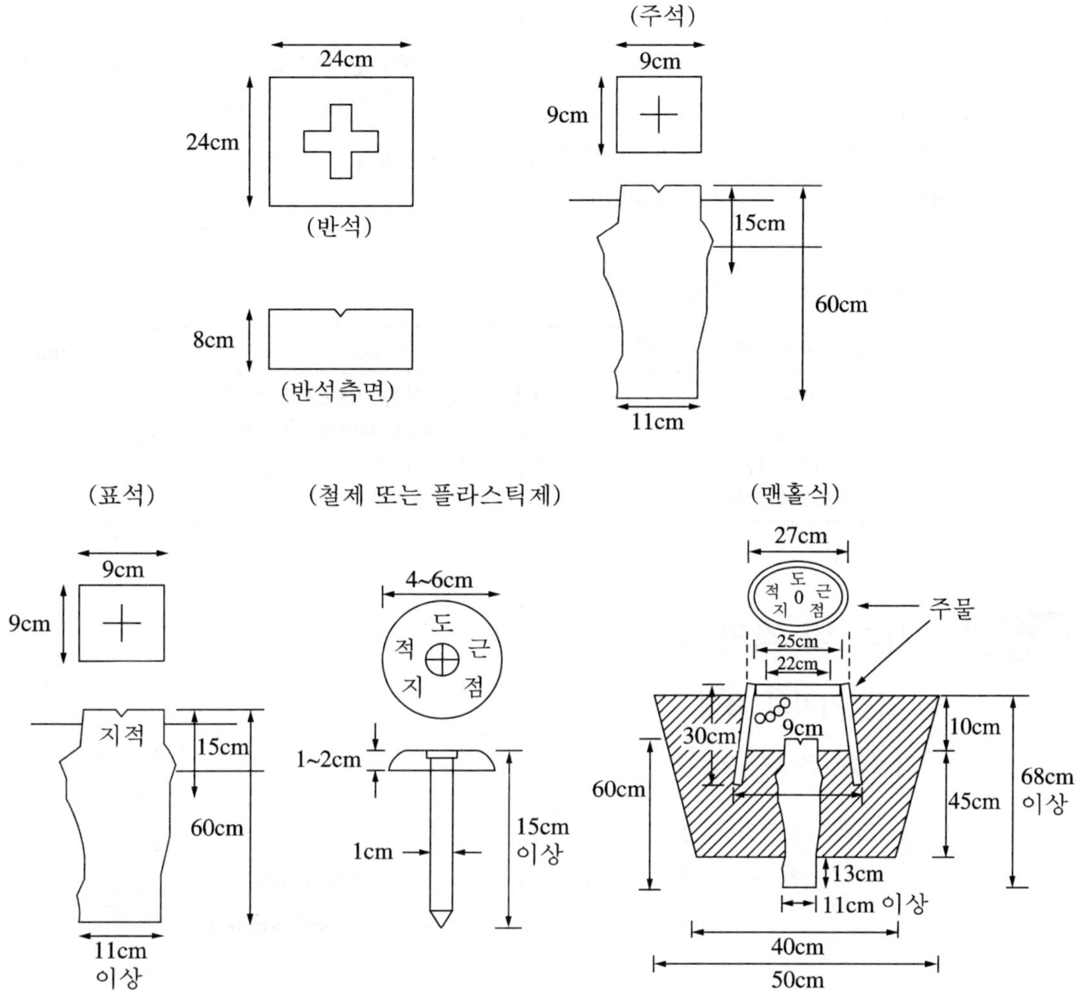

그림 6-6. 지적측량기준점표지의 규격과 재질

지적도근점 표지의 유형은 그림 6-6과 같으며 현행 지적법규상 도근점표지에는 표석, 표철, 나무말목, 플라스틱말목이 있다.

표지의 재질은 양질의 화강암 재질을 조각한 표석의 표지가 사용되며, 차량통행 등으로 표석상당부가 마멸되어 훼손되거나 돌출로 인해 보행상 지장이 되기도 한다. 따라서 교통이 빈번한 시가지나 또는 표석의 동요 및 파손의 염려가 있는 곳에 표석을 매설하고자 하는 때에는 표석의 양측에 2개 이상의 보호석으로써 이를 보호하도록 매설하는 게 좋다.

플라스틱재질의 표지는 택지개발지역 등에서 일필지 경계표지로 사용하는 것을 임시도근점 설치 시에 이용하기도 하나 쉽게 마모된다. 못 형태로 된 철재표지는 시가지의 포장도로에 박을 수 있도록 제작된 것이다. 또한 금속제 재질의 표지는 시가지의 하수도용 맨

홀 제작 시 이에 부착하여 만드는 경우도 있다.

1980년대 이전까지만 해도 대부분 표석을 매설하였지만 최근에는 철재표지를 매설하고 있다. 표석의 매설은 거푸집을 사용하여 시멘트로 견고하게 매설하기 때문에 비교적 오래 보존되나 철재표지나 플라스틱표지 등은 시가지에서의 차량의 빈번한 통행 등으로 쉽게 마모되거나 망실되는 경향이 있다.

표 6-1. 지적측량기준점표지의 설치

표지의 종류	설 치	비고
표석(화강암) 표철 나무말목 플라스틱말목	매설시 북방향을 기준으로 설치 명칭을 참고하여 북방향으로 설치 번호를 기재하여 관측방향으로 설치 번호를 기재하여 관측방향으로 설치	

6.2.5 거리 및 각의 측정

1) 도선거리의 측정

거리측정은 다음과 같다.

① 거리 : 2점간을 잇는 직선길이(수평거리)

② 측정방법 – 직접법 : 강권척 또는 포권척, 스틸테이프
　　　　　　– 간접법 : 전파 또는 광파측거기, Total Station

2) 수평각 관측

도선법과 다각망도선법에 의하여 도근측량을 실시하는 경우 수평각 관측은 시가지 지역, 축척변경시행지역과 경계점좌표등록부지역은 배각법에 의하고, 기타 지역(농촌, 임야 도시행지역)은 방위각법과 배각법을 혼용할 수 있다. 관측은 20초독 이상의 정밀경위의를 사용한다.

교회법에 의하여 도근측량을 실시하는 경우 수평각 관측은 도선법과 다각망도선법에 설명한 내용을 적용하며, 배각법에 의한 수평각을 관측한 경우 삼각형 내각관측치의 합과 180°와의 차 및 기지각과의 차는 ±60초 이내로 하고, 2개의 삼각형으로부터 계산한 연결 교차의 위치로 한다.

수평각의 측정방법은 측각방법 또는 측각종류(각의 형태 등)로 나눌 수 있다.

단측법은 망원경의 정・반 관측을 한 번으로 끝내는 관측법이다. 배각법은 반복법이라

하며, 각종 오차의 영향을 작게 하므로 보다 정밀한 측각이 필요할 때 이 방법을 사용한다. 교각법은 2개의 측선이 만드는 교각을 독립하여 측정하는 것을 말한다. 교각측정은 주로 배각법을 사용하며, 교각에는 하나의 폐다각형을 형성한 경우에 내각과 외각으로 나눌 수 있다. 폐다각형의 내각을 측정하는 내각법, 외각을 측정하는 외각법이 있다. 편각법은 전측선의 연장선을 기준으로 하여 다음 측선의 방향과 이루는 협각을 측정하는 방법이다. 이 방법은 주로 철도, 도로, 수로 등의 중심선을 측정할 때 많이 사용된다. 방위각법은 북을 기준으로 하여 시계방향으로 각을 측정하는 방법으로 방위각은 진북방위각, 도북방위각, 자북방위각의 세 가지로 구분하며, 지적측량은 국지적인 측량으로 여기서 사용되는 방위각은 도북방위각이다.

이상과 같이 방위각법과 배각법에 의해서 수평각이 관측되면 관측값을 가지고 내업으로 계산을 하게 된다.

3) 연직각의 측정

연직각(고도)은 시준선과 수평선이 이루는 각으로서 시준선이 수평선위에 있으면 올려본 각(앙각), 시준선이 수평선 아래 있으면 내려본 각(부각)이라 한다. 보통 연직각(고도)은 +, −의 부호로 표시한다.

6.2.6 점검

계산을 실시하기 전에 관측누락여부와 기지점의 좌표 및 이기사항 등을 점검한다.

6.2.7 계산

망의 구성 및 관측방법에 따라 방위각법 또는 배각법, 교회법, 다각망도선법에 의하여 계산을 실시한다. 지적도근측량의 조정계산은 도선별로 측각 오차를 산출하여 공차한계 이내일 때에는 배부하고 종횡선차를 계산한다. 또한 기지점의 좌표와의 차가 있을 때는 공차 이내일 때 오차를 배부하여 종횡선 좌표를 산출하여 결정한다. 측각오차의 배부방법은 방위각법에서는 측정변수에 비례하여 배부하고 배각법에서는 측선장의 반수에 비례하여 배부한다. 종횡선차의 오차배부는 다음과 같다. 즉, 방위각법에서는 측선장에 비례하여 배부하고, 배각법에서는 종횡선차의 길이에 비례하여 배부한다.

표 6-2. 도근측량부 표지

<table>
<tr><td>

지적도근측량부

충청북도 ○○시 ○○동 ○○○번지 일원

측량일자 : 2020년 3월 20일
소　　속 :
측 량 자 : 지적기사 김기사　(서명 또는 인)

측량일자 : 2020년 3월 20일
소　　속 :
측 량 자 : 지적기사 이기사　(서명 또는 인)

</td></tr>
</table>

기지점방위각 및 거리계산부

[약도]

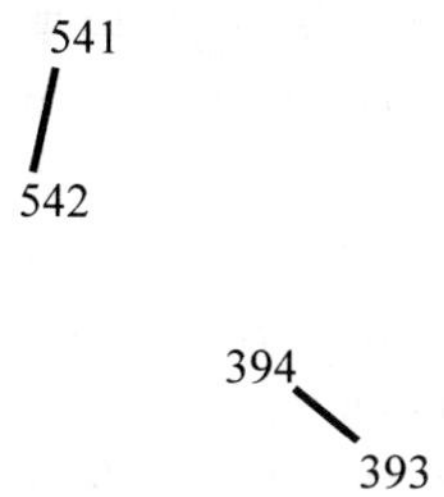

[공식]

1. 방위(θ)계산

$$\tan\theta = \left|\frac{\Delta y}{\Delta x}\right|$$

2. 방위각(V)계산

Ⅰ. 상한 : θ = 방위각

Ⅱ. 상한 : $180° - \theta$

Ⅲ. 상한 : $\theta + 180°$

Ⅳ. 상한 : $360° - \theta$

3. 거리(a 또는 b) 계산

$$\frac{\Delta y}{\sin V} \text{ 또는 } \frac{\Delta x}{\cos V} = \sqrt{\Delta x + \Delta y}$$

점명	X	Y	방향	ΔX	ΔY
394 393 542 541	537.59 493.74 736.57 839.01	−148.97 − 87.18 −281.92 −275.67	394 → 393 542 → 541	−43.85 m 102.44 m	61.79 m 6.25 m

방위각 계산

방향	394 → 393	방향	542 → 541
$\tan\theta = \Delta y/\Delta x$	1.4091220	$\tan\theta = \Delta y/\Delta x$	0.0610113
θ	54−38−17.3	θ	3−29−28.9
V	125−21−42.7	V	3−29−28.9

거리계산

a	$\Delta y/\sin V$ 또는 $\Delta x/\cos V$	75.77 m	b	$\Delta y/\sin V$ 또는 $\Delta x/\cos V$	102.63 m
	$\sqrt{\Delta x^2+\Delta y^2}$	57.77 m		$\sqrt{\Delta x^2+\Delta y^2}$	102.63 m

기지내각

배각관측 및 거리측정부

측점	시준점	배수	관측각	출발차	평균각	고도(정) 고도(반) (평균)	거리(1) 거리(2) (평균)	보정거리 수평거리
394	393 1	0 1 3	0 00 00 175 46 22 167 19 12		175－46－24	0 00 00 0 00 00 0 00 00	152.91 152.91 152.91	152.91
1	394 2	0 1 3	0 00 00 285 29 29 136 58 51		285－39－37	0 00 00 0 00 00 0 00 00	84.63 84.63 84.63	84.63
2	1 3	0 1 3	0 00 00 156 25 24 109 46 21		156－35－27	0 00 00 0 00 00 0 00 00	48.70 48.70 48.70	48.70
3	2 542	0 1 3	0 00 00 78 21 50 235 05 30		78－21－50	0 00 00 0 00 00 0 00 00	84.88 84.88 84.88	84.88
542	3 541	0 1 3	0 00 00 261 44 35 65 13 45		261－44－35	0 00 00 0 00 00 0 00 00	0.00 0.00 0.00	0.00

2020.3.27. 관측	관측자 : 김기사	시용기계 : GTS-110	날씨 : 맑음	풍력 : 화풍

도근측량계산부(배각법)

도선명 : 가 축척 : 1,200분의 1

측점	시준점	보정치 관측각	반수 수평거리	방위각	종선차(ΔX) 보정치 종선좌표	횡선차(ΔY) 보정치 횡선좌표
394	393			125° 21′43″	537.59	−148.97
394	1	−1 175 46 24	6.54 152.91	301 08 06	79.06 0.00 615.65	−130.88 +0.01 −279.85
1	2	−1 285 39 37	11.82 84.63	46 47 41	57.94 0.00 674.59	+61.69 0 −218.15
2	3	−2 156 35 27	20.53 48.70	23 23 06	44.70 0.00 719.29	+19.33 0 −198.82
3	542	−1 78 21 50	11.78 84.88	281 44 55	17.28 0.00 736.57	−83.10 +0.01 −281.92
542	541	−1 261 44 35	9.74 102.63	3 29 29		
−180	$n=5$ $\Sigma\alpha$ = 958 07 52.3 $(n-1)$ = 720 00 00		(60.41) 371.12			
	$+T_1$ = 125 21 42.7 T_2' = 3 29 35 T_2 = 3 29 28.9				$\Sigma\|\Delta x\|$ = 198.98 $\Sigma\Delta x$ = 198.98 기지 = 198.98	$\Sigma\|\Delta y\|$ = 295.00 $\Sigma\Delta y$ = −132.97 기지 = −132.95
					fx = 0.00	fy = −0.02
	오차= 6″ 공차= ±67				연결오차 = 0.02 m 공 차 = ±0.17 m	

6.2.8 망도 및 표석대장작성

1) 도근망도의 작성

도근망도는 지적도근점의 배치와 당해 지역을 쉽게 알아볼 수 있도록 작성하되, 도근망도의 축척은 당해 지역 지적도 축척의 10분의 1 정도의 크기로 작성하며 지역이 넓어서 한 장으로 작성하기 어려울 때는 크기를 축소하여 작성한다. 그러나 일반적으로 당해 지적도의 일람도에 준하여 작성하는 것이 보통이다.

(1) 작성요령

일반적으로 도근망도를 작성하기 위해서는 방안지를 사용하며, 지적도의 축척이 1/1,200이더라도 일반적으로 도근망도는 1/10,000로 작성한다.

- 먼저 방안지에 당해 지역이 포용될 수 있도록 도곽선을 긋는다.
- 전개하고자 하는 점의 종선좌표에 맞는 가로선에 삼각자를 놓는다.
- 횡선자표에 맞는 세로선에 해당되는 곳을 연필로 표시한다.
- 같은 요령으로 다른 점을 표시한다.
- 한 도선의 전개가 끝나면 순차적으로 선을 연결한다.
- 잘못된 전개는 없는지 확인하여 점 번호를 적어 넣는다.
- 완성된 방안지 위에 트레이싱페이퍼를 올려놓고 제도한다.

(2) 도근망도에 기입할 내용

도근망도에는 일반적으로 다음 사항을 등재한다.

- 측량지역의 제명과 축척
- 도곽선과 도곽선의 종·횡선수치
- 행정구역계 및 그 명칭
- 삼각점 및 지적도근점의 번호 또는 명칭
- 기타(필요에 따라 주요도로, 하천, 구거, 제방, 철도, 주요시설물, 등고선 등을 기재하기도 한다)

(3) 제도방법

일반적으로 지적도의 일람도 작성방법에 준하여 도근망도에는 도곽선과 도곽선수치는 붉은색으로, 나머지는 검정색으로 제도하며, 지적도근점의 표시는 스프링콤파스, 연결선은 오구나 로트링펜을 이용하며 글자는 레터링을 사용한다.

(4) 지적측량기준점 제도규격

① 지적위성기준점은 직경 2 mm, 3 mm의 2중 원안에 십자선을 표시하여 제도한다.

② 1등 및 2등 삼각점은 직경 1 mm, 2 mm 및 3 mm의 3중 원으로 제도한다. 이 경우 1등 삼각점은 그 중심 원 내부를 검은 색으로 엷게 채색한다.

③ 3등 및 4등 삼각점은 직경 1 mm, 2 mm의 2중 원으로 제도한다. 이 경우 3등 삼각점은 그 중심 원 내부를 검은 색으로 엷게 채색한다.

④ 지적삼각점 및 지적삼각보조점은 직경 3 mm의 원으로 제도한다. 이 경우 지적삼각점은 원안에 십자선을, 지적삼각보조점은 원안에 검은색으로 엷게 채색한다.

⑤ 도근점 직경 2 mm의 원으로 제도한다.

⑥ 지적측량기준점은 명칭과 번호는 당해 지적측량기준점의 윗부분에 제도한다. 다만, 경계에 닿는 경우에는 적당한 위치에 제도할 수 있다.

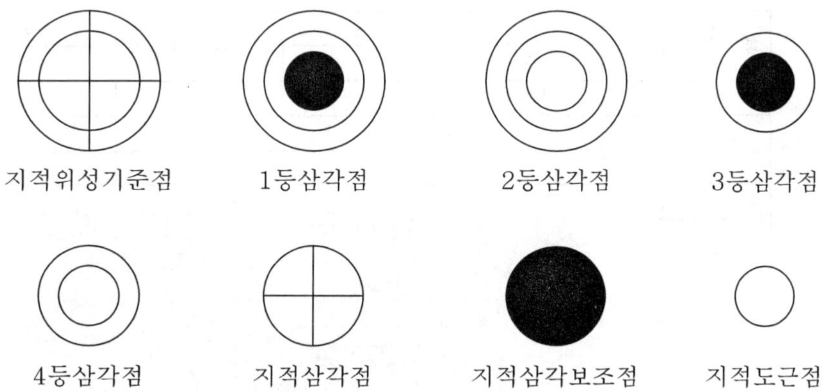

그림 6-7. 지적측량기준점 제도규격

2) 지적도근점표석대장의 작성

계산을 마치면 관측부, 계산부, 망도 등을 합철하여 지적도근측량부를 만들고 측량에 앞서 지적도근점표석 또는 표지를 매설하였거나 고정물에 각인 또는 고정물에 설치한 지적도근점은 표석대장을 만들어 관리한다.

표석대장을 만들기 전에 현장에 나가 조사를 하여 지상의 구조물로부터 3방향 이상에서 실측거리를 측정하여 기재한다. 이러한 작업은 측량이 끝난 다음 실시하려면 많은 시간을 소비하게 되므로 선점과 표지 설치 시 미리 작업을 해두면 편리하다.

표 6-3. 지적도근표석대장

도근점번호	1	도선등급	50	도선명	ㄱ	표지재질	철재
토지소재지	태평로1가 23-1					지적(임야)	2

설치일자	좌표 X	좌표 Y	설치일자	좌표 X	좌표 Y
1973-12-10	1415.56	266.51			

위치약도

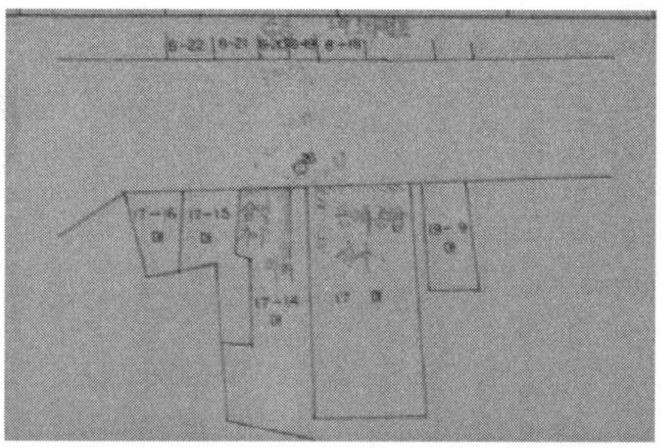

* 주의 : 도근점의 위치는 지상구조물 등에서 3방향 이상 실측거리를 연필로 기재할 것

조사정보

조사일자	조사자 직급	조사자 성명	조사내용
94.09.06			완전
99. 6. 9	8급		완전
00. 5. 3	지적7급		완전
01. 5. 4	지적7급		완전
02. 5. 6	지적7급		완전
03. 5.20	지적7급		완전

6.2.9 검사

지적도근측량을 실시한 후에는 소관청에 검사를 받아야 하며 측량성과와 검사성과의 연결교차가 다음의 허용범위 이내인 때에는 그 측량성과로 결정하여야 한다.

1) 지적측량성과의 검사항목

① 기지점사용의 적정여부
② 지적도근점 설치 망구성의 적정여부
③ 관측각 및 거리측정의 정확여부
※ 연결교차 – 경계점좌표등록부시행지역 : 0.15미터 이내
– 그 밖의 지역 : 0.25미터 이내
④ 계산의 정확여부
⑤ 지적도근점 좌표전개의 정확여부
⑥ 지적도근점 성과와 기지경계선과의 부합여부

2) 지적측량성과의 검사방법

① 측량자가 한 측량방법과 다른 방법으로 한다. 다만, 부득이한 경우에는 그러하지 아니한다.
② 주요 도선별로 검사를 실시하며 이 경우 후방교회법으로 검사할 수 있다. 다만, 구하고자하는 지적측량기준점이 기지점과 같은 원주상에 있는 경우는 그러하지 아니한다.
③ 소관청은 측량성과를 검사하여 그 측량성과가 정확하다고 인정되는 경우에는 측량부에 측량성과검사 필인을 각각 날인하여야 한다.
④ 소관청은 측량성과 검사결과 측량성과가 부정확하다고 판단되는 경우에는 지적측량수행자가 제출한 측량성과를 보완하도록 조치하고, 측량성과 검사정리부에 그 사유를 기재하여야 한다.
⑤ 소관청은 지적도근점측량성과를 검사하여 그 측량성과를 결정한 때에는 그 측량성과를 지적도근점성과표에 등재하여야 한다.

6.2.10 지적도근점의 전개

도근점을 전개하기 위해서는 먼저 도곽선을 구획해야 하는데, 도곽선의 구획은 주로 도곽 전개대를 이용하고 도곽선이 결정되면 주어진 도근점의 전개를 시작하게 된다.

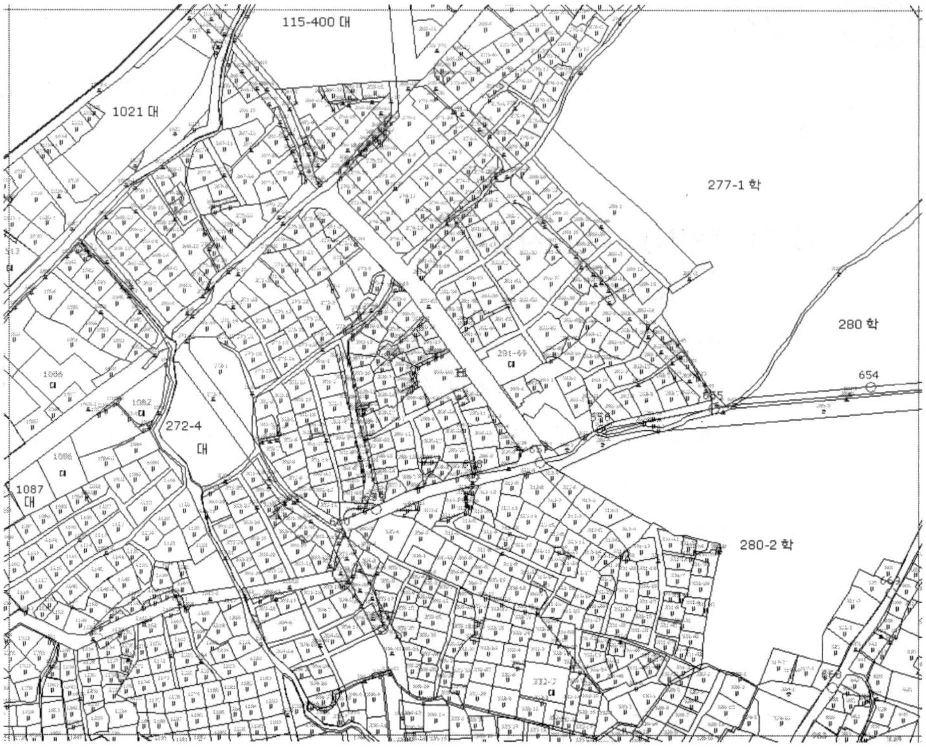

그림 6-8. 지적도근점 전개

1) 지적도근점의 전개

(1) 도곽선의 신축보정계산으로 전개하는 법

축척이 1,200분의 1인 경우 도곽선의 길이는 가로(Y) 500 m, 세로(X) 400 m로서 횡선(Y)을 예를 들면, 도곽이 줄어들어 측정한 바 499.82 m였다면 보정계수는 $\frac{499.82}{500} = 0.9996$이다.

지적도근점의 종선좌표가 좌측도곽선을 기준으로 325.36 m라면 $325.36 \times 0.9996 = 325.23$ m로 보정된 거리를 해당 스케일을 사용하여 좌측도곽선 하단을 기준으로 전개한다.

(2) 스케일로 전개하는 법

스케일의 0눈금을 좌측 도곽선 하단에 맞추고, 스케일의 500 m 눈금과 일치하는 반대편의 도곽선에 스케일을 빗겨 맞춘 상태에서 도곽선의 수치를 감안하여 지적도근점의 좌표를 계산하여 전개한다.

(3) 기타 방법

좌표전개기와 전자자동제도기에 의하여 전개하는 법이 있으며, 지적도근점을 전개한 후에는 전개된 지적도근점 간의 거리를 확인하여 계산된 거리와 일치하는지 확인하여야 한다.

표 6-4. 축척별 도곽선의 길이

축척	도상규격	지상거리	포용면적
1/500	30 × 40 cm	150 × 200 m	30,000 m²
1/600	33.3 × 41.7 cm	200 × 250 m	50,000 m²
1/1,000	30 × 40 cm	300 × 400 m	120,000 m²
1/1,200	33.3 × 41.7 cm	400 × 500 m	200,000 m²
1/2,400	33.3 × 41.7 cm	800 × 1,000 m	800,000 m²
1/3,000	40 × 50 cm	1,200 × 1,500 m	1,800,000 m²
1/6,000	40 × 50 cm	2,400 × 3,000 m	7,200,000 m²

※ 지적도 : 1/500, 1/600, 1/1000, 1/1200, 1/2400, 1/3000, 1/6000
임야도 : 1/3000, 1/6000

예제 01 축척 1/1200지역에서 도곽선 종횡선 수치가 그림과 같을 때 점 10과 점 11에 대하여 도근점을 전개하시오.

도근번호	종선좌표(X)	횡선좌표(Y)	비고
10	466,736.45	194,031.87	
11	466,682.80	194,125.41	

해설

① 그림 6-9와 같이 먼저 A를 기준으로 한 실제 전개거리를 계산한다.
- 점 10의 종선 : 6,736.45 − 6,400.00 = 336.45
  횡선 : 4,031.87 − 4,000.00 = 31.87
- 점 11의 종선 : 6,682.80 − 6,400.00 = 282.80
  횡선 : 4,125.41 − 4,000.00 = 125.41

② AD선에 축척을 대고 A에 0눈금을, D에 눈금 400을 맞춘다.

③ 점 10과 점 11의 종선치(실 전개 거리) 336.45 m 및 282.80 m를 동시에 연필로 표시하고 ⑩, ⑪을 표시한다.

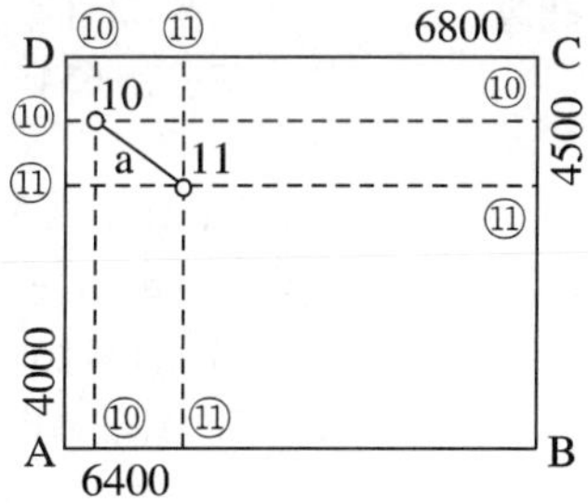

그림 6-9. 도근점 전개

④ 다시 BC선에 축척을 대고 같은 방법으로 하여 10, 11을 표시한다.

⑤ 다음에는 AB선에 축척을 대고 횡선치(실전개거리) 31.87 m 및 125.41 m를 동시에 연필로 표시하고 ⑩, ⑪을 표시한다.

⑥ DC 선에도 같은 방법으로 표시한다.

⑦ 이번에는 AD 선상의 ⑩, ⑪ 선상 부근에 짧은 선을 긋는다.

⑧ 다음은 AB 선상에 ⑩과 DC 선상의 ⑩에 정규를 대고 먼저 그은 선과 교차가 되도록 짧은 선을 긋는다. 이때의 교점은 점 10의 위치이며 이에 소원을 그리고 그 옆에 ⑩이라 기재한다.

⑨ 점 11도 이와 같은 방법으로 하여 위치를 표시한다.

⑩ 전개가 끝나면 도상에서 점 10~11간의 점간거리(a)를 축척으로 정확히 독정하고, 도근측량부의 점간 수평거리와의 합치여부를 확인하여야 한다. 이로서 도근점 전개의 정확여부를 검사하는 것이다.

예제 02 축척 1/1200의 구소삼각지역에 지적도근점성과가 다음 표와 같을 때 도근점 653~669번의 지적도근점을 전개하시오.

순번	측량기준점종류	도근번호	X좌표	Y좌표	비고
1	도근점	653	542.76	−1324.82	
2	도근점	654	538.56	−1387.55	
3	도근점	655	527.63	−1465.04	
4	도근점	656	516.65	−1521.48	
5	도근점	657	500.72	−1551.83	
6	도근점	658	493.01	−1585.25	
7	도근점	659	476.77	−1633.49	
8	도근점	660	464.3	−1650.66	
9	도근점	661	416.77	−1630.03	
10	도근점	668	387.73	−1406.17	
11	도근점	669	435.04	−1377.12	

해설

① 다음 그림과 같이 먼저 A를 기준으로 한 실제 전개거리를 계산한다.
도근점 654의 종선 : 538.56 − 363.64 = 174.92
횡선 : −1387.55 + 1818.18 = 430.63

② AD선에 축척을 대고 A에 0눈금을, D에 눈금 363.64를 맞춘다.

③ 점 654의 종선치(實전개거리) 174.92m를 연필로 표시하고 654를 표시한다.

④ 다시 BC선에 축척을 대고 같은 방법으로 하여 654를 표시한다.

⑤ 다음에는 AB선에 축척을 대고 횡선치(實전개거리) 430.63 m를 연필로 표시하고 654를 표시한다.

⑥ DC 선에도 같은 방법으로 표시한다.

⑦ 이번에는 AD 선상의 654 선상 부근에 짧은 선을 긋는다.

⑧ 다음은 AB 선상에 654와 DC 선상의 654에 정규를 대고 먼저 그은 선과 교차가 되도록 짧은 선을 긋는다. 이때의 교점은 점 654의 위치이며 이에 소원을 그리고 그 옆에 654라 기재한다.

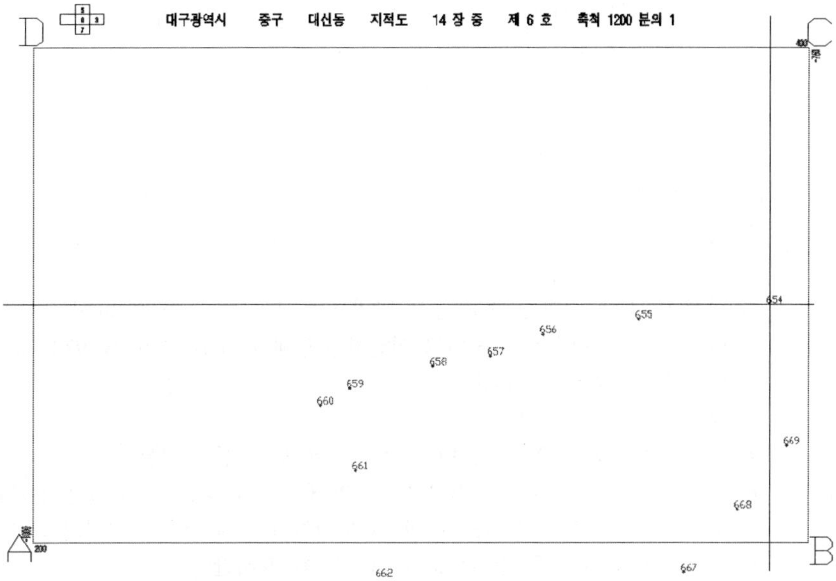

그림 6-10. 도근전개

예제 03 축척 1/500지역의 도근성과 중 점 495번과 403번에 대하여 지적도근점 전개 및 경계점좌표등록부의 경계점좌표를 전개하시오.

도근번호	종선좌표(X)	횡선좌표(Y)	비고
495	1434.32	−183.62	
403	1410.87	−102.13	

토지소재	대구광역시 중구 북성로1가
지 번	6-1
축 척	1 / 1000

경 계 점 좌 표 등 록 부

발급번호	
발급시각	09시 43분 47초
작 성 자	김상엽

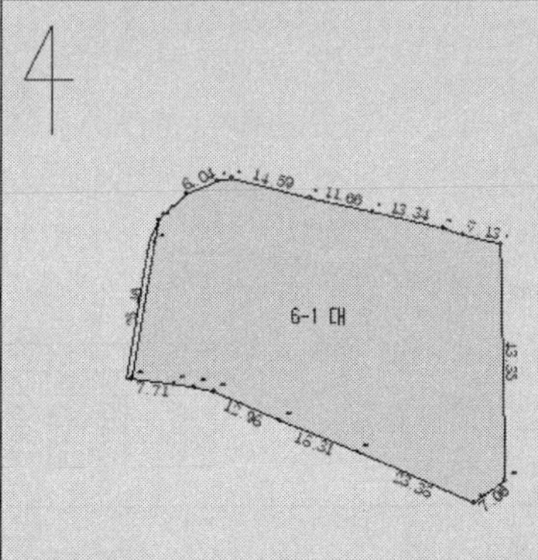

부 호	좌 표		부 호	좌 표	
	X	Y		X	Y
1	1469.09	-170.89	18	1463.94	-172.54
2	1472.85	-166.72	19	1468.01	-171.83
3	1475.16	-161.14			이하여백
4	1475.62	-158.63			
5	1471.97	-144.50			
6	1469.43	-133.12			
7	1466.40	-120.13			
8	1465.19	-116.63			
9	1463.54	-109.69			
10	1420.17	-108.82			
11	1415.94	-114.47			
12	1425.42	-135.81			
13	1431.22	-149.98			
14	1436.46	-161.83			
15	1437.26	-165.42			
16	1437.88	-169.03			
17	1438.82	-176.68			

해설　① 그림 6-11과 같이 먼저 A를 기준으로 한 실제 전개거리를 계산한다.

- 도근점 495의 종선 : 1434.32 − 1350.00 = 84.32
  횡선 : −183.62 + 200.00 = 16.38
- 도근점 403의 종선 : 1410.87 − 1350.00 = 60.87
  횡선 : −102.13 + 200.00 = 97.87

② AD선에 축척을 대고 A에 0눈금을, D에 눈금 150을 맞춘다.

③ 점 10과 점 11의 종선치(實전개거리) 84.32 m 및 60.87 m를 동시에 연필로 표시하고 495, 403을 표시한다.

④ 다시 BC선에 축척을 대고 같은 방법으로 하여 495, 403을 표시한다.

⑤ 다음에는 AB선에 축척을 대고 횡선치(實전개거리) 16.38 m 및 97.87 m를 동시에 연필로 표시하고 495, 403을 표시한다.

⑥ DC선에도 같은 방법으로 표시한다.

⑦ 이번에는 AD선상의 495, 495선상 부근에 짧은 선을 긋는다.

⑧ 다음은 AB선상에 495와 DC선상의 495에 정규를 대고 먼저 그은 선과교차가 되도록 짧은 선을 긋는다. 이때의 교점은 점 495의 위치이며 이에 소원을 그리고 그 옆에 495이라 기재한다.

⑨ 점 495도 이와 같은 방법으로 하여 위치를 표시한다.

⑩ 전개가 끝나면 도상에서 495∼403간의 점간거리(a)를 축척으로 정확히 독정하고, 도근측량부의 점간 수평거리와의 합치여부를 확인하여야 한다. 이로서 도근점 전개의 정확여부를 검사하는 것이다.

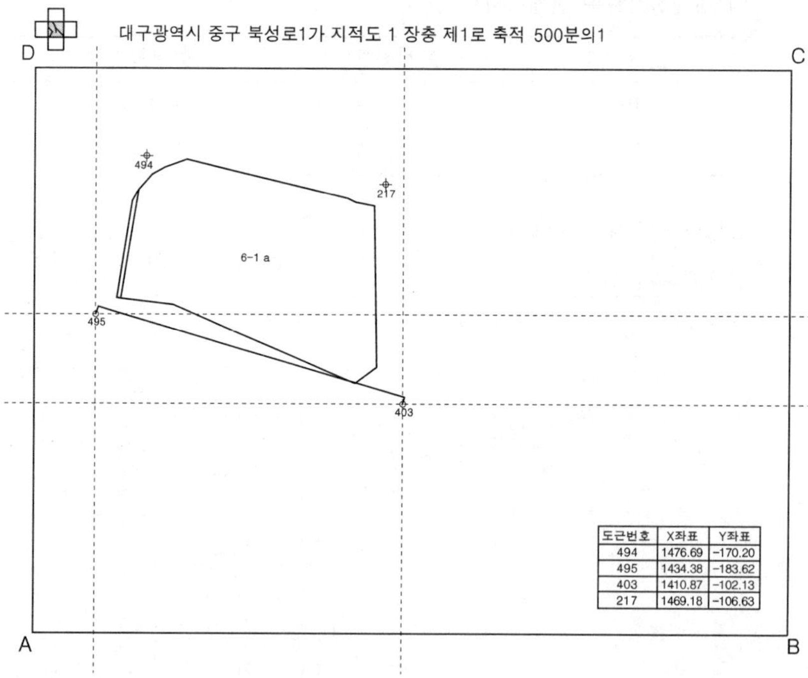

도근번호	X좌표	Y좌표
494	1476.69	−170.20
495	1434.38	−183.62
403	1410.87	−102.13
217	1469.18	−106.63

그림 6-11. 경계점좌표 및 도근전개(북성로1가 수치지적도)

예제 04

일반원점지역의 삼각점성과표상의 좌표가 $X = -4{,}172.37$ m, $Y = +2{,}645.39$이다. 이를 지적좌표로 환산하여 삼각점을 포용하는 축척 600분의 1 지역의 지적도 도곽선 좌표를 계산하시오.

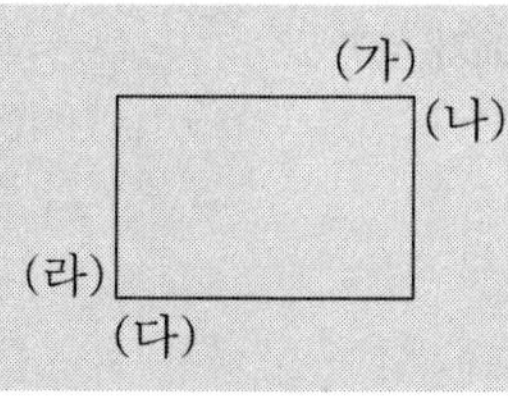

해설

$X = -4{,}172.37 \div 200 = -20.9$

$-20 \times 200 = -4{,}000$

$-4{,}000 + 500{,}000 = 496{,}000$ 상단종선좌표 (가)

$496{,}000 - 200 = 495{,}800$ 하단종선좌표 (다)

$Y = 2{,}645.39 \div 250 = 10.6$

$10 \times 250 = 2{,}500$

$2{,}500 + 200{,}000 = 202{,}500$ 좌측횡선좌표 (라)

$202{,}500 + 250 = 202{,}750$ 우측횡선좌표 (나)

(가) : 496,000 m (나) : 202,750 m (다) : 495,800 m (라) : 202,500 m

예제 05

일반원점 지역에 있는 지적도근점의 좌표가 $X = 445{,}816.86$ m, $Y = 203{,}747.93$ m일 때 이를 포용하는 축척 1,000분의 1 지역의 지적도 도곽선의 좌표를 계산하시오.

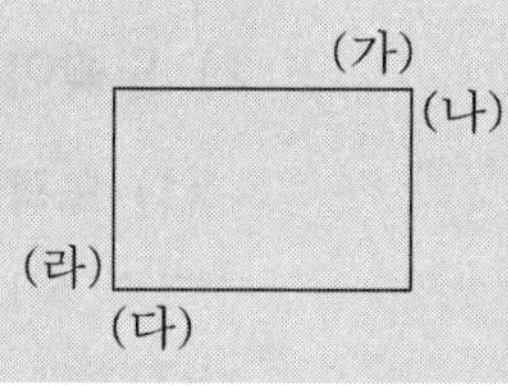

해설

$X = 445{,}816.86 - 500{,}000 = -54{,}183.14 \div 300 = -180.6$

$-180 \times 300 = -54{,}000 + 500{,}000 = 446{,}000$ 상단종선좌표 (가)

$446{,}000 - 300 = 445{,}700$ 하단종선좌표 (다)

$Y = 203{,}747.93 - 200{,}000 = 3{,}747.93 \div 400 = 9.4$

$9 \times 400 = 3{,}600 + 200{,}000 = 203{,}600$ 좌측횡선좌표 (라)

$203{,}600 + 400 = 204{,}000$ 우측횡선좌표 (나)

(가) : 446,000 m (나) : 204,000 m (다) : 445,700 m (라) : 203,600 m

예제 06

기타 원점지역에 있는 지적삼각점의 좌표가 $X = -3{,}785.44$ m, $Y = -4{,}767.36$ m일 때 축척 1,200분의 1 지역에서 지적삼각점의 좌표가 전개될 지적도 도곽선의 좌표를 계산하시오.

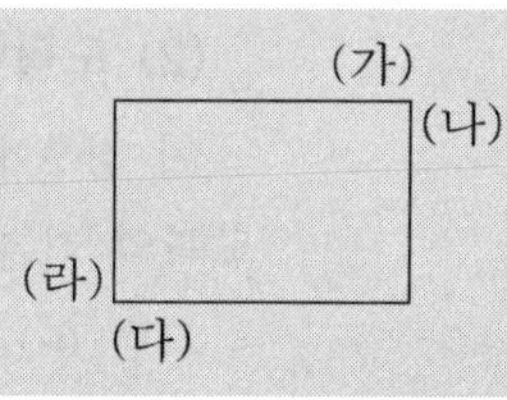

해설

축척 1,200분의 1 지역에서 도곽선의 크기는 400 m × 500 m이므로

$X = -3{,}785.44 \div 400 = -9.46$

$-9 \times 400 = -3{,}600$ 상단종선좌표 (가)

$-3{,}600 + (-400) = -4{,}000$ 하단종선좌표 (다)

$Y = -4{,}767.36 \div 500 = -9.53$

$-9 \times 500 = -4{,}500$ 우측횡선좌표 (나)

$-4{,}500 + (-500) = -5{,}000$ 좌측횡선좌표 (라)

(가) : −3,600 m (나) : −4,500 m (다) : −4,000 m (라) : −5,000 m

예제 07

구소삼각원점지역에서 지적도근점의 좌표가 $X = 3{,}412.50$ m, $Y = -1{,}531.42$ m일 때 이를 포용하는 축척 500분의 1 지역의 지적도 도곽선의 좌표를 계산하시오.

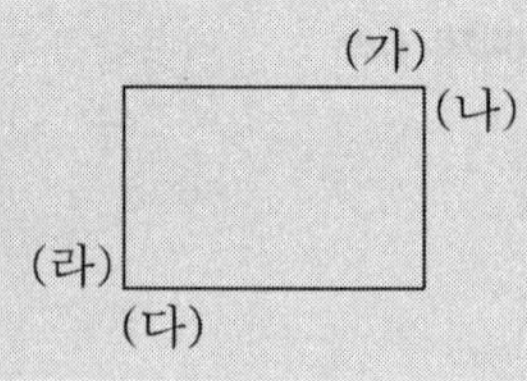

해설

$X = 3{,}412.50 \div 150 = 22.8$

$23 \times 150 = 3{,}450$ 상단종선좌표 (가)

$3{,}450 - 150 = 3{,}300$ 하단종선좌표 (다)

$Y = -1{,}531.42 \div 200 = -7.7$

$-8 \times 200 = -1{,}600$ 좌측횡선좌표 (라)

$-1{,}600 + 200 = -1{,}400$ 우측횡선좌표 (나)

(가) : 3,450 m (나) : −1,400 m

(다) : 3,300 m (라) : −1,600 m

2) 도곽이 신 또는 축이 된 경우 도근전개

(1) 도곽이 축소된 경우

그림 6-12에 있어서 정상적인 도곽을 □ABCD, 축소된 도곽을 □AB′C′D′라 하고 AB길이의 원호를 그려 B′C′선과의 교점을 E라 할 때

$$AB = AE$$

이다. AE선에 축척을 대고 위에서 설명한 요령으로 각점을 표시하고 같은 방법으로 상변과 좌우변을 표시한 후 점의 위치를 결정한다면 도곽의 축소에 따른 보정을 한 결과를 얻게 된다.

(2) 도곽이 신장된 경우

이 경우에는 도곽의 기본장을 초과하여 축소의 경우와 같이 축척을 맞출 수 없으므로 도곽의 기본장과 도곽 내의 실전개거리에 각각 1%씩 가산하여 전개하는 방법이다.

그림 6-13에 있어서 □ABCD를 신장된 도곽, □AB′C′D′를 기본도곽에 대하여 1% 가산한 도곽이라 하고, AB′의 원호를 그려 BC선에 교차한 점을 E라 할 때

$$AB' = AE$$

이다. AE선에 축척을 대고 도곽 내의 실전개거리에 1%를 가산하여 각점을 표시하고, 이에 상변과 좌변도 같은 방법으로 표시한 뒤 점의 위치를 결정하면 도면의 신장에 따른 보정 결과를 얻게 된다.

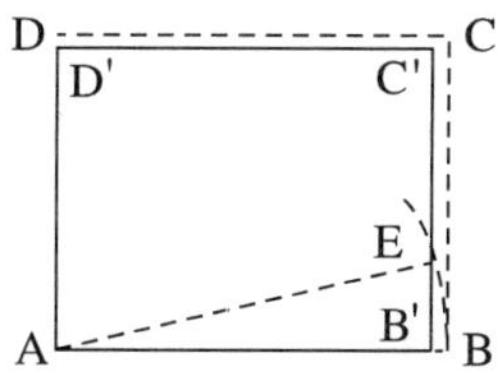

그림 6-12. 도곽이 축소된 경우

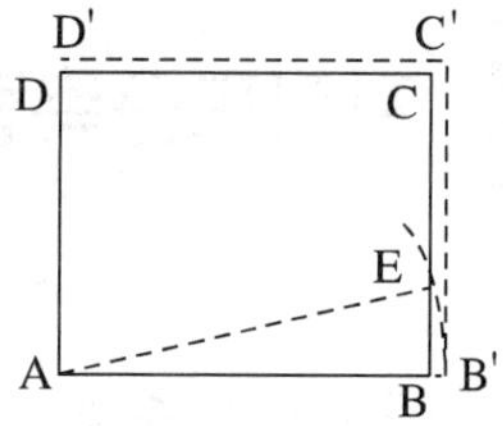

그림 6-13. 도곽이 신장된 경우

도곽과 실전개거리에 1%를 가산하는 것은 환산에 편리하도록 하기 위한 것이며, 도곽의 기본장에 1% 이상의 신장이 있는 경우에는 이를 교정하여 지적도를 재조정한 후 사용하여야 한다.

축척 1/1,200의 경우 기본도곽에 1%를 가산한 값은 다음과 같다.

- 종거 = (400 m × 0.01 m) + 400 m = 404 m
- 횡거 = (500 m × 0.01 m) + 500 m = 505 m

6.2.11 지적도근점성과의 고시

지적도근점성과는 지적소관청이 관리하며, 성과의 고시는 다음 각호의 사항을 공보에 게재하는 방법에 의한다.

① 지적도근점의 번호
② 좌표
③ 소재지와 측량연월일
④ 측량성과 보관장소

표 6-5. 지적삼각보조점 성과표 고시사항 및 기재사항

기록 및 관리사항	① 번호 및 위치의 약도 ② 좌표와 직각좌표계 원점명 ③ 경도와 위도(필요한 경우로 한정한다) ④ 표고(필요한 경우로 한정한다) ⑤ 소재지와 측량연월일 ⑥ 도선등급 및 도선명 ⑦ 표지의 재질 ⑧ 도면번호 ⑨ 설치기관 ⑩ 조사연월일, 조사자의 직위 · 성명 및 조사 내용

6.3 지적도근측량의 기준

6.3.1 도선의 종류

1) 1등도선

위성기준점, 통합기준점, 삼각점, 지적삼각점 및 지적삼각보조점의 상호간을 연결하는 도선 또는 다각망도선으로 하며 도선은 가, 나, 다 순으로 표기한다.

2) 2등도선

위성기준점, 통합기준점, 삼각점, 지적삼각점 및 지적삼각보조점과 지적도근점을 연결하거나 지적도근점 상호간을 연결하는 도선으로서 도선명은 ㄱ, ㄴ, ㄷ순으로 표기한다.

6.3.2 번호부여방법

① 영구표지를 설치하는 경우에는 시・군・구별로 아라비아 숫자의 일련번호를 부여한다.

② 영구표지를 설치하지 않는 경우에는 시행지역별로 설치순서에 따라 아라비아 숫자의 일련번호를 부여한다.

③ 다각망도선법에 의할 경우에는 도선의 교점은 지적도근점의 번호 앞에 "교"자를 붙인다.

6.3.3 도근점간거리

지적도근점 점간거리는 평균 50 m 내지 300 m 이하로 한다. 다만, 다각망도선법에 의하는 때에는 평균 500 m 이하로 한다.

6.3.4 측량의 기준

1) 도선법

① 도선은 지적측량기준점을 연결하는 결합도선에 의한다. 다만, 지형상 부득이한 때에

는 폐합도선 또는 왕복도선에 의할 수 있다.

② 1도선의 점의 수는 40점 이하로 한다. 다만, 지형상 부득이한 때에는 50점까지로 할 수 있다.

2) 다각망도선법

① 3점 이상의 기지점을 포함한 결합다각방식에 의한다.

② 1도선의 점의 수는 20개 이하로 한다.

3) 교회법

① 3방향의 교회에 의한다.

6.3.5 관측 및 계산

경위의측량방법, 전파기 또는 광파기 측량방법에 의하여 도선법 또는 다각망도선법으로 관측 및 계산을 할 경우에는 다음 기준에 의한다.

① 수평각의 관측은 시가지 지역, 축척변경시행지역과 경계점좌표등록부 시행지역은 배각법에 의하고, 그 밖의 지역은 배각법과 방위각법을 혼용한다.

② 관측은 20초독 이상의 경위의를 사용한다.

③ 관측과 계산은 다음 표에 의한다.

종별	각	측정회수	거리	진수	좌표
배각법	초	3배각	cm	5자리 이상	cm
방위각법	분	1회	cm	5자리 이상	cm

④ 점간거리를 측정하는 경우에는 2회 측정하여 그 측정치의 교차가 평균치의 3천분의 1 이하인 때에는 그 평균치를 점간거리로 한다. 이 경우 점간거리가 경사거리인 때에는 수평거리로 계산하여야 한다.

⑤ 연직각을 관측하는 경우에는 올려본 각과 내려본 각을 관측하여 그 교차가 90초 이하인 때에는 그 평균치를 연직각으로 한다.

- 올려다본 각(angle of elevation) : 시준선이 수평보다 위쪽에 있는 각
- 내려다본 각(angle of depression) : 시준선이 수평보다 아래쪽에 있는 각

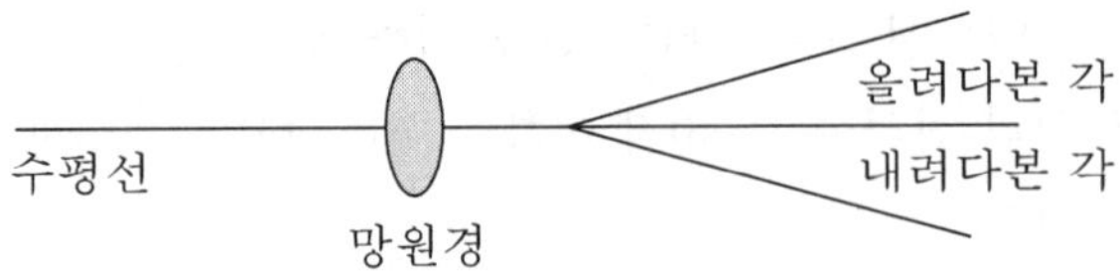

그림 6-14. 연직각

6.3.6 폐색오차의 허용범위

표 6-6. 폐색오차의 허용범위

구분		1배각과 3배각의 교차	1도선의 방위각 오차	
			1등도선	2등도선
도선법	배각법	30초	±20 $\sqrt{n}$ 초 이내	±30 $\sqrt{n}$ 초 이내
	방위각법		± $\sqrt{n}$ 분 이내	±1.5 $\sqrt{n}$ 분 이내
교회법	배각법	30초		

※ n은 폐색변을 포함한 변의 수

6.4 도선법에 의한 도근측량

6.4.1 방위각법

방위각법에 의하여 지적도근측량을 시행하는 때에는 기지방위각에 의하여 순차 각 측선의 방위각을 직접 측정하는데, 방위각의 측정은 주로 반전법을 사용하므로 단측법에 해당하고 배각법에 비하여 정도는 떨어지나 시가지 이외의 지역에 있어서는 별로 영향이 없다. 따라서 방위각법은 각의 측정정도와 거리의 측정정도가 비슷할 때에 실시하며 배각법의 정도보다 낮아도 되는 농촌지역이나 임야도시행지역에 적합한 측량방법이다. 방위각법의 계산 시 각은 분단위, 거리와 좌표는 cm단위까지 사용하며, 도선은 1등도선과 2등도선으로 구분한다.

표 6-7. 측량방법별 도근점의 관측 및 계산

<table>
<tr><td colspan="2">구분</td><td colspan="8">도 근 측 량</td></tr>
<tr><td colspan="2" rowspan="3">계산단위</td><td colspan="3">종별</td><td>각</td><td>측정횟수</td><td>거리</td><td>진수</td><td>좌표</td></tr>
<tr><td rowspan="2">단위</td><td colspan="2">배각법</td><td>초</td><td>3배각</td><td>cm</td><td>5자리 이상</td><td>cm</td></tr>
<tr><td colspan="2">방위각법</td><td>분</td><td>1회</td><td>cm</td><td>5자리 이상</td><td>cm</td></tr>
<tr><td colspan="2">종류</td><td colspan="4">도선법</td><td colspan="2">다각망도선법</td><td colspan="2">교회법</td></tr>
<tr><td colspan="2">삼각형각 내각</td><td colspan="6"></td><td colspan="2">30～120°</td></tr>
<tr><td colspan="2">점간거리측정</td><td colspan="8">2회 측정, 허용교차가 평균치 1/3000 이하인 경우 평균치</td></tr>
<tr><td colspan="2">연직각관측</td><td colspan="8">올려본각 · 내려본각 관측, 허용교차 90초이내 경우 평균치</td></tr>
<tr><td colspan="2">경위의의정밀도</td><td colspan="8">20초독 이상</td></tr>
<tr><td colspan="2">점간거리</td><td colspan="4">50～300 m</td><td colspan="2">50～500 m</td><td colspan="2">200 m</td></tr>
<tr><td colspan="2">측량방식</td><td colspan="4">결합도선
(부득이한 경우 왕복 · 폐합도선)</td><td colspan="2">3점 이상을 포함한
결합다각방식</td><td colspan="2">3방향교회</td></tr>
<tr><td rowspan="5">수평
각의
측각
공차</td><td>삼각형내각관측치의
합과 180°와의 차</td><td colspan="4"></td><td colspan="2"></td><td colspan="2">±60초 이내</td></tr>
<tr><td>미지각과의 차</td><td colspan="4"></td><td colspan="2"></td><td colspan="2">±60초 이내</td></tr>
<tr><td>1방향각</td><td colspan="4"></td><td colspan="2"></td><td colspan="2"></td></tr>
<tr><td>1측회폐색</td><td colspan="4"></td><td colspan="2"></td><td colspan="2"></td></tr>
<tr><td>1도선의 점의 수</td><td colspan="4">40점(부득시 50점까지 가능)</td><td colspan="2">20점 이하</td><td colspan="2"></td></tr>
<tr><td colspan="2">수평각관측</td><td colspan="8">시가지 지역 · 축척변경시행지역 · 경계점좌표등록부시행지역은 배각법에 의하고, 기타지역은 방위각 · 배각법을 혼용</td></tr>
<tr><td colspan="2">기지점수</td><td colspan="4"></td><td colspan="2">3점 이상</td><td colspan="2"></td></tr>
<tr><td colspan="2">연결교차</td><td colspan="4"></td><td colspan="2"></td><td colspan="2">0.30 m 이하</td></tr>
<tr><td colspan="2">1배각과 3배각의 교차</td><td colspan="6">30초 이내</td><td colspan="2"></td></tr>
<tr><td colspan="2" rowspan="4">폐색오차 제한
(공차)</td><td colspan="2" rowspan="2">배각법</td><td colspan="2">1등</td><td colspan="2">$\pm 20\sqrt{n}$(초)</td><td colspan="2" rowspan="4">n : 폐색변을 포함한 변수</td></tr>
<tr><td colspan="2">2등</td><td colspan="2">$\pm 30\sqrt{n}$(초)</td></tr>
<tr><td colspan="2" rowspan="2">방위각법</td><td colspan="2">1등</td><td colspan="2">$\pm \sqrt{n}$(분)</td></tr>
<tr><td colspan="2">2등</td><td colspan="2">$\pm 1.5\sqrt{n}$(분)</td></tr>
<tr><td colspan="2" rowspan="2">측각오차 배부
(폐색)</td><td colspan="2">배각법</td><td colspan="4">$K = -\frac{e}{R} \times r$ (측선장에 반비례)</td><td colspan="2">r : 측선장의 반수</td></tr>
<tr><td colspan="2">방위각법</td><td colspan="4">$K_n = -\frac{e}{S} \times s$ (변수에 비례배부)</td><td colspan="2">s : 측선 순서</td></tr>
<tr><td colspan="2">연결오차의 제한
(공차)</td><td colspan="8">1등 = 1/100 × M × $\sqrt{n}$(cm) 이하, 2등 = 1.5/100 × M × $\sqrt{n}$(cm) 이하
※ n : 각 측선의 수평거리 합계를 100으로 나눈 수
M : 경계점좌표등록부 지역은 500, 축척이 1/6,000 이하인 지역은 3,000, 축척이 2개 이상인 때는 대축척 분모수 따른다.</td></tr>
<tr><td colspan="2" rowspan="3">연결오차의 배부
(종 · 횡선 오차)</td><td colspan="2">배각법</td><td colspan="6">$T = -\frac{e}{L} \times l$ (종횡선차 길이에 비례 배분)
(e : 오차, l : 각 측선의 종 · 횡선차 L : 절대치의 합계)</td></tr>
<tr><td colspan="2">방위각법</td><td colspan="6">$C = -\frac{e}{L} \times l$ (측선장에 비례 배분)
(L : 각 측선장의 총합계, l : 각 측선의 측선장)</td></tr>
<tr><td colspan="8">※ 종선 또는 횡선 오차가 매우 작아 배분이 어려울 경우 배각법은 종 · 횡선차가 긴 것부터, 방위각법은 측선장이 긴 것부터 차례로 배분</td></tr>
</table>

1) 기지점방위각 및 거리계산

두 기지점 A(Xa , Ya)와 B(Xb , Yb)가 있을 때 두 점간의 방위각과 거리는 다음의 계산방법에 의하여 구할 수 있는데 이를 역계산이라고도 한다.

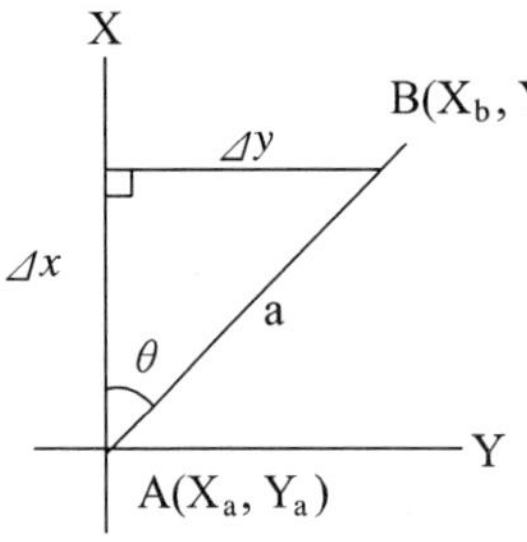

그림 6-15. 방위

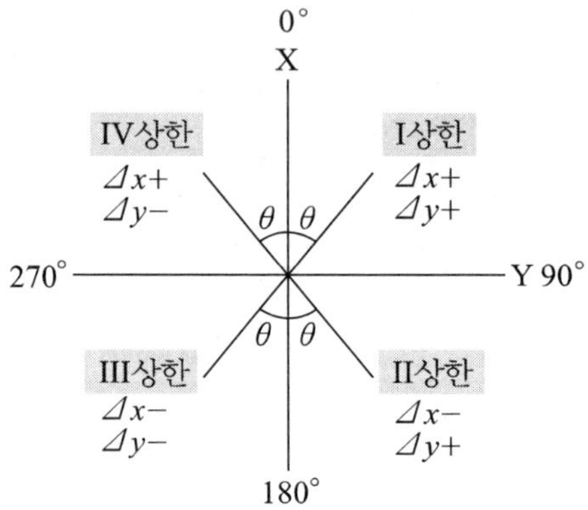

그림 6-16. 상한의 결정

(1) 기지점 방위각계산

그림 6-15에서 A, B점의 좌표는 알고 있으므로 두 점간의 좌표의 차, 즉 종선차(Δx)와 횡선차(Δy)는 다음 식으로 구할 수 있다.

$$\Delta x = X_b - X_a \,,\ \Delta y = Y_b - Y_a$$

그림 6-15에서 θ각을 중심으로 cosθ, sinθ, tanθ는 다음의 공식으로 구할 수가 있다.

$$\cos\theta = \frac{\Delta x}{a}$$

$$\sin\theta = \frac{\Delta y}{a}$$

$$\tan\theta = \frac{\Delta y}{\Delta x} \quad \Leftrightarrow \quad \theta = \tan^{-1}\left(\frac{\Delta y}{\Delta x}\right)$$

지적측량에서 사용하는 방위각은 도북을 기준으로 하여 시계방향으로 측정한 각으로 θ각은 그림 6-16에서처럼 I, II, III, IV 상한 중 어느 한 상한의 θ 각각에 해당된다. 따라서 I상한의 경우라면 θ각은 그대로 방위각이 되고, II상한의 경우라면 180°에 θ각만큼 못 미친 경우이므로 방위각은 $180° - \theta$가 된다. 마찬가지로 III상한에서는 180°를 지나 θ각만큼 더 지나갔기 때문에 $180° + \theta$가 되고, IV상한에서는 360°에 θ각만큼 못 미친 경우가 되므로 $360° - \theta$가 된다. 이를 정리하면 표 6-8과 같고 종선차(Δx)와 횡선차(Δy)에 의하여 θ각을 구한 후 종선차(Δx)와 횡선차(Δy)의 부호에 따라 방위각을 구할 수가 있다.

표 6-8. 방위와 상한의 결정

상 한	종선차(Δx)	횡선차(Δy)	방위각(V)
I	+	+	$V=\theta$
II	−	+	$V=180°-\theta$
III	−	−	$V=180°+\theta$
IV	+	−	$V=360°-\theta$

예제 08

다음 지적삼각점의 좌표에 의하여 AB간의 방위각을 계산하시오.
A : X = 454913.62 Y = 213367.34
B : X = 453337.40 Y = 215593.40

해설

① 종선차(Δx) 및 횡선차(Δy)의 계산

- 종선차(Δx) = $X_B - X_A$ = 453337.40 − 454913.62 = −1576.22 m
- 횡선차(Δy) = $Y_B - Y_A$ = 215593.40 − 213367.34 = +2226.06 m

② 방위(θ)의 계산

$$\theta=\tan^{-1}\left(\frac{\Delta y}{\Delta x}\right)=\tan^{-1}\left(\frac{2226.06}{1576.22}\right)=54°\ 41'\ 55''$$

③ 방위각(V)의 계산

Δx, Δy의 부호가 −, +로 II상한이므로 방위각(V_A^B) = 180° − 54° 41′55″ = 125° 18′05″가 된다.

(2) 거리계산

그림 6-15에서 종・횡선차(Δx・Δy)와 θ각을 알면 다음 식에 의하여 두 점간의 거리 a를 구할 수가 있다.

$$\cos\theta=\frac{\Delta x}{a} \text{ 에서 } a=\frac{\Delta x}{\cos\theta} \tag{6.1}$$

$$\sin\theta=\frac{\Delta y}{a} \text{ 에서 } a=\frac{\Delta y}{\sin\theta} \tag{6.2}$$

또는 피타고라스 정리에 의해서

$$a=\sqrt{\Delta x^2+\Delta y^2} \tag{6.3}$$

이 세 가지의 공식에서 식(6.1)과 식(6.2)로 거리를 계산하고 식(6.3)으로 검산을 하는데, 일반적으로 식(6.1)과 식(6.2) 중 Δx와 Δy 중 긴 쪽을 택하여 거리를 계산한다. 그 이유는 미지의 2변의 길이를 계산할 때에는 기지변이 긴 쪽에 의하여 소구변을 구하는 것이 정도가 높기 때문이다.

예제 09

다음의 좌표에 의하여 거리를 계산하시오.
A : X = 454913.62 Y = 213367.34
B : X = 453337.40 Y = 215593.40

해설

$$a = \frac{\Delta y}{\sin\theta} = \frac{2226.06}{\sin 54°\ 41'55''} = 2727.60\,\text{m}$$

$$a = \sqrt{\Delta x^2 + \Delta y^2} = \sqrt{1576.22^2 + 2226.06^2} = 2727.60\,\text{m}$$

2) 측각오차의 계산 및 배부

표 6-9와 표 6-10에 의하면 방위각법에 의하여 관측한 각은 관측방위각이기 때문에 보10에서 보8을 관측한 관측방위각은 313° 28′15″이고 폐색기선의 방위각은 313° 30′01″로서 오차를 구하면 −1′46″로서 분단위의 오차로는 −2′이 된다.

(1) 허용오차(공차)의 계산

1등도선 : $\pm\sqrt{n}$분 이내
2등도선 : $\pm 1.5\sqrt{n}$분 이내

여기서, n : 폐색변을 포함한 변수

계산예제는 1등도선으로 변수는 10변이므로 공차 = ± $\sqrt{10}$분 = ±3′이 된다. 따라서 관측오차는 공차 이내이므로 관측오차의 보정값을 계산하여 변수에 비례하여 배부한다.

(2) 관측오차의 배부

$$K_n(\text{분단위의 보정값}) = -\frac{e(\text{분 단위의 오차})}{S(\text{폐쇄변을 포함한 변수})} \times n(\text{측선의 순번}) \quad (6.4)$$

$K_1 = -\frac{-2}{10} \times 1 = +0.2' = 0'$ $K_2 = -\frac{-2}{10} \times 2 = +0.4' = 0'$

$K_3 = -\frac{-2}{10} \times 3 = +0.6' = +1'$ $K_4 = -\frac{-2}{10} \times 4 = +0.8' = +1'$

$K_5 = -\frac{-2}{10} \times 5 = +1.0' = +1'$ $K_6 = -\frac{-2}{10} \times 6 = +1.2' = +1'$

$K_7 = -\frac{-2}{10} \times 7 = +1.4' = +1'$ $K_8 = -\frac{-2}{10} \times 8 = +1.6' = +2'$

$K_9 = -\frac{-2}{10} \times 9 = +1.8' = +2'$ $K_{10} = -\frac{-2}{10} \times 10 = +2.0' = +2'$

표 6-9.

방위각관측 및 거리측정부

도선명 : 가 | 축척 : 1,200분의 1

측점	시준점	방위각	고도 정 반	고도 평균	측정거리 1회 2회	측정거리 평균	수평거리
보1	보2	0° 00′00″	° ′ ″	° ′ ″		m	m .
보1	1	29 51 45	67 18 00 112 41 30	67 18 15	66.93 66.93	66.93	61.75
1	2	301 16 02			72.41 72.41	72.41	72.41
2	3	272 29 46			65.85 65.85	65.85	65.85
3	4	338 49 23			56.74 56.74	56.74	56.74
4	5	8 42 52	82 37 48 97 22 14	82 37 47	59.17 59.17	59.17	58.68
5	6	342 50 49			137.43 137.43	137.43	137.43
6	7	3 08 26			88.46 88.46	88.46	88.46
7	8	317 36 50			101.78 101.78	101.78	101.78
8	보10	354 39 11	102 46 50 77 14 00	102 46 25	245.59 245.59	245.59	239.51
보10	보8	313 28 15			. .	.	.
					. .	.	.
					. .	.	.

2020.11.30. 관측	관측자 : 지적	사용기계 : GTS211D	날씨 : 맑음	풍력 : 미풍

표 6-10.

도근측량계산부(방위각법)

도선명 : 가 축척 : 1200분의 1

측점	시준점	보정치 방위각	수평거리	개정방위각	종선차(ΔX) 보정치 종선좌표	횡선차(ΔY) 보정치 횡선좌표
보1	보2	125° 17′	m		454913.62	213367.34
보1	1	0 29 52	61.75	29 52	+53.55 0 454967.16	+30.75 0 213398.09
1	2	0 301 16	72.41	301 16	+37.58 −0.01 455004.74	-61.89 +0.01 213336.21
2	3	+1 272 30	65.85	272 31	+2.89 0 455007.63	−65.79 0 213270.42
3	4	+1 338 49	56.74	338 50	+52.91 0 455060.53	−20.49 0 213249.94
4	5	+1 8 43	58.68	8 44	+58.00 0 455118.53	+8.91 0 213258.85
5	6	+1 342 51	137.43	342 52	+131.33 −0.01 455249.85	−40.49 +0.01 213218.38
6	7	+1 3 08	88.46	3 09	+88.33 −0.01 455338.17	+4.86 +0.01 213223.24
7	8	+2 317 37	101.78	317 39	+75.22 −0.01 455413.39	−68.56 +0.01 213154.69
8	보10	+2 354 39	239.51	354 41	+238.48 −0.02 455651.85	−22.19 +0.02 213132.51
보10	보8	+2 313 28	(882.61)	313 30	$\Sigma\Delta x$ = + 738.29 기지 = +738.23 fx = +0.06	$\Sigma\Delta y$ = −234.89 기지 = −234.83 fy = −0.06
	기지 = 313 30 오차 = −2′ 공차 = ±3′		. .		연결오차 = 0.08 m 공차 = 0.36 m	

3) 종 · 횡선오차의 계산 및 배부

(1) 종 · 횡선차의 계산

측정거리와 보정방위각에 의하여 종선차(Δx)와 횡선차(Δy)를 계산하여야 하며, 종선차(Δx) 및 횡선차(Δy)의 계산 시 주의할 점은 반드시 측선의 방위각에 따라 상한별 부호를 붙여서 기재하여야 한다는 것이다.

$$\Delta x = L \times \cos V$$
$$\Delta y = L \times \sin V \tag{6.5}$$

여기서, L : 측선장

V : 측선의 방위각

$$\Delta x = 61.75 \times \cos 29°52' = +53.55$$
$$\Delta y = 61.75 \times \sin 29°52' = +30.75$$

(2) 기지 종 · 횡선오차의 계산

종 · 횡선오차를 계산하기 위하여 종선차의 합($\Sigma\Delta x$)과 횡선차의 합($\Sigma\Delta y$)을 계산하고 기지점좌표에 의하여 기지점간의 종선차, 횡선차를 계산한다.

- 종선차의 합($\Sigma\Delta x$) = +738.29
- 횡선차의 합($\Sigma\Delta y$) = −234.89
- 기지종선차 = X(보10) − X(보1) = 455,651.85 − 454,913.62 = +738.23
- 기지횡선차 = Y(보10) − Y(보1) = 213,132.51 − 213,367.34 = −234.83

(3) 종 · 횡선오차 및 공차계산

- 종선오차(fx) = 종선차의 합($\Sigma\Delta x$) − 기지종선차 = 738.29 − 738.23 = +0.06
- 횡선오차(fy) = 횡선차의 합($\Sigma\Delta y$) − 기지횡선차 = −234.89 + 234.83 = −0.06
- 연결오차 = $\sqrt{fx^2 + fy^2} = \sqrt{(+0.06)^2 + (-0.06)^2} = 0.08\text{m}$
- 공차 $= 1200 \times \dfrac{1}{100} \times \sqrt{8.8263} = 35.6\,\text{cm} = 0.36\text{m}$

※ 공차는 1등도선 $M \times \dfrac{1}{100}\sqrt{n}$ cm 이내, 2등도선 $M \times \dfrac{1.5}{100}\sqrt{n}$ cm 이내

여기서, n : 측선장의 합을 100으로 나눈 수

M : 축척 분모수

(4) 종 · 횡선오차의 배부

계산예제는 1등도선으로 연결오차가 공차 이내이므로 보정값을 계산하여 측선장의 크기에 비례하여 배부한다.

$$C = -\frac{e}{L} \times l \tag{6.6}$$

여기서, C : 각 측선의 종선차(또는 횡선차)에 배부할 cm단위의 보정값

e : 종선오차(또는 횡선오차)

L : 도선의 측선장의 합

l : 각 측선장

① 종선오차(fx)의 배부

$$C_1 = -\frac{6}{882.61} \times 61.75 = -0.4 \fallingdotseq 0\,\text{cm}$$

$$C_2 = -\frac{6}{882.61} \times 72.41 = -0.5 \fallingdotseq -1\,\text{cm}$$

$$C_3 = -\frac{6}{882.61} \times 65.85 = -0.4 \fallingdotseq 0\,\text{cm}$$

$$C_4 = -\frac{6}{882.61} \times 56.74 = -0.4 \fallingdotseq 0\,\text{cm}$$

$$C_5 = -\frac{6}{882.61} \times 58.68 = -0.4 \fallingdotseq 0\,\text{cm}$$

$$C_6 = -\frac{6}{882.61} \times 137.43 = -0.9 \fallingdotseq -1\,\text{cm}$$

$$C_7 = -\frac{6}{882.61} \times 88.46 = -0.6 \fallingdotseq -1\,\text{cm}$$

$$C_8 = -\frac{6}{882.61} \times 101.78 = -0.7 \fallingdotseq -1\,\text{cm}$$

$$C_9 = -\frac{6}{882.61} \times 239.51 = -1.6 \fallingdotseq -2\,\text{cm}$$

② 횡선오차(fy)의 배부

$$C_1 = +\frac{6}{882.61} \times 61.75 = +0.4 \fallingdotseq 0\,\text{cm}$$

$$C_2 = +\frac{6}{882.61} \times 72.41 = +0.5 \fallingdotseq +1\,\text{cm}$$

$$C_3 = +\frac{6}{882.61} \times 65.85 = +0.4 \fallingdotseq 0\,\text{cm}$$

$$C_4 = +\frac{6}{882.61} \times 56.74 = +0.4 \fallingdotseq 0\,\text{cm}$$

$$C_5 = +\frac{6}{882.61} \times 58.68 = +0.4 \fallingdotseq 0\,\text{cm}$$

$$C_6 = +\frac{6}{882.61} \times 137.43 = +0.9 \fallingdotseq +1\,\text{cm}$$

$$C_7 = +\frac{6}{882.61} \times 88.46 = +0.6 \fallingdotseq +1\,\text{cm}$$

$$C_8 = +\frac{6}{882.61} \times 101.78 = +0.7 \fallingdotseq +1\,\text{cm}$$

$$C_9 = +\frac{6}{882.61} \times 239.51 = +1.6 \fallingdotseq +2\,\text{cm}$$

계산이 완료되면 배부수를 합하여 오차와 반대부호로 같은 수가 되는지 확인하여야 한다. 확인결과 보정치 배부수의 합이 오차보다 초과배부 되었을 때에는 가장 적은 배부수에서 빼준다. 반대로 보정치 배부의 합이 오차보다 적게 배부되었을 때에는 버림수 중 가장 큰 배부수에서 더해 준다.

또한 전체의 오차가 근소하여 공식을 적용할 수 없을 때에는 측선장이 긴 것부터 순차적으로 1 cm씩 배부하여 조정한다. 그러나 오차의 보정치 배부방법은 어디까지나 측선장에 비례하여 배부한다.

4) 좌표계산

지적측량에서 사용하는 좌표는 평면직각종횡선좌표를 뜻하며 원점을 기준으로 한 좌표이다. 따라서 일반 원점지역에서는 좌표의 부호가 모두 정(+)이 되도록 원점의 종선에 50만 m (제주도는 55만 m), 횡선에 20만 m를 가산하여 사용하지만, 기타 원점지역(11개 지역)에서는 원점 자체의 좌표가 종선(X) = 0 m, 횡선(Y) = 0 m로 하고 있기 때문에 좌표에는 때로는 정(+), 부(−)의 부호가 붙을 수 있다.

종・횡선오차의 보정값 배부를 마치면 출발점의 기지점좌표의 종선에는 종선차와 보정값을 각각 순차적으로 더하고, 횡선에는 횡선차와 보정값을 각각 순차적으로 더하여 지적도근점의 좌표를 계산하고 폐합점인 기지점의 좌표가 일치하면 계산을 완료한다.

예제 10 도근측량을 방위각법으로 실시하여 계산하고자 다음과 같이 관측하였다. 주어진 서식으로 계산하시오(단, 도선명은 나, 축척은 1/1200지역이다).

1) 기지점좌표

점명	종선좌표	횡선좌표	비고
보5	452,365.71	194,783.24	
보11	452,145.79	193,999.91	

2) 기지방위각
(1) 출발기지방위각 : 187 ° 48′
(2) 도착기지방위각 : 315 ° 43′

3) 관측각 및 수평거리

측점	시준점	관측방위각	수평거리	비고
보5	보4			
보5	1	249° 54′	110.45	
1	2	295° 47′	220.59	
2	3	197° 55′	74.83	
3	4	187° 33′	55.14	
4	5	231° 57′	77.32	
5	6	283° 45′	86.07	
6	7	331° 29′	106.12	
7	8	269° 24′	54.58	
8	9	235° 11′	61.98	
9	보11	219° 37′	235.79	
보11	보12	315° 46′		

해설 임야도 시행지역이나 기타 지역에서는 방위각법에 의한 도근측량을 할 수 있도록 규정하고 있다. 정밀도는 배각법에 의한 도근측량방법과 비교하여 낮다고 볼 수 있으나 1/1000, 1/1200, 1/3000, 1/6000지역의 도해지적측량에 미치는 영향은 미소하여 무시하여도 되기 때문에 이 측량방법을 사용할 수 있는 것이다.

1) 측각오차의 계산

① 각오차(방위각오차)
관측방위각 − 도착기지방위각 = 315° 46′ − 315° 43′ = +3′

② 허용오차(공차)의 계산
1등도선 : $\pm\sqrt{n}$분 이내
2등도선 : $\pm 1.5\sqrt{n}$분 이내
여기서, n은 폐색변을 포함한 변수임.

예제는 1등도선으로 변수(n)는 11개이므로 공차 = $\pm\sqrt{11}\,'$ = ±3′이 되어 공차 이내임을 알 수 있다.

2) 측각오차의 배부

$$K_n\,(\text{분단위의 보정값}) = -\frac{e(\text{분단위의 오차})}{S(\text{폐쇄변을 포함한 변수})} \times n(\text{측선의 순번})$$

1측선 $= -\frac{3}{11} \times 1 = -0.2727' = 0'$ 2측선 $= -\frac{3}{11} \times 2 = -0.5454' = -1'$

3측선 $= -\frac{3}{11} \times 3 = -0.8181' = -1'$ 4측선 $= -\frac{3}{11} \times 4 = -0.0909' = -1'$

5측선 $= -\frac{3}{11} \times 5 = -1.3636' = -1'$ 6측선 $= -\frac{3}{11} \times 6 = -1.6363' = -2'$

7측선 $= -\frac{3}{11} \times 7 = -1.9090' = -2'$ 8측선 $= -\frac{3}{11} \times 8 = -2.1818' = -2'$

9측선 $= -\frac{3}{11} \times 9 = -2.4545' = -2'$ 보11측선 $= -\frac{3}{11} \times 10 = -2.7272' = -3'$

보12측선 $= -\frac{3}{11} \times 11 = -3.0000' = -3'$

3) 개정방위각 계산

보5 ~ 1 = 249° 54′ + 0° 00′ = 249° 54′ 1 ~ 2 = 295° 47′ − 0° 01′ = 295° 46′

2 ~ 3 = 197° 55′ − 0° 01′ = 197° 54′ 3 ~ 4 = 187° 33′ − 0° 01′ = 187° 32′

4 ~ 5 = 231° 57′ − 0° 01′ = 231° 56′ 5 ~ 6 = 283° 45′ − 0° 02′ = 283° 43′

6 ~ 7 = 331° 29′ − 0° 02′ = 331° 27′ 7 ~ 8 = 269° 24′ − 0° 02′ = 269° 22′

8 ~ 9 = 235° 11′ − 0° 02′ = 235° 09′ 9 ~ 보11 = 219° 37′ − 0° 03′ = 219° 34′

보11 ~ 보12 = 315° 46′ − 0° 03′ = 315° 43′

4) 종 · 횡선차(Δx, Δy) 및 종 · 횡선오차(f_x, f_y) 계산

- 종선차 $\Delta x = L \times \cos V$
- 횡선차 $\Delta y = L \times \sin V$ 여기서, L : 거리, V : 방위각

① 종선차(Δx) · 횡선차(Δy) 계산

보5 ~ 1 $\Delta x = 110.45 \times \cos 249°\,54' = -37.96$ m
 $\Delta y = 110.45 \times \sin 249°\,54' = -103.72$ m

1 ~ 2 $\Delta x = 220.59 \times \cos 295°\,46' = +95.89$ m
 $\Delta y = 220.59 \times \sin 295°\,46' = -198.66$ m

2 ~ 3 $\Delta x = 74.83 \times \cos 197°\,54' = -71.21$ m
 $\Delta y = 74.83 \times \sin 197°\,54' = -23.00$ m

3 ~ 4 $\Delta x = 55.14 \times \cos 187°\,32' = -54.66$ m
 $\Delta y = 55.14 \times \sin 187°\,32' = -7.23$ m

4 ~ 5 $\Delta x = 77.32 \times \cos 231°\,56' = -47.67$ m
 $\Delta y = 77.32 \times \sin 231°\,56' = -60.87$ m

5 ~ 6 $\Delta x = 86.07 \times \cos 283°\,43' = +20.41$ m
 $\Delta y = 86.07 \times \sin 283°\,43' = -83.62$ m

6 ~ 7 $\Delta x = 106.12 \times \cos 331°\,27' = +93.22$ m
 $\Delta y = 106.12 \times \sin 331°\,27' = -50.72$ m

7 ~ 8 $\Delta x = 54.58 \times \cos 269°\,22' = -0.60$ m
 $\Delta y = 54.58 \times \sin 269°\,22' = -54.58$ m

8 ~ 9 $\Delta x = 61.98 \times \cos 235°\,09' = -35.42$ m

$\Delta y = 61.98 \times \sin 235° 09' = -50.86$ m

9～보11 $\Delta x = 235.79 \times \cos 219° 34' = -181.77$ m

$\Delta y = 235.79 \times \sin 219° 34' = -150.19$ m

합계 $\Sigma\Delta x = -219.77$ m, $\Sigma\Delta y = -783.45$ m

② 종선오차(f_x) 및 횡선오차(f_y) 계산

- 기지종선차 = 도착점 X좌표 − 출발점 X좌표 = 45,2145.79 − 452,365.71 = −219.92
- 기지횡선차 = 도착점 Y좌표 − 출발점 Y좌표 = 193,999.91 − 194,783.24 = −783.33
- 종선오차(f_x) = 종선차 합[$\Sigma(\triangle x)$] − 기지종선차 = −219.77 − (−219.92) = +0.15
- 횡선오차(f_y) = 횡선차 합[$\Sigma(\triangle y)$] − 기지횡선차 = −783.45 − (−783.33) = −0.12

5) 종선오차, 횡선오차의 배부

$$C = -\frac{e}{L} \times \ell$$

여기서, C : 각측선의 종선차(또는 횡선차)에 배부할 cm단위의 보정값

e : 종선오차(또는 횡선오차)

L : 도선의 측선장의 합

l : 각측선장

① 종선오차(f_x)의 배부

1측선 $= -\dfrac{15}{1082.87} \times 110.45 = -1.53 \fallingdotseq -2$ cm

2측선 $= -\dfrac{15}{1082.87} \times 220.59 = -3.06 \fallingdotseq -3$ cm

3측선 $= -\dfrac{15}{1082.87} \times 74.83 = -1.04 \fallingdotseq -1$ cm

4측선 $= -\dfrac{15}{1082.87} \times 55.14 = -0.76 \fallingdotseq -1$ cm

5측선 $= -\dfrac{15}{1082.87} \times 77.32 = -1.07 \fallingdotseq -1$ cm

6측선 $= -\dfrac{15}{1082.87} \times 86.07 = -1.19 \fallingdotseq -1$ cm

7측선 $= -\dfrac{15}{1082.87} \times 106.12 = -1.47 \fallingdotseq -1$ cm

8측선 $= -\dfrac{15}{1082.87} \times 54.58 = -0.76 \fallingdotseq -1$ cm

9측선 $= -\dfrac{15}{1082.87} \times 61.98 = -0.86 \fallingdotseq -1$ cm

10측선 $= -\dfrac{15}{1082.87} \times 235.79 = -3.27 \fallingdotseq -3$ cm 합 = −15 cm

② 횡선오차(f_y)의 배부

1측선 $= \dfrac{12}{1082.87} \times 110.45 = +1.22 \fallingdotseq +1$ cm

2측선 $= \dfrac{12}{1082.87} \times 220.45 = +2.44 \fallingdotseq +2$ cm

3측선 $= \dfrac{12}{1082.87} \times 74.83 = +0.83 \fallingdotseq +1$ cm

$$4측선 = \frac{12}{1082.87} \times 55.14 = +0.61 \fallingdotseq +1\,\text{cm}$$

$$5측선 = \frac{12}{1082.87} \times 77.32 = +0.86 \fallingdotseq +1\,\text{cm}$$

$$6측선 = \frac{12}{1082.87} \times 86.07 = +0.95 \fallingdotseq +1\,\text{cm}$$

$$7측선 = \frac{12}{1082.87} \times 106.12 = +1.18 \fallingdotseq +1\,\text{cm}$$

$$8측선 = \frac{12}{1082.87} \times 54.58 = +0.60 \fallingdotseq +1\,\text{cm} = 0$$

$$9측선 = \frac{12}{1082.87} \times 61.98 = +0.69 \fallingdotseq +1\,\text{cm}$$

$$10측선 = \frac{12}{1082.87} \times 235.79 = +2.61 \fallingdotseq +3\,\text{cm} \qquad 합 = +12\,\text{cm}$$

6) 연결오차

$$연결오차 = \sqrt{(종선오차)^2 + (횡선오차)^2} = \sqrt{fx^2 + fy^2} = \sqrt{(0.15)^{2+}(0.12)^2} = 0.19\,\text{m}$$

연결오차 공차식은

- 1등도선 : 축척분모 $\times \frac{1}{100}\sqrt{n}$ cm 이내
- 2등도선 : 축척분모 $\times \frac{1.5}{100}\sqrt{n}$ cm 이내 여기서, n은 측선장의 합을 100으로 나눈 수

연결오차 공차식에 의하여 공차를 산출하면 1등도선에 해당하므로

- 공차 = $1200 \times \frac{1}{100} \times \sqrt{10.8287} = 0.39\,\text{m}$

공차는 허용하는 한계이므로 소요자리 이하는 무조건 버려야 한다는 것이다. 계산식에 의하여 0.3999 m라는 결과라 해도 소요자리가 cm이기 때문에 0.39 m로 하는 것이다.

7) 종 · 횡선좌표 계산

① 산식

㉠ 종선좌표

X_1 = 출발기지종선좌표 + ΔX_1 + 보정치

$X_2 = X_1 + \Delta X_2 +$ 보정치

$X_3 = X_2 + \Delta X_3 +$ 보정치

⋮

㉡ 횡선좌표

Y_1 = 출발기지횡선좌표 + ΔY_1 + 보정치

$Y_2 = Y_1 + \Delta Y_2 +$ 보정치

$Y_3 = Y_2 + \Delta Y_3 +$ 보정치

⋮

출발기지점좌표로부터 하나하나 종선차, 횡선차 그리고 보정치를 더하여 계산한다.

② 계산예

㉠ 종선좌표

X_1 = 452,365.71 − 37.96 − 0.02 = 452,327.73 m

X_2 = 452,327.73 + 95.89 − 0.03 = 452,423.59 m

⋮

㉡ 횡선좌표

Y_1 = 194,783.24 − 103.72 + 0.01 = 194,679.53 m

Y_2 = 194,679.53 − 198.66 + 0.02 = 194,480.89 m

⋮

도근측량계산부(방위각법)

도선명 : 나

축척 : 1200분의 1

측점	시준점	보정치 방위각	수평거리	개정방위각	종선차(ΔX) 보정치 종선좌표	횡선차(ΔY) 보정치 횡선좌표
보5	보4	187° 48′	m	187 48	452365.71	194783.24
보5	1	0 249 54	110.45	249 54	− 37.96 − 0.02 452327.73	− 103.72 + 0.01 194679.53
1	2	− 1 295 47	220.59	295 46	+ 95.89 − 0.03 452423.59	− 198.66 + 0.02 194480.89
2	3	− 1 197 55	74.83	197 54	− 71.21 − 0.01 452352.37	− 23.00 + 0.01 194457.90
3	4	− 1 187 33	55.14	187 32	− 54.66 − 0.01 452297.70	− 7.23 + 0.01 194450.68
4	5	− 1 231 57	77.32	231 56	− 47.67 − 0.01 452250.02	− 60.87 + 0.01 194389.82
5	6	− 2 283 45	86.07	283 43	+ 20.41 − 0.01 452270.42	− 83.62 + 0.01 194306.21
6	7	− 2 331 29	106.12	331 27	+ 93.22 − 0.01 452363.63	− 50.72 + 0.01 194255.50
7	8	− 2 269 24	54.58	269 22	− 0.60 − 0.01 452363.02	− 54.58 + 0.00 194200.92
8	9	− 2 235 11	61.98	235 09	− 35.42 − 0.01 452327.59	− 50.86 + 0.01 194150.07
9	보11	− 3 219 37	235.79	219 34	− 181.77 − 0.03 452145.79	− 150.19 + 0.03 193999.91
보11	보12	− 3 315 46	(1082.87)	315 43	$\Sigma\Delta x$ = − 219.77 기지 = -219.92	$\Sigma\Delta y$ = − 783.45 기지 = − 783.33
	기지= 315 43 오차= + 3′ 공차= ±3′				fx = + 0.15 연결오차 = 0.19m	fy = − 0.12 공차 = 0.39m

예제 11 방위각법으로 지적도근측량을 실시하여 다음과 같은 결과를 얻었다. 주어진 서식에 의하여 지적도근점의 좌표를 계산하시오(단, 도선명은 가, 축척은 1200분의 1).

1) 기지점 좌표

점명	종선좌표	횡선좌표	비고
보1	439,746.73	198,765.38	
보3	439,587.84	198,617.20	

2) 기지방위각
   (1) 출발기지방위각 : 245°34′
   (2) 도착기지방위각 : 154°49′

3) 관측각 및 수평거리

측점	시준점	관측방위각	수평거리	비고
보1	보2			
보1	1	213° 50′	64.22	
1	2	156° 36′	113.27	
2	3	335° 07′	106.49	
3	4	312° 25′	53.53	
4	5	171° 00′	119.49	
5	6	345° 06′	56.15	
6	보3	227° 34′	104.74	
보3	보4	154° 47′		

[별지 제60호 서식]

도근측량계산부(방위각법)

측점	시준점	보정치 방위각	수평 거리	개정방위각	종선차(ΔX) 보정치 종선좌표(X)	횡선차(ΔY) 보정치 횡선좌표(Y)
		° ′	m	° ′	m	m
			.			
			.			
			.			
			.			
			.			
			.			
			.			
			.			
			.			
			.			
			.			
			.			

6.4.2 배각법

배각법에 의하여 지적도근측량을 시행하는 때에는 각 측선의 교각을 3배각으로 측정하여 최종 관측치를 3으로 나눈 값을 관측각으로 한다. 1등도선은 위성기준점, 통합기준점, 삼각점, 지적삼각점 및 지적삼각보조점의 상호간을 연결하고, 2등도선은 위성기준점, 통합기준점, 삼각점, 지적삼각점, 지적삼각보조점과 지적도근점 또는 지적도근점 상호간을 연결하는 것을 말한다.

1) 계산순서

배각법의 계산순서는 다음과 같다.

① 관측성과의 이기
② 폐색변을 포함한 변수(n) 계산
③ 관측각의 합계($\Sigma\alpha$) 계산
④ 측각오차 및 공차의 계산
⑤ 반수의 계산
⑥ 측각오차의 배부
⑦ 방위각의 계산
⑧ 각 측점의 종·횡선차의 계산
⑨ 종·횡선오차, 연결오차 및 공차의 계산
⑩ 종·횡선오차의 배부
⑪ 각 측점의 좌표 계산

2) 관측성과 등의 이기

계산에 앞서 배각관측 및 거리측정부의 최종 관측성과를 이기하고, 아울러 출발점과 도착점의 기지방위각 및 좌표를 기입한다.

(1) 기지점 좌표

점명	종선좌표	횡선좌표
보6	X= 465,621.48	Y= 193,859.09
보9	X= 466,012.63	Y= 193,711.67

(2) 기지방위각

T_1 (출발 기지방위각 : 보6～보7) = 311° 13′ 37″

T_2 (도착 기지방위각 : 보9～보4) = 322° 31′ 35″

3) 폐색변을 포함한 변수계산

출발점에서부터 폐색변까지의 변수를 계산한다. 표 6-11에서 변의 수는 10개이다.

4) 관측각의 합계

관측각을 합산하여 표 6-11과 같이 합계($\Sigma\alpha$ = 1631° 18′ 16″)를 기입한다.

5) 측각오차 및 공차의 계산

(1) 측각오차의 계산

$$\text{측각오차} = \Sigma\alpha - 180(n-1) + T_1 - T_2$$
$$= 1631°\,18'\,16'' - 180°(10-1) + 311°\,13'\,37'' - 322°\,31'\,35''$$
$$= +18''$$

여기서, $\Sigma\alpha$: 관측값의 합

n : 폐색변을 포함한 변수

T_1 : 출발 기지방위각

T_2 : 도착 기지방위각

(2) 공차의 계산

- 1등도선은 $\pm 20\sqrt{n}$ 초
- 2등도선은 $\pm 30\sqrt{n}$ 초

표 6-11은 1등도선으로 각오차에 대한 공차는 $\pm 20\sqrt{10}'' = \pm 63''$ 이다.

배각관측 및 거리측정부

도선명 : 가 축척 : 1200분의 1

측점	시준점	배수	관측각	평균각	고도 정/반	고도 평균	측정거리	수평거리
					° ′ ″	° ′ ″	m	m
보6	보7	0	0° 00′ 0″	72° 21′ 55″				22.54
	——	1	72 21 53					
	1	3	217 05 45					
1	보6	0	0 00 00	258 08 50				25.27
	——	1	258 08 57					
	2	3	774 26 30					
2	1	0	0 00 00	104 35 03				69.05
	——	1	104 35 08					
	3	3	313 45 09					
3	2	0	0 00 00	141 54 17				65.57
	——	1	141 54 17					
	4	3	424 42 51					
4	3	0	0 00 00	148 52 28				58.39
	——	1	148 52 25					
	5	3	446 37 24					
5	4	0	0 00 00	158 35 11				86.56
	——	1	158 35 15					
	6	3	475 45 33					
6	5	0	0 00 00	192 13 29				84.87
	——	1	192 13 25					
	7	3	576 40 27					
7	6	0	0 00 00	256 33 37				78.10
	——	1	256 33 36					
	8	3	769 40 51					
8	7	0	0 00 00	110 33 33				65.19
	——	1	110 33 32					
	보9	3	331 40 39					
보9	8	0	0 00 00	187 29 53				
	——	1	187 29 50					
	보4	3	562 29 39					

2020.3.11. 관측	관측자 : 김기사	사용기계 : GTS-313	날씨 : 맑음	풍력 : 미풍

6) 측각오차의 배부

계산결과 측각오차는 $+18''$로서 공차 이내이므로 측각오차를 배부한다. 측각오차의 배부방법은 방위각법에서는 측선수에 비례하여 배부하였으나 측량의 정도를 높이기 위하여 배각법을 사용한 때에는 측선장에 반비례하여 배부한다. 즉, 각의 측정에 있어서는 측선장이 길수록 관측오차가 적고 짧을수록 관측오차가 크다는 원리에 기인되는 것이다.

이와 같이 측각오차를 측선장에 반비례하여 배부하는 것은 매우 복잡하므로 계산의 번잡을 덜기 위하여 각 측선에 변장반수를 부여하여 계산하는데, 이 변장반수는 측선장이 긴 것에 작은 수를 부여하고 짧은 것에 큰 수를 부여하는 것으로서 형식상 변장반수에 비례하여 배부하는 결과가 된다.

(1) 반수의 계산

변장반수는 측선장 1 m에 대하여 1,000을 기준으로 한다.

$$\text{변장반수} = \frac{1,000}{L} \tag{6.7}$$

여기서, L : 측선장

예를 들어, 측선장 22.54 m에 대한 변장반수를 계산하면 변장반수 $= \frac{1,000}{22.54} = 44.37 \fallingdotseq 44.4$가 된다.

(2) 측각오차의 배부

$$K_1 = -\frac{e}{R} \times r \tag{6.8}$$

여기서, K : 각 측선에 배부할 초단의의 각도
e : 초단위의 오차
R : 변장반수의 합계
r : 각 측선장의 반수

$$K_1 = -\frac{18}{182.27} \times 44.37 = -4'' \qquad K_2 = -\frac{18}{182.27} \times 39.57 = -4''$$

$$K_3 = -\frac{18}{182.27} \times 14.48 = -1'' \qquad K_4 = -\frac{18}{182.27} \times 15.25 = -2''$$

$$K_5 = -\frac{18}{182.27} \times 17.13 = -2'' \qquad K_6 = -\frac{18}{182.27} \times 11.55 = -1''$$

$$K_7 = -\frac{18}{182.27} \times 11.78 = -1'' \qquad K_8 = -\frac{18}{182.27} \times 12.80 = -1''$$

$$K_9 = -\frac{18}{182.27} \times 15.34 = -2''$$

배부할 때에는 오차가 (+)이므로 배부에는 (−)부호를 붙인다. 또한 배부량의 합계가 측각오차와 1′′ 정도의 차이가 있는 때에는 계산의 단수처리를 확인하여 0.5에 가장 가까운 수에 더하거나 감하여 조정한다.

7) 방위각의 계산

배각법은 전시점과 후시점의 교각을 측정하여 계산에 의하여 방위각을 산출한다.

표 6-11에서 방위각을 V, 보정각(관측각 + 측각오차 배부량)을 α, 출발기지방위각을 T_1 이라 할 때 방위각은 다음 식으로 구한다.

$$\begin{aligned}
V_1 &= T_1 + \alpha_1 \\
V_2 &= (V_1 \pm 180°) + \alpha_2 \\
V_3 &= (V_2 \pm 180°) + \alpha_3 \\
&\vdots \\
V_{10} &= (V_9 \pm 180°) + \alpha_{10}
\end{aligned}$$

위의 계산에서 각도를 합산한 결과 360°를 초과할 때에는 360°를 감한 값이 방위각이 된다.

$$\begin{aligned}
V_1 &= 311°13'37'' + 72°21'51'' = 23°35'28'' \\
V_2 &= (23°35'28'' + 180° + 258°08'46'') - 360° = 101°44'14'' \\
V_3 &= (101°44'14'' + 180° + 104°35'02'') - 360° = 26°19'16'' \\
&\vdots \\
V_{10} &= (315°01'42'' + 180° + 187°29'53'') - 360° = 322°31'35''
\end{aligned}$$

8) 종 · 횡선차의 계산

각 측선의 종선차(Δx) 및 횡선차(Δy)는 당해 측선의 수평거리(L)와 방위각(V)에 의하여 다음의 공식으로 계산한다.

종선차 $\Delta x = L \times \cos V$

횡선차 $\Delta y = L \times \sin V$

보6～1 $\Delta x = 22.54 \times \cos 23°35'28'' = +20.66$ m

$\Delta y = 22.54 \times \sin 23°35'28'' = +9.02$ m

1～2 $\Delta x = 25.27 \times \cos 101°44'14'' = -5.14$ m

$\Delta y = 25.27 \times \sin 101°44'14'' = +24.74$ m

2～3 $\Delta x = 69.05 \times \cos 26°19'16'' = +61.89$ m

$\Delta y = 69.05 \times \sin 26°19'16'' = +30.62$ m

3～4 $\Delta x = 65.57 \times \cos 348°13'31'' = +64.19$ m

$\Delta y = 65.57 \times \sin 348°13'31'' = -13.38$ m

4～5 $\Delta x = 58.39 \times \cos 317°05'57'' = +42.77$ m

$\Delta y = 58.39 \times \sin 317°05'57'' = -39.75$ m

5～6 $\Delta x = 86.56 \times \cos 295°41'07'' = +37.52$ m

$\Delta y = 86.56 \times \sin 295°41'07'' = -78.01$ m

6～7 $\Delta x = 84.87 \times \cos 307°54'35'' = +52.15$ m

$\Delta y = 84.87 \times \sin 307°54'35'' = -66.96$ m

7～8 $\Delta x = 78.10 \times \cos 24°28'11'' = +71.09$ m

$\Delta y = 78.10 \times \sin 24°28'11'' = +32.35$ m

8～보9 $\Delta x = 65.19 \times \cos 315°01'42'' = +46.12$ m

$\Delta y = 65.19 \times \sin 315°01'42'' = -46.07$ m

이와 같은 방법으로 각 측선마다 계산을 실시하고, 종선차 및 횡선차별로 절대치합계($\Sigma|\Delta x| = 401.53$, $\Sigma|\Delta y| = 340.90$)와 일반합계($\Sigma\Delta x = +391.25$, $\Sigma\Delta y = -147.44$)를 계산하여 기입한다.

9) 종·횡선오차 및 공차의 계산

방위각법에서 종·횡선오차의 배부는 측선의 길이에 비례하여 배부하였으나 배각법에서는 종·횡선차의 길이에 비례하여 배부하게 되므로 종선차 및 횡선차의 절대치합계($\Sigma|\Delta x|$, $\Sigma|\Delta y|$)와 일반합계($\Sigma\Delta x$, $\Sigma\Delta y$)를 산출하고 기지오차와 비교하여 종선오차(fx)와 횡선오차(fy)를 구한 후에 연결오차를 계산하여 공차 이내인지 확인하여야 한다.

(1) 종·횡선오차의 계산

- 기지종선차 = 도착점의 X좌표 − 출발점의 X좌표

  = 466,012.63 − 465,621.48 = +391.15

- 기지횡선차 = 도착점의 Y좌표 − 출발점의 Y좌표
  = 193,711.67 − 193,859.09 = −147.42
- 종선오차(fx) = 종선차 합($\Sigma \Delta x$) − 기지종선차
  = + 391.25 − (+391.15) = + 0.10
- 횡선오차(fy) = 횡선차 합($\Sigma \Delta y$) − 기지횡선차
  = −147.44 − (−147.42) = −0.02

(2) 연결오차 및 공차의 계산

- 연결오차 $= \sqrt{fx^2 + fy^2} = \sqrt{(+0.10)^2 + (-0.02)^2} = 0.10\,\text{m}$
- 공차 $= 1200 \times \dfrac{1}{100} \times \sqrt{5.5554} = 0.11\,\text{m}$
- 1등도선 : 축척분모 $\times \dfrac{1}{100}\sqrt{n}$ cm 이내
- 2등도선 : 축척분모 $\times \dfrac{1.5}{100}\sqrt{n}$ cm 이내

  여기서, n은 수평거리의 합을 100으로 나눈 수

10) 종 · 횡선오차의 배부

배각법은 거리측정보다 각도측정의 정밀도가 높다는 원리로서, 오차의 배부는 이 원리에 근거를 두고 배부하는 방법으로 배각법에 의한 종선오차(fx) 및 횡선오차(fy)의 배부는 다음 식에 의한다.

$$T = -\frac{e}{L} \times n \tag{6.9}$$

여기서, T : 각측선의 종 · 횡선차에 배부할 센티미터 단위의 수치
e : 종선오차 또는 횡선오차의 센티미터 단위
L : 종선차 또는 횡선차 절대치의 합계
n : 종선차 또는 횡선차

(1) 종선오차의 배부

$$T_1 = -\frac{10}{401.53} \times 20.66 = -0.5 = -1 \Rightarrow 0$$

$$T_2 = -\frac{10}{401.53} \times 5.14 = -0.1 = 0$$

$$T_3 = -\frac{10}{401.53} \times 61.89 = -1.5 = -2$$

$$T_4 = -\frac{10}{401.53} \times 64.19 = -1.6 = -2$$

$$T_5 = -\frac{10}{401.53} \times 42.77 = -1.1 = -1$$

$$T_6 = -\frac{10}{401.53} \times 37.52 = -0.9 = -1$$

$$T_7 = -\frac{10}{401.53} \times 52.15 = -1.3 = -1$$

$$T_8 = -\frac{10}{401.53} \times 71.09 = -1.8 = -2$$

$$T_9 = -\frac{10}{401.53} \times 46.12 = -1.2 = -1$$

※ 종선오차 배부 합은 종선오차(fx)와 같아야 한다. 그런데 종선오차 배부 합이 −11이므로 계산의 단수처리를 확인하여 0.5에 가장 가까운 T_1을 0으로 처리한다.

(2) 횡선오차의 배부

$$T_1 = -\frac{-2}{340.90} \times 9.02 = +0.1 = 0$$

$$T_2 = -\frac{-2}{340.90} \times 24.74 = +0.1 = 0$$

$$T_3 = -\frac{-2}{340.90} \times 30.62 = +0.2 = 0$$

$$T_4 = -\frac{-2}{340.90} \times 13.38 = +0.1 = 0$$

$$T_5 = -\frac{-2}{340.90} \times 39.75 = +0.2 = 0$$

$$T_6 = -\frac{-2}{340.90} \times 78.01 = +0.4 = 0 \Rightarrow +1$$

$$T_7 = -\frac{-2}{340.90} \times 66.96 = +0.4 = 0 \Rightarrow +1$$

$$T_8 = -\frac{-2}{340.90} \times 32.35 = +0.2 = 0$$

$$T_9 = -\frac{-2}{340.90} \times 46.07 = +0.3 = 0$$

※ 종선 또는 횡선오차가 적을 경우에는 종・횡선차가 가장 큰 것에 1 cm씩 순차 배부한다. 따라서

횡선차가 가장 큰 T_6과 T_7에 각각 +1 cm씩 배부한다.

11) 좌표계산

지적측량에서 사용하는 좌표는 평면직각좌표로 원점을 기준으로 한 좌표이다. 따라서 일반원점지역에서의 좌표는 부호가 모두 정(+)이 되도록 원점의 종선에 50만 m (제주도는 55만 m), 횡선에 20만 m를 가산하여 사용하지만 기타 원점지역(11개 지역)에서는 원점 자체의 좌표가 종선(X) = 0 m, 횡선(Y) = 0 m로 되어 있기 때문에 좌표에 때로는 정(+), 부(−)의 부호가 붙을 수 있다.

종횡선오차의 보정값 배부를 마치면 출발점의 기지점좌표의 종선에는 종선차와 보정값을, 횡선에는 횡선차와 보정값을 각각 순차적으로 더하여 지적도근점의 좌표를 계산하고, 폐합점인 기지점까지 진행하여 좌표가 일치하면 계산을 완료한다.

(1) 산식

㉠ 종선좌표

$X_1 =$ 출발기지종선좌표 $+ \Delta X_1 +$ 보정치

$X_2 = X_1 + \Delta X_2 +$ 보정치

$X_3 = X_2 + \Delta X_3 +$ 보정치

⋮

㉡ 횡선좌표

$Y_1 =$ 출발기지횡선좌표 $+ \Delta Y_1 +$ 보정치

$Y_2 = Y_1 + \Delta Y_2 +$ 보정치

$Y_3 = Y_2 + \Delta Y_3 +$ 보정치

⋮

출발기지점좌표로부터 하나하나 종선차, 횡선차 그리고 보정치를 더하여 계산한다.

표 6-11 배각법에 의한 도근측량계산부

도근측량계산부(배각법)

도선명 : 가 축척 : 1200분의 1

측점	시준점	보정치 관측각	반수 수평거리	방위각	종선차(ΔX) 보정치 종선좌표	횡선차(ΔY) 보정치 횡선좌표
보6	보7			311° 13′ 37″	465621.48	193859.09
보6	1	−4 72 21 55	44.37 22.54	23 35 28	+20.66 0 465642.14	+9.02 0 193868.11
1	2	−4 258 08 50	39.57 25.27	101 44 14	−5.14 0 465637.00	+24.74 0 193892.85
2	3	−1 104 35 03	14.48 69.05	26 19 16	+61.89 −0.02 465698.87	+30.62 0 193923.47
3	4	−2 141 54 17	15.25 65.57	348 13 31	+64.19 −0.02 465763.04	−13.38 0 193910.09
4	5	−2 148 54 17	17.13 58.39	317 05 57	+42.77 −0.01 465805.80	−39.75 0 193870.34
5	6	−1 158 35 11	11.55 86.56	295 41 07	+37.52 −0.01 465843.31	−78.01 +0.01 193792.34
6	7	−1 192 13 29	11.78 84.87	307 54 35	+52.15 −0.01 465895.45	−66.96 +0.01 193725.39
7	8	−1 256 33 37	12.80 78.10	24 28 11	+71.09 −0.02 465966.52	+32.35 0 193757.74
8	보9	−2 110 33 33	15.34 65.19	315 01 42	+46.12 −0.01 466012.63	−46.07 0 193711.67
보9	보4	187 29 53	(182.27) (555.54)	322 31 35	$\Sigma\|\Delta x\|$ = 401.53	$\Sigma\|\Delta y\|$ = 340.90
−180	n = 10 $\Sigma\alpha$= (n−1) =	 1631 18 16 1620 00 00			$\Sigma\Delta x$ = +391.25 기지 = +391.15	$\Sigma\Delta y$ = −147.44 기지 = −147.42
	+ T_1 = T_2' = T_2 =	311 13 37 322 31 53 322 31 35			fx = +0.10	fy = −0.02
	오차 공차	= +18″ = ±63″			연결오차 = 0.10 m 공차 = 0.28 m	

예제 12 도근측량을 배각법으로 실시하여 다음 관측치를 얻었다. 주어진 계산 서식에 의하여 계산을 하시오(단 축척은 1/1000지역이다).

1) 기지점좌표

점명	종선좌표	횡선좌표	비고
보5	448,536.46	193,354.75	
보1	448,395.16	193,674.99	

2) 기지방위각

(1) 출발 기지방위각 : 315°42′ 56″(보5～보8)

(2) 도착 기지방위각 : 161°15′ 44″(보1～보3)

3) 관측각 및 수평거리

측점	시준점	관측각	수평거리	비고
보5	보8			
보5	1	222° 47′ 12″	45.19	
1	2	167° 37′ 05″	51.78	
2	3	181° 55′ 49″	50.88	
3	4	139° 41′ 16″	68.53	
4	5	195° 26′ 54″	56.15	
5	6	189° 54′ 51″	49.22	
6	7	232° 06′ 39″	39.72	
7	8	162° 34′ 33″	34.51	
8	9	54° 29′ 44″	48.95	
9	보1	159° 43′ 52″	245.27	
보1	보3	299° 15′ 27″		

해설 1) 각오차의 계산

① 각오차의 산식

각오차 $= \Sigma\alpha - 180(n-1) + T_1 - T_2$

여기서, $\Sigma\alpha$: 관측각의 합

n : 폐색변을 포함한 변수

T_1 : 출발 기지방위각

T_2 : 도착 기지방위각

각오차 = 2005° 33′ 22″ − 1800° + 315° 42′ 56″ − 161° 15′ 44″ = +34″

② 각오차의 공차식

1등도선은 $\pm 20\sqrt{n}$ 초, 2등도선은 $\pm 30\sqrt{n}$ 초 이므로

각공차 $= \pm 20\sqrt{11}$ =±66″이다.

③ 반수의 계산

$$변장반수 = \frac{1,000}{L} (L은\ 측선장임)$$

$1측점(보5\sim1) = \frac{1000}{45.19} = 22.1$ $2측점(1\sim2) = \frac{1000}{51.78} = 19.3$

$3측점(2\sim3) = \frac{1000}{50.88} = 19.7$ $4측점(3\sim4) = \frac{1000}{68.53} = 14.6$

$5측점(4\sim5) = \frac{1000}{56.15} = 17.8$ $6측점(5\sim6) = \frac{1000}{49.22} = 20.3$

$7측점(6\sim7) = \frac{1000}{39.72} = 25.2$ $8측점(7\sim8) = \frac{1000}{34.51} = 29.0$

$9측점(8\sim9) = \frac{1000}{48.95} = 20.4$ $10측점(9\sim보1) = \frac{1000}{245.27} = 4.1$

반수의 총합 $= 192.5$

④ 측각오차의 배부

$$K_1 = -\frac{e}{R} \times r$$

여기서, K : 각 측선에 배부할 초단위의 각도
e : 초단위의 오차
R : 변장반수의 합계
r : 각 측선장의 반수임

$보5\sim1 = -\frac{34}{192.5} \times 22.1 = -4'' = K_1$ $1\sim2 = -\frac{34}{192.5} \times 19.3 = -3'' = K_2$

$2\sim3 = -\frac{34}{192.5} \times 19.7 = -3'' = K_3$ $3\sim4 = -\frac{34}{192.5} \times 14.6 = -3'' = K_4$

$4\sim5 = -\frac{34}{192.5} \times 17.8 = -3'' = K_5$ $5\sim6 = -\frac{34}{192.5} \times 20.3 = -4'' = K_6$

$6\sim7 = -\frac{34}{192.5} \times 25.2 = -4'' = K_7$ $7\sim8 = -\frac{34}{192.5} \times 29.0 = -5'' = K_8$

$8\sim9 = -\frac{34}{192.5} \times 20.4 = -4'' = K_9$ $9\sim보1 = -\frac{34}{192.5} \times 4.1 = -1'' = K_{10}$

측각오차 총배부 합 $= 34''$

※ 배부할 때에는 오차가 (+)이므로 배부에는 (−)부호를 붙인다. 또한 배부량의 합계가 측각오차와 1'' 정도의 차이가 있을 때에는 계산의 단수처리를 확인하여 0.5에 가장 가까운 수에 더하거나 감하여 조정한다.

2) 방위각 계산

V_1 = 출발기지방위각 + (관측각 + K_1)
V_2 = (1방향선의 방위각 ± 180°) + (관측각 + K_2)
V_3 = (2방향선의 방위각 ± 180°) + (관측각 + K_3)
⋮
V_{10} = (9방향선의 방위각 ± 180°) + (관측각 + K_{10})
V_{11} = (10방향선의 방위각 ± 180°) + (관측각 + K_{11})

1방향선의 방위각(보5～1) = 315° 42′56″ + 222° 47′08″ = 178° 30′04″
2방향선의 방위각(1～2) = (178° 30′04″ + 180° + 167° 37′02″)－360° = 166° 07′06″
3방향선의 방위각(2～3) = (166° 07′06″ + 180° + 181° 55′46″)－360°= 168° 02′52″
4방향선의 방위각(3～4) = (168° 02′52″ + 180° + 139° 41′13″)－360° = 127° 44′05″
5방향선의 방위각(4～5) = (127° 44′05″ + 180° + 195° 26′51″)－360° = 143° 10′56″
6방향선의 방위각(5～6) = (143° 10′56″ + 180° + 189° 54′47″)－360°= 153° 05′43″
7방향선의 방위각(6～7) = (153° 05′43″ + 180° + 232° 06′35″)－360° = 205° 12′18″
8방향선의 방위각(7～8) = (205° 12′18″ + 180° + 162° 34′28″)－360° = 187° 46′46″
9방향선의 방위각(8～9) = (187° 46′46″ + 180° + 54° 29′40″)－360°= 62° 16′26″
10방향선의 방위각(9～보1) = (62° 16′26″ + 180° + 159° 43′51″)－360°= 42° 00′17″
11방향선의 방위각(보1～보3) = (42° 00′17″ +180°+299° 15′27″)－360°= 161° 15′44″
(기지 = 161° 15′44″)

3) 종선차, 횡선차(Δx, Δy)의 계산

종선차 $\Delta x = L \times \cos V$

횡선차 $\Delta y = L \times \sin V$ 여기서, L=거리, V=방위각

보5～1 $\Delta x =$ 45.19 × cos 178° 30′04″ = －45.17 m
$\Delta y =$ 45.19 × sin 178° 30′04″ = ＋1.18 m
1～2 $\Delta x =$ 51.78 × cos 166° 07′06″ = －50.27 m
$\Delta y =$ 51.78 × sin 166° 07′06″ = ＋12.42 m
2～3 $\Delta x =$ 50.88 × cos 168° 02′52″ = －49.78 m
$\Delta y =$ 50.88 × sin 168° 02′52″ = ＋10.54 m
3～4 $\Delta x =$ 68.53 × cos 127° 44′05″ = －41.94 m
$\Delta y =$ 68.53 × sin 127° 44′05″ = ＋54.20 m
4～5 $\Delta x =$ 56.15 × cos 143° 10′56″ = －44.95 m
$\Delta y =$ 56.15 × sin 143° 10′56″ = ＋33.65 m
5～6 $\Delta x =$ 49.22 × cos 153° 05′43″ = －43.89 m
$\Delta y =$ 49.22 × sin 153° 05′43″ = ＋22.27 m
6～7 $\Delta x =$ 39.72 × cos 205° 12′18″ = －35.94 m
$\Delta y =$ 39.72 × sin 205° 12′18″ = －16.92 m
7～8 $\Delta x =$ 34.51 × cos 187° 46′46″ = －34.19 m
$\Delta y =$ 34.51 × sin 187° 46′46″ = －4.67 m
8～9 $\Delta x =$ 48.95 × cos 62° 16′26″ = ＋22.77 m
$\Delta y =$ 48.95 × sin 62° 16′26″ = ＋43.33 m
9～보1 $\Delta x =$ 245.27 × cos 42° 00′17″ = ＋182.26 m
$\Delta y =$ 245.27 × sin 42° 00′17″ = ＋164.13 m

4) 종선오차, 횡선오차의 계산

- 종선오차(fx) = 종선차의 합($\Sigma\Delta x$) − 기지 종선차
- 횡선오차(fy) = 횡선차의 합($\Sigma\Delta y$) − 기지 횡선차
- 연결오차 $= \sqrt{(\text{종선오차})^2 + (\text{횡선오차})^2}$

① 종선오차(fx)

㉠ 종선차의 합($\Sigma\Delta x$) = −45.17 − 50.27 − 49.78 ⋯ −34.19 + 22.77 + 182.26
= −141.10 m

㉡ 기지종선차 = 보1의 종선좌표 − 보5의 종선좌표 = 448395.16 − 448536.46
= −141.30 m

㉢ 종선오차(fx) = 종선차의 합($\Sigma\Delta x$) − 기지종선차 = −141.10 − (−141.30)
= +0.20 m

② 횡선오차(fy)

㉠ 횡선차의 합($\Sigma\Delta y$) = +1.18 + 12.42 + 10.54 ⋯ − 4.67 + 43.33 + 164.13
= +320.13 m

㉡ 기지횡선차 = 보1의 횡선좌표 − 보5의 횡선좌표 = 193674.99 − 193354.75
= +320.24 m

㉢ 횡선오차(fy) = 횡선차의 합($\Sigma\Delta y$) − 기지횡선차 = 320.13 − 320.24 = −0.11m

③ 연결오차 = $\sqrt{fx^2+fy^2} = \sqrt{(0.20)^2+(0.11)^2} = 0.23\,\text{m}$

5) 연결오차 공차식

- 1등도선 : 축척분모$\times \dfrac{1}{100}\sqrt{n}$ cm 이내
- 2등도선 : 축척분모$\times \dfrac{1.5}{100}\sqrt{n}$ cm 이내

여기서, n은 측선장의 합을 100으로 나눈 수

1등도선에 해당하는 연결오차 공차식에 의하여 계산하면

공차 $= 1200 \times \dfrac{1}{100} \times \sqrt{6.902} = 31.53\,\text{cm} = 0.32\,\text{m}$

6) 종선오차, 횡선오차의 배부

① 종선차 절대치 합 = $\Sigma|\Delta x|$ = 551.16
횡선차 절대치 합 = $\Sigma|\Delta y|$ = 363.31

② 종선오차의 배부

$$T = -\frac{e}{L}\times l$$

여기서, T : 각 측선의 종선차에 배부할 cm단위의 보정값
e : 종선오차
L : 종선차의 절대치 합계
l : 각 측선의 종선차

보8~1 $= -\dfrac{20}{551.16}\times 45.17 = -1.6 = -2\,\text{cm}$

1~2 $= -\dfrac{20}{551.16}\times 50.27 = -1.8 = -2\,\text{cm}$

2~3 $= -\dfrac{20}{551.16}\times 49.78 = -1.8 = -2\,\text{cm}$

3~4 $= -\dfrac{20}{551.16}\times 41.94 = -1.52 = -2\,\text{cm} \Rightarrow -1\,\text{cm}$

$4\sim5 = -\dfrac{20}{551.16}\times 44.95 = -1.6 = -2\,\text{cm}$

$5\sim6 = -\dfrac{20}{551.16}\times 43.89 = -1.59 = -2\,\text{cm} \;\Rightarrow\; -1\,\text{cm}$

$6\sim7 = -\dfrac{20}{551.16}\times 35.94 = -1.3 = -1\,\text{cm}$

$7\sim8 = -\dfrac{20}{551.16}\times 34.19 = -1.2 = -1\,\text{cm}$

$8\sim9 = -\dfrac{20}{551.16}\times 22.77 = -0.8 = -1\,\text{cm}$

$9\sim\text{보}1 = -\dfrac{20}{551.16}\times 182.26 = -6.6 = -7\,\text{cm}$

종선오차 배부수 합 = 20 cm

※ 3~4측선과 5~6측선은 계산에 의하면 각각 −2 cm씩 배부되나 그렇게 되면 배부수합이 종선오차보다 2 cm 차이가 나므로 계산의 단수처리를 확인하여 0.5에 가장 가까운 3~4 측선과 5~6측선은 −1 cm로 하여 조정한다.

③ 횡선오차(fy)의 배부

$T = -\dfrac{e}{L}\times l$

여기서, T : 각 측선의 횡선차에 배부할 cm단위의 보정값
e : 횡선오차
L : 횡선차의 절대치 합계
l : 각 측선의 횡선차

$\text{보}8\sim1 = +\dfrac{11}{363.31}\times 1.18 = 0\,\text{cm}$

$1\sim2 = +\dfrac{11}{363.31}\times 12.42 = 0.4 = 0\,\text{cm}$

$2\sim3 = +\dfrac{11}{363.31}\times 10.54 = 0.3 = 0\,\text{cm}$

$3\sim4 = +\dfrac{11}{363.31}\times 54.20 = +1.6 = +2\text{cm}$

$4\sim5 = +\dfrac{11}{363.31}\times 33.65 = +1.0 = +1\text{cm}$

$5\sim6 = +\dfrac{11}{363.31}\times 22.27 = +0.7 = +1\text{cm}$

$6\sim7 = +\dfrac{11}{363.31}\times 16.92 = +0.5 = +1\text{cm}$

$7\sim8 = +\dfrac{11}{363.31}\times 4.67 = 0.1 = 0\text{cm}$

$8\sim9 = +\dfrac{11}{363.31}\times 43.33 = +1.3 = +1\text{cm}$

$9\sim\text{보}1 = +\dfrac{11}{363.31}\times 164.13 = +5.0 = +5\text{cm}$

횡선오차 배부수 합 = 11 cm

7) 종·횡선좌표 계산

① 종선좌표

X_1 = 출발 기지종선좌표 $+\Delta X_1$ + 보정치

$X_2 = X_1 + \Delta X_2$ + 보정치

$X_3 = X_2 + \Delta X_3$ + 보정치

⋮

이므로,

$X_1 = 448{,}536.46 - 45.17 - 0.02 = 448{,}491.27$ m

$X_2 = 448{,}491.27 - 50.27 - 0.02 = 448{,}440.98$ m

$X_3 = 448{,}440.98 - 49.78 - 0.02 = 448{,}391.18$ m

$X_4 = 448{,}391.18 - 41.94 - 0.01 = 448{,}349.23$ m

$X_5 = 448{,}349.23 - 44.95 - 0.02 = 448{,}304.26$ m

$X_6 = 448{,}304.26 - 43.89 - 0.01 = 448{,}260.36$ m

$X_7 = 448{,}260.36 - 35.94 - 0.01 = 448{,}224.41$ m

$X_8 = 448{,}224.41 - 34.19 - 0.01 = 448{,}190.21$ m

$X_9 = 448{,}190.21 + 22.77 - 0.01 = 448{,}212.97$ m

$X_{보1} = 448{,}212.97 + 182.26 - 0.07 = 448{,}395.16$ m

② 횡선좌표

Y_1 = 출발 기지횡선좌표 $+\Delta Y_1$ + 보정치

$Y_2 = Y_1 + \Delta Y_2$ + 보정치

$Y_3 = Y_2 + \Delta Y_3$ + 보정치

⋮

이므로,

$Y_1 = 193{,}354.75 + 1.18 + 0 = 193{,}355.93$ m

$Y_2 = 193{,}355.93 + 12.42 + 0 = 193{,}368.35$ m

$Y_3 = 193{,}368.35 + 10.54 + 0 = 193{,}378.89$ m

$Y_4 = 193{,}378.89 + 54.20 + 0.02 = 193{,}433.11$ m

$Y_5 = 193{,}433.11 + 33.65 + 0.01 = 193{,}466.77$ m

$Y_6 = 193{,}466.77 + 22.27 + 0.01 = 193{,}489.05$ m

$Y_7 = 193{,}489.05 - 16.92 + 0.01 = 193{,}472.14$ m

$Y_8 = 193{,}472.14 - 4.67 + 0 = 193{,}467.47$ m

$Y_9 = 193{,}467.47 + 43.33 + .01 = 193{,}510.81$ m

$Y_{보1} = 193{,}510.81 + 164.13 + 0.05 = 193{,}674.99$ m

도근측량계산부(배각법)

도선명 : 나 축척 : 1200분의 1

측점	시준점	보정치 관측각	반수 수평거리	방위각	종선차(ΔX) 보정치 종선좌표	횡선차(ΔY) 보정치 횡선좌표
보5	보8			315° 42′ 56″	448536.46	193354.75
보5	1	−4 222 47 12	22.1 45.19	178 30 04	−45.17 − 0.02 448491.27	+1.18 0 193355.93
1	2	−3 167 37 05	19.3 51.78	166 07 06	−50.27 − 0.02 448440.98	+12.42 0 193368.35
2	3	−3 181 55 49	19.7 50.88	168 02 52	−49.78 − 0.02 448391.18	+10.54 0 193378.89
3	4	−3 139 41 16	14.6 68.53	127 44 05	−41.94 − 0.01 448349.23	+54.20 + 0.02 193433.11
4	5	−3 195 26 54	17.8 56.15	143 10 56	−44.95 − 0.02 448304.26	+33.65 + 0.01 193466.77
5	6	−4 189 54 51	20.3 49.22	153 05 43	−43.89 − 0.01 448260.36	+22.27 + 0.01 193489.05
6	7	−4 232 06 39	25.2 39.72	205 12 18	−35.94 − 0.01 448224.41	−16.92 + 0.01 193472.14
7	8	−5 162 34 33	29.0 34.51	187 46 46	−34.19 − 0.01 448190.21	−4.67 +0.00 193467.47
8	9	−4 54 29 44	20.4 48.95	62 16 26	+22.77 − 0.01 448212.97	+43.33 + 0.01 193510.81
9	보1	−1 159 43 52	4.1 245.27	42 00 17	+182.26 − 0.07 448395.16	+164.13 + 0.05 193674.99
보1	보3	299 15 27	(192.5) 690.20	161 15 44	$\Sigma\|\Delta x\|=551.16$	$\Sigma\|\Delta y\|=363.31$
$n =$ 11 $\Sigma\alpha =$ 2005 33 22 $-180(n-1) =$ 1800 00 00					$\Sigma\Delta x = -141.10$ 기지 = −141.30	$\Sigma\Delta y = +320.13$ 기지 = +320.24
$+T_1 =$ 315 42 56 $T_2' =$ 161 16 18 $T_2 =$ 161 15 44					$fx = +0.20$	$fy = -0.11$
오차 = +34′ 공차 = ±66″					연결오차 = 0.23 m 공차 = 0.32 m	

예제 13 도근측량을 배각법으로 실시하여 다음 관측치를 얻었다. 주어진 계산서식에 의하여 계산을 하시오(단, 도선명은 "가", 축척은 1/1000지역이다).

1) 기지점좌표

점명	종선좌표	횡선좌표	비고
보12 보15	7698.11 7259.64	−1890.61 −1544.71	

2) 기지방위각

(1) 출발 기지방위각 : 108° 14′ 13″(보12∼보21)

(2) 도착 기지방위각 : 11° 39′ 56″(보15∼보22)

3) 관측각 및 수평거리

측점	시준점	관측각	수평거리	비고
보12	보21			
보12	1	55° 27′ 10″	68.12	
1	2	161° 18′ 14″	98.41	
2	3	230° 56′ 32″	68.79	
3	4	104° 18′ 14″	56.15	
4	5	174° 04′ 55″	52.82	
5	6	171° 57′ 36″	81.43	
6	7	271° 12′ 11″	42.87	
7	8	103° 28′ 31″	63.10	
8	9	193° 14′ 08″	70.70	
9	보15	189° 26′ 19″	38.03	
보15	보22	48° 01′ 06″		

[별지 제59호 서식]

도근측량계산부(배각법)

측점	시준점	보정치 / 관측각	반수 / 수평거리 (m)	방위각	종선차(ΔX) / 보정치 / 종선좌표(X)	횡선차(ΔY) / 보정치 / 횡선좌표(Y)
		° ′ ″		° ′ ″	m	m

6.5 교회법에 의한 도근측량

지적도근측량에 있어서 주로 도선법에 의하여 측량을 실시한다 하더라도 지형상 도선의 연결이 곤란하거나 도선 외에 한두 점 정도의 지적도근점을 설치하고자 할 때에는 교회법에 의할 수 있다. 이때에도 각의 측정방법은 시가지 지역에 있어서는 배각법을, 기타 지역에 있어서는 방위각법을 주로 사용한다.

교회법은 삼각점, 지적삼각점, 지적삼각보조점 및 지적도근점을 기준으로 하여 시행하며, 일반적으로 계획에 따라 도선의 관측과 동시에 측정하는 것이 보통이다.

6.5.1 시행절차

교회법에 의하여 지적도근측량을 실시하는 경우에는 다음의 각 호에 의한다.

① 교회법을 시행하고자 할 때에는 먼저 현지에 점의 위치를 정하고 계획도상에서 교회망을 구성한다.

② 점간거리는 도선법에서와 같이 50 m 내지 300 m 이내로 한다.

③ 3방향의 교회에 의하며, 삼각형의 각 내각은 30° 이상 120° 이하로 한다.

④ 수평각의 관측은 시가지 지역, 축척변경시행지역, 수치지적부시행지역은 배각법에 의하고, 기타 지역은 방위각법과 배각법을 혼용할 수 있다.

⑤ 2개의 삼각형으로부터 계산한 위치의 연결교차가 0.30 m 이하인 때에는 그 평균치를 지적도근점의 위치로 한다.

이 경우 연결교차의 계산은 $\sqrt{\text{종선교차}^2 + \text{횡선교차}^2}$ 에 의한다.

6.5.2 방위각의 측정

방위각을 측정하는 방법은 도선의 측량방법이 방위각법 또는 배각법에 따라 달라지지만 정확한 관측을 위해서는 배각법을 사용한다. 배각법은 각 측점마다 독립하여 관측하여야 하며 그림 6-17과 같이 교각을 형성하여야 한다.

교각은 그림 6-18의 (a)와 같이 도선의 한 측선과 교회점 방향을 끼는 각으로 형성하여도 좋으나 정도를 높이기 위하여 그림 6-18의 (b)와 같이 관측을 하는 것이 바람직하다.

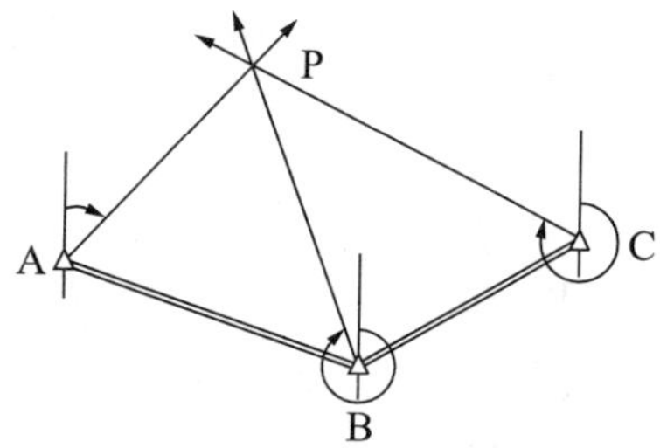

그림 6-17. 교회법의 망형태

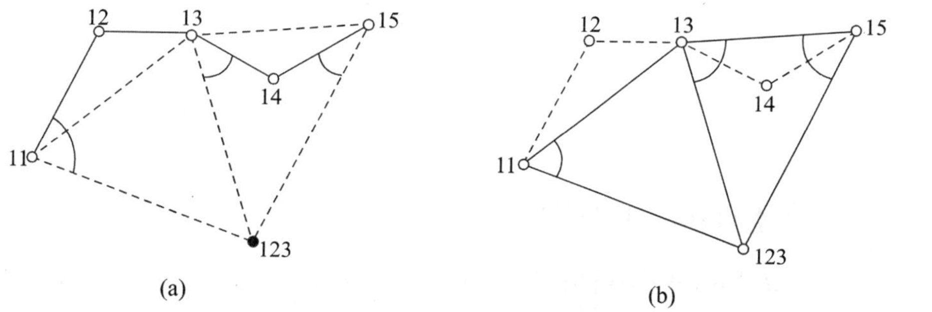

그림 6-18. 교회법의 관측형태

(a)의 경우 관측방법은 기계를 점 11에 세우고 점 12를 기준으로 소구점 123의 내각을, 점 13에서는 점 12 또는 점 14를 기준으로 소구점 123의 내각을, 점 15에서는 점 14를 기준으로 소구점 123의 내각을 측정한 후 도선의 계산이 완료되면 좌표에 의하여 방위각을 계산하고 관측내각을 합산하여 소구점의 방위각을 구한 후 교회점계산부에 의하여 계산을 실시한다.

(b)의 경우 점 11, 점 13, 점 15에서 해당되는 각각의 내각을 측정한 후 도선의 계산이 완료되면 계산된 좌표로 방위각을 구하고 측정내각에 의하여 소구점 123의 방위각을 구하여 교회점계산부에 의하여 계산을 실시한다.

6.5.3 교회법의 계산

교회법의 계산은 관측부상의 측정값을 계산부에 이기하여 계산하게 된다. 이때 교회망의 부호는 일반적으로 그림 6-19와 같이 지정한다.

부호를 붙이는 이유는 계산부를 작성하는데 있어서 하나의 약속이므로 잘 익혀두어야 하며 때로는 망의 형태에 따라 식의 변형을 가져오기도 한다. 따라서 계산시에는 부호의 의미를 잘 알고 있어야 한다.

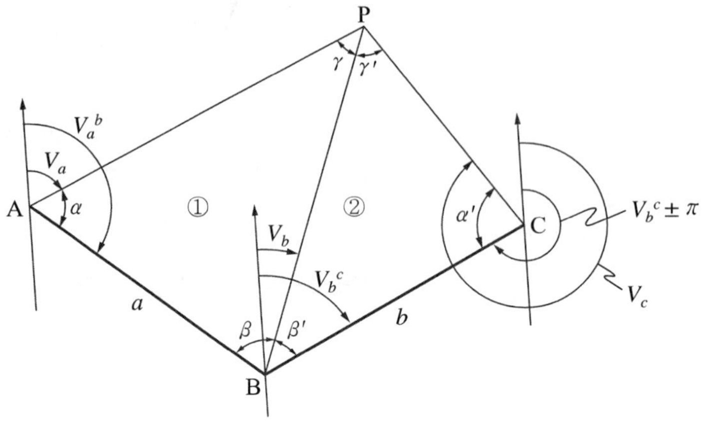

그림 6-19. 교회망의 부호

1) 삼각형의 내각계산

그림 6-19와 같이 내각 α, β, γ 또는 α', β', γ'는 V_a^b, V_b^c, V_a, V_b, V_c를 기준으로 다음 식에 의하여 구한다.

(1) 삼각형 ABP의 경우

$$\left.\begin{aligned} \alpha &= V_a^b - V_a \\ \beta &= V_b - (V_a^b \pm 180°) \\ \gamma &= V_a - V_b \end{aligned}\right\} \quad (6.10)$$

(2) 삼각형 CBP의 경우

$$\left.\begin{aligned} \alpha' &= V_c - (V_b^c \pm 180°) \\ \beta' &= V_b^c - V_b \\ \gamma' &= V_b - V_c \end{aligned}\right\} \quad (6.11)$$

내각의 계산이 끝나면 다음 조건과의 일치여부를 확인하여야 한다.

$$\alpha + \beta + \gamma = 180°$$
$$\alpha' + \beta' + \gamma' = 180°$$

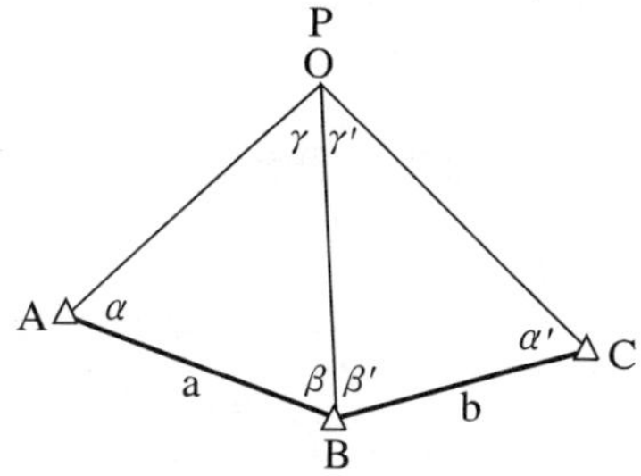

그림 6-20. 변장계산

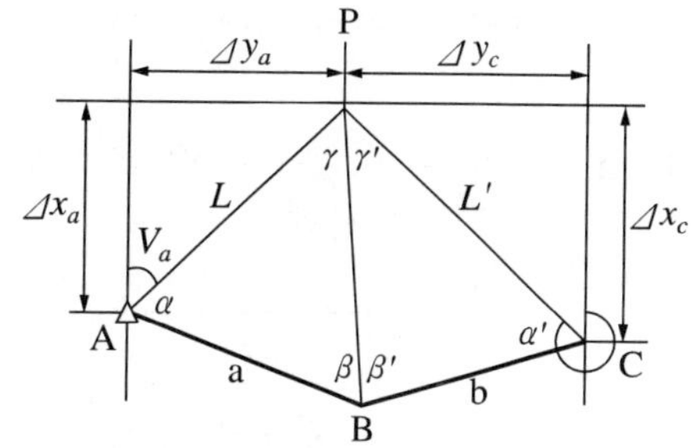

그림 6-21. 종횡선차계산

2) 변장계산

그림 6-20에 있어서 AP 및 CP의 거리를 구하는 식은 다음과 같다.

$$\mathrm{AP} = a \times \frac{\sin\beta}{\sin\gamma}, \quad \mathrm{CP} = b \times \frac{\sin\beta'}{\sin\gamma'} \tag{6.12}$$

3) 종 · 횡선차의 계산

AP 및 CP간의 종 · 횡선차(Δx, Δy)를 구하는 식은 다음과 같다.

$$\begin{aligned} \Delta x &= L \cdot \cos V_a \ \ (\text{또는 } \Delta x = L \cdot \cos V_c) \\ \Delta y &= L \cdot \sin V_a \ \ (\text{또는 } \Delta y = L \cdot \sin V_c) \end{aligned} \tag{6.13}$$

여기서, L : 거리

V_a, V_c : 소구점의 방위각

4) 소구점 좌표 계산

점 A 및 점 C에서 소구점 P까지의 종 · 횡선차를 구한 후 기지점(A, C)의 좌표에 각각의 종 · 횡선차를 더하면 P점의 좌표가 산출된다.

① A점을 기준으로 한 경우 $\left.\begin{aligned} P_x &= A_x + \Delta x \\ P_y &= A_y + \Delta y \end{aligned}\right\}$ (6.14)

② C점을 기준으로 한 경우 $\left.\begin{aligned} P_x &= C_x + \Delta x \\ P_y &= C_y + \Delta y \end{aligned}\right\}$ (6.15)

위와 같이 2개의 삼각형으로부터 소구점의 좌표를 구한 후 두 점간의 연결오차를 계산하여 0.30 m 이내일 경우에는 평균치를 P점의 좌표로 한다.

예제 14

지적도근측량을 교회법으로 실시하여 아래의 결과를 얻었다. 소구점을 주어진 서식으로 용8의 좌표를 구하시오.

1) 기지점

점명	X좌표	Y좌표	비고
용1(A)	429,751.84	196,731.45	
용2(B)	427,511.49	195,429.32	
용3(C)	425,073.20	196,442.81	

2) 소구점 관측방위각

$V_a = 148°17'\ 29''$

$V_b = 93°54'\ 48''$

$V_c = 38°34'\ 19''$

해설

1) 종·횡선차 계산

① A점에서 B점에 대한

종선차 Δx = 427,511.49 − 429,751.84 = −2,240.35 m

횡선차 Δy = 195,429.32 − 196,731.45 = −1,302.13 m

② B점에서 C점에 대한

종선차 Δx = 425,073.20 − 427,511.49 = −2,438.29 m

횡선차 Δy = 196,442.81 − 195,429.32 = +1,013.49 m

2) 방위각 및 거리 계산

① 방위각계산

종선차, 횡선차에 의하여 θ각을 구하고 상한별로 다음과 같이 방위각을 계산한다.

상한	부호		방위각계산
	Δx	Δy	
1	+	+	$V=\theta$
2	-	+	$V=180° -\theta$
3	-	-	$V=\theta+180°$
4	+	-	$V=360° -\theta$

㉠ A → B방위각

$$\theta = \tan^{-1}\left(\frac{\Delta y}{\Delta x}\right) = \tan^{-1}\left(\frac{1,302.13}{2,240.35}\right) = 30°\ 09'\ 57''$$

여기서, 종선차의 부호는 −, 횡선차의 부호는 −이므로 3상한($V=\theta+180°$)이 되어 $V_a{}^b = 30°\ 09'\ 57'' + 180° = 210°\ 09'57''$가 된다.

㉡ B → C방위각

$$\theta = \tan^{-1}\left(\frac{\Delta y}{\Delta x}\right) = \tan^{-1}\left(\frac{1,013.49}{2,438.29}\right) = 22°\ 34'\ 14''$$

여기서, 종선차의 부호는 −, 횡선차의 부호는 +이므로 2상한($V=180° -\theta$)이 되어

$V_b^c = 180° - 22°34'14'' = 157°25'46''$가 된다.

② 거리계산

거리계산은 $a = \sqrt{\Delta x^2 + \Delta y^2} = \sqrt{2240.35^2 + 1302.13^2} = 2591.28\text{m}$

$b = \sqrt{\Delta x^2 + \Delta y^2} = \sqrt{2438.29^2 + 1013.49^2} = 2640.53\text{m}$

③ 삼각형의 내각계산과 방위각계산

그림 6-22에서와 같이 삼각형의 내각을 각각 α, β, γ와 α', β', γ'라 하면 교회점 계산에는 방위각에 의하여 내각을 계산하는 경우와 내각에 의하여 방위각을 구하는 경우로 나눌 수 있다.

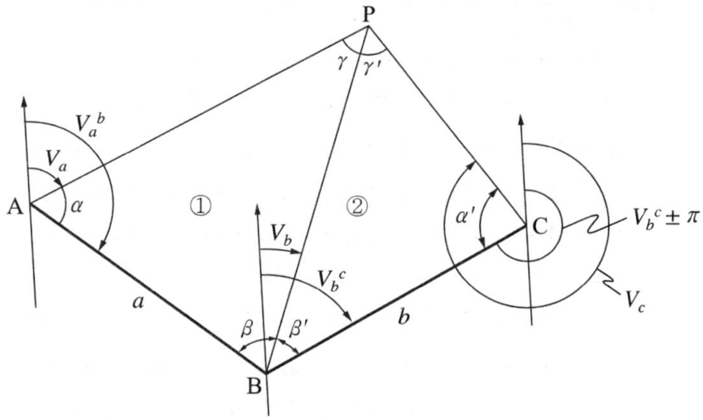

그림 6-22. 교회법

㉠ 방위각에 의하여 내각을 구하는 방법

$\alpha = V_a^b - V_a$ $\alpha' = V_c - (V_b^c \pm 180)$

$\beta = V_b - (V_a^b \pm 180)$ $\beta' = V_b^c - V_b$

$\gamma = V_a - V_b$ $\gamma' = V_b - V_c$

㉡ 내각에 의하여 방위각을 구하는 방법

$V_a = V_a^b - \alpha$

$V_b = (V_a^b \pm 180) + \beta$ 또는 $V_b = V_b^c - \beta'$

$V_c = (V_b^c \pm 180) + \alpha$

여기서, V_b각은 조정방법에 따라 일치하지 않을 수 있으나 A점과 C점에서만 계산하므로 사용되지 않는다.

$\alpha = V_a^b - V_a = 210° 09' 57'' - 148° 17' 29'' = 61° 52' 28''$

$\beta = V_b - (V_a^b \pm 180) = 93° 54' 48'' - (210° 09' 57'' - 180°) = 63° 44' 51''$

$\gamma = V_a - V_b = 148° 17' 29'' - 93° 54' 48'' = 54° 22' 41''$

합$(\alpha + \beta + \gamma) = 180° 00' 00''$

$\alpha' = V_c - (V_b^c \pm 180) = 38° 34' 19'' - (157° 25' 46'' + 180°) = 61° 08' 33''$

$\beta' = V_b^c - V_b = 157° 25' 46'' - 93° 54' 48'' = 63° 30' 58''$

$\gamma' = V_b - V_c = 93°\ 54'\ 48'' - 38°\ 34'\ 19'' = 55°\ 20'\ 29''$

합$(\alpha' + \beta' + \gamma') = 180°\ 00'\ 00''$

※ 각의 계산결과 －값이 나올 경우는 360°를 더해준다.

3) 소구점의 좌표계산

먼저 sin법칙에 의한 변장공식에 의하여 A → P의 거리 및 C → P의 거리를 구한다.

$$\overline{AP} = \frac{a \cdot \sin\beta}{\sin\gamma} = \frac{2591.28 \times \sin 54°22'41''}{\sin 54°22'41''} = 2{,}858.98\,\text{m}$$

$$\overline{CP} = \frac{b \cdot \sin\beta'}{\sin\gamma'} = \frac{2640.53 \times \sin 63°30'58''}{\sin 55°20'29''} = 2{,}873.28\,\text{m}$$

① A점을 기준으로 소구점의 좌표계산

$\Delta x = \overline{AP} \times \cos V_a = 2{,}858.98 \times \cos 148°\ 17'\ 29'' = -2{,}432.23$ m

$\Delta y = \overline{AP} \times \sin V_a = 2{,}858.98 \times \sin 148°\ 17'\ 29'' = +1{,}502.68$ m

$X_{p1} = A_x + \Delta x = 429{,}751.84 - 2{,}432.23 = 427{,}319.62$ m

$Y_{p1} = A_y + \Delta y = 196{,}731.45 + 1{,}502.68 = 198{,}234.13$ m

② C점을 기준으로 소구점의 좌표계산

$\Delta x = \overline{CP} \times \cos V_c = 2{,}873.28 \times \cos 33°\ 34'\ 19'' = +2{,}246.40$ m

$\Delta y = \overline{CP} \times \sin V_c = 2{,}873.28 \times \sin 38°\ 34'\ 19'' = +1{,}791.48$ m

$X_{p2} = C_x + \Delta x = 425{,}073.20 + 2{,}246.41 = 427{,}319.61$ m

$Y_{p2} = C_y + \Delta y = 196{,}442.81 + 1{,}791.48 = 198{,}234.29$ m

③ A, B 두 점을 기준으로 하여 구한 좌표의 허용연결오차 계산

종선교차 $= X_{p1} - X_{p2} = 427{,}319.62 - 427{,}319.61 = +0.01$ m

횡선교차 $= Y_{p1} - Y_{p2} = 198{,}234.13 - 198{,}234.29 = +0.16$ m

④ 연결오차 $= \sqrt{\text{종선교차}^2 + \text{횡선교차}^2} = \sqrt{0.01^2 + 0.16^2} = 0.16\,\text{m}$

따라서 지적도근측량에서 연결오차의 공차는 0.30 m 이내이고, 연결오차는 공차 이내이므로 평균하여 소구점의 좌표를 결정한다.

⑤ 소구점(P)의 좌표계산

$P_x = (427{,}319.62 + 427{,}319.61) \div 2 = 427{,}319.62$ m

$P_y = (198{,}234.13 + 198{,}234.29) \div 2 = 198{,}234.21$ m

교회점계산부

약도

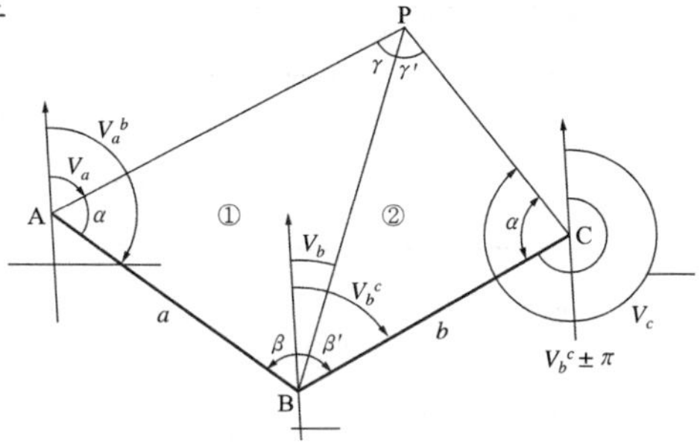

1. 방위(θ) 계산공식 $\tan\theta = \frac{\Delta y}{\Delta x}$
2. 방위각(V) 계산
   Ⅰ상한 : θ　　Ⅱ상한 : 180° − θ
   Ⅲ상한 : 180° + θ　　Ⅳ상한 : 360° − θ
3. 거리(a 또는 b)계산 $\sqrt{\Delta x^2 + \Delta y^2}$
4. 삼각형내각 계산
   $\alpha = V_a{}^b - V_a$　　$\alpha' = V_c - (V_b{}^c \pm 180)$
   $\beta = V_b - (V_a{}^b \pm 180)$　　$\beta' = V_b{}^c - V_b$
   $\gamma = V_a - V_b$　　$\gamma' = V_b - V_c$

V_a	V_b	V_c
148° 17′29″	93° 54′48″	38° 34′19″

점명		X (m)	Y (m)	방향	Δx	Δy
A	용1	429,751.84	196,731.45	A → B	−2,240.35	−1,302.13
B	용2	427,511.49	195,429.32	B → C	−2,438.29	+1,013.49
C	용3	425,073.20	196,442.81	A → C	−4,678.64	−288.64

방위각 계산

방향	용1 → 용2	방향	용2 → 용3
$\theta = \tan^{-1}\frac{\Delta y_a{}^b}{\Delta x_a{}^b}$	30° 09′ 57″	$\theta = \tan^{-1}\frac{\Delta y_b{}^c}{\Delta x_b{}^c}$	22° 34′ 14″
$V_a{}^b$	210 09 57	$V_b{}^c$	157 25 46

거리계산

$a = \sqrt{\Delta x^2 + \Delta y^2}$	2,591.28 m	$b = \sqrt{\Delta x^2 + \Delta y^2}$	2,640.53 m

삼각형내각 계산

각		내각	각		내각
①	α	61° 52′ 28″	②	α'	61° 08′ 33″
	β	63 44 51		β'	63 30 58
	γ	54 22 41		γ'	55 20 29
	합계	180 00 00		합계	180 00 00

소구점 종횡선 계산

①	Xa	429,751.84 m	①	Ya	196,731.45 m
	$\Delta x_1 = \frac{a \cdot \sin\beta}{\sin\gamma}\cos Va$	−2,432.22		$\Delta y_1 = \frac{a \cdot \sin\beta}{\sin\gamma}\sin Va$	+1,502.68
	X_{p1}	427,319.62		Y_{p1}	198,234.13
②	Xc	425,073.20	②	Yc	196,442.81
	$\Delta x_2 = \frac{b \cdot \sin\beta'}{\sin\gamma'}\cos Vc$	+2,246.41		$\Delta y_2 = \frac{b \cdot \sin\beta'}{\sin\gamma'}\sin Vc$	+1,791.48
	X_{p2}	427,319.61		Y_{p2}	198,234.29
소구점 X		427,319.62	소구점 Y		198,234.21

종선교차 = 0.01 m, 횡선교차 = 0.16 m, 연결교차 = 0.16 m, 공차 = 0.30 m

계산자 : 지적기사	검사자 : 지적기사

예제 15 지적도근측량을 교회법으로 실시하여 아래의 결과를 얻었다. 소구점44의 좌표를 구하시오.

1) 기지점

점명	X좌표	Y좌표	비고
11(A)	−1,132.74 m	−85.63 m	
22(B)	−311.91 m	+945.72 m	
33(C)	+1,427.43 m	+121.85 m	

2) 관측내각

$\beta' = 51°32'\ 44''$, $\gamma = 39°25'\ 05''$, $\gamma' = 59°45'\ 52''$

해설 기타 원점 지역의 종횡선좌표는 일반원점에서 종선에 50만(제주도는 55만) m, 횡선에 20만 m의 가산수를 사용하지만 그대로 쓰게 되어 있다. 그러므로 종선, 횡선좌표의 부호에 + 혹은 −가 붙는 경우가 많다.

1) 기지점 종선차, 횡선차의 산출

① A점에서 B점에 대한 종선차, 횡선차의 계산식 = (B − A)

$\Delta x = (-311.91) - (-1{,}132.74) = +820.83$ m

$\Delta y = 945.72 - (-85.63) = +1{,}031.35$ m

② B점에서 C점에 대한 종선차, 횡선차의 계산식 = (C − B)

$\Delta x = 1{,}427.43 - (-311.91) = +1{,}739.3\ 4$m

$\Delta y = 121.85 - (945.72) = -823.87$ m

③ A점에서 C점에 대한 종선차, 횡선차의 계산식 = (C − A)

$\Delta x = 1{,}427.43 - (-1{,}132.74) = +2{,}560.17$ m

$\Delta y = 121.85 - (85.63) = +207.48$ m

※ C−A 종선차 = (B−A 종선차)+(C−B 종선차) = 820.83 + 1739.34 = +2560.17 m
C−A 횡선차 = (B−A 횡선차)+(C−B 종선차) = 1031.35 + (−823.87) = +207.48 m

※ C ⇒ A에 대한 계산은 B−A 및 C−B의 종선차 합 및 횡선차 합과 같아야 하며, 계산에 있어 오류를 검산하는 것이다.

2) 기지점 방위각 및 거리계산

① A → B방위각

$$\theta = \tan^{-1}\left(\frac{\Delta y}{\Delta x}\right) = \tan^{-1}\left(\frac{1{,}031.35}{820.83}\right) = 51°\ 29'\ 04''$$

여기서, 종선차의 부호는 +, 횡선차의 부호는 +이므로 1상한이 되어 $V_a{}^b = 51°\ 29'\ 04''$가 된다.

거리계산 $a = \sqrt{\Delta x^2 + \Delta y^2} = \sqrt{820.83^2 + 1{,}031.35^2} = 1{,}318.12\,\text{m}$

② B → C방위각

$$\theta = \tan^{-1}\left(\frac{\Delta y}{\Delta x}\right) = \tan^{-1}\left(\frac{823.87}{1{,}739.34}\right) = 25°\ 20'\ 44''$$

여기서, 부호가 종선차는 +, 횡선차는 −이므로 4상한($V = 360° - \theta$)이 되어 $V_b{}^c = 360° - 25°\ 20'\ 44'' = 334°\ 39'\ 16''$가 된다.

거리계산 $b = \sqrt{\Delta x^2 + \Delta y^2} = \sqrt{1{,}739.34^2 + 823.87^2} = 1{,}924.59\,\text{m}$

3) 소구방위각 계산

기지변을 낀 각 중 알 수 있는 각이 β', γ, γ'이므로 먼저 V_b를 계산

$$V_b = V_b^c - \beta' = 334°\ 39'\ 16'' - 51°\ 32'\ 44'' = 283°\ 06'\ 32''$$

$$V_a = V_b + \gamma = 283°\ 06'\ 32'' + 39°\ 25'\ 05'' = 322°\ 31'\ 37''$$

$$V_c = V_b - \gamma' = 283°\ 06'\ 32'' + 59°\ 45'\ 52'' = 223°\ 20'\ 40''$$

4) 삼각형내각 계산

$$\alpha = V_a^{\ b} - V_a = 51°\,29'04'' - 322°\,31'37'' + 360° = 88°\,57'27''$$

$$\beta = V_b - (V_a^{\ b} \pm 180) = 283°\,06'32'' - (51°\,29'04'' + 180°) = 51°\,37'28''$$

$$\alpha' = V_c - (V_b^{\ c} \pm 180) = 223°\,20'40'' - 3\,(334°\,39'16'' - 3180°) = 68°\,41'24''$$

5) 소구점의 종횡선 계산

먼저 sin법칙에 의한 변장공식에 의하여 A → P의 거리 및 C → P의 거리를 구한다.

$$\overline{AP} = \frac{a \cdot \sin\beta}{\sin\gamma} = \frac{1{,}318.12 \times \sin 51°37'28''}{\sin 39°25'05''} = 1{,}627.39\,\text{m}$$

$$\overline{CP} = \frac{b \cdot \sin\beta'}{\sin\gamma'} = \frac{1{,}924.59 \times \sin 51°32'44''}{\sin 59°45'52''} = 1{,}744.47\,\text{m}$$

① A점을 기준으로 소구점의 좌표계산

$$\Delta x = \overline{AP} \times \cos V_a = 1{,}627.39 \times \cos 322°\,31'37'' = +1{,}291.56\ \text{m}$$

$$\Delta y = \overline{AP} \times \sin V_a = 1627.39 \times \sin 322°\,31'37'' = -990.09\ \text{m}$$

$$X_{p1} = A_x + \Delta x = -1{,}132.74 + 1{,}291.56 = +158.82\ \text{m}$$

$$Y_{p1} = A_y + \Delta y = -85.63 - 990.09 = -1{,}075.72\ \text{m}$$

② C점을 기준으로 소구점의 좌표계산

$$\Delta x = \overline{CP} \times \cos V_c = 1{,}744.47 \times \cos 223°\,20'40'' = -1{,}268.65\ \text{m}$$

$$\Delta y = \overline{CP} \times \sin V_c = 1{,}744.47 \times \sin 223°\,20'40'' = -1{,}197.37\ \text{m}$$

$$X_{p2} = C_x + \Delta x = 1{,}427.43 - 1{,}268.65 = +158.78\ \text{m}$$

$$Y_{p2} = C_y + \Delta y = 21.85 - 1{,}197.37 = -1{,}075.52\ \text{m}$$

③ A, B 두 점을 기준으로 하여 구한 좌표의 허용연결오차 계산

종선교차 = 158.82 − 158.78 = +0.04 m

횡선교차 = −1075.72 − (−1075.52) = −0.20 m

연결오차 = $\sqrt{0.04^2 + 0.20^2} = 0.20\,\text{m}$

따라서 지적도근측량에서 연결오차의 공차는 0.30 m 이내이고, 연결오차는 공차 이내이므로 평균하여 소구점의 좌표를 결정

④ 소구점(P)의 좌표계산

$$P_x = (158.82 + 158.78) \div 2 = 158.80\ \text{m}$$

$$P_y = [-1{,}075.72 + (-1{,}075.52)] \div 2 = -1{,}075.62\ \text{m}$$

교회점계산부

약도

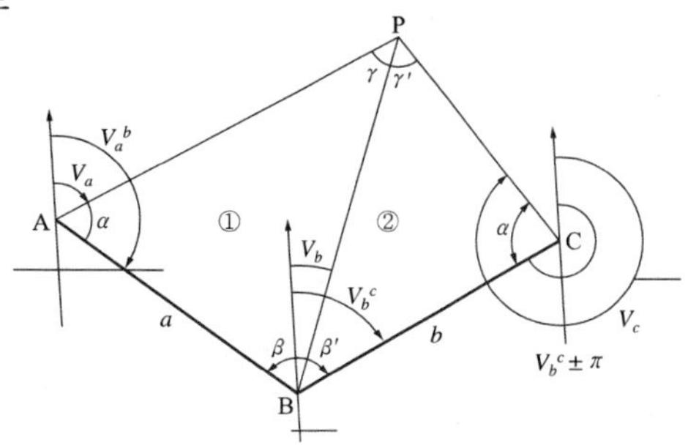

1. 방위(θ) 계산공식 $\tan\theta = \dfrac{\Delta y}{\Delta x}$
2. 방위각(V) 계산
   - Ⅰ상한 : θ　　Ⅱ상한 : $180° - \theta$
   - Ⅲ상한 : $180° + \theta$　　Ⅳ상한 : $360° - \theta$
3. 거리(a 또는 b)계산 $\sqrt{\Delta x^2 + \Delta y^2}$
4. 삼각형내각 계산
   - $\alpha = V_a^b - V_a$　　$\alpha' = V_c - (V_b^c \pm 180)$
   - $\beta = V_b - (V_a^b \pm 180)$　　$\beta' = V_b^c - V_b$
   - $\gamma = V_a - V_b$　　$\gamma' = V_b - V_c$

V_a	V_b	V_c
322° 31′ 37″	283° 06′ 32″	223° 20′ 40″

점명		X (m)	Y (m)	방향	Δx	Δy
A	11	−1,132.74	−85.63	A → B	+820.83	+1,031.35
B	22	−311.91	+945.72	B → C	+1,739.34	−823.87
C	33	+1,427.43	+121.85	A → C	+2,560.17	+207.48

방위각 계산

방향	11 → 22	방향	22 → 33
$\theta = \tan^{-1}\dfrac{\Delta y_a^{\ b}}{\Delta x_a^{\ b}}$	51° 29′ 04″	$\theta = \tan^{-1}\dfrac{\Delta y_b^{\ c}}{\Delta x_b^{\ c}}$	25° 20′ 44″
V_a^b	51 29 04	V_b^c	334 39 16

거리계산

$a = \sqrt{\Delta x^2 + \Delta y^2}$	1,318.12 m	$b = \sqrt{\Delta x^2 + \Delta y^2}$	1,924.59 m

삼각형내각 계산

각		내 각	각		내 각
①	α	88° 57′ 27″	②	α'	68° 41′ 24″
	β	51 37 28		β'	51 32 44
	γ	39 25 05		γ'	59 45 52
	합계	180 00 00		합계	180 00 00

소구점 종횡선 계산

①	Xa	−1,132.74 m	①	Ya	−85.63 m
	$\Delta x_1 = \dfrac{a \cdot \sin\beta}{\sin\gamma}\cos Va$	+1291.56		$\Delta y_1 = \dfrac{a \cdot \sin\beta}{\sin\gamma}\sin Va$	−990.09
	X_{p1}	+158.82		Y_{p1}	−1,075.72
②	Xc	+1,427.43	②	Yc	+121.85
	$\Delta x_2 = \dfrac{b \cdot \sin\beta'}{\sin\gamma'}\cos Vc$	−1,268.65		$\Delta y_2 = \dfrac{b \cdot \sin\beta'}{\sin\gamma'}\sin Vc$	−1,197.37
	X_{p2}	+158.78		Y_{p2}	−1,075.52
소구점 X		+158.80	소 구 점 Y		−1,075.62

종선교차 = 0.04m, 횡선교차 = −0.20 m, 연결교차 = 0.20 m, 공차 = 0.30 m

계산자 :	검사자 :

예제 16 지적도근측량을 교회법으로 실시하여 아래의 결과를 얻었다. 소구점(10)의 좌표를 구하시오.

교회점계산부

약도

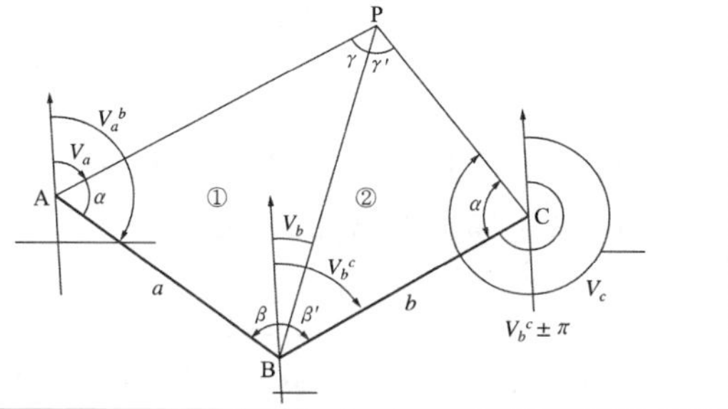

1. 방위(θ) 계산공식 $\tan\theta = \dfrac{\Delta y}{\Delta x}$
2. 방위각(V) 계산
   Ⅰ상한 : θ　　Ⅱ상한 : $180° - \theta$
   Ⅲ상한 : $180° + \theta$　　Ⅳ상한 : $360° - \theta$
3. 거리(a 또는 b)계산 $\sqrt{\Delta x^2 + \Delta y^2}$
4. 삼각형내각 계산
   $\alpha = V_a{}^b - V_a$　　$\alpha' = V_c - (V_b{}^c \pm 180)$
   $\beta = V_b - (V_a{}^b \pm 180)$　　$\beta' = V_b{}^c - V_b$
   $\gamma = V_a - V_b$　　$\gamma' = V_b - V_c$

V_a	V_b	V_c
103° 33′30″	37° 16′30″	327° 47′41″

점명		X (m)	Y (m)	방향	Δx	Δy
A	101	456,829.98	214,571.87	A → B		
B	103	456,630.49	214,635.95	B → C		
C	105	456,633.30	214,850.53	A → C		

방위각 계산

방 향	→	방 향	→
$\theta = \tan^{-1}\dfrac{\Delta y_a{}^b}{\Delta x_a{}^b}$	° ′ ″	$\theta = \tan^{-1}\dfrac{\Delta y_b{}^c}{\Delta x_b{}^c}$	° ′ ″
$V_a{}^b$		$V_b{}^c$	

거리계산

$a = \sqrt{\Delta x^2 + \Delta y^2}$	. m	$b = \sqrt{\Delta x^2 + \Delta y^2}$	. m

삼각형내각 계산

각		내각	각		내각
①	α	° ′ ″	②	α'	° ′ ″
	β			β'	
	γ			γ'	
	합계			합계	

소구점 종횡선 계산

①	Xa	m	①	Ya	m
	$\Delta x_1 = \dfrac{a \cdot \sin\beta}{\sin\gamma}\cos Va$	.		$\Delta y_1 = \dfrac{a \cdot \sin\beta}{\sin\gamma}\sin Va$	.
	X_{p1}	.		Y_{p1}	.
②	Xc	.	②	Yc	.
	$\Delta x_2 = \dfrac{b \cdot \sin\beta'}{\sin\gamma'}\cos Vc$	.		$\Delta y_2 = \dfrac{b \cdot \sin\beta'}{\sin\gamma'}\sin Vc$	.
	X_{p2}	.		Y_{p2}	.
소구점 X		.	소구점 Y		.

종선교차 = m, 횡선교차 = m, 연결교차 = m, 공차 = m

계산자 :	검사자 :

[별지 제49호 서식]

교회점계산부

약도

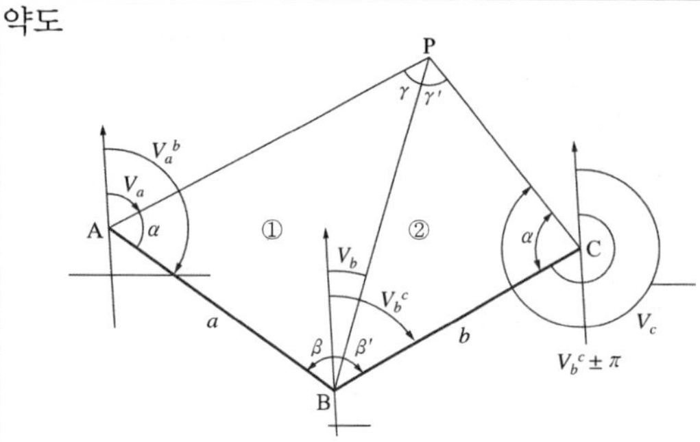

1. 방위(θ) 계산공식 $\tan\theta = \dfrac{\Delta y}{\Delta x}$
2. 방위각(V) 계산
   Ⅰ상한 : θ Ⅱ상한 : $180° - \theta$
   Ⅲ상한 : $180° + \theta$ Ⅳ상한 : $360° - \theta$
3. 거리(a 또는 b)계산 $\sqrt{\Delta x^2 + \Delta y^2}$
4. 삼각형내각 계산
   $\alpha = V_a{}^b - V_a$ $\alpha' = V_c - (V_b{}^c \pm 180)$
   $\beta = V_b - (V_a{}^b \pm 180)$ $\beta' = V_b{}^c - V_b$
   $\gamma = V_a - V_b$ $\gamma' = V_b - V_c$

V_a	V_b	V_c

점명		X (m)	Y (m)	방향	Δx	Δy
A				A → B		
B				B → C		
C				A → C		

방위각 계산

방 향	→	방 향	→
$\theta = \tan^{-1}\dfrac{\Delta y_a{}^b}{\Delta x_a{}^b}$	° ′ ″	$\theta = \tan^{-1}\dfrac{\Delta y_b{}^c}{\Delta x_b{}^c}$	° ′ ″
$V_a{}^b$		$V_b{}^c$	

거리계산

$a = \sqrt{\Delta x^2 + \Delta y^2}$	. m	$b = \sqrt{\Delta x^2 + \Delta y^2}$	. m

삼각형내각 계산

각		내각	각		내각
①	α	° ′ ″	②	α′	° ′ ″
	β			β′	
	γ			γ′	
	합계			합계	

소구점 종횡선 계산

①	Xa	m	①	Ya	m
	$\Delta x_1 = \dfrac{a \cdot \sin\beta}{\sin\gamma} \cos Va$	.		$\Delta y_1 = \dfrac{a \cdot \sin\beta}{\sin\gamma} \sin Va$	.
	X_{p1}	.		Y_{p1}	.
②	Xc	.	②	Yc	.
	$\Delta x_2 = \dfrac{b \cdot \sin\beta'}{\sin\gamma'} \cos Vc$	.		$\Delta y_2 = \dfrac{b \cdot \sin\beta'}{\sin\gamma'} \sin Vc$	.
	X_{p2}	.		Y_{p2}	.
소구점 X		.	소 구 점 Y		.

종선교차 = m, 횡선교차 = m, 연결교차 = m, 공차 = 0.30 m	
계산자 :	검사자 :

6.6 다각망도선법에 의한 도근측량

6.6.1 다각망도선법의 의의

지적도근측량은 지적삼각점 및 지적삼각보조점을 기준으로 실시하기 때문에 이들의 성과에 의하여 측량의 정확도가 결정되므로 시행지역의 상황에 따라 신뢰할 수 있는 삼각점을 선택하여야 한다. 따라서 여러 도선에 의해 형성된 도근망에서 교점에 대한 각 도선별 좌표차 뿐만 아니라 2～3 km 떨어진 도선과의 오차 조정방법을 위하여 현재는 X형, Y형, A형, H형을 표준으로 하여 작업을 시행하도록 규정하고 있으나 이들 망을 살펴볼 때 X형과 Y형은 교점이 1개, A형과 H형은 교점이 2개만 처리된다.

그러나 교점이 3개 이상인 망에 대하여는 이러한 형태의 망을 계속적으로 구성하여 작업을 시행한다는 것은 매우 어려운 일이므로 별도의 합리적인 방법이 요구되며, 이러한 미비점을 보완하여 망의 형태에 구애받지 않고 작업을 시행하는 방법을 복합망이라 하는데 교점다각망 또는 다각망도선법이 있다.

현재 지적도근측량에서 도선의 측선길이와 방향을 관측하기 위하여 데오도라이트와 광파측거기(EDM) 또는 Total Station을 주로 사용하지만 측량장비의 발달에 따라 최근에는 GNSS를 활용하여 직접 지적도근점의 좌표를 계산하기도 한다.

6.6.2 다각망도선법의 관측

1) 선점계획도

망구성을 위하여 선점계획도를 작성하여 도선을 정하고, 이에 따라 지적도근점을 선정하여 도상에 표시하고 1차 교점위치를 확인한다. 또한 현장답사와 지적도근점 매설시 교점으로 사용할 점의 위치와 폐쇄점을 선정하여 관측에 지장이 없는지를 확인하고, 변동사항이 있을 때에는 선점계획도에 표시하여 관측시 착오가 없도록 하여야 한다.

2) 다각망의 구성

교점다각망의 구성은 교점으로 선택된 지적도근점으로부터 다른 지적도근점을 연결하여 구성한다. 교점다각망 관측을 실시할 때에는 각 노선에서 폐쇄가 가능하도록 구성하되, 3점 이상의 기지점을 포함한 결합다각방식에 의한다. 또한 점간거리는 500 m 이하로 하며, 1도선의 점의 수는 20점 이하로 한다. 이 경우 1도선이라 함은 기지점과 교점간 또는 교점과 교점간을 말한다.

교점다각망은 그림 6-23에서와 같이 X형, Y형, A형, H형, 복합망형 등이 있으며, A형은 H형의 2기지점이 일치한 경우로서 H형과 본질적으로 다른 것은 아니다. 또한, X형 및 Y형은 3개의 기지점에 근거하여 교점 1개를 평균한 것으로서 이는 지적삼각보조점과 거의 동일한 정확도를 유지하며, 이러한 망형은 도시개발사업을 실시하는 지역에서 활용되고 있다.

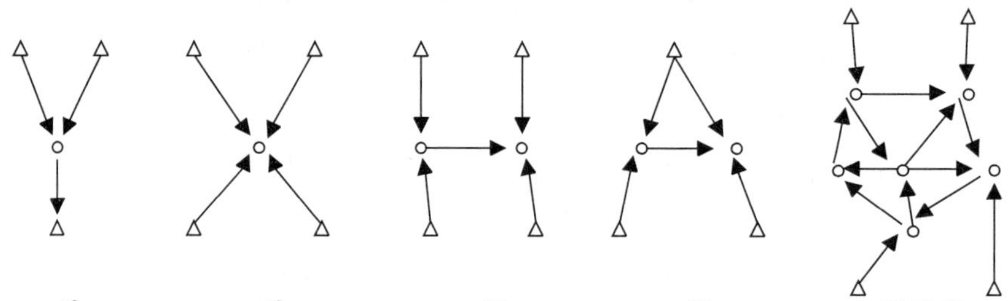

그림 6-23. 다각망도선법의 형태

3) 도선별 관측과 계산

도선별 각관측은 배각법에 의하여 3배각으로 관측을 실시하며, 교점에서 폐쇄할 점은 각 노선에서 공통으로 관측할 수 있는 피뢰침과 같은 임의의 점을 선택한다. 이 점은 평판측량에서 도선법을 실시할 때 평판의 표정 작업시와 마찬가지로 작업도중에 확인할 수 있도록 전주 등을 교회점으로 사용하는 방법과 유사하다.

각의 관측은 각 노선별로 관측을 시행하여 도근측량계산부에 기록한다. 이때의 측각오차, 즉 도선별 평균방위각과 관측방위각에 대한 폐색오차의 허용공차는 1등도선은 $\pm 20\sqrt{n}$ 초 이내, 2등도선은 $\pm 30\sqrt{n}$ 초 이내이고, n은 변수를 말한다.

또한 각 도선으로부터 계산된 교점의 종횡선좌표의 연결오차에 대한 공차는 1등도선은 $M \times \frac{1}{100}\sqrt{n}$ cm 이내, 2등도선은 $M \times \frac{1.5}{100}\sqrt{n}$ cm 이내이고, 여기서 n은 거리의 합을 100으로 나눈 수를 말한다.

4) 경중률의 부여방법

경중률이란 오차론에 근거를 둔 것으로서 어떤 측점에 있어서 관측조건이 같으면 그 결과는 단순평균하여 구하지만, 관측조건이 다른 경우에는 그 조건을 고려하여 값을 구하여야 정확한 값을 구하게 된다. 이처럼 각 도선의 관측조건을 비교하는 상대적인 지표, 즉 오차의 발생확률을 경중률이라고 한다. 다시 말해 관측값의 신뢰도를 뜻하며 무게

(weight) 또는 중량(重量)이라고도 한다. 오차소거에 있어서 경중률은 오차를 최대한 정밀하게 소거시키기 위해 적용하는 것으로서 다각망도선법에서는 도선에 따라 오차발생이 다르다고 보아 각 도선의 각과 거리에 경중률을 적용한다.

예를 들어, (1)도선은 측점수가 3점이고, (2)도선은 측점수가 5점인 경우 두 도선의 관측조건이 같다고 할 때, 즉 동일한 조건에서 같은 장비로 한 사람이 관측을 실시했다 하더라도 발생한 오차의 전체 값은 달라진다. 오차발생은 측정 횟수에 비례하기 때문에 3점을 측정한 도선과 5점을 측정한 도선의 오차는 다를 수밖에 없다. 이 경우 각 도선에 오차를 배부할 보정치를 결정하는 상대적인 지표가 경중률이다.

교점다각망의 경중률은 각 노선의 측점수와 거리의 합을 매개변수로 이용한다. 따라서 다각망도선법에서 경중률은 각은 측점수에, 거리는 거리의 크기에 반비례한다고 보고 계산한다.

6.6.3 다각망도선법의 계산

1) 조건식 수의 계산

조건식 수의 계산은 일반적으로 다음과 같다.

- 조건식 수 = 도선수 − 교점수 (6.16)

① X망형 : 원형에 가까운 지구의 망구성에 적합한 형태로 그림 6-24(a)에서와 같이 최대조건식 수는 4개이지만 조건식 수는 3개만 만족시키면 된다.

② Y망형 : 가장 단순한 망으로 그림 6-24(b)에서와 같이 최대조건식 수는 3개이지만 조건식 수는 2개만 만족시키면 된다.

③ A, H망형 : 최대조건식수는 4개이지만 3개만 만족시키면 된다.

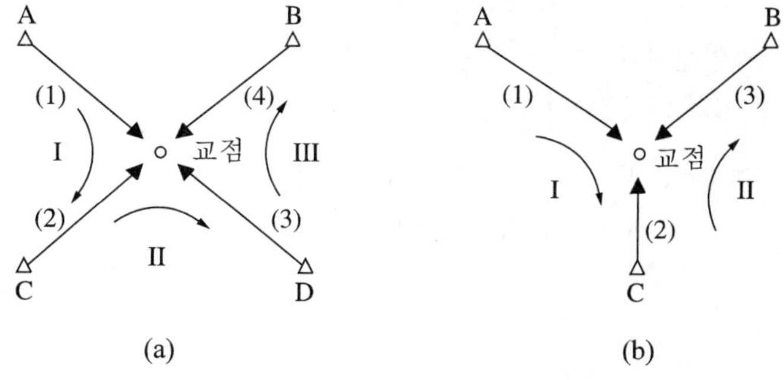

그림 6-24. X망형과 Y망형

④ 교점다각망형 : 조건식수의 계산공식에 따라 어느 조건식을 사용하던지 최소조건식 수만 만족시키면 된다.

2) X · Y형의 계산

(1) X망의 방위각 및 종횡선좌표의 조건식

$$\left.\begin{aligned} &\text{I} : (1) - (2) + W_1 = 0 \\ &\text{II} : (2) - (3) + W_2 = 0 \\ &\text{III} : (3) - (4) + W_3 = 0 \end{aligned}\right\} \quad (6.17)$$

(2) Y망의 방위각 및 종횡선좌표의 조건식

$$\left.\begin{aligned} &\text{I} : (1) - (2) + W_1 = 0 \\ &\text{II} : (2) - (3) + W_2 = 0 \end{aligned}\right\} \quad (6.18)$$

(3) 평균방위각의 계산식

$$\bullet\ 방위각 = \frac{\left[\dfrac{\sum\alpha}{\sum N}\right]}{\left[\dfrac{1}{\sum N}\right]} \quad (6.19)$$

여기서, N : 도선별측점수

α : 관측방위각

(4) 평균 종 · 횡선좌표의 계산식

$$\bullet\ 종선좌표 = \frac{\left[\dfrac{\sum X}{\sum S}\right]}{\left[\dfrac{1}{\sum S}\right]}$$

$$\bullet\ 횡선좌표 = \frac{\left[\dfrac{\sum Y}{\sum S}\right]}{\left[\dfrac{1}{\sum S}\right]} \quad (6.20)$$

여기서, X, Y : 공통좌표를 제외한 좌표

S : 도선별 거리의 합

예제 17 다음 Y망의 관측결과에 의하여 평균방위각과 평균좌표를 계산하시오.

도선	측점수	도선거리	관측방위각	계산종선좌표	계산횡선좌표
(1)	4	19.43	295° 40′09.0″	430,596.58	238,790.27
(2)	4	29.57	295° 40′05.0″	430,596.78	238,790.21
(3)	3	20.26	295° 40′07.8″	430,596.69	238,790.22

해설

· 방위각 $= \dfrac{\left[\dfrac{\Sigma\alpha}{\Sigma N}\right]}{\left[\dfrac{1}{\Sigma N}\right]} = \dfrac{\dfrac{9.0}{4}+\dfrac{5.0}{4}+\dfrac{7.8}{3}}{\dfrac{1}{4}+\dfrac{1}{4}+\dfrac{1}{3}} = 7.3''$

· 종선좌표 $= \dfrac{\left[\dfrac{\Sigma X}{\Sigma S}\right]}{\left[\dfrac{1}{\Sigma S}\right]} = \dfrac{\dfrac{58}{19.43}+\dfrac{78}{29.57}+\dfrac{69}{20.26}}{\dfrac{1}{19.43}+\dfrac{1}{29.57}+\dfrac{1}{20.26}} = 67\text{cm}\,(0.67\text{m})$

· 횡선좌표 $= \dfrac{\left[\dfrac{\Sigma Y}{\Sigma S}\right]}{\left[\dfrac{1}{\Sigma S}\right]} = \dfrac{\dfrac{27}{19.43}+\dfrac{21}{29.57}+\dfrac{22}{20.26}}{\dfrac{1}{19.43}+\dfrac{1}{29.57}+\dfrac{1}{20.26}} = 24\text{cm}\,(0.24\text{m})$

예제 18 다음 X망의 관측결과에 의하여 평균방위각과 평균좌표를 계산하시오.

도선	측점수	도선거리	관측방위각	계산종선좌표	계산횡선좌표
(1)	11	7.26	274° 55′18″	350,976.13	238,790.27
(2)	7	4.55	274° 55′04″	350,976.15	238,790.21
(3)	14	11.33	274° 54′57″	350,976.14	238,790.22
(4)	8	7.76	274° 54′26″	350,976.08	238,790.20

교점다각망계산부(X · Y형)

약도

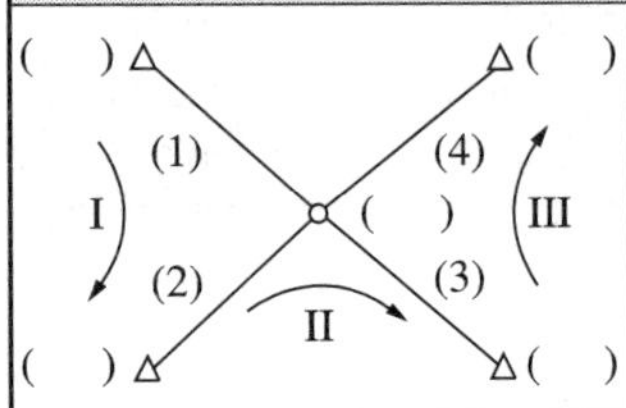

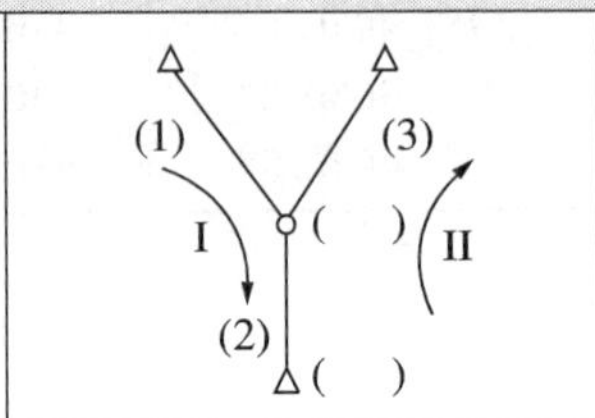

조건식			조건식		
	I	(1)−(2)+ W_1=0		I	(1)−(2)+ W_1=0
	II	(2)−(3)+ W_2=0		II	(2)−(3)+ W_2=0
	III	(3)−(4)+ W_3=0			

경중율		ΣN	ΣS	경중율		ΣN	ΣS
	(1)				(1)		
	(2)				(2)		
	(3)				(3)		
	(4)						

1. 방위각

순서	도선	관측	보정	평균
I	(1)	° ′ ″		° ′ ″
	(2)			
	W_1			
II	(2)			
	(3)			
	W_2			
III	(3)			
	(4)			
	W_3			

2. 종선좌표

순서	도선	관측	보정	평균
I	(1)	.		.
	(2)	.		.
	W_1	.		.
II	(2)	.		.
	(3)	.		.
	W_2	.		.
III	(3)	.		.
	(4)	.		.
	W_3	.		.

3. 횡선좌표

순서	도선	관측	보정	평균
I	(1)	.		.
	(2)	.		.
	W_1	.		.
II	(2)	.		.
	(3)	.		.
	W_2	.		.
III	(3)	.		.
	(4)	.		.
	W_3	.		.

4. 계산

1) 방위각 = $\dfrac{\left[\dfrac{\Sigma\alpha}{\Sigma N}\right]}{\left[\dfrac{1}{\Sigma N}\right]} =$

2) 종선좌표 = $\dfrac{\left[\dfrac{\Sigma X}{\Sigma S}\right]}{\left[\dfrac{1}{\Sigma S}\right]} =$

3) 횡선좌표 = $\dfrac{\left[\dfrac{\Sigma Y}{\Sigma S}\right]}{\left[\dfrac{1}{\Sigma S}\right]} =$

W = 오차, N = 도선별점수, S = 측점간거리, α = 관측방위각

3) H · A형의 계산

H · A형은 교점이 2개로서 기지점으로부터 교점, 교점으로부터 교점에 연결되는 도선이 있으며, 조건방정식은 관측방위각에 대한 것과 종 · 횡선좌표에 대한 것으로 이루어진다. 조건방정식(I, II, III)은 화살표의 방향을 고려하여 관측(진행)방향일 때는 (+), 관측(진행)반대방향일 경우에는 (−)로 하여 방정식을 구성한다.

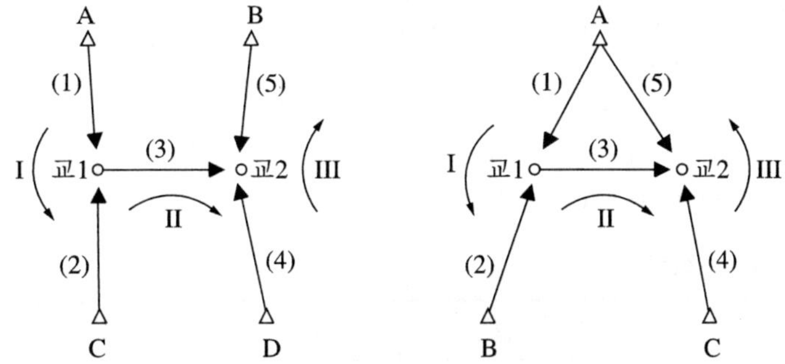

그림 6-25. H · A망형

H · A망의 조건방정식은 다음과 같다.

$$\left.\begin{array}{l} \text{I} : (1) - (2) + W_1 = 0 \\ \text{II} : (2) + (3) - (4) + W_2 = 0 \\ \text{III} : (4) - (5) + W_3 = 0 \end{array}\right\} \quad (6.21)$$

여기서, W_1, W_2, W_3은 교점에서의 방위각 또는 종 · 횡선의 오차를 말한다.

예제 19 교점다각망 A형의 관측값에 의하여 평균방위각과 평균 종 · 횡선좌표를 계산하시오. 단, (3)도선의 방위각 및 종 · 횡선좌표는 (2)+(3) 도선의 값이다.

도선	측점수	도선거리	관측방위각	계산종선좌표	계산횡선좌표
(1)	25	1,500	58° 26′ 35″	355,641.82	237,154.26
(2)	10	1,120	58° 26′ 15″	355,641.89	237,154.31
(3)	8	400	217° 33′ 38″	355,716.56	237,423.69
(4)	8	900	217° 33′ 12″	355,716.59	237,423.65
(5)	7	380	217° 32′ 58″	355,716.52	237,423.68

해설

1) 조건방정식의 계산

① 방위각

Ⅰ : (1) − (2) + 20′′ = 0

Ⅱ : (2) + (3) − (4) + 26′′ = 0

Ⅲ : (4) − (5) + 14′′ = 0

② 종선좌표

Ⅰ : (1) − (2) − 0.07 = 0

Ⅱ : (2) + (3) − (4) − 0.03 = 0

Ⅲ : (4) − (5) + 0.07 = 0

③ 횡선좌표

Ⅰ : (1) − (2) − 0.05 = 0

Ⅱ : (2) + (3) − (4) + 0.04 = 0

Ⅲ : (4) − (5) − 0.03 = 0

2) 상관방정식

순서	P_n	P_s	I	II	III
(1)	2.5	1.500	+1		
(2)	1.0	1.120	−1	+1	
(3)	0.8	0.400		+1	
(4)	0.8	0.900		−1	+1
(5)	0.7	0.380			−1

계산의 편리를 위해 각 도선의 측점의 합계(ΣN)를 동일하게 10으로 나누고, 각 도선의 거리의 합계(ΣS)를 1,000으로 나누어 경중률(P)로 한다. 또한 조건방정식의 도선명에 동일하게 1씩의 경중률을 부여한다.

3) 방위각 표준방정식

표준방정식의 수는 언제나 조건방정식의 수와 같다. 따라서 H, A형의 교점다각망에 있어서는 3개의 표준방정식이 있다.

상관방정식을 조건방정식에 대입하여 정렬하고, 경중률(P)은 I = a, II = b, III = c라 하면 다음과 같은 표준방정식을 얻는다.

$$\left.\begin{aligned}&[Paa]K_1+[Pab]K_2+[Pac]K_3+W_1=0\\&[Pbb]K_2+[Pbc]K_3+W_2=0\\&[Pcc]K_3+W_3=0\end{aligned}\right\}\ ①$$

여기서, $$\left.\begin{aligned}&[Paa]=P_1{a_1}^2+P_2{a_2}^2+\cdots+P_n{a_n}^2\\&[Pab]=P_1a_1b_1+P_2a_2b_2+\cdots+P_na_nb_n\\&[Pac]=P_1a_1c_1+P_2a_2c_2+\cdots+P_na_nc_n\end{aligned}\right\}\ ②$$

[표준방정식]

	I	II	III	$W\alpha$	Σ
I	+3.5	−1.0	0.0	+2.0	+4.5
II		+2.6	−0.8	+2.6	+3.4
III			+1.5	+1.4	+2.1

①식에 의하여 표준방정식에 값을 구하면,

$[Paa] = \{2.5 \times (+12)\} + \{1.0 \times (-1)2\} = +3.5$

$[Pab] = 1.0 \times (-1) \times (+1) = -1.0$

$[Pac] = 0.0$

$[Pbb] = (1.0 \times 12) + \{0.8 \times 12 + 0.8 \times (-1)2\} = +2.6$

$[Pbc] = 0.8 \times (-1) \times (+1) = -0.8$

$[Pcc] = (0.8 \times 12) + \{0.7 \times (-1)2\} = +1.5$

①식에서 W_α는 교차이므로 산출된 오차를 이기하며, 계산과정에서 계산착오를 방지하기 위하여 Σ란을 두어 합산한다.

계산예) $+3.5 - 1.0 + 0 + 2.0 = +4.5$

$-1.0 + 2.6 - 0.8 + 2.6 = +3.4$

$+0.0 - 0.8 + 1.5 + 1.4 = +2.1$

4) 정해(방위각) 계산

표준방정식의 정해순서는 가우스소거법에 의한 이체 계산에 의한 것으로 다음 표와 같다.

① 1, 3, 7행에는 표준방정식의 수를 차례로 각각 기입한다.

② 2행에서는 1행의 첫수 +3.5로 나머지 우측수들은 각각 나누어 부호를 반대로 하여 기입한다. 행의 앞에 일반적으로 C자에다 첨수를 붙여 표시한다. 산출된 값이 오류가 있는지 검산은 Σ열 앞까지 합하여 −1한 값과 Σ열의 값과 일치하는가를 확인한다.

③ 4행에서는 C_1 계수 첫수의 피젯수인 −1.0으로 C_1계수를 각각 곱하여 구한 값을 이기한다.

④ 5행에서는 3행과 4행의 값을 합산하여 기입한다.

[정해(방위각)]

I	II	III	$W\alpha$	Σ(검산)	비고
+3.5	−1.0	0.0	+2.0	+4.5	1행
C_1	+0.2857	0.0000	−0.5714	−1.2857	2행
	+2.6	−0.8	+2.6	+3.4	3행
	−0.2857	0.0000	+0.5714	+1.2857	4행
	+2.3143	−0.8	+3.1714	+4.6857	5행
	C_2	+0.3457	−1.3704	−2.0247	6행
		+1.5	+1.4	+2.1	7행
		−0.2766	+1.0963	+1.6198	8행
		+1.2234	+2.4963	+3.7198	9행
		C_3	−2.0405	−3.0405	10행

⑤ 6행에서는 5행의 첫수 +2.3143으로 나머지 우측수들을 각각 나누어 계산하여 부호를 반대로 하여 기입하고 2행과 마찬가지로 C_2라 표시한다. 2행과 같은 방법으로 검산한다.

⑥ 8행에서는 C_2계수의 첫 수인 피젯수 −0.8로 C_2계수들은 각각 곱하여 기입한다.

⑦ 9행에서는 7행과 8행을 합산하여 이기한다.

⑧ 10행에서는 9행의 첫 수 +1.2234로 우측수들을 나누어 부호를 반대로 해서 이기하고 C_3라 표시한다. −2.0405 − (−3.0405) = 1로서 검산한다.

5) 방위각 상관계수의 계산

상관계수의 계산은 정해에 대한 역해라고도 하며, 앞에서 산출된 정해의 C_1, C_2, C_3 내의 방정식 안에 있는 승적계수의 수치를 계산하는 것이다.

편의상 3개의 방정식을 수식으로 옮기면 다음과 같다.

C_1 = +0.2857　　C_2 = +0.0000　　C_3 = −0.5714

C_2 = +0.3457　　C_3 = −1.3704

C_3 = −2.0405

세 번째 식은 상관계수 C_3의 값을 갖고 있고, 다른 상관계수의 값들은 다음에 이 값을 직접 차례로 첫째, 둘째 식에 대입함으로써 구할 수 있다.

[상관계수]

C_1	C_2	C_3	
−0.5714	−1.3704	−2.0405	1
0.0000	−0.7054		2
−0.5931			3
−1.1645	−2.0758	−2.0405	

① 1열에서 정해의 W_α란의 C_1계수들을 이기한다.

② 2열에는 C_3의 수(−2.0405)와 정해 III란의 C_1, C_2의 계수를 곱하여 기재한다.

③ 3열에는 C_2란을 합한 수(−2.0758)와 정해 II란의 C_1계수를 곱하여 기입한다.

④ 4열의 수들은 구하고자 하는 상관계수로 각 란의 합이다.

6) 방위각의 보정계수 계산

[방위각의 보정계수]

도선	C_1	C_2	C_3	Σ(보정계수)
(1)	−2.9113			−29″(−2.9 × 10)
(2)	+1.1645	−2.0758		− 9″(−0.9 × 10)
(3)		−1.6606		−17″(−1.7 × 10)
(4)		+1.6606	−1.6324	0″(−0.0 × 10)
(5)			+1.4284	+14″(+1.4 × 10)

상관계수로 상관방정식 I, II, III란의 각 행과 해당 경중률(ΣN)을 곱하여 해당란에 기입한다.

① 1열에서 C_1란 −2.9113 = −1.1645 × (+1) × 2.5

② 2열에서 C_1란 +1.1645 = −1.1645 × (−1) × 1.0

C_2란 −2.0758 = −2.0758 × (+1) × 1.0

③ 3열에서 C_2란 −1.6606 = −2.0758 × (+1) × 0.8

④ 4열에서 C_2란 +1.6606 = −2.0758 × (−1) × 0.8

C_3란 −1.6324 = −2.0405 × (+1) × 0.8

⑤ 5열에서 C_3란 +1.4284 = −2.0405 × (−1) × 0.7

Σ란에 기입한 수는 행으로 합산하여 편성하는데 표준방정식을 만들 때 10분의 1을 기준으로 하였기 때문에 10배를 하여 기록한다. 이 보정수(Σ열)가 맞는가는 조건방정식에 대입해 보면 알 수 있다. 이상으로 보정계수가 산출되면 처음 관측된 방위각을 가감하여 결정하면 되고, 종·횡선좌표의 평균계산은 방위각의 평균계산과 같은 방법으로 실시하면 되는데, 다만 경중률 적용에 있어서 ΣS를 적용한다.

7) 종·횡선 좌표 표준방정식

상관방정식을 조건방정식에 대입하여 정렬하고, 경중률(P)은 I = a, II = b, III = c라 하면 다음과 같은 표준방정식을 얻는다.

$$\left.\begin{aligned}&[Paa]K_1+[Pab]K_2+[Pac]K_3+W_1=0\\&[Pbb]K_2+[Pbc]K_3+W_2=0\\&[Pcc]K_3+W_3=0\end{aligned}\right\}\ ③$$

여기서,
$$\left.\begin{aligned}&[Paa]=P_1a_1{}^2+P_2a_2{}^2+\ \cdots\ +P_na_n{}^2\\&[Pab]=P_1a_1b_1+P_2a_2b_2+\ \cdots\ +P_na_nb_n\\&[Pac]=P_1a_1c_1+P_2a_2c_2+\ \cdots\ +P_na_nc_n\end{aligned}\right\}\ ④$$

[표준방정식]

	I	II	III	Wx	Σ	Wy	Σ
I	+2.62	−1.12	0.0	−0.07	+1.43	−0.05	+1.45
II		+2.42	−0.9	−0.03	+0.37	+0.04	+0.44
III			+1.28	+0.07	+0.45	−0.03	+0.35

③식에 의하여 표준방정식에 값을 구하면

$[Paa]$ = {1.5 × (+12)} + {1.12 × (−1)2} = +2.62

$[Pab]$ = 1.12 × (−1) × (+1) = −1.12

$[Pac]$ = 0.0

$[Pbb]$ = (1.2 × 12) + {0.4 × 12 + 0.9 × (−1)2} = +2.42

$[Pbc]$ = 0.9 × (−1) × (+1) = −0.9

$[Pcc]$ = (0.9 × 12) + {0.38 × (−1)2} = +1.28

③식에서 W_x , W_y는 교차이므로 산출된 오차를 이기하며, 계산과정에서 계산착오를 방지하기 위하여 Σ란을 두어 합산한다.

계산예) +2.62 − 1.12 + 0 − 0.07 = +1.43

−1.12 + 2.42 − 0.9 − 0.03 = +0.37

+0.0 − 0.9 + 1.28 + 0.07 = +0.45

8) 정해(종 · 횡선)

표준방정식의 정해순서는 가우스소거법에 의한 이체 계산에 의한 것으로 다음 표와 같다.

① 1, 3, 7행에는 표준방정식의 수를 차례로 각각 기입한다.

② 2행에서는 1행의 첫수 +2.62로 나머지 우측수들을 각각 나누어 부호를 반대로 하여 기입한다. 행의 앞에 일반적으로 C자에다 첨수를 붙여 표시한다. 산출된 값이 오류가 있는지 검산은 Σ열 앞까지 합하여 −1한 값과 Σ열의 값과 일치하는가를 확인한다.

③ 4행에서는 C_1계수 첫 수의 피젯수인 −1.12로 C_1계수를 각각 곱하여 구한 값을 이기한다.

④ 5행에서는 3행과 4행의 값을 합산하여 기입한다.

⑤ 6행에서는 5행의 첫수 +1.9412로 나머지 우측수들을 각각 나누어 계산하여 부호를 반대로 하여 기입하고 2행과 마찬가지로 C_2라 표시한다. 2행과 같은 방법으로 검산한다.

⑥ 8행에서는 C_2계수의 첫 수인 피젯수 −0.9로 C_2계수들은 각각 곱하여 기입한다.

⑦ 9행에서는 7행과 8행을 합산하여 이기한다.

⑧ 10행에서는 9행의 첫수 +0.8628로 우측수들을 나누어 부호를 반대로 해서 이기하고 C_3라 표시한다. −0.0489 − (−1.0489) = 1, +0.0248 − (−0.9752) = 1로서 검산한다.

[정해(종 · 횡선)]

I	II	III	Wx	Σ(검산)	Wy	Σ(검산)	비고
+2.62	−1.12	0.0	−0.07	+1.43	−0.05	+1.45	1행
C_1	+0.4275	0.0000	+0.0267	−0.5458	+0.0191	−0.5534	2행
	+2.42	−0.9	−0.03	+0.37	+0.04	+0.4400	3행
	−0.4788	0.0000	−0.0299	+0.6113	−0.0214	+0.6198	4행
	+1.9412	−0.9	−0.0599	+0.9813	+0.0186	+1.0598	5행
	C_2	+0.4636	+0.0309	−0.2055	−0.0096	−0.5460	6행
		+1.28	+0.07	+0.45	−0.0300	+0.3500	7행
		−0.4172	−0.0278	+0.4550	+0.0086	+0.4914	8행
		+0.8628	+0.0422	+0.9050	−0.0214	+0.8414	9행
		C_3	−0.0489	−1.0489	+0.0248	−0.9752	10행

9) 상관계수의 계산

상관계수의 계산은 정해에 대한 역해라고도 하며, 앞에서 산출된 정해의 C_1, C_2, C_3 내의 방정식 안에 있는 승적계수의 수치를 계산하는 것이다.

(1) 종선좌표 상관계수

방정식을 수식으로 옮기면 다음과 같다.

C_1 = +0.4275 C_2 = +0.0000 C_3 = +0.0267

C_2 = +0.4636 C_3 = +0.0309

C_3 = −0.0489

세 번째 식은 상관계수 C_3의 값을 갖고 있고, 다른 상관계수의 값들은 다음에 이 값을 직접 차례로 첫째, 둘째 식에 대입함으로써 구할 수 있다.

[종선좌표 상관계수]

C_1	C_2	C_3	
+0.0267 0.0000 +0.0035	+0.0309 −0.0227	−0.0489	1 2 3
+0.0302	+0.0082	−0.0489	

① 1열에서 정해의 W_x의 C_1계수들을 이기한다.

② 2열에는 C_3의 수(−0.0489)와 정해 III란의 C_1, C_2의 계수를 곱하여 기재한다.

③ 3열에는 C_2란을 합한 수(+0.0082)와 정해 II란의 C_1계수를 곱하여 기입한다.

④ 4열의 수들은 구하고자 하는 상관계수로 각 란의 합이다.

(2) 횡선좌표 상관계수

방정식을 수식으로 옮기면 다음과 같다.

$C_1 = +0.4275 \qquad C_2 = +0.0000 \qquad C_3 = +0.0191$

$C_2 = +0.4636 \qquad C_3 = -0.0096$

$C_3 = +0.0248$

세 번째 식은 상관계수 C_3의 값을 갖고 있고, 다른 상관계수의 값들은 다음에 이 값을 직접 차례로 첫째, 둘째 식에 대입함으로써 구할 수 있다.

[횡선좌표 상관계수]

C_1	C_2	C_3	
+0.0191 0.0000 +0.0008	−0.0096 +0.0115	+0.0248	1 2 3
+0.0199	+0.0019	+0.0248	

① 1열에서 정해의 W_y의 C_1계수들을 이기한다.

② 2열에는 C_3의 수(+0.0248)와 정해 III란의 C_1, C_2의 계수를 곱하여 기재한다.

③ 3열에는 C_2란을 합한 수(+0.0019)와 정해 II란의 C_1계수를 곱하여 기입한다.

④ 4열의 수들은 구하고자 하는 상관계수로 각 란의 합이다.

10) 종·횡선좌표의 보정계수계산

(1) 종선좌표의 보정계수 계산

상관계수로 상관방정식 I, II, III란의 각 행과 해당 경중률(ΣS)을 곱하여 해당란에 기입한다.

① 1열에서 C_1란 + 0.0453 = +0.0302 × (+1) × 1.5

② 2열에서 C_1란 − 0.0338 = +0.0302 × (−1) × 1.12

C_2란 + 0.0092 = +0.0082 × (+1) × 1.12

③ 3열에서 C_2란 + 0.0033 = +0.0082 × (+1) × 0.4

④ 4열에서 C_2란 − 0.0074 = +0.0082 × (−1) × 0.9

C_3란 $-0.0440 = -0.0489 \times (+1) \times 0.9$

⑤ 5열에서 C_3란 $+0.0186 = -0.0489 \times (-1) \times 0.38$

[종선좌표의 보정계수]

도선	C_1	C_2	C_3	Σ(보정계수)
(1)	+0.0453			+0.05
(2)	−0.0338	+0.0092		−0.02
(3)		+0.0033		0
(4)		−0.0074	−0.0440	−0.05
(5)			+0.0186	+0.02

(2) 횡선좌표의 보정계수 계산

상관계수로 상관방정식 I, II, III란의 각 행과 해당 경중률(ΣS)을 곱하여 해당란에 기입한다.

① 1열에서 C_1란 $+ 0.0299 = +0.0199 \times (+1) \times 1.5$

② 2열에서 C_1란 $- 0.0223 = +0.0199 \times (-1) \times 1.12$

C_2란 $+ 0.0021 = +0.0019 \times (+1) \times 1.12$

③ 3열에서 C_2란 $+ 0.0008 = +0.0019 \times (+1) \times 0.4$

④ 4열에서 C_2란 $- 0.0017 = +0.0019 \times (-1) \times 0.9$

C_3란 $+ 0.0223 = +0.0248 \times (+1) \times 0.9$

⑤ 5열에서 C_3란 $- 0.0094 = +0.0248 \times (-1) \times 0.38$

[횡선좌표의 보정계수]

도선	C_1	C_2	C_3	Σ(보정계수)
(1)	+0.0299			+0.03
(2)	−0.0223	+0.0021		−0.02
(3)		+0.0008		0
(4)		−0.0017	+0.0223	+0.02
(5)			−0.0094	−0.01

교점다각망계산부(H · A형)

약도

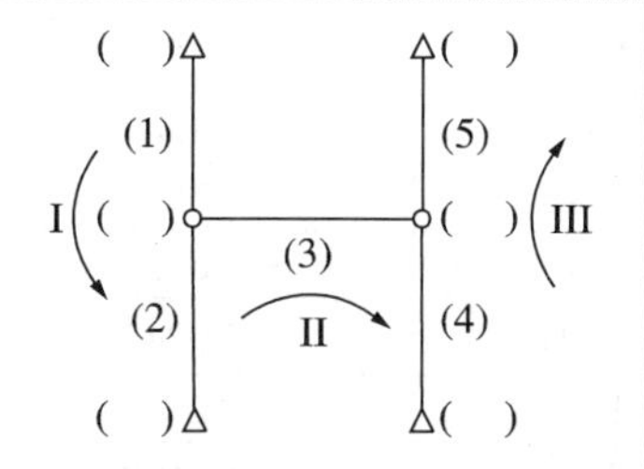

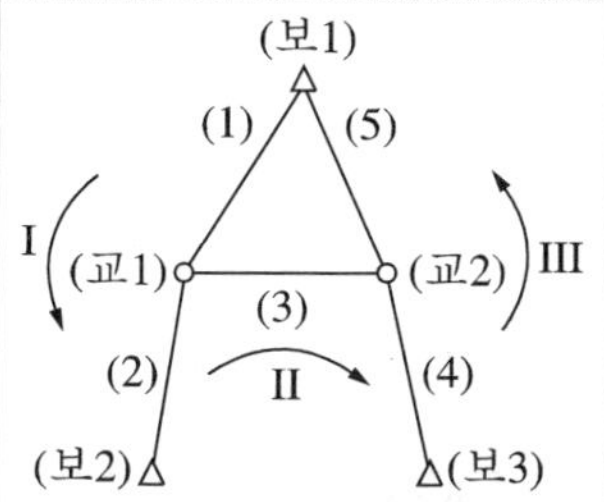

조건식	
I	(1) − (2) + $W_1 = 0$
II	(2) + (3) − (4) + $W_2 = 0$
III	(4) − (5) + $W_3 = 0$

경중율	ΣN	ΣS
(1)	25	1,500
(2)	10	1,120
(3)	8	400
(4)	8	900
(5)	7	380

1. 방위각

순서	도선	관측	보정	평균
I	(1)	58°26′35″	−29	58°26′06″
	(2)	58 26 15	−9	58 26 06
	W_1	+20″		
II	(2)	217 33 38	−26	217 33 12
	(3)	217 33 12	0	217 33 12
	W_2	+26″		
III	(3)	217 33 12	0	217 33 12
	(4)	217 32 58	+14	217 33 12
	W_3	+14″		

2. 종선좌표

순서	도선	관측	보정	평균
I	(1)	355,641.82	+0.05	355,641.87
	(2)	355,641.89	−0.02	355,641.87
	W_1	−0.07		
II	(2)	355,716.56	−0.02	355,716.54
	(3)	355,716.59	−0.05	355,716.54
	W_2	−0.03		
III	(3)	355,716.59	−0.05	355,716.54
	(4)	355,716.52	+0.02	355,716.54
	W_3	+0.07		

3. 횡선좌표

순서	도선	관측	보정	평균
I	(1)	237,154.26	+0.03	237,154.29
	(2)	237,154.31	−0.02	237,154.29
	W_1	−0.05		
II	(2)	237,423.69	−0.02	237,423.67
	(3)	237,423.65	+0.02	237,423.67
	W_2	+0.04		
III	(3)	237,423.65	+0.02	237,423.67
	(4)	237,423.68	−0.01	237,423.67
	W_3	−0.03		

4. 계산

1) 상관방정식

순서	ΣN	ΣS	I	II	III
(1)	2.5	1.500	+1		
(2)	1.0	1.120	−1	+1	
(3)	0.8	0.4		+1	
(4)	0.8	0.9		−1	+1
(5)	0.7	0.380			−1

2) 표준방정식(방위각)

I	II	III	W_α	Σ
+3.5	−1.0	0	+2.0	+4.5
	+2.6	−0.8	+2.6	+3.4
		+1.5	+1.4	+2.1

3) 표준방정식(종 · 횡선좌표)

I	II	III	W_x	Σ	W_y	Σ
+2.62	−1.12	0	−0.07	+1.43	−0.05	+1.45
	+2.42	-0.9	−0.03	+0.37	+0.04	+0.44
		+1.28	+0.07	+0.45	−0.03	+0.35

4) 정해(방위각)

I	II	III	W_α	Σ
+3.5	−1.0	0	+2.0	+4.5
C_1	+0.2857	0	−0.5714	−1.2857
	+2.6	−0.8	+2.6	+3.4
	−0.2857	0	+0.5714	+1.2857
	+2.3143	−0.8	+3.1714	+4.6857
	C_2	+0.3457	−1.3704	−2.0247
		+1.5	+1.4	+2.1
		−0.2766	+1.0963	+1.6198
		+1.2234	+2.4963	+3.7198
		C_3	−2.0405	−3.0405

5) 정해(종횡선좌표)

I	II	III	W_x	Σ	W_y	Σ
+2.62	−1.12	0	−0.07	+1.43	−0.05	+1.45
C_1	+0.4275	0	+0.0267	−0.5458	+0.0191	−0.5534
	+2.42	−0.9	−0.03	+0.37	+0.04	+0.4400
	−0.4788	0	−0.0299	+0.6113	−0.0214	+0.6198
	+1.9412	−0.9	−0.0599	+0.9813	+0.0186	+1.0598
	C_2	+0.4636	+0.0309	−0.2055	−0.0096	−0.5460
		+1.28	+0.07	+0.45	−0.0300	+0.3500
		−0.4172	−0.0278	+0.4550	+0.0086	+0.4914
		+0.8628	+0.0422	+0.9050	−0.0214	+0.8414
		C_3	−0.0489	−1.0489	+0.0248	−0.9752

6) 상관수(방위각)			7) 상관수(종선좌표)			8) 상관수(횡선좌표)		
C_1	C_2	C_3	C_1	C_2	C_3	C_1	C_2	C_3
−0.5714	−1.3704	−2.0405	+0.0267	+0.0309	−0.0489	+0.0191	−0.0096	+0.0248
0	−0.7054		0	−0.0227		0	+0.0115	
−0.5931			+0.0035			+0.0008		
−1.1645	−2.0758	−2.0405	+0.0302	+0.0082	−0.0489	+0.0199	+0.0019	+0.0248

9) 보정수(방위각)					10) 보정수(종선좌표)					11) 보정수(횡선좌표)			
	C_1	C_2	C_3	Σ		C_1	C_2	C_3	Σ		C_1	C_2	C_3	Σ
1	−2.9113			−2.9×10 −29″	1	+0.0453			+0.05	1	+0.0299			+0.03
2	+1.1645	−2.0758		−0.9×10 −9″	2	−0.0338	+0.0092		−0.02	2	−0.0223	+0.0021		−0.02
3		−1.6606		−1.7×10 −17″	3		+0.0033		0	3		+0.0008		0
4		+1.6606	−1.6324	−0.0×10 0″	4		−0.0074	−0.0440	−0.05	4		−0.0017	+0.0223	+0.02
5			+1.4284	+1.4×10 +14″	5			+0.0186	+0.02	5			−0.0094	−0.01

예제 20 교점다각망 H형의 관측값에 의하여 평균방위각과 평균 종·횡선좌표를 계산하시오.

도선	측점수	도선거리	관측방위각	계산종선좌표	계산횡선좌표
(1)	10	988	233° 33′ 07″	2917.83	4656.33
(2)	15	1,060	233° 33′ 25″	2917.80	4656.34
(3)	8	452	53° 07′ 35″	3053.57	5052.86
(4)	7	612	53° 07′ 57″	3053.56	5053.19
(5)	9	428	53° 07′ 09″	3053.64	5052.82

교점다각망계산부(H · A형)

약도

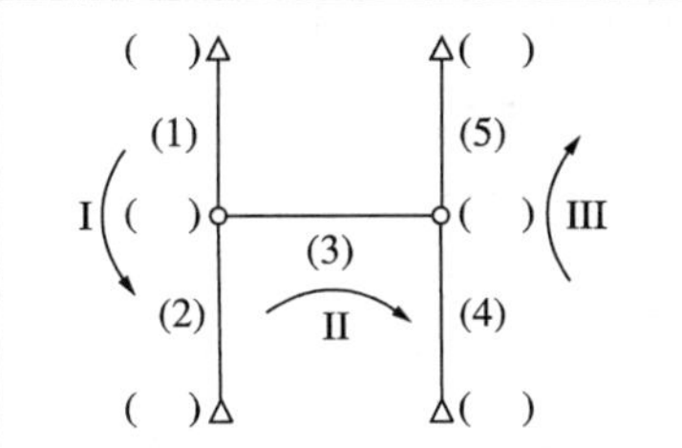

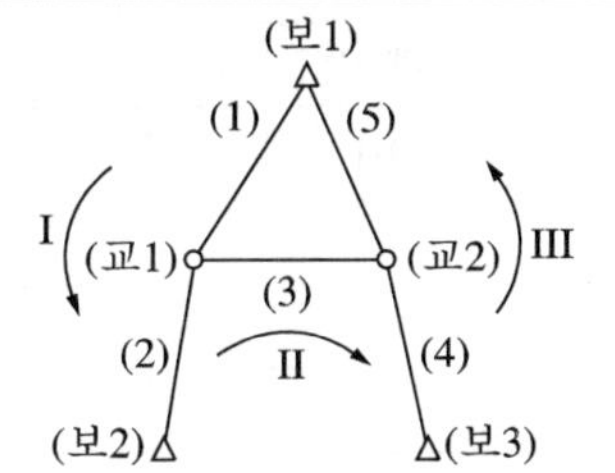

조건식		
I	$(1)-(2)+W_1=0$	
II	$(2)+(3)-(4)+W_2=0$	
III	$(4)-(5)+W_3=0$	

경중률	ΣN	ΣS
(1)		
(2)		
(3)		
(4)		
(5)		

1. 방위각

순서	도선	관측	보정	평균
I	(1)			
	(2)			
	W_1			
II	(2)+(3)			
	(4)			
	W_2			
III	(4)			
	(5)			
	W_3			

2. 종선좌표

순서	도선	관측	보정	평균
I	(1)			
	(2)			
	W_1			
II	(2)+(3)			
	(4)			
	W_2			
III	(4)			
	(5)			
	W_3			

3. 횡선좌표

순서	도선	관측	보정	평균
I	(1)			
	(2)			
	W_1			
II	(2)+(3)			
	(4)			
	W_2			
III	(4)			
	(5)			
	W_3			

4. 계산

1) 상관방정식

순서	ΣN	ΣS	I	II	III
(1)					
(2)					
(3)					
(4)					
(5)					

2) 표준방정식(방위각)

I	II	III	W_α	Σ

3) 표준방정식(종 · 횡선좌표)

I	II	III	W_x	Σ	W_y	Σ

4) 정해(방위각)

I	II	III	W_α	Σ

5) 정해(종횡선좌표)

I	II	III	W_x	Σ	W_y	Σ

6) 상관수(방위각)			7) 상관수(종선좌표)			8) 상관수(횡선좌표)		
C_1	C_2	C_3	C_1	C_2	C_3	C_1	C_2	C_3

9) 보정수(방위각)					10) 보정수(종선좌표)					11) 보정수(횡선좌표)				
	C_1	C_2	C_3	Σ		C_1	C_2	C_3	Σ		C_1	C_2	C_3	Σ
1					1					1				
2					2					2				
3					3					3				
4					4					4				
5					5					5				

MEMO

07

지적세부 측량

7.1 세부측량 개요

지적세부측량은 지적삼각점이나 지적삼각보조점, 도근점 또는 경계점을 기초로 하여 경위의측량방법 또는 평판측량 방법으로 측정하거나 지적측량 기준점 또는 경계점을 기초로 하여 전산정보처리 조직에 의한 방법으로 1 필지마다의 형상을 측량하는 것, 즉 일필지의 경계점의 좌표를 결정하여 지적도(임야도 포함)를 작성하는 측량으로서 1 필지 측량이라 할 수 있다.

1필지 조사를 마친 토지의 경계 및 지역을 측정하여 측량결과도를 작성하고 이를 지적도 작성의 근본으로 하며, 아울러 도면상에서 면적을 측정하여 토지대장 작성의 자료에 쓰는 업무이다.

토지조사사업 당시 측량결과도의 크기는 동서 1척 3촌 7푼 5리, 남북 1척 3촌의 도곽선에 동서 약 2촌씩, 남북 약 1촌씩 여백을 두었다. 이 도곽 내에 포용되는 토지는 빠짐없이 전부 그려 넣고, 1필지의 토지가 도곽선에 걸치는 것은 한쪽의 도곽선의 여백에 전부를 그려 성필(일필지의 도형을 완성하는 것)하였으나, 그 어느 쪽 도면 용지에도 모두 그릴 수 없는 것은 도곽선으로 끊어 2개 이상의 도면 용지에 그려가며 점차 연속적으로 측량을 하여 1동 리마다 각 필지에 지번(번지)을 붙인 후, 결과도 접속일람도를 첨부함으로써 색출에 편리하도록 하였다.

지적세부측량은 삼각점 또는 도근점에 기초하여 도해법으로 이를 시행하며, 토지의 경계는 직선으로 연결하고 지번, 지목, 소유자의 명의 등을 기입한 측량결과도를 작성하였다.

한편 지적세부측량은 토목측량과는 달리 그 작물의 자체 측량보다는 누구의 토지, 면적이 얼마, 혹은 얼마만큼 도로로 편입되었다 하는 것을 정확히 측량해야 하며 이것은 토지에 대한 물권의 행사를 뒷받침하게 된다.

7.2 세부측량의 종류

세부측량을 시행하는 경우는 토지이동의 신청 등에 의한 것으로 다음과 같이 나눌 수 있다. 여기서, 토지이동이라 함은 일반적으로 지적공부에 등록된 토지소재, 지번, 지목, 면적, 경계 기타 등록된 사항의 일부 또는 전부가 변동되는 것을 뜻하는데 토지이동은 지적측량을 수반하지 않는 경우와 지적측량을 수반하는 경우로 구분되며, 또한 일반적인 등록사항이 변동하는 경우와 특수한 경우 국가의 결정에 따른 행정처분으로 발생하는 경우로 구분할 수 있다.

1) 신규등록측량

신규등록측량은 토지대장(지적도)이나 임야대장(임야도)의 그 어느 쪽에도 등록되지 않은 토지를 이들 대장 및 도면에 등록하기 위하여 하는 측량으로 간척사업 등에 의한 공유수면매립의 준공과 외딴섬으로 등록되어 있지 않은 미등록도서 등으로 새로운 토지가 생겼을 때 등에 실시한다. 다만, 현재 우리나라에서는 지적공부의 정밀도를 높이기 위하여 임야대장에의 신규등록은 되도록 하지 않고 있다.

2) 등록전환측량

관계법령에 의한 토지의 형질변경 또는 건축물의 사용승인 등으로 인하여 지목을 변경하여야 할 토지로서 지적공부의 정밀도(또는 정확도)를 높이기 위한 목적으로 임야대장등록지를 토지대장에 옮겨 등록할 때에 필요한 측량이다.

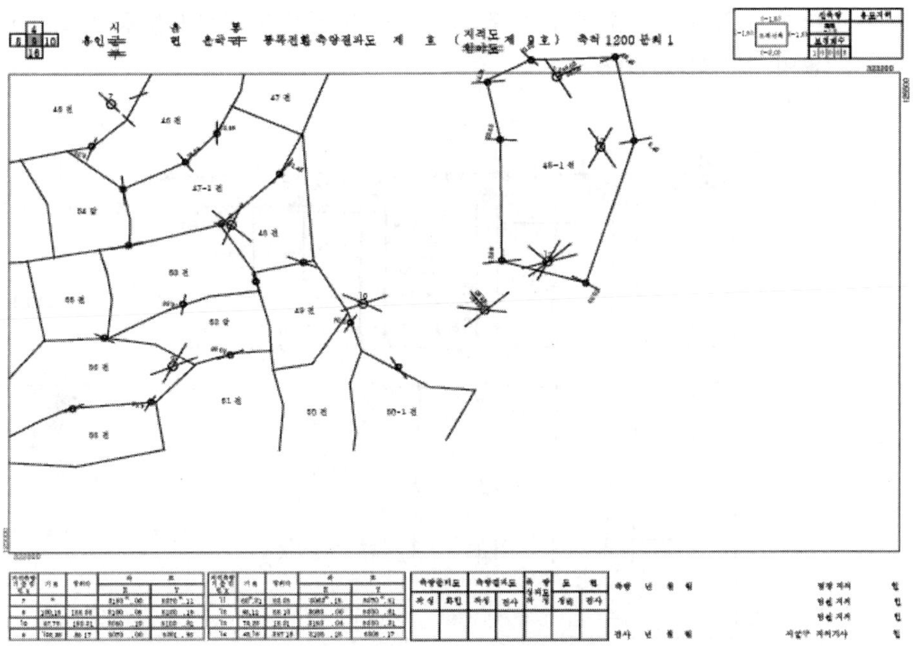

그림 7-1. 등록전환측량결과도

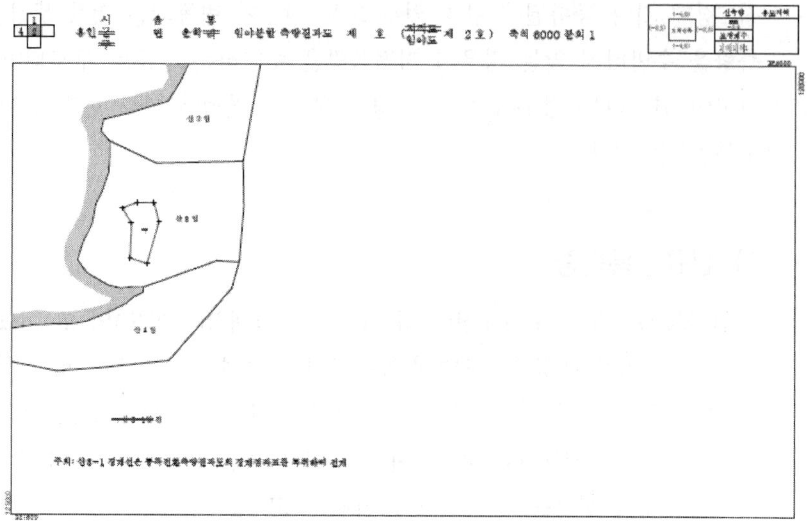

그림 7-2. 등록전환에 따른 임야분할측량결과도

3) 분할측량

1필지의 토지를 2필지 이상으로 나누는 경우에 시행하는 측량으로서 토지의 일부매매, 토지 이용상 불합리한 지상경계를 시정하기 위한 경우 또는 공공시설물의 설치 등으로 인해 시행하게 되며, 세부측량을 실시하는 지적측량의 대부분을 이루는 측량이다. 분할측량은 토지의 일부를 매매할 때 또는 일필지 일부가 형질변경 등 용도가 다르게 되었을 때 많이 실시하게 된다.

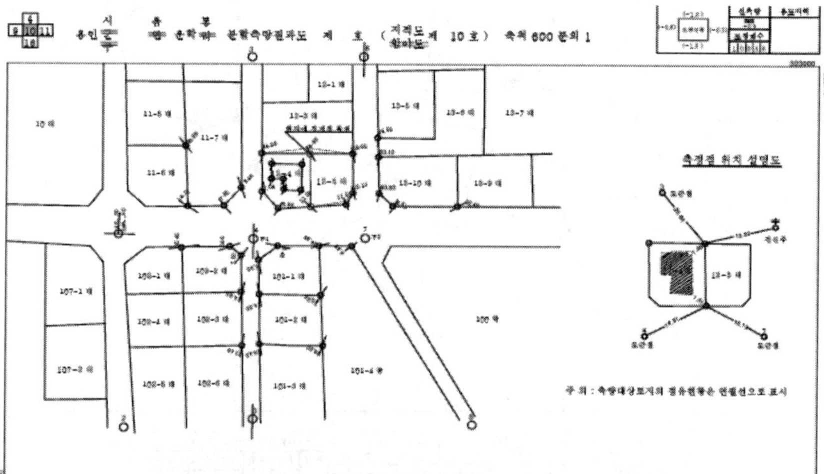

그림 7-3. 600분의 1지역의 분할측량결과도

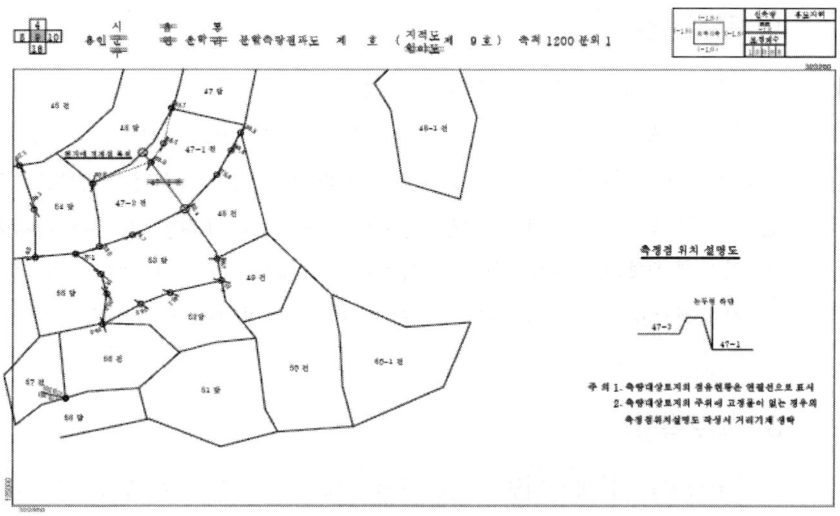

그림 7-4. 1200분의 1지역의 분할측량결과도

4) 지적확정측량

지적확정측량은 도시개발사업·농지구획정리사업 등에 의해 실시되는 지적측량의 일부로서 행정처분에 속하는 측량을 말한다. 대부분의 경우 환지가 교부되므로 지적확정측량은 지적세부측량 중에서도 가장 정밀하게 실시되는 측량으로서 필지별 경계점은 지적측량기준점에 의해서 측정하여야 하며 측량방법은 경위의측량방법, 평판측량방법 등으로 실시된다.

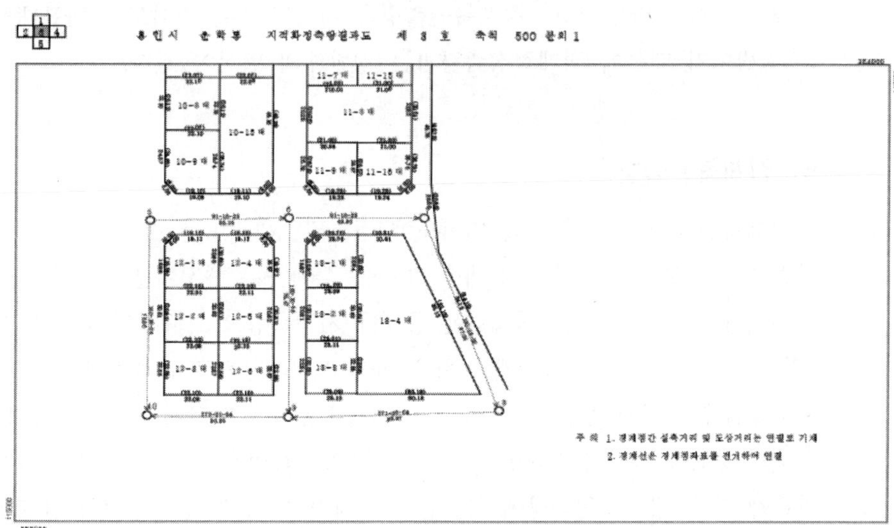

그림 7-5. 지적확정측량결과도

5) 축척변경측량

축척변경측량은 지적도(임야도 포함)의 정밀도를 높이기 위하여 임야도(소축척)를 지적도(대축척)로 축척 변경하는 경우에 시행하는 측량으로서 등록전환측량과 비슷한 개념이다.

축척종대의 원칙은 일반적인 경우 대축척도면은 소축척 도면보다 정확하다는 것을 대전제로 하고 있다. 따라서 같은 경우로서 축척을 달리할 때에는 대축척으로 그려진 도면의 경계에 의하게 되어 있다. 축척변경측량에서도 이 원칙에 따라 종전경계 및 종전면적은 자동적으로 소멸되고 새로이 결정된 경계 및 면적에 의하게 되어 있다.

6) 복구측량

복구측량은 천재・지변・인위 등의 요인으로 인하여 멸실・훼손된 지적공부를 그 멸실 직전의 상태대로 복구함을 목적으로 하는 측량이다. 우리나라는 한국전쟁으로 멸실된 지적공부를 복구하기 위하여 이 복구측량을 한 경우가 많았다.

7) 경계정정측량

경계정정측량은 지적공부에 잘못 등록된 경계를 정정하여 경계를 바르게 잡는데 필요한 측량이다. 이를 바꾸어 표현하면 현지의 경계는 변동이 없는데 지적(임야)도면상에 등록된 토지의 경계가 잘못 등록되었을 때 혹은 경계점좌표등록부에 등록된 좌표에 오류가 있을 때에 지적도 또는 임야도 및 경계점좌표등록부에 등록된 경계를 지상의 경계에 맞추기 위해 하는 측량을 경계정정측량이라고 한다. 경계정정측량은 자칫하면 경계복원측량과 혼동되기 쉽다. 그러나 경계복원측량은 지적도 또는 임야도나 좌표대로 현지에 복원하는 측량이기 때문에 경계정정측량과는 정반대의 입장이 된다.

8) 경계복원측량

경계복원측량은 지적도 및 임야도에 등록된 경계 또는 경계점좌표등록부에 등록된 경계점을 지표상에 복원하여 경계점 표지를 설치하는 행정처분이다.

우리나라에서는 경계복원측량은 종래에 지적측량으로 규정되어 있지 않았으나 1967년 4월 1일부터 시행된 지적법에서 처음 이를 지적측량으로 규정하였다. 따라서 과거에는 민사소송법에 의하던 쟁송도 그 후로는 행정소송법을 따르게 되었다. 경계복원측량은 세부측량의 방법을 적당하게 혼용하여 실시하는데, 작업을 시작하기 전에 특히 현지답사를 할 필요가 있다. 경계복원측량에서는 단순히 지적공부상의 경계를 실시한 것만으로는 해결하기 어려운 경우가 많다. 가령 지상경계점과 측량하여 설치한 점과의 차이가 측량기술상 허용할 수 있는 범위, 즉 허용오차 이내일 경우 현지의 경계가 확고부동하다고 판단되면 현지의 경계 그대로 인정하여야 한다. 만약 그렇지 못할 경우에는 측량하여 설치한 경계점 그대로 시행하여야 한다.

경계복원측량은 경계를 인정하는 기술과 측량기술이 복합된 측량이다. 그러므로 이는 일반적인 측량기술만으로는 감당하기 어렵다는 점에 유의해야 한다.

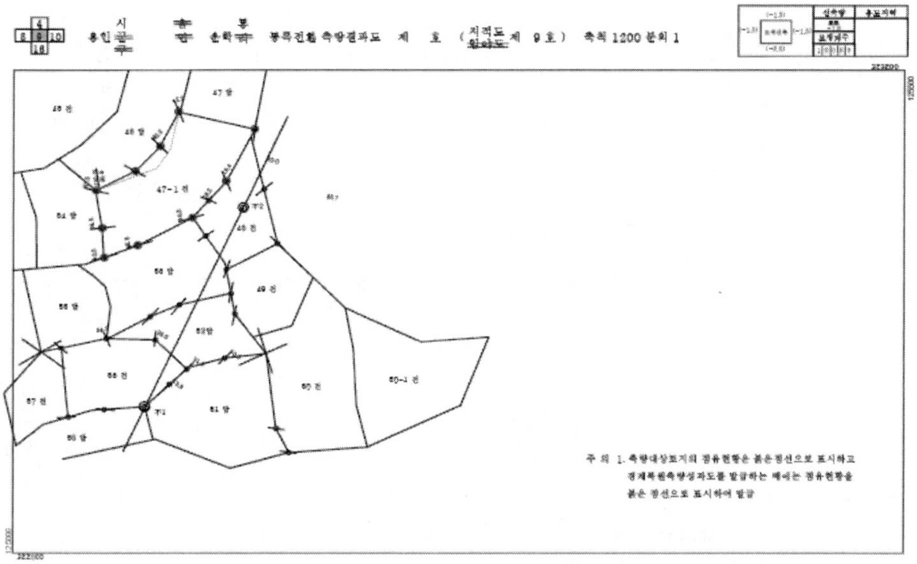

그림 7-6. 경계복원측량결과도(1200분의 1 지역)

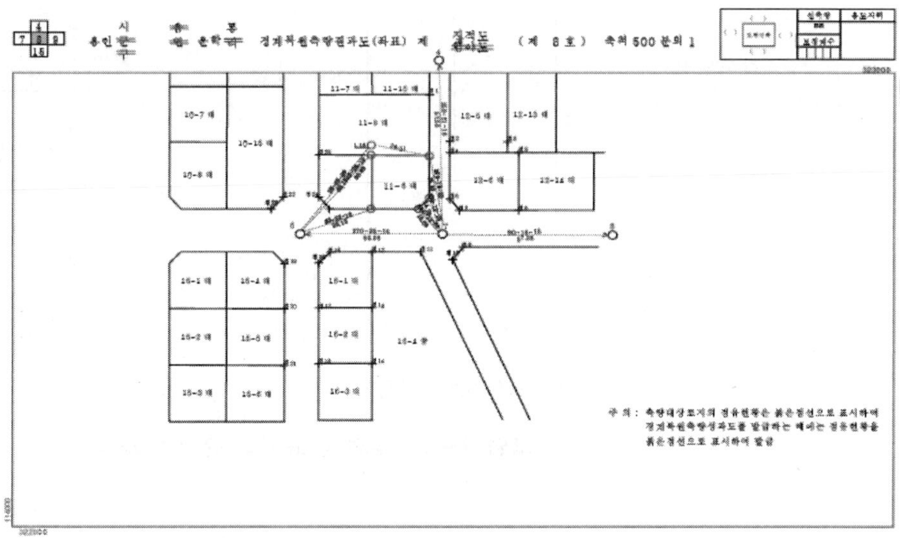

그림 7-7. 경계복원측량결과도(좌표)

9) 지적현황측량

지상구조물 또는 지형지물이 점유하는 위치형상을 지적도 또는 임야도에 등록된 경계와 대비하여 표시하는데 필요한 경우 실시하는 측량이다.

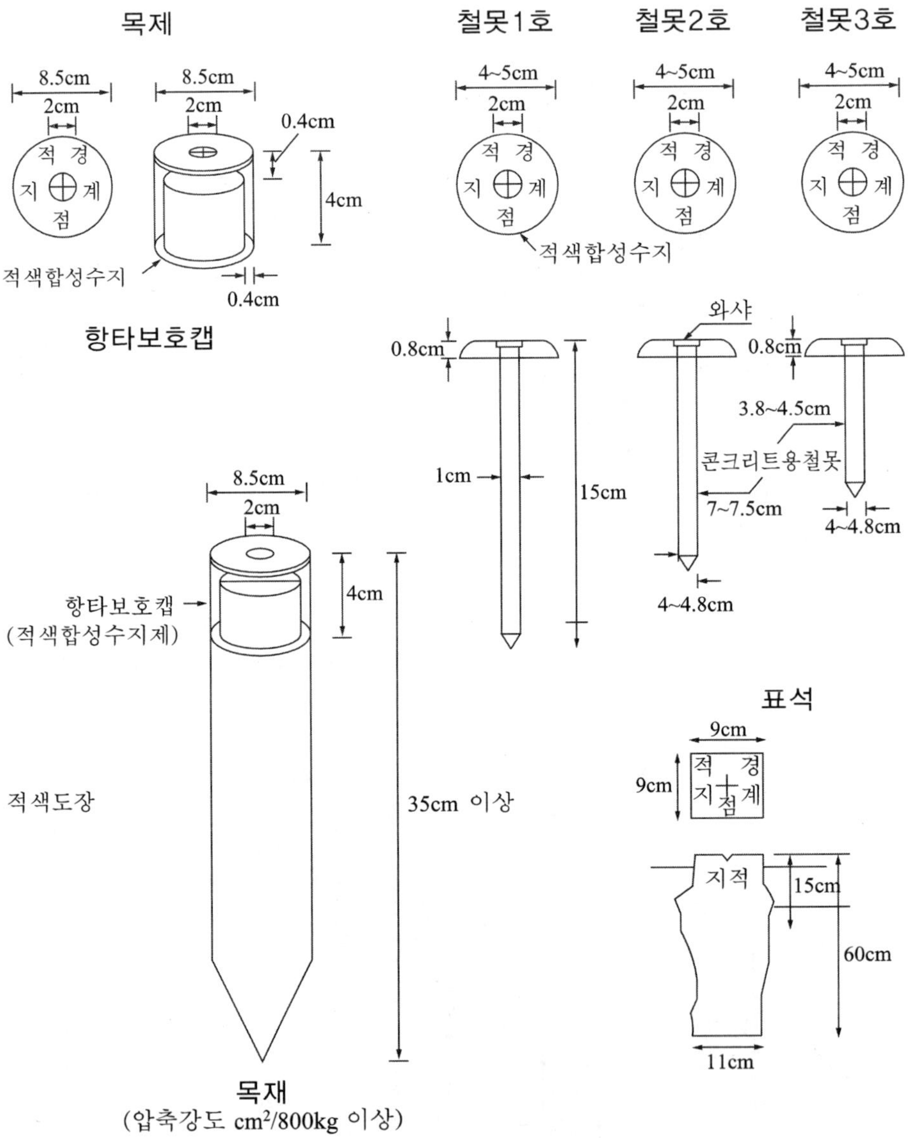

그림 7-8. 경계점 표지의 규격과 재질

10) 바다로 된 토지를 말소 또는 회복하기 위한 측량

(1) 말소하기 위한 측량

지적공부에 등록된 토지가 지형의 변화 등으로 인해 바다로 된 경우로서, 원상으로 회복할 수 없거나 다른 지목으로 될 가능성이 없는 토지를 측량하여 지적공부를 말소시키고자 할 때 실시하는 측량이다.

(2) 회복하기 위한 측량

말소한 토지가 지형의 변화 등으로 인해 다시 토지로 된 경우로서, 지적공부에 등록시키고자 할 때 실시하는 측량이다.

7.3 세부측량 방법 및 대상

7.3.1 지적세부측량 방법

지적측량기준점 또는 경계점을 기초로 하여 경위의측량방법 또는 평판측량방법으로 하거나, 지적측량기준점 또는 경계점을 기초로 하여 전산정보처리조직에 의한 방법으로 할 수 있다. 경위의측량방법은 도시개발사업지구나 축척변경 시행지역 등에 사용하고, 평판측량은 이외의 지역이나 필요한 경우에 주로 사용한다.

세부측량을 경위의측량방법으로 실시할 때에는 방사법, 도선법 등에 의하여 경위의로 일필지의 경계 및 굴곡점들을 측정한다. 이때 수평각의 측정은 1대회의 방향관측법이나 2배각의 배각법에 의하고, 거리는 수평거리를 2회 측정하여 측정치의 교차가 3천분의 1 이하일 때 그 평균치로 한다.

또 측각기계는 20초독 이상의 정밀한 경위의로서 초단위로 독정하고, 거리 및 좌표의 계산은 cm단위로 진수 5자리 이상을 쓴다.

세부측량을 평판측량방법으로 실시할 때에는 보통 교회법 · 도선법 · 방사법 등을 이용한다.

7.3.2 지적세부측량 대상

① 지적공부를 복구하는 경우
② 신규등록하는 경우
③ 등록전환하는 경우
④ 분할하는 경우
⑤ 축척변경하는 경우
⑥ 도시개발, 농지구획정리, 산업단지조성, 주택건설, 택지개발, 주거정비, 지역개발, 토지개발 등의 사업시행으로 인하여 지적확정측량을 하는 경우
⑦ 등록사항을 정정하는 경우
⑧ 바다로 된 토지를 말소 또는 회복하기 위한 경우
⑨ 지적측량수행자가 실시한 측량을 검사 측량하는 경우
⑩ 경계를 지표상에 복원하는 경우
⑪ 지상구조물 또는 지형・지물이 점유하는 위치형상을 지적도 또는 임야도에 등록된 경계와 대비하여 표시하는데 필요한 경우

에 실시하는 측량이다. 그러나 세부측량은 위에서 설명한 경우에 따라 측량방법을 표 7-1과 같이 다르게 실시한다.

표 7-1. 세부측량의 측량방법별 사항

측량방법	구분사항	비고
전자평판측량방법 경위의측량방법 전파・광파기측량방법 위성측량방법	• 지적공부를 복구하는 경우 • 신규등록하는 경우 • 등록전환하는 경우 • 분할하는 경우 • 축척변경하는 경우(시가지 지역 축척변경은 제외) • 바다로 된 토지를 말소 또는 회복하기 위한 경우 • 등록사항을 정정하는 경우 • 지적측량수행자가 실시한 측량을 검사하는 경우 • 경계를 지표상에 복원하는 경우 • 지상구조물 또는 지형・지물이 점유하는 위치형상을 지적도 또는 임야도에 등록된 경계와 대비하여 표시하는데 필요한 경우	단, 경위의측량방법에 의한 세부측량의 측량결과도 작성 축척은 도시개발사업 등의 시행지역과 축척변경 시행지역은 500분의 1로, 농지의 구획정리시행 지역은 1천분의 1로 하되, 필요한 경우 미리 시・도지사의 승인을 얻어 6천분의 1까지 작성할 수 있다.
경위의측량방법 전파・광파기 측량방법 위성측량방법	• 시가지 지역의 축척변경측량 • 도시개발・농지의 구획정리・산업단지조성・주택건설・택지개발・주거정비・지역개발・토지개발 등의 사업 시행자의 신청에 따른 지적확정측량	

7.3.3 평판측량

지적세부측량은 일반적인 평판측량과 원리는 같으나 시행과정에서 지적측량은 토지를 지적공부에 등록하거나 등록된 경계점을 지표상에 복원할 목적으로써 1 필지에 대한 토지의 연혁은 물론, 재산보호측면에서 풍부한 경계결정 요소에 깊은 지식이 요구된다.

지적측량 중 세부측량을 평판측량방법으로 실시할 경우, 지적도에 등록된 도상 경계점의 지상의 명확한 경계점과의 거리, 방향 등을 확인하여 이상이 없을 때 1 필지의 경계점을 도해방법으로 위치를 결정한다.

평판측량은 다음과 같은 장점과 단점을 갖고 있다.

(1) 평판측량의 장점

① 기계의 조작이 간단하다.
② 현장에서 직접 도면에 기록하므로 결측이나 재측량의 위험이 적고, 내업에서 시간이 절약된다.
③ 야장이 필요 없다.
④ 현장에서 측량이 잘못된 곳을 발견하기 쉽다.

(2) 평판측량의 단점

① 기후의 영향을 많이 받는다.
② 다른 측량에 비해 정밀도가 낮다.
③ 습기가 많은 날씨에는 측량도면의 신축에 의해 오차가 많이 생긴다.
④ 외업에 많은 시간이 소요된다.
⑤ 부속기구가 많아 분실의 우려가 있다.

1) 기계의 종류

(1) 평판

도판은 평판 또는 평판이라고도 부르며, 삼각 위에 고정시켜 그 표면에 도지를 깔고 측정한 결과를 그리는 판이 되고 또 앨리데이드의 받침대가 된다. 잘 마른 전나무나 베어니판을 3중으로 나뭇결의 방향과 직각으로 포개서 두께 1.5～3.0 cm 정도로 만든 것으로 그 크기는 30 cm × 40 cm, 40 cm × 50 cm, 60 cm × 75 cm의 것이 있다. 또 도판 뒷면에는 금속으로 된 열쇠구멍과 같은 구멍이 있어 삼각에다 고정시킬 수 있는 장치가 되어 있다.

(2) 측각(삼각)

삼각은 평판이 움직이지 못하도록 고정하는 장치와 정준을 할 수 있도록 하는 장치로서 평판측량의 정확도에 큰 영향을 준다. 따라서 삼각은 평판을 수평으로 유지시키거나 평판을 일정한 방향으로 맞출 때 필수적 역할을 한다.

측두의 중심이 측점의 연직상에 위치함과 동시에 수평이 되도록 조정할 수 있어야 하며, 종류에는 고정형, 중심이동형, 회전소켓형 등이 있다.

① 고정형

그림 7-9와 같이 정준장치와 이심장치가 없으며, 가볍고 간단하여 일반 조준의와 함께 많이 사용되고 있다. 평판을 설치할 때 측각을 직접 조절해야 하므로 숙련이 필요하다.

② 중심이동형

그림 7-10과 같이 측두에 상하 2개의 경금속의 원환이 붙어 있고 그 사이에 3개의 정준나사가 있어 평판을 수평으로 할 수 있고, 하원환 아래에는 중심이동장치가 있어서 평판이 측두에서 자유롭게 이동할 수 있으므로 편리하나 고정형보다 무거운 것이 단점이다.

③ 회전소켓형

그림 7-11과 같이 측두의 머리가 자유롭게 회전할 수 있는 금속제 회전 소켓이 장치되어 있어 평판을 정준하는 데는 편리하나, 중량이 무겁고 중심이동을 측각에 의존해야 하므로 약간의 불편이 있다. 최근에는 정준, 구심 및 회전을 자유롭게 할 수 있는 제품이 생산되고 있다.

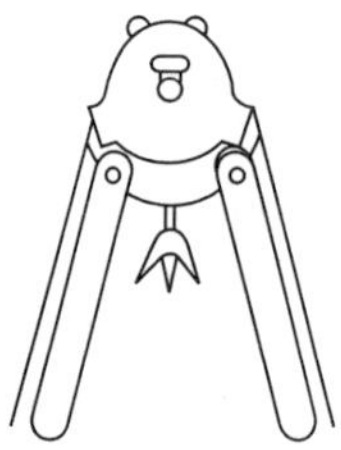

그림 7-9. 고정형

그림 7-10. 중심이동형

그림 7-11. 회전소켓형

(3) 조준의(Alidade)

그림 7-12에서 보는 바와 같이 1.5 × 4 × 2 (또는 27) cm의 몸통 중앙 윗면에 곡률반경 1.0～1.5 m 정도의 기포관이 있고 옆면에 축척의 잣눈이 있다. 축척의 눈금은 보통 mm단위의 것을 고정했으나 필요에 따라 적당한 축척으로 바꿀 수가 있다. 또 몸통의 양끝에는

접었다 폈다 할 수 있는 금속제의 전시준판과 후시준판이 있고, 전시준판의 중앙이 구형으로 비어 있다. 이 공간의 중앙에는 지름 0.2 mm 이내의 말총의 시준계가 처져 있고, 후시준판에는 중앙에 지름 0.5 mm 정도 되는 크기의 시준공이 3개가 있다. 이 시준공과 시준계는 목표에 대한 시준선의 방향을 결정하게 된다. 또 전・후 시준판의 안면에는 두 시준판이 고정된 안쪽 간격의 1/100에 해당하는 눈금이 새겨져서 경사에 대한 측정을 할 수 있다. 그 밖에 수준간, 삽출판 등이 있어 경사 측정이 편리하게 되어 있다.

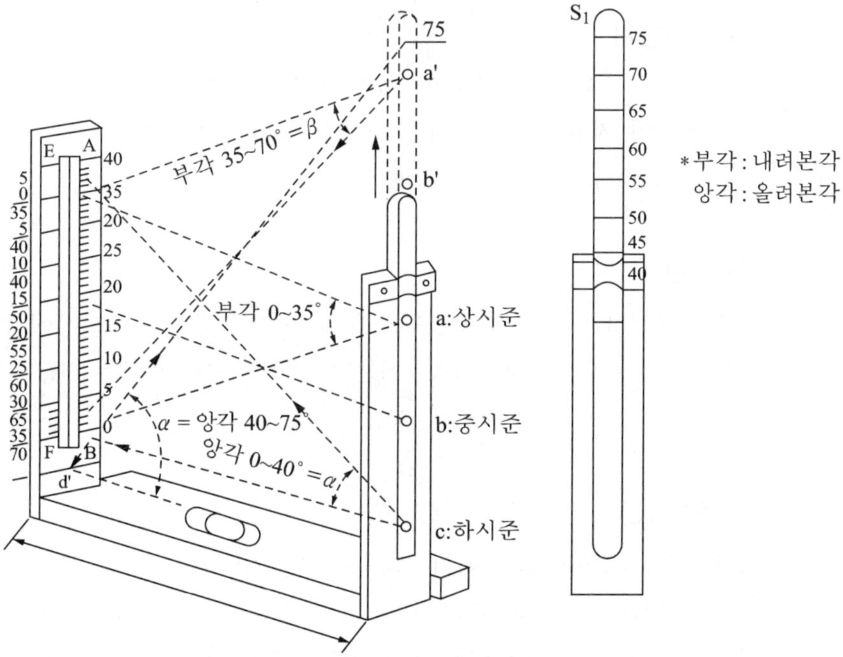

그림 7-12. 조준의

(4) 구심기(Plumbing arm)

구심기는 지상의 측점을 지나는 연직선에 평판상의 도상점을 일치시키기 위하여 사용하는 기구로서 평판을 정준한 후 구심기 끝부분과 추가 가리키는 연직선상에 있도록 하는 것이다.

(5) 자침함(Declinometer)

자침함은 나침판과 같으며 평판의 방향을 결정할 때에 사용된다. 작은 상자 속에 중앙 저면에 수직으로 세운 심주상에 나침을 설치하고 유리판으로 뚜껑을 한 것이다.

나침의 북반은 유리색으로 착색하여 식별이 편리하게 하고 또 통 내부 양쪽으로 1선을 상아판을 붙여서 자오선(Meridian)을 표시하게 되어 있어 이를 지표라고 한다.

(6) 측량침(Survey Pin)

평판에 붙인 도면위의 측점에 세워서 앨리데이드가 방향을 정할 때 기대게 되는 것으로서 바늘의 윗지름이 0.32～0.65 mm이고 끝단으로 내려감에 따라 차차 가늘게 되어 끝단의 지름은 0.1 mm 이내라야 하며, 길이는 3.7 cm 정도의 특수강철제이다.

(7) 도면용지

도면용지는 신축이 적고(1/1000 이하) 표면이 매끈하며 연필이 잘 먹고 종이의 질이 조밀하고 질기며 지우개를 사용해도 변하지 않고 햇빛에도 변색하지 않는 캔트(kent)지나 아이보리(ivory)지, 와트먼(whatman)지 등이 좋다.

(8) 연필

흑색의 알갱이가 고른 심의 연필로 0.1 mm 이내의 선을 도면상에 표시할 수 있어야 하고, 측량에 있어서는 세부골격측량에는 4H, 5H, 세부측량에는 4H, 3H 정도의 것을 사용한다.

(9) 폴(Pole)

측간 또는 표간이라고도 하며 점의 위치를 표시하는데 쓰는 지름 약 3 cm인 목제봉으로서 그 길이는 2 m 정도이다. 하단에는 쇠를 씌워 땅에 세우기 편리하게 되어 있다. 봉에 20 cm의 간격으로 홍백색의 칠을 하여 식별을 용이하게 하였고, 원거리에서는 측간에 홍백색 깃발을 달아 쉽게 보이도록 하였다. 또한 측간은 점의 위치에 수직으로 세워 사용한다. 현재는 목재 대신 신축이 가능하고 또한 가볍고 사용이 간편한 알루미늄과 합성수지 제품을 사용하고 있다.

(10) 망원경 조준의(Telescopic Alidade)

보통 앨리데이드는 시준거리가 짧기 때문에 망원경을 사용한 여러 가지 앨리데이드가 있다. 망원경 앨리데이드에는 버니아(vernier)가 있는 연직잣눈과 스타디아선(stadia hairs) 등이 있어 편리하게 되어 있으며, 먼 거리 시준과 정확한 방향선을 결정할 때 편리하므로 세부골격측량에 적당하나 세부측량에는 시야가 좁아서 불편하다.

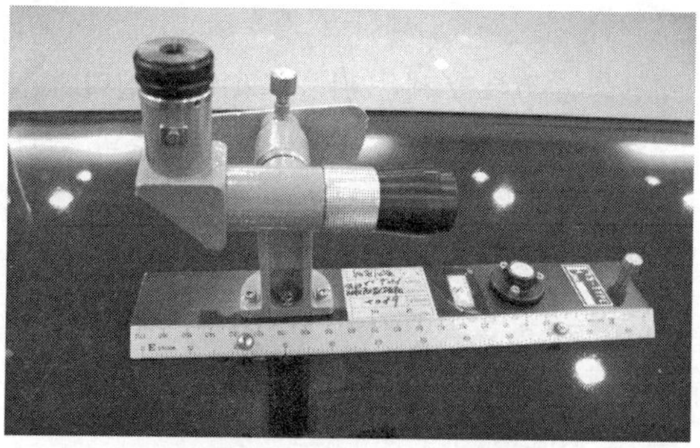

그림 7-13. 망원경조준의

2) 평판기계의 검사와 조정

(1) 평판

① 도지의 표면은 어느 곳이나 바른 평면이어야 한다.
정확한 삼각자의 한 변 또는 직선자를 평판의 여러 군데에 대어 본다. 이때 도판면과 자 사이에 빈틈이 없어야 한다.

② 평판을 수평으로 세웠을 때 도판은 기계의 연직축과 수직이어야 한다.
평판을 정확하게 세우고 평판고정나사를 풀어서 먼저 위치와 180°의 위치로 돌렸을 때 평판 위의 앨리데이드의 기포가 그대로 중앙에 있어야 한다.

③ 측침이 잘 들어갈 수 있어야 한다.

(2) 조준의

① 앨리데이드의 축척자는 모서리가 직선이 되어야 한다.
평판 위에 앨리데이드를 놓고 자를 따라 연필로 선을 그은 다음, 앨리데이드를 수평으로 180° 돌려서 다시 그 선에 맞추고 선을 그어 보아서 두 선이 일치되어야 한다.

② 기포관축이 몸통의 밑면과 평행해야 한다.
평판을 세우고 기포가 중앙에 오게 한다. 이때의 앨리데이드의 위치와 방향을 도판상에 표시한 다음 앨리데이드를 180° 돌려놓았을 때 기포가 그대로 중앙에 있으면 된다. 그러나 이동이 있으면 기포관축의 양끝에 있는 나사를 움직여서 이동한 양의 1/2을 조정하고 나머지 1/2은 평판의 조정나사 삼각으로 고친다.

③ 두 시준판을 세웠을 때 자에 대하여 앞뒤로 기울지 않아야 한다.
평판 위에 앨리데이드를 놓고 정확한 삼각자의 직각변의 한 변을 자의 몸통에 댈 때 자의 다른 직각변이 시준판과 나란하여야 한다.

④ 두 시준판이 자에 대하여 좌우로 기울지 않아야 한다.
평판을 수평하게 세운 다음, 그 위에 앨리데이드를 놓고 전방(약 10 cm)에 추를 매달아 이것을 시준할 때 시준계가 추의 실과 일치하여야 한다.
⑤ 3개의 시준공이 같은 시준면에 있어야 한다.
④의 검사를 3개의 시준공에서 했을 때 모두가 일치되어야 한다.
⑥ 시준공은 적당한 크기라야 한다.
시준계의 굵기가 0.2 mm일 때 구멍의 지름은 0.5 mm가 표준이나 0.8 mm까지는 적당하다.
⑦ 기포관의 감도는 적당해야 한다.
기포관의 감도가 크면 작업에 시간이 많이 걸리고, 감도가 둔하면 평판의 경사가 생기기 쉽다. 보통 곡률반경은 1.0~1.5 m 정도가 좋다. 그 밖에도 수준측량을 할 때에는 다음 검사를 해 두어야 한다.
㉠ 시준판의 경사측정 잣눈은 정확해야 한다.
㉡ 시준공과 그에 대한 전시준판의 해당 잣눈을 이은 선은 몸통의 자의 밑변과 나란해야 한다.
㉢ 기포관축은 수평시준선에 나란해야 한다.

3) 평판을 세우는 방법

평판을 세울 때는 반드시 다음 3가지 조건이 만족되어야 한다.

- 정준(수평 맞추기) : 평판이 수평이 되어야 한다.
- 구심(중심 맞추기) : 평판 위에 표시된 측점과 땅 위의 측점이 같은 연직선상에 있어야 한다.
- 표정(방향 맞추기) : 평판을 평판 위의 측점과 시준점 방향을 고정시킨다.

(1) 정준(Leveling)

① 평판을 수평이 되도록 하려면 먼저 지상의 측점과 도상의 측점을 대략 일치시키면서 평판의 높이를 측량자가 작업이 편리하도록 삼각의 높이를 조절해 세운다.
② 그림 7-14와 같이 삼각의 두 다리 F1, F2를 지면에 고정시키고, 평판 위에서 두 다리에 평행한 위치 PQ 방향으로 앨리데이드를 놓고 F3을 서서히 좌우로 옮겨 앨리데이드의 기포가 중앙에 오도록 한다.
③ 앨리데이드를 PQ 방향에서 직각 방향인 RS에 놓고 F3을 옮겨 기포가 중앙에 오도록 한다.

④ 최종적으로 앨리데이드를 PQ와 RS의 대각선 방향으로 돌리면서 수준기 기포가 중앙에 오도록 하면 평판은 수평이 된 것이다.

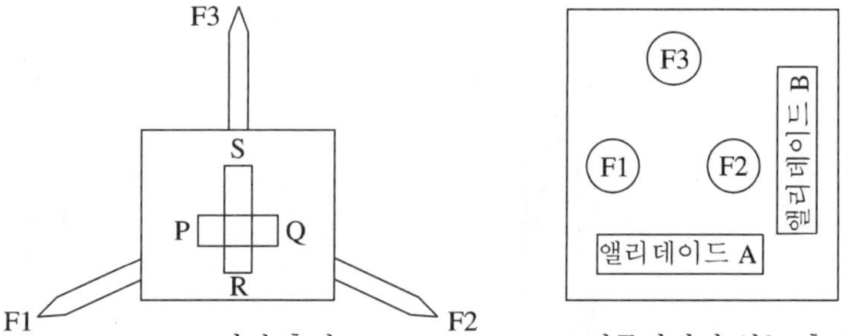

(a) 고정된 측판 (b) 정준나사가 있는 측판

그림 7-14. 정준 작업

(2) 구심(Centering)

그림 7-15와 같이 평판위에 한 점과 지상의 측점이 같은 연직선 위에 있도록 하여야 한다.

① 평판 위 한 점에 구심기 끝단(0.1 mm)을 맞추고 구심기에 연결된 추가 지상의 측점과 연직선상에 오도록 목측으로 조절한다.

② 평판의 높이에 따라 구심기와 연결된 추를 지상측점과 추와의 간격이 1～2 cm 정도가 되도록 한다.

③ 평판 위 측점과 지상의 측점이 동일 연직선상에서 일치되도록 한다.

참고

※ 구심의 정도는 보통 0.1 mm × 축척분모(M)이다.

구심의 허용오차는 축척 1/100에 있어서는 1 cm, 축척 1/500에 있어서는 5 cm, 축척 1/1,000에 있어서는 10 cm 정도이다.

(3) 표정(Orientation)

그림 7-16과 같이 평판을 측량하려는 목표점과 시준 방향이 일치하도록 맞추는 작업으로서 기지방향선에 의한 표정작업과 자침함에 의한 표정작업으로 나눌 수 있다.

① 자침으로 표정하는 방법

㉠ 기계를 세운 다음 자침함을 평판 위에 놓고 방향을 돌리면서 자침이 남북을 가리킬 때 이것이 자북선(Magentic North)이 된다.

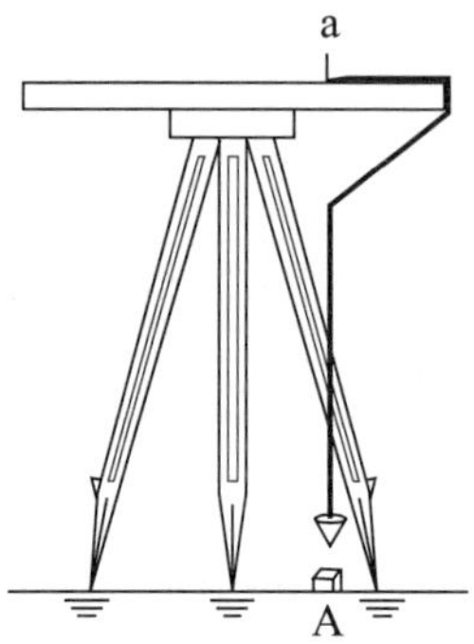

그림 7-15. 구심작업

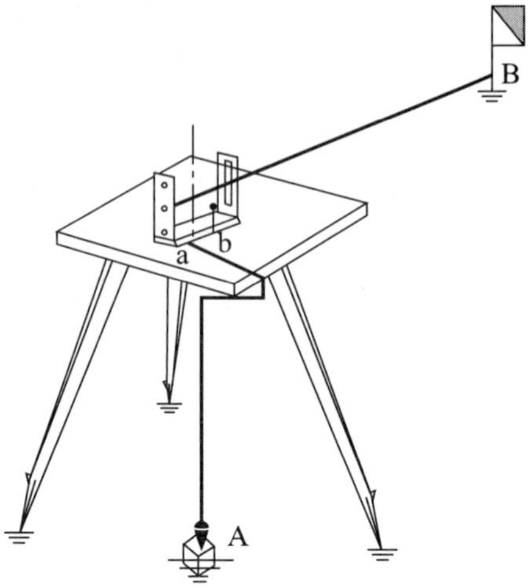

그림 7-16. 표정

㉡ 평판을 다른 점에 옮겼을 때 자침함을 자북선 방향에 고정하고 평판을 돌리면서 자침이 남북을 가리키게 하면 도면의 표정이 된다. 그러나 이 방법은 그리 정확하지는 않다.

② 도면 위에 그려진 한 방향선을 기준으로 하는 방법

㉠ 그림 7-16과 같이 지상의 측선 AB가 도상에 ab로서 그려져 있는 경우, 이 ab선에 앨리데이드를 맞추고 a와 A가 일치되도록 평판을 돌려서 B점을 시준하고 평판을 고정시킨다. 이와 같이 하면 측점 A의 연직선상에 a가 있고 AB와 ab는 평행하게 표정된다.

㉡ 평판을 수평으로 회전하여 앨리데이드로 B점을 시준하여 시준선이 B점에 정확하게 맞을 때 평판고정나사를 조이면 된다.

(4) 평판 조작 순서

① 평판의 높이가 측량자가 허리를 약간 굽힌 상태, 즉 지면으로부터 평판까지의 높이가 약 1.2 m 정도 되도록 삼각을 벌려 목측으로 대략 정준, 구심, 표정을 한다.

② 그림 7-14와 같이 앨리데이드 A를 F1, F2 방향과 평행하게 세우고 F3 다리를 좌우로 이동시키면서 정준한다.

③ 그 다음 앨리데이드 B를 F1, F2 방향에 직각으로 놓고 삼각다리 F3를 전후로 이동시키면서 정준한다.

④ ②, ③의 작업을 반복하면서 앨리데이드의 기포가 중앙에 오도록 한다.

⑤ 정준이 끝나면 바로 평판 위 한 점과 지상의 측점을 일치시키는 구심 작업을 한다.
⑥ 정준과 구심이 끝나면 측량하고자 하는 미지 측점을 시준해서 표정을 실시한다.
⑦ 방향선을 긋고 줄자로 거리측정을 한 후 일정한 축척으로 미지 측점을 도상에 표시하면 조작이 끝나게 된다.

7.3.4 경위의측량

1) 데오도라이트(Theodolite)

트랜싯(transit)과 데오도라이트(theodolite)는 주로 수평각과 연직각을 정확하게 측정할 수 있도록 만들어진 측량기계이나 그밖에도 직선의 연장, 연직각의 설정, 간접거리측량(stadia측량), 간접수준측량 및 방위각 측량에도 이용할 수 있는 다목적 측량기계이다.

망원경의 시준선이 방향각과 고도를 바로 나타내게 하기 위해 기계가 갖추어야 할 조건은 경위의의 수직축을 연직선에 일치케 한 때에는 시준축과 수평축, 수평축과 수직축, 수평축과 수직분도반, 수직축과 수평분도반이 서로 직교가 되어야 한다는 것이다.

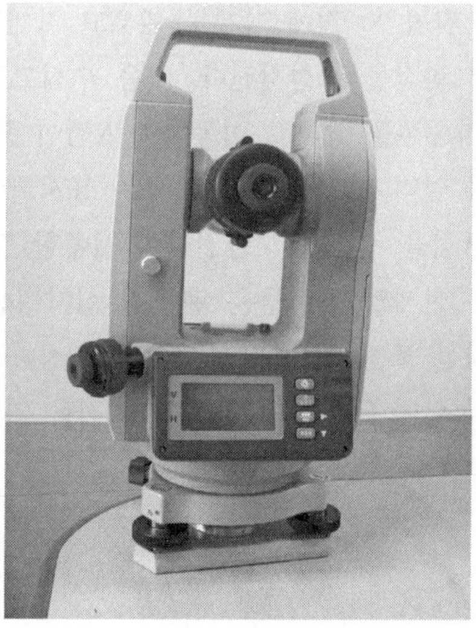

그림 7-17. 디지털 데오도라이트

(1) 기계의 점검과 조정

정밀관측기계이므로 주의 깊게 취급하여야 하며 운반할 때의 진동, 관측 중의 조작 잘못 등으로 인하여 조정이 필요하게 된다. 최근의 장비들은 보다 정밀하고, 견고하게 제작되었을 뿐만 아니라 밀폐형이기 때문에 종전의 장비보다는 고장이 적지만 잘못 조작하면 고장이 발생하므로 큰 고장은 제작회사에 의뢰하는 것이 좋다.

① 평반수준기

㉠ 조건 : 평반수준기축이 연직축에 직교이어야 한다.

㉡ 점검 : 기포를 중앙으로 오도록 한 다음 기계의 상부를 서서히 180° 회전하여도 기포가 정중앙에 있으면 조정할 필요가 없다.

㉢ 조정 : 점검시 기포가 이동되면 이동량의 절반을 정준나사로, 나머지 절반은 기포관조정나사로 조정한다. 이는 기포가 정중앙에 올 때까지 반복(90°, 180° 각각 회전)한다.

② 십자종선

㉠ 조건 : 십자종선이 그리는 평면은 수평축에 직교일 것, 시준축은 수평축에 직교일 것

㉡ 점검 : 지점 "0"점에 기계를 세우고 기계로부터 약 50～100 m에 A점을 세워 시준하여 회전을 고정시킨다. 다음 수직고정과 미동조정손잡이를 돌려 망원경 내의 십자종선을 상하로 이동하여 A점이 종선상에 있으면 좋다. 또한 망원경을 반전하여 멀리 떨어진 B점을 시준 표시한다. 다음 반전 상태에서 수평 회전하여 다시 A점을 시준하고 반전하여 시준한 점이 B와 일치하면 조정할 필요가 없다.

㉢ 조정 : 현재의 장비들은 렌즈에 십자횡선과 같은 정밀하게 음각되어 있으므로 십자횡선 조정 시에 다시 한 번 조정하여야 한다. 만일 일치하지 않으면 그림 7-18과 같이 C점을 표시하고 BC점을 연결하는 직선상에 BC간격을 정확히 4등분하여 D점을 표시한다.

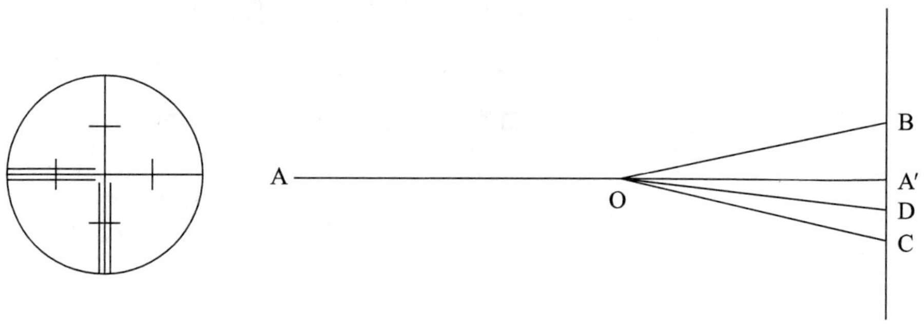

그림 7-18. 십자선과 십자종선 조정

다음에 망원경을 고정한 그대로 다시 시준하여 시준선이 D점과 일치하도록 십자선나사에 의하여 조정하고, 다시 BC간을 2등분한 A′점을 시준한 후 반전하여 시준선이 A점과 일치하면 정확한 것이다. 이 작업을 2, 3회 되풀이 하여야 한다.

③ 수평축

㉠ 조건 : 수평축이 연직축에 직교일 것

㉡ 점검 : 높은 위치에 있는 A점을 시준하여 수평고정손잡이를 잠근다. 이 상태에서 아래쪽으로 시준하여 그 위치에 B점을 표시한다. 다음 망원경을 반전하여 A점을 시준하고 아래쪽을 다시 시준한다. 이때 시준점 B와 일치하면 조정이 필요 없다.

㉢ 조정 : 밀폐형으로서 조정이 불가능하므로 제작사에 의뢰하여야 한다.

④ 십자횡선

㉠ 조건 : 십자횡선은 수평축에 평행일 것, 십자횡선은 광학축과 나란한 평면에 있을 것

㉡ 점검 : 멀리 떨어진 a점을 시준하여 수직고정손잡이는 잠그고 수평고정 손잡이를 돌려서 회전시킬 때 a점이 십자횡선상에서 정확하게 움직이면 좋다. 다음 망원경을 정위상태로 하고 연직각을 0°로 맞춘 다음 a점을 시준한 후 망원경을 반전하고 수평으로 회전 다시 a점을 시준하였을 때 두 점이 일치하면 좋다.

㉢ 조정 : 점검이 일치하지 않으면 두 점 a와 b간 거리의 1/2지점에 c를 표시하고 십자횡선을 일치시킨다. 이는 일치할 때까지 반복한다. 이때 십자종선도 다시 점검하여야 한다.

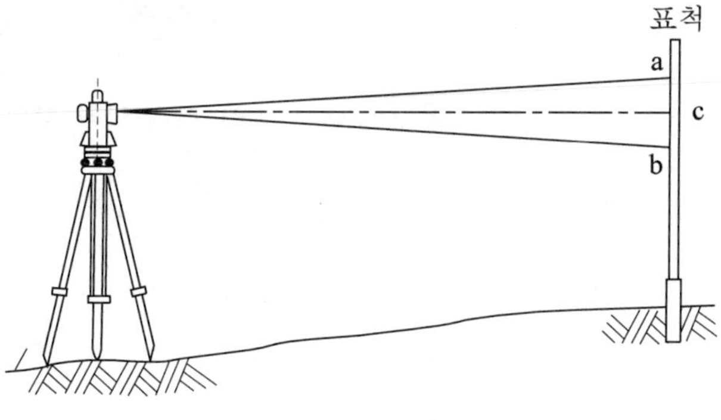

그림 7-19. 십자횡선 조정

2) 데오도라이트 각 부의 명칭과 기능

(1) 각 부의 명칭

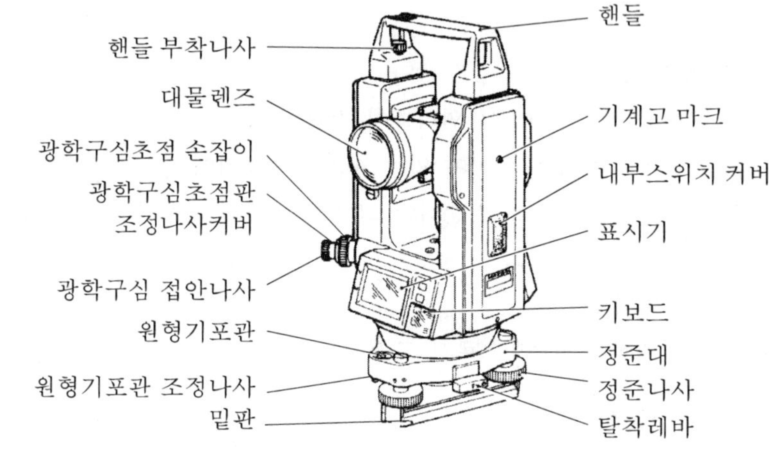

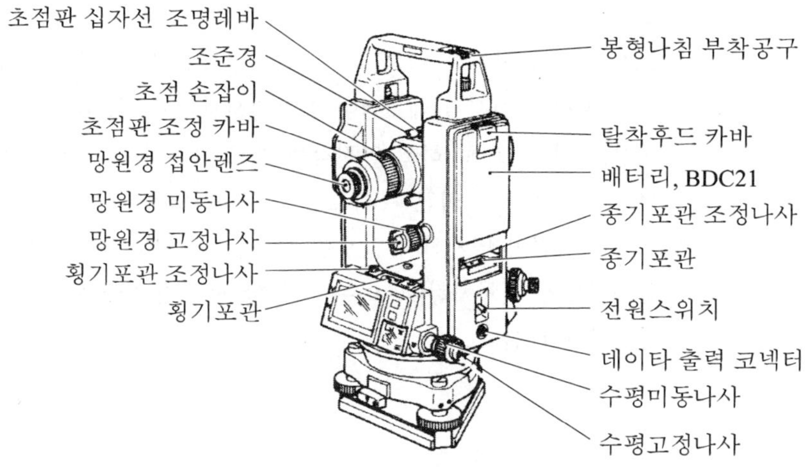

그림 7-20. 데오도라이트 각 부의 명칭

(2) 표시 설명/키의 기능

표시

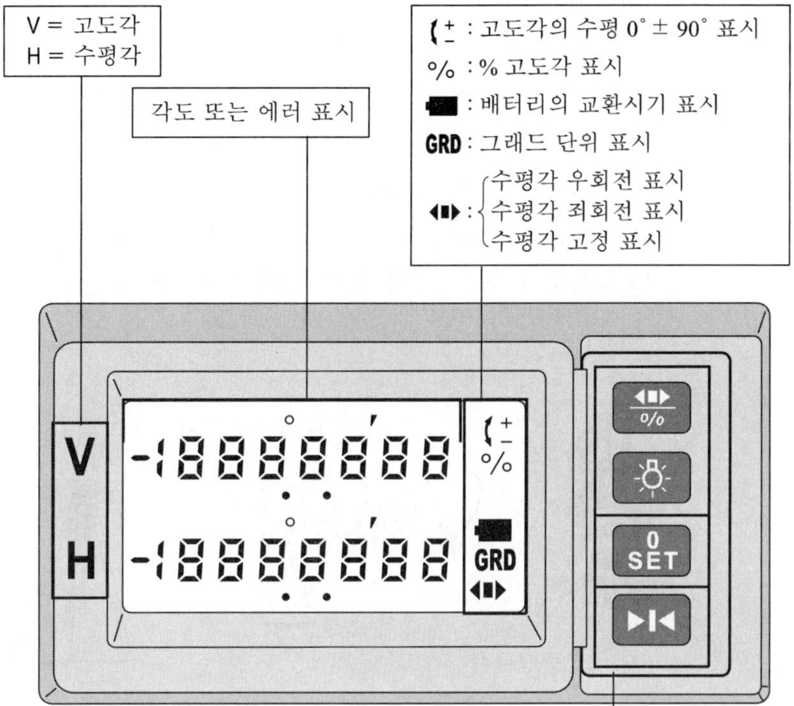

키의 기능

우회전/좌회전 선택 키 또는 % 고도각 키
- 수평각의 우회각, 좌회각을 선택합니다.
- 고도각의 경사각 % 표시 또는 표시를 해제합니다.

조명 키
- 내장의 조명 램프가 망원경 십자선과 표시기를 조명합니다. 재차 누르면 조명이 OFF됩니다.

0세트 키
- 수평각을 0°에 설정합니다.

수평각 고정 키
- 수평각 표시의 고정 또는 고정이 해제됩니다.

- ▶I◀의 기능 변환은 내부 스위치로 실행합니다.
- 0 SET, ◀■▶/%에는 오조작을 막기 위해 위 아래에 움직이는 보호카바가 부착되어 있습니다.

그림 7-21. 데오도라이트 키의 기능

(3) 기계의 설치(구심 및 정준 작업)

① 삼각의 설치

㉠ 삼각의 윗부분을 대략 수평으로 하여 측점상에 오도록 설치한다.

㉡ 삼각의 다리를 지면에 확실하게 고정시킨다.

② 기계본체를 삼각에 탑재하고, 한 손으로 기계를 받치고 기계 밑판에 있는 나사에 삼각의 중심나사를 꽂아 고정시킨다.

③ 광학구심을 사용한 측점의 초점 맞추기

㉠ 광학구심 접안나사를 돌려 초점판의 이중환(二重丸)에 초점을 맞춘다.

㉡ 광학구심 초점나사를 돌려 측점에 초점을 맞춘다.

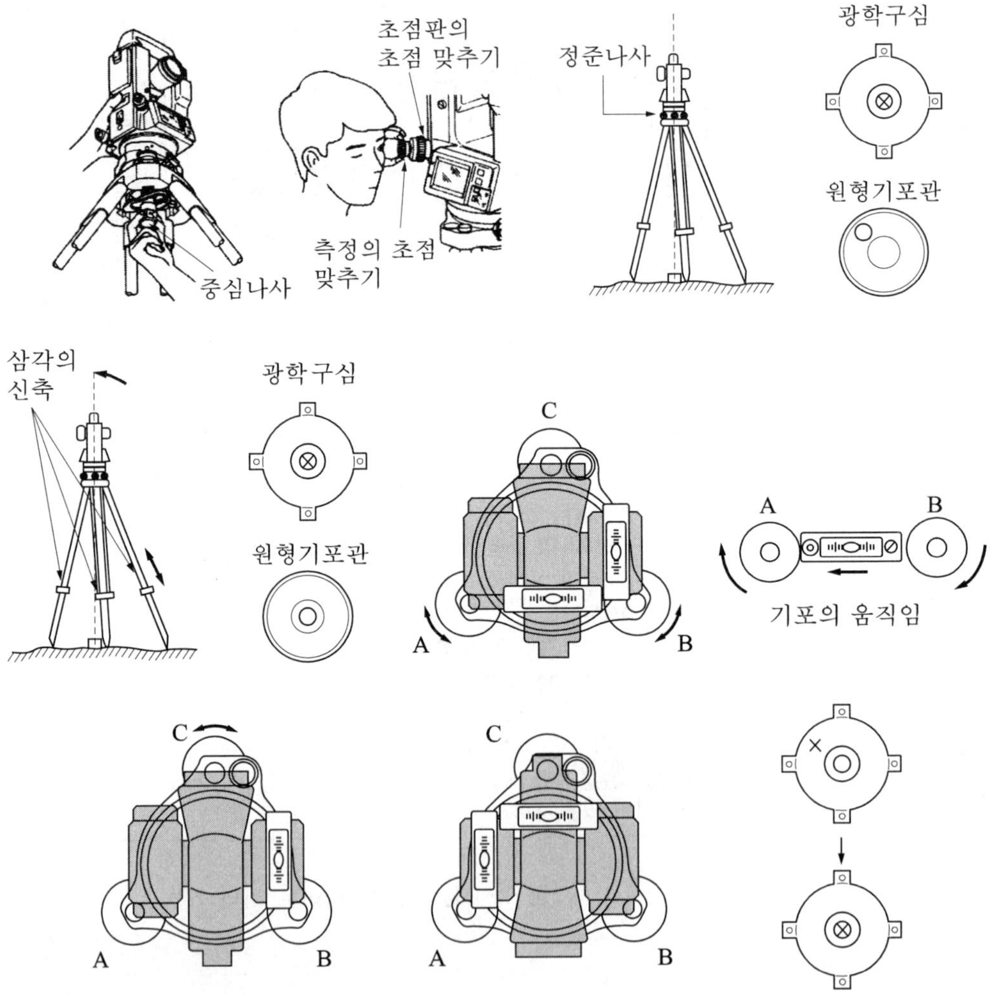

그림 7-22. 측점에 기계 세우기(구심과 정준작업)

④ 측점이 초점판 이중환의 중앙에 오도록 정준나사를 조정한 다음, 원형기포관의 기포가 모여 있는 방향을 확인한다.

⑤ 기포가 모여 있는 방향에 가장 가까운 삼각의 다리를 모으고, 그 방향에 가장 멀리 있는 삼각의 다리를 펼쳐서 기포를 중앙에 모이게 한다. 또한, 나머지 다리 하나를 움직여 기포를 중앙에 넣는다.

⑥ 수평고정나사를 풀고, 횡기포관을 정준나사 A, B와 평행이 되도록 기계 상부를 회전시킨다. 정준나사 A, B를 사용하여 횡기포관 기포를 중앙에 넣는다.
※ 기포는 우회전한 정준나사 방향으로 움직인다.

⑦ 다음 정준나사 C를 사용하여 종기포관의 기포를 중앙에 넣는다.

⑧ 기계 상부를 180° 회전시키고, 기포의 위치를 확인한다. 만일 기포가 중앙에서 떨어져 있으면 종기포관의 조정을 실행하던가 다음의 방법으로 정준하여 수정한다.
우선 정준나사 A, B를 반대 방향으로 같은 양만큼 회전시키고 횡기포관의 오차 1/2을 조정한다. 다음으로 정준나사 C를 사용하여 종기포관의 오차 1/2을 조정한다.

⑨ 중심나사를 조금 풀고 광학구심을 들여다보면서 삼각위에서 본체를 이동시켜 측점을 이중환의 중앙에 넣는다(밑판을 손가락으로 누르고 부드럽게 평행이동 시켜준다). 중심나사를 확실하게 조여준다.

⑩ 횡·종기포관을 확인하고 기포가 중앙에 없을 때는 순서 ⑥에서부터 반복한다.

(4) 고도분도반의 리셋트

전원스위치를 ON으로 하고 다음의 표시를 확인한다.

- 망원경 회전에 의한 고도 분도반의 리셋트
- 수평각(만약 V : ┆ 이 표시되면 고도각 설정이 수동으로 된다)

① 망원경 고정나사를 풀고, 망원경을 한 번 회전시킨다.
(망원경 「正」에서 대물렌즈가 수평방향을 가로지를 때 고도 분도반은 리셋트 된다)

② "삐-" 하는 소리가 울리고 고도각이 표시된다.

이것으로 고도분도반의 리셋트는 완료된다.

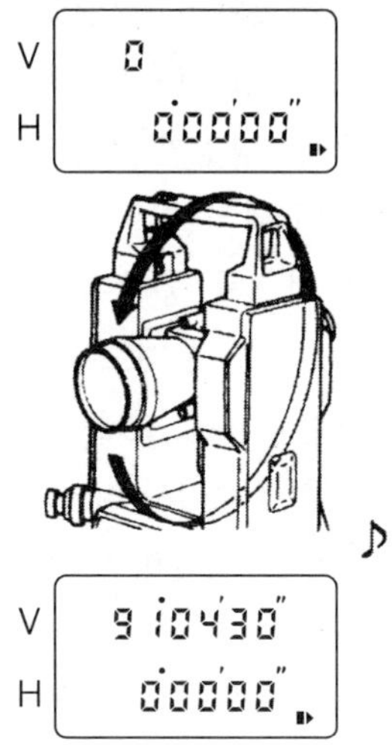

그림 7-23. 고도각 리셋트

3) 토털스테이션(Total Station)

이는 전자식 방식으로 측각과 측거를 동시에 할 수 있도록 하였으며, 야장의 기록도 오독과 오기를 방지하기 위하여 전자야장이나 막기억장치(RAM)카드에 자료를 기억하여 내업에서 자료를 직접 처리하도록 설계되어 있다. 도시개발사업·농지구획정리사업 지구 등에 많이 이용하고 있는 장비이다.

① 측각장비의 점검 및 조정은 경위의 점검·조정방법과 동일하다.
② 수평각과 연직각의 관측은 경위의 방법과 동일하다.

그림 7-24. 토탈스테이션

7.4 지적세부측량의 구체적 방법

7.4.1 평판측량방법 및 절차

세부측량의 절차는 도면의 등사, 측량준비 파일의 작성, 지적측량 자료조사, 현지측량, 측량결과도 작성, 측량성과 검사 등의 순서로 한다.

1) 도면의 등사

도면의 등사는 소관청의 지적서고에 보관되어 있는 지적도 또는 임야도 및 전산정보처리 조직에 의하여 트레싱페이퍼 또는 폴리에스터필름에 등사하는 것으로서 도면 등사 시 주의사항은 다음과 같다.

① 등사용지는 측량준비도 작성 과정에서 신축이 발생되지 않도록 질이 좋고 충분히 건조된 용지 또는 폴리에스터 필름을 사용한다.

② 도면을 등사하고자 할 때에는 가급적 도면을 비닐보호대에 넣은 상태에서 등사한다.

③ 도곽선은 지적측량기준점의 전개 및 도면접합오차의 보정 등이 가능하도록 전부 등사하여야 한다. 다만, 측량대상지토가 도곽선에 걸치거나 인접되어 있는 경우는 그러하지 아니하다.

④ 도곽신축량 및 보정계수는 도면에서 산출한다. 다만, 전산정보처리조직에 의하여 작성하는 때에는 그러하지 아니하다.

⑤ 지적측량수행자는 도면의 등사가 완료된 때에는 그 등사도 여백에 소관청의 검사인을 받아야 한다.

2) 측량준비 파일의 작성

평판측량방법으로 세부측량을 할 때에는 지적도, 임야도에 따라 다음 사항을 포함한 측량준비 파일을 작성하여야 한다.

① 측량대상 토지의 경계선 · 지번 및 지목

② 인근 토지의 경계선 · 지번 및 지목

③ 임야도를 갖춰 두는 지역에서 인근 지적도의 축척으로 측량을 할 때에는 임야도에 표시된 경계점의 좌표를 구하여 지적도에 전개(展開)한 경계선. 다만, 임야도에 표

시된 경계점의 좌표를 구할 수 없거나 그 좌표에 따라 확대하여 그리는 것이 부적당한 경우에는 축척비율에 따라 확대한 경계선을 말한다.

④ 행정구역선과 그 명칭
⑤ 지적기준점 및 그 번호와 지적기준점 간의 거리, 지적기준점의 좌표, 그 밖에 측량의 기점이 될 수 있는 기지점
⑥ 도곽선(圖廓線)과 그 수치
⑦ 도곽선의 신축이 0.5밀리미터 이상일 때에는 그 신축량 및 보정(補正) 계수
⑧ 그 밖에 국토교통부장관이 정하는 사항

※ 지적기준점 및 그 번호와 좌표는 검은색으로, 도곽선 및 그 수치와 지적기준점 간 거리는 붉은색으로, 그 외는 검은색으로 작성한다.

경위의측량방법으로 세부측량을 할 때에는 경계점좌표등록부와 지적도에 따라 다음 사항을 포함한 측량준비 파일을 작성하여야 한다.

① 측량대상 토지의 경계와 경계점의 좌표 및 부호도 · 지번 · 지목
② 인근 토지의 경계와 경계점의 좌표 및 부호도 · 지번 · 지목
③ 행정구역선과 그 명칭
④ 지적기준점 및 그 번호와 지적기준점 간의 방위각 및 그 거리
⑤ 경계점 간 계산거리
⑥ 도곽선과 그 수치
⑦ 그 밖에 국토교통부장관이 정하는 사항

또한, 지적측량수행자는 측량준비 파일로 지적측량성과를 결정할 수 없는 경우에는 지적소관청에 지적측량성과의 연혁 자료를 요청할 수 있다.

※ 지적기준점 간 거리 및 방위각은 붉은색으로 작성한다.

3) 지적측량기준점의 전개

지적측량기준점은 지적삼각점과 지적삼각점보조점 및 도근점을 말하는데 측량법에 의한 삼각점도 포함된다. 그러나 주로 세부측량에 이용되는 기준점은 도근점이 많이 활용되며, 기준점은 평면직각 종횡선수치로서 그 위치가 표시되는데 이를 측량준비 파일에 전개하여야만 세부측량에 사용할 수 있다. 우리나라 도해지적은 일반원점 지역인 경우 도면의 축척은 거의 1/1,200과 1/600로 되어 있고, 도곽선의 지상길이가 축척 1/1,200인 경우 가로 500 m, 세로 400 m로 되어 있다.

도면의 신축이 없을 경우에는 측량준비 파일의 도곽선에 전개척을 올려놓고 전개하면 되지만, 도면의 신축이 있을 경우에는 신축에 따른 보정을 하는 방법으로 기준점을 전개

하여야 한다. 기준점을 많이 전개할 필요가 있을 경우는 전개기기를 사용하면 편리하다.

4) 지적측량 자료조사

지적측량수행자가 지적세부측량을 하고자 하는 때에는 지적측량자료부를 작성, 비치하여야 하고, 자료부는 측량 전에 토지이동측량 결과도, 경계복원측량 결과도 및 지적공부 등에 의하여 측량대상 토지의 토지표시사항의 변동사항, 지적측량연혁 및 기준점의 유무 등을 조사하여 전산입력하고 측량 시에 활용하는 것으로서 측량결과에 매우 중요하므로 자료조사를 철저히 하여야 한다.

또한, 지적측량수행자는 지적측량정보를 처리할 수 있는 시스템에 측량준비파일을 등록하여 다음 사항에 대한 자료를 조사하여야 한다.

① 경계 및 면적
② 지적측량성과의 결정방법
③ 측량연혁
④ 지적기준점 성과
⑤ 그 밖에 필요한 사항

5) 현지측량

① 현지측량을 하는 때에는 토지소유자 및 이해관계인을 참여시켜 측량에 필요한 질문이나 참고자료의 제시를 요구하여 측량에 참고할 수 있다.
② 지적측량결과도에는 토지소유자 및 이해관계인의 서명·전자서명 또는 날인을 받아야 한다. 다만, 토지소유자 및 이해관계인이 입회하지 못하는 경우와 입회는 하였으나 서명 또는 날인을 거부하는 때에는 그 사유를 기재하여야 한다.
③ 각종 인가·허가 등의 내용과 다르게 토지의 형질이 변경되었을 경우에는 그 변경된 토지의 현황대로 측량성과를 결정하여야 한다.
④ 세부측량성과를 결정하기 위하여 사용하는 기지점은 지적측량기준점이어야 한다. 다만, 도면의 기지점이 정확하고 보존이 양호하여 기지점을 이용하여도 측량에 지장이 없다고 인정되는 축척 1/1,000 이하의 지역에 대하여는 그러하지 아니하다.
⑤ 지적기준점은 세부측량을 하기 전에 설치하여야 하며, 그 설치비용을 지적측량의뢰인에게 부담시켜서는 아니된다. 다만 축척변경, 도시개발사업 등으로 인한 지적확정측량, 측량지역의 면적이 당해 지적도 1장에 해당하는 면적이상인 경우, 51필지 이상 연속지 또는 집단지 세부측량시에 지적측량기준점을 설치하는 경우, 축척 1/1,000 이하의 지역에서 기지점에 따라 세부측량을 할 지역에서 지적측량의뢰인이 지적측량기준점의 설치를 요구하는 경우에는 그러하지 아니하다.

⑥ 지적확정측량지구 안에서 지적측량을 하고자 하는 경우에는 종전에 실시한 지적확정측량성과를 참고하여 성과를 결정하여야 한다.

⑦ 지적측량을 완료한 때에는 분할 등록될 경계점의 위치 또는 경계복원점의 위치를 지적측량기준점 · 담장모서리 및 전신주 등 주위 고정물로부터 거리를 측정하여 지적측량의뢰인 및 이해관계인에게 확인시키고, 측량결과도 여백에 그 거리를 기재하거나 경위의측량방법에 의한 평면직각종횡선좌표 등 측정점의 위치설명도를 작성하여야 한다. 다만, 주위 고정물이 없는 경우와 도로, 구거, 하천 등 연속 · 집단된 토지 등의 경우에는 작성을 생략할 수 있다.

⑧ 지적측량수행자는 지적측량자료조사 또는 지적측량결과 지적공부 토지의 표시에 잘못이 있음을 발견한 때에는 지체 없이 지적소관청에 관계자료 등을 첨부하여 문서로 통보하고, 지적측량의뢰인에게 그 내용을 통지하여야 한다.

⑨ 법원의 감정측량을 하는 때에는 법원감정측량처리절차에 의한다.

⑩ 전자평판측량에 따른 세부측량은 지적기준점을 기준으로 실시하여야 하며, 면적측정은 전산처리 방법에 따른다.

⑪ 제⑩항에 따른 세부측량 시 평판점의 이동거리는 지적도근점표지의 점간거리 이내(평균 50미터 이상 300미터 이하로 할 것. 다만, 다각망도선법에 따르는 경우에는 평균 500미터 이하)로 한다.

⑫ 지적기준점이 없는 지역에서 전자평판측량을 실시할 때에는 보존이 용이한 고정물을 선점하여 보조점으로 사용할 수 있다. 이 경우 설치된 보조점은 후속측량에 사용할 수 있도록 하여야 한다.

⑬ 현형법(現形法)으로 지적측량의 성과를 결정하려면 경계점은 반드시 지적공부 등록당시의 축척으로 하며, 기지점을 기준으로 지상경계선과 도상경계선의 부합여부를 확인하여야 한다.

⑭ 이미 작성되어 있는 지적측량파일을 이용하여 측량할 경우에는 기존 파일에서 지상경계선과 도상경계가 잘 부합되는 기지점과 신청토지 주변을 추가로 실측하여 성과를 결정하여야 한다.

⑮ 전자평판측량의 설치 및 표정방법은 다음에 따른다.

- 토탈스테이션을 지적기준점 또는 보조점 위에 거치한 후 다른 지적기준점이나 고정물을 시준하고 수평각을 전자평판에서 0° 0′ 0″로 세팅하여 관측을 준비한다.
- 지적기준점 간의 거리는 2회 이상 측정하여 확인한다.
- 연직각은 천정을 0으로 설정한다.

6) 측정거리의 보정

평판측량방법에 의하여 거리를 측정하는 경우 도곽선의 신축량이 0.5 mm 이상인 때에는 다음의 산식에 의해 보정량을 산출하며, 도곽선이 늘어난 경우에는 실측거리에 보정량을 더하고 줄어든 경우에는 실측거리에서 보정량을 뺀다.

$$\text{보정량} = \frac{\text{신축량(지상)} \times 4}{\text{도곽선길이합계(지상)}} \times \text{실측거리} \tag{7.1}$$

평판측량방법에 따라 경사거리를 측정하는 경우의 수평거리의 계산은 다음과 같다.

① 조준의(앨리데이드)를 사용한 경우

$$D = l\frac{1}{\sqrt{1+\left(\frac{n}{100}\right)^2}} \tag{7.2}$$

여기서, D : 수평거리
l : 경사거리
n : 경사분획

② 망원경조준의를 사용한 경우

$$D = l \cdot \cos\theta$$

또는

$$D = l \cdot \sin\alpha \tag{7.3}$$

여기서, D : 수평거리
l : 경사거리
θ : 연직각
α : 천정각 또는 천저각

7) 측량기하적(幾何跡)

(1) 평판측량방법 또는 전자평판측량방법으로 세부측량을 하는 때에는 측량준비파일에 측량한 기하적(幾何跡)을 다음과 같이 작성하여야 하며, 부득이한 경우 지적측량준비도에 연필로 표시할 수 있다.

① 평판점, 측정점 및 방위표정에 사용한 기지점 등에는 방향선을 긋고 실측한 거리를 기재한다. 이 경우 측정점의 방향선 길이는 측정점을 중심으로 약 1 cm로 표시한다. 다만, 전자측량시스템에 따라 작성할 경우 필지선이 복잡한 때는 방향선과 측정거리를 생략할 수 있다.

② 평판점은 측량자는 직경 1.5 mm 이상 3 mm 이하의 검은색 원으로 표시하고, 검사자는 1변의 길이가 2 mm 이상 4 mm 이하의 삼각형으로 표시한다. 이 경우 평판점 옆에 평판이동순서에 따라 $부_1$, $부_2$ … 으로 표시한다.

③ 평판점의 결정 및 방위표정에 사용한 기지점은 측량자는 직경 1 mm와 2 mm의 2중 원으로 표시하고, 검사자는 1변의 길이가 2 mm와 3 mm의 2중 삼각형으로

표시한다.

④ 평판점과 기지점 사이의 도상거리와 실측거리를 방향선상에 다음과 같이 기재한다.

측량자	검사자
$\frac{(도상거리)}{실측거리}$	$\frac{\Delta(도상거리)}{\Delta 실측거리}$

⑤ 측량대상토지에 지상구조물 등이 있는 경우와 새로이 설정한 경계에 지상건물 등이 걸리는 경우에는 도시관리계획선을 분할하는 경우를 제외하고 그 위치현황을 표시하여야 한다.

(2) 경위의측량방법으로 세부측량을 하려면 지상건물 등의 위치현황표시는 (5)항목을 준용한다.

(3) 측량대상토지의 점유현황선은 붉은색 점선으로 표시한다.

(4) 측량결과도의 문자와 숫자는 레터링 또는 전자측량시스템에 따라 작성한다.

(5) 전자평판측량을 이용한 지적측량결과도의 작성방법은 다음과 같다.

① 관측한 측정점의 오른쪽 상단에는 측정거리를 표시하여야 한다. 다만, 소축척 등으로 식별이 불가능한 때에는 방향선과 측정거리를 생략할 수 있다.

② 측정점의 표시는 측량자의 경우 붉은색 짧은 십자선(+)으로 표시하고, 검사자는 삼각형(△)으로 표시하며, 각 측정점은 붉은색 점선으로 연결한다.

③ 지적측량결과도 상단 중앙에 "전자평판측량"이라 표기하고, 상단 오른쪽에 측량성과파일명을 표기하여야 하며, 측량성과파일에는 측량성과 결정에 관한 모든 사항이 수록되어 있어야 한다.

④ 측량결과의 파일 형식은 표준화된 공통포맷을 지원할 수 있어야 하며, 측량결과에 대한 측량파일 코드 일람표는 표 7-2와 같다.

⑤ 이미 작성되어 있는 지적측량파일을 이용하여 측량할 경우에는 기존 측량파일 코드의 내용·규격·도식은 파란색으로 표시한다.

8) 측량결과도의 작성

(1) 평판측량방법으로 세부측량을 한 경우 측량결과도

다만, 1년 이내에 작성된 경계복원측량 또는 지적현황측량결과도와 지적도, 임야도의 도곽신축 차이가 0.5밀리미터 이하인 경우에는 종전의 측량결과도에 함께 작성할 수 있다.

① "평판측량의 측량준비 파일"의 기재된 사항

② 측정점의 위치, 측량기하적 및 지상에서 측정한 거리

표 7-2. 측량파일 코드 일람표

코드	내용	규격	도식	제도형태
1	지적경계선	기본값	———	검은색
10	지번, 지목	2 mm	1591-10 대	검은색
71	도근점	2 mm	○	검은색 원
211	현황선		– – – –	붉은색 점선
217	경계점표지	2 mm	○	붉은색 원
281	방위표정 방향선		→	파란색 실선, 화살표
282	분할선	기본값	———	붉은색 실선
291	측정점		+	붉은색 십자선
292	측정점 방향선			붉은색 실선
294	평판점	1.5～3.0 mm (규격 변동가능)	○	검은색 원 옆에 파란색 不$_1$, 不$_2$ 등으로 표시
297	이동 도근점	2 mm	○	붉은색 원
298	방위각 / 표정거리	2 mm	000-00-00 / 000.000	붉은색

※ 기존 측량파일 코드의 내용 · 규격 · 도식은 "파란색"으로 표시한다.

③ 측량대상 토지의 토지이동 전의 지번과 지목(2개의 붉은 선으로 말소한다)

④ 측량결과도의 제명 및 번호(연도별로 붙인다)와 도면번호

⑤ 신규등록 또는 등록전환하려는 경계선 및 분할경계선

⑥ 측량대상 토지의 점유현황선

⑦ 측량 및 검사의 연월일, 측량자 및 검사자의 성명 · 소속 및 자격등급 또는 기술등급

(2) 경위의측량방법으로 세부측량을 한 경우 측량결과도

① "경위의측량의 측량준비 파일" 기재사항

② 측정점의 위치(측량계산부의 좌표를 전개하여 적는다), 지상에서 측정한 거리 및 방위각

③ 측량대상 토지의 경계점 간 실측거리

④ 측량대상 토지의 토지이동 전의 지번과 지목(2개의 붉은 색으로 말소한다)

⑤ 측량결과도의 제명 및 번호(연도별로 붙인다)와 지적도의 도면번호

⑥ 신규등록 또는 등록전환하려는 경계선 및 분할경계선

⑦ 측량대상 토지의 점유현황선

⑧ 측량 및 검사의 연월일, 측량자 및 검사자의 성명 · 소속 및 자격등급 또는 기술등급

※ 측량대상 토지의 경계점 간 실측거리와 경계점의 좌표에 따라 계산한 거리의 교차는 $3+\frac{L}{10}$ cm 이내여야 한다(L은 실측거리, m단위).

다만, 경위의측량방법으로 실시한 지적측량결과를 "도해지역의 토지이동 측량결과도" 및 "경계복원 · 지적현황 측량결과도" 서식으로 작성할 경우에는 다음 사항을 별도 작성 · 관리 · 검사요청 하여야 한다.

① 경계점(지적측량기준점) 좌표
② 기지점 계산
③ 경계점(보조점) 관측 및 좌표 계산
④ 교차점 계산
⑤ 면적 지정분할 계산
⑥ 좌표면적 및 점간거리
⑦ 면적측정부

(3) 지적측량수행자 및 지적측량검사자는 지적측량결과도상의 측량준비도, 측량결과도, 측량성과도작성, 도면 등의 작성, 확인 및 검사란에 날인 또는 서명을 하여야 한다. 이 경우 서명은 정자(正字)로 하여야 한다.

(4) 측량결과도의 보관은 지적소관청은 연도별, 측량종목별, 지적공부정리 일자별, 동 · 리별로, 지적측량수행자는 연도별, 동 · 리별로, 지번 순으로 편철하여 보관하여야 한다.

(5) 지적측량업자가 폐업하는 경우에는 보관중인 측량결과도 원본(전자측량시스템으로 작성한 전산파일을 포함한다)과 지적측량 프로그램을 시 · 도지사에게 제출하여야 하며, 시 · 도지사는 해당 지적소관청에 측량결과도 원본을 보내주어야 한다.
지적측량수행자는 전자평판측량으로 측량을 하여 작성된 지적측량파일을 데이터베이스에 저장하여 후속 측량자료 및 민원업무에 활용할 수 있도록 관리하여야 하며, 지적측량파일은 월1회 이상 데이터를 백업하여 보관하여야 한다.

9) 지적측량성과의 검사항목

지적측량성과검사를 할 때에는 다음 사항을 검사하여야 한다.

(1) 기초측량

① 기지점사용의 적정여부
② 지적기준점설치망 구성의 적정여부

③ 관측각 및 거리측정의 정확여부
④ 계산의 정확여부
⑤ 지적기준점 선점 및 표지설치의 정확여부
⑥ 지적기준점성과와 기지경계선과의 부합여부

(2) 세부측량
① 기지점사용의 적정여부
② 측량준비도 및 측량결과도 작성의 적정여부
③ 기지점과 지상경계와의 부합여부
④ 경계점 간 계산거리(도상거리)와 실측거리의 부합여부
⑤ 면적측정의 정확여부
⑥ 관계법령의 분할제한 등의 저촉 여부. 다만, 각종 인가・허가 등의 내용과 다르게 토지의 형질이 변경되었을 경우에는 그 변경된 토지의 현황대로 측량성과를 결정.

10) 지적측량성과의 검사방법

(1) 지적측량수행자가 지적측량 성과검사를 요청하는 경우와 지적소관청이 지적측량 성과검사 결과를 통보하는 경우에는 정보시스템을 이용하여 처리할 수 있다.

(2) 세부측량(지적공부를 정리하지 아니하는 세부측량을 포함한다)을 하기 전에 기초측량을 한 경우에는 미리 지적기준점성과에 대한 검사를 받은 후에 세부측량을 하여야 한다. 다만, 지적소관청과 사전 협의를 한 경우에는 지적기준점성과와 세부측량성과(지적공부를 정리하지 아니하는 세부측량은 제외한다)를 동시에 검사할 수 있다.

(3) 전자평판측량에 따른 측량성과 파일은 도형자료와 속성자료 간의 일치성과 유효성을 검증하기 위하여 다음 각 호의 사항을 실시하고 최종적으로 종번(終番) 검사를 실시하여야 한다.
① 면적공차 초과 검증
② 누락필지 및 원필지 중복객체 검증
③ 지번중복 검증 및 도곽의 적정성 여부 검사
④ 법정 리・동계 및 축척 간 접합 중복 검사
⑤ 폐쇄도면 중첩검사
⑥ 성과레이어 중첩검사
⑦ 이격거리 측정 및 필계점 좌표 확인

⑦ 측정점위치설명도 작성의 적정 여부

⑨ 주위필지와의 부합여부

⑩ 그 밖에 필요한 사항

(4) 지적소관청은 지적측량검사가 완료된 때에는 해당 측량성과 파일을 부동산종합공부시스템에 등록하여야 한다.

(5) 측량성과의 검사방법은 다음과 같다.

① 측량성과를 검사하는 때에는 측량자가 실시한 측량방법과 다른 방법으로 한다. 다만, 부득이한 경우에는 그러하지 아니한다.

② 지적삼각점측량 및 지적삼각보조점측량은 신설된 점을, 지적도근점측량은 주요 도선별로 지적도근점을 검사한다. 이 경우 후방교회법으로 검사할 수 있다. 다만, 구하고자 하는 지적기준점이 기지점과 같은 원주상에 있는 경우에는 그러하지 아니하다.

③ 세부측량결과를 검사할 때에는 새로 결정된 경계를 검사한다. 이 경우 측량성과 검사 시에 확인된 지역으로서 측량결과도만으로 그 측량성과가 정확하다고 인정되는 경우에는 현지측량검사를 하지 아니할 수 있다.

④ 면적측정검사는 필지별로 한다.

⑤ 측량성과 파일의 검사는 부동산종합공부시스템으로 한다.

⑥ 지적측량수행자와 동일한 전자측량시스템을 이용하여 세부측량시 측량성과의 정확성을 검사할 수 있다.

(6) 시・도지사, 대도시 시장 또는 지적소관청은 측량성과를 검사하여 그 측량성과가 정확하다고 인정되는 경우에는 측량부・측량결과도・면적측정부 및 측량성과도에 측량성과검사 필인을 각각 날인하여야 한다.

(7) 시・도지사, 대도시 시장 또는 지적소관청은 측량성과 검사결과 측량성과가 부정확하다고 판단되는 경우에는 지적측량수행자가 제출한 측량성과를 보완하도록 조치하고, 측량성과검사정리부에 그 사유를 기재한다. 이 경우 측량성과 검사결과 "관계법령의 분할제한 등의 저촉여부"에 해당되는 경우에는 지적측량수행자에게 측량성과에 관한 자료를 되돌려 주고 그 사유를 지적측량 성과검사 정리부 비고란에 붉은색으로 기재한다.

11) 측량성과도 작성

① 측량성과도(측량결과도에 따라 작성한 측량성과도면을 말한다)의 문자와 숫자는 레터링 또는 전자측량시스템에 따라 작성하여야 한다.

② 측량성과도의 명칭은 신규 등록, 등록전환, 분할, 지적확정, 경계복원, 지적현황, 지적복구 또는 등록사항정정측량 성과도로 한다. 이 경우 경계점좌표로 등록된 지역인 경우에는 명칭 앞에 "(좌표)"라 기재한다.

③ 경계점좌표로 등록된 지역의 측량성과도에는 경계점간 계산거리를 기재하여야 한다.

④ 분할측량성과도를 작성하는 때에는 측량대상토지의 분할선은 붉은색 실선으로, 점유현황선은 붉은색 점선으로 표시하여야 한다. 다만, 경계와 점유현황선이 같을 경우에는 그러하지 아니하다.

⑤ 각종 인가·허가 등의 내용과 다르게 토지의 형질이 변경되었을 경우에는 그 변경된 토지의 현황대로 분할측량성과 등을 결정하였을 때에는 "인·허가 내용을 변경하여야 지적공부정리가 가능함"이라고 붉은색으로 표시하여야 한다.

⑥ 경계복원측량성과도를 작성하는 때에는 복원된 경계점은 직경 2 mm 이상 3 mm 이하의 붉은색 원으로 표시하고, 측량대상토지의 점유현황선은 붉은색 점선으로 표시하여야 한다. 다만, 필지가 작아 식별하기 곤란한 경우에는 복원된 경계점을 직경 1 mm 이상 1.5 mm 이하의 붉은색 원으로 표시할 수 있다.

⑦ 복원된 경계점과 측량 대상토지의 점유현황선이 일치할 경우에는 제⑥항에 따른 점유현황선의 표시를 생략하고, 경계복원측량성과도를 현장에서 작성하여 지적측량 의뢰인에게 발급 할 수 있다.

⑧ 지적현황측량성과도를 작성하는 때에는 표 7-3의 도시방법에 따라 현황구조물의 위치 등을 판별할 수 있도록 표시하여야 한다.

표 7-3. 지적현황측량성과도의 도시방법

기 호			
	위성기준점		철도
	1등 삼각점		버스정류장
	2등 삼각점		택시정류장
	3등 삼각점		휴지통
	4등 삼각점		철책
	지적삼각점		철조망
	지적삼각보조점		성벽
	지적도근점	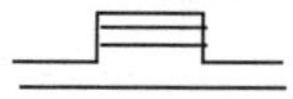	계단

BM	수준점		출입문
	시·도 계		석축
	시·군 계		블록옹벽
	읍·면 계		콘크리트옹벽
------	리·동 계		암반노출
	지적선		경사
	현황선(붉은선)		보도블록
	고가부		지하철공기통
	도로		지름
	가로수도로		유수방향
	지하부		소화전
	교차부		급수탑
	지하도입구		철탑
	교량		활엽수
	터널		침엽수
	육교		독립수
	주차장		녹지
	기념비		우물
	분수대		담장
	묘지		가드레일
	논		지하철역
	밭		동상
	과수원	맨 홀	

기호	명칭	기호	명칭
	지호	W WI	상수도
	벤치	S S	하수도
	우체통	E E	전기
	가스수치기	T T	전화
	밸브	G G	가스
R	분전함	A A	공동구
	제어기	I I	공업용수
TB	공중전화		빗물받이
	신호등	건 물	
	전주	B	블록건물
	가로등	C	철근콘크리트
	전신주	W	목조건물
	차단기	ㅂ	벽돌건물
	경보기		무벽사
도로표식		노선경과	
	안내		기점
	규제		종점
	지시		통과
	주의	노 면	
	반사거울	C	콘크리트
	광고판	A	아스팔트
	사적지	B	블록
WC	공중화장실	C	사다리

12) 지적측량성과 파일 검사

지적측량수행자가 지적측량을 완료한 때에는 지적공부를 정리하기 위한 측량성과파일과 측량현형파일을 작성하여 시·도지사, 대도시 시장(「지방자치법」 제175조에 따라 서울특별시·광역시 및 특별자치시를 제외한 인구 50만 이상의 시의 시장을 말한다. 이하 같다) 또는 지적소관청으로부터 측량성과에 대한 검사를 받아야 한다. 다만, 지적공부를 정리하지 아니하는 측량으로서 국토교통부령으로 정하는 "경계복원측량 및 지적현황측량"의 경우에는 그러하지 아니하다.

지적측량성과의 검사방법과 검사절차는 다음과 같다.

① 지적측량수행자는 측량부·측량결과도·면적측정부, 측량성과 파일 등 측량성과에 관한 자료(전자파일 형태로 저장한 매체 또는 인터넷 등 정보통신망을 이용하여 제출하는 자료를 포함한다)를 지적소관청에 제출하여 그 성과의 정확성에 관한 검사를 받아야 한다. 다만, 지적삼각점측량성과 및 경위의측량방법으로 실시한 지적확정측량성과인 경우에는 다음 각 목의 구분에 따라 검사를 받아야 한다.
   ㉠ 국토교통부장관이 정하여 고시하는 면적 규모 이상의 지적확정측량성과 : 시·도지사 또는 대도시 시장(「지방자치법」 제175조에 따라 서울특별시·광역시 및 특별시를 제외한 인구 50만 이상 대도시의 시장을 말한다)
   ㉡ 국토교통부장관이 정하여 고시하는 면적 규모 미만의 지적확정측량성과 : 지적소관청

② 시·도지사 또는 대도시 시장은 제1호 가목에 따른 검사를 하였을 때에는 그 결과를 지적소관청에 통지하여야 한다.

③ 지적소관청은 「건축법」 등 관계 법령에 따른 분할제한 저촉 여부 등을 판단하여 측량성과가 정확하다고 인정하면 지적측량성과도를 지적측량수행자에게 발급하여야 하며, 지적측량수행자는 측량의뢰인에게 그 지적측량성과도를 포함한 지적측량 결과부를 지체 없이 발급하여야 한다. 이 경우 검사를 받지 아니한 지적측량성과도는 측량의뢰인에게 발급할 수 없다.

13) 지적측량성과의 인정

측량성과와 검사성과가 $M \times \frac{3}{10}$ mm (M은 축척분모) 이내일 때는 성과에 관하여 다른 입증할 수 있는 경우를 제외하고 측량성과를 인정한다. 지적측량성과를 전자계산기기로 계산하였을 때에는 그 계산성과자료를 측량부 및 면적측정부로 본다.

7.4.2 평판측량 방법에 의한 세부측량

평판측량방법에 의한 세부측량은 교회법・도선법・방사법에 의하며 이들의 방법은 다음과 같다.

1) 평판측량방법에 의한 세부측량의 기준

① 거리측정단위는 지적도를 갖춰 두는 지역에서는 5 cm, 임야도를 갖춰 두는 지역에서는 50 cm로 할 것

② 측량결과도는 그 토지가 등록된 도면과 동일한 축척으로 작성할 것

③ 세부측량의 기준이 되는 위성기준점, 통합기준점, 삼각점, 지적삼각점, 지적삼각보조점, 지적도근점 및 기지점이 부족한 경우에는 측량상 필요한 위치에 보조점을 설치하여 활용할 것

④ 경계점은 기지점을 기준으로 하여 지상경계선과 도상경계선의 부합 여부를 현형법(現形法)・도상원호(圖上圓弧)교회법・지상원호(地上圓弧)교회법 또는 거리비교확인법 등으로 확인하여 정할 것

⑤ 평판측량방법에 의한 세부측량은 교회법・도선법 및 방사법에 의할 것

⑥ 지적측량기준점을 이용하지 아니하고 확인된 경계점 또는 기지점 상호간의 거리와 이미 등록된 토지의 지상경계점을 확인하여 그 거리의 차를 비교하여

- 도상 길이 15 cm 미만인 때에는 그 차이 1 mm를 가산한다.
- 도상 길이 15 cm 이상인 때에는 매 15 cm마다 1 mm를 가산한다.

⑦ 도상에 영향을 미치지 아니하는 지상거리의 축척별 한계는
$\frac{1}{10} \times M$ mm로 한다(M은 축척분모임).

예제 01 축척 1200분의 1지역에 있어서 도상에 영향을 미치지 않는 지상거리는?

해설

$$\frac{1}{10} \times 1200 = 120\,\mathrm{mm} = 12\,\mathrm{cm}$$

---

2) 교회법(Method of Intersection)

(1) 교회법으로 하는 경우의 기준

① 전방교회법 또는 측방교회법에 의할 것

② 3방향 이상의 교회에 의할 것

③ 방향각의 교각은 30° 이상 150° 이하로 할 것

④ 방향선의 도상길이는 평판의 방위표정에 사용한 방향선의 도상길이 이하로서 10 cm 이하로 할 것. 다만, 광파조준의 또는 광파측거기를 사용하는 경우에는 30 cm 이하로 할 수 있다.

⑤ 측량결과 시오삼각형이 생긴 경우 내접원의 지름이 1 mm 이하인 때에는 그 중심을 점의 위치로 하여야 한다.

(2) 측량방법

교회법은 방향선의 교회로서 점의 위치를 결정하는 것이며 거리측정이 불필요하다. 이는 방향선에 의하여 먼 점 또는 토지가 하천·도로 등과 같이 연속되지 아니하여 거리측정을 할 수 없는 점을 결정하는데 적합한 방법이다. 앞이 보이지 않는 장소에서는 실시할 수가 없다.

교회법에는 전방·측방 및 후방교회법으로 구분하며 세부사항은 다음 도표와 같다.

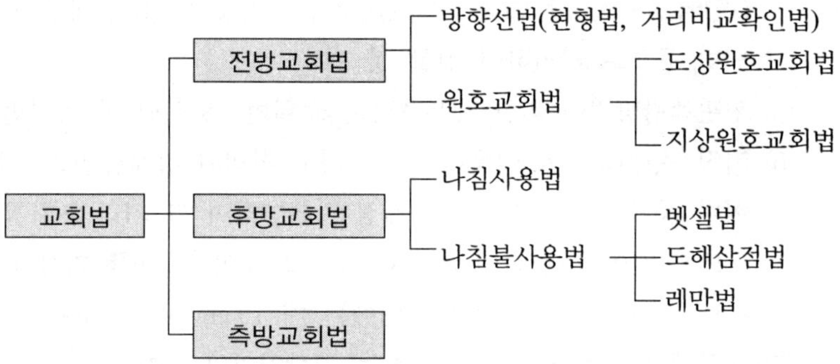

① 전방교회법(Method of Forward Intersection)

전방교회법은 둘 이상의 기지점을 측점으로 하여 미지점의 위치를 결정하는 방법으로서 방향선법과 원호교회법으로 구분하고 원호교회법은 다시 도상원호교회법과 지상원호교회법으로 나눈다.

㉠ 방향선법

그림 7-25와 같이 기지점 A, B, C의 평판상의 위치 a, b, c에 의하여 미지점 P의 위치를 결정하는 방법이다. A점에 평판을 세우고 측량원도상의 도상점 a에 측량침을 꽂고 지상점 B에 해당하는 도상점 b에 조준의를 맞추고 지상점 B점을 시준하여 표정한 다음 a점에 측량침을 꽂고 조준의로서 P점을 시준하여 전방에 방향선을 긋는다.

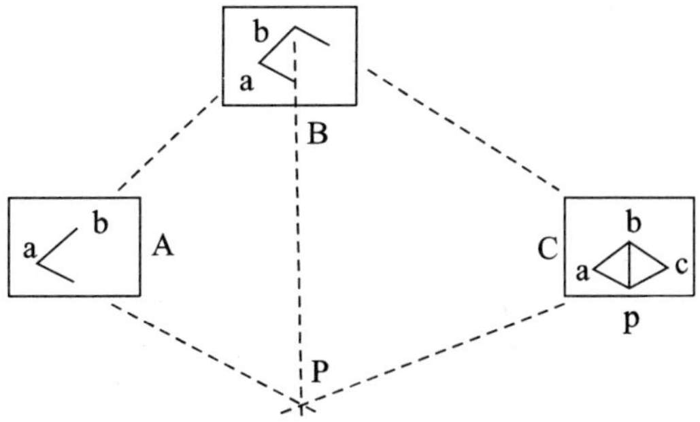

그림 7-25. 전방교회법(방향선법)

다음 B점에 평판을 옮겨서 전과 같은 방법으로 방향선을 그으면 양방향선은 p점에서 교차되고 이 점이 P점의 도상위치가 된다. 그러나 단 두 방향의 교차만으로 작업의 정확을 기할 수 없으므로 기지점 C점에 평판을 세워 제3의 방향선을 그어 3선이 1점에 교차하는 검증을 하여야 한다. 이와 같은 방법으로 위치가 결정되면 그 점을 측량침으로 찌르고 그 주위에 작은 동그라미를 그려 식별을 할 수 있도록 한다. 이 방법을 방향선법이라 한다.

㉡ 원호교회법

도상원호교회법은 어떤 지상점의 도상위치를 결정하기 위하여 3개의 기지점에서 어떤 점까지의 실지거리를 측정하여 이것을 축척화한 길이를 컴퍼스로 도상 각점을 중심으로 원호를 그려 그 교회로서 도상위치를 결정하는 방법이다.

지상원호교회법은 도상점의 지상위치를 결정하는 방법으로서 기지3점과 구점과의 도상거리를 지상거리화하여 이를 반경으로 각 기지점(지상)을 중심으로 지상에 원호를 그려 그들의 교회점을 지상위치로 하는 방법이다.

원호교회법은 측량준비도에 의하여 측량할 때에 경계의 위치는 기지점을 기준으로 하여 지상경계점과 도상경계점의 부합여부를 확인하는데 많이 사용한다.

② 후방교회법 (Method of Resection)

나침사용법과 나침불사용법으로 구분하며 나침사용법은 그림 7-26과 같이 미지점(소구점)에 평판을 세우고 나침에 의하여 표정을 하고 도상기지 a점에 측량침을 꽂고 지상 A점을 시준하여 방향선을 긋고, 순차로 기지점 b 및 c점에 측량침을 꽂고 각각의 지상 B 및 C점을 시준하여 방향선을 긋고, 세 방향선을 교차하여 미지 p점을 구하는 방법이다.

나침불사용법에는 벳셀법, 도해3점법과 레만법으로 구분한다.

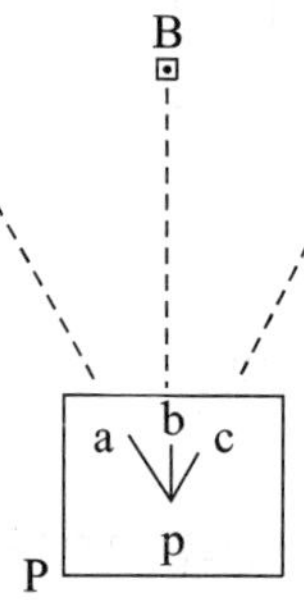

그림 7-26. 후방교회법

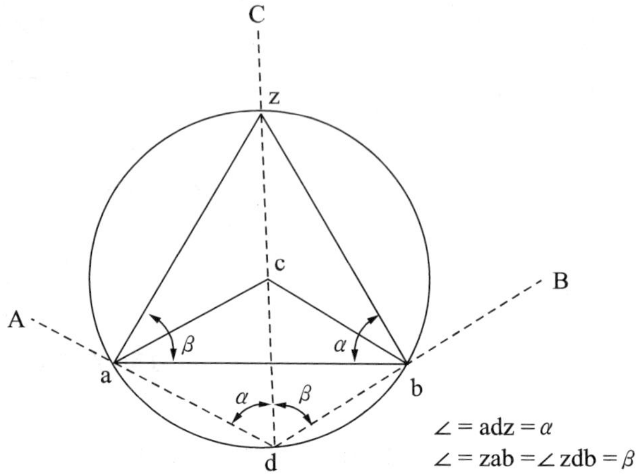

그림 7-27. 벳셀법

㉠ 벳셀법(Bessels method)

벳셀의 도해법이라고도 말하며 원에 내접하는 사변형의 기하학적 관계를 응용하는 엄밀한 방법으로서 경험이 없어도 할 수 있으나 시간이 많이 걸리고 복잡하여 거의 이용되지 않는다. 그림 7-27에서 a, b, c를 기지점 A, B, C에 해당하는 도면 위의 점, d를 구점 D의 도면 위의 점이라 하자. a, b, d를 지나는 원을 그린 다음, d, c를 연결하여 그 연장선이 원주와 만나는 점을 z라 하고, a와 b를 d에 연결하고 또 a 및 b를 z와 연결하면 다음의 관계가 성립된다.

위의 관계를 이용하면 다음과 같이 미지점 d를 구할 수 있다.

ⓐ 구점 D에 평판을 세운다.

ⓑ 평판 위에 전개된 a점을 땅위 D점의 위치라 가정하여 $\overrightarrow{ab}$선에 앨리데이드를 일치시키고 평판의 고정 나사를 풀고 평판을 돌리면서 B점을 시준하여 평판을 고정한다. 다음에는 앨리데이드를 a점에 세운 측량침에 기대면서 C점을 시준하고 $\overrightarrow{az}$의 방향선을 그린다.

ⓒ 다음에는 평판 고정 나사를 풀고 b점을 D의 위치로 가정하고, $\overrightarrow{ba}$선에 의하여 A점을 시준할 수 있는 위치에 평판을 돌려 방향을 맞추어 고정한다. 앨리데이드를 b점에 세운 측량침에 기대면서 C를 시준하고 방향선 $\overrightarrow{bz}$를 그어 $\overrightarrow{az}$와 $\overrightarrow{bz}$의 교점을 z라 한다.

ⓓ 도면 위의 z와 c를 연결하고 $\overrightarrow{zc}$선에 앨리데이드를 일치시켜 놓고 C점을 시준할 수 있는 위치에 평판을 돌려서 고정하면 평판은 정확한 방향에 표정되어 있는 것이다.

ⓔ a점의 측량침에 앨리데이드를 기대면서 A점을 시준하여 $\overrightarrow{ad}$선을 만들고 이 측선과 $\overrightarrow{zc}$선의 연장선과의 교점을 구하면 이것이 구점 D점의 도면 위의 점 d가 된다. 이 방법은 $\overrightarrow{cz}$선이 평판의 표정 작업의 기준이 되므로 z와 c가 일치하면 a, b, c, d가 같은 원주 위에 있어 평판의 표정이 불가능하고, 또 z와 c의 거리가 짧아지면 짧아질수록 a, b, c를 지나는 원주에 d가 접근하여 표정 작업이 어렵고 구점의 위치도 정확성이 적다.

㉡ 도해 3점법(투사지법 : Tracing paper method)

그림 7-28과와 같이 측점주위에 있는 다수의 기지점을 기준으로 신뢰할 수 있는 위치를 결정하는 방법이다.

이는 평판상에서 투명지를 펴고(평판상의 방위표정불요) 적당한 위치에 측량침을 꽂아 여기에 조준의로 지상의 기지점 등을 시준하여 방향선을 그리고 다음에 그 투사지를 셋 이상의 방향이 각각 도상위치 a점, b점, c점 등을 통과하는 위치에 일치하도록 한 후 투사지의 최초 측량침점을 평판상에 표시하면 그 점이 측점의 도상위치이므로 이 점과 방향선에 의하여 평판을 구심 및 표정하면 된다.

시준한 방향선이 다수일 때에 모든 점의 방향선이 하나의 도상점을 통과하면 좋으나 일부 점의 방향선이 통과하지 않으면 해당 기지 위치에 오류가 있는 것으로서 이때는 다수의 점이 통과하는 위치로 결정한다.

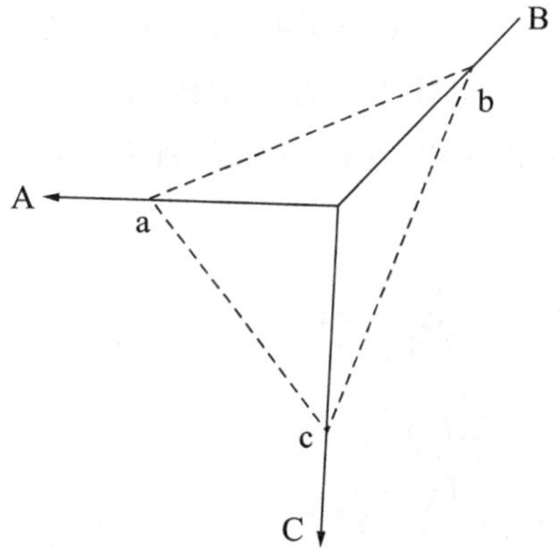

그림 7-28. 3점 문제

㉢ 레만법(Lehman's method or Trial method)

이 방법은 레만의 시산법이라고도 하며 경험만 있으면 빨리 할 수가 있어서 많이 이용되는 방법이다. 그림 7-29에서 A, B, C는 땅 위의 기지점, a, b, c는 지상의 기준점 A, B, C에 해당하는 도면 위의 점이라고 하고, 구하려고 하는 점의 땅 위의

점 D에 평판을 세운다. 이때 자침을 사용하여 될 수 있는 대로 정확하게 맞추는 것이 좋다.

다음에는 a점에 측량침을 꽂고 앨리데이드를 측량침에 기대어 A점을 시준하고 뒤쪽으로 방향선 $\overrightarrow{ad}$를 긋는다. 같은 방법으로 b점에서는 B점을, c점에서는 C점을 각각 시준하여 뒤쪽으로 $\overrightarrow{bd}$, $\overrightarrow{cd}$의 방향선을 긋는다. 이 때 3개의 방향선이 한 점에서 교차하면 그 점이 구하려는 점 D의 도면 위의 점 d가 된다. 그러나 방향표정에 오차가 있으면 한 점에서 교차하지 않고 그림 7-29 (b)와 같이 작은 삼각형이 생긴다. 이 삼각형을 시오삼각형이라 부른다. 레만법은 평판의 표정작업을 다시 하면서 이 시오삼각형이 없어질 때까지 반복하여 구점의 위치를 찾는 방법이다. 이 시오삼각형으로부터 구하고자 하는 정확한 점의 위치를 찾는데는 구점과 기지점간의 위치를 생각하면서 새로운 구점의 위치를 추측으로 결정하고 표정작업을 다시 하여야 한다. 이때 다음의 레만의 법칙을 이용하면 편리하다.

ⓐ 레만의 법칙 그림 7-29 (a)에서 시오삼각형이 주어진 점을 연결하는 △abc의 내부에 있을 때, 구하고자 하는 점 d는 시오삼각형 안에 있다(그림의 ①).

ⓑ 시오삼각형이 △abc의 밖에 있고 삼각형의 외접원 안에 있을 때(그림 ②) 또는 원의 밖에서 삼각형의 꼭지각 내에 있을 때(그림의 ③), 구점 d는 중앙의 방향선에 대하여 시오삼각형의 반대쪽에 있다.

ⓒ 시오삼각형이 외접원밖에 있고 △abc의 한 변에 대할 때(그림의 ④), 구점 d는 중앙의 방향선에 대하여 시오삼각형과 같은 쪽에 있다.

ⓓ 구점 d가 외접원주 위에 있을 때에는 위치가 틀려도 시오삼각형이 이루어지지 않으므로 이런 경우 문제의 해결은 불가능하게 된다.

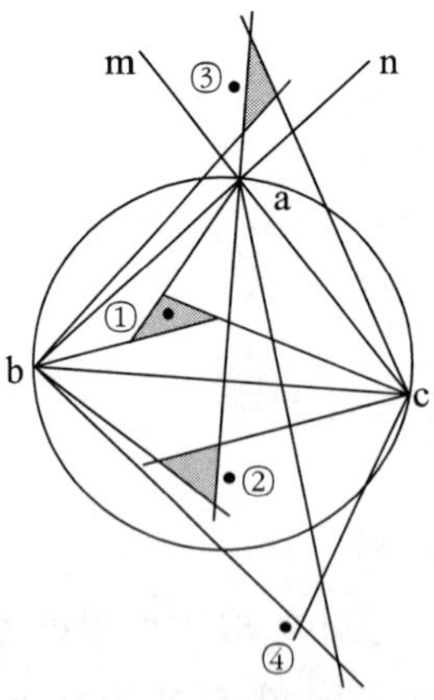

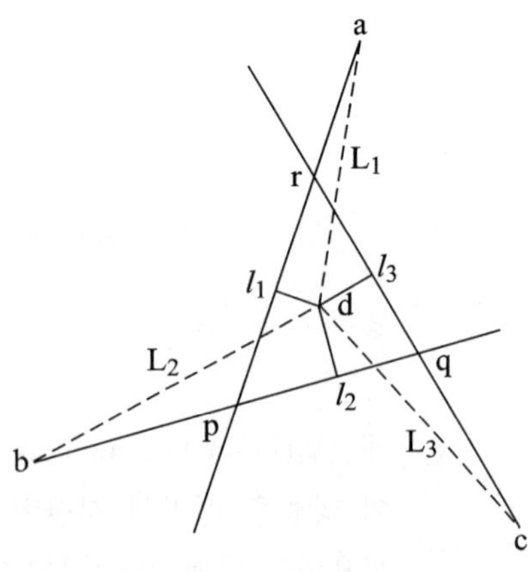

그림 7-29. 레만 법칙

㉤ 그림 7-29 (b)에서 구점 d에서 세 방향선 $\overrightarrow{ap}$, $\overrightarrow{bq}$, $\overrightarrow{cr}$에 내린 수선의 길이 l_1, l_2, l_3는 점 d에서 a, b, c에 이르는 거리 L_1, L_2, L_3에 비례한다.

③ 측방교회법(Method of Intersection)

전방교회법과 후방교회법을 혼합한 것으로, 그림 7-30과 같이 먼저 전방교회법으로 기지 A점의 측점에 평판을 세우고 도상점 ab방향으로 조준의로 시준하여 평판을 표정한다. 다음 도상점 a에 측량침을 꽂아 미지점 P를 시준하여 전방에 방향선을 긋고, 다음 미지점 P에 평판을 세워 후방교회법으로 먼저 그은 방향선으로 평판을 표정한다. 다음 다른 기지점 b에 측량침을 꽂고 B를 시준하여 후방에 방향선을 그린다. 이때 두 방향선에 의하여 만들어진 교점 p는 P의 도상위치가 된다. 단, 두 방향선의 교회로는 작업의 잘못을 알 수 없으므로 다시 한 번 제3의 기지점 C를 시준한 방향을 그어 3점의 교회로서 이를 검증하여야 한다. 만약 제3기지점을 시준을 할 수 없을 때는 두 기지점 중 1점까지 거리를 검측하여 도상거리와의 일치여부를 검증하면 된다.

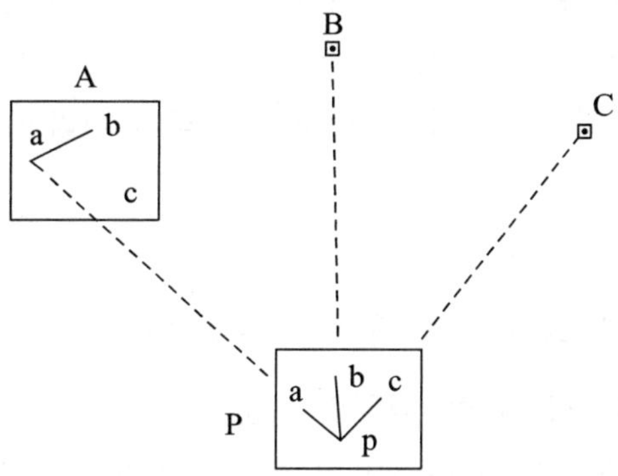

그림 7-30. 측방교회법

(3) 시오삼각형(Triangle of Error)

교회법으로 점을 결정할 때 3방향선이 1점에 일치하지 않고 삼각형을 이룰 때가 있다. 이를 시오삼각형이라 한다. 발생원인을 요약하면 다음과 같다.

① 기지점의 위치를 잘못 선택하였을 때
② 기계점검이 불충분할 때
③ 방향시준을 잘못하였을 때
④ 방향선긋기를 잘못하였을 때
⑤ 평판의 표정을 잘못하였을 때

(4) 교회법 실시상의 주의사항

교회법 실시에 있어 주의할 점은 다음과 같다.

① 평판표정에 쓰는 기지방향선은 명확히 시준할 수 있는 범위 내에서 최장의 것을 택할 것. 다만 1방향선에 의한 표정은 정확을 기할 수 없으므로 먼저 제일 긴 방향선에 의하여 표정을 한 후에 다른 방향선으로서 검증을 할 것
② 평판표정에 쓴 방향선보다 긴 방향선에 의하여 점을 결정하지 말 것. 즉, 방향선의 도상 길이는 평판의 방위표정에 사용한 방향선의 도상길이 이하로서 10 cm 이내로 할 것
③ 나침으로 평판을 표정하였을 때에는 나침의 반길이보다 긴 방향선으로 점을 결정하지 말 것
④ 측방교회법과 같이 먼저 기지점에서 방향선을 긋고 이에 의하여 미지점에서 평판을 표정할 때에는, 소요길이의 방향선 이외의 조준의의 말단에 접하여 단선을 그었다가 이에 맞추어 표정을 하는 것이 좋다.
⑤ 짧은 방향선을 그었을 때 또는 짧은 방향선으로 표정을 할 때에는 특히 지상점과 도상점을 일치시키도록 주의할 것
⑥ 후방교회법은 측점을 결정하는데 극히 편리한 방법이나 큰 오차를 일으킬 우려가 많다.

3) 도선법(Method of Progression)

(1) 도선법으로 하는 경우의 기준

① 지적측량기준점 외의 명확한 기지점간을 서로 연결할 것
② 도선의 측선장은 도상길이 8 cm 이하로 할 것. 다만, 광파조준의 또는 광파측거기를 사용하는 때에는 30 cm 이하로 할 수 있다.
③ 도선의 변은 20개 이하로 할 것
④ 도선의 폐색오차가 도상길이 $\frac{\sqrt{N}}{3}$ mm 이하인 때에 그 오차는 다음의 산식에 따라 이를 각점에 배분하여 그 점의 위치로 한다.

$$Mn = \frac{E}{N} \times n \tag{7.4}$$

여기서, Mn : 각점에 순서대로 배분할 mm단위의 도상길이
E : mm단위의 오차
N : 변의 수, n은 변의 순서

(2) 측량방법

그림 7-31과 같이 기지점 또는 미지점에서 출발하여 각 점(변)의 연속직선(방향선)을 형성하면서 다른 기지점에 도착하거나 또는 출발점에 폐색시키는 것이다. 이때 각 변의 방향과 거리에 의하여 순차측점의 위치를 결정하는 방법이나 평판의 정준・표정・구심 등의 잘못으로 인하여 순차로 측점에 오차가 누적되어 출발점에 도착하면 그림 7-32와 같이 bb′의 편차가 생긴다. 이때 오차가 폐색오차범위 이내일 때는 상기의 배부공식에 의하여 각 점에 배부한다.

도선법은 평판에 의한 보조점 측량으로서 일명 평판도근점이라는 명칭으로 불리고 있으며, 기준점이 없는 지역에서 회귀도선방법 등에 의하여 평판측량을 하여 이를 기지점으로 이용하여 세부측량을 시행한다. 따라서 기준점이나 기지점이 부족한 지역에서는 이를 시행함으로써 측량업무 집행에 능률과 효율을 기할 수 있다.

도선법에는 단시도선법(Single Traversing Method)과 복시도선법(Double Traversing Method)이 있다. 단시도선법은 측점을 한 점씩 건너서 측정하는 것으로 정확을 기할 수 없으므로 지적측량에서는 사용하지 않는다.

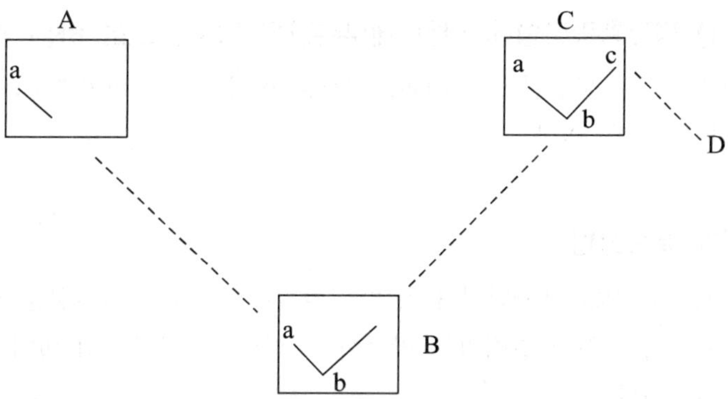

그림 7-31. 도선법

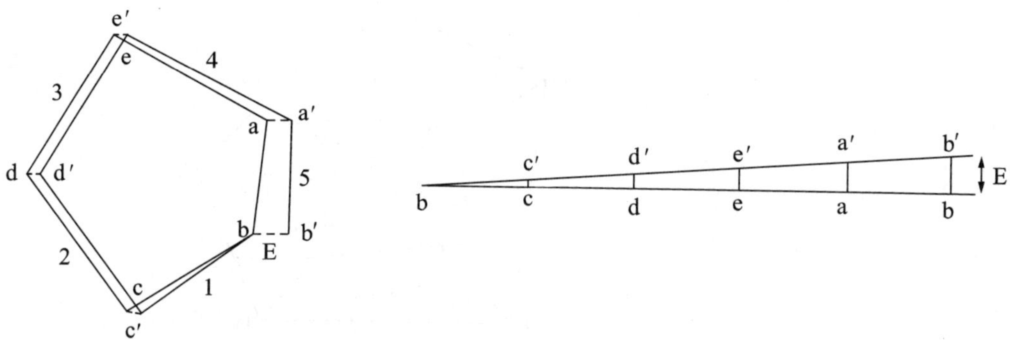

그림 7-32. 폐합오차의 조정

예제 02 그림 7-31과 같이 도선법으로 평판측량을 실시하였다. 변의 수는 5이고 폐합오차(E)는 0.6 mm이었다. 오차를 배부하시오.

해설

폐색오차$(E) = \dfrac{\sqrt{N}}{3} = \dfrac{\sqrt{5}}{3} \fallingdotseq 0.7\text{mm}$

공차 이내이므로 이를 배부하면 $Mn = \dfrac{E}{N} \times n$

1변에 배부할 도상길이 $= \dfrac{0.6}{5} \times 1 = 0.12\text{mm}$

2변에 배부할 도상길이 $= \dfrac{0.6}{5} \times 2 = 0.24\text{mm}$

3변에 배부할 도상길이 $= \dfrac{0.6}{5} \times 3 = 0.36\text{mm}$

4변에 배부할 도상길이 $= \dfrac{0.6}{5} \times 4 = 0.48\text{mm}$

5변에 배부할 도상길이 $= \dfrac{0.6}{5} \times 5 = 0.60\text{mm}$

4) 방사법(Radiation Method)

(1) 평판측량방법에 의한 세부측량을 방사법으로 하는 경우의 기준

1방향선의 도상길이는 10 cm 이하로 한다. 다만, 광파조준의를 사용하는 때에는 30 cm 이하로 할 수 있다.

(2) 측량방법

이는 광선법, 사출법이라 하며 그림 7-33과 같이 기지점을 평판점으로 하여 그 인근에 있는 점의 위치를 결정하는 방법이며, 평판점으로부터의 방향선상에 직접 거리를 표시하는 방법이다.

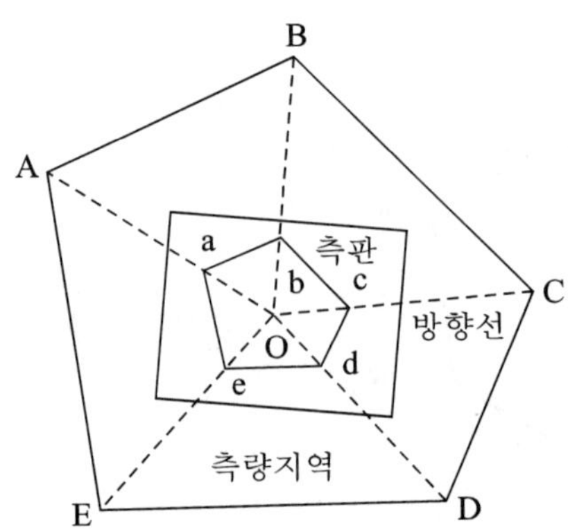

그림 7-33. 방사법

방사법은 교회법 또는 도선법과 같이 작업을 검증할 수 없으므로 다른 방법으로 검증을 하지 않으면 점위치 결정이 부적당하며, 이는 기지점에 가까운 점들을 결정하는데 편리하고, 또 1점에서 많은 방향선을 사출함으로써 이 명칭이 생겼다.

5) 비례법

측량하고자 하는 지역 내에 장애물이 있어 교회법이나 도선법으로 점을 측정할 수 없을 때에는 비례법을 사용한다.

그림 7-34와 같이 C점에서는 A, B가 시통되어 거리측정이 가능하나 A점에서는 B점이 시통되지 않아 거리측정이 불가능한 경우에 BC와 AC선을 연장하여 D, E를 잡는다. DE와 AD 및 CD 또는 BC, CE 등의 거리를 측정하여 다음 식으로 AB간의 거리를 구한다.

$$\Delta \mathrm{ABC} \backsim \Delta \mathrm{CDE}$$

$$\therefore \mathrm{AB} = \mathrm{DE} \times \frac{\mathrm{CA}}{\mathrm{CD}} \quad \text{또는} \quad \mathrm{DE} \times \frac{\mathrm{BC}}{\mathrm{CE}} \tag{7.5}$$

세부측량을 비례법으로 실시할 때에 측정점의 선정은 평판을 표정한 길이로서 방향선의 길이 3분의 1 정도로 한다.

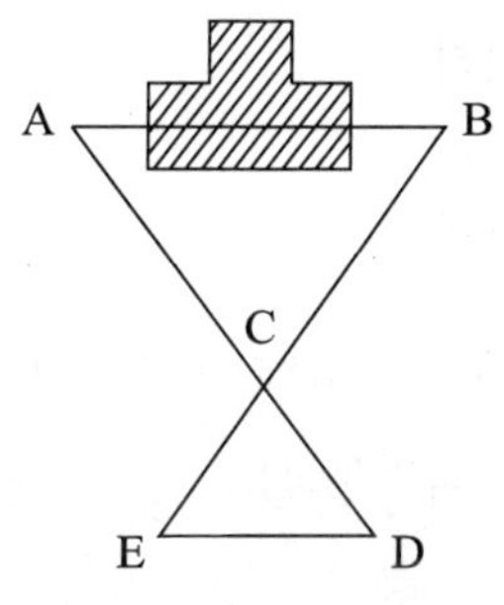

그림 7-34. 비례법

6) 경사거리의 수평거리계산법

경사지에서 거리를 측정하는 두 방법 중에서 자를 수평으로 당겨서 재는 측량법이 아닌 조준의로써 측정한 경사거리를 수평거리로 계산하는 방법이다.

그림 7-35에서 경사거리 l을 측정하여 이것을 수평으로 환산하는데는 AB의 경사를 측정하여야 한다. 즉, 조준의를 B의 표간을 향하여 기포를 중간으로 하고, 표간 중에서 평판과 같은 높이의 점을 시준하여 그 분획수가 n (즉, 경사의 n/100)이라 하면, 구하는 수평거리 D는 다음 식으로 산출할 수 있다.

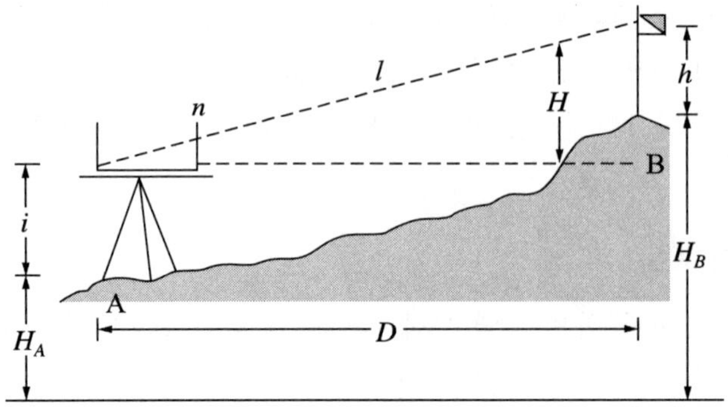

그림 7-35. 수평거리

$$D : l = 100 : \sqrt{100^2 + n^2}$$

$$D = \frac{100\,l}{\sqrt{100^2 + n^2}} = \frac{100\,l}{100\sqrt{1 + \left(z\frac{n}{100}\right)^2}}$$

$$D = l\,\frac{1}{\sqrt{1 + \left(\frac{n}{100}\right)^2}} \tag{7.6}$$

여기서, D : 수평거리
l : 경사거리
n : 경사분획

평판측량방법에 있어서 도상에 영향을 미치지 아니하는 지상거리의 축척별 허용범위는 $\frac{M}{10}$ mm로 한다(M은 축척분모).

예제 03 조준의를 사용하여 평판설치점에서 소구점까지의 경사거리가 50 m, 경사분획눈금이 14일 때 수평거리는?

해설 $D = l\,\frac{1}{\sqrt{1+\left(\frac{n}{100}\right)^2}} = 50 \times \frac{1}{\sqrt{1+\left(\frac{14}{100}\right)^2}} = 49.517\,\text{m}$

7.4.3 경위의 방법에 의한 세부측량

1) 개요

경위의란 데오도라이트(Theodolite)를 이용하여 수평각과 연직각을 정밀하게 관측하는 장비를 말한다.

우리나라의 세부측량은 평판측량방법으로 실시되어 진행되다가 1975년 12월 31일 지적법의 전문개정에 따라 처음으로 경위의 측량이 도입되었다.

경위의 측량은 주로 도시개발 및 축척변경 사업지구 등 지역에서 새로이 지적확정측량을 할 경우에 실시하고 있다.

2) 경위의측량의 기초지식

경위의측량의 기본원리는 기준점으로부터 거리와 방위각을 측정하여 좌표를 구하는 것으로서 각과 거리를 측정하는 기계, 기구로 구분할 수 있으며, 근래에는 각과 거리를 직접 측정하지 아니하고 위성측량방법에 의하여 구할 수 있는 측량방법도 실시되고 있다.

(1) 좌표

좌표는 여러 가지 좌표가 있으나 경위의세부측량에서는 주로 극좌표와 직각좌표를 사용하며, 극좌표는 두 점 사이의 위치관계를 거리와 방위각으로 표시하는 것을 말하고 직각좌표는 평면직각 종횡선수치로 표시하는 것을 말한다.

극좌표는 직각좌표로 고칠 수 있고 직각좌표는 극좌표로 고칠 수 있다.

① 직각좌표 계산

평면상에서 A점으로부터 방위각(V), 거리(S)만큼 떨어져 있는 B점의 좌표를 구하려면 방위각과 거리를 측정하여 다음과 같이 계산한다.

$\Delta x=$ 종선차, $\Delta y=$ 횡선차, $S=$ 측정거리, $V=$ 방위각이라 하면 A점에서 B점의 직각좌표(종・횡선좌표)를 구하는 공식은

$$\Delta x = S \times \cos V,\ \ \Delta y = S \times \sin V$$
$$B_x = A_x + \Delta x\,,\ \ B_y = A_y + \Delta y \tag{7.7}$$

예제 04 그림 7-36의 직각좌표 계산에서 A점의 좌표 $X = 2{,}050$ m, $Y = 2{,}050$ m이고 B점까지의 거리가 150 m, 방위각이 295° 30′ 30″이면 B점의 좌표는?

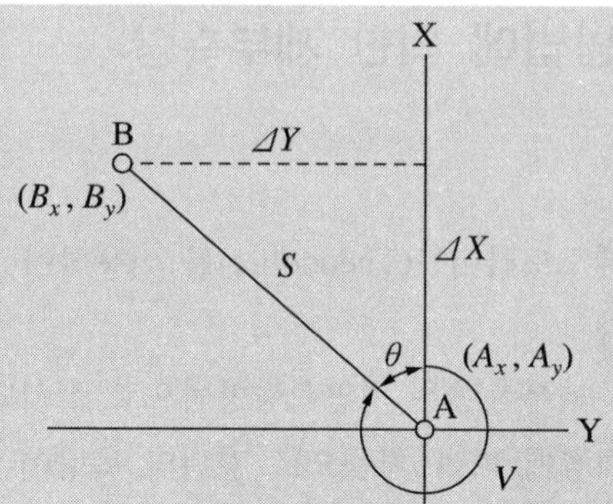

그림 7-36. 직각좌표의 계산

해설

$\Delta x = 150 \times \cos 295°30'30'' = 64.596\,\mathrm{m}$

$\Delta y = 150 \times \sin 295°30'30'' = -135.378\,\mathrm{m}$

$B_x = 2{,}050 + 64.596 = 2{,}114.596\,\mathrm{m}$

$B_y = 2{,}050 + (-135.378) = 1{,}914.622\,\mathrm{m}$

---

② 극좌표의 계산방위각 및 거리계산

극좌표는 두 점간의 위치를 방위각과 거리로 표시하는 것으로 두 점의 좌표 A점(A_x, A_y), B점(B_x, B_y)으로서 거리와 방위각을 구하는 식은 다음과 같다.

$$\text{종선차}(\Delta x) = B_x - A_x$$

$$\text{횡선차}(\Delta y) = B_y - A_y \qquad (7.8)$$

$\theta = \tan^{-1}\left(\dfrac{\Delta Y}{\Delta X}\right)$에 의하여 각 상한별로 θ각을 구하여 상한별 방위각 표 7-4와 같이 방위각을 구한다.

$$\text{거리}(s) = \sqrt{\Delta X^2 + \triangle Y^2} \qquad (7.9)$$

$$\text{거리}(s) = \Delta X \div \cos V \text{ 또는 } \Delta x \times \sec V$$

$$\text{거리}(s) = \Delta Y \div \sin V \text{ 또는 } \Delta y \times \operatorname{cosec} V$$

표 7-4. 상한별 방위각

상한	종선차(Δx)	횡선차(Δy)	방위각
Ⅰ 상한	+	+	θ각
Ⅱ 상한	−	+	180° − θ
Ⅲ 상한	−	−	180° + θ
Ⅳ 상한	+	−	360° − θ

예제 05 그림 7-37의 극좌표에서 A점의 좌표 $A_x = 1{,}050$ m, $A_y = 1{,}050$ m, B점의 좌표 $B_x = 950$ m, $B_y = 1{,}150$ m일 때 A → B의 방위각과 거리는?

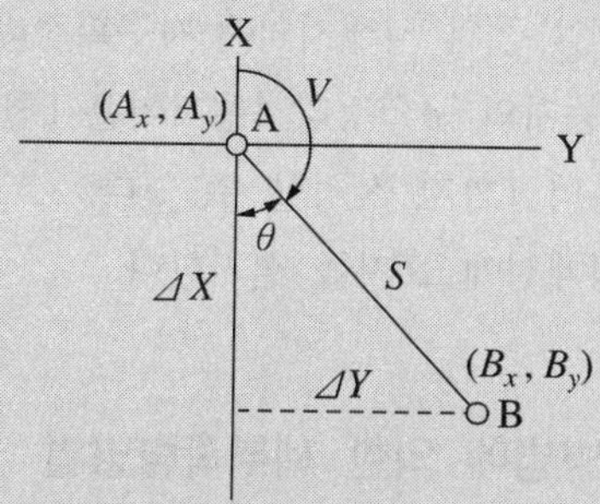

그림 7-37. 극좌표의 계산

해설

$\Delta x = B_x - A_x = 950 - 1{,}050 = -100\,\text{m}$

$\Delta y = B_y - A_y = 1{,}150 - 1{,}050 = 50\,\text{m}$

$\theta = \tan^{-1}\left(\dfrac{\Delta Y}{\Delta X}\right) = \dfrac{50}{100} = 26°\,33'\,54''$에 의하여 θ각을 구하고 2상한이므로

방위각 = $180° - 26°\,33'\,54'' = 153°\,26'\,06''$

거리(s) = $\sqrt{\Delta x^2 + \Delta y^2} = \sqrt{100^2 + 50^2} = 111.80$ m

거리(s) = $100 \div \cos\,153°\,26'\,06'' = 111.80$ m

거리(s) = $50 \div \sin\,153°\,26'\,06'' = 111.80$ m

(2) 배각법(Repetition Method)

일명 반복법이라 하며, 측점에서 두 시준점을 같은 방향으로 여러 번 회전시켜 측각한 합계 각을 반복회수로 나누어 평균각을 구하는 관측방법이다.

(3) 방향관측법(Method of Direction)

한 개의 측점에서 여러 개의 시준점을 관측하는 방법이며, 이는 시준점의 하나를 원방향으로 망원경을 정위로 하고 시계방향으로 다른 시준점을 순차적으로 수평각을 관측하여 원방향에 폐색을 한다. 이를 1측회라 하며, 다시 이 점에서 망원경을 반위로 하여 반시계방향으로 수평각을 관측 원방향에 폐색하는데 이와 같은 관측방법을 1대회라 한다.

3) 경위의측량방법에 의한 세부측량기준

① 거리측정단위는 1 cm로 한다.

② 측량결과도는 그 토지의 지적도와 동일한 축척으로 작성한다.

③ 토지의 경계가 곡선일 때에는 가급적 현재 상태와 다르게 되지 아니하도록 경계점

을 측정하여 연결한다. 이 경우 직선으로 연결하는 곡선의 중앙종거의 길이는 5 cm 이상 10 cm 이하로 한다.

④ 도시개발사업 등의 시행지역(농지구획정리지역은 제외)과 축척변경시행지역은 500분의 1로, 농지의 구획정리시행지역은 1천분의 1로 하되 미리 시・도지사의 승인을 얻어 6천분의 1까지 작성할 수 있다.

⑤ 미리 각 경계점에 표지를 설치한다.

4) 경위의측량방법에 의한 세부측량방법

① 도선법 또는 방사법에 의한다.

② 관측은 20초독 이상의 경위의를 사용한다.

③ 수평각 관측은 1대회의 방향관측법이나 2배각의 배각법에 의하되 방향관측법인 경우 1측회의 폐색을 하지 아니할 수 있다.

④ 연직각의 관측은 정・반으로 1회 관측하여 그 교차가 5분 이내인 때에는 그 평균치를 연직각으로 하되 분 단위로 독정한다.

⑤ 수평각의 측각공차는 다음 표에 의한다.

종별	1방향각	1회 측정각과 2회 측정각의 평균값에 대한 교차
공차	60초 이내	40초 이내

⑥ 경계점의 거리측정은 2회 측정하여 그 측정치의 교차가 평균치의 1/3,000 이하인 때 그 평균치를 점간거리로 하되 경사거리는 수평거리로 계산하여야 한다.

⑦ 계산방법은 다음 표에 의한다.

종별	각	길이	진수	좌표
단위	초	cm	5자리 이상	cm

7.5 기타 세부측량

7.5.1 지적확정측량

1) 총론

(1) 측량기준

① 지적확정측량을 하는 경우 필지별 경계점은 위성기준점, 통합기준점, 삼각점, 지적삼각점, 지적삼각보조점 및 지적도근점에 따라 측정하여야 한다.

② 지적확정측량을 할 때에는 미리 사업계획도와 도면을 대조하여 각 필지의 위치 등을 확인하여야 한다.

③ 도시개발사업 등으로 지적확정측량을 하려는 지역에 임야도를 갖춰 두는 지역의 토지가 있는 경우에는 등록전환을 하지 아니할 수 있다.

(2) 용어 정의

① "지구계점"이란 사업계획에서 정한 사업지구를 구획하는 외곽 경계점을 말한다.

② "가로중심점"이란 공사가 완료된 현황을 측정하고 사업계획선과 대조하여 중심선을 구하고 상호 교차하여 구하는 점을 말한다.

③ "가구점"이란 사업계획 및 현황측량성과에 의하여 결정된 가로의 각 조건에 따라 도로모퉁이 등 가구 변장 및 가구의 면적을 확정한 경계점을 말한다.

④ "필계점"이란 일필지를 구획하는 경계점을 말한다.

⑤ "세계측지계"란 위치측정의 기준을 말한다.

⑥ "평면직각좌표"란 기준 타원체상의 경위도 좌표를 T.M. (Transverse Mercator) 투영법에 의해 계산된 좌표를 말하며 투영원점의 가산수치는 종선(N)에 60만 미터, 횡선(E)에 20만 미터로 하여 사용한다.

⑦ "예정지적좌표"란 도시개발사업 등의 사업시행 초기에 실시하여 확정될 지구계점, 가로중심점, 가구점 등을 수치화하여 산출한 좌표를 말한다.

(3) 확정측량 의뢰

① 확정측량 의뢰인은 업무처리에 필요한 다음의 자료를 지적측량수행자에게 제출하여야 한다.

1. 사업인가서(사업허가서 등 이에 준하는 서류를 포함한다. 이하 같다) 및 사업

계획도
2. 확정될 토지의 지번별 조서 및 종전 토지의 지번별 조서
3. 사업시행자가 사용한 기준점성과표 및 관측부
4. 지구계점 · 가로중심점 · 가구점 계산부 및 망도
5. 행정구역 변경에 관한 사항
6. 그 밖의 업무처리에 필요한 서류

② 지적측량수행자는 제①항에 따른 확정측량을 의뢰받은 때에는 지적측량수행계획서를 사업지구 해당 지적소관청에 제출하여야 한다.

③ 지적소관청은 시 · 도지사 및 대도시(「지방자치법」 제175조에 따라 서울특별시 · 광역시 및 특별자치시를 제외한 인구 50만 이상의 시의 시장을 말한다. 이하 같다) 시장이 확정측량 검사를 실시할 경우 지적측량수행자로부터 제출받은 지적측량수행계획서를 지체 없이 시 · 도지사 및 대도시 시장에게 송부하여야 한다.

④ 지적측량수행자가 제②항에 따른 지적측량수행계획서를 제출하는 때에는 업무집행계획서에 다음의 사항을 포함하여 함께 제출하여야 한다.
1. 측량의 목적과 대상지역 및 업무량
2. 측량소요 기간과 측량팀의 편성 및 인력투입 계획
3. 기초측량 및 세부측량 실시 방법
4. 그 밖의 필요한 사항

(4) 계획수립 및 준비

① 지적측량수행자는 사업지역에 대하여 토지소재, 지구명, 면적, 업무량, 작업여건, 측량기간, 인원, 장비 등을 고려하여 계획을 수립하여야 한다.

② 지적측량수행자는 현지답사를 통하여 사업계획도, 지구계 현황, 가로망 상황, 기준점과의 시통 여부 등 확정측량에 필요한 사항을 조사한다.

③ 지적측량수행자는 업무처리과정에서 발생될 수 있는 다음의 사항을 시 · 도지사, 대도시시장 및 지적소관청(이하 검사기관이라 한다)과 협의하여 계획에 반영할 수 있다.
1. 측량원점 등 기준에 관한 사항
2. 사용하여야 할 국가기준점 및 지적기준점에 관한 사항
3. 도면의 축척 결정
4. 국유지 · 공유지 관리에 따른 필지 구획에 관한 사항
5. 그 밖의 업무계획수립에 필요한 사항

2) 지적기준점 측량

(1) 지적기준점의 측량

① 지적기준점의 측량계획에는 목적, 지역, 작업량, 기간, 정밀도, 작업반의 편성, 기계, 기구, 소모품, 표지, 재료 등의 종류와 수량, 작업경비, 교통, 후속측량에 미치는 영향 등이 포함되어야 한다.

② 지적기준점의 확인 및 선점 등에 관하여는 다음의 지적측량업무처리규정에 따른다.

㉠ 지적삼각점측량 및 지적삼각보조점측량을 할 때에는 미리 사용하고자 하는 삼각점 · 지적삼각점 및 지적삼각보조점의 변동유무를 확인하여야 한다. 이 경우 확인결과 기지각과의 오차가 ±40초 이내인 경우에는 그 삼각점 · 지적삼각점 및 지적삼각보조점에 변동이 없는 것으로 본다.

㉡ 지적기준점을 선점할 때에는 다음 사항에 따른다.

- 후속측량에 편리하고 영구적으로 보존할 수 있는 위치이어야 한다.
- 지적도근점을 선점할 때에는 되도록이면 지적도근점간의 거리를 동일하게 하되 측량대상지역의 후속측량에 지장이 없도록 하여야 한다.
- 다각망도선법으로 지적삼각보조점측량 및 지적도근점측량을 할 경우에 기지점간 직선상의 외부에 두는 지적삼각보조점 및 지적도근점과 기지점 직선과의 사이각은 30도 이내로 한다.

㉢ 암석 · 석재구조물 · 콘크리트구조물 · 맨홀 및 건축물 등 견고한 고정물에 지적기준점을 설치할 필요가 있는 경우에는 그 고정물에 각인하거나, 그 구조물에 고정하여 설치할 수 있다.

③ 경위의측량방법에 의할 경우 사업계획도를 활용하여 지적도근점 설치 계획과 망구성을 하며 가능한 다각망도선법으로 망구성을 한다. 단, 다중기준국 실시간 이동측량으로 기준점측량을 실시하는 경우에는 망구성을 생략한다.

(2) 지적기준점 측량방법

① 지적기준점의 좌표는 세계좌표로 산출한다. 다만, 사업지구계 결정을 위하여 필요한 경우 지역좌표 산출을 병행할 수 있다.

② 지적삼각(보조)점은 위성측량방법으로 실시할 경우 정지측량에 의하며, 지적도근점은 정지측량 및 다중기준국 실시간 이동측량에 의한다.

③ 지적기준점의 측량, 방법 및 계산은 「지적측량 시행규칙」 제8조부터 제15조까지 및 「GNSS에 의한 지적측량규정」 제6조부터 제12조까지 따른다.

④ 지적기준점 및 지적공부상 좌표의 산출은 소수점 이하 셋째자리까지 하고 결정은 소수점 이하 둘째자리까지 한다.

(3) 지적도근점의 성과확인

① 지적도근점측량을 한 때에는 지적도근점측량성과와 기지경계선과의 부합여부를 도해적으로 확인하여야 한다. 이 경우 지적도근점측량성과와 기지경계선이 부합하지 아니할 경우에는 사용한 지적기준점 및 측량방법을 다르게 하여 지적도근점측량성과를 재확인하여야 한다.

② 제①항에 따라 기지경계선의 부합여부를 확인한 결과 기지경계선이 같은 방향과 거리로 이동하여 등록되었음이 판명된 때에는 기지경계선 등록당시 지적도근점측량성과에 오류가 있는 것으로 보고, 지적소관청이 지적도근점측량성과에 그 이동수치를 가감하여 사용할 수 있다. 이 경우 수정한 좌표는 지적도근점측량계산부 및 지적도근점성과표의 좌표란 윗부분에 붉은색으로 기재하여야 한다.

③ 지적소관청은 제②항에 따라 지적도근점성과를 가감하여 사용한 지역에는 별도로 지적도근점성과 가감지역 관리대장을 작성하여 측량결과를 관리하여야 하며, 이를 지적측량수행자에게 통보하여야 한다.

3) 세부측량

(1) 경위의측량 기준

경위의측량방법(전자평판측량방법을 포함한다)에 따른 세부측량의 기준과 관측 및 계산은「지적측량시행규칙」 제18조 제9항 및 제10항에 따른다.

(2) 지적위성측량 기준

① 단일기준국 실시간 이동측량(Single-RTK)에 의한 세부측량은「GNSS에 의한 지적측량규정」 제8조 제3항에 따른다.

② 다중기준국 실시간 이동측량(Network-RTK)에 의한 세부측량은「GNSS에 의한 지적측량규정」 제8조 제4항에 따른다.

③ 단일기준국 실시간 이동측량(Single-RTK) 및 다중기준국 실시간 이동측량(Network -RTK)으로 세부측량을 할 경우의 기준은「GNSS에 의한 지적측량규정」 제8조 제2항에 따른다.

④ 단일기준국 실시간 이동측량(Single-RTK) 및 다중기준국 실시간 이동측량(Network -RTK)에 의한 경우 제3항의 조건을 만족하지 못하거나「GNSS에 의한 지적측량규정」 제8조 제2항 제1호부터 제4호까지 해당되는 경우에는 측량방법을 달리하여 세부측량을 실시하여야 한다.

⑤ 필계점의 좌표산출은 소수점 이하 셋째자리까지 하고 결정은 소수점 이하 둘째

자리까지 한다.

⑥ 단일기준국 실시간 이동측량(Single-RTK) 및 다중기준국 실시간 이동측량(Network -RTK)에 의한 좌표계산은 별지 제4호에 따라 계산한다.

4) 지구계 측량

(1) 측량준비 파일의 작성

지구계 측량을 실시할 경우 지적전산파일을 이용하여 측량준비 파일을 작성한다.

(2) 지구계 측량

① 사업지구 인가·허가선에 의한 지구계 확정을 위하여 분할측량, 경계복원측량 또는 지적현황측량을 실시하여야 한다.

② 지구계 측량은 다음에 따른다.

㉠ 지적기준점을 사용하여 기지경계선과 지구계점을 측정하여 그 부합여부를 도해측량방법으로 결정한다. 단, 기존 경계점좌표등록부 지역을 재확정 측량하는 경우에는 수치측량방법으로 결정한다.

㉡ 지구계점 좌표는 ㉠에 따라 설치된 경계점표지를 경위의 또는 지적위성측량방법으로 측량하여 산출한다.

③ 예정지적좌표 작성은 사업승인 및 시공 등을 위하여 확정측량 이전에 실시하여야 한다. 이 경우 지구계점 좌표는 제①항 및 제②항에 의해 산출하고 지구 내 예정지적좌표는 사업계획도와 대비하여 산출한다.

(3) 지구계점 설치

지구계 측량성과에 따라 사업시행자는 사업계획에 따른 사업지구 경계에 대하여 구조물 또는 경계점표지를 설치하여야 하며, 지적측량수행자는 이를 확인하여 조정이 필요한 경우 사업시행자와 협의하여야 한다.

5) 지적확정측량

(1) 확정측량의 경계결정

① 확정측량의 경계는 공사가 완료된 현황대로 결정하되, 공사가 완료된 현황이 사업계획도와 다를 때에는 미리 사업시행자에게 그 사실을 통지하여야 한다.

② 통지를 받은 사업시행자는 15일 이내에 사업변경 또는 재시공 계획 등을 수립하

여 관련부서와 협의 등의 조치를 하고 지적측량수행자에게 회신하여야 한다.

(2) 가로중심점 계산

공사가 완료된 현황선과 사업계획도를 확인하고, 도로 등 공공용지 확보와 계획조건이 부합하도록 가로중심점을 결정한다.

(3) 가구점의 확정

① 도로모퉁이의 길이 등에 관하여는「도시・군계획시설의 결정・구조 및 설치기준에 관한 규칙」제14조의 기준에 따르며, 지적측량수행자는 설계 및 시공의 적합 여부를 확인하여야 한다.

② 지적기준점을 기준으로 하여 측량한 시공 현황과 사업계획에 따라 가로중심점 좌표를 산출한 후 가구정점과 가구점을 확정한다.

③ 가구의 경계가 곡선을 이루고 있을 때에는 곡선 중앙 종거의 길이는 10 cm 이내로 결정할 수 있다.

(4) 필계점 측량

① 필계점에 대한 경계점 표지의 설치는 사업시행자가 사업계획에 따라 설치하여야 한다. 다만, 사업시행자가 경계점 표지를 직접 설치하기 어려울 경우에는 지적측량수행자에게 위탁할 수 있다.

② 확정된 가구별로 필계점을 계산하며, 현장에서의 공사 현황이 사업계획과 부합되지 않거나 구조물 또는 건물 등이 있을 경우에는 지상 경계의 결정 기준에 따라 사업시행자와의 협의를 거쳐 경계선을 조정할 수 있다.

③ 확정 필지 경계점은 사업계획도와 공사 준공선의 부합여부를 확인하여 결정한다.

(5) 필계점 확정

① 산출된 각 필계점은 가구선과의 교차계산을 한 후 결정한다.

② 경계점좌표등록부를 갖춰 두는 지역에서의 확정측량을 실시할 경우 경계점의 관측 및 산출방법은 "경위의측량방법에 따른 세부측량의 기준 및 관측 계산"에 따라 실시한다.

(6) 지번부여 및 지목설정

① 지번의 구성 및 부여방법에 대하여는「공간정보 시행령」제56조에 따른다.

② 부번은 지번의 진행방향에 따라 부여하되 도곽이 다른 경우에도 같은 본번에 부번을 차례로 부여한다.

③ 도시개발사업 등이 준공되기 전에 지번을 부여하는 경우에는 「공간정보 시행규칙」 제61조에 따른다.

④ 지목의 설정방법은 「공간정보 시행령」 제59조를 준용하여 설정하되 토지의 이용이 일시적인 경우 사업계획에 따라 지목을 설정할 수 있다.

⑤ 사업지역내의 제척 토지는 축척변경을 할 수 있다.

(7) 면적산출 및 결정

지구계 및 필지면적은 세계좌표를 기준으로 좌표면적 계산법으로 계산하며, 1천분의 1제곱미터까지 계산하여 10분의 1제곱미터 단위로 결정한다.

6) 측량성과 작성

(1) 지적확정측량부

① 지적측량수행자는 지적확정측량부를 작성한다.

② 지적확정측량부는 세계좌표를 기준으로 작성한다. 다만, 종전 토지 관련사항은 지역좌표를 기준으로 작성할 수 있다.

(2) 확정측량 성과도 작성

확정측량 성과도는 명칭 앞에 "(좌표)"라 기재하고, 경계점간 계산거리를 기재하여야 한다.

(3) 확정측량 결과도 작성

① 확정측량 결과도에는 다음의 사항이 포함되어야 한다.

1. 측량결과도의 제명 · 축척 및 색인도
2. 확정된 필지의 경계(경계점좌표를 전개하여 연결한 선) · 지번 및 지목
3. 경계점 간 계산거리 및 실측거리. 다만, 경지정리지역에서는 실측거리 기재를 생략할 수 있다.

   $$\frac{(\text{계산거리})}{\text{실측거리}}$$

4. 지적기준점 및 그 번호와 지적기준점 간 방위각 및 거리
5. 행정구역선과 그 명칭

6. 도곽선과 그 수치
7. 확정 경계선에 지상구조물 등이 걸리는 경우에는 그 위치현황
8. 측량 및 검사연월일, 측량자 및 검사자의 성명·소속·자격등급

② 제①항에 따라 확정측량 결과도를 작성하는 때에는 제①항 제1호·제2호, 제4호 중 지적기준점 및 그 번호·제5호와 제8호는 검은색으로, 제①항 제4호 중 지적기준점 간 방위각 및 거리와 제6호는 붉은색으로, 그 밖의 사항은 검은색으로 표시한다.

③ 제①항 및 제②항 이외의 측량결과도 및 측량계산부의 작성은 「지적측량시행규칙」 제26조에 따라 작성한다.

7) 측량성과 검사

(1) 성과검사

① 지적측량수행자는 지적기준점측량을 완료하면 지적기준점성과, 기지경계선의 부합여부 등을 확인한 측량결과도, 지적삼각점측량부 등 관련서류를 첨부하여 지적기준점 성과 관리기관에 측량성과검사를 요청한다. 다만, 사전 협의가 있는 경우에는 기준점성과와 세부측량성과를 동시에 검사요청 할 수 있다.

② 확정측량 성과 검사 기관은 지역 및 확정측량 사업지구 면적에 따라 아래 표와 같이 구분하며, 확정측량 성과 검사 요청 시 지적측량수행자가 제출할 서류는 다음과 같다.

지역구분	검사 기관 구분	
	지적소관청	시·도지사, 대도시시장
시·구 지역	10,000 m^2 이하	10,000 m^2 초과
군 지역	30,000 m^2 이하	30,000 m^2 초과

1. 사업인가서 및 사업계획서
2. 환지처분과 같은 효력이 있는 고시된 환지계획서 다만, 환지를 수반하지 아니하는 사업인 경우에는 사업의 완료를 증명하는 서류
3. 토지이동정리파일
4. 지적확정측량부 등

③ 검사요청을 받은 검사기관은 지적측량성과검사정리부에 그 내용을 기재한 후 확정측량 성과검사를 실시한다.

④ 확정측량 성과의 검사 방법 및 절차는 다음의 사항을 확인하여야 한다.

1. 가구계점 및 각 필계점 계산의 적정 여부

2. 좌표면적 계산의 적정 여부
3. 지번 및 지목설정의 적정 여부

⑤ 지적확정측량 기간이 1년 이상일 경우에는 측량검사 기간을 60일 이내로 한다.

(2) 확정측량 성과검사 기준

① 측량성과 검사대상은 지적기준점, 지구계점 및 필계점으로 한다.

② 확정측량 성과검사는 측량에 사용한 기지점과 신설점, 신설점 상호간의 실측거리에 의하여 비교하여야 하며 검사성과의 연결교차 허용기준은 다음과 같다.
1. 지적삼각점 : ±20 cm 이내
2. 지적삼각보조점 : ±25 cm 이내
3. 지적도근점(도선을 달리하여 검사) : ±15 cm 이내
4. 경계점 : ±10 cm 이내

(3) 현지 측량성과 검사 방법

① 확정측량에 의한 세계좌표의 성과검사는 현지측량 검사를 원칙으로 하며, 검사방법은 경위의측량방법 또는 위성측량방법으로 한다.

② 검사기관은 현지측량 검사 시 다음의 사항을 확인하여야 한다.
1. 지상경계결정 기준과의 부합 여부
2. 필계점의 각, 거리, 좌표 등 측정의 적정성 여부
3. 건축물 등 구조물의 지구계 저촉여부
4. 확정측량 결과도의 지구계선과 지상 경계의 부합여부
5. 지상경계의 위치표시 기준과의 부합여부

(4) 확정측량 성과도 발급

① 시・도지사 및 대도시시장이 확정측량 성과검사를 완료하였을 때에는 그 결과를 지적소관청에게 통지하여야 하며, 확정측량 성과도 발급은 지적측량시행규칙 제28조 제2항에 따른다. 다만 확정측량 성과도를 발급함에 있어 성과검사결과 보완사항이 있는 때에는 보완조치 후 확정측량 성과도를 발급하여야 한다.

② 지적소관청으로부터 확정측량 성과도를 발급받은 지적측량수행자는 확정측량 성과도를 측량의뢰인에게 교부한다.

(5) 지적공부 정리

① 지적공부정리는 세계좌표로 한다.

② 지적공부정리는 확정 토지의 지번별조서에 따라 지적전산파일을 정리하고, 확정 측량 성과에 따라 경계점좌표등록부를 작성한다.

③ 소유자는 환지계획서에 의하되, 소유권변동일자는 환지처분일 또는 사업준공일로 정리한다.

④ 지적소관청은 지적공부정리가 완료되면 새로운 지적공부가 확정 시행된다는 내용을 7일 이상 게시판 또는 인터넷 홈페이지 등에 게시하여야 한다.

7.5.2 임야도를 갖춰 두는 지역의 세부측량

(1) 임야도를 갖춰 두는 지역의 세부측량은 위성기준점, 통합기준점, 삼각점, 지적삼각점, 지적삼각보조점 및 지적도근점에 따른다. 다만, 다음에 해당하는 경우에는 위성기준점, 통합기준점, 삼각점, 지적삼각점, 지적삼각보조점 및 지적도근점에 따라 측량하지 아니하고 지적도의 축척으로 측량한 후 그 성과에 따라 임야측량결과도를 작성할 수 있다.

- 측량대상토지가 지적도를 갖춰 두는 지역에 인접하여 있고 지적도의 기지점이 정확하다고 인정되는 경우
- 임야도에 도곽선이 없는 경우

(2) 지적도의 축척에 따른 측량성과를 임야도의 축척으로 측량결과도에 표시할 때에는 지적도의 축척에 따른 측량결과도에 표시된 경계점의 좌표를 구하여 임야측량결과도에 전개하여야 한다. 다만, 다음에 해당하는 경우에는 축척비율에 따라 줄여서 임야측량결과도를 작성한다.

- 경계점의 좌표를 구할 수 없는 경우
- 경계점의 좌표에 따라 줄여서 그리는 것이 부적당한 경우

7.5.3 경계점좌표등록부를 갖춰 두는 지역의 세부측량

(1) 경계점좌표등록부를 갖춰 두는 지역에 있는 각 필지의 경계점을 측정할 때에는 도선법・방사법 또는 교회법에 따라 좌표를 산출하여야 한다. 다만, 필지의 경계점이 지형・지물에 가로막혀 경위의를 사용할 수 없는 경우에는 간접적인 방법으로 경계점의 좌표를 산출할 수 있다.

(2) 각 필지의 경계점 측점번호는 왼쪽 위에서부터 오른쪽으로 경계를 따라 일련번호를

부여한다.

(3) 기존의 경계점좌표등록부를 갖춰 두는 지역의 경계점에 접속하여 경위의측량방법 등으로 지적확정측량을 하는 경우 동일한 경계점의 측량성과가 서로 다를 때에는 경계점좌표등록부에 등록된 좌표를 그 경계점의 좌표로 본다. 이 경우 동일한 경계점의 측량성과의 차이는 0.10 m 이내여야 한다.

7.5.4 경계복원측량

(1) 경계점을 지표상에 복원하기 위한 경계복원측량을 하려는 경우 경계를 지적공부에 등록할 당시 측량성과의 착오 또는 경계 오인 등의 사유로 경계가 잘못 등록되었다고 판단될 때에는 등록사항을 정정한 후 측량하여야 한다.

(2) 경계복원측량에 따라 지표상에 복원할 토지의 경계점에는 경계점표지를 설치하여야 한다. 다만, 건축물이 경계에 걸쳐 있거나 부득이 하여 경계점표지를 설치할 수 없는 경우에는 그러하지 아니하다.

7.5.5 지적현황측량

(1) 지상건축물 등에 대한 측량은 지상, 지표 및 지하에 대한 현황을 지적도, 임야도에 등록된 경계와 대비하여 표시하여야 한다.

(2) 건축허가에 따라 처음으로 시공된 옹벽, 기둥 등 측량이 가능한 건축구조물에 대한 현황을 지적도, 임야도에 등록된 경계와 대비하여 표시하여야 한다.

MEMO

08

수치지적측량

8.1 4점에 의한 교차점

그림 8-1의 4점에 의한 교차점 계산에서 4개의 점 A, C와 B, D에서 AC직선과 BD직선이 만나는 점을 P라고 할 때 P점의 위치를 구하는 작업이다.

- $\Delta X_1 = C_X - A_X,\ \Delta Y_1 = C_Y - A_Y \quad \alpha = \tan^{-1}\left(\frac{\Delta Y_1}{\Delta X_1}\right)$
- $\Delta X_2 = D_X - B_X,\ \Delta Y_2 = D_Y - B_Y \quad \beta = \tan^{-1}\left(\frac{\Delta Y_2}{\Delta X_2}\right)$
- $\Delta X = B_X - A_X,\ \Delta Y = B_Y - A_Y$
- $S_1 = \frac{\Delta Y \cos\beta - \Delta X \sin\beta}{\sin(\alpha - \beta)},\ S_2 = \frac{\Delta Y \cos\alpha - \Delta X \sin\alpha}{\sin(\alpha - \beta)}$
- $P_X = A_X + S_1 \cos\alpha,\ P_Y = A_Y + S_1 \sin\alpha$

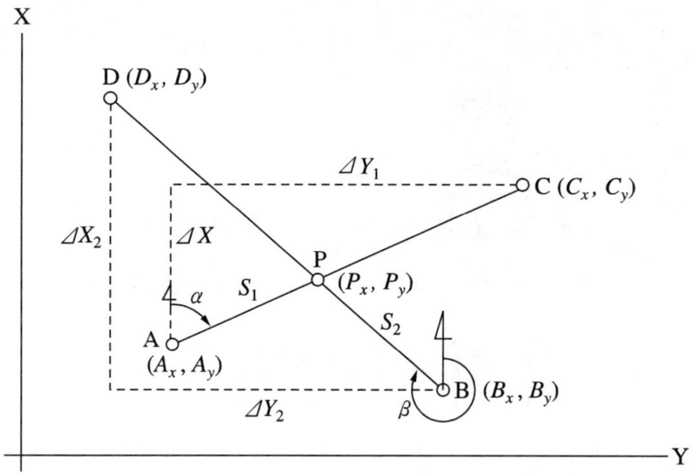

그림 8-1. 4점에 의한 교차점 계산

$$\left.\begin{array}{ll} \text{A점으로부터} & P_X = A_X + S_1 \cdot \cos\alpha,\ P_Y = A_Y + S_1 \cdot \sin\alpha \\ \text{B점으로부터} & P_X = B_X + S_2 \cdot \cos\beta,\ P_Y = B_Y + S_2 \cdot \sin\beta \end{array}\right\} \quad (8.1)$$

$$\text{식(8.1)에서} \quad \left.\begin{array}{l} A_X + S_1 \cdot \cos\alpha = B_X + S_2 \cdot \cos\beta \\ A_Y + S_1 \cdot \sin\alpha = B_Y + S_2 \cdot \sin\beta \end{array}\right\} \quad (8.2)$$

식(8.2)에서 $S_1 \cdot \cos\alpha - S_2 \cdot \cos\beta = B_X - A_X = \Delta X$ (8.3)

$S_1 \cdot \sin\alpha - S_2 \cdot \sin\beta = B_Y - A_Y = \Delta Y$ (8.4)

식(8.3)에 $\sin\beta$, 식(8.4)에 $\cos\beta$를 곱한다.

$$\begin{array}{r} S_1 \cdot \cos\alpha \cdot \sin\beta - S_2 \cdot \cos\beta \cdot \sin\beta = \Delta X \cdot \sin\beta \\ -\big)\ S_1 \cdot \sin\alpha \cdot \cos\beta - S_2 \cdot \sin\beta \cdot \cos\beta = \Delta Y \cdot \cos\beta \\ \hline S_1(\cos\alpha \cdot \sin\beta - \sin\alpha \cdot \cos\beta) = \Delta X \cdot \sin\beta - \Delta Y \cdot \cos\beta \end{array}$$

$$\Rightarrow S_1 = -\left(\frac{\Delta X \cdot \sin\beta - \Delta Y \cdot \cos\beta}{\cos\alpha \cdot \sin\beta - \sin\alpha \cdot \cos\beta}\right)$$

$$※\ S_1 = \frac{\Delta Y \cdot \cos\beta - \Delta X \cdot \sin\beta}{\sin(\alpha - \beta)} \tag{8.5}$$

S_2를 구하기 위해 식(8.3)에 $\sin\alpha$, 식(8.4)에 $\cos\alpha$를 곱한다.

$$\begin{array}{r} S_1 \cdot \sin\alpha \cdot \cos\alpha - S_2 \cdot \sin\alpha \cdot \cos\beta = \Delta X \cdot \sin\alpha \\ -\big)\ S_1 \cdot \sin\alpha \cdot \cos\alpha - S_2 \cdot \sin\beta \cdot \cos\alpha = \Delta Y \cdot \sin\alpha \\ \hline S_2(\cos\alpha \cdot \sin\beta - \sin\alpha \cdot \cos\beta) = \Delta X \cdot \sin\alpha - \Delta Y \cdot \cos\alpha \end{array}$$

$$\Rightarrow S_2 = -\left(\frac{\Delta X \cdot \sin\alpha - \Delta Y \cdot \cos\alpha}{\cos\alpha \cdot \sin\beta - \sin\alpha \cdot \cos\beta}\right)$$

$$※\ S_2 = \frac{\Delta Y \cdot \cos\alpha - \Delta X \cdot \sin\alpha}{\sin(\alpha - \beta)} \tag{8.6}$$

예제 01 **4점에 의한 교차점 계산(1)**

다음 그림에서 $\overline{AC}$ 와 $\overline{BD}$ 가 교차하는 P좌표를 서식에 의하여 계산하시오(각은 초단위, S1, S2 거리는 소수 3자리까지, 좌표는 cm단위까지 계산하시오).

점명	부호	종선좌표(X)	횡선좌표(Y)
1	D	2882.39	3957.93
2	B	3776.51	3508.43
3	C	3210.01	4219.09
4	A	3448.89	3247.27

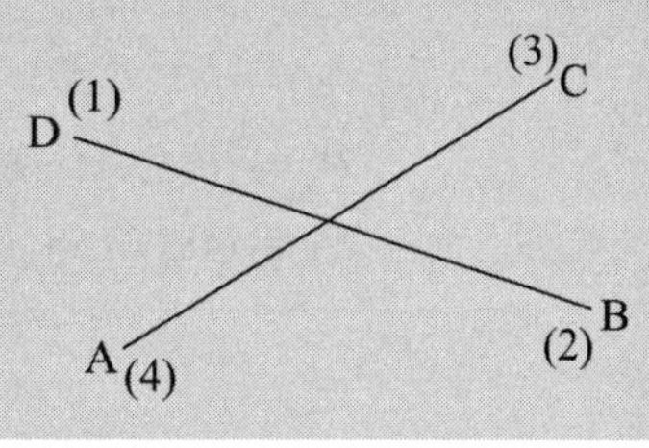

해설

- V_b^d 방위각 계산(β)

$\Delta X_b^d = 2882.39 - 3776.51 = -894.12$ m

$\Delta Y_b^d = 3957.93 - 3508.43 = 449.50$ m

$\theta = \tan^{-1}\left(\dfrac{\Delta y}{\Delta x}\right) = \tan^{-1}\left(\dfrac{449.50}{894.12}\right) = 26°41'24''$

2상한(−, +)이므로 $V_b^d = 180° - \theta = 153°18'36''$

- V_a^c 방위각 계산(α)

  $\Delta X_a^c = 3210.01 - 3448.89 = -238.88$ m

  $\Delta Y_a^c = 3219.09 - 3247.27 = +971.82$ m

  $\theta = \tan^{-1}\left(\dfrac{\Delta y}{\Delta x}\right) = \tan^{-1}\left(\dfrac{971.82}{238.88}\right) = 76°11'24''$

  2상한(−, +)이므로 $V_a^c = 180° - \theta = 103°48'36''$

- V_a^b 방위각

  $\Delta X_a^b = 3776.51 - 3448.89 = +327.62$ m

  $\Delta Y_a^b = 3508.43 - 3247.27 = +261.16$ m

  $\theta = \tan^{-1}\left(\dfrac{\Delta y}{\Delta x}\right) = \tan^{-1}\left(\dfrac{261.16}{327.62}\right) = 38°33'35''$

  1상한(+, +)이므로 $V_a^b = 38°33'35''$

- $\alpha - \beta = V_a^c - V_b^d$

  $103°48'36'' - 153°18'36'' = 310°30'00''$ $(= -49°30'00'' + 360°)$

  ※ 계산된 각이 (−)일 경우 360° 더해준다.

- S_1, S_2

  $$S_1 = \frac{\Delta y_a^b \cdot \cos\beta - \Delta x_a^b \cdot \sin\beta}{\sin(\alpha-\beta)} = \frac{(261.16 \times \cos 153°18'36'') - (327.62 \times \sin 153°18'36'')}{\sin 310°30'00''}$$

  $= 500.375$ m

  $$S_2 = \frac{\Delta y_a^b \cdot \cos\alpha - \Delta x_a^b \cdot \sin\alpha}{\sin(\alpha-\beta)} = \frac{(261.16 \times \cos 103°48'36'') - (327.62 \times \sin 103°48'36'')}{\sin 310°30'00''}$$

  $= 500.376$ m

- P점

  A점 → P점 좌표 $P_X = A_X + (S_1 \times \cos\alpha) = 3329.45$ m

  $P_Y = A_Y + (S_1 \times \sin\alpha) = 3733.18$ m

  B점 → P점 좌표 $P_X = B_X + (S_2 \times \cos\beta) = 3329.45$ m

  $P_Y = B_Y + (S_2 \times \sin\beta) = 3733.18$ m

- P점

  $P_X = (6559.44 + 6559.44) \div 2 = 3329.45$ m

  $P_Y = (4817.15 + 4817.15) \div 2 = 3733.18$ m

교차점 계산부

공식

$$S_1 = \frac{\Delta y_a^b \cos\beta - \Delta x_a^b \sin\beta}{\sin(\alpha-\beta)}$$

$$S_2 = \frac{\Delta y_a^b \cos\alpha - \Delta x_a^b \sin\alpha}{\sin(\alpha-\beta)}$$

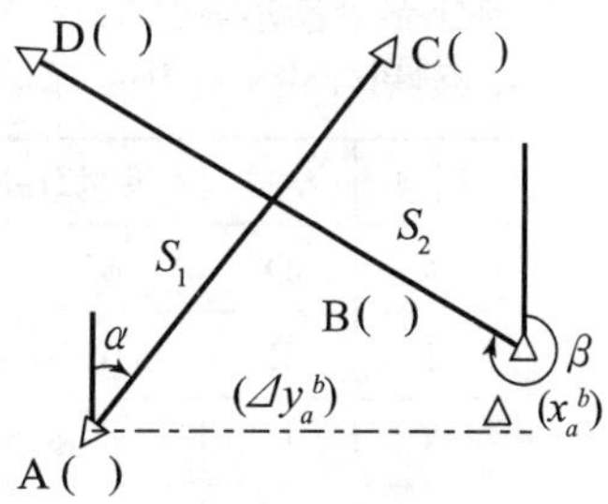

점	x	y		종횡선차	
D(1)	2882.39	3957.93		Δy_b^d	+449.50
B(2)	3776.51	3508.43		Δx_b^d	−894.12
C(3)	3210.01	3219.09		Δy_a^c	+971.82
A(4)	3448.89	3247.27		Δx_a^c	−238.88
Δx_a^b	+327.62	Δy_a^b	+261.16	V_a^b	38° 33′ 35″
α	103° 48′ 36″	V_a^c 103° 48′ 36″			
β	153° 18′ 36″	V_b^d 153° 18′ 36″			
$\alpha-\beta$	310° 30′ 00″				

$(\Delta y_a^b \cdot \cos\beta - \Delta x_a^b \cdot \sin\beta)/\sin(\alpha-\beta) = S_1$			500.375
$S_1 \cdot \cos\alpha$	−199.44	$S_1 \cdot \sin\alpha$	485.91
x_a	+) 3448.89	y_a	+) 3247.27
x	3329.45	y	3733.18
$(\Delta y_a^b \cdot \cos\alpha - \Delta x_a^b \cdot \sin\alpha)/\sin(\alpha-\beta) = S_2$			500.376
$S_2 \cdot \cos\beta$	−447.06	$S_2 \cdot \sin\beta$	+224.75
x_b	+) 3776.51	y_b	+) 3508.45
x	3329.45	y	3733.18
X	3329.45	Y	3733.18

예제 02 **4점에 의한 교차점 계산(2)**

경계선 $\overline{AC}$와 $\overline{BD}$가 교차하는 P점 위치의 좌표를 「교차점 계산부」를 완성하고 결정하시오(단, 계산은 반올림하여 각도는 0.1″단위까지, ①, ②의 빈칸은 소수 4자리까지, 기타의 거리 및 좌표는 cm단위까지 계산하여 구하시오).

점명	부호	종선좌표(X)	횡선좌표(Y)
1	D	6584.79	4734.89
2	B	6530.34	4911.60
3	C	6589.13	4897.66
4	A	6533.98	4748.10

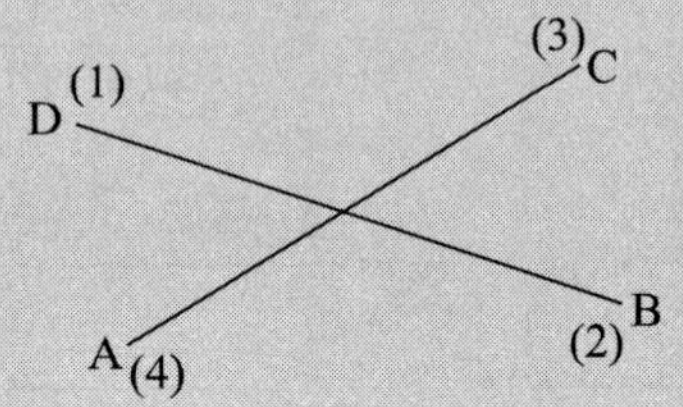

해설

- V_b^d 방위각 계산(β)

$\Delta X_b^d = 6584.79 - 6530.34 = 54.45$ m

$\Delta Y_b^d = 4734.89 - 4911.60 = -176.71$ m

$$\theta = \tan^{-1}\left(\frac{\Delta y}{\Delta x}\right) = \tan^{-1}\left(\frac{176.71}{54.45}\right) = 72°52'27.3''$$

4상한(+, −)이므로 $V_b^d = 360° - \theta = 287°07'32.7''$

- V_a^c 방위각 계산(α)

$\Delta X_a^c = 6539.13 - 6533.98 = 55.15$ m

$\Delta Y_a^c = 4897.66 - 4748.10 = 149.56$ m

$$\theta = \tan^{-1}\left(\frac{\Delta y}{\Delta x}\right) = \tan^{-1}\left(\frac{149.56}{55.15}\right) = 69°45'31.1''$$

1상한(+, +)이므로 $V_a^c = 69°45'31.1''$

- V_a^b 방위각

$\Delta X_a^b = 6530.34 - 6533.98 = -3.64$ m

$\Delta Y_a^b = 4911.60 - 4748.10 = 163.50$ m

$$\theta = \tan^{-1}\left(\frac{\Delta y}{\Delta x}\right) = \tan^{-1}\left(\frac{163.5}{3.64}\right) = 88°43'28.7''$$

2상한(−, +)이므로 $V_a^b = 180° - \theta = 91°16'31.3''$

- $\alpha - \beta$

$69°45'31.1'' - 287°07'32.7'' = 142°37'58.4''$

- S_1, S_2

$$S_1 = \frac{\Delta y_a^b \cdot \cos\beta - \Delta x_a^b \cdot \sin\beta}{\sin(\alpha-\beta)} = \frac{(163.5\times\cos287°07'32.7'') - (-3.64\times\sin287°07'32.7'')}{\sin142°37'58.4''}$$

$= 73.5966$ m

$$S_2 = \frac{\Delta y_a^b \cdot \cos\alpha - \Delta x_a^b \cdot \sin\alpha}{\sin(\alpha-\beta)} = \frac{(163.5\times\cos69°45'31.1'') - (-3.64\times\sin69°45'31.1'')}{\sin142°37'58.4''}$$

$= 98.8306$ m

- P점

A점 → P점 좌표 $P_X = A_X + (S_1 \times \cos\alpha) = 6559.44\ \text{m}$

$P_Y = A_Y + (S_1 \times \sin\alpha) = 4817.15\ \text{m}$

B점 → P점 좌표 $P_X = B_X + (S_2 \times \cos\beta) = 6559.44\ \text{m}$

$P_Y = B_Y + (S_2 \times \sin\beta) = 4817.15\ \text{m}$

- P점

$P_X = (6559.44 + 6559.44) \div 2 = 6559.44\ \text{m}$

$P_Y = (4817.15 + 4817.15) \div 2 = 4817.15\ \text{m}$

교차점 계산부

공식

$$S_1 = \frac{\Delta y_a^b \cos\beta - \Delta x_a^b \sin\beta}{\sin(\alpha - \beta)}$$

$$S_2 = \frac{\Delta y_a^b \cos\alpha - \Delta x_a^b \sin\alpha}{\sin(\alpha - \beta)}$$

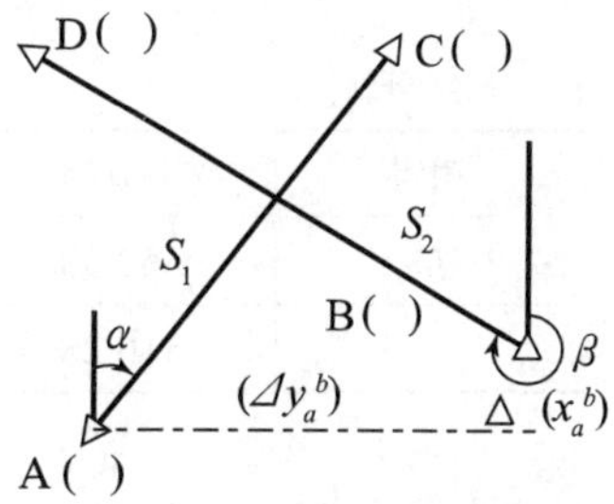

점	x	y		종횡선차	
D(1)	6584.79	4734.89		Δy_b^d	−176.71
B(2)	6530.34	4911.60		Δx_b^d	54.45
C(3)	6589.13	4897.66		Δy_a^c	149.56
A(4)	6533.98	4748.10		Δx_a^c	55.15
Δx_a^b	−3.64	Δy_a^b	163.50	V_a^b	91° 16′ 31.3″
α	69° 45′ 31.1″	V_a^c	69° 45′ 31.1″		
β	287° 07′ 32.7″	V_b^d	287° 07′ 32.7″		
$\alpha-\beta$	142° 37′ 58.4″				

$(\Delta y_a^b \cdot \cos\beta - \Delta x_a^b \cdot \sin\beta)/\sin(\alpha-\beta) = S_1$			73.5966
$S_1 \cdot \cos\alpha$	25.46	$S_1 \cdot \sin\alpha$	69.05
x_a	+) 6533.98	y_a	+) 4748.10
x	6559.44	y	4817.15

$(\Delta y_a^b \cdot \cos\alpha - \Delta x_a^b \cdot \sin\alpha)/\sin(\alpha-\beta) = S_2$			98.8306
$S_2 \cdot \cos\beta$	29.10	$S_2 \cdot \sin\beta$	−94.45
x_b	+) 6530.34	y_b	+) 4911.60
x	6559.44	y	4817.15
X	6559.44	Y	4817.15

8.2 원과 직선의 교점

원과 직선이 교차하는 경우의 좌표를 계산하는 방법으로 기존 도로에서 새로이 신설되는 도로가 곡선으로 신설될 때 접합되는 지점을 계산하는 방법이다.

예제 03 **원과 직선의 교차 계산(1)**

다음의 조건을 바탕으로 다음 물음에 답하시오(단, O는 원의 중심, R은 원의 반지름으로 60.30 m이고, $a = V_A^B = 185° 30' 20''$ 이다).

[기지점 좌표]

점명	X좌표(m)	Y좌표(m)
O	560.38	480.71
A	510.28	470.51

[약도]

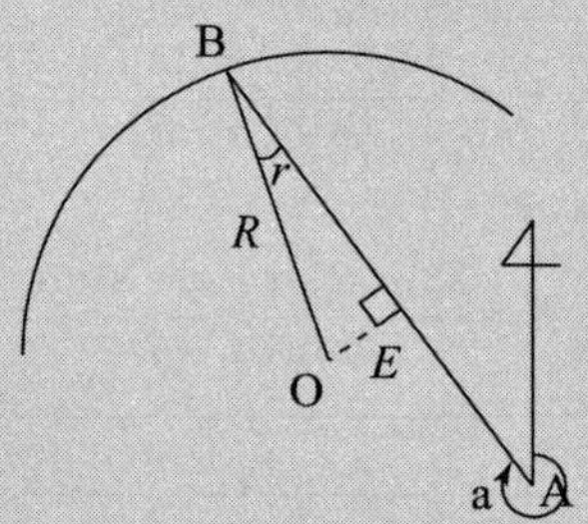

(1) E의 길이(cm)를 구하시오.
(2) OB의 방위각(초단위)을 구하시오.
(3) 원과 직선의 교차점인 점 B의 좌표(cm)를 구하시오.

해설

- E 길이 계산

$E = \Delta Y_O^A \cdot \cos a - \Delta X_O^A \cdot \sin a$

* $\Delta X_O^A = 510.28 - 560.38 = -50.1$

$\Delta Y_O^A = 470.51 - 480.71 = -10.2$

$E = (-10.2 \times \cos 185°30'20'') + (-50.1 \times \sin 185°30'20'') = 14.96\,\text{m}$

- r 계산

$r = \sin^{-1}\dfrac{E}{R} = \sin^{-1}\dfrac{14.96}{60.30} = 14°21'53''$

- OB 방위각 계산

$V_O^B = a + r = 185°30'20'' + 14°21'53'' = 199°52'13''$

- B점의 좌표 계산

$B_x = O_x + (R \cdot \cos V_O^B) = 560.38 + (60.30 \times \cos 199°52'13'') = 503.67\,\text{m}$

$B_y = O_y + (R \cdot \sin V_O^B) = 480.71 + (60.30 \times \sin 199°52'13'') = 460.21\,\text{m}$

예제 04 **원과 직선의 교차 계산(2)**

원과 직선의 교차점 A의 좌표를 계산하시오.

[기지점 좌표]

점명	X좌표(m)	Y좌표(m)
O	469894.61	204789.12
P	469858.80	204921.95
R : 100.00 m, $V_P^Q(a_o) = 304°\ 10'\ 26''$		

[약도]

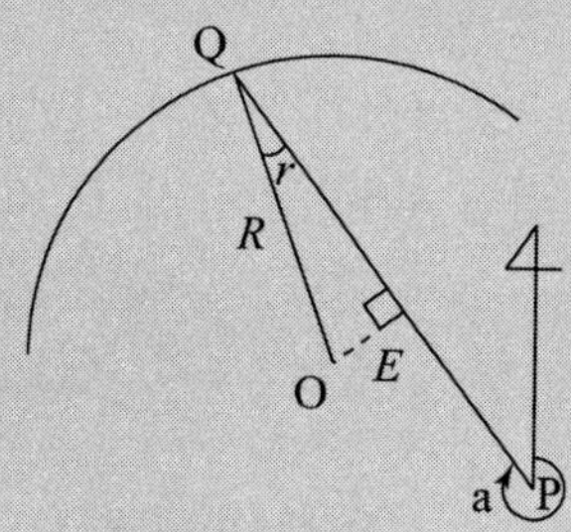

해설

- O에서 P의 Δx 및 Δy의 계산

  $\Delta x = 469858.80 - 469894.61 = -35.81$

  $\Delta y = 204921.95 - 204789.12 = +132.83$

- 수선장 E 길이 계산

  $E = \Delta Y \cdot \cos a - \Delta X \cdot \sin a = (+132.83 \times \cos 304°10'26'') - (-35.81 \times \sin 304°10'26'')$

  $= 44.9846\,\text{m}$

- r 계산

  $r = \sin^{-1}\dfrac{E}{R} = \sin^{-1}\dfrac{44.9846}{100.00} = 26°44'02''$

- OQ 방위각 계산

  $V_O^Q = V_P^Q + r = 304°\,10'\,26'' + 26°\,44'\,02'' = 330°\,54'\,28''$

- Q 좌표

  $Q_x = O_x + (R \cdot \cos V_O^Q) = 469894.61 + (100.00 \times \cos 330°54'28'') = 469981.99\,\text{m}$

  $Q_y = O_y + (R \cdot \sin V_O^Q) = 2047879.12 + (100.00 \times \sin 330°54'28'') = 204740.50\,\text{m}$

8.3 원과 직선의 교차 시 가구정점

원곡선의 도로와 직선도로의 교차부분의 중심점 좌표 Q점 이외에 각 도로 모서리의 교점인 4가구정점 A, B, C, D의 좌표를 계산하고자 할 때,

곡선도로의 폭을 W ($\frac{W}{2} = W'$: 반폭)

직선도로의 폭을 L ($\frac{L}{2} = L'$: 반폭)

이라고 할 때, 원의 중심 O점으로부터 4가구정점 A, B, C, D에 이르는 곡률반경 $R' = R \pm W'$ (원의 바깥쪽인 A, D점에서는 +, 안쪽인 B, C점에서는 −)이다.

또한, 원의 중심으로부터 직선도로 모서리까지의 수선장 E'는 직선도로의 중심선까지의 수선장 $E = E \pm L'$ (점 C, D에서는 +, 점 A, B에서는 −)가 된다.

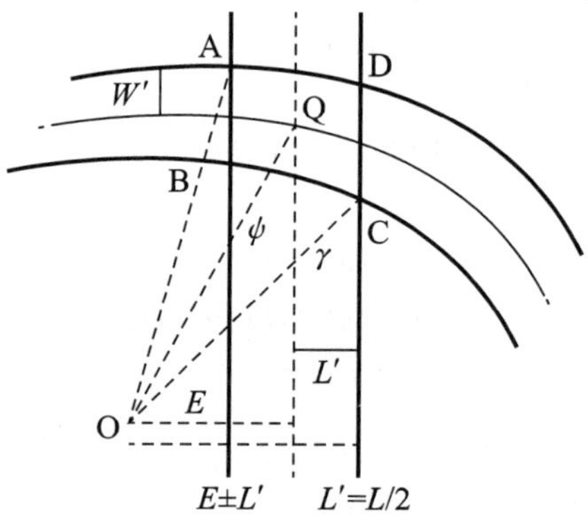

그림 8-2. 원과 직선의 교차 시 가구정점

점 Q, A, B, C, D에서 중심점 O에 이르는 방향과 직선도로와 이루는 협각을 ψ, α, β, γ, δ 라고 하고 이를 식으로 표시하면,

중심점 Q : $\sin\psi = \frac{E}{R}$

가각점 A : $\sin\alpha = \frac{E - L'}{R + W'}$

가각점 B : $\sin\beta = \frac{E - L'}{R - W'}$

$$가각점\ C : \sin\gamma = \frac{E+L'}{R-W'}$$

$$가각점\ D : \sin\delta = \frac{E+L'}{R+W'}$$

중심점 O에서 점 Q, A, B, C, D에 이르는 방위각을 V_o^i라고 하면,

$$V_O^Q = \alpha_0 + \psi$$

$$V_O^A = \alpha_0 + \alpha$$

$$V_O^B = \alpha_0 + \beta$$

$$V_O^C = \alpha_0 + \gamma$$

$$V_O^P = \alpha_0 + \delta$$

여기서 $\alpha_0 = V_P^Q$이고, $V_o^i = V_Q^P + P_i$이다.

각 점의 좌표계산은

$$O_X + S \times \cos V_o^i$$

$$O_Y + S \times \cos V_o^i$$

여기서 S는 O, P_i 간 거리이다.

예제 05 **원과 직선의 교차시 가구정점 계산**

다음의 관측값을 이용하여, Q, A, B, C, D점의 좌표를 계산하시오.

점명	X좌표(m)	Y좌표(m)
O	469894.61 m	204789.12 m
P	469858.80 m	204921.95 m
α_0	304° 10′ 26″	
L'	4 m	
W'	5 m	
R	120.00 m	

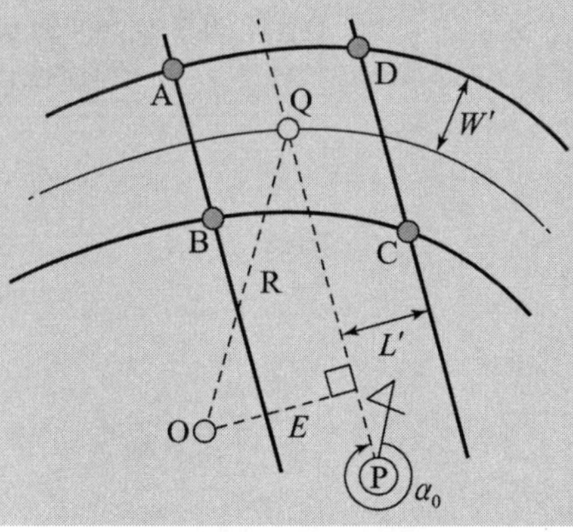

해설

- 방위각 계산($\sin\psi = \kappa$)

  수선장 E의 계산

  $E = \Delta y_o^p \times \cos\alpha_0 - \Delta x_o^p \times \sin\alpha_0$

  $= (+132.83 \times \cos 304°10'26'') - (-35.81 \times \sin 304°10'26'') = 44.9846$

$$Q : \sin\psi = \frac{E}{R},\ \psi = \sin^{-1}\frac{44.9846}{120.00} = 22°\ 00'\ 59''$$

$$A : \sin\alpha = \frac{E-L'}{R+W'},\ \alpha = \sin^{-1}\frac{40.9846}{125.00} = 19°\ 08'\ 24''$$

$$B : \sin\beta = \frac{E-L'}{R-W'},\ \beta = \sin^{-1}\frac{40.9846}{115.00} = 20°\ 52'\ 43''$$

$$C : \sin\gamma = \frac{E+L'}{R-W'},\ \gamma = \sin^{-1}\frac{48.9846}{115.00} = 25°\ 12'\ 40''$$

$$D : \sin\delta = \frac{E+L'}{R+W'},\ \delta = \sin^{-1}\frac{48.9846}{125.00} = 23°\ 04'\ 17''$$

방위각 $= \psi + \alpha_0$ (기지)이므로

$$V_O^Q = 22°\ 00'\ 59'' + 304°\ 10'\ 26'' = 326°\ 11'\ 25''$$

$$V_O^A = 19°\ 08'\ 24'' + 304°\ 10'\ 26'' = 323°\ 18'\ 50''$$

$$V_O^B = 20°\ 52'\ 43'' + 304°\ 10'\ 26'' = 325°\ 03'\ 09''$$

$$V_O^C = 25°\ 12'\ 40'' + 304°\ 10'\ 26'' = 329°\ 23'\ 06''$$

$$V_O^D = 23°\ 04'\ 17'' + 304°\ 10'\ 26'' = 327°\ 14'\ 43''$$

- 좌표 계산

$\Delta x = S\times \cos V_o^i$, $\Delta y = S\times \sin V_o^i$를 각 점의 좌표에 더한다.

① Q점의 좌표 : $469894.61 + 120\times \cos 326°\ 11'\ 25'' = 469994.32\,m$
$204789.12 + 120\times \sin 326°\ 11'\ 25'' = 204722.35\,m$

② A점의 좌표 : $469894.61 + 125\times \cos 323°\ 18'\ 50'' = 469994.85\,m$
$204789.12 + 125\times \sin 323°\ 18'\ 50'' = 204714.44\,m$

③ B점의 좌표 : $469894.61 + 115\times \cos 325°\ 03'\ 09'' = 469988.87\,m$
$204789.12 + 115\times \sin 325°\ 03'\ 09'' = 204723.25\,m$

④ C점의 좌표 : $469894.61 + 115\times \cos 329°\ 23'\ 06'' = 469993.58\,m$
$204789.12 + 115\times \sin 329°\ 23'\ 06'' = 204730.55\,m$

⑤ D점의 좌표 : $469894.61 + 125\times \cos 327°\ 14'\ 43'' = 469999.73\,m$
$204789.12 + 125\times \sin 327°\ 14'\ 43'' = 204721.49\,m$

원과 직선의 교차 시 가구정점 계산부

기지사항		
기지사항	L'	4.000 m
	W'	5.000 m
	E	44.9846 m
	R	120.000 m
	O_x	469894.61 m
	O_y	204789.12 m

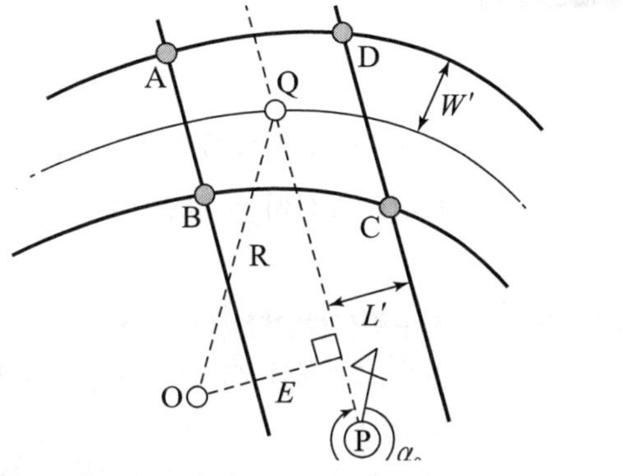

방위각계산	P_i	$\sin\psi$	κ	$\psi_i + \alpha_0$ (기지)
방위각계산	Q	$\sin\psi = \frac{E}{R}$	$\frac{44.9846}{120.000}$	22° 00′ 59″ + 304° 10′ 26″
	A	$\sin\alpha = \frac{E-L'}{R+W'}$	$\frac{40.9846}{125.000}$	19° 08′ 24″ + 304° 10′ 26″
	B	$\sin\beta = \frac{E-L'}{R-W'}$	$\frac{40.9846}{115.000}$	20° 52′ 43″ + 304° 10′ 26″
	C	$\sin\gamma = \frac{E+L'}{R-W'}$	$\frac{48.9846}{115.000}$	25° 12′ 40″ + 304° 10′ 26″
	D	$\sin\delta = \frac{E+L'}{R+W'}$	$\frac{48.9846}{125.000}$	23° 04′ 17″ + 304° 10′ 26″

종횡선계산	방위각(V_O^{pi})	O, P_i 간 거리(s)	P_i x	P_i y	P_i
종횡선계산	326° 11′ 25″	120.000	469994.32	204722.35	Q
	323° 18′ 50″	125.000	469994.85	204714.44	A
	325° 03′ 09″	115.000	469988.87	204723.25	B
	329° 23′ 06″	115.000	469993.58	204730.55	C
	327° 14′ 43″	125.000	469999.73	204721.49	D

8.4 가구중심점

가구중심점 계산 또한 새로운 도로가 신설 되거나 도로를 확장하는 과정에서 소구점의 좌표를 계산하는 방법이다.

예제 06

가구중심점 계산(1)

다음 그림에서 C_1, C_2, C_3 점은 도로의 중심점이다. 주어진 조건으로 P점과 가구전제점 A, B점의 좌표를 구하시오(단, $\overline{C_1C_2}$와 $\overline{PA}$, $\overline{C_1C_3}$와 $\overline{PB}$는 서로 평행하고, $\overline{PA}$는 $\overline{PB}$의 길이와 같으며, 계산은 반올림하여 각도는 초단위, 거리는 소수점 이하 4자리로 계산하여 좌표를 소수점 이하 2자리까지 계산하시오).

점명	X좌표(m)	Y좌표(m)
C_1	566,501.47 m	293,753.33 m
C_3	566,431.31 m	293,895.57 m
방위각	$V_{C_1}^{C_2}$: 58°36′47″	
방위각	$V_{C_1}^{C_3}$: 126°15′17″	
노선길이	L_1 : 5 m	
노선길이	L_2 : 4 m	
L 길이	10 m	

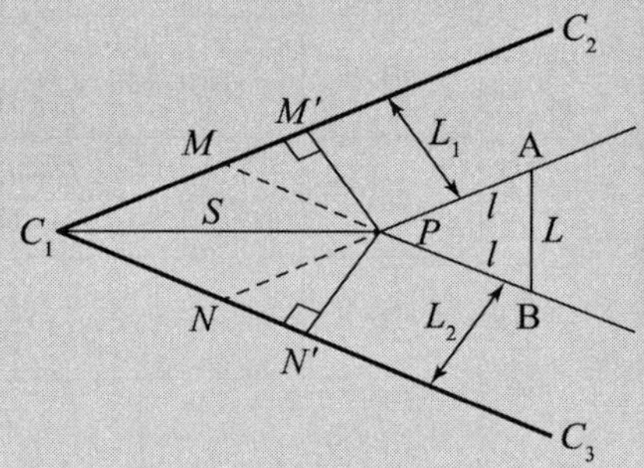

해설

- 교각(θ) 계산

  $\therefore\ V_{C_1}^{C_3} - V_{C_1}^{C_2} = 126°15'17'' - 58°36'47'' = 67°38'30''$

- S 거리 계산

  $\overline{C_1M} = \overline{NP},\ \sin\theta = \dfrac{\overline{N'P}}{\overline{NP}} \Rightarrow \overline{NP} = \dfrac{\overline{N'P}}{\sin\theta}$ ($\because$ 여기서, $\overline{N'P} = L_2$)

  $\overline{NP}\,(=\overline{C_1M}) = L_2 \times \dfrac{1}{\sin\theta} = 4 \times \dfrac{1}{\sin 67°38'30''} = 4.3252\,\text{m}$

  $\overline{MM'} = L_1 \times \dfrac{1}{\tan\theta} = 5 \times \dfrac{1}{\tan 67°38'30''} = 2.0566\,\text{m}$

  $\overline{C_1M'} = \overline{C_1M} + \overline{MM'} = 4.3252 + 2.0566 = 6.3818\,\text{m}$

  $\therefore\ S = \sqrt{(C_1M')^2 + (L_1)^2} = \sqrt{6.3818^2 + 5^2} = 8.1072\,\text{m}$

- $V_{C_1}^{P}$ 방위각 계산

  $V_{C_1}^{P} = V_{C_1}^{C_2} + \angle C_2C_1P = 58°36'47'' + \angle C_2C_1P$

$$\tan\angle C_2C_1P = \frac{L_1}{C_1M'}$$

$$\angle C_2C_1P = \tan^{-1}\left(\frac{5}{6.3818}\right) = 38°04'41''$$

$$\therefore\ V_{C_1}^{P} = 58°36'47'' + 38°04'41'' = 96°41'28''$$

- 가구정점 계산

$$\therefore\ P_X = C_{1X} + S\cdot\cos V_{C_1}^{P} = 566{,}501.47 + (8.1072\times\cos 96°41'28'') = 566{,}500.52\,\mathrm{m}$$

$$\therefore\ P_Y = C_{1Y} + S\cdot\sin V_{C_1}^{P} = 293{,}753.33 + (8.1072\times\sin 96°41'28'') = 293{,}761.38\,\mathrm{m}$$

- 가구점 계산

$$A_X = P_X + l\cdot\cos V_{C_1}^{C_2}$$

$$A_Y = P_Y + l\cdot\sin V_{C_1}^{C_2}$$

$$\Rightarrow A_X = 566{,}500.52 + (8.9831\times\cos 58°36'47'') = 566{,}505.20\,\mathrm{m}$$

$$A_Y = 293{,}761.38 + (8.9831\times\sin 58°36'47'') = 293{,}769.05\,\mathrm{m}$$

$$B_X = P_X + l\cdot\cos V_{C_1}^{C_3}$$

$$B_Y = P_Y + l\cdot\sin V_{C_1}^{C_3}$$

$$\Rightarrow B_X = 566{,}500.52 + (8.9831\times\cos 126°15'17'') = 566{,}495.21\,\mathrm{m}$$

$$B_Y = 293{,}761.38 + (8.9831\times\sin 126°15'17'') = 293{,}768.62\,\mathrm{m}$$

(여기서, $l = \frac{L}{2}\cdot\mathrm{cosec}\frac{\theta}{2} = \frac{10}{2}\times\mathrm{cosec}\frac{67°38'30''}{2} = 8.9831\,\mathrm{m}$)

예제 07 **가구중심점 계산(2)**

다음 그림은 가구의 일부분이다. 가구점 P의 좌표를 계산하시오(단, C, D, E는 중심점이고 단위는 m이며, 소수 3자리까지 계산하여 소수 2자리까지 구하여라).

점명	X좌표(m)	Y좌표(m)
C	466,302.55 m	206,811.34 m
방위각	V_C^E : 9°23′20″	
방위각	V_C^D : 93°37′10″	
노선길이	L_1 : 3 m	
노선길이	L_2 : 5 m	

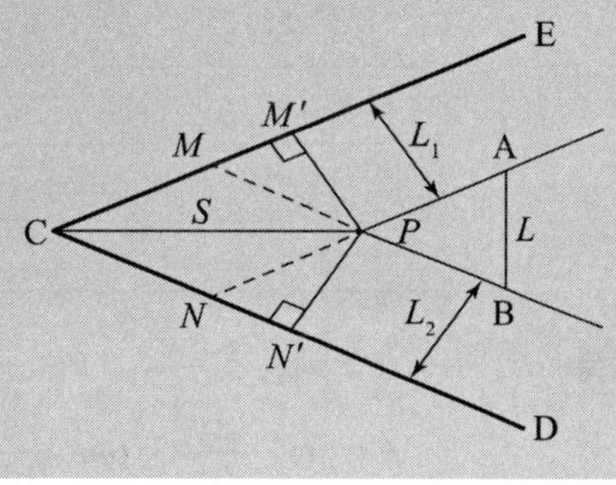

해설

- 교각(θ) 계산

$$\therefore\ V_C^D - V_C^E = 93°37'20'' - 9°23'10'' = 84°14'10''$$

- S 거리 계산

$\overline{CM} = \overline{NP},\ \sin\theta = \frac{\overline{N'P}}{\overline{NP}} \Rightarrow \overline{NP} = \frac{\overline{N'P}}{\sin\theta}$ (∵ 여기서, $\overline{N'P} = L_2$)

$$\overline{NP}(=\overline{CM}) = L_2 \times \frac{1}{\sin\theta} = 5 \times \frac{1}{\sin 84°14'10''} = 5.0254\,\text{m}$$

$$\overline{MM'} = L_1 \times \frac{1}{\tan\theta} = 3 \times \frac{1}{\tan 84°14'10''} = 0.3028\,\text{m}$$

$$\overline{CM'} = \overline{CM} + \overline{MM'} = 5.0254 + 0.3028 = 5.3282\,\text{m}$$

$$\therefore\ S = \sqrt{5.3282^2 + 3^2} = 6.1147\,\text{m}$$

- V_C^P 방위각 계산

$$V_C^P = V_C^E + \angle ECP = 9°23'20'' + \angle ECP$$

$$\tan\angle ECP = \frac{L_1}{CM'}$$

$$\angle ECP = \tan^{-1}\left(\frac{3}{5.3282}\right) = 29°22'52.81''$$

$$\therefore\ V_C^P = 9°23'20'' + 29°22'52.81'' = 38°46'12.81''$$

- 가구정점 계산

$$\therefore\ P_X = C_X + S \cdot \cos V_C^P = 466302.55 + (6.1147 \times \cos 38°46'12.81'') = 466307.32\,\text{m}$$

$$\therefore\ P_Y = C_Y + S \cdot \sin V_C^P = 206811.34 + (6.1147 \times \sin 38°46'12.81'') = 206815.17\,\text{m}$$

예제 08 **가구중심점 계산(3)**

다음 그림에서 C, D, E 점은 도로의 중심점이다. 주어진 여건으로 P점과 가구전제 점 A, B점의 좌표를 구하시오(단, 산출근거는 수식으로 표시하고, 각도는 초단위, 거리는 소수점 이하 4자리, 좌표는 소수점 이하 2자리까지 계산하시오).

점명	X좌표(m)	Y좌표(m)
C	466,501.47 m	193,753.33 m
E	466,431.31 m	193,895.57 m
방위각	V_C^D : 48°36′46″	
노선길이	L_1 : 4 m	
노선길이	L_2 : 3 m	
L 길이	5 m	

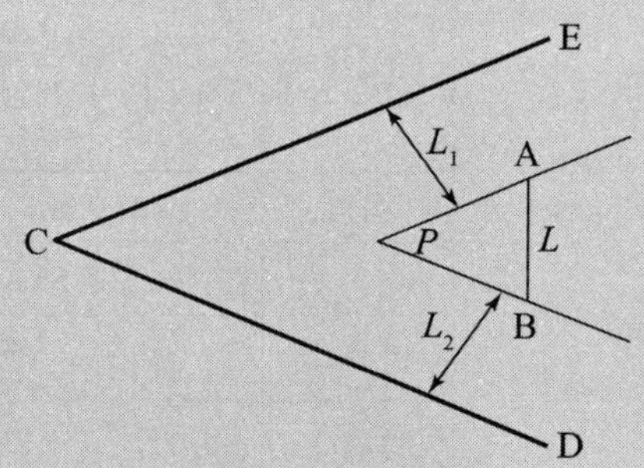

해설

- V_C^E 계산

$$\theta = \tan^{-1}\frac{\Delta y}{\Delta x} = \tan^{-1}\frac{(3895.57 - 3753.33)}{(6431.31 - 6501.47)} = \tan^{-1}\frac{142.24}{70.16}$$

$$= 63°44'43''\ (\because\ \text{여기서, } \theta \text{는 상한})$$

$$\therefore\ V_C^E = 180° - 63°44'43'' = 116°44'43''$$

- 교각(θ) 계산

$$V_C^D - V_C^E = 116°15'17'' - 48°36'46'' = 67°38'31''$$

- $PA=PB$의 계산

$$\overline{PA}=\overline{PB}=\frac{AB}{2}\times\text{cosec}\frac{\theta}{2}\ \ (\text{또는}\ \frac{AB}{2}\div\sin\frac{\theta}{2})$$

$$=2.5\times\text{cosec}\,33°\,49'\,16''=4.4915\,\text{m}$$

- S 거리 계산

$$\overline{CM}=\overline{NP},\ \sin\theta=\frac{\overline{N'P}}{\overline{NP}}\ \Rightarrow\ \overline{NP}=\frac{\overline{N'P}}{\sin\theta}=\frac{L_2}{\sin\theta}\ \ (\because\ \text{여기서},\ \overline{N'P}=L_2)$$

$$\overline{NP}(=\overline{CM})=L_2\times\frac{1}{\sin\theta}=3\times\frac{1}{\sin 67°38'31''}=3.2439\,\text{m}$$

$$\overline{MM'}=L_1\times\frac{1}{\tan\theta}=4\times\frac{1}{\tan 67°38'31''}=1.6453\,\text{m}$$

$$\overline{CM'}=\overline{CM}+\overline{MM'}=3.2439+1.6453=4.8892\,\text{m}$$

$$\therefore\ S=\sqrt{L_1^2+\overline{CM'}^2}=\sqrt{4^2+4.8892^2}=6.3170\,\text{m}$$

- V_C^P 방위각 계산

$$V_C^P=V_C^D+\angle DCP=48°\,36'\,46''+\angle DCP$$

$$\tan\angle DCP=\frac{L_1}{\overline{CM'}}\ \Rightarrow\ \angle DCP=\tan^{-1}\left(\frac{4}{6.3170}\right)=39°17'15''$$

$$\therefore\ V_C^P=48°36'46''+39°17'15''=87°54'01''$$

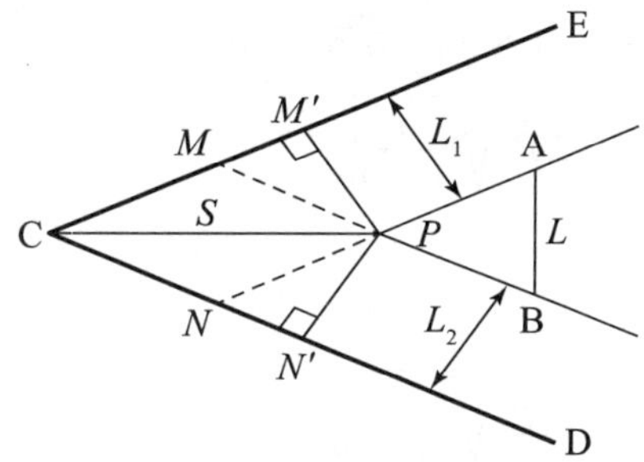

- 가구정점 계산

$$\therefore\ P_X=C_X+S\cdot\cos V_C^P=466{,}501.47+(6.3170\times\cos 87°54'01'')=466{,}501.70\,\text{m}$$

$$\therefore\ P_Y=C_Y+S\cdot\sin V_C^P=193{,}753.33+(6.3170\times\sin 87°54'01'')=193{,}759.64\,\text{m}$$

- A점의 좌표계산

$$\therefore\ A_X=P_X+P_A\cdot\cos V_C^D=466{,}501.70+(4.4915\times\cos 48°36'46'')=466{,}504.67\,\text{m}$$

$$\therefore\ A_Y=P_Y+P_A\cdot\sin V_C^P=193{,}759.64+(4.4915\times\sin 48°36'46'')=193{,}763.01\,\text{m}$$

- B점의 좌표계산

$$\therefore\ B_X=P_X+P_B\cdot\cos V_C^E=466{,}501.70+(4.4915\times\cos 116°15'17'')=466{,}499.71\,\text{m}$$

$$\therefore\ B_Y=P_Y+P_B\cdot\sin V_C^E=193{,}759.64+(4.4915\times\sin 116°15'17'')=193{,}763.67\,\text{m}$$

※ 검산($\overline{AB}=L$)

$$\overline{AB}=\sqrt{(B_X-A_X)^2+(B_Y-A_Y)^2}=\sqrt{(6499.71-6504.67)^2+(3763.67-3763.01)^2}=5\,\text{m}$$

8.5 면적지정분할

분할은 각 필지에 대한 측량으로서, 현장에 건물 또는 시설물이 있는 경우에 기준점으로부터 측정하여 등록하는 방법과 공지로서 면적 및 거리 등을 조건에 맞도록 면적을 지정하여 분할하는 경우가 있다. 공지일 경우 조건에 맞도록 확정하는 것은 주로 면적지정분할 공식에 의거 처리한다.

8.5.1 삼각형 토지의 분할

그림 8-3에서와 같이 한 변에 평행(BC//PQ)하게 면적의 비가 $m:n$인 삼각형 토지의 분할은

$$\overline{\mathrm{AP}^2} : \overline{\mathrm{AB}}^2 = n:(m+n)$$

$$\overline{\mathrm{AP}}^2(m+n) = n \cdot \overline{\mathrm{AB}}^2$$

$$\therefore\ \overline{\mathrm{AP}} = \overline{\mathrm{AB}}\sqrt{\frac{n}{n+n}}$$

같은 방법으로

$$\therefore\ \overline{\mathrm{AQ}} = \overline{\mathrm{AC}}\sqrt{\frac{n}{m+n}}$$

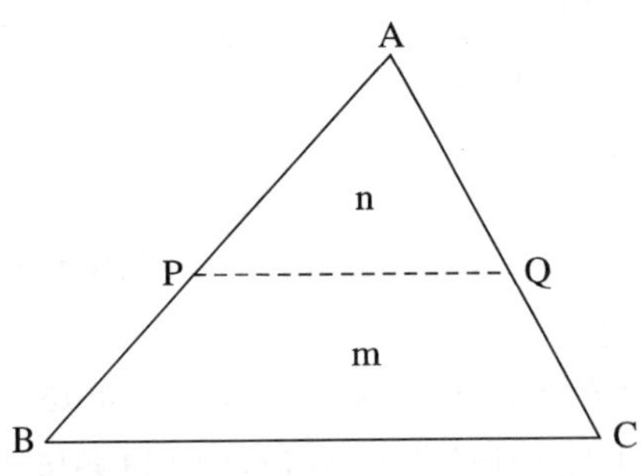

그림 8-3. BC//PQ인 토지분할

예제 09 그림 8-3에서 $\overline{\mathrm{AB}}=70.25$ m, $\overline{\mathrm{AC}}=45.24$ m, $m=1{,}200\ \mathrm{m}^2$, $n=400\ \mathrm{m}^2$가 되도록 $\overline{\mathrm{BC}}$와 $\overline{\mathrm{PQ}}$가 나란하게 분할하려고 한다. $\overline{\mathrm{AP}}$와 $\overline{\mathrm{AQ}}$의 길이는?

해설

$$\overline{AP} = \overline{AB}\sqrt{\frac{n}{m+n}} = 70.25\sqrt{\frac{400}{1200+400}} = 35.12\,\text{m}$$

$$\overline{AP} = \overline{AC}\sqrt{\frac{n}{m+n}} = 45.24\sqrt{\frac{400}{1200+400}} = 22.62\,\text{m}$$

8.5.2 한 점을 고정하고 면적비를 $m : n$으로 분할

그림 8-4에서 1점을 고정한 삼각형의 면적지정분할에서 삼각형 ABC의 변 AB선상에 있는 점을 P라 하고, A에서 P점까지의 길이를 l 이라 하고, 면적의 비를 $m : n$로 분할선 PQ를 결정할 경우, Q의 위치를 정하기 위해서는 AQ의 길이를 산출하여야 한다.

△ABC 및 △APQ에서

$$\frac{\triangle ABC}{\triangle APQ} = \frac{\frac{1}{2}\overline{AB}\cdot\overline{AC}\sin\alpha}{\frac{1}{2}\overline{AP}\cdot\overline{AQ}\sin\alpha} = \frac{\overline{AB}\cdot\overline{AC}}{\overline{AP}\cdot\overline{AQ}}$$

즉, 한 각이 같은 두 삼각형의 면적의 비는 그 각을 끼는 두 변의 곱의 비와 같다. 따라서,

$$\frac{\triangle ABC}{\triangle APQ} = \frac{\overline{AB}\cdot\overline{AC}}{\overline{AP}\cdot\overline{AQ}} = \frac{m+n}{n}$$

여기서 P점을 고정할 경우 AP의 거리를 l 이라 하면

$$\overline{AQ} = \frac{\overline{AB}\cdot\overline{AC}}{l} \times \frac{n}{m+n}$$

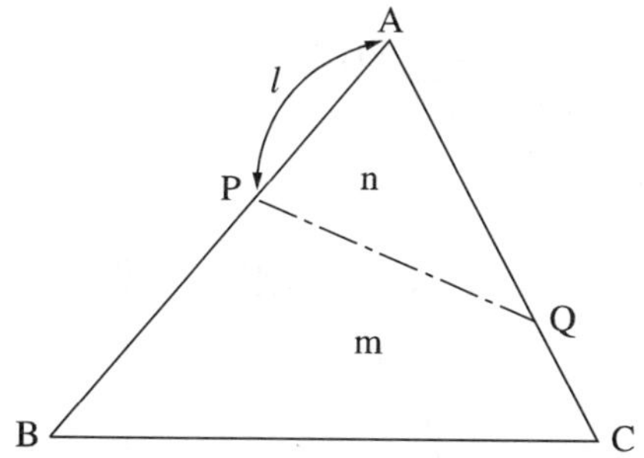

그림 8-4. 1점을 고정한 삼각형의 면적지정분할

예제 10 그림 8-4의 1점을 고정한 면적지정분할에서와 같이 $\overline{AB} = 10$ m, $\overline{AC} = 9$m, $\overline{AP} = 5$m, $m = 25$ m^2, $n = 12$ m^{2}일 경우 $\overline{AQ}$ 의 길이를 구하라.

해설

$$\overline{AQ} = \frac{\overline{AB} \times \overline{AC}}{l} \times \frac{n}{m+n} = \frac{10 \times 9}{5} \times \frac{12}{25+12} = 5.84\text{m}$$

8.5.3 사각형 면적지정 분할

사각형 토지의 분할은 크게 두 가지 형태로 AD와 BC가 평행할 경우와 평행하지 않는 경우로 구분할 수 있다.

1) AD와 BC가 평행할 경우

① AD // BC이며 ∠PQC = ϕ일 때

$$F = \frac{1}{2}(M+N)L \times \sin\beta$$

$$M = \frac{F}{L \cdot \sin\beta} - \frac{L \cdot \cos\beta - X \cdot \cos\phi}{2}$$

$$N = \frac{F}{L \cdot \sin\beta} + \frac{L \cdot \cos\beta - X \cdot \cos\phi}{2}$$

$$x = \frac{L \cdot \sin\beta}{\sin\phi}$$

② AD // BC이며 ∠PQC = 90°일 때

$$F = \frac{1}{2}L \cdot \cos\beta \cdot Th + M \cdot Th$$

$$h = L \cdot \sin\beta$$

$$M = \frac{F}{L \cdot \sin\beta} - \frac{L \cdot \cos\beta}{2}$$

$$N = \frac{F}{L \cdot \sin\beta} + \frac{L \cdot \cos\beta}{2}$$

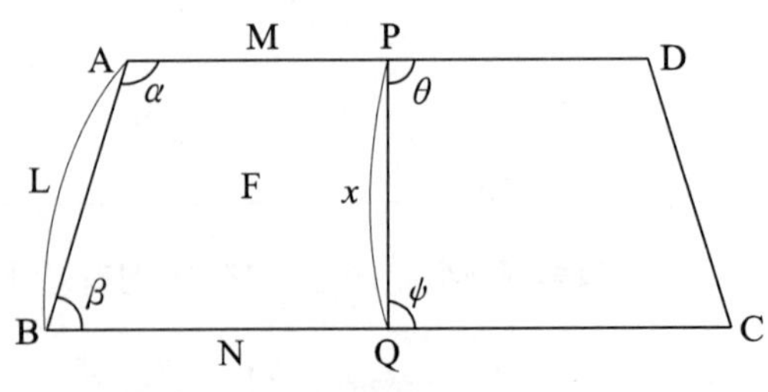

그림 8-5. AD//BC

③ AD // BC이며 AB // PQ일 때

M=N이 되므로 $\angle\beta = \angle\phi$, $L = x$

$$M = N = \frac{F}{L \cdot \sin\beta}$$

$$F = N \cdot L \cdot \sin\beta$$

④ AD // BC이며 AP의 거리 M을 지정

$$F = \frac{1}{2}(M + N)L \cdot \sin\beta$$

$$M + N = \frac{2F}{L \cdot \sin\beta}$$

$$N = \frac{2F}{L \cdot \sin\beta} - M$$

⑤ AD // BC이며 AP의 거리 N을 지정

$$F = \frac{1}{2}(M + N)L \cdot \sin\beta$$

$$M + N = \frac{2F}{L \cdot \sin\beta}$$

$$M = \frac{2F}{L \cdot \sin\beta} - N$$

2) AD와 BC가 평행하지 않을 경우

① $AP \neq BQ$, α, β, θ, ϕ (또는 $\phi = 90°$)일 때

$$2F = \frac{L^2}{\cot\alpha + \cot\beta} - \frac{x^2}{\cot\phi + \cot\theta}$$

$$2F = M \cdot L \cdot \sin\alpha + N \cdot x \cdot \sin\phi$$

$$M = \frac{L \cdot \sin\beta - x \cdot \sin\phi}{\sin(\alpha + \beta)}$$

$$N = \frac{L \cdot \sin\alpha - x \cdot \sin\theta}{\sin(\alpha + \beta)}$$

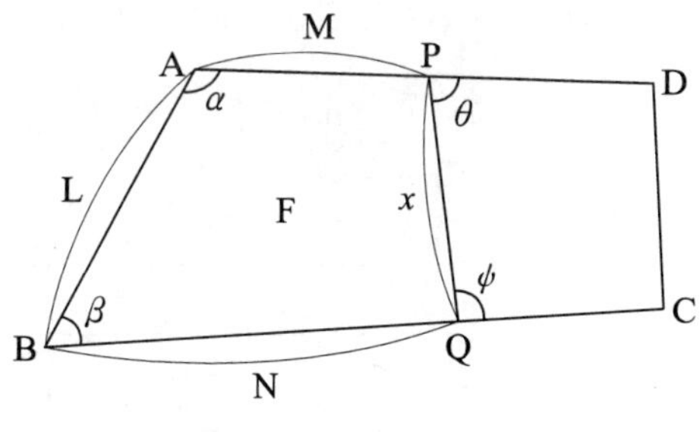

그림 8-6. $AP \neq BQ$
α, β, θ, ϕ

$$x = \sqrt{\left(\frac{L^2}{\cot\alpha + \cot\beta} - 2F\right)(\cot\theta + \cot\phi)}$$

② $AD \neq BC$, $AB \neq PQ$, α, β, F일 때

$$2F = M \cdot L \cdot \sin\alpha + N \cdot x \cdot \sin\beta$$

$$M = \frac{(L - x) \cdot \sin\beta}{\sin(\alpha + \beta)}$$

$$N = \frac{(L - x) \cdot \sin\alpha}{\sin(\alpha + \beta)}$$

$$x = \sqrt{L^2 - 2F(\cot\alpha + \cot\beta)}$$

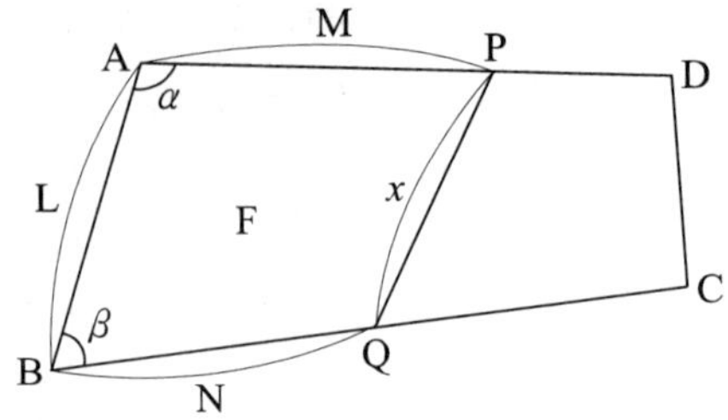

그림 8-7. $AD \neq BC$, $AB \neq PQ$ α, β, F

③ $AP \neq BQ$, M은 지정, F, α, β일 때

$$N = \frac{2F - M \cdot L \cdot \sin\alpha}{L \cdot \sin\beta - M \cdot \sin(\alpha + \beta)}$$

$$X_P = X_A + M \cdot \cos V_a^p$$

$$Y_P = Y_A + M \cdot \sin V_a^q$$

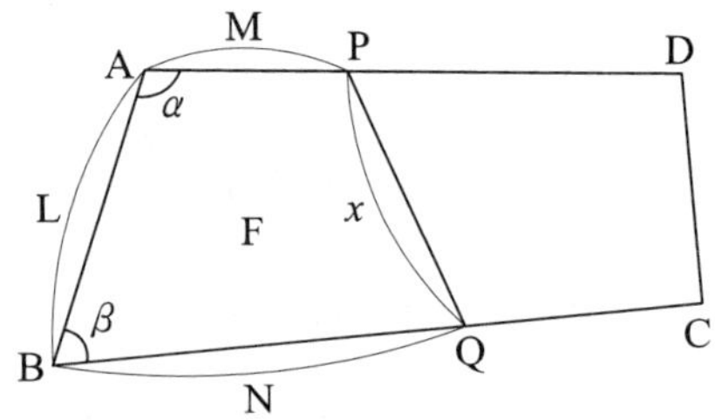

그림 8-8. $AP \neq BQ$

④ $AP \neq BQ$, N은 지정, F, α, β일 때

$$M = \frac{2F - N \cdot L \cdot \sin\alpha}{L \cdot \sin\alpha - N \cdot \sin(\alpha + \beta)}$$

$$X_Q = X_B + N \cdot \cos V_b^q$$

$$Y_Q = Y_B + N \cdot \sin V_b^q$$

예제 11 **AD와 BC가 평행하는 경우**

다음 아래의 도형에서 주어진 조건에 의하여 면적지정분할을 하려고 한다. 점 P, Q의 좌표를 구하시오(단, 각은 0.1초 , 거리는 소수점 4자리, 좌표는 소수점 3자리까지 계산하시오).

(1) $F = 3000\ m^2$

(2) $\theta = 80°$

(3) 기지점

	종선좌표(m)	횡선좌표(m)
A	1043.34	653.65
B	1009.19	613.15
C	910.18	683.91
D	944.33	724.41

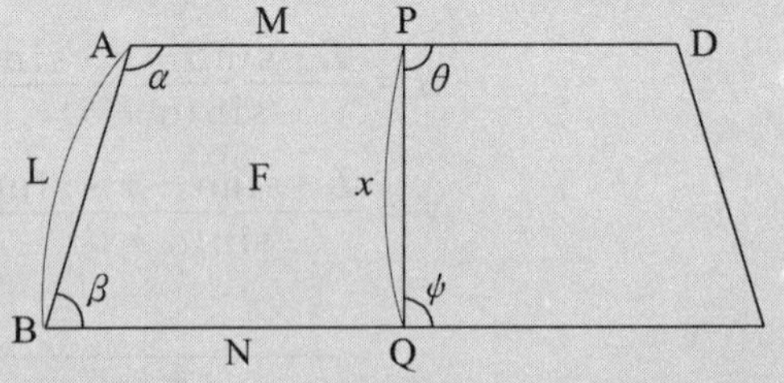

해설 AD // BC이며 ∠PQC = ϕ인 경우

$$F=\frac{1}{2}(M+N)L\times\sin\beta$$

$$M=\frac{F}{L\cdot\sin\beta}-\frac{L\cdot\cos\beta-X\cdot\cos\phi}{2}$$

$$N=\frac{F}{L\cdot\sin\beta}+\frac{L\cdot\cos\beta-X\cdot\cos\phi}{2}$$

$$x=\frac{L\cdot\sin\beta}{\sin\phi}$$

(1) 기지점 거리 및 방위각 계산

$$V_a^b=\tan^{-1}\left(\frac{\Delta Y}{\Delta X}\right)=229°51'43.5''$$

$$V_a^d=\tan^{-1}\left(\frac{\Delta Y}{\Delta X}\right)=144°26'51.2''$$

거리$(L)=\sqrt{(\Delta X^2)+(\Delta Y^2)}=52.9762\,\text{m}$

(2) 내각 계산(α, β, $\alpha+\beta$, ϕ)

$\alpha=V_a^b-V_a^d=85°24'52.3''$

$\beta=V_b^c-V_b^a=94°35'07.7''$

$\alpha+\beta=180°00°00°$

$\phi=120°00°00°$

(3) X, M, N 계산

$$x=\frac{52.9762\times\sin 94°35'07.7''}{\sin 120°}=60.9758\,\text{m}$$

$$M=\frac{3000}{57.9762\times\sin 94°35'07.7''}-\frac{(57.9762\times\cos 94°35'07.7'')-(60.9758\cdot\cos 120°)}{2}$$

$$=43.6847\,\text{m}$$

$$N=\frac{3000}{52.9762\times\sin 94°35'07.7''}+\frac{(52.9762\times\cos 94°35'07.7'')-(60.9758\times\cos 120°)}{2}$$

$$=69.9374\,\text{m}$$

(4) P점과 Q점의 좌표 계산

$P_X=A_X+M\times\cos V_a^d=1043.34+(43.6847\times\cos 144°26'51.2'')=1007.799\,\text{m}$

$P_Y=A_Y+M\times\sin V_a^d=653.65+(43.6847\times\sin 144°26'51.2'')=679.050\,\text{m}$

$Q_X=B_X+N\times\cos V_b^c=1009.19+(69.9374\times\cos 144°26'51.2'')=952.290\,\text{m}$

$Q_Y=B_Y+N\times\sin V_b^c=631.15+(69.9374\times\sin 144°26'51.12'')=671.815\,\text{m}$

(5) 검산

$$F=\frac{1}{2}(43.6847+69.9373)\times 52.9762\times\sin 94°35'07.7''=3000\,\text{m}^2$$

예제 12

AD//BC가 평행하는 경우

다음 아래의 도형에서 주어진 조건에 의하여 면적지정분할을 하려고 한다. 점 P, Q의 좌표를 구하시오(단, 각은 0.1초, 거리는 소수점 4자리, 좌표는 소수점 3자리까지 계산하시오).

(1) 조건
① AD // BC
② AB // PQ

(2) $F = 500\ m^2$

(3) 기지점

	종선좌표(m)	횡선좌표(m)
A	3257.54	1939.98
B	3216.26	1964.93
C	3254.87	2037.37
D	3296.15	2012.42

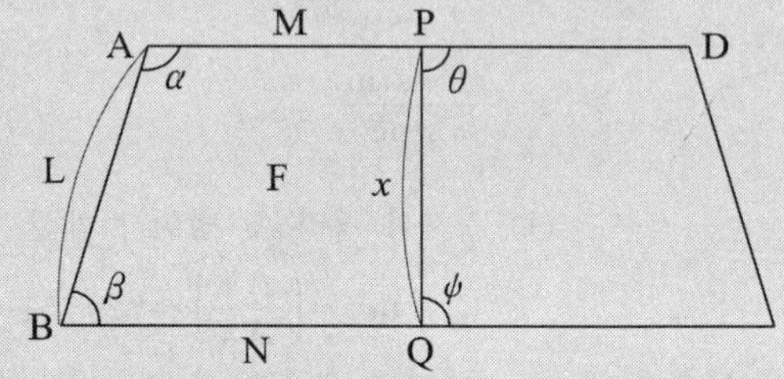

해설

AD//BC이며 AB//PQ인 경우

$M = N$이 되므로 $\angle\beta = \angle\phi$, $L = x$

$$M = N = \frac{F}{L \cdot \sin\beta}$$

$$F = N \cdot L \cdot \sin\beta$$

(1) 기지점 거리 및 방위각 계산

$$V_a^b = \tan^{-1}\left(\frac{\Delta Y}{\Delta X}\right) = 148°51'3.1''\ (\Rightarrow 2상한\ 180 - \theta)$$

$$V_a^d = \tan^{-1}\left(\frac{\Delta Y}{\Delta X}\right) = 61°56'33.7''\ (\Rightarrow 1상한\ \theta)$$

$$거리(L) = \sqrt{(\Delta X^2) + (\Delta Y^2)} = 48.2342\,\mathrm{m} = x$$

(2) 내각 계산(α, β)

$$V_b^c = V_a^d$$

$$\alpha = V_a^b - V_a^d = 86°54'29.4''$$

$$\beta = V_b^c - V_b^a = 93°5'30.6'' = \phi$$

(3) M, N 계산

$$M = N = \frac{F}{L \cdot \sin\beta}$$

$$M = N = \frac{500}{48.2342 \times \sin 93°5'30.6''} = 10.3812\,\mathrm{m}$$

(4) P점과 Q점의 좌표 계산하기

$$P_X = A_X + M \times \cos V_a^d = 3257.54 + (10.3812 \times \cos 61°56'33.7'') = 3262.423\,\mathrm{m}$$

$$P_Y = A_Y + M \times \sin V_a^d = 1939.98 + (10.3812 \times \sin 61°56'33.7'') = 1949.141\,\mathrm{m}$$

$Q_X = B_X + N\times\cos V_b^c = 3216.26 + (10.3812\times\cos61°56'33.7'') = 3221.143\,\text{m}$

$Q_Y = B_Y + N\times\sin V_b^c = 1964.93 + (10.3812\times\sin61°56'33.7'') = 1974.091\,\text{m}$

(5) 검산

$F = N\times L\times\sin\beta = 10.3812\times48.2342\times\sin93°05'30.6'' = 500\,\text{m}^2$

예제 13 **AD와 BC가 평행하지 않는 경우**

다음 아래의 도형에서 주어진 조건에 의하여 면적지정분할을 하려고 한다. 점 P, Q의 좌표를 구하시오(단, 각은 초, 거리는 소수점 4자리, 좌표는 소수점 3자리까지 계산하시오).

(1) 조건

① AD ≠ BC, PQ ⊥ BC

② 내각 $\alpha = 98°15'26''$, $\beta = 77°44'53''$

(2) F = 600 m²

(3) 기지점

	종선좌표(m)	횡선좌표(m)
A	6771.34	2965.15
B	6738.86	2966.47

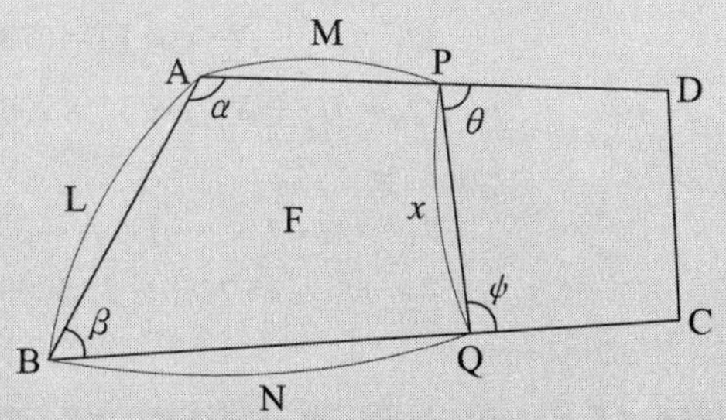

해설 $AD \neq BC$이며 $\angle PQB = \phi = 90°$인 경우

$$2F = \frac{L^2}{\cot\alpha + \cot\beta} - \frac{x^2}{\cot\phi + \cot\theta}$$

$$2F = M\cdot L\cdot\sin\alpha + N\cdot x\cdot\sin\phi$$

$$M = \frac{L\cdot\sin\beta - x\cdot\sin\phi}{\sin(\alpha+\beta)}$$

$$N = \frac{L\cdot\sin\alpha - x\cdot\sin\theta}{\sin(\alpha+\beta)}$$

$$x = \sqrt{\left(\frac{L^2}{\cot\alpha + \cot\beta} - 2F\right)(\cot\theta + \cot\phi)}$$

(1) 기지점 거리 및 방위각 계산

$V_a^b = \tan^{-1}\left(\frac{\Delta Y}{\Delta X}\right) = 177°40'22''$ (=2상한이므로 $180-\theta$)

$V_a^d = V_a^b - \angle\alpha = 79°24'56''$

$V_b^c = V_b^a + \angle\beta = 75°25'15''$

거리$(L) = \sqrt{(\Delta X^2) + (\Delta Y^2)} = 32.5068\,\text{m}$

(2) 내각 계산(α, β, θ)

$\alpha + \beta = 176°0'19''$

$\theta = 180° - (360° - 176°00'19'' - 90°) = 86°00'19''$

(3) M, N, X 계산

$$X=\sqrt{\left(2\times600-\frac{32.5068^2}{\cot 98°15'26''+\cot 77°44'53''}\right)\times\tan(176°00'19'')}=30.6693\,\text{m}$$

$$M=\frac{32.5068\times\sin 77°44'53''-30.6693}{\sin(98°15'26''+77°44'53'')}=15.7486\,\text{m}$$

$$N=\frac{32.5068\times\sin 98°15'26''-30.6693\times\sin 86°00'19''}{\sin(98°15'26''+77°44'53'')}=22.6087\text{m m}$$

(4) P점과 Q점의 좌표 계산

$$P_X=A_X+M\times\cos V_a^d=6771.34+(15.7486\times\cos 79°24'56'')=2774.233\,\text{m}$$

$$P_Y=A_Y+M\times\sin V_a^d=2965.15+(15.7486\times\sin 79°24'56'')=2980.631\,\text{m}$$

$$Q_X=B_X+N\times\cos V_b^c=6738.86+(22.6087\times\cos 75°25'15'')=6744.551\,\text{m}$$

$$Q_Y=B_Y+N\times\sin V_b^c=2966.47+(22.6087\times\sin 75°25'15'')=2988.351\,\text{m}$$

(5) 검산

$$2F=M\cdot L\cdot\sin\alpha+N\cdot x\cdot\sin\phi$$

$$2\times600=15.7486\times32.5068\times\sin 98°15'26''+22.6087\times30.6693\times\sin 90°$$

예제 14 **AD와 BC가 평행하지 않는 경우**

다음 아래의 도형에서 주어진 조건에 의하여 면적지정분할을 하려고 한다. 점 P, Q의 좌표를 구하시오(단, 각은 초, 거리는 소수점 4자리, 좌표는 소수점 3자리까지 계산하시오).

(1) 조건

① AD≠BC

② $\alpha=98°15'26''$, $\beta=77°44'53''$

③ $M=13.96\,\text{m}$

(2) $F=600\,\text{m}^2$

(3) 기지점

	종선좌표(m)	횡선좌표(m)
A	6771.34	2965.15
B	6738.86	2966.47

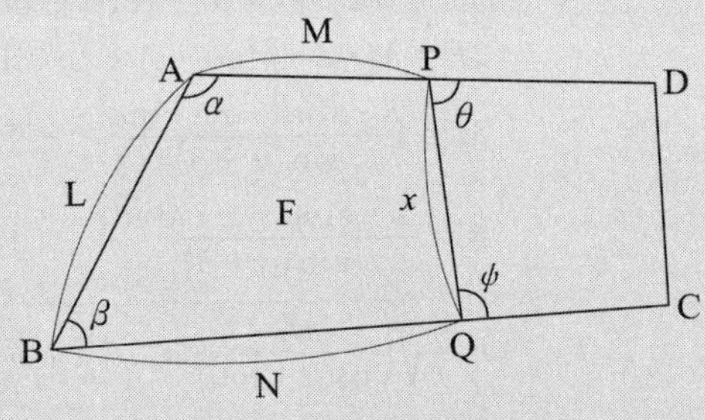

해설 $AP\neq BQ$, M은 지정, F, α, β인 경우

$$N=\frac{2F-M\cdot L\cdot\sin\alpha}{L\cdot\sin\beta-M\cdot\sin(\alpha+\beta)}$$

$$X_P=X_A+M\cdot\cos V_a^p$$

$$Y_P=Y_A+M\cdot\sin V_a^q$$

(1) 기지점 거리 및 방위각 계산

$$V_a^b=\tan^{-1}\left(\frac{\Delta Y}{\Delta X}\right)=177°40'22''\quad(=2\text{상한이므로 }180-\theta)$$

$V_a^d = V_a^b - \angle\alpha = 79°24'56''$

$V_b^c = V_b^a + \angle\beta = 75°25'15''$

거리$(L) = \sqrt{(\Delta X^2) + (\Delta Y^2)} = 32.5068\,\text{m}$

(2) 내각 계산$(\alpha+\beta)$

$\alpha+\beta = 176°0'19''$

(3) N 계산

$$N = \frac{2\times 600 - 13.96\times 32.5068\times \sin 98°15'26''}{32.5068\times \sin 77°44'53'' - 13.96\times \sin 176°00'19''} = 24.3850\,\text{m}$$

(4) P점과 Q점의 좌표 계산

$P_X = A_X + M\times\cos V_a^d = 6771.34 + (13.96\times\cos 79°24'56'') = 6773.904\,\text{m}$

$P_Y = A_Y + M\times\sin V_a^d = 2965.15 + (13.96\times\sin 79°24'56'') = 2978.872\,\text{m}$

$Q_X = B_X + N\times\cos V_b^c = 6738.86 + (24.3850\times\cos 75°25'15'') = 6744.998\,\text{m}$

$Q_Y = B_Y + N\times\sin V_b^c = 2966.47 + (24.3850\times\sin 75°25'15'') = 2990.070\,\text{m}$

8.6 경계정정

경계정정 토지의 유형에는 사각형 토지의 분할이 가장 많이 이용되며, 사각형의 토지 ABCD에서 $\overline{\text{AD}}$와 $\overline{\text{BC}}$가 평행하지 않는 경우와 평행한 경우가 있다.

예제 15 **AD // BC**

그림과 같은 1~8대인 필지를 아래 조건과 같이 인접필지와 경계정정을 하고자 한다. P, Q점의 좌표를 계산하시오(단, 계산과정에서 거리는 소수점 4자리 이상을 사용하고, 좌표는 소수점 이하 2자리까지 구하시오).

(1) 조건

① 면적의 증감이 없도록 함 F = 500 m^2, AD//BC, AB//PQ

② 경계점 BC의 연장선상에 Q점이 있게 하고 BC와 PQ가 직각이 되도록 함

③ 경계점 AD선상에 P점 있어야 함

(2) 경계점 좌표

부호	종선좌표(X)	횡선좌표(Y)
A	1932.92	1474.32
B	1899.67	1497.19
C	1906.28	1546.74
D	1928.86	1547.18

(3) 약도

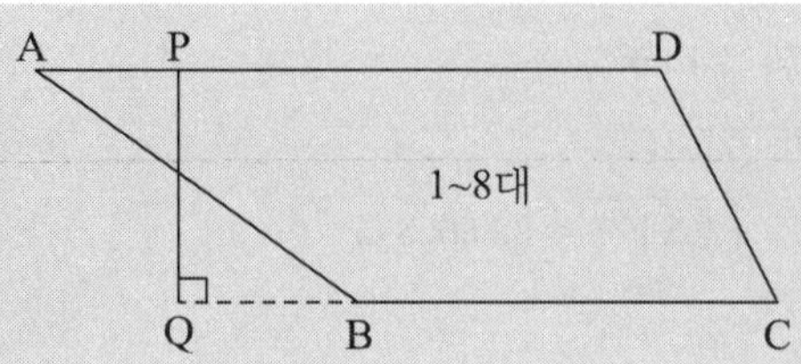

해설

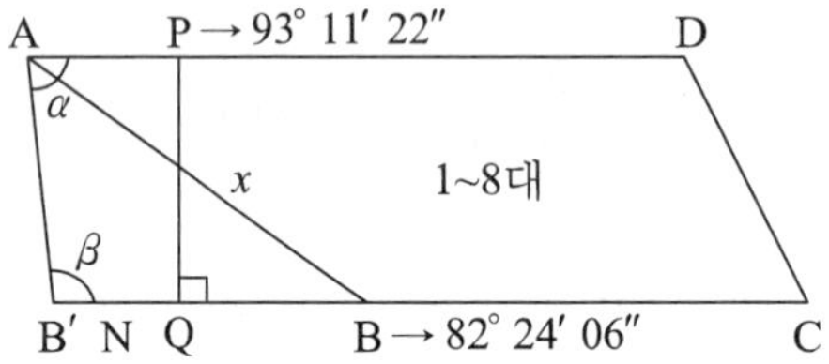

※ AP=M, B′Q=N, PQ=x

- 임의의 점 B′의 가상좌표계산

  $B'x = Bx + \Delta x = 1899.67 + 30 \times \cos 262°\ 24'06'' = 1895.70$

  $B'y = By + \Delta y = 1497.19 + 30 \times \sin 262°\ 24'06'' = 1467.45$

- 면적계산 면적 ABCD = 1722.8

  면적 AB′CD = 2262.7

$\therefore\ F = 1722.8 - 2262.7 = 539.9$

$\alpha = V_A^{B'} - V_A^{D} = 190°\ 27'28'' - 93°\ 11'22'' = 97°\ 16'06''$

$\beta = V_{B'}^{C} - V_{B'}^{A} = 82°\ 24'06'' - 10°\ 27'28'' = 71°\ 56'38''$

$\therefore \alpha + \beta = 169°\ 12'44''$

$L(=AB') = 37.8487$

$$x = \sqrt{(2F - \frac{L^2}{\cot\alpha + \cot\beta})\tan(\alpha+\beta)} = 34.1993$$

$M = (L \times \sin\beta - x)\,\mathrm{cosec}(\alpha+\beta) = 9.5393$

$N = [L \times \sin\alpha + x \times \cos(\alpha+\beta)]\,\mathrm{cosec}(\alpha+\beta) = 21.1018$

- P점 좌표 계산

  $Px = Ax + M \times \cos V_A^D = 1932.92 + 9.5393 \times \cos 93°\ 11'22'' = 1932.39\,\mathrm{m}$

  $Px = Ay + M \times \cos V_A^D = 1474.32 + 9.5393 \times \sin 93°\ 11'22'' = 1483.84\,\mathrm{m}$

- Q점 좌표 계산

  $Px = B'x + N \times \cos V_B^C = 1895.70 + 21.1018 \times \cos 82°\ 24'06'' = 1898.49\,\mathrm{m}$

  $Px = B'y + N \times \cos V_B^C = 1467.45 + 21.1018 \times \sin 82°\ 24'06'' = 1488.37\,\mathrm{m}$

※ 예제에서는 거리를 30 m로 하였으나 B′의 좌표는 임의로 거리를 주어 가상좌표를 구하여도 무방함, 따라서 면적 및 α, β, L, x, M, N의 값이 다를 수 있으나 P와 Q점의 좌표계산 결과는 같아야 함.

예제 16

AD // BC

그림에서 A, B, C, D의 좌표가 다음과 같을 때 경계선 AB를 면적 증감이 없이 CD에 평행한 PQ로 정정하려고 한다. PQ, AP 및 BQ의 거리를 소수 4째자리까지 구하시오(단, 각도는 0.1초 , 거리는 소수점 이하 4자리 이상을 사용하여 계산하시오).

(1) 경계점 좌표

부호	종선좌표(X)	횡선좌표(Y)
A	638.73	431.28
B	627.21	446.39
C	644.20	469.27
D	655.57	454.52

(2) 약도

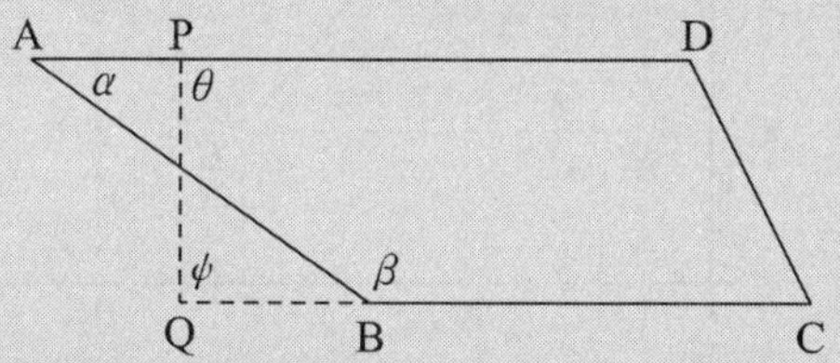

[계산공식]

$$X = L \times \sqrt{\frac{\sin\alpha \times \sin\beta}{\sin\theta \times \sin\psi}}$$

$$M = \frac{(L \cdot \sin\beta - X \cdot \sin\psi)}{\sin(\alpha+\beta)} \qquad AB = L,\ PQ = X$$

$$N = \frac{(X \cdot \sin\theta - L \cdot \sin\alpha)}{\sin(\alpha+\beta)} \qquad AP = M,\ BQ = N$$

해설

$$V_A^B = \tan^{-1}\frac{\Delta y}{\Delta x} = \tan^{-1}\frac{+15.11}{-11.52} = 127°\ 19'\ 20.0''$$

$$V_A^D = \tan^{-1}\frac{\Delta y}{\Delta x} = \tan^{-1}\frac{+23.24}{+16.84} = 54°\ 04'\ 20.8''$$

$$V_B^C = \tan^{-1}\frac{\Delta y}{\Delta x} = \tan^{-1}\frac{+22.88}{+16.99} = 53°\ 24'\ 12.7''$$

$$V_C^D = \tan^{-1}\frac{\Delta y}{\Delta x} = \tan^{-1}\frac{-14.75}{+11.37} = 307°\ 37'\ 36.3''$$

$$\alpha = V_A^B - V_A^D = 127°\ 19'\ 20.0'' - 54°\ 04'\ 20.8'' = 73°\ 14'\ 59.2''$$

$$\beta = V_B^C - V_B^A = 53°\ 24'\ 12.7'' - 307°\ 19'\ 20.0'' = 106°\ 04'\ 52.7''$$

$$\theta = V_D^C - V_A^D = 127°\ 37'\ 36.3'' - 54°\ 04'\ 20.8'' = 73°\ 33'\ 15.5''$$

$$\psi = V_B^C - V_C^D = 53°\ 24'\ 12.7'' - 307°\ 37'\ 36.3'' = 105°\ 46'\ 36.4''$$

$$AB(L) = \sqrt{(-11.52)^2 + (+15.11)^2} = 19.0006$$

$$PQ(X) = L \times \sqrt{\frac{\sin 73°\ 14'\ 59.2'' \times \sin 106°\ 04'\ 52.7''}{\sin 73°\ 33'\ 15.5'' \times \sin 105°\ 46'\ 36.4''}} = 18.9712\,\text{m}$$

$$AP(M) = \frac{(19.0006 \times \sin 106°\ 04'\ 59.2'' - 18.9712 \times \sin 105°\ 46'\ 36.4'')}{\sin 179°\ 19'\ 51.9''} = 0.0494\,\text{m}$$

$$BQ(N) = \frac{(18.9712 \times \sin 73°\ 33'\ 15.5'' - 19.0006 \times \sin 73°\ 14'\ 59.2'')}{\sin 179°\ 19'\ 51.9''} = 0.0557\,\text{m}$$

8.7 좌표면적 및 경계점간 거리

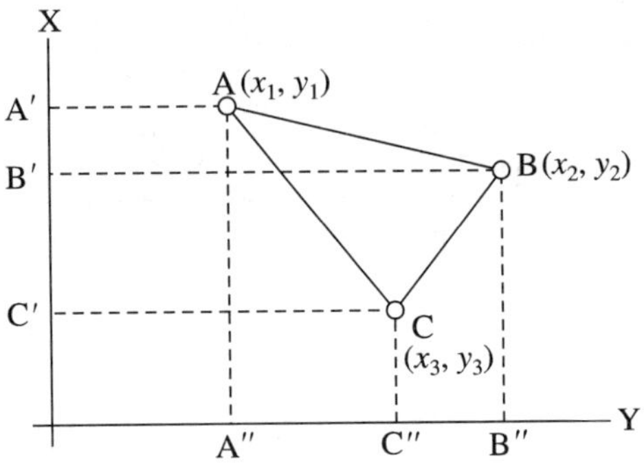

그림 8-9. 좌표면적계산

삼각형 ABC에서 X축에 내린 수선을 A′, B′, C′라고 하고 Y축에 내린 수선을 A″, B″, C″라고 하면 그림 8-9에서 삼각형의 면적 S는

$$S = \square ABB'A' + \square BCC'B' - \square ACC'A'$$

$$S = \frac{1}{2}(x_1 - x_2)(y_1 + y_2) + \frac{1}{2}(x_2 - x_3)(y_2 + y_3) - \frac{1}{2}(x_1 - x_3)(y_1 + y_3)$$

위 식을 전개하면

$$S = \frac{1}{2}(x_1y_1 + x_1y_2 - x_2y_1 - x_2y_2 + x_2y_2 + x_2y_3 - x_3y_2 - x_3y_3 - x_1y_1 - x_1y_3 + x_3y_1 + x_3y_3)$$

이를 정리하여

$$S = \frac{1}{2}\{x_1(y_2 - y_3) + x_2(y_3 - y_1) + x_3(y_1 - y_2)\}$$

위 식은

$$S = \frac{1}{2}\sum X_n(Y_{n+1} - Y_{n-1})$$

또한 Y축에 내린 수선의 값을 이용하여 계산한 식은

$$S = \frac{1}{2}\sum Y_n(X_{n+1} - X_{n-1})$$

예제 17 **좌표면적 및 경계점간 거리계산(1)**

좌표면적 및 경계점 간 거리계산부에 의하여 제천시 신월동 100번지의 면적과 경계점 간의 거리를 계산하시오.

순서	경계점	X (m)	Y (m)
1	A	470071.65	204920.59
2	B	470072.87	204947.34
3	C	470072.97	204950.32
4	D	470053.46	204950.33
5	E	470053.46	204925.01
6	F	470057.68	204920.58

해설

(1) 면적(A)계산

$$A=\frac{1}{2}[\Sigma Xn(Y_{n+1}-Y_{n-1})]\ (\text{또는 } A=\frac{1}{2}[\Sigma Yn(X_{n+1}-X_{n-1})])$$

$$A=\frac{1}{2}[x_1(y_2-y_6)+x_2(y_3-y_1)+x_3(y_4-y_2)+x_4(y_5-y_3)+x_5(y_6-y_4)+x_6(y_1-y_5)]$$

$$=\frac{1}{2}[71.95(47.34-20.58)+72.87(50.32-20.59)+72.97(50.33-47.34)$$

$$+53.46(25.01-50.32)+53.46(20.58-50.33)+57.68(20.59-25.01)]$$

$$=\frac{1}{2}(1111.53)=555.765\,\text{m}^2=555.8\,\text{m}^2$$

(2) 점 간 거리계산

거리계산(L) 계산은 두 측점의 좌표로 종선차(Δx), 횡선차(Δy)를 산출하여 다음 식으로 계산한다.

$L=\sqrt{\Delta x^2+\Delta y^2}$

① A점에서 B점 : $\Delta x=470072.87-470071.95=0.92$

$\Delta y=204947.34-204920.59=26.75$

$L=\sqrt{0.92^2+26.75^2}=26.77\,\text{m}$

② B점에서 C점 : $\Delta x=72.97-72.87=0.10$

$\Delta y=50.32-47.34=2.98$

$L=\sqrt{0.10^2+2.98^2}=2.98\,\text{m}$

③ C점에서 D점 : $\Delta x=53.46-72.97=-19.51$

$\Delta y=50.33-50.32=0.01$

$L=\sqrt{(-19.51)^2+0.01^2}=19.51\,\text{m}$

④ D점에서 E점 : $\Delta x=53.46-53.46=0.00$

$\Delta y=25.01-50.33=-25.32$

$L=\sqrt{0.00^2+(-25.32)^2}=25.32\,\text{m}$

⑤ E점에서 F점 : $\Delta x=57.68-53.46=4.22$

$\Delta y=20.58-25.01=-4.43$

$L=\sqrt{4.22^2+(-4.43)^2}=6.12\,\text{m}$

⑥ F점에서 A점 : $\Delta x = 71.95 - 57.68 = 14.27$

$\Delta y = 20.59 - 20.58 = 0.01$

$L = \sqrt{14.27^2 + 0.01^2} = 14.27\,\text{m}$

좌표면적 및 경계점 간 거리계산부

동명	지번	측점번호	$Xn(m)$	$Yn(m)$	면적계산(m^2)				거리계산(m^2)		
					$X_{n+1} - X_{n-1}$	$Y_{n+1} - Y_{n-1}$	$X_n(Y_{n+1} - Y_{n-1})$	$Y_n(X_{n+1} - X_{n-1})$	Δx	Δy	거리
		1	71.95	20.59	+15.19	+26.76	+1925.3820	+312.7621			
		2	72.87	47.34	+1.02	+29.73	+2166.4251	+48.2868	+0.92	+26.75	26.77
		3	72.97	50.32	−19.41	+2.99	−1353.0726	-976.7112	+0.10	+2.98	2.98
신월동	100	4	53.46	50.33	−19.51	−25.31	−1590.4350	+105.5422	−19.51	+0.01	19.51
		5	53.46	25.01	+4.22	−29.75	−254.9456	+380.5242	0.00	−25.32	25.32
		6	57.68	20.58	+18.49	−4.42	+1111.5342	−1111.5342	+4.22	−4.43	6.12
					0	0	+1111.5342÷2	=555.7671	14.27	+0.01	14.27
							A=555.8 m^2				

예제 18 **좌표면적 및 경계점간 거리계산(2)**

필계점 1, 2, 3, 4, 5로 이루어진 제천시 신월동의 지목이 대인 117번지를 117, 117-1번지로 분할하고자 할 때, 필계점 2로부터 3방향으로 40.00 m만큼 떨어진 점 P에서 점 3, 4방향과 평행하게 분할하려고 한다. P점의 좌표를 구한 후 주어진 서식에 의하여 교차점 Q의 좌표와 117번지의 면적과 경계점 간 거리를 계산하시오.

필계점	X(m)	Y(m)
1	5740.89	3303.45
2	5777.30	3340.22
3	5728.88	3388.17
4	5694.90	3338.20
5	5728.61	3303.39

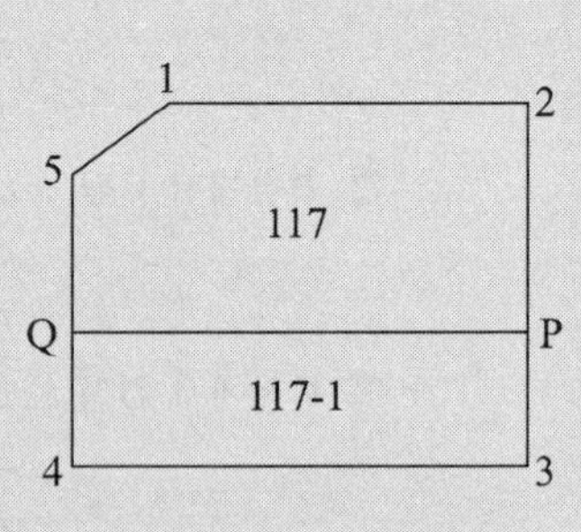

해설 주어진 문제의 조건은 34//PQ이고 2-P의 거리는 40.00 m로 계산순서는 다음과 같다.

① 2 → 3, 3 → 4, 4 → 5의 방위각계산

② P점의 좌표계산

③ 방위각 V_4^5 (a)와 방위각 $V_P^Q = V_3^4$ (B)에 의하여 소구점(Q)의 좌표계산

④ 1, 2, P, Q, 5점의 좌표에 의하여 좌표면적 및 점간거리계산

(1) 방위각의 계산

$2 \rightarrow 3$: $\theta = \tan^{-1}\dfrac{\Delta y}{\Delta x} = \tan^{-1}\left(\dfrac{47.95}{48.42}\right) = 44°43'14''$

V=2상한(180° − θ)이므로 135° 16′ 46″

$3 \rightarrow 4$: $\theta = \tan^{-1}\dfrac{\Delta y}{\Delta x} = \tan^{-1}\left(\dfrac{49.97}{33.98}\right) = 55°47'02''$

V=3상한(180° + θ)이므로 235° 47′ 02″ (B)

$4 \rightarrow 5$: $\theta = \tan^{-1}\dfrac{\Delta y}{\Delta x} = \tan^{-1}\left(\dfrac{34.81}{33.71}\right) = 45°55'11''$

V=4상한(360° − θ)이므로 314° 04′ 49″ (a)

(2) P점의 좌표계산

$Px = 5777.30 + 40.00 \times \cos 135°\ 16'\ 46'' = 5748.88\text{m}$

$Py = 3340.22 + 40.00 \times \sin 135°\ 16'\ 46'' = 3368.37\text{m}$

(3) 교차점 Q의 계산(서식참고)

① 기지점 역계산

종선차(4→P) = 5748.88 − 5694.90 = +53.98

횡선차(4→P) = 3368.37 − 3338.20 = +30.17

② S_1, S_2의 계산

$(a - B) = 314°\ 04'\ 49'' - 235°\ 47'\ 02'' = 78°\ 17'\ 47''$

$$S_1 = \frac{\Delta y_4^P \cos B - \Delta x_4^P \sin B}{\sin(a-B)} = \frac{30.17 \times \cos 235°\ 47'\ 02'' - 53.98 \times \sin 35°\ 47'\ 02''}{\sin 78°\ 17'\ 47''}$$

$= 28.2597$

$$S_2 = \frac{\Delta y_4^P \cos a - \Delta x_4^P \sin a}{\sin(a-B)} = \frac{30.17 \times \cos 314°\ 04'\ 49'' - 53.98 \times \sin 314°\ 04'\ 49''}{\sin 78°\ 17'\ 47''}$$

$= 61.0345$

③ Q점의 좌표계산

[A(4)점에서] $Q_x = S_1 \times \cos a + \Delta x = 28.2597 \times \cos 314°\ 04'\ 49'' + 5694.90 = 5714.56$

$Q_y = S_1 \times \sin a + \Delta y = 28.2597 \times \sin 314°\ 04'\ 49'' + 3338.20 = 3317.90$

[B(P)점에서] $Q_x = S_2 \times \cos B + Px = 61.0345 \times \cos 235°\ 47'\ 02'' + 5748.88 = 5714.56$

$Q_y = S_2 \times \sin B + Py = 61.0345 \times \sin 235°\ 47'\ 02'' + 3368.37 = 3317.90$

A와 B점에서 구한 좌표를 평균하면, $Q_x = (5714.56 + 5714.56) \div 2 = 5714.56\text{m}$

$Q_y = (3317.90 + 3317.90) \div 2 = 3317.90\text{m}$

(4) 좌표면적 및 경계점 간 거리계산(서식 참고)

① 각 점의 좌표란에는 1000단위는 같으므로 빼고 나머지 좌표만을 X_n, Y_n 란에 기재한다.

② 차인계산

$(X_{n+1} - X_{n-1})$의 값을 기재한다.

2 − 5 = 777.30 − 728.61 = +48.69

P − 1 = 748.88 − 740.89 = + 7.99

Q − 2 = 714.56 − 777.30 = −62.74

5 − P = 728.61 − 748.88 = −20.27

1 − Q = 740.89 − 714.56 = +26.33

합계 = 0

$(Y_{n+1}-Y_{n-1})$의 값을 기재한다.

$2-5=340.22-303.39=+36.83$

$P-1=368.37-303.45=+64.92$

$Q-2=317.90-340.22=-22.32$

$5-P=303.39-368.37=-64.98$

$1-Q=303.45-317.90=-14.45$

합계 = 0

③ $X_n(Y_{n+1}-Y_{n-1})$의 계산

1측점에서 $740.89\times(+36.83)=+27286.9787$

2측점에서 $777.30\times(+64.92)=+50462.3160$

P측점에서 $748.88\times(-22.32)=-16715.0016$

Q측점에서 $714.56\times(-64.98)=-46432.1088$

5측점에서 $728.61\times(-14.45)=-10528.4145$

계 $=+4073.7698=4073.8\,\text{m}^2$

④ $Y_n(X_{n+1}-X_{n-1})$의 계산

1측점에서 $740.89\times(+36.83)=+27286.9787$

2측점에서 $777.30\times(+64.92)=+50462.3160$

P측점에서 $748.88\times(-22.32)=-16715.0016$

Q측점에서 $714.56\times(-64.98)=-46432.1088$

5측점에서 $728.61\times(-14.45)=-10528.4145$

계 $=+4073.7698=4073.8\,\text{m}^2$

⑤ 점 간 거리의 계산

1-2 : $\Delta x=777.30-740.89=+36.41$

$\Delta y=340.22-303.45=+36.77$

거리 $=\sqrt{36.41^2+36.77^2}=51.75\,\text{m}$

2-P : $\Delta x=748.88-777.30=-28.42$

$\Delta y=368.37-340.22=+28.15$

거리 $=\sqrt{28.42^2+28.15^2}=40.00\,\text{m}$

P-Q : $\Delta x=714.56-748.88=-34.32$

$\Delta y=317.90-368.37=-50.47$

거리 $=\sqrt{34.32^2+50.47^2}=61.03\,\text{m}$

Q-5 : $\Delta x=728.61-714.46=+14.05$

$\Delta y=303.39-317.90=-14.51$

거리 $=\sqrt{14.05^2+14.51^2}=20.20\,\text{m}$

5-1 : $\Delta x=740.89-728.61=+12.28$

$\Delta y=303.45-303.39=+0.06$

Δ거리 $=\sqrt{12.28^2+0.06^2}=12.28\,\text{m}$

좌표면적 및 경계점 간 거리계산부

동명	지번	지목	면적	약도	측점번호	$X_n(m)$	$Y_n(m)$
신월동	117	대	2036.9	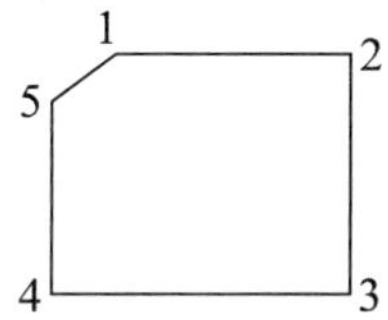	1	740.89	303.45
					2	777.30	340.22
					3	748.88	368.37
					4	714.56	317.90
					5	728.61	303.39

면적계산(m^2)				거리계산(m^2)		
$X_{n+1}-X_{n-1}$	$Y_{n+1}-Y_{n-1}$	$X_n(Y_{n+1}-Y_{n-1})$	$Y_n(X_{n+1}-X_{n-1})$	Δx	Δy	거리
+48.69	+36.83	+27286.9787	+14774.9805			
+7.99	+64.92	+50462.3160	+2718.3578	+36.41	+36.77	51.75
−62.74	−22.32	−16715.0016	−23111.5338	−28.42	+28.15	40.00
−20.27	−64.98	−46432.1088	−6443.8330	−34.32	−50.47	61.03
+26.33	−14.45	−10528.4145	+7988.2587	+14.05	−14.51	20.20
0	0	+4073.7698	−4073.7698	+12.28	+0.06	12.28
		+4037.7698 ÷ 2	=2036.8849			
		A=2036.9 m^2				

예제 19 **좌표면적계산(1)**

다음 그림의 다각형 B점에서 4각형 ABQF의 면적 1500 m^2가 되도록 Q점의 좌표를 0.01 m까지 구하시오.

점명	X(m)	Y(m)	점명	X(m)	Y(m)
A	3500.00	5005.00	D	3550.00	5050.00
B	3510.00	5030.00	E	3450.00	5055.00
C	3550.00	5035.00	F	3450.00	5005.00

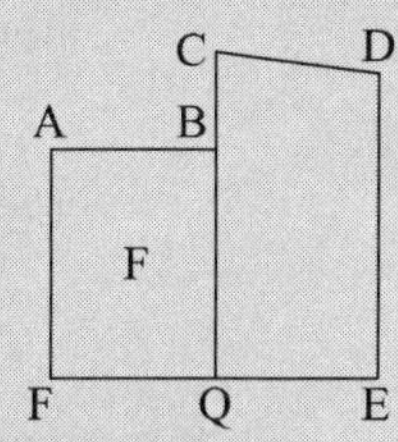

해설 (1) 전체면적계산

$$A=\frac{1}{2}[\sum X_n(Y_n+1-Y_n-1)]$$

$$A=\frac{1}{2}[A_x(B_y-F_y)+B_x(C_y-A_y)+C_x(D_y-B_y)D_x(E_y-C_y)+E_x(F_y-D_y)+F_x(A_y-E_y)]$$

$$=\frac{1}{2}[500(30-5)+510(35-5)+550(50-30)+550(55-35)+455(5-50)+450(5-55)]$$

$$=\frac{1}{2}(6825)=3412.5\,\mathrm{m}^2$$

(2) □ABQF (F)의 면적계산

$$F=1500\,\mathrm{m}^2$$

$$1500=\frac{1}{2}[A_x(B_y-F_y)+B_x(Q_y-A_y)+Q_x(F_y-B_y)+F_x(A_y-Q_y)]$$

$$=\frac{1}{2}[500(30-5)+510(y-5)+x(5-30)+450(5-y)]$$

$$=\frac{1}{2}(12500+510y-2550-25x+2250-450y)$$

$$9200=25x-60y \qquad ①$$

(3) □BCDEQ (F')의 면적계산

$$F'=3412.5-1500=1912.5\,\mathrm{m}^2$$

$$1912.5=\frac{1}{2}[B_x(C_y-Q_y)+C_x(D_y-B_y)+D_x(E_y-C_y)+E_x(Q_y-D_y)+Q_x(B_y-E_y)]$$

$$=\frac{1}{2}[510(35-y)+550(50-30)+550(55-35)+455(y-50)+x(30-55)]$$

$$=\frac{1}{2}(17850-510y+11000+11000+455y-22750-25x)$$

$$13275=25x+55y \qquad ②$$

①식과 ②식을 연립방정식으로하여 x, y값을 구하기 위하여,
①식의 양변에 55를 곱하고, ②식의 양변에 60을 곱하여 x를 구하면

$$\begin{array}{r} 506000=1375x-3300y \\ +)\ 796500=1500x-3300y \\ \hline 1302500=2875x \\ x=453.04 \end{array}$$

x를 ①또는 ②식에 대입하여 y를 구하면 $y=35.43$이 된다.

따라서, $Q_x=3000+453.04=3453.04\,\mathrm{m}$

$Q_y=5000+35.43=5035.43\,\mathrm{m}$

또는

$$\begin{array}{r} 9200=25x-60y \\ -)\ 13275=25x+55y \\ \hline -4075=-115y \\ y=35.43 \end{array}$$

y를 ①식에 대입하여 x를 구하면 $x=453.03$

②식에 대입하여 x를 구하면 $x=453.05$

$x=(453.03+453.05)=453.04$

따라서, $Q_x=3000+453.04=3453.04\,\mathrm{m}$

$Q_y=5000+35.43=5035.43\,\mathrm{m}$

예제 20

좌표면적계산(2)

경계점좌표등록부에 등록된 필지의 면적을 좌표면적계산법으로 계산하고, 다음 그림과 같이 필지를 1 : 1로 분할할 경우 D점의 좌표를 구하시오.

점명 \ 좌표	X	Y
A	50	20
B	20	50
C	70	70

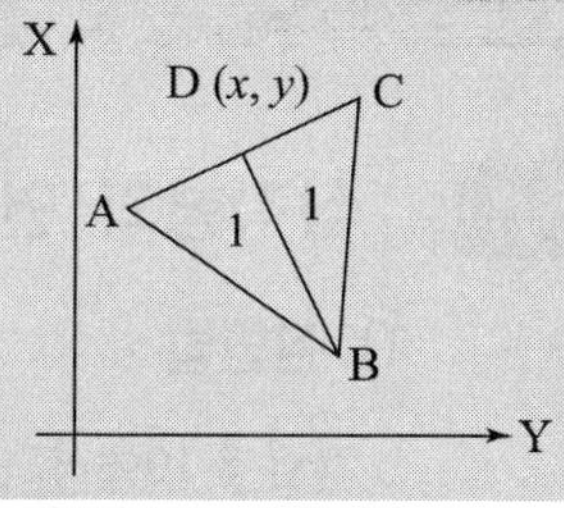

해설

1. 전체면적 계산(△ABC)

	X_n	Y_n	X_{n+1}	X_{n-1}	$Y_n(X_{n+1}-X_{n-1})$
A	50	20	20	70	−1000
B	20	50	70	50	1000
C	70	70	50	20	2100
				합(2A) =	2100
				면적(A) =	1050

2. △ABD 면적 계산

	X_n	Y_n	X_{n+1}	X_{n-1}	$Y_n(X_{n+1}-X_{n-1})$
A	50	20	20	x	$20(20-x) = 400-20x$
B	20	50	x	50	$50(x-50) = 50x-2500$
D	x	y	50	20	$y(50-20) = 30y$

위 과정에서 $30x+30y-2100 = 1050$

정리하면 $30x+30y=3150$ ①

3. △BCD 면적 계산

	X_n	Y_n	X_{n+1}	X_{n-1}	$Y_n(X_{n+1}-X_{n-1})$
B	20	50	70	x	$50(70-x) = 3500-50x$
C	70	70	x	20	$70(x-20) = 70x-1400$
D	x	y	20	70	$y(20-70) = -50y$

위 과정에서 $20x-50y+2100 = 1050$

정리하면 $-20x+50y = 1050$ ②

①, ②식을 연립해서 풀면 $x=60$, $y=45$

$\therefore\ X_D = 60\text{ m},\ Y_D = 45\text{ m}$

8.8 기타 면적계산법

8.8.1 삼각형의 면적계산

1) 삼변법

그림 8-10에서 삼각형의 3변 a · b · c를 측정하였을 때에는 다음과 같은 헤론의 공식으로 삼각형의 면적을 산출할 수 있다. 구하려는 면적 A는

$$A = \sqrt{S(S-a)(S-b)(S-c)}$$

여기서, A : 삼각형의 면적

$$S = \frac{1}{2}(a+b+c)$$

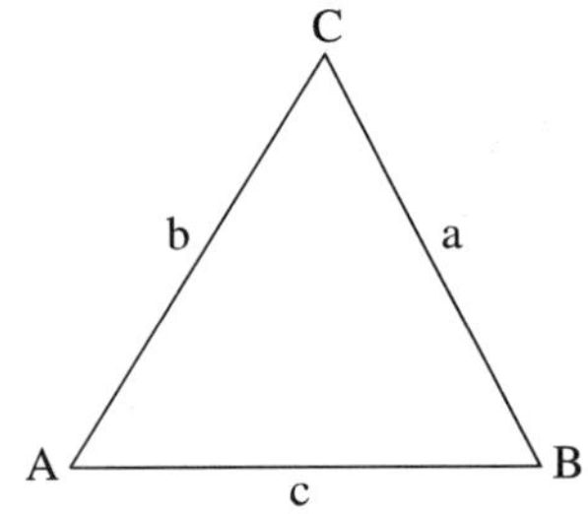

그림 8-10.

또 헤론의 공식 이외의 다음 공식을 이용하면 면적을 구할 수도 있다.

$$A = \frac{a}{2}\sqrt{b^2 - P^2}$$

여기서, $P = \dfrac{a^2+b^2+c^2}{2a}$

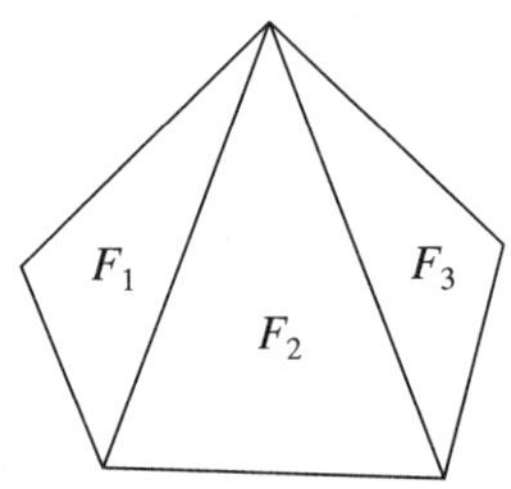

그림 8-11.

그림 8-11과 같은 다각형의 토지를 삼각형으로 구분하여 삼변법으로 면적을 측정하려면 각개의 삼각형의 면적(F_1, F_2, F_3)을 위 식으로 구하고, 다각형의 면적 F_0는 $F_0 = F_1 + F_2 + F_3$로 구한다.

삼변법에 의한 면적측정에서 높은 정도를 얻으려면 구분하는 삼각형은 지형을 고려하여 가능한 한 정삼각형(a=b=c)에 가깝도록 하는 것이 이상적이다. 부득이한 경우에도 최단변과 최장변의 길이의 비가 1 : 2 정도가 될 것을 한도로 한다.

2) 2변 협각법

그림 8-12에서 삼각형의 2변과 그것이 낀 각을 측정하여 면적을 구하는 방법이다. 면적 A는 삼각법의 여현공식을 사용하여 구한다. 즉,

$$A = \frac{1}{2} ab \sin C = \frac{1}{2} bc \sin A = \frac{1}{2} ac \sin B$$

3) 1변과 그의 양단 2각법

그림 8-13에서 기지인 1변의 길이를 a로 하고 양단의 각을 β, γ로 하면 잔여각은 $180° - (\beta + \gamma)$가 되므로 정현비례식을 쓰면 $\sin 180° - (\beta + \gamma) = \sin(\beta + \gamma)$로 되고 정현법칙으로부터 $b = \dfrac{a \sin\beta}{\sin(\beta + \gamma)}$, $c = \dfrac{a \sin\gamma}{\sin(\beta + \gamma)}$로 표시할 수 있다.

그리고 bc 등을 삼각형의 면적공식 $A = \dfrac{1}{2} bc \sin\alpha$에 대입하여 정리하면

$$A = \frac{1}{2} \frac{a^2 \sin\beta \sin\gamma}{\sin(\beta + \gamma)} = \frac{1}{2} \frac{a^2}{\cot\beta + \cot\gamma}$$

마찬가지로

$$A = \frac{1}{2} \frac{c^2}{\cot\alpha + \cot\beta} = \frac{1}{2} \frac{b^2}{\cot\gamma + \cot\alpha}$$

4) 2등변 삼각형이 저변과 정각(頂角)에 의한 면적계산

저변 L, 정각 θ가 주어져 있으며 타원 변 l이나 면적 A는 다음 식으로 구한다.

그림 8-14에서 정점으로부터 저변에 이르는 높이(H)는 $H = \dfrac{L}{2} \cot\dfrac{\theta}{2}$로 표시되고

$$A = \left(\frac{L}{2}\right)^2 \cot\frac{\theta}{2}$$

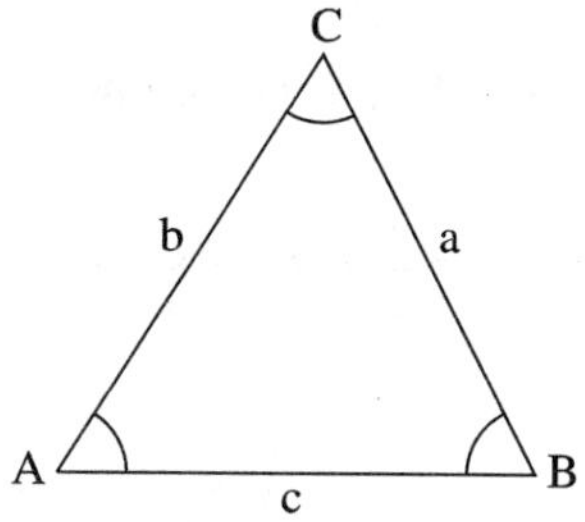

그림 8-12

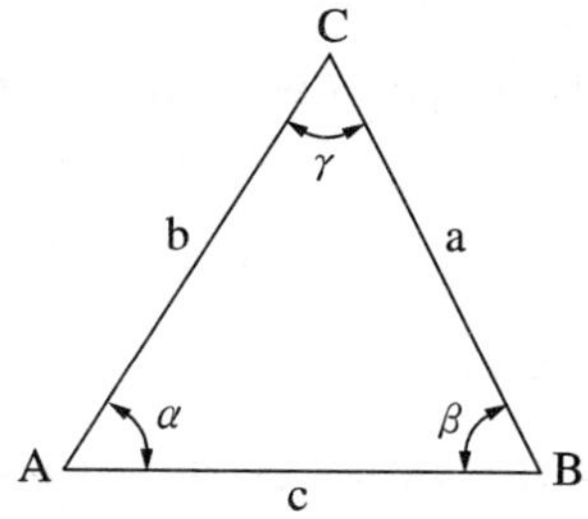

그림 8-13

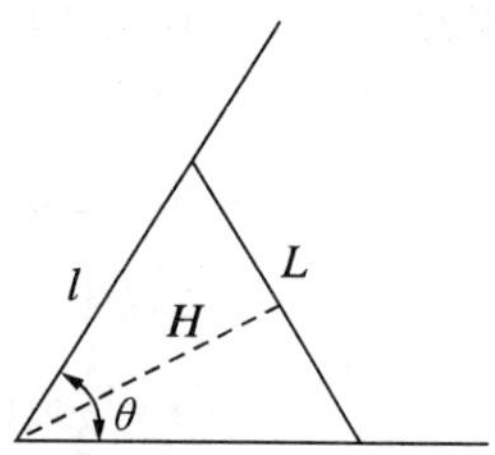

그림 8-14

예제 21 **삼변법 면적계산**

세 변의 길이가 다음과 같을 때 삼각형의 면적(S)과 ∠A, ∠B, ∠C 를 계산하시오(단, 면적은 1 m^2, 각은 1초 단위까지 구하시오).

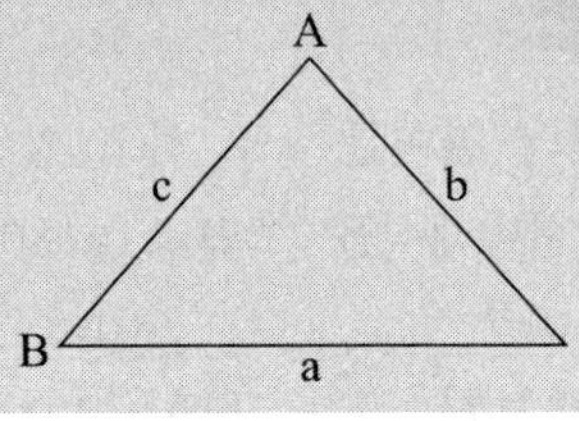

a = 695.08 m

b = 941.15 m

c = 810.65 m

해설

(1) 면적계산

$$s=\frac{a+b+c}{2}=\frac{695.08+941.15+810.65}{2}=1223.44$$

$$A=\sqrt{s(s-a)(s-b)(s-c)}=\sqrt{1223(1223-695.08)(1223-941.15)(1223-810.65)}$$
$$=274453\,\mathrm{m}^2$$

(2) 내각계산

$$\angle \mathrm{A}=\cos^{-1}\frac{b^2+c^2-a^2}{2bc}=\cos^{-1}\frac{941.15^2+810.65^2-695.08^2}{2(941.15\times 810.65)}=46°\,00'\,36''$$

$$\angle \mathrm{B}=\cos^{-1}\frac{a^2+c^2-b^2}{2ac}=\cos^{-1}\frac{695.08^2+810.65^2-941.15^2}{2(695.08\times 810.65)}=76°\,56'\,48''$$

$$\angle \mathrm{C}=\cos^{-1}\frac{a^2+b^2-c^2}{2ab}=\cos^{-1}\frac{695.08^2+941.15^2-810.65^2}{2(695.08\times 941.15)}=57°\,02'\,36''$$

예제 22 **기타 면적계산**

다음 사각형에서 AC = 71.45 m, BD = 68.26 m, α = 54° 28′ 39″일 때, 사각형 ABCD의 면적을 구하시오(단, 면적은 1/10 m^2까지 구하시오).

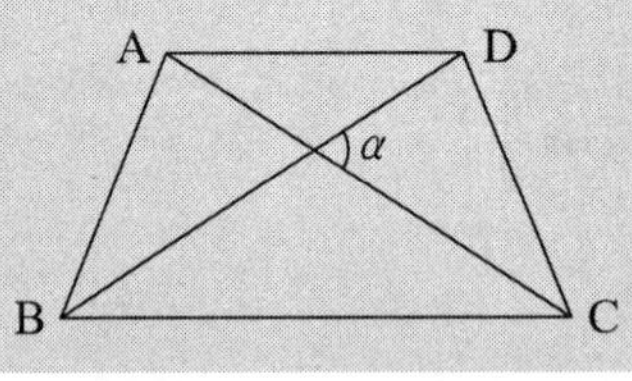

해설

AC와 BD의 교차점을 O라고 하면 △ABD와 △BCD의 면적의 합이 사각형ABCD의 면적(S)인 것이다.

$$A=\Delta\mathrm{ABD}+\Delta\mathrm{BCD}=\frac{1}{2}\times\mathrm{BD}\times\mathrm{OA}\times\sin\alpha\times(\mathrm{OA}+\mathrm{OC})=\frac{1}{2}\times\mathrm{BD}\times\mathrm{AC}\times\sin\alpha$$

그러므로 위 식에 의하여

$$A=\frac{1}{2}\times 68.26\times 71.45\times\sin 54°\,28'\,39''=1984.7\,\mathrm{m}^2$$

예제 23 **기타 면적계산**

다음 도형에서 AC와 CD의 길이를 구하시오(단, 길이는 0.01 m까지 계산).

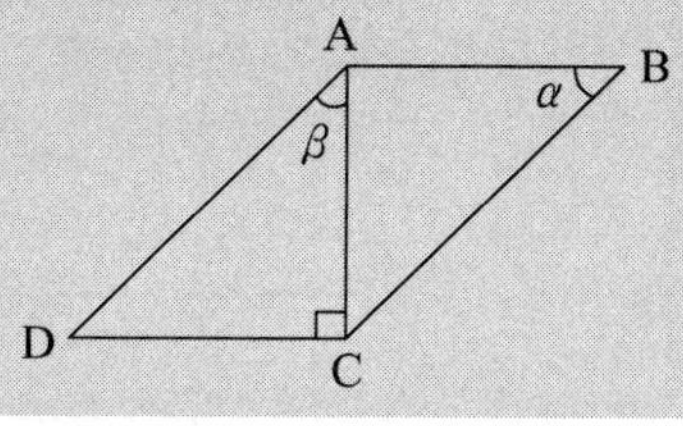

AB = 2001.71 m

$\alpha = 56°\ 57'\ 48''$

$\beta = 65°\ 23'\ 37''$

해설

$\angle C\,(= \angle ACB) = 180° - (90° + 56°\ 57'\ 48'') = 33°\ 02'\ 12''$

$\overline{AC} = \overline{AB} \times \dfrac{\sin\alpha}{\sin\angle C} = 2001.71 \times \dfrac{\sin 56°\ 57'\ 48''}{\sin 33°\ 02'\ 12''} = 3078.05\,\mathrm{m}$

$\angle D\,(= \angle ADC) = 180° - (90° + 65°\ 23'\ 37'') = 24°\ 36'\ 23''$

$\overline{CD} = \overline{AC} \times \dfrac{\sin\beta}{\sin\angle D} = 3078.05 \times \dfrac{\sin 65°\ 23'\ 37''}{\sin 24°\ 36'\ 23''} = 6721.06\,\mathrm{m}$

MEMO

09

면적측정

9.1 면적측정의 의의

9.1.1 개설

측량에서는 주로 토지의 경계와 면적을 다룬다. 토지의 경계는 선(線)적인 것이므로 양(量)적인 것은 면적으로서만 밝혀진다. 여기서 면적이란 보통 평면, 곡면, 입면 등 표면의 넓이를 말하나 지적측량에서는 곡면, 입면의 넓이는 다루지 않고 곡면, 입면 등을 일정한 수평면에 투영하였을 때의 넓이를 필요로 한다.

이와 같이 수평면에 투영한 수평면적을 측정하는 데는 면적측정을 위하여 제작된 면적측정기를 쓰거나 기하해법 또는 기타 계산방법을 이용하여 결과도 위에서나 지상에서 토지의 면적을 측정하게 된다.

면적을 측정하는 작업에는 경계선의 위치, 방향 및 길이를 현지에서 측정하는 외업과 야장 또는 도면을 근거로 실내에서 면적을 측정 계산하는 내업이 있다.

9.1.2 면적의 의의

면적이란 토지를 둘러 싼 경계선으로 구성된 수평면(기준면에 투영하였을 때 이루어지는 도형)의 넓이를 말하며, 이것을 수평면적이라 한다. 수평면적은 수평면상의 면적이므로 곡면이나 입면, 예를 들면 절벽 등과 같은 것은 수평면에 투영된 것이 거의 하나의 선(線)이나 점(點)으로 나타나 입면적은 있으나 수평면적은 아주 적거나 거의 없는 상태가 된다.

면적은 보통 가로길이와 세로길이의 곱, 즉 길이의 자승(l^2)형식으로 표시한다. 어떤 구역의 넓이를 알고자 할 경우 일반적으로 수평면적 외에 필요에 따라 경사면적, 평균 해수면상 면적 등을 이용할 때도 있다. 경사면적은 공사에 따른 소요공사비 등 산출에, 평균 해수면상 면적은 지도 등의 제작에서 이용된다. 지적측량에서는 수평면적을 이용한다.

9.1.3 면적의 종류

1) 측정위치에 따른 분류

면적은 측정지역이 지상이냐 도면상이냐에 따라 지상면적과 도상면적으로 나눌 수 있다.

지상면적은 현지에서 측정된 토지의 면적을 말하며, 도상면적은 실제의 토지를 일정한 축소 또는 확대 비율로 축소 및 확대하여 이루어진 도면상에서 구한 면적을 말한다. 지상면적과 도상면적은 특별한 경우 외에는 서로 일치한다.

2) 성질 또는 이용면에 따른 분류

면적은 성질과 이용면으로 보면 경사면적, 수평면적 및 평균해수면상 면적 등으로 분류할 수 있다. 이들 관계를 도시해 보면 그림 9-1과 같다.

(1) 경사면적

경사면적에 따라 측정된 면적을 말하며, 경사면에 따라 포석(鋪石)이나 아스팔트, 잔디 등을 깔아야 할 경우 또는 성토, 절토 부분의 경사면의 면적을 알고자 할 때에 공사비 등 소요경비를 산출하기 위하여 주로 쓰이는 면적이다.

그림 9-2와 같은 경우에 경사면적을 구하려면 다음 식에 의한다.

$$\text{경사면적} = \text{경사거리}(a) \times \text{너비}(b) \tag{9.1}$$

(2) 수평면적

어떤 토지의 경계선을 수평면상에 투영하였을 때의 넓이를 말하는 것으로 지적측량 등 소구역 대축척에서는 토지의 면적을 기준면(수평면)에 투영한 수평면적으로 표시한다.

수평면적은 측량에서 가장 많이 사용되는 면적으로서 다음 식으로 구분한다.

$$\text{수평면적} = \text{수평거리}(a') \times \text{너비}(b') \tag{9.2}$$

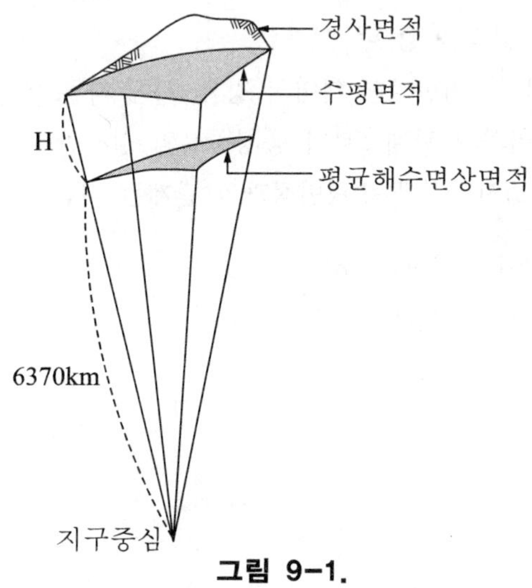

그림 9-1.

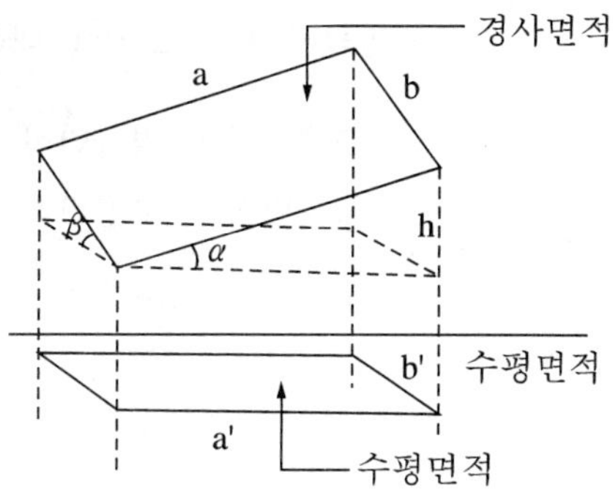

그림 9-2.

(3) 평균해수면상 면적

어떤 지역에 있는 토지의 경계선을 평균해수면에 투영하였을 때의 넓이를 말하며, 지도 작성 등 넓은 지역, 소축척에서는 평균 해수면에 투영한 면적을 사용한다.

일반적으로 표고 H (m)에 있는 수평면적 A (m^2)를 해수면상의 면적으로 환산하려면 다음 식을 사용한다.

$$F = A\left(1 - \frac{H}{R}\right)^2 \qquad (9.3)$$

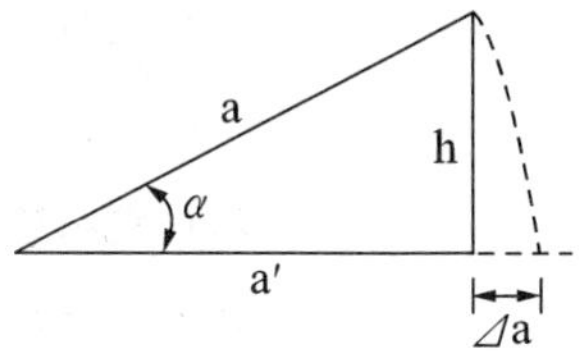

그림 9-3.

여기서, F : 해수면상의 면적

A : 수평면적

R : 지구반경(6,370,000 m)

H : 수평면의 표고(標高)

(4) 수평면적과 경사면적과의 관계

그림 9-2와 그림 9-3에서 알 수 있는 바와 같이 경사면적과 수평면적을 구별 짓는 요인은 경사각이며 이 경사각 때문에 경사거리와 수평거리는 그림 9-3에서 보듯이 Δa $\left(\frac{h^2}{2a}\right)$만큼 차이가 난다. 그림 9-2에서 세로방향에 대하여 경사거리와 수평거리와의 관계를 보면

$$a' = a \times \cos\alpha \ \text{ 혹은 } \ a' = \sqrt{a^2 - h^2}$$
$$b' = b$$

로 되어 경사각은 너비에는 관계없음을 알 수 있다.

그러나 종횡방향의 경사를 모두 고려한다면 너비의 경사(β)에 따른 영향도 받게 된다. 따라서 이런 경사거리와 수평거리와의 관계로부터 종횡방향의 경사만을 고려할 때 일정량(α)만큼 경사진 토지에 대한 경사면적과 수평면적과의 관계는 다음과 같다.

수평면적 = 경사면적 × 경사각(여현) = $ab \times \cos\alpha$

경사면적 = 수평면적 × 경사각(정할) = $a'b' \times \sec\alpha$

9.1.4 면적의 단위

1) 지적측량에서의 면적의 단위

면적의 단위는 길이의 단위에서 끌어온 유도단위(誘導單位)로서 보통 미터법(m^2) 단위와 척관법(坪) 단위로 나뉜다.

지적측량에서는 과거 척관법 단위를 사용하였으나 현재는 미터법에 의한 평방미터(m^2) 단위를 사용한다. 그리고 토지대장 및 임야대장에 등록할 때의 단위는 농촌 및 산간지역(축척 $\frac{1}{1,000}$, $\frac{1}{1,200}$, $\frac{1}{2,400}$, $\frac{1}{3,000}$, $\frac{1}{6,000}$ 등)은 1 m^2를 최소등록 단위면적으로, 시가지역(축척 $\frac{1}{500}$, $\frac{1}{600}$ 등)은 0.1 m^2를 최소등록 단위면적으로 한다.

2) 미터법 단위와 척관법 단위와의 관계

일반에서 널리 사용하는 면적단위에 관한 미터법과 척관법의 단위계열은 다음과 같다.

(1) 미터법 계열

① 기본단위

$1\ m^2 = 1\ m \times 1\ m$ 　　 1 a (아르) = 100 m^2

1 ha (헥타르) = 100 a 　　 1 km^2 = 100 ha

② 척관법 단위와의 관계

환산식 : $m^2 \times \frac{121}{400}$ = 평 　　 1 m^2 = 0.3025평

1 ha = 1.0083정보 = 3.025평 　　 1 km^2 = 100.83정보 = 302.500평

(2) 척관법 계열

① 기본단위

1평 = 6척 × 6척 = 1간 × 1간 　　 1홉 = $\frac{1}{10}$평

1무 = 30평 　　 1단 = 300평 = 10무

1정 = 3,000평 = 100무 = 10단

② 미터법 단위와의 관계

환산식 ㉠ 10,000평 이상 평(보) × $\frac{400}{121}$ = m^2

㉡ 10,000평 미만 평(보) × 3.3057851 = m^2

$$1\text{평(보)} = 3.3057851\ \text{m}^2$$

$$1\text{무} = 99.1735530\ \text{m}^2$$

$$1\text{정보} = 9.917\ \text{m}^2 = 0.99174\ \text{ha} = 0.00992\ \text{km}^2$$

9.1.5 면적측정을 해야 하는 대상

세부측량을 실시한 때에는 필지마다 면적을 측정해야 한다.
면적을 측정해야 하는 경우와 그의 방법은 다음과 같다.

(1) 토지를 신규로 등록할 때 : 이때의 면적은 다음에 의하여 정한다.
① 공유수면매립지 및 미등록 도서를 측량한 때에는 그의 측량성과에 의하여 결정
② 이미 비치된 도면상에 누락된 도로, 하천, 구거 등은 도면을 기준으로 측정하여 결정

(2) 등록전환을 할 때 : 면적은 다음에 의하여 정한다.
① 등록전환 측량결과 임야대장의 면적과 토지대장상 면적의 교차가 $A = 0.026^2 \times M\sqrt{F}$ 한계 이내일 때에는 토지대장상 면적에 오류가 없는 것으로 본다. 이 경우 교차를 초과할 때에는 임야대장 등록지의 면적을 정정한 후 처리한다.
② 등록전환 하는 임야도상의 면적측정은 지적도 축척으로 측정한 성과에 의하여 환산하여서는 안 된다.

(3) 토지를 분할할 때

(4) 도시개발사업 등으로 새로이 경계를 획정할 때에는 좌표에 의한 면적계산으로 한다.

(5) 지적공부의 복구를 행할 때

(6) 축척변경을 시행할 때

(7) 등록된 면적 및 경계를 정정할 때의 면적은 다음과 같이 정한다.
① 대장의 면적이 오기로 잘못 등록되었음이 명확할 때에는 당시의 증빙서류에 의하여 결의 후 정정할 수 있다. 이때에는 그 사유를 토지소유자에게 통지하여야 한다.
② 대장의 면적이 면적측정 시 오류 되었음을 확인하였을 때에는 면적을 재측정하여 정한다.

(8) 현황측량에 의하여 면적측정을 필요로 할 때
다만, 토지합병의 경우에는 합병되는 각 필지의 토지의 면적을 합산하여 합병지의 새로운 면적으로 하고, 또 합병된 토지를 합병 전 상태로 재분할하는 경우에는 새로이 면적을 측정하지 않고 합병 전 각 필지의 면적을 새로운 면적으로 할 수 있다.

표 9-1. 면적측정 대상의 여부

면적측정의 대상		면적측정의 대상이 아닌 사항	
① 지적공부의 복구	② 신규등록	① 도면의 재작성	② 지목변경
③ 등록전환	④ 분할	③ 지번변경	④ 합병
⑤ 경계정정	⑥ 축척변경	⑤ 경계복원측량	⑥ 지적현황측량

9.1.6 면적의 측정 및 계산

1) 면적측정법의 종류

토지의 면적을 측정하는 방법에는 여러 가지가 있으나 이를 대별하면 직접측정법과 간접측정법으로 나눌 수 있다.

(1) 직접측정법

면적계산에 필요한 거리 각(角) 등을 측정하여 계산으로 면적을 구하는 방법이다. 이를 현지법이라고도 한다.

① 측정결과를 계산에 의하여 구하는 방법
경계선에 대한 각과 거리 등 측량결과를 수치 계산하는 방법으로 넓은 면적을 측량하는데 가장 적당하며 정밀하다.

② 평판을 사용하여 계산하는 방법
현지에서 경계선에 대하여 평판측량을 행하고 포권척 기타 면적측정에 필요한 거리 등의 수치를 직접 측정하는 방법으로 소규모지역의 측량에 적합한 방법이다.

(2) 간접측정법

면적을 구하고자 하는 지역의 도면을 만들고 그 도면상에서 면적을 측정하는 방법이다. 이를 일명 도상법이라고 한다.

① 도상에서 측정한 값으로 계산하는 방법
평판측량에 의하여 측량결과도를 작성한 후 토지의 경계선 안을 여러 개의 삼각형으로 구분하고 면적측정에 필요한 변(邊)의 길이를 도상에서 측정하여 면적을 산출하는 방법이다.

② 전자면적측정기에 의한 방법
전자면적측정기를 이용하여 도형상을 전자적으로 면적을 산출하는 것으로 1/300～1/2,000의 정도(精度)는 용이하게 얻을 수 있다.

- **도상법**
  - 도상거리법
    - 삼사법
    - 삼변법
    - 대형법
    - 지거법
    - 현지병용법
  - 도해법
    - 방안법
    - 푸라니미터법
  - 광학적도상법
    - 광량법
    - 광점주사법
- **좌표법**
  - 수치계산법
  - 전자계산방식
- **현지법**
  - 삼사법
  - 삼변법
  - 지거법

그림 9-4. 면적측정법의 종류

이상과 같이 면적을 측정하는 방법에는 여러 가지가 있는데 이를 구체적으로 각 작업 방법에 의하여 세분해보면 대략 그림 9-4와 같다.

세부측량에서는 특별한 경우 외에는 간접측정법(도상법)을 원칙으로 하며 면적을 측정하는 데는 삼사법, 전자면적계산 방식을 쓰게 되어 있고, 지적확정측량지역에는 좌표면적계산을 실시하고 있다.

2) 면적측정의 기준

세부측량에서 토지의 면적을 측정하여 계산하고자 할 때에는 축척의 대소와 정도(精度) 및 면적측정의 신속과 정확 등을 고려하여 그의 표시단위와 면적결정상의 단수처리에 일정한 제한을 두고 있다.

표 9-2. 면적측정 방법

좌표면적 계산법	• 경위의측량방법으로 세부측량한 지역의 필지별 면적측정은 경계점좌표에 따를 것 • 산출면적은 1천분의 1 제곱미터까지 계산하여 10분의 1 제곱미터 단위로 할 것
전자면적 측정기	• 도상에서 2회 측정 • 교차가 다음 산식에 의한 허용면적 이하일 때 그 평균치를 측정면적으로 할 것 $A = \pm 0.023^2 M\sqrt{F}$ (A : 허용면적, M: 축척분모, F: 2회 측정한 면적의 합계를 2로 나눈 수) • 신구면적 허용공차 $\pm 0.026^2 M\sqrt{F}$ (M : 축척분모 F : 원면적) • 측정면적은 1천분의 1제곱미터까지 계산하여 10분의 1제곱미터 단위로 할 것

(1) 토지면적의 표시단위

토지면적의 표시단위는 토지의 이용가치 및 면적의 정도(精度)에 따라, 농촌지역과 시가지 지역에 따라 다음과 같다.

① 농촌지역

축척 1/1,000, 1/1,200, 1/2,400 등 농촌지역에 있어서의 토지의 면적은 그 표시단위를 m^2로 한다.

토지의 면적은 m^2단위로 표시하는데 있어서 면적 산출값 가운데 1 m^2 미만의 단수(端數)가 있을 경우에는 0.5 m^2 미만은 버리고 0.5 m^2 이상은 올려 1 m^2단위로 정한다. 예를 들면, 산출한 면적이 1.4 m^2와 1.6 m^2인 경우에는 이를 4사 5입법에 의하여 1 m^2와 2 m^2로 하는 것과 같이 한다. 그리고 분할 등의 경우에 분할된 일필지의 면적이 0.4 m^2 또는 0.7 m^2 등과 같이 1 m^2 미만이 될 때에는 이를 1 m^2로 결정한다.

② 시가지 지역

축척 1/500, 1/600 등 대축척지역은 농촌지역의 축척계열과는 달리 그 토지의 이용도와 축척의 정밀성 등을 고려하여 면적표시의 단위에 1/1,000, 1/1,200 등 더 정밀한 표시방법을 쓴다.

시가지 지역(축척 1/500, 1/600 등 지역)은 0.1 m^2단위로 토지의 면적을 표시하며, 만일 산출면적 가운데 0.1 m^2 미만의 단수가 있을 때에는 0.05 m^2 미만은 버리고 0.05 m^2 이상은 올려서 0.1 m^2단위로 정한다. 이것은 앞서 말한 바와 같이 4사 5입법의 적용으로서 산출면적이 0.13 m^2와 0.17 m^2인 경우에 이를 0.1 m^2와 0.2 m^2로 정하는 방식이다.

그런데 분할 등의 경우에 일필지의 면적 전부가 0.04 m^2 또는 0.07 m^2 등과 같이 0.1 m^2 미만이 될 때에는 이를 0.1 m^2로 결정하여 그 토지의 면적으로 한다.

(2) 면적의 차인 계산

일필지의 토지를 2개 필지로 분할할 경우에, 분할 전 필지의 면적이 일정한도 이상이고 분할 후 필지 중 한 개 필지의 면적이 다른 분할 필지에 비하여 극히 적을 때에는 먼저 극히 적은 분할지의 면적만을 측정하고, 이렇게 얻은 면적을 분할 전 필지의 면적에서 뺌으로써 다른 분할필지의 면적을 별도로 측정하지 않고서도 분할된 2개 필지의 면적을 산출할 수 있다.

세부측량에서 차인 계산방식으로 면적을 측정할 수 있는 것은 다음과 같은 조건의 경우에 한한다.

① 분할 전 면적이 5,000 m^2 이상일 것
② 분할 후의 필지 중 1개 필지의 면적은 분할 전 면적에 비하여 2할(20%) 미만이고, 다른 필지는 8할(80%) 이상일 것
③ 분할지의 면적을 1매의 결과도상에서 측정할 수 없을 것

이상과 같은 조건에 만족되는 경우 3∼4개 필지로 분할되는 경우에도 소면적 토지에 대하여 먼저 면적을 측정하고 이렇게 측정된 면적을 분할 전 면적에서 뺌으로써 각 분할지의 면적을 산출할 수 있다. 다만, 이때 소면적 토지의 면적합계는 분할 전 면적의 2할 미만이어야 한다.

면적을 차인 계산방식에 의하여 산출한 때에는 면적측정부의 「측정방법」란에 「차」라 기입하며 면적측정방법의 근거를 밝혀 두어야 한다.

(3) 면적의 산출단위와 계산상 단수처리법

세부측량을 실시하고 측정치에 의하여 면적을 산출하는데 있어서는 면적의 정도(精度)와 계산의 효과를 고려하여 계산하는 수의 자리수를 어디까지 하느냐 일정한 제한이 주어져 있다.

지적측량에서는 일반적으로 측정치에 의하여 면적을 $\frac{1}{1,000}$ m^2까지 계산하고, 이렇게 계산된 면적은 $\frac{1}{10}$ m^2단위로 결정하여 면적측정부나 면적계산부에 존치하게 되어있다. 그런데 위와 같은 측정치에 의하여 면적을 $\frac{1}{1,000}$ m^2까지 계산하고 $\frac{1}{10}$ m^2로 결정하는 과정에서 구하고자 하는 숫자의 자릿수에 의하여 소요 수 다음 숫자를 앞자리 수에 올리거나 혹은 떼어 버려야 할 경우가 종종 생긴다.

표 9-3. 결정면적 단수처리

	1/1,000∼1/6,000	1/500∼1/600
최소면적	1 m^2	0.1 m^2
소수처리방법	0.5 m^2 미만 → 버림 0.5 m^2 이상 → 올림 0.5 m^2일 때 구하고자 하는 수 • 홀수 → 올림 • 짝수 → 버림	0.05 m^2 미만 → 버림 0.05 m^2 이상 → 올림 0.05 m^2일 때 구하고자 하는 수 • 홀수 → 올림 • 짝수 → 버림
예시	• 123.4 m^2 → 123 m^2 • 123.6 m^2 → 124 m^2 • 123.5 m^2 → 124 m^2 • 124.5 m^2 → 124 m^2	• 123.24 m^2 → 123.2 m^2 • 123.26 m^2 → 123.3 m^2 • 123.35 m^2 → 123.4 m^2 • 123.45 m^2 → 123.4 m^2

수(數)의 계산에서 올리거나 떼어버리는 데는 일정한 원칙이 있으며 이 원칙에는 일반적으로 4사 5입법 외에 5사 5입법이 있다. 5사 5입법은 기준점측량 및 지적측량에서 많이 사용되고 있는 것으로 면적측정에도 적용되고 있다. 5사 5입법은 구하고자 하는 자리수의 다음 숫자가 5를 초과하는 경우에는 올리고, 5 미만인 경우에는 버리며, 5인 경우에는 구하고자 하는 끝자리수가 "0" 또는 짝수인 때에는 버리고 홀수인 때에는 올리는 방법이다.

3) 삼사법(三斜法)에 의한 면적측정

삼사법은 다각형의 토지를 삼각형으로 구분하고, 각개의 삼각형에 대하여 밑변과 높이를 구하여 삼각형의 면적을 산출하고, 여러 개의 삼각형의 면적을 합계하여 다각형의 면적을 산출하는 방법이다.

이 방법은 다음과 같은 때에 주로 사용된다.

- 이동측량의 경우, 일필지의 지형이 좁고 길거나 일정면적 이하로 전자면적계로 면적을 측정하는 것이 정도(精度)가 좋지 않을 경우
- 삼사법으로 면적을 측정하는 것이 정도(精度)가 좋을 때

삼사법은 전자면적측정법 다음으로 면적측정에서 많이 사용되는 토지면적산출법이다.

(1) 삼사법의 종류

삼사법에는 도상삼사법과 지상삼사법이 있다. 전자(前者)는 도면상에서 삼사법으로 면적을 측정하는 방법이다. 후자(後者)는 현지 지상에서 측정하거나 면적측정에 필요한 모든 현지의 값을 일정한 야장 및 약도에 직접 기재하여 계산으로 면적을 산출하는 방식이다.

일반적으로 작업의 신속과 면적측정의 정도(精度)를 고려하여 도상삼사법에 의하는 것이 보통이다. 다만, 도상삼사법으로 일정한 면적의 정도(精度)를 얻을 수 없을 때에는 지상삼사법에 의한다.

지상삼사법에 의할 경우에는 측량도의 여백에 따라 통상 지적도 축척의 2～4배의 축척으로 측량하거나 삼사법에 의한 측각과 경계선의 거리를 기재한 약도(略圖)를 그려서 면적측정의 정확을 기한다.

(2) 삼사법의 원리

면적을 측정하고자 하는 토지가 다각형일 때는 우선 다각형의 토지를 몇 개의 삼각형으로 구분하고, 각 삼각형에 대하여 밑변과 높이를 측정하여 면적을 계산한다.

그림 9-5에서 삼각형의 밑변과 높이를 b, h라 하면 면적 S는 다음 식으로 구한다.

$$S = \frac{1}{2} b \cdot h \tag{9.4}$$

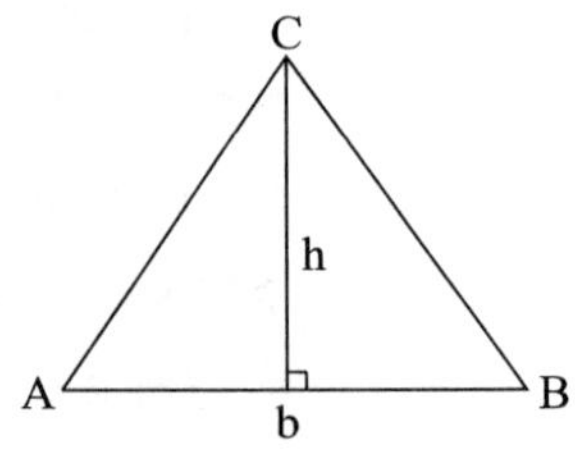

그림 9-5.

다음으로 다각형 토지의 면적(F)은 위의 공식으로 구한 각개의 삼각형의 면적을 합계하여 구한다. 즉,

$$F = \Sigma S = S_1 + S_2 + \cdots + S_n \tag{9.5}$$

(3) 삼사법 적용 면적기준

면적측정의 정도(精度)를 높이기 위하여, 이동지의 경우 소면적 토지의 면적측정에는 보통 삼사법을 쓰게 된다. 삼사법은 측정할 필지의 면적이 다음 식으로 산출한 면적기준 이하인 토지에 대하여 실시한다.

$$\text{축척분모} \times \frac{1}{50} (\mathrm{m}^2) \tag{9.6}$$

각 축척에 따라 삼사법으로 면적을 측정하여야 할 면적한계를 보면 표 9-4와 같다.

(4) 삼사법에 있어서의 변장측정 한계

삼사법에 의하여 토지의 면적을 측정하는 경우에 있어서 면적산출에 필요한 삼각형의 밑변과 높이 등 길이의 측정단위는 다음과 같이 한다.

표 9-4. 축척별 면적한계

축척	면적한계	계산식	비고
$\frac{1}{600}$	12 m^2	$600 \times \frac{1}{50}$	산식 = 축척분모 $\times \frac{1}{50}$
$\frac{1}{1,200}$	24 m^2	$1,200 \times \frac{1}{50}$	
$\frac{1}{2,400}$	48 m^2	$2,400 \times \frac{1}{50}$	
$\frac{1}{3,000}$	60 m^2	$3,000 \times \frac{1}{50}$	
$\frac{1}{6,000}$	120 m^2	$6,000 \times \frac{1}{50}$	

지적도 시행지역 5 cm, 임야도 시행지역 50 cm로 거리측정에 제한을 둔 것은 실거리가 도상에 영향을 미치지 않는 최소한계값으로 거리를 측정하기 위해서다. 일반적으로 도면상에서의 거리측정은 그의 도상 정도를 고려하여 0.1 mm까지 읽어 취하므로 지상거리를 축척화 하여 도상에 표시할 때 측정된 거리 역시 이 도상정도를 고려한 0.1 mm단위가 되어야 한다.

지상거리를 각 축척에 따라 축척화 하였을 때 그 거리가 도상에 영향을 미치지 않는 한계를 보면 다음 표 9-5와 같다. 표에서 보면 $\frac{1}{600}$의 경우 6 cm 이하가 도상에 영향을 미치지 않는 지상거리의 한계로 되고 있다. 지상거리 6 cm에 대하여 도상정도를 고려해 보면 $\frac{60}{600}\text{mm} = 0.1\text{mm}$가 되어 도상정도의 값과 일치함을 알 수 있다.

마찬가지로 $\frac{1}{1,000}$, $\frac{1}{1,200}$, $\frac{1}{3,000}$, $\frac{1}{6,000}$의 경우에도 0.1 mm가 된다.

따라서 축척자의 눈금을 목측으로 판단하는 가장 이상적인 0.1 mm단위를 고려하여 지적도 시행지역에서는 그의 최소값인 5 cm를, 임야도 시행지역에서는 근사값인 50 cm [1], 거리측정에 한계로 하고 있다.

삼사법에서의 거리는 축척자의 눈금위치를 달리하여 토지의 경우 5 cm단위, 임야의 경우 50 cm단위 등으로 2번 측정함으로써 축척자의 눈금부정확에 따른 거리오차를 가능한 한 최소화 할 수 있다.

(5) 면적측정상 계산단위

삼사법으로 면적을 계산하는데 있어서는 2회에 걸쳐 밑변과 높이를 측정하여 삼각형의

표 9-5. 축척별 지상거리 한계

축척	지상거리한계	비고
$\frac{1}{500}$	50 mm	산식 $L = \frac{1}{10} \times M(\text{mm})$ 여기서, L : 지상의 거리 M : 축척의 분모
$\frac{1}{600}$	60 mm	
$\frac{1}{1,200}$	120 mm	
$\frac{1}{2,400}$	240 mm	
$\frac{1}{3,000}$	300 mm	
$\frac{1}{6,000}$	600 mm	

1) $\left(\frac{300+600}{2}\right) = 45 \fallingdotseq 50$

면적 산출식에 의해 $\frac{1}{1,000}$ m^2 $(=0.001\ m^2)$까지 계산한다. 이렇게 계산된 면적을 일필지의 면적으로 할 때는 $\frac{1}{10}$ m^2 $(=0.1\ m^2)$단위로 한다. 계산에서 $\frac{1}{1,000}$ m^2까지 산출토록 한 것은 계산과정에서 정확을 기하므로 계산에 따른 수의 조작이 면적에 영향을 적게 하기 위해서 계산된 면적을 $\frac{1}{10}$ m^2단위로 결정하는 것은 현실적 필요성을 고려한 것이다.

(6) 면적 산출

면적은 2회 계산을 하고 그 교차(交差)가 제한값(공차) 이내인 때에는 그 평균값을 측정값으로 한다.

표 9-6. 산출교차 계산 예시

축척	회수 또는 산출수			측정면적	산출교차	허용면적
	1회	2회	3회			
1/600	8.5	8.9		8.7	0.4	0.9
1/1,200	18.7	20.1		19.4	1.4	2.7

※ 허용면적 $=0.023^2 M\sqrt{F}$ (예 : $0.9=0.023^2\times 600\times\sqrt{8.7}$)

(7) 면적 산출값의 교차한계

삼사법으로 면적을 2회 계산한 경우 1회와 2회의 계산결과 값이 다를 때 그 차가 다음의 교차 한계식으로 계산한 값 이내여야 한다.

$$A=0.023^2 M\sqrt{F} \tag{9.7}$$

여기서, A : 허용면적
M : 축척분모
F : 원면적

만약 계산결과 값이 이 교차 한계값을 넘을 때에는 그 원인을 규명하여 다시 측정하거나 재계산을 하여야 한다.

(8) 산출면적과 원면적과의 허용오차 범위

① 등록전환을 하는 경우

임야대장의 면적과 등록전환될 면적의 오차 허용범위는 다음의 계산식에 따른다.

이 경우 오차의 허용범위를 계산할 때 축척이 3천분의 1인 지역의 축척분모는 6천으로 한다.

$$A = 0.026^2 M\sqrt{F} \tag{9.8}$$

여기서, A : 오차허용면적
M : 임야도 축척분모
F : 등록전환될 면적

② 토지를 분할하는 경우

- 분할 후의 각 필지의 면적의 합계와 분할 전 면적과의 오차의 허용범위는 위의 계산식에 따른다. 이 경우 A는 오차 허용면적, M은 축척분모, F는 원면적으로 하되, 축척이 3천분의 1인 지역의 축척분모는 6천으로 한다.
- 분할 전후 면적의 차이가 식(9.8)에 따른 허용범위 이내인 경우에는 그 오차를 분할 후의 각 필지의 면적에 따라 나누고, 허용범위를 초과하는 경우에는 지적공부(地籍公簿)상의 면적 또는 경계를 정정하여야 한다.

(9) 면적결정

① 등록전환을 하는 경우

임야대장의 면적과 등록전환될 면적의 차이가 교차허용범위 이내인 경우에는 등록전환될 면적을 등록전환 면적으로 결정하고, 허용범위를 초과하는 경우에는 임야대장의 면적 또는 임야도의 경계를 지적소관청이 직권으로 정정하여야 한다.

② 토지를 분할하는 경우

분할 전후 면적의 차이를 배분한 산출면적은 다음의 계산식에 따라 필요한 자리까지 계산하고, 결정면적은 원면적과 일치하도록 산출면적의 구하려는 끝자리의 다음 숫자가 큰 것부터 순차로 올려서 정하되, 구하려는 끝자리의 다음 숫자가 서로 같을 때에는 산출면적이 큰 것을 올려서 정한다.

$$r = \frac{F}{A} \times a \tag{9.9}$$

여기서, r : 각 필지의 산출면적
F : 원면적
A : 측정면적 합계 또는 보정면적 합계
a : 각 필지의 측정면적 또는 보정면적

③ 경계점좌표등록부가 있는 지역의 토지분할 경우

- 분할 후 각 필지의 면적합계가 분할 전 면적보다 많은 경우에는 구하려는 끝자리의 다음 숫자가 작은 것부터 순차적으로 버려서 정하되, 분할 전 면적에 증감이 없도록 한다.
- 분할 후 각 필지의 면적합계가 분할 전 면적보다 적은 경우에는 구하려는 끝자리의 다음 숫자가 큰 것부터 순차적으로 올려서 정하되, 분할 전 면적에 증감이 없도록 한다.

(10) 면적측정부 정리

삼사법으로 면적을 산출하는 때에는 면적측정부의 「측정방법」란에 도상삼사법에 의할 경우에는 「도」, 지상삼사법에 의할 경우는 「지」라고 기입함으로써 면적측정방법을 명시하여 둔다.

또 삼사법에 의한 면적계산은 면적측정부 비고란에 그의 삼각구분, 거리측정치 및 2회 계산과정 등을 기록함으로써 검산 및 후일의 참고에 편리토록 한다.

4) 좌표에 의한 면적 측정

좌표를 이용하여 토지의 면적을 계산하는 방법에는 일반적으로 좌표법과 배횡거법 등이 있다.

지적측량에서 실시하는 좌표면적계산은 세부측량을 경위의측량방법으로 시행한 지역에 행한다. 따라서 지적확정측량을 시행할 때나 또는 확정지역 내의 토지를 좌표로 분할한 때 등에는 지구, 가구 및 필지의 면적은 좌표에 의하여 계산하게 된다.

필지의 경계점마다 좌표에 의한 종횡선 수치에 의하여 면적을 산출하고 그의 평균치를 면적으로 하여 면적은 $\frac{1}{1,000}$ m^2까지 산출하여 $\frac{1}{10}$ m^2단위로 정한다.

면적산출의 성과는 좌표면적계에 기재하게 되어 있다.

(1) 면적의 교차제한

좌표에 의한 면적계산은 주로 시가지 도시개발사업지구 확정측량지역에 실시한다.

따라서, 여기서는 시가지 도시개발사업지구와 농지구획정리지구 등에 대하여 좌표에 의한 산출면적의 교차범위를 살펴보기로 한다.

① 시가지 도시개발사업지구

좌표에 의하여 면적을 계산할 때에 가구 내 각 필지의 면적의 합계와 당해 지구의 면적과의 교차는 $\frac{1}{500}$ 이내여야 한다. 또 지구계좌표에 의한 지구 총면적과 당해 지구 내의 가구 및 가구 이외의 도로, 구거, 하천 등의 면적의 합계와의 교차는 $\frac{1}{200}$ 이내여야 한다.

다음으로 경계점좌표등록부 시행지역의 일필지 측량에서 원면적과 분할지의 면적과의 교차에 대하여는 명시규정이 없다. 그러나 경계점좌표등록부 시행지역에 대한 면적교차의 허용범위가 명시되기 전까지는 위의 경우를 유추 해석하여 $\frac{1}{500}$로 하는 것이 현실적으로 불가피하다.

② 농지구획정리지구

시행 전 지구 내 각 필지의 면적의 합계와 시행 후 각 필지의 면적의 합계와의 차는 $\frac{1}{200}$ 이내여야 한다. 이것은 평판측량에 의한 경우로서 면적이 위의 교차한계 $\frac{1}{200}$을 초과할 때는 지구계점을 좌표로 측정하고, 시행 후 각 필지의 면적합계와 좌표에 의한 지구의 면적과의 교차가 $\frac{1}{200}$ 이내여야 한다.

(2) 좌표면적계산

삼각형 ABC에서 X축에 내린 수선을 A′, B′, C′라고 하고 Y축에 내린 수선을 A″, B″, C″라고 하면 그림 9-6에서 삼각형의 면적 S는

$$S = \square \text{ABB}'\text{A}' + \square \text{BCC}'\text{B}' - \square \text{ACC}'\text{A}'$$

$$S = \frac{1}{2}(x_1 - x_2)(y_1 + y_2) + \frac{1}{2}(x_2 - x_3)(y_2 + y_3) - \frac{1}{2}(x_1 - x_3)(y_1 + y_3)$$

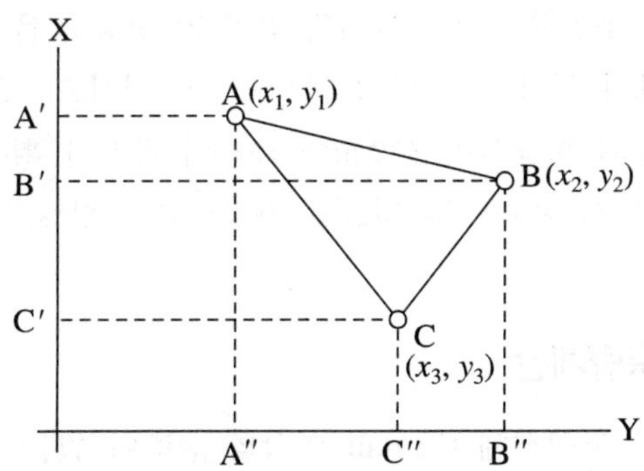

그림 9-6. 좌표면적계산

위 식을 전개하면

$$S = \frac{1}{2}(x_1y_1 + x_1y_2 - x_2y_1 - x_2y_2 + x_2y_2 + x_2y_3 - x_3y_2 - x_3y_3 - x_1y_1 - x_1y_3 + x_3y_1 + x_3y_3)$$

이를 정리하여

$$S = \frac{1}{2}\{x_1(y_2 - y_3) + x_2(y_3 - y_1) - x_3(y_1 - y_2)\}$$

위 식은

$$S = \frac{1}{2}\sum X_n(Y_{n+1} - Y_{n-1}) \tag{9.10}$$

또한 Y축에 내린 수선의 값을 이용하여 계산한 식은

$$S = \frac{1}{2}\sum Y_n(X_{n+1} - X_{n-1}) \tag{9.11}$$

9.1.7 도면의 신축에 기인하는 면적의 보정

온도나 습도 등의 영향으로 도면에 신축이 생겼을 때 도면상에서 측정된 면적은 올바른 면적이 될 수 없다. 일반적으로 도곽선의 길이에 0.5 mm 미만의 신축이 있는 때에는 이 신축량이 면적에 미치는 영향이 극히 적으므로 신축량을 산출면적에 보정하지 않아도 된다.

도면의 신축은 보통 도곽선 길이로 측정하는 것이나 도면의 신축은 지질(紙質)의 관계로 종선과 횡선과는 그 비율이 다를 경우가 생긴다. 따라서 엄밀히 말하면 종방향과 횡방향의 신축을 각각 측정하고 토지의 방향 및 형상 등을 고려하여 측정된 면적에 대한 적정한 보정을 해야 한다. 그러나 실제상으로는 지적도 도곽의 신축은 극히 미소한 것이므로 종·횡도곽선의 평균길이 450 m에 대하여 종선과 횡선의 중간의 수치만큼 종선과 횡선에 각각 같은 신축이 있는 것으로 가정하고 보정해도 충분하다.

1) 도곽신축량계산

일반적으로 도곽선에 0.5 mm 이상의 신축이 있을 때에는 산출면적을 보정하게 된다. 신축량이 얼마인가를 알고자 할 때에는 도곽의 도상거리를 측정하여 다음 식으로 신축량을 계산한다.

$$신축량(S) = \frac{\Delta x_1 + \Delta x_2 + \Delta y_1 + \Delta y_2}{4} \tag{9.12}$$

여기서, Δx_1 : 왼쪽 종선의 신축된 차

Δx_2 : 오른쪽 종선의 신축된 차

Δy_1 : 위쪽 횡선의 신축된 차

Δy_1 : 아래쪽 횡선의 신축된 차

이 경우

$$신축된\ 차(\text{mm}) = \frac{1000(L - L_0)}{M} \tag{9.13}$$

여기서, L : 신축된 도곽선 지상길이

L_0 : 도곽선의 지상길이

M : 축척분모

위 공식으로 산출한 신축량은 도곽 전체의 신축량을 계산한 것으로서 면적보정에 있어서는 종선과 횡선에 각각 동일량 만큼의 신축이 생긴 것으로 본다.

2) 면적보정계수 계산

면적은 가로길이에 세로길이를 곱한 것이므로 정상 도곽에 의한 면적 A는 $X \times Y$로 표시할 수 있다. 그리고 정상 도곽이 S만큼 신축되어 종선이 ΔX, 횡선이 ΔY가 되었을 때의 신축면적 A'는 $(X-S) \times (Y-S) = \Delta X \times \Delta Y$로 구해진다.

정상 도곽과 신축 도곽에 의한 면적과의 관계를 보면

$$보정계수(Z) = \frac{X \cdot Y}{\Delta X \cdot \Delta Y} \tag{9.14}$$

여기서, X : 도곽선 종선길이

Y : 도곽선 횡선길이

ΔX : 신축된 도곽선 종선길이 합÷2

ΔY : 신축된 도곽선 횡선길이 합÷2

도곽신축량 계산은 도상거리를 사용하는데 면적보정계수를 산출하는 예를 들면 다음과 같다.

(1) 척관법에 의한 지적도(1/1,200)의 경우

도곽이 3.2 mm 줄었을 때

정상도곽 길이 : 종선 → 333.3 mm, 횡선 → 416.7 mm

신축도곽 길이 : 종선 → 330.1 mm, 횡선 → 413.5 mm

면적보정계수$(Z) = \dfrac{333.3 \times 416.7}{330.1 \times 413.5} = \dfrac{138886.11}{136496.35} = 1.0175$

(2) 미터법에 의한 지적도(1/1,000)의 경우

도곽이 3.2 mm 줄었을 때

정상도곽 길이 : 종선 → 300.0 mm, 횡선 → 400.0 mm

신축도곽 길이 : 종선 → 296.8 mm, 횡선 → 396.8 mm

면적보정계수$(Z) = \dfrac{300.0 \times 400.0}{296.8 \times 396.8} = \dfrac{120000.00}{117770.24} = 1.0189$

3) 면적의 보정

도곽신축에 따른 면적보정계수가 계산되면 그 면적보정계수를 측정면적에 보정하게 된다. 이 때 공식은 다음과 같다.

$$A = A' \times Z \tag{9.15}$$

여기서, A : 보정된 면적
A' : 측정면적
Z : 면적보정계수

그런데 특별한 경우에 보정량을 구체적으로 밝혀야 할 경우에는 다음 공식으로 보정량을 구한다.

$$\Delta A = A' \times (1 - Z) = A' \times P \tag{9.16}$$

여기서, ΔA : 보정량
P : 도곽신축률$(1 - Z)$

4) 산출면적

보정면적이 산출되면 일필지의 산출면적은 보정면적의 합계를 산출하고, 이것을 원면적에 나누어 각 분할된 필지별 보정면적으로 곱한다. 산출면적은 축척에 따라 구하고자 하는 자릿수의 10분의 1까지 계산한다.

$$r = \frac{F}{A} \times a \tag{9.17}$$

여기서, r : 각 필지의 산출면적

F : 원면적

A : 측정면적 합계 또는 보정면적 합계

a : 각 필지의 측정면적 또는 보정면적

5) 결정면적

산출된 면적에서 축척에 따라 최소단위를 통해 결정면적이 구해진다. 일반적으로 공부 등록단위는 1/500, 1/600지역에서는 0.1 m^2로, 1/1000, 1/1200, 1/2400, 1/3000, 1/6000 지역에서는 1 m^2이다.

예제 01 축척 1/1,000 지역에서 원면적이 3,500 m^2인 50번지의 토지를 3필지로 분할하기 위하여 전자면적측정기로 면적을 측정한 결과 다음과 같다. 각 필지별 결정면적을 계산하시오(단, 도곽신축량은 $\Delta x = -0.5$ mm, $\Delta y = -0.5$ mm이며, 면적계수는 소수4자리까지 계산).

지번	측정면적(m^2)	
	1회	2회
50	1,235.3	1,235.8
50-1	966.0	955.2
50-2	1,293.8	1,299.3

해설 ① 측정면적 허용교차 계산

$A = 0.023^2 M\sqrt{F}$ 에서

50번지 : $A = \pm 0.023^2 \times 1000\sqrt{1235.3} = \pm 18.6$ 1,235.3 − 1,235.8 = 0.5

50-1 : $A = \pm 0.023^2 \times 1000\sqrt{966.0} = \pm 16.4$ 966.0 − 955.2 = 10.8

50-2 : $A = \pm 0.023^2 \times 1000\sqrt{1293.8} = \pm 19.0$ 1293.8 − 1299.3 = 5.5

※ 3필 모두 교차한계 이내이므로 평균치를 측정치로 한다.

② 측정면적 평균치

50번지 : (1,235.3 + 1,235.8)/2 = 1,235.6

50-1 : (966.0 + 955.2)/2 = 960.6

50-2 : (1293.8 + 1299.3)/2 = 1,296.6

※ 평균치를 10분의 1 (소수 1자리)까지 계산

③ 면적보정계수

축척 1/1,000에서 도곽신축량에 대한 면적보정계수는

$$\text{면적보정계수}(Z) = \frac{300.0 \times 400.0}{(300-0.5)(400-0.5)} = 1.0029$$

④ 보정면적

측정면적 × 보정계수 = 보정면적

50번지 : 1,235.6 × 1.0029 = 1,239.2 m^2

50-1번지 : 960.6 × 1.0029 = 963.4 m^2

50-2번지 : 1,296.6 × 1.0029 = 1,300.4 m^2

합계 = 3,503.0 m^2

⑤ 신구면적 허용오차

$$A = \pm 0.026^2 M\sqrt{F} = \pm\, 0.026^2 \times 1000\sqrt{3500} = \pm 40\,\mathrm{m}^2$$

⑥ 산출면적

$$\frac{\text{원면적}}{\text{보정면적합계}} \times \text{필지별 보정면적}$$

50번지 : (3,500/3,503.0) × 1239.2 = 1,238.1 m^2

50-1번지 : (3,500/3,503.0) × 963.4 = 962.6 m^2

50-2번지 : (3,500/3,503.0) × 1,300.4 = 1299.3 m^2

합계 = 3,500.0 m^2

※ 산출면적의 합은 반드시 원면적과 같아야 하며 단수처리상 틀린 경우 증감하여 같게 만들어 결정한다.

⑦ 결정면적

50번지 : 1,238 m^2

50-1번지 : 963 m^2

50-2번지 : 1299 m^2

합계 = 3,500.0 m^2

9.2 면적측정부 작성

9.2.1 도곽신축에 따른 신축량 및 면적보정계수 계산

Δy_1

(497.4 m)

Δx_1 (398.6 m) 1 : 1,200 (398.2 m) Δx_2

(497.8 m)

Δy_2

1) 신축량 계산

① $\Delta x_1 = 1000(398.6 - 400) / 1200 = -1.17$ mm

② $\Delta x_2 = 1000(398.2 - 400) / 1200 = -1.50$ mm

③ $\Delta y_1 = 1000(497.4 - 500) / 1200 = -2.17$ mm

④ $\Delta y_2 = 1000(497.8 - 500) / 1200 = -1.83$ mm

⑤ 신축량$(S) = -(1.17 + 1.50 + 2.17 + .83) / 4 = -1.6675$ mm

2) 면적보정계수 계산

① 종선신축 = (398.6 + 398.2) / 2 = 398.4 m

② 횡선신축 = (497.4 + 497.8) / 2 = 497.6 m

③ 면적보정계수$(Z) = \dfrac{400 \times 500}{398.4 \times 497.6} = 1.00886$

<table>
<tr><td colspan="3">(−2.6)</td><td colspan="6">신축량</td><td>용도지역</td></tr>
<tr><td rowspan="2">(−1.4)</td><td rowspan="2">도곽신축</td><td rowspan="2">(−1.8)</td><td colspan="6">− 1.67 mm</td><td rowspan="3">○○지역</td></tr>
<tr><td colspan="6">보정계수</td></tr>
<tr><td colspan="3">(−2.2)</td><td>1</td><td>.0</td><td>0</td><td>8</td><td>9</td><td></td></tr>
</table>

9.2.2 면적 측정부 작성 요령

1) 축척 1 : 1,000 이상 지역(1 : 1200, 1 : 2400, 1 : 3000, 1 : 6000)

(1) 면적측정부는 검은색으로 기재하되 원지번과 원면적만 붉은색으로 기재

(2) ①란에는 토지소재 동·리명을 기재한다.

(3) ②란에는 분할된 필지의 지번을 순차로 기재하고, 마지막에 본번을 기재하며, 본번의 기재가 끝나면 가로줄을 긋는다.

(4) ③란에는 측정방법에 따라 기재한다.
- 전자면적계로 측정할 경우 "전"자를 기재
- 차인계산법으로 측정할 경우 "차"자를 기재

(5) ④란의 측정회수 또는 산출수는 2회 하며, 산출 수는 1천분의 1 m^2까지 계산하여 10분의 1 m^2 (소수점 이하 1자리)까지 기재

(6) 교차라 함은 2회 측정치의 최대치와 최소치의 차를 말하며, 그 교차의 범위는 $0.023^2 M\sqrt{F}$ 이하여야 한다.

> ※ 계산예
> 45-1 : $0.023^2 \times 1{,}200\sqrt{71327.2} = 169.5 > 71327.2 - 71294.0 = 33.2$
> 45-5 : $0.023^2 \times 1{,}200\sqrt{259.7} = 10.2 > 259.7 - 258.5 = 1.2$
> 45-6 : $0.023^2 \times 1{,}200\sqrt{1106.2} = 21.1 > 1106.2 - 1102.4 = 3.8$
> 45-7 : $0.023^2 \times 1{,}200\sqrt{12.6} = 2.2 > 12.6 - 13.2 = 1.6$
> ※ 4필 모두 교차한계 이내이므로 평균치를 측정치로 한다.

(7) ⑤란에는 2회 측정치의 차가 허용교차 이내이므로 그 평균치를 10분의 1 m^2 (소수점 이하 1자리)까지 기재한다.

> ※ 계산예
> 45-1 : $(71327.2 + 71294.0) / 2 = 71310.6\ m^2$
> 45-5 : $(259.7 + 258.5) / 2 = 259.1\ m^2$
> 45-6 : $(1106.2 + 1102.4) / 2 = 1104.3\ m^2$
> 45-7 : $(12.6 + 13.2) / 2 = 12.9\ m^2$

(8) ⑥란에는 도곽 신축에 따른 면적보정계수를 기재한다.

$$Z = \frac{\text{도곽선 종선길이} \times \text{도곽선 횡선길이}}{(\text{신축된 종선길이 합} \div 2) \times (\text{신축된 횡선길이 합} \div 2)}$$

$$= \frac{400 \times 500}{398.4 \times 497.6} = 1.00886$$

(9) ⑦란에는 ⑤에 ⑥을 곱하여 10분의 1 m^2 (소수점 이하 1자리)까지 기재

※ 계산예

45-1 : 71,310.6 × 1.0089 = 71,945.3 m^2

45-5 : 259.1 × 1.0089 = 261.4 m^2

45-6 : 1,104.3 × 1.0089 = 1,114.1 m^2

45-7 : 12.9 × 1.0089 = 13.0 m^2

73,333.8 m^2

(10) ⑧란에는 토지(임야)대장상의 원면적을 붉은색으로 기재한다.

(11) ⑨란에는 원면적과 보정면적과의 차이를 면적비례로 배부하여 10분의 1 m^2 (소수점 이하 1자리)까지 기재한다.

※ 계산예

45-1 : 71,945.3 × 273.2 / 73,333.8 = 268.0 m^2

45-5 : 261.4 × 273.2 / 73,333.8 = 1.0 m^2

45-6 : 1,114.1 × 273.2 / 73,333.8 = 4.2 m^2

45-7 : 13.0 × 273.2 / 73,333.8 = 0.0 m^2

45-1 : 73,333.8 × 273.2 / 73,333.8 = 273.2 m^2

(12) ⑩란에는 ⑦에서 ⑨를 빼거나 더하여 10분의 1 m^2 (소수점 이하 1자리) 단위로 기재한다.

※ 계산예

45-1 : 71,945.3 + 268.0 = 72,213.3 m^2

45-5 : 261.4 + 1.0 = 262.4 m^2

45-6 : 1,114.1 + 4.2 = 1,118.3 m^2

45-7 : 13.0 + 0.0 = 13.0 m^2

45-1 : 73,333.8 + 273.2 = 73,607.0 m^2

(13) ⑪란에는 ⑩란의 면적을 원면적과 동일하게 절상 또는 절사하여 산출 면적은 1 m^2단위로 결정한다.

※ 계산예

45-1 : 72,213.3 m^2 → 72,213 m^2

45-5 : 262.4 m^2 → 263 m^2

45-6 : 1,118.3 m^2 → 1118 m^{2}

45-7 : 13.0 m^2 → 13 m^2

(14) ⑫란에는 면적 측정 시 사용한 면적측정기의 명칭을 기재하고 하단여백에는 산정 및 검사 연월일을 기재하고 산정자 및 검사자의 자격등급, 성명, 등을 기재하고 날인을 한다.

2) 축척 1 : 500, 1 : 600지역

(1) 축척 1 : 500 및 1 : 600지역은 ④, ⑤, ⑦, ⑨, ⑩란에는 100분의 1 m^2 (소수점 이하 2자리)까지 기재한다.

(2) ⑧, ⑪란에는 10분의 1 m^2 (소수점 이하 1자리)단위로 결정하여 기재한다.

표 9-7. 면적측정부 작성 예시

포항시 북구 흥해읍 면적측정부 축척 1/1,200

① 동리명	② 지번	③ 측정방법	④ 회수 또는 산출수 제1회	제2회	제3회	⑤ 측정면적	⑥ 도곽신축보정계수	⑦ 보정면적	⑧ 원면적	⑨ 신구면적오차및배부수	⑩ 산출면적	⑪ 결정면적	⑫ 비고
용한리	45-1	전	713272	712940		713106	1.0089	719453		268.0	72213.3	72213㎡	※ 이 계산은 전자면적계(X - PLAN 360i)에 의함
	-5	〃	2597	2585		2591		2614		1.0	262.4	263	
	-6	〃	11062	11024		11043		11141		4.2	1118.3	1118	
	-7	〃	126	132		129		130		0.0	13.0	13	
	45-1					726869		733338	73607	+273.2	73607.0	73607	

년 월 일
측정 지적산업기사 김 수 행 (인)

년 월 일
검사 지 적 기 사 김 소 관 (인)

10

지적제도

10.1 지적제도 개요

10.1.1 개설

경위의측량법이나 평판측량법으로 세부측량을 실시할 경우 그 성과를 측량결과도에 등재하여야 하며, 이렇게 지상에서 측도한 측량결과도나 관측계산에 의해서 작성된 결과도는 규정에 따라 착묵과 주기를 하여야 완성하게 된다. 지적도의 정리에서도 신규등록, 등록전환, 분할, 합병 등 토지의 지적도상 등록사항을 가제정리하며, 또한 일람도의 가제정리를 하여야 한다.

10.1.2 지적도 및 임야도

지적도란 토지대장에 등록된 토지의 필지별 경계선을 등록한 평면도를 지적도라 하며, 지적도의 색인과 활용을 용이하게 하기 위하여 일람도와 지번 색인표를 별도로 작성 비치하고 있다. 임야도는 임야대장에 등록된 토지의 필지별 경계선을 등록한 평면도를 임야도라 하며, 필요시에는 지적도와 동일하게 일람도와 지번 색인표를 작성 비치하여야 한다.

1) 축척

지적 · 임야도에 등록된 도상 거리와 실제 지상거리와 비례를 말하는 것으로 지적도의 축척은 대축척으로 일반 지형도나 국토기본도와는 다르다. 지적도 축척의 구분은 측량의 정도에 따라 다음 표 10-1과 같이 구분되어 있다.

표 10-1. 지적(임야)도 축척의 구분

구분	축척		대상지역	비고
토지대장등록지 (지적도)	좌표	1/500	시가지 지역	
		1/600	〃	
		1/1,000	시가지 및 경지정리지역	
		1/1,200	농촌지역	
		1/2,400	〃	
		1/3,000	〃	
		1/6,000	〃	
임야대장등록지 (임야도)		1/3,000	시가지 부근의 산간지역	
		1/6,000	기타 산간지역	

2) 좌표계

지구상의 물체 또는 한 점의 위치는 통상 좌표로 표시된다. 위치는 어느 좌표계에 있든지 다른 점들과 어떤 기하학적인 상관관계를 가지며, 이는 어느 특정점 또는 특정선으로부터의 길이와 방향을 기준으로 표현된다. 지적도는 정해진 평면직각좌표계 및 이것에 기초를 둔 기준점을 기준으로 하여 모든 위치를 나타내는 것을 원칙으로 하고 있다. 좌표계는 좌표에 의한 좌표점을 연결한 선을 사용하여 도면상에 나타낸다. 지적측량에 있어 사용되고 있는 평면직각좌표값은 평면상 1점을 택하여 좌표원점으로 정하고, 그 평면상에서 원점을 지나는 자오선을 X축(북을 +로 함), 동서방향을 Y축(동을 +로 함)으로 하며 각 지점의 위치는 직각 좌표 값 X, Y로 표시한다.

3) 지적도의 방향

지적도의 방향은 북쪽이 도면의 위쪽이 되도록 작성하며, 평면직각좌표의 원점으로 기산하여 구획된 도곽선에 의하여 방향을 나타낸다.

4) 선의 종류 및 색

① 0.1 mm 선 : 경계선을 그릴 때에 사용(도곽선은 붉은색)
② 0.2 mm 선 : 기준점을 그릴 때에 사용
③ 0.4 mm 선 : 행정구역선을 그릴 때에 사용(단, 리・동 경계는 0.2 mm)
④ 검은색 : 별도로 색별지정을 하지 않은 경우에는 검은색으로 한다.
⑤ 붉은색 : 도곽선, 도곽선수치, 말소선 등에 사용한다. 또 2도면 이상에 걸친 토지로서 그 일부가 다른 도면에 등록된 토지의 지번 및 지목 주기에도 사용한다.

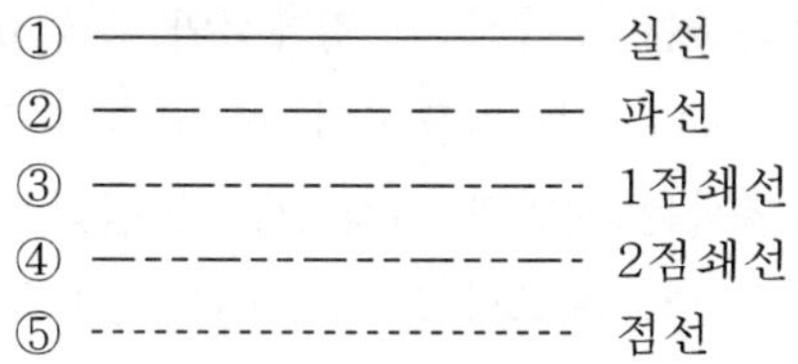

그림 10-1. 선의 종류

5) 지적도에 나타낼 사항

① 토지의 소재
② 지번
③ 지목

④ 경계

⑤ 기타 사항

- 도면의 색인도(인접 도면의 연결 순서를 표시하기 위하여 기재한 도표와 번호)
- 도면의 제명 및 축척
- 도곽선 및 도곽선 수치
- 좌표에 의하여 계산된 경계점간 거리(경계점좌표등록부 시행지역)
- 영구 표지가 설치된 지적측량기준점
- 도면에는 소관청의 직인을 날인

10.1.3 지적(임야)도 작성

1) 지적도작성 현황

1910년부터 1924년까지 실시한 조선토지(임야)조사사업에 의하여 전국에 걸쳐 지적도와 임야도를 완성하였으며, 이보다 앞서 구 한국정부에서 1909년 11월부터 1910년 2월까지 경기도 부평군의 일부 지역에서 구소삼각측량을 실시한 바 있다.

토지조사에 있어서 기초측량과 일필지 측량을 실시하였으며 이 성과에 의하여 지적도와 임야도가 작성되었다.

2) 지적도 작성의 원칙

① 지적도와 임야도는 측량결과도 또는 경계점좌표에 의하여 작성 또는 정리하여야 한다.

② 지적도의 도곽은 가로 40 cm 세로 30 cm의 직사각형으로 하며 도곽선의 수치는 원점을 기준으로 하여 정하여야 한다.

③ 도면에 등록하는 도곽선 및 경계선의 폭은 0.1 mm, 지적측량기준점은 0.2 mm, 행정구역선은 0.4 mm로 제도하되 동・리의 행정구역선은 0.2 mm로 제도하여야 한다.

④ 도면에 등록하는 지번과 지적측량기준점의 번호는 고딕체로, 지목과 지적측량기준점의 명칭은 명조체로서 2～3 mm로 기재하여야 한다.

⑤ 지적・임야도의 위 방향은 항상 북쪽이 되어야 한다.

3) 도면의 작성

(1) 도면을 작성하여야 할 경우

① 지번변경을 할 때

② 지적공부를 복구할 때

③ 신규등록, 등록전환 또는 분할을 할 때
④ 도시개발사업에 의한 토지 이동이 있을 때
⑤ 축척 변경을 할 때
⑥ 행정구역의 변경으로 지번을 새로이 정할 때

(2) 도면의 작성방법

① 직접자사법, 간접자사법, 전자자동제도법에 의하여 작성
② 경계점좌표등록부 시행지역에서 지적도의 경계선은 경계점의 좌표를 전개하여 필지별로 연결한다.
③ 도곽선의 수치는 원점으로부터 기산하여 종선수치에 50만 m (제주도는 55만 m), 횡선 수치에 20만 m를 각각 가산한다. 다만, 기타 원점을 사용하는 지역에 대하여는 따로 국토교통부장관이 정하는 바에 의한다.
④ 도면 용지는 규정에 의한 연중 평균온도 20 ± 5도, 습도 65 ± 5%를 유지하는 지적 서고의 온·습도와 유사한 장소에 2년 이상 보관한 후 사용한다.
⑤ 도곽선에 0.5 mm 미만의 신축이 있는 측량결과도에 의하여 간접자사법으로 도면을 작성하는 경우 등사도의 작성은 측량결과도를 폴리에스터필름 등에 정밀 복사하여 작성한다.
⑥ 자사법으로 도면의 작성을 하는 경우, 경계는 연필로 제도한 후 검은색으로 제도한다. 이 경우 도면의 제명·축척·지번 및 지목은 레터링으로 제도한다.
⑦ 도면에 등록하는 삼각점 및 지적측량기준점은 그 삼각점등의 좌표를 전개하여 제도한다.
⑧ 전자자동제도법에 의하여 작성한 도면을 다시 작성하는 때에는 당초 사용한 입력자료에 그 이후의 신규등록 및 토지이동사항을 입력하여 제도한다.
⑨ 소관청은 도면을 작성하기 전에 등사도 작성의 정확여부를 검사하고 등사도 여백에 다음과 같이 날인한다.

표 10-2. 등사도의 검사날인 문안

작성	연 월 일 직 · 성명	서명 또는 인
검사	연 월 일 직 · 성명	서명 또는 인

⑩ 전자자동제도법에 의하여 도면을 작성하는 때에는 도면에 격자점을 제도할 수 있다. 이 경우 격자점은 1변의 길이 3 mm로 교차하여 붉은색으로 제도하되, 도면의 왼쪽 아래 종횡선이 교차하는 도곽선을 기준으로 하여 가로 · 세로 10 mm

의 간격으로 제도한다.

⑪ 간접자사법으로 도면을 작성하는 때에는 규정에 의한 검사가 완료된 등사도에 의한다.

⑫ 도시개발사업 · 도면 재작성 등이 완료되어 종전의 도면을 폐쇄하는 경우에는 작성 또는 재작성사유 아래에 "연 월 일 ○○○폐쇄"라 붉은색으로 제도한다.

(3) 도면을 재작성하여야 할 경우

① 토지의 빈번한 이동으로 경계선 등을 식별하기 곤란한 경우
② 장기간 사용으로 도면이 손상되어 토지의 등록사항이 분명하지 아니한 경우
③ 도곽선의 신축량이 0.5 mm 이상인 경우
④ 행정구역의 변경 등으로 1장의 도면에 2개 이상의 리 · 동이 등록되어 있는 경우
⑤ 1장의 도면에 등록된 토지의 일부가 도시개발사업 등의 시행지역에 편입된 경우

10.2 도면의 제도

10.2.1 일람도

일람도를 작성할 경우 일람도의 축척은 그 도면축척의 10분의 1로 한다. 다만, 도면의 장수가 많아서 한 장에 작성할 수 없는 경우에는 축척을 줄여서 작성할 수 있으며, 도면의 장수가 4장 미만인 경우에는 일람도의 작성을 하지 아니할 수 있다.

제명 및 축척은 일람도 윗부분에 "○○시 · 도 ○○시 · 군 · 구 ○○읍 · 면 ○○동 · 리 일람도 축척 ○○○○분의 1"이라 제도한다. 이 경우 경계점좌표등록부시행지역은 제명 중 일람도 다음에 "(좌표)"라 기재하며, 그 제도방법은 다음과 같다.

- 글자의 크기는 9밀리미터로 하고 글자사이의 간격은 글자크기의 2분의 1 정도 띄운다.
- 제명의 일람도와 축척사이는 20밀리미터를 띄운다.

도면번호는 지번부여지역 · 축척 및 지적도 · 임야도 · 경계점좌표등록부 시행지별로 일련번호를 부여하고 이 경우 신규 등록 및 등록전환으로 새로 도면을 작성할 경우의 도면번호는 그 지역 마지막 도면번호의 다음 번호로 부여한다. 다만, 도면과 확정측량결과도의 도곽선 차이가 0.5 mm 이상인 경우에는 확정측량결과도에 의하여 새로이 도면을 작성

하고 이 경우 종전 도면번호에 "– 1"과 같이 부호를 부여한다.

일람도의 제도방법은 다음과 같다.

① 도면번호는 3 mm 크기
② 인접 동 · 리 명칭은 4 mm, 그 밖의 행정구역 명칭은 5 mm의 크기
③ 지방도로 이상은 검은색 0.2 mm 폭의 2선으로, 그 밖의 도로는 0.1 mm의 폭으로 제도
④ 철도용지는 붉은색 0.2 mm 폭의 2선으로 제도
⑤ 수도용지 중 선로는 남색 0.1 mm 폭의 2선으로 제도
⑥ 하천 · 구거(溝渠) · 유지(溜池)는 남색 0.1 mm의 폭의 2선으로 제도하고, 그 내부를 남색으로 엷게 채색. 다만, 적은 양의 물이 흐르는 하천 및 구거는 0.1 mm의 남색 선으로 제도
⑦ 취락지 · 건물 등은 검은색 0.1 mm 폭으로 제도하고, 그 내부를 검은색으로 엷게 채색
⑧ 도시개발사업 · 축척변경 등이 완료된 때에는 지구경계를 붉은색 0.1 mm 폭의 선으로 제도한 후 지구 안을 붉은색으로 엷게 채색하고, 그 중앙에 사업명 및 사업완료 연도를 기재

10.2.2 지번색인표

제명은 지번색인표 윗부분에 9 mm의 크기로 "○○시 · 도 ○○시 · 군 · 구 ○○읍 · 면 ○○동 · 리 지번 색인표"라 제도한다. 도면번호별로 그 도면에 등록된 지번을, 토지이동 등으로 결번이 생긴 때에는 결번란에 그 지번을 제도한다.

10.2.3 도곽선

도곽선의 제도는 다음의 사항에 따른다.

① 도면의 윗방향은 항상 북쪽이 되어야 한다.
② 도곽선은 평면직각좌표의 원점으로부터 기산하고, 종선수치에 50만 m (제주도는 55만 m) 횡선수치는 20만 m를 각각 가산하여 구획하며, 기타 원점을 사용하는 지역의 도곽선 수치는 그 원점을 기준으로 하여 정한다.
③ 도곽선은 0.1 mm선으로, 도곽선 수치는 도곽선 왼쪽 아랫부분과 오른쪽 윗부분의 종 · 횡선교차점 바깥쪽에 2 mm 크기의 아라비아 숫자로 제도
④ 도곽선 수치는 항상 정수가 되도록 한다.

표 10-3. 축척별 도곽선의 비교

축척별	규격	지상거리	포용면적	원점지역
1/500	30 cm × 40 cm	150 × 200 m	30,000 m^2	통일원점
1/600	33.3 cm × 41.7 cm	200 × 250	50,000	통일원점
1/1,000	30 cm × 40 cm	300 × 400	120,000	
1/1,200	33.3 cm × 41.7 cm	400 × 500	200,000	
1/2,400	33.3 cm × 41.7 cm	800 × 1,000	800,000	
1/3,000	40 cm × 50 cm	1,200 × 1,500	1,800,000	
1/6,000	40 cm × 50 cm	2,400 × 3,000	7,200,000	
1/600	1자 × 1.1자	100 × 125간	41,332.3140 m^2	구소삼각원점
1/1,200	..	200 × 250	165,289.26	
1/2,400	..	400 × 500	661,157.02	
1/3,000	1.1자 × 1.5자	600 × 750	1478,603.3	
1/6,000	..	1,200 × 1,500	5,950,413.2	

⑤ 도곽선의 크기 40 × 30 cm (용지크기 520 mm × 420 mm ± 0.5 mm) 직사각형

⑥ 도곽선에 0.5 mm 이상의 신축이 있을 경우 면적측정이나 거리측정 시 보정계산 해야 한다.

⑦ 도곽선의 역할

㉠ 인접도면의 접합기준선

㉡ 측량준비도와 측량결과도에서 도북방향의 역할

㉢ 지적측량기준점 전개시의 기준선

㉣ 도곽신축량 측정의 기준선으로 면적보정의 기초

㉤ 외업에서 준비도와 실지의 부합여부 확인 기준

10.2.4 경계선

경계는 0.1밀리미터 폭의 선으로 제도한다. 1필지의 경계가 도곽선에 걸쳐 등록되어 있으면 도곽선 밖의 여백에 경계를 제도하거나, 도곽선을 기준으로 다른 도면에 나머지 경계를 제도한다. 이 경우 다른 도면에 경계를 제도할 때에는 지번 및 지목은 붉은색으로 표시한다.

경계점좌표등록부 등록지역의 도면(경계점 간 거리등록을 하지 아니한 도면을 제외한다)에 등록할 경계점 간 거리는 검은색의 1.0～1.5 mm 크기의 아라비아숫자로 제도한다. 다만, 경계점 간 거리가 짧거나 경계가 원을 이루는 경우에는 거리를 등록하지 아니할 수 있다.

지적기준점 등이 매설된 토지를 분할할 경우 그 토지가 작아서 제도하기가 곤란한 때에는 그 도면의 여백에 그 축척의 10배로 확대하여 제도할 수 있다.

10.2.5 지번 및 지목

지번 및 지목은 경계에 닿지 않도록 필지의 중앙에 제도한다. 다만, 1필지의 토지의 형상이 좁고 길어서 필지의 중앙에 제도하기가 곤란한 때에는 가로쓰기가 되도록 도면을 왼쪽 또는 오른쪽으로 돌려서 제도할 수 있다.

지번 및 지목을 제도할 때에는 지번 다음에 지목을 제도한다. 이 경우 2밀리미터 이상 3밀리미터 이하 크기의 명조체로 하고, 지번의 글자 간격은 글자크기의 4분의 1 정도, 지번과 지목의 글자 간격은 글자크기의 2분의 1정도 띄어서 제도한다. 다만, 부동산종합공부시스템이나 레터링으로 작성할 경우에는 고딕체로 할 수 있다.

1필지의 면적이 작아서 지번과 지목을 필지의 중앙에 제도할 수 없는 때에는 ㄱ, ㄴ, ㄷ, … $ㄱ^1$, $ㄴ^1$, $ㄷ^1$, … $ㄱ^2$, $ㄴ^2$, $ㄷ^2$ …. 등으로 부호를 붙이고, 도곽선 밖에 그 부호·지번 및 지목을 제도한다. 이 경우 부호가 많아서 그 도면의 도곽선 밖에 제도할 수 없는 때에는 별도로 부호도를 작성할 수 있다.

1) 지번

(1) 지번의 의의

지번이란 토지에 붙이는 번호를 말하며, 1필지 1지번의 원칙에 따라 소관청은 지번부여지역마다 각 필지에 지번을 부여하고 지적공부에 등록하여야 한다.

(2) 지번부여원칙

지번은 지적국정주의에 따라 소관청이 부여하며, 지번은 지번부여지역을 단위로 하여 북서에서 남동으로 순차적으로 부여한다.

(3) 지번의 구성 및 표기

① 지번의 구성 : 지번은 본번과 부번으로 구성되어 있으며, 본번과 부번 사이에 "－" 표시로 연결하고 "의"라고 읽는다.

② 지번의 표기 : 지번은 아라비아 숫자로 표기하고 임야대장 및 임야도에 등록하는 토지의 지번은 숫자 앞에 "산"자를 붙인다.

(4) 지번의 부여방법

① 소관청이 지번부여지역별로 북서에서 남동쪽으로 순차적으로 부여(북서기번법)

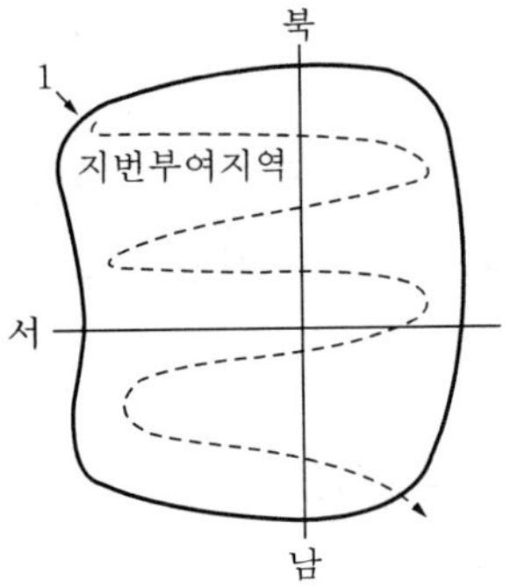

그림 10-2. 북서기번법

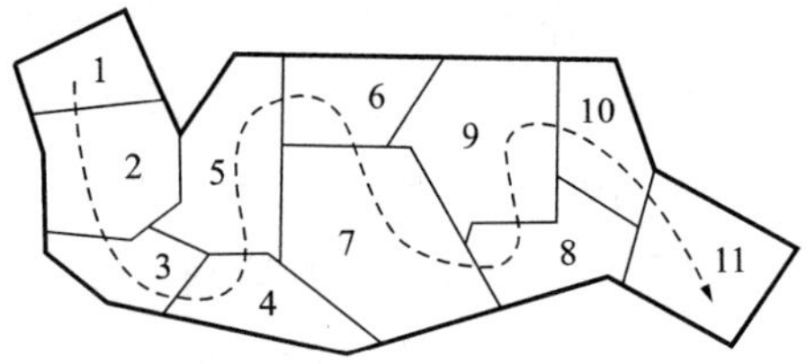

그림 10-3. 사행식

② 지번부여 진행방향에 따라 사행식, 기우식, 절충식, 단지식 등으로 부여

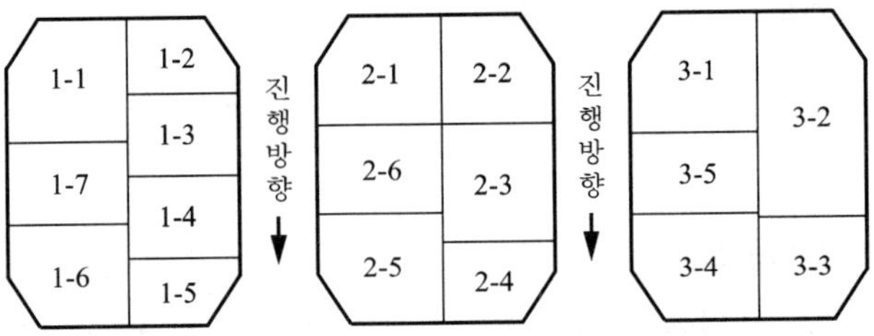

그림 10-4. 기우식

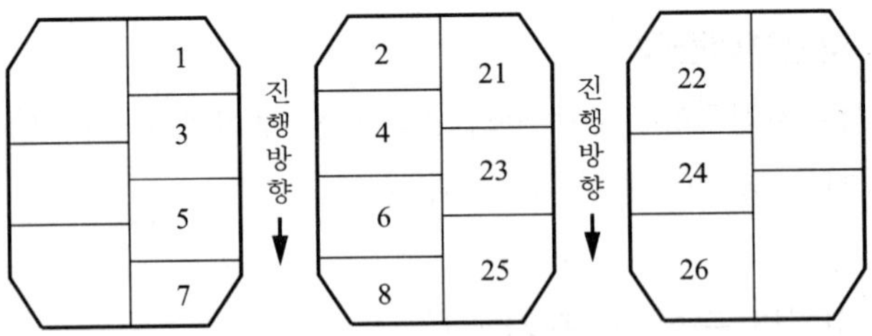

그림 10-5. 단지식

③ 지번부여단위에 따라 지역단위법, 도엽단위법, 단지단위법 등에 의거 부여

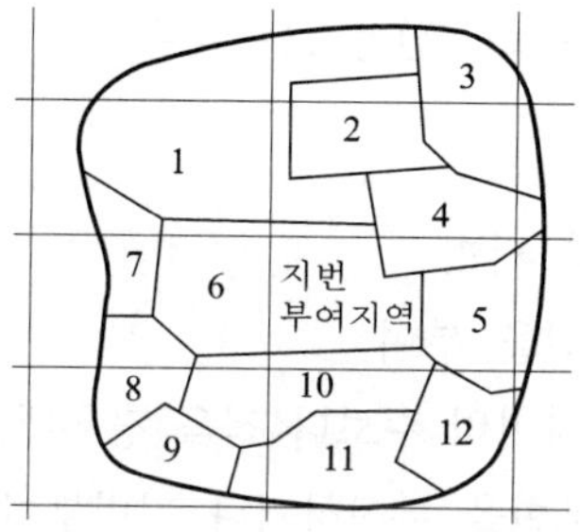

그림 10-6. 지역단위법

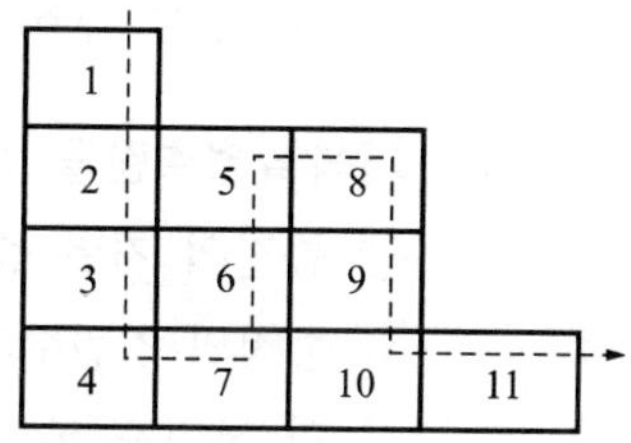

그림 10-7. 도엽단위법

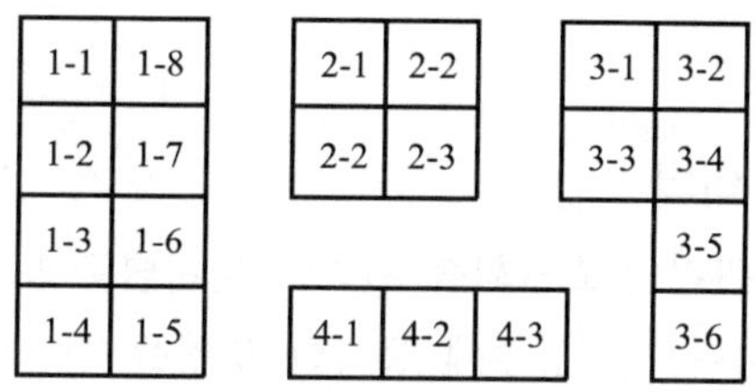

그림 10-8. 단지단위법

(5) 토지이동에 따른 지번부여 방법

① 신규등록 및 등록전환 시의 지번

㉠ 인접토지의 본번에 부번을 붙여서 지번을 부여

㉡ 대상토지가 그 지번부여지역 안의 최종 지번의 토지에 인접되어 있는 경우, 대상토지가 이미 등록된 토지와 멀리 떨어져 있어서 등록된 토지의 본번에 부번을 부여하는 것이 불합리한 경우 또는 대상 토지가 여러 필지로 되어 있는 경우에는 그 지번부여지역의 최종 본번의 다음 순번부터 본번으로 하여 순차적으로 지번을 부여

② 분할 시의 지번

㉠ 분할 후의 필지 중 1필지의 지번은 분할 전의 지번으로 하고, 나머지 필지의 지번은 본번의 최종 부번의 다음 순번으로 부번을 부여

㉡ 주거 · 사무실 등의 건축물이 있는 필지에 대해서는 분할 전의 지번을 우선하여 부여

③ 합병 시의 지번

㉠ 합병대상 지번 중 선 순위의 지번을 그 지번으로 하되, 본번으로 된 지번이 있

는 때에는 본번 중 선 순위의 지번을 합병 후의 지번으로 부여

㉡ 토지소유자가 합병 전의 필지에 주거・사무실 등의 건축물이 있어서 그 건축물이 위치한 지번을 합병 후의 지번으로 신청하는 경우에는 그 지번을 합병 후의 지번으로 부여

④ 지적확정측량을 실시한 지역에서의 지번

㉠ 종전의 지번 중 본번으로 된 지번을 부여

㉡ 종전의 지번수가 새로이 부여할 지번의 수보다 적을 경우에는 블록 단위로 하나의 본번을 부여한 후 필지별로 부번을 부여하거나 지번부여지역의 최종 본번의 다음 순번부터 본번으로 부여

2) 지목

(1) 지목의 의의

지목은 토지관리의 효율화를 위하여 필지별로 토지의 주된 용도에 따라서 토지의 종류를 구분 표시하여 지적공부에 등록한 명칭을 말한다.

표 10-4. 지목의 종류 및 도면에 표기하는 부호

번호	지목	부호	번호	지목	부호
1	전	전	15	철도용지	철
2	답	답	16	제방	제
3	과수원	과	17	하천	천
4	목장용지	목	18	구거	구
5	임야	임	19	유지	유
6	광천지	광	20	양어장	양
7	염전	염	21	수도용지	수
8	대	대	22	공원	공
9	공장용지	장	23	체육용지	체
10	학교용지	학	24	유원지	원
11	주차장	차	25	종교용지	종
12	주유소용지	주	26	사적지	사
13	창고용지	창	27	묘지	묘
14	도로	도	28	잡종지	잡

(2) 지목의 설정원칙

① 1필 1지목의 원칙 : 1필지마다 하나의 지목을 설정한다는 원칙

② 주지목추종의 원칙 : 1필지의 토지 일부가 주된 사용목적과 다른 용도로 사용되거나 주된 사용목적과 종속관계에 있을 때에는 주된 사용목적에 따른 지목으로 설정한다는 원칙

③ 등록선후의 원칙 : 서로 다른 용도의 지목이 교차하거나 겹치는 경우에는 등록시기의 선후에 따라 지목을 설정한다는 원칙

④ 용도경중의 원칙 : 서로 다른 용도의 지목이 교차하거나 겹치는 경우에는 용도의 경중에 따라 지목을 설정한다는 것

⑤ 사용목적추종의 원칙 : 도시개발사업, 농어촌정비사업 등의 공사가 준공된 토지는 그 사용 목적에 따라 지목을 설정한다는 것

⑥ 영속성의 원칙 토지가 일시적이고 임시적인 용도로 사용되는 경우에는 지목을 변경할 수 없다는 원칙

10.2.6 지적측량기준점 제도

지적측량 기준점을 제도하는 경우 다음의 사항에 따른다.

① 지적위성기준점은 직경 2 mm, 3 mm의 2중 원 안에 십자선을 표시하여 제도

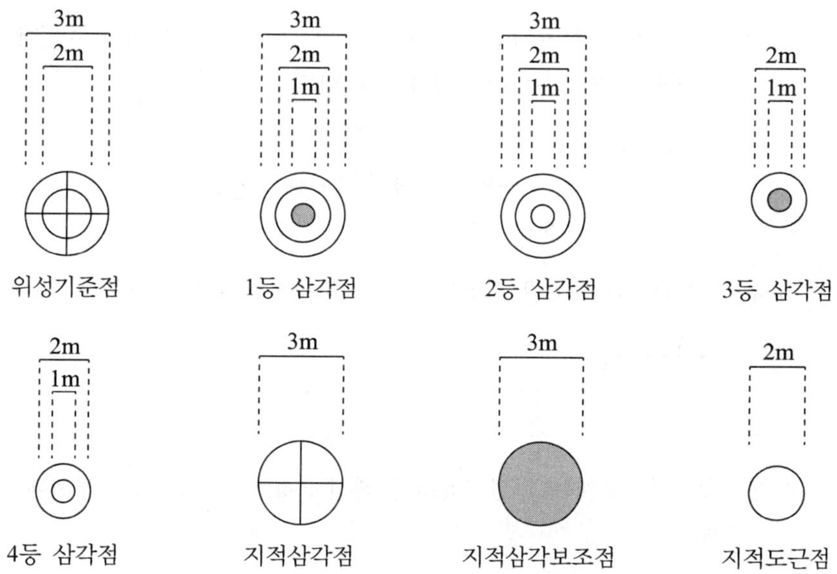

그림 10-9. 지적기준점 제도

② 1등 및 2등 삼각점은 직경 1 mm, 2 mm 및 3 mm의 3중 원으로 제도. 이 경우 1등 삼각점은 그 중심 원 내부를 검은 색으로 엷게 채색
③ 3등 및 4등 삼각점은 직경 1 mm, 2 mm의 2중 원으로 제도. 이 경우 3등 삼각점은 그 중심 원 내부를 검은 색으로 엷게 채색
④ 지적삼각점 및 지적삼각보조점은 직경 3 mm의 원으로 제도. 이 경우 지적삼각점은 원안에 십자선을, 지적삼각보조점은 원안에 검은색으로 엷게 채색
⑤ 도근점 직경 2 mm의 원으로 다음과 같이 제도
⑥ 지적측량기준점은 명칭과 번호는 당해 지적측량기준점의 윗부분에 제도. 다만, 경계에 닿는 경우에는 적당한 위치에 제도

10.2.7 행정구역선 제도

도면에 등록할 행정구역선은 0.4밀리미터 폭으로 다음과 같이 제도한다. 다만, 동・리의 행정구역선은 0.2밀리미터 폭으로 한다.

① 국계는 실선 4 mm와 허선 3 mm로 연결하고 실선 중앙에 1 mm로 교차하며, 허선에 직경 0.3 mm의 점 2개를 제도

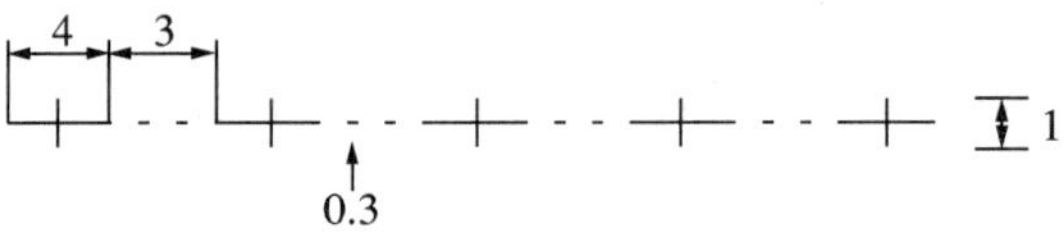

② 시・도계는 실선 4 mm와 허선 2 mm로 연결하고 실선 중앙에 1 mm로 교차하며, 허선에 직경 0.3 mm의 점 1개를 제도

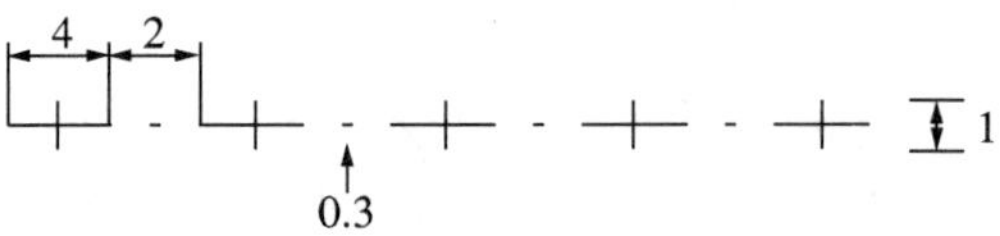

③ 시・군계는 실선과 허선을 각각 3 mm로 연결하고, 허선에 0.3 mm의 점 2개를 제도

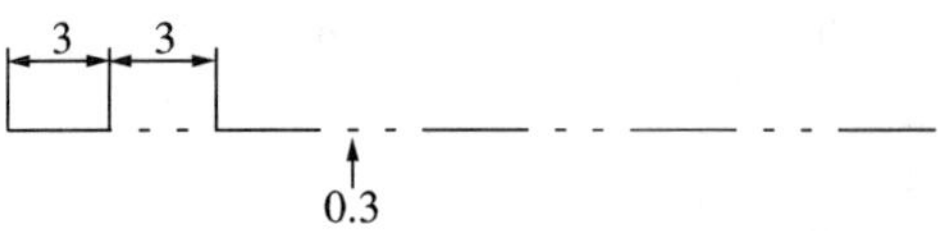

④ 읍・면・구계는 실선 3 mm와 허선 2 mm로 연결하고, 허선에 0.3 mm의 점 1개를 제도

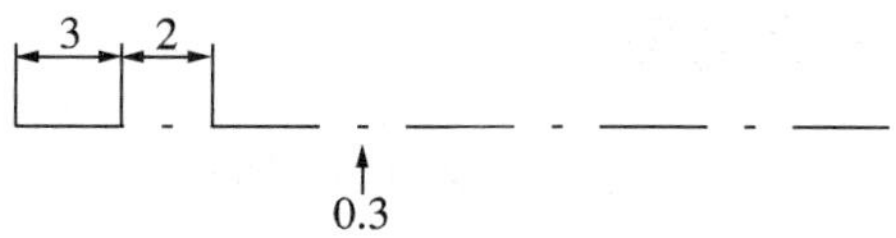

⑤ 동 · 리계는 실선 3 mm와 허선 1 mm로 연결하여 제도

⑥ 행정구역선이 2종 이상 겹치는 경우에는 최상급 행정구역선만 제도

⑦ 행정구역선은 경계에서 약간 띄어서 그 외부에 제도

⑧ 행정구역의 명칭은 도면 여백의 대소에 따라 4～6 mm의 크기로 경계 및 지적측량 기준점 등을 피하여 같은 간격으로 띄어서 제도

⑨ 도로 · 철도 · 하천 · 유지 등의 고유 명칭은 3～4 mm의 크기로 같은 간격으로 띄어서 제도

10.2.8 색인도 등의 제도

1) 색인도

도곽선의 왼쪽 윗부분 여백의 중앙에 다음과 같이 제도한다.

① 가로 7 mm, 세로 6 mm 크기의 직사각형을 중앙에 두고 그의 4변에 접하여 같은 규격으로 4개를 제도

② 당해 도면을 중앙으로 하여 동일 지번부여지역 안의 인접도면 번호를 3 mm 크기로 제도

2) 제명 및 축척

① 도곽선 윗부분 여백의 중앙에 “○○시 · 군 · 구 ○○읍 · 면 ○○동 · 리 지적도 또는 임야도 ○○장 중 제○○호 축척 ○○○○분의 1”이라 제도한다. 경계점좌표등록부 시행지역은 지적도 다음에 “(좌표)”라 기재

② 글자의 크기는 5 mm, 글자 사이의 간격은 글자 크기의 2분의 1

③ 축척은 제명 끝에서 10 mm 띄움.

10.2.9 토지의 이동에 따른 도면제도

토지의 이동에 따른 도면의 제도는 아래의 사항에 따른다.

① 토지의 이동으로 지번 및 지목을 제도하는 경우에는 이동전 지번 및 지목을 말소하고, 새로 설정된 지번 및 지목을 가로쓰기로 제도
② 경계를 말소할 때에는 해당 경계선을 말소
③ 말소된 경계를 다시 등록할 때에는 말소정리 이전의 자료로 원상회복 정리
④ 신규 등록·등록전환 및 등록사항정정으로 도면에 경계, 지번 및 지목을 새로 등록할 때에는 이미 비치된 도면에 제도한다. 다만, 이미 비치된 도면에 정리할 수 없는 때에는 새로 도면을 작성
⑤ 등록전환 할 때에는 임야도의 그 지번 및 지목을 말소
⑥ 필지를 분할할 경우에는 분할 전 지번 및 지목을 말소하고, 분할경계를 제도한 후 필지마다 지번 및 지목을 새로 제도
⑦ 도곽선에 걸쳐 있는 필지가 분할되어 도곽선 밖에 분할경계가 제도된 때에는 도곽선 밖에 제도된 필지의 경계를 말소하고, 그 도곽선 안에 필지의 경계, 지번 및 지목을 제도.
⑧ 합병할 때에는 합병되는 필지 사이의 경계·지번 및 지목을 말소한 후 새로 부여하는 지번과 지목을 제도
⑨ 지번 또는 지목을 변경할 때에는 지번 또는 지목만 말소하고, 새로 설정된 지번 또는 지목을 제도
⑩ 지적공부에 등록된 토지가 바다가 된 때에는 경계·지번 및 지목을 말소
⑪ 행정구역이 변경된 때에는 변경 전 행정구역선과 그 명칭 및 지번을 말소하고, 변경 후의 행정구역선과 그 명칭 및 지번을 제도
⑫ 도시개발사업·축척변경 등의 시행지역으로서 시행 전과 시행 후의 도면축척이 같고 시행 전 도면에 등록된 필지의 일부가 사업지구안에 편입된 때에는 이미 비치된 도면에 경계·지번 및 지목을 제도하거나, 남아 있는 일부 필지를 포함하여 도면을 작성. 다만, 도면과 확정측량결과도의 도곽선 차이가 0.5 mm 이상인 경우에는 확정측량결과도에 따라 새로이 도면을 작성
⑬ 도시개발사업·축척변경 등의 완료로 새로 도면을 작성한 지역의 종전도면의 지구안의 지번 및 지목을 말소

11

지적위성측량

11.1 GNSS의 개요

GNSS란 Global Navigation Satellite System의 약자로 범지구적 위성항법시스템을 말한다.

미국의 GPS, 러시아의 GLONASS, 유럽의 Galileo 등을 통칭하여 표현하며, 일본이나 중국에서는 자국의 독자 위성 항법체계를 구축하기 위해 QZSS, 북두위성(베이더우)을 사용하고 있다.

그림 11-1. GNSS

표 11-1. GNSS의 현황

국가	시스템	현황	주파수	신호접속	상업 서비스
미국	GPS	28~32기 위성	3 (L1, L2, L5)	CDMA	×
유럽	Galileo	27기+3기 예비위성	4 (L1, E6, E5a, E5b)	CDMA	◎
러시아	GLONASS	21기 +3기 예비위성	1 per two antipodal sat.	FDMA	×
중국	베이더우 Compass	정지궤도위성 5기 + 중간고도궤도위성 30기	3(E2, E5b, E5)	CDMA	?

11.1.1 GNSS의 종류

1) GPS (Global Positioning System)

GPS (Global Positioning System)는 미국정부가 1970년대 초반부터 개발에 착수하여 약 60억불의 예산을 투자하여 구축한 항법지원 시스템이다. 원래는 군사적 목적으로 개발을 시작하였지만, GPS신호의 일부를 민간인이 사용할 수 있도록 하는 것을 전제로 미 의회가 예산을 승인하게 되어 GPS신호 중 L1, C/A코드는 민간에 개방되었다. GPS시스템은 위성, 위성을 관제하는 지상관제설비, 그리고 사용자가 이용하는 GPS 수신기를 모두 포괄하여 말한다.

범세계위치결정체계(GPS)는 인공위성을 이용한 지구위치결정체계로 정확한 위치를 알고 있는 위성에서 발사한 전파를 수신하여 관측점까지의 소요시간을 관측함으로써 관측점의 위치를 구하는 체계이다.

Block I
First Launch : 1978
Rockwell International

Block I
First Launch : 1989
Rockwell International

Block I
First Launch : 1997
Rockwell International

Block I
First Launch : 2001
Boeing
(Rockwell International)

그림 11-2. GPS위성체계

GPS (Global Positioning System)는 6개의 지구궤도면 상에 각 4개의 위성을 배치하여 그 중 최저 4개의 위성으로부터 발사되는 자료를 decode함으로써 지상에서의 3차원 측위를 가능하게 하며, 또한 항법원조나 측량의 이용을 목적으로 사용하고 있는 NNSS의 개량형으로서 WGS-84 타원체상의 좌표값으로 나타내는 고정도 시스템이다. 위성의 지상고도는 약 20,200 km이고 공전주기는 약 12시간이다.

GPS위성에 사용되는 좌표체계는 WGS-84 (World Geodetic System 1984)라고 불리는 기준좌표계를 사용한다. 즉, GPS에 의한 모든 위치결정은 WGS-84상에서 구현된다. WGS-84 좌표계는 여러 가지 관측장비를 가지고 전 세계적으로 측정해 온 지구의 중력장과 지구모양을 근거로 해서 1984년에 만들어진 ECEF (Earth-Centered, Earth-Fixed)좌표계로서 지구전체를 대상으로 하는 세계공통 좌표계이다. WGS-84는 지구의 질량중심에 위치한 좌표원점과 X, Y, Z 축으로 정의되는 좌표계이다. 여기서 Z축은 1984년에 국제시

표 11-2. NNSS와 GPS의 비교

	NNSS	GPS
개발시기	1950년대	1973년대
실용개시연대	1967년에 일반에게 개방	1993년까지 24시간 3차원측량이 가능 1994년 24개 위성 풀시스템 서비스 제공
사용주파수	150 mHz, 400 mHz	1575.42 MHz (CA), 1227.6 MHz (P2)
구성	위성 5개	위성 28～32기
주기	약 107분	0.5항성일(약 11시간 58분)
궤도	고도 약 1,075 km의 극궤도운동	고도 20,183 km의 6궤도면을 원궤도운동
정확도	수 m	$10^{-6} \sim 10^{-7}$
이용 좌표계	WGS-72	WGS-84
거리관측법	인공위성 전파의 Doppler 효과이용	전파의 도달 소요시간 이용(위성으로부터 거리관측)

보국(BIH)에서 채택한 지구 자전축(Conventional Terrestrial Pole : CTP)과 평행하며, X축은 BIH에서 1984년에 정의한 본초 자오선과 평행한 평면이 지구의 적도면과 교차하는 선이고, Y축은 X축과 Z축이 이루는 평면에 동쪽으로 수직인 방향으로 정의된다. WGS-84좌표계의 원점과 축은 WGS-84 타원체의 기하학적 중심과 X, Y, Z축으로 쓰인다.

GPS의 신호체계는 2개의 송신 주파수(L1, L2)와 3개의 변조신호(C/A cord, P cord, Y cord) 그리고 위성메세지로 구성되어 있다.

GPS의 모든 신호는 위성에 장착된 세슘원자시계에 의하여 발생되는 기본 주파수 10.23 Mhz를 기준으로 만들어진다. 위성메세지에는 자신의 궤도정보와 시각정보 외에 다른 위성들의 궤도정보가 수록되어 있다. 또한 정도면에서는 수신기 1대에 의한 1점측위의 경우 수십 m～수백 m, 2대 이상에 의한 상대측위의 경우 5～10 mm ± 1～5 ppm의 높은 정확성을 가진다. 그러므로 GPS 측량의 적절한 조합과 측위방법을 잘 선택하면 기준정도 이상의 정확성 확보와 매우 경제적인 측량을 할 수 있는 것으로 알려지고 있다.

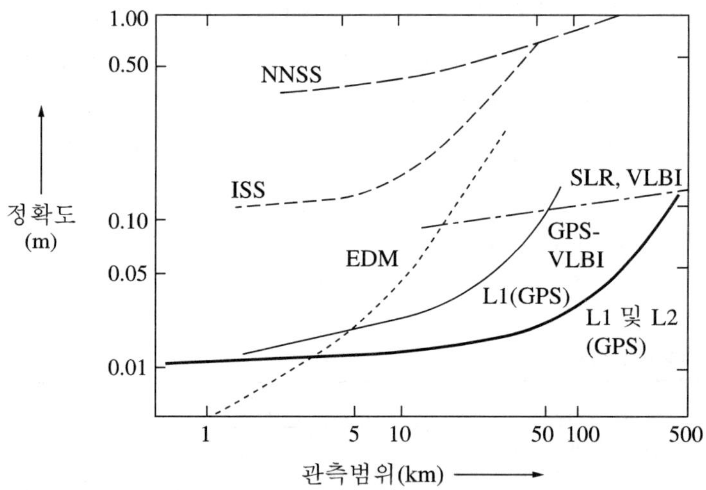

그림 11-3. GPS의 정확도

2) Galileo위성

‘갈릴레오(Galileo) 프로젝트’는 EU의 제5차 연구개발 프레임워크(Research Framework Programme)의 성장(Growth) 테마 프로그램 하에 수행되는 파일럿 프로젝트로 유럽위원회(European Commission)와 유럽우주국(European Space Agency)이 공동으로 주관하고 있다. 민간전용 위성항법시스템의 필요를 인식한 EU가 미국과 러시아 주도의 위성항법기술과 시장의 의존도를 낮춤과 동시에 새로운 위성항법 관련시장을 창출하기 위하여 ESA

와 공동으로 추진하고 있는 세계 최초의 민간용 위성항법시스템이다. GPS (Global Positioning System)가 현재 5～10 m의 오차범위를 보이고 있는 반면, '갈릴레오 프로젝트'는 오차를 1 m 이내로 줄여 GPS의 한계를 극복하려는 유럽의 우주개발 역사상 가장 큰 규모의 프로젝트이다. 2005년 12월 28일 카자흐스탄의 바이코누르 기지에서 발사한 시험위성인 '지오베(GIOVE) A'호가 지구궤도에 안착하여 성공적으로 진행되었다.

갈릴레오는 고도 23,616 km와 56도의 경사각을 가진 3개 면의 지구 중궤도에 각각 10개의 위성(총 30기, 이 중 3기는 비상시를 대비한 보조위성)을 발사하고 2개의 갈릴레오 제어센터를 포함한 지상국 네트워크를 전 세계에 구축하여 지구 전역을 대상으로 한 서비스 체제를 구축한다.

갈릴레오 시스템은 GPS에 비해 더 정확한 위치추적이 가능하며, GPS와 달리 한 위성이 고장날 경우 이 사실을 이용자(수신기)에게 실시간으로 알려주는데, 위성 수신기는 곧바로 다른 위성의 전파를 대신 수신하거나 이용자에게 경고를 하는 등 대응이 가능하다. GPS는 위성의 고장사실을 확인하는 데 몇 시간 이상 소요되기 때문에 안전과 직결된 서비스에는 GPS를 이용하기가 곤란하다.

한편, 갈릴레오의 유료 서비스 이용자들은 위성의 고장이나 위치정보 오류로 선박 충돌사고 등 피해를 입으면 운영회사에 책임을 물을 수 있는데 비해, GPS는 위성신호가 갑자기 끊어지더라도 책임을 지지 않는다.

또한 갈릴레오는 여러 국가가 공동으로 참여하고 민간기업들에 의해 운영되는데 반해, GPS는 미군에 의해 통제되며, NATO군이 미국 GPS시스템의 군사용 신호에 대한 사용권을 갖고 있기 때문에 갈릴레오는 별도의 군사용 채널을 마련하지 않는다.

표 11-3. GPS와 갈릴레오 시스템 비교

	Galileo	GPS
위성의 고도	23,616 km	20,200 km
위성의 수	30 (27+3 예비)기	28～32기
궤도수	3개 궤도면	6개 궤도면
궤도주기	14.4시간	12시간
사용주파수	1.1 / 1.2 / 1.2 GHz	1.2 / 1.5 GHz
무결성정보 제공여부	제공	미제공
서비스 시기	제공 중	제공 중
용도	민간용	민간 및 군용

3) 중국의 북두 위성항법시스템

중국도 현재 3대의 항법위성을 궤도에 올려놓아 자체 위성항법 시스템을 갖추고 있다. 북두항법시스템(Beidou Navigation System)이라 불리는 이 시스템은 큰곰자리를 의미하는 것으로서 중국 자체의 위성항법과 관련된 응용산업 및 인프라 구축을 목표로 하고 있다. 이 시스템은 두 정지궤도 위성을 이용해 Twin－Sat 국지항법 시스템으로 운영하는 것이 골자이며 정밀도는 GPS 시스템과 비슷한 수준이다. 1993년 공식적으로 시작하여 2000년에 실험위성을 발사하였고, 2003년 5월 3기를 궤도에 진입시킨 바 있다. 최종적인 북두 위성배치는 총 4기의 정지궤도위성으로 이루어져 있다. 이 중 2기는 운영하고 나머지 2기는 백업용이다. 이 시스템은 ESA의 Galileo사업에 참가하고 있다.

북두항법시스템은 GPS/Galileo와는 달리 사용범위가 자국 및 주변국에만 국한된다는 점이 다르며, 개발 동기도 군사목적 이외에 방송, 통신, 경제, 과학 등으로 다양하다.

현재 Beidou-1 (北斗-1) 위성항법시스템으로서 4개의 정지궤도 위성이 구성되어 있는데 지구 전역이 아니라 중국 내 지역으로 범위가 제한되어 있다. 중국은 향후 이를 계속적으로 확대하여 35개의 위성으로 구성되는 Beidou-2 (北斗-2) 위성항법시스템을 마련해 글로벌 항법시스템으로 확대할 계획이다. 앞으로 확대 구축될 위성항법시스템은 중국말로는 Beidou-2 (北斗-2) 또는 영문으로 "Compass" 위성항법시스템으로 불리게 된다.

Beidou-1 지역항법시스템을 구축해온 노력으로서 Beidou 1A 위성이 2000년 10월에 발사되었고, 뒤를 이어 Beidou-1B 위성이 같은 해 12월에 발사되었다. 그리고 Beidou-1C가 2003년 5월에 궤도로 올려졌고, 백업용으로서의 Beidou-1D 위성이 2007년 2월에 성공적으로 발사되었다. 모든 위성은 장정-3A 발사체에 의해 올려졌다. 네 번째 위성인 1D는 제어시스템 오작동으로 인해 태양 전지판이 전개되지 않는 경우가 발생했는데 지상제어국으로부터의 작업을 통해 복구되었다.

Beidou-2 또는 "Compass" 항법시스템 구축을 위한 또 하나의 위성 Beidou-2A가 2007년 4월에 역시 장정-3A 로켓에 의해 성공적으로 발사되어 정지궤도에 올려졌다.

표 11-4. 북두항법 시스템 위성 제원

	북두 1A	북두 1B	북두 2A
발사 시기	2000년 10월 31일	2000년 12월 21일	2003년 5월 25일
발사체	장정 3A	장정 3A	장정 3A
무게	2,200 kg	2,200 kg	2,200 kg
반경	35,772 km (근지점) 35,803 km (원지점)	35,753 km 35,821 km	35,760 km 35,836 km
궤도 경사각	0.1 deg	0.0 deg	0.3 deg

앞으로의 중국 위성항법시스템 북두(北斗) 또는 Compass 항법시스템은 총 35개의 위성들로 구성될 것이다. 여기에는 5개의 정지궤도위성과 정지궤도와 지구저궤도 사이에 30개의 위성들이 놓이게 되어 글로벌 위성항법 서비스를 제공할 계획이다. 제공될 서비스는 두 가지 유형이 있는데 첫 번째는 10미터급 위치 정밀도와 0.2 m/s 속도 정밀도를 가진 민간부분 서비스이고 또 하나는 정확도가 더 향상된 군용 서비스가 될 것이다.

4) GLONASS

GLONASS (GLObal NAvigation Satellite System)는 러시아의 위성항법시스템으로 1970년대 중반부터 개발에 착수되었다. 러시아 국방성에서 개발한 군용시스템으로서 GPS와 마찬가지로 위성과 수신기 사이의 전파지연시간을 측정하여 정확한 3차원의 위치, 속도 및 시각정보를 알아낼 수 있다. 1982년 10월 12일 첫 발사를 시작으로 1988년 국제민간항공기구(ICAO)의 FANS 회의에서 국제사회에 공식 발표되었으며, 1993년 IOC를 선언하였고, 1995년에 21개의 위성과 3개의 예비 위성군을 완성하게 되었다.

GLONASS 위성군은 21개의 작동위성과 3개의 예비위성으로 구성되는데, 24개의 위성은 각각 120°의 각을 갖는 3개의 평면에 8개씩 규칙적으로 배열되어 있으며, 지구표면에서 5개 이상의 위성이 보일 수 있는 확률은 99% 이상이다. 각각의 위성은 지표에서 반경 19,100 km인 궤도면에 존재하며 적도면에 대하여 64.8°의 각도로 기울어져 있고, 주기는 11시간 16분으로 8항성일마다 같은 지역을 통과하게 된다. GLONASS는 GPS보다 위성고도가 낮고 위성의 수명이 짧으며, 주파수 분할방식을 이용하기 때문에 각 위성마다 주파수가 상이하다. GLONASS위성 궤도정보는 케플러 궤도요소와 섭동 요소들이 시간의 함수로 기록된 GPS와 달리 매 15분과 45분에 위성의 3차원 직각좌표성분, 가속도성분 등으로 구성된다.

GPS가 CDMA에 의해 각각의 위성이 C/A코드와 P(Y)코드를 고유의 할당된 의사 잡음코드에 실어 보내는 것과는 달리 GLONASS는 주파수분할 방식(FDMA)으로 각각의 위성들이 같은 의사 잡음코드를 위성마다 할당된 다른 주파수대에 실어 전송한다. 반송파 신호로는 L1, L2 주파수 대역을 사용하는데, L1주파수대는 1,602 + 0.5625n MHz이고 L2주파수는 1,246 + 0.4375n MHz ($n = 1, 2, 3, \cdots, 24$)이다. L1주파수에는 0.511 MHz의 C/A코드와 5.11 MHz의 P코드가 있고, L2주파수대에는 5.11MHz의 P코드가 실려 있다. 항법 메시지에는 C/A코드 메시지와 P코드 메시지가 있으며, 50 bps로 전송된다. GPS와 같이 위성관련 정보를 수신기에 전달하며, 특히 인공위성의 궤도정보를 ECEF좌표계의 직교좌표 형태(위치, 속도, 가속도 성분)로 전달한다.

GLONASS는 GPS와 같이 지구중심 고정좌표계를 사용하여 위성 자신과 사용자의 위치를 파악하며, GLONASS가 사용하는 좌표계는 PZ-90으로서 GPS의 WGS-84 좌표계와는 차이가 있다. GPS에서 사용하는 좌표계는 미국을 중심으로 정확도가 높으며, GLONASS의 PZ-90 좌표계는 러시아를 중심으로 구 소련연방과 동유럽, 그리고 아시아 지역에서 비교적 정확도가 높다. 지구상의 임의의 한 점이 두 좌표계의 차이로 인해 생기는 오차는 20 m 이하로서 이는 두 좌표계 사이의 좌표변환을 통해 해결할 수 있다. 현재까지의 방법으로는 WGS-84 좌표계에 의한 GLONASS위성의 위치정보와 PZ-90 좌표계에서 위성정보를 비교함으로써 추정할 수 있다. 그 결과 두 좌표계는 Z축을 중심으로 0.6 min 회전되어 있고 그 중심은 Z축으로 4 m의 차이를 두고 있다. GLONASS가 제공하는 시간과 시스템 자체의 시간은 모스크바에서 제공하는 UTC (MOSCOW) 시각에 맞추어 유지되고 있으며, GPS의 UTC 시각과 차이가 존재한다. 표 11-5는 GPS와 GLONASS의 특성을 비교한 것이다.

표 11-5. GPS와 GLONASS 비교

<table>
<tr><th colspan="2"></th><th>GLONASS</th><th>GPS</th></tr>
<tr><td colspan="2">위성수</td><td>21 + 3 spares</td><td>28～32</td></tr>
<tr><td colspan="2">궤도수</td><td>3</td><td>6</td></tr>
<tr><td colspan="2">궤도경사</td><td>64.8°</td><td>55°</td></tr>
<tr><td colspan="2">위성고도</td><td>19,130 km</td><td>20,180 km</td></tr>
<tr><td colspan="2">궤도주기</td><td>11h 15m 40s</td><td>11h 58m 00s</td></tr>
<tr><td colspan="2">좌표계</td><td>PZ-90</td><td>WGS-84</td></tr>
<tr><td rowspan="2">궤도정보</td><td>길이</td><td>152 bits</td><td>120 bits</td></tr>
<tr><td>주기</td><td>12m 30s</td><td>2m 30s</td></tr>
<tr><td colspan="2">신호</td><td>FDMA</td><td>CDMA</td></tr>
<tr><td rowspan="2">반송파 주파수</td><td>L1</td><td>1602.0～1614.94 MHz(*)</td><td>1575.42 MHz</td></tr>
<tr><td>L2</td><td>7/9 L1</td><td>60/77 L1</td></tr>
<tr><td colspan="2">PRN코드형태</td><td>ML</td><td>GOLD</td></tr>
<tr><td rowspan="2">코드요소</td><td>C/A</td><td>411</td><td>10^{23}</td></tr>
<tr><td>P</td><td>4110000</td><td>2.35×10^{14}</td></tr>
<tr><td rowspan="2">전송률</td><td>C/A</td><td>0.511 Mbit/s</td><td>1.023 Mbit/s</td></tr>
<tr><td>P</td><td>5.11 Mbit/s</td><td>10.23 Mbit/s</td></tr>
<tr><td rowspan="4">항법메세지</td><td>Rate</td><td>50 bit/s</td><td>50 bit/s</td></tr>
<tr><td>Modulation</td><td>BPSK Manchester</td><td>BPSK NRZ</td></tr>
<tr><td>Total length</td><td>2m 30s</td><td>12m 30s</td></tr>
<tr><td>Subframe length</td><td>30s</td><td>6s</td></tr>
</table>

11.1.2 GNSS 활용분야

표 11-6. GPS 활용분야

분야	내 용
측지측량	정밀 3차원 측지망 구정, 기준점 측량, 중력 측량, INS에 의한 항공촬영, 위성영상 획득, 각종 공사측량
지구물리학	지각변동 관측, 지질구조 해석, 항공지구 물리
항법 및 교통	지능교통형 시스템, 선박항법, 항공기항법, 고속철도
GIS	지도제작, 주제도 제작, 수자원 및 삼림자원 관리 INS (Inertial Navigation System)를 이용한 매핑시스템, GIS D/B 구축 및 설계
기상 및 해양	해수면 감시, 시추공 위치 결정, 해상중력 측량, 준설작업, 해저지도 작성, 해양자원 탐사
우주분야	위성 궤도추적, 위성 자세결정
지상 및 해상 운송	화물트럭 관제, 철도차량 관제, 택배 차량 관제, 선박항해, 수로안내 (Pilotage), 운하운송
재난구조 및 레저	119, 소방, 재난, 미아 찾기, 등산, 여행
자원관리	농업자원관리, 어업자원관리, 토지관리, 산림관리

11.2 GPS의 구성

GPS는 위성 및 위성과 관련된 부분인 우주부분, 지상에서 위성의 위치를 추적하거나 감시하는 통제의 역할을 담당하는 지상제어부분, 공중, 지상 및 해상에서 사용하는 수신기들로 이루어진 사용자부분의 3개 분야로 구성되어 있다.

11.2.1 GPS 우주부분

우주부분은 우주공간을 날고 있는 GPS위성에 대한 부분, 위성이 움직이는 길과도 같은 궤도부분, 정밀한 시각 측정시스템인 시계부분, 수신기와의 통신을 위한 신호체계로 구성되어 있다.

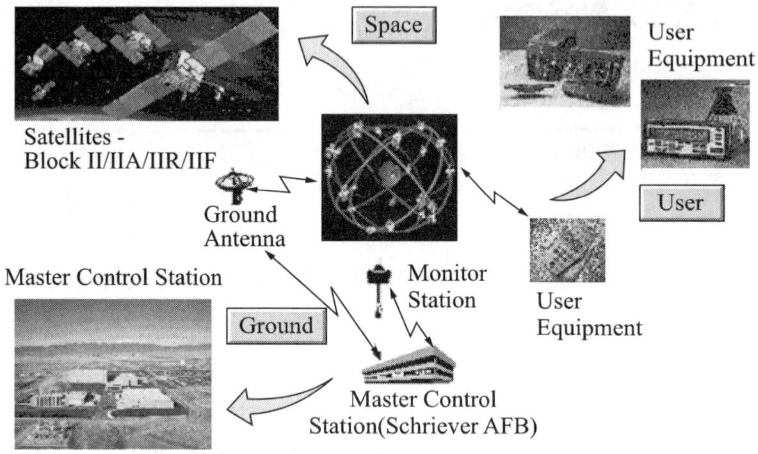

그림 11-4. GPS 시스템의 구성

1) GPS 위성

위성 배치의 기초는 Block-I 이라고 불리는 우주장비 시리즈로부터 시작되었다. 이러한 개념적 위성들은 SA (Selective Availability)나 A-S (Anti-Spooling)의 능력을 갖추지 못하였는데, 이것들은 오래전 미 대륙의 군사실험장 상공에 최적의 기하학적 관측이 가능토록 배치되어 독립적으로 시험 운용되었었다. Block-II 시리즈 GPS운영 위성은 1989년 12월 처음 발사되었다.

그림 11-5는 캘리포니아 시얼비치에 있는 Rock well사의 인공위성부에서 GPS위성의 태양전지판을 조립하고 있는 것이다. 인공위성과 작업자의 크기와 비교하면 위성의 크기를 쉽게 짐작할 수 있다.

GPS위성이 발사되어 운용될 때 처음 Block-I위성은 현재 운용 중인 궤도와는 달리 독립적으로 시험 운용되었다.

그림 11-5. GPS위성

표 11-7. GPS위성의 제원

구분	무게 (kg)	설계사용 기간(년)	운행상태	최초발사 년도	속도 (km/sec)	비고
Block-I	약 845	약 4.5	운행 중지	1978	3.87	
Block-II	약 1667	약 7.5	운행 중	1989	3.87	
Block-II A	약 1667	약 7.5	운행 중	1991	3.87	
Block-II R	약 2000	약 10	운행 중	1995	3.87	

2) GPS위성의 궤도

GPS위성의 고도는 지상에서 약 20,183~20,187 km의 고도로 비행하며 하루에 지구를 2바퀴를 회전하는 주기로서, 1번 회전하는데 걸리는 시간은 11시간 58분이다. 따라서 지구의 중심으로부터 위성의 높이까지를 반지름으로 하는 원주를 위성이 하루에 2회를 회전하기 위해서는 초속 3.87 km로 비행해야 하는데 이는 총알보다도 빠른 속도이다. 그리고 12시간이 아닌 11시간 58분인 것은 지구가 기하학적으로 360도 회전했을 때 걸리는 시각이 항성시로는 12시간이 되며 우리가 통상 사용하는 태양시로 측정했을 때의 시각은 11시간 58분이 되기 때문이다.

6개 위성궤도상의 24개 위성각 궤도상에 4개 위성이 배치 20,200 km 고도, 55° 경사로 배치되어 있다.

태양시(Solar Time)는 태양이 남중으로부터 다음 남중까지 걸리는 시간을 의미하며, 항성시는 지구가 고정된 점에 대하여 360° 회전하는데 걸리는 시간으로 항성시 24시간은 태양시로는 23시간 56분 4.0954초이다.

정지궤도위성은 지구의 자전속도와 같은 속도로서 지구를 하루에 1회 회전하는 주기를

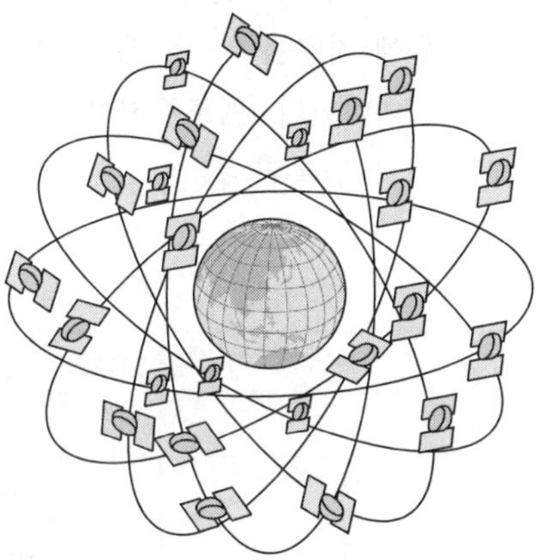

그림 11-6. GPS 위성의 궤도

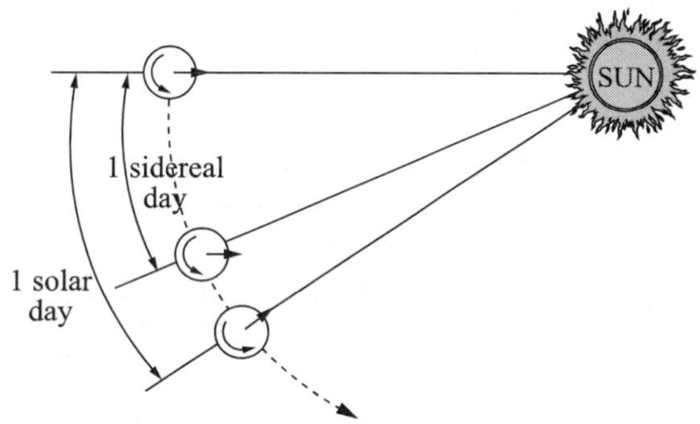

그림 11-7. 태양시와 항성시의 관계

표 11-8. 고도별 위성주기 및 속도

위성고도(km)	주기	속도(km/s)	비고
36,000	24시간	3.31	정지궤도 위성
20,000	12시간	3.87	1일 2회 주기
700	100분	7.49	1일 수회
0	84.4분	7.89	

가지고 있기 때문에 돌고 있지 않은 것처럼 항상 머리 위에 떠있게 된다. 이것을 이름하여 정지궤도위성이라 하는데 대개의 경우 통신위성 등이 그것이다.

GPS위성의 궤도는 A에서 F까지 명명된 6개의 궤도에 배치되어 있으며, 적도에 대해 55° 기울어져 있다. 지구의 편평 현상 때문에 일일 회절율(nodal regression)이 약 −0.04187° 정도 되어 통제센터에서 일 년에 한 번씩 위치를 수정을 해주어야 한다.

GPS위성의 궤도배치는 적도를 중심하여 전 지구에 고르게 배치되었다. 한편 구소련의 측위시스템인 GLONASS는 극을 중심으로 하는 배치이다. 이는 지구 전체에 고르게 배치한 것이 아니라 극지방에 위성이 자주 나타나도록 한 배치로서 자국의 방위를 위한 배치로 해석될 수 있다.

3) 위성의 배열 형태

각 궤도면은 4개의 위성들을 가지고 있으며 범지구적 위성 가시성(global satellite visibility)의 최적화를 위해 한 궤도 내에서의 위성들간의 거리는 균등 배치되어 있지 않다. 궤도경로(orbital path)는 거의 원에 가까운데, 장축이 약 26,000 km 정도이며 케플러 제3법칙(행성주기의 제곱은 태양과의 평균거리의 세제곱에 비례한다)이 적용된다. 궤도주기(orbital period)는 11시간 58분이며, 위성들은 하루에 지구를 두 번 궤도 회전을 실시하는데, 이는 위성들이 매일 약 4분 일찍 뜬다는 것을 의미한다. 궤도주기가 지구 자전주기의 정확한 배수이므로 지구상의 위성궤도는 일일주기로 반복된다.

표 11-9. 원자시계의 제원

시계의 유형	주파수(GHz)	신뢰도/일($\Delta f/f$)	1초가 틀리는 기간
수정결정판진자	0.005 (typical)	10^{-9}	30년
루비디움	6,834,682,613	10^{-12}	30,000년
세시움	9,192,631,770	10^{-13}	300,000년
수소분자증폭기	1,420,405,751	10^{-15}	30,000,000년

4) GPS위성의 시간 체계

GPS위성과 수신기 사이의 거리 정확도는 곧바로 위치의 정확도로 표현되고 있다. 따라서 EDM의 원리와 같이 전파가 도달하는 시각을 측정하기 위하여 정밀한 원자시계를 1개의 위성에 4개씩 탑재하고 있다. 여기서 원자시계라 함은 시계가 필요로 하는 동력원으로서의 원자력이 아니라 시계에 채택한 물질의 원자로서 그 진동수를 시계에 채택한 것을 말하며 그러한 물질로는 Quartz crystal, Rubidium, Cesium, Hydrogen 등이 있다.

위성이나 우주장치의 시각은 각 위성의 내장된 원자시계에 의해 결정되며 모든 위성의 운영은 자기 고유의 시간체계에 의해 진행된다. 즉 C/A코드나 P(Y)코드, 항법메시지 같은 위성에서의 신호는 위성시간에 의해서 초기화되지만, 항법메시지의 데이터는 GPS 시간에 기초한다.

GPS Time은 제어분야(Control segment)에 의해 설정되며 UTC (USNO)에 1sec 이내로 연결되지만 GPS Time은 윤초 조정을 거치지 않는 것이 특징이다. UTC (Universal Coordinated time)란 과학기술의 발달과 함께 지구의 자오선에 의한 평균태양시에 의하지 않고 고정밀 원자 및 초전도체를 이용함으로써 물리량을 정확히 측정할 수 있게 되어 10－13 정도의 고정밀도의 시각을 측정하여 지구자전과 맞추기 위한 윤초만큼의 차이를 매년 6월 30일과 12월 31일에 가감한 시각을 말한다.

5) GPS위성의 신호체계

모든 인공위성은 10.23 MHz를 기본주파수로 하여 전파를 송출하며, 기본주파수에 154를 곱하면 1,574.42 MHz의 L1반송파가 되고 기본주파수에 120을 곱하면 1227.60 mHz의 L2반송파가 생성된다. P코드의 반복주기는 10.23 MHz가 기본주파수이고, C/A코드의 반복주기는 1.023 MHz로서 기본주파수의 1/10에 해당한다.

PRN (Pseudo Random, Noise)코드는 10.23 MHz의 P코드, 1.023 MHz C/A코드, 50 Hz의 항법메시지를 반송파에 실려 방송하게 되는데 보통 라디오방송의 경우에는 한 개의 반송파에 한 개의 메시지를 실려 보냄으로써 내용을 들을 수 있지만 이것은 여러 개의 메시지를 담아 보냄으로써 잡음과 같다 하여 PRN코드라 한다. 그러나 GPS 수신기에서는 코드와 메시지를 구분할 수 있으므로 아무런 문제가 없다. 그리고 L1반송파에는 C/A코드, P코드, 항법메시지를 운송하고 L2반송파에는 P코드, 항법메시지를 운송한다.

P코드는 군용으로서 일반에게 노출되었을 때 보안을 위하여 P코드를 변복조시켜 또 다른 형태의 코드를 만들게 되는데 이를 Y코드라 한다.

C/A (Coarse/Acquisition)코드의 반복주기는 1 msec로서 1.023 Mbps로 구성되어 있으며 각 위성은 각기 다른 C/A코드를 전송한다. C/A코드는 모든 부류의 구성요소간 전체적 관계에 특징을 가지고 있는 대단히 중요한 코드이며 다른 위성으로부터 동시에 받는 신호를 빨리 인식할 수 있게 해준다. P코드는 L1에 적용할 수 있고, 지상 통제 옵션과 같은 L2에도 적용할 수 있다. C/A코드는 표준위치측정서비스(SPS)의 기초이며 C/A코드와 P(Y)코드의 에포크(Epoch)가 동시 발생되기 때문에 C/A코드로써 P (Y)코드의 신속한 획득이 가능하다.

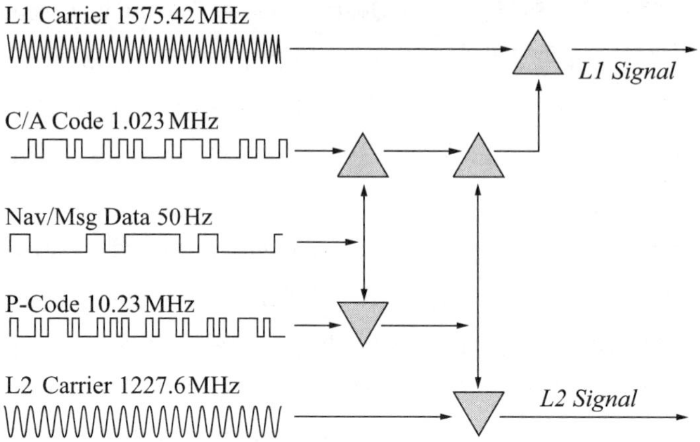

그림 11-8. GPS위성의 전파

인공위성 식별시스템(satellite identification systems)들 중 어떤 것은 PRN 매주 숫자(weekly number)를 쓴다. 예를 들어, PRN 13이나 SV 13이라면 이것은 PRN code의 13번째 주간 부분을 전송하는 것이다. 다른 증명체계는 발사순서의 번호이다. 예를 들어, PRN 13의 발사순서 번호는 NAVSTAR 9이다.

반송파(Carrier Wave)라고 불리는 단순 싸인곡선은 음성통화나 디지털 신호 등 정보를 전송하기 위해 변조될 수 있다. GPS의 경우 변조의 여행시간을 측정함으로써 ranging (거리측정)을 가능케 하며, 이 디지털 변조방식에는 적어도 세 가지가 존재하는데 이는 Amplitude-shift keying (ASK)과 Frequency-shift keying (FSK), 그리고 Phase-shift keying (PSK)이다.

표 11-10. GPS 위성의 코드와 메세지

구분 \ 코드	C/A	P(Y)	항법 데이터
전송율	1.023 Mbps	10.23 Mbps	50 bps
펄스당 길이	293 m	29.3 m	5950 km
반복	1 ms	1주	N/A
코드의 형태	Gold	pseudo random	N/A
반송파	L1	L1, L2	L1, L2
특징	포착하기가 용이함.	정확한 위치추적, 고장률이 적음.	시간, 위치 추산표

이진부호들은 또한 칩이나 비트, 코드 혹은 펄스라고 부른다. 데이터 스트림 내의 이진부호의 순서는 통상 pseudo random sequence이며 이는 "지역적으로" 무작위(random)신호로 보일 수 있으나 실제로는 수학적인 공식에 따른다. ASK는 on/off 작동에 상응하는데 1은 반송파를 켜는 것이고 0은 끄는 것이다. FSK는 하나 또는 다른 주파수로의 전송을 의미한다. 전송진동자는 두 개의 구분적인 주파수간 왕복운동이 요구되며, 이 경우 같은 반송파 주파수가 사용되나 뜻밖에 위상(phase)이 바뀔 수도 있다. Binary phase-shift keying (BPSK) 방식에서 위상은 0과 180으로 바뀌는데 이 BPSK 방법은 GPS신호와 함께 쓰인다.

모든 위성은 50bps의 항법메시지(navigation message)를 L1과 L2의 운송파에 의하여 데이터 스트림을 보내는데 이것을 항법메시지라고 부른다. 하나의 완전한 메시지는 25개의 프레임으로 구성되어 있고 프레임은 각각 1,500개의 비트로 구성되어 있다. 또한, 프레임은 각각 다시 300개의 비트들로 구성되는 서브프레임(subframe)으로 나누어지고 각각의 subframe은 30개의 비트들로 구성된 10개의 word로 이루어진다. 50 bps상에서 하나의 subframe을 전송하는 데는 6초가 걸리고, 프레임 전체를 완성하는 데는 30초가 걸리며, 항법메시지 전체를 전송하는 데는 12분 30초가 걸린다.

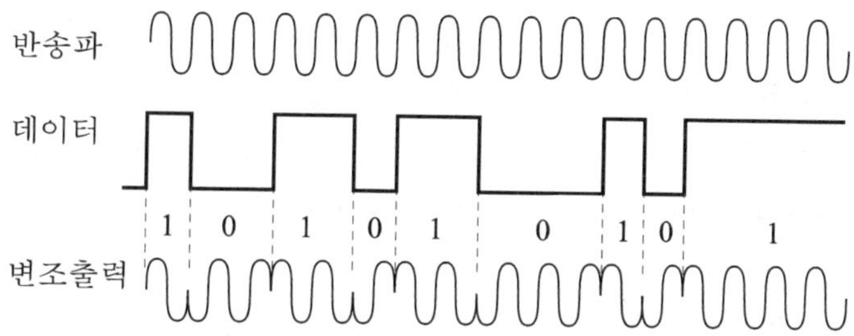

(데이터의 1과 0에따라 반송파의 위상이 반전한다)

그림 11-9. 디지털 변조방법(PSK 변조의 개념)

Subframe 1은 위성의 정확도와 건강상태, 위성시계의 보정계수, 사용기간, L2코드와 데이터 등이 실려 방송되며 Subframe 2와 3은 자기 자신의 정확한 궤도정보(Ephemeral Parameter)의 정밀력으로서 이는 전송하는 위성 자신의 위치 표현에 쓰이는 계수들을 포함한다. Subframe 4는 전리층 교란에 대한 교정결과와 GPS시간을 UTC로 바꾸기 위한 계수(coefficient)들, 그리고 SVN번호가 25～32까지인 위성들의 궤도정보(almanac)와 건강상태가 기억되며, Subframe 5는 1～24번 위성까지의 궤도정보(almanac)와 건강상태를 기억하고 있다.

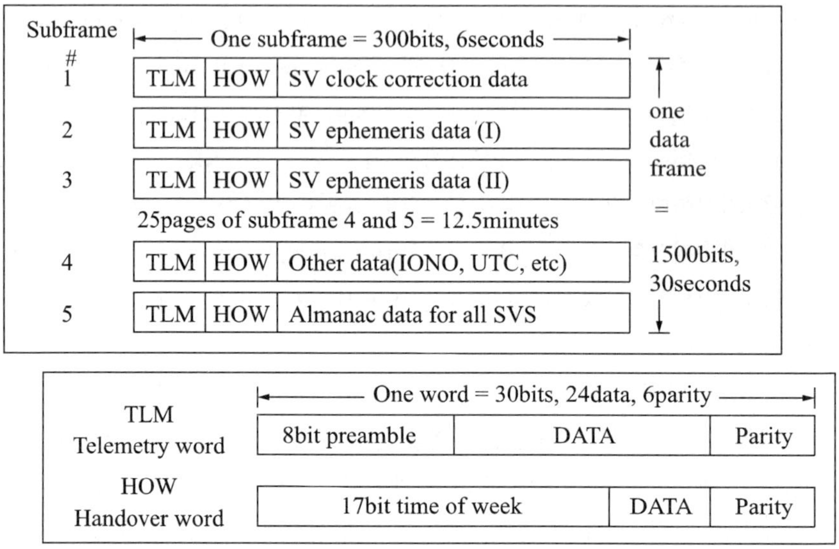

그림 11-10. GPS 항법데이터 구조

11.2.2 지상 제어부분

제어부분은 GPS 운용에 대하여 모든 책임을 진다. 이용자 입장에서 보면 제어분야의 주요 임무는 인공위성의 항법메시지의 개정이다. 이것을 위하여 제어분야는 모든 인공위성을 추적하고 감시하는 기관으로서 주 관제소(Master Control Station)와 관제소(Monitor Station), Up link 안테나(Ground Control Station)로 구성되어 있다.

1) 주 관제소(Master Control Station)

CSOC (Consolidated Satellite Operations Center)는 현재 Colorado Springs 근처

그림 11-11. GPS 제어를 위한 지상국 위치

Falcon Air force state에 있으며 이곳에 주 관제소(Master Control Station)가 있다. 주 관제소는 GPS위성에 대하여 총 지휘를 하는 기관으로서 성의 발사나 예비위성의 작동여부를 결정한다. 관제소(Monitor Station)에서 GPS위성의 정확한 궤도정보와 GPS위성의 시계에 대한 정확한 시각보정정보를 전송받아 GPS위성의 시계오차를 계산하고 예측한 다음, Up link 안테나를 통하여 GPS위성에 다시 Upload시켜 사용자에게 전달하는 기능을 담당한다.

2) 관제소(Monitor Station)

관제소(Monitor Station)는 Colorado Springs, Hawaii, Diegogarcia, Ascension, Kwajalein의 5군데에 설치되어 있으며 이곳의 위치는 매우 정확히 측정된 위치로서 원자시계가 설치되어 있다. Monitor Station는 모든 GPS위성의 신호를 점검하고 궤도를 추적하며 예측하는 임무와 전리층 및 대류권의 지연에 대하여 관찰한 자료를 주 제어국에 전송하는 업무를 수행한다.

3) Up link 안테나(Ground Control Station)

Up link 안테나는 지상국의 안테나로서 관제소와 함께 설치되어 있으며 주로 적도를 중심으로 배치되어 있는데 Ascension, Diegogarcia, Kwajalein의 3군데에 설치되어 있다. 주요임무는 주 관제소에서 계산된 결과치로서 시계보정치, 궤도보정치, 사용자에게 전달할 메시지 등을 GPS위성에 쏘아 올려 Upload 시키는 역할을 담당한다.

11.2.3 사용자 부분

1) GPS 사용분야

현재 GPS수신기 사용은 육상, 해상 및 항공 분야까지 다양하며 지상 부분에는 측량, 측지, 항행, 기준점 측량, 경계의 결정변위 모니터링 및 교통 분야가 포함된다. 해상 분야에는 항행, 수로측량, 준설 및 시추 분야가 포함되며 항공 분야는 항공기 운행, 항공사진측량 등이다.

그림 11-12. GPS 관측

일반적으로 GPS수신기는 실시간 처리에 의한 위치, 속도 및 방향을 계산하는 장비가 후처리에 의하여 계산하는 수신기보다 비용이 더 비싸다. 하지만 GPS는 점점 더 많은 분야에서 사용되어지고 있으며 가격도 갈수록 저렴해지고 있다.

사용자 부분은 GPS위성에서 송출되는 전파를 수신하는 수신기를 의미하는 것으로 공중・해상 및 지상을 기본으로 하여 다양한 응용 분야를 총 망라하는 군사 및 민간 분야로 구성되어 있다. 따라서 토지측량 분야는 현재, 미래를 막론하고 전체 사용분야로 볼 때 아주 작은 부분일 것이다.

그러므로 GPS수신기의 올바른 선택은 중요한 사업에 있어서 성패의 여부를 결정하는 요인이 될 수 있으며 성공적인 GPS 측량을 위해서는 장비의 선택에 있어서 다음과 같은 중요한 분석에 기초를 두어야 한다. 즉, 사용 수신기의 요구 정밀도, 필요한 소비 전원, 작동 환경, 수신기의 가격 등이다

2) GPS수신기의 구조와 분류

GPS수신기의 구조는 대부분 안테나와 저장장치, 제어장치로 구성되어 있으며, 분류방법으로는 기능에 의한 분류, 채널에 의한 분류, 이용자 집단에 의한 분류가 있다.

(1) 수신기의 구조

① Antenna - GPS위성 신호를 수신
② Pre amplifier - 수신신호 증폭(LNA)
③ Ref. Oscillator - 시각과 주파수의 기준
④ Freq. Synthesizer - LO(Local Oscillator)와 시계구동
⑤ Down convertor - RF를 IF로 변환
⑥ IF Section - 잡음 제거, 신호상태 개선
⑦ Signal Processor - 수신기의 핵심기능, 위성신호로부터 각종 정보 분리 (의사거리, 의사거리 변화율 등)
⑧ Application Processor - 응용분야에 따른 기능

(2) 기능에 의한 분류

① 항법용 수신기
② 측지용 수신기
③ 시각 측정 및 시각동기용 수신기

3) 일반적인 GPS수신기의 형태

수신기는 크게 2가지 범주로서 단속과 연속수신기로 나눌 수 있으며 단채널, 빠른 연속형, 전원절감 단채널, 이중파, 코드 및 비코드 수신기 등 다양하다.

(1) 단채널 수신기(Sequencing Receiver)

단채널 수신기는 위성의 Data 메시지를 수신하기 위하여 한 개의 채널을 사용하며 연속적으로 메시지를 제공할 수 있는 전원이 있어야 한다. 단파 수신기들은 위성의 메시지를 연속싸이클과 같이 계산한다. 이 수신기는 연속하여 측정할 수 없다.

(2) 연속 수신기

연속 수신기는 4개 혹은 그 이상의 위성 신호를 수신하여 신호를 단절하지 않고서 연속코드를 동시에 취할 수 있는 채널로 계속 관측을 한다. 현재 연속 수신기들은 보통 4, 5, 8, 10을 비롯하여 12채널까지 가진 것도 있다. 연속 수신기는 계속적이고 즉각적인 위치와 속도를 계산할 수 있으며 이것의 장점은 위성신호를 계속 관측할 수 있다는 점이다. 볼 수 있는 모든 가시 위성을 추적 관측함으로써 최소의 GDOP를 얻기 위하여 측량시간 동안에 최대한의 위성을 관측할 수 있다. 채널수가 많아짐에 따라서 연속 수신기로 위성신호를 연속적으로 수신할 수 있기 때문에 정도에 영향을 주는 내부채널 바이어스(편차)를 수정할 수가 있다. 한 개보다는 2개를 사용함으로써 신호잡음율이 2배로 증가되며, 4개를 사용함으로써 4배의 잡음율이 증가한다.

(3) 단주파 수신기

단주파 수신기는 L1파를 수신하는 수신기로 간단하게 구성되기 때문에 2주파 수신기보다는 가격이 저렴하다. 단주파 수신기는 50 km 이내의 기선 정도나 전리층의 효과를 무시할 만한 상태의 위치를 계산하는데 효율적으로 사용할 수 있다.

(4) 2주파 수신기

2주파 수신기는 L1과 L2 주파신호를 받는다. 단주파 수신기보다는 일반적으로 비싸며 50 km 이상의 장기선이나 전리효과를 계산하고자 할 경우에 사용한다.

(5) 코드수신기

코드수신기는 “Code Correlating” 수신기라고도 부르는데 이러한 수신기는 위성 신호에서 위성력(Almanac) 메시지를 제공하기 때문에 P코드 또는 C/A코드 신호의 항법메시지를 처리할 때에 필요하다. 위성 항법메시지를 사용할 수 있기 때문에 코드수신기는 자료를 실시간으로 처리할 수 있다. 또한 코드수신기는 어디에서나 고정할 수 있어서 빠르게 측량을 시작할 수 있다. 이 수신기는 근사 위치와 시간이 없어도 위치를 계산할 수 있는 독특한 능력을 갖고 있는데, 이것은 코드수신기로 4개의 위성신호를 계속 관측하여 한 점의 미지점에 대한 좌표를 GPS와 동기화하여 구할 수 있기 때문이다.

(6) 비코드 수신기

비코드 수신기는 P코드 또는 C/A코드 간에 어떠한 내용을 알 필요가 없는 것으로 흔히 "Squaring" 수신기라고도 한다. 이것은 입력신호의 반송파나 비트코드를 제곱하여 처리하는 기술을 사용하기 때문이다. 또 다른 비코드 수신기는 P코드 또는 C/A코드의 모호파를 측정하기 위하여 입력코드의 Chipping율에 따라서 "코드파 채널"을 가진다. 비코드 형태의 수신기는 계산 및 신호 처리를 위하여 외부 위성력을 사용한다. 현재 비코드 수신기는 우선적으로 먼저 관측 전에 GPS (혹은 UTM) 시간과 동기화하여 기지점을 고정하고 다른 점에 대한 위치결정을 위하여 필요한 모호상수(Ambiguity)를 풀 수 있을 때까지 위성자료를 취득하여야 한다. 비코드수신기는 코드에 관한 지식이 없는 L1, L2파를 처리할 수 있으며 상대위치 정도에 정확하고 장거리를 관측할 수가 있다.

4) GPS 데이터의 포맷

GPS 수신 데이터는 일반화된 포맷이 없기 때문에 제작사마다 고유의 기술을 가지고 수신 데이터를 저장한다. 따라서 사용자는 기선계산을 위하여 각기 다른 제작사의 수신 데이터를 혼용하여 사용할 수 없다.

5) RINEX포맷

GPS에 의한 측량이 점차 확대되면서 동일한 프로젝트에서 다른 종류의 수신기를 조합하여 사용하고자 하는 요구와 하나의 소프트웨어로 모든 데이터를 처리하려는 요구가 증가되었다. 물론 일부 GPS해석 소프트웨어는 기술적으로 다른 수신기의 데이터를 지원할 수 있도록 되어 있지만, 그럼에도 불구하고 일부 제약과 제한사항이 있다. 이러한 문제를 해소하기 위하여 제안된 공통파일의 포맷을 RINEX (Receiver INdependent EXchange) Format이라 한다. GPS수신자료의 데이터는 상호 호환성이 없기 때문에 대규모 측량계획에 있어서 여러 회사의 수신기를 혼합하여 사용할 때는 RINEX포맷을 사용할 수밖에 없다.

RINEX파일은 표제부(header)와 다양한 데이터 레코드로 구성된다. 첫 번째 줄에서 13번째 줄까지는 관측파일 표제부를 정의한다. 그것은 사용자에게 site명, 수신기와 안테나 정보, 표식의 편심량, 대략의 표식 위치, 그리고 관측형태 등의 정보를 제공한다. 표제부의 끝에는 "end of header"명령(ver.2) 또는 빈 줄(ver.1)로 되어 있다.

- Line 1 : RINEX Format version, 관측파일 형태
- Line 2 : 사용된 프로그램 명, 변환 일자 및 시각

11.3 GPS의 측위방법

11.3.1 GPS의 운용 방법

GPS 측위방법은 크게 두 가지로 구분할 수 있다.

1) 단독측위

정밀도가 상대적으로 낮으며 수신기 1대를 사용한다. 주로 비행기나 자동차의 항법, 대형 선박의 항해에 이용이 된다. SPS(민간에서 이용), PPS(미 정부기관 등)로 분류할 수 있다.

2) 상대측위

정밀도가 상대적으로 높으며, 수신기 2대 이상을 이용하여 측량을 한다. 주로 정밀측지측량 및 정밀시공측량 등에 이용한다.

측량방법으로는 후처리 상대측위기법과 실시간 이동측위기법 등이 있다. 후처리 상대측위기법으로는 정지측위법인 스태틱(Static)과 이동식 측위기법인 키네마틱(Kinematic)으로 크게 구별되며, 근래는 단독측위용 수신기 2대를 이용한 DGPS방법이 주로 이용이 되고, 실시간 이동측위기법으로는 RTK 방법이 주로 사용되고 있다. 후처리 기법은 정밀측지측량에 많이 사용이 되고 있다.

표 11-11. GPS 측위기법 간의 비교

기법	내 용	정밀도
단독측위	GPS 수신기 1대로 위치측정	30 cm
DGPS	측량용과 항법용 수신기를 결합하여 이동체의 후처리 및 실시각 정밀위치 측정	1～5 m
후처리상대측위	2대 이상의 측량용 GPS 수신기를 이용하여 고정밀 상대위치 측정	수 mm
실시각이동측위	2대 이상의 측량용 수신기를 이용하여 실시각 고정밀 위치 측정	1～2 cm

11.3.2 단독 측위의 원리

지구상에 있는 사용자의 위치를 관측하는 것을 말한다. 이 방법은 자동차, 항공기 선박 등의 Navigation System (항해 시스템)에 이용된다. 즉, 이동체의 위치를 측정할 경우에 쓰이며 정도는 수십 m 정도이다.

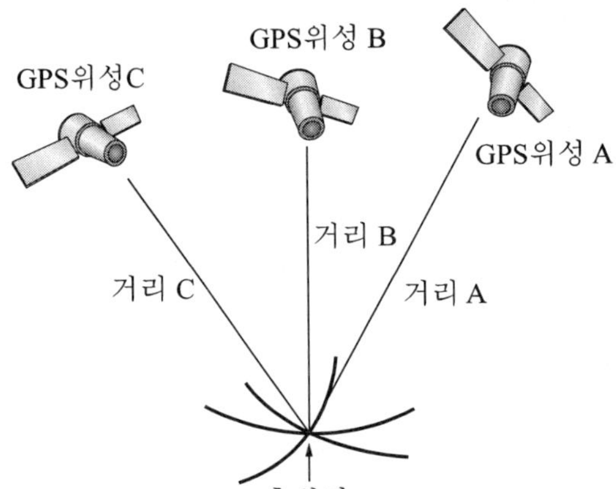

그림 11-13. GPS에 의한 측위원리

1) 원리

① 위성의 위치는 궤도정보로부터 계산할 수 있다. 위성으로부터 관측점까지의 거리 A, B, C, D, … 를 측정한다.

② 각 위성을 중심으로 거리 A, B, C, D, … 를 반경으로 하는 구면이 교차하는 점이 사용자가 원하는 위치가 된다.

2) 계산

① 4개의 위성으로부터 거리를 측정한다.

② 사용자가 요구하는 지구상의 위치(x, y, z)와 사용자의 수신시각(t)을 미지수로 하여 각 구면이 1점으로 교차하는 모양으로 방정식을 풀어간다.

11.3.3 후처리 상대측위 기법

1) 스태틱 측량(Static Surveying)

① 측정하는 2점에 각각 안테나와 수신기를 설치한다.
② 같은 시각에 동일 위성으로부터 전파의 위상을 측정한다.
③ 이 측정을 여러 시간 수행하여 기억장치에 기억시킨다.
④ 기억데이터를 컴퓨터에서 계산한다.
⑤ 2점간의 측정한 위상의 차를 계산하고 2점간의 거리를 구한다(그림 11-14 참조).

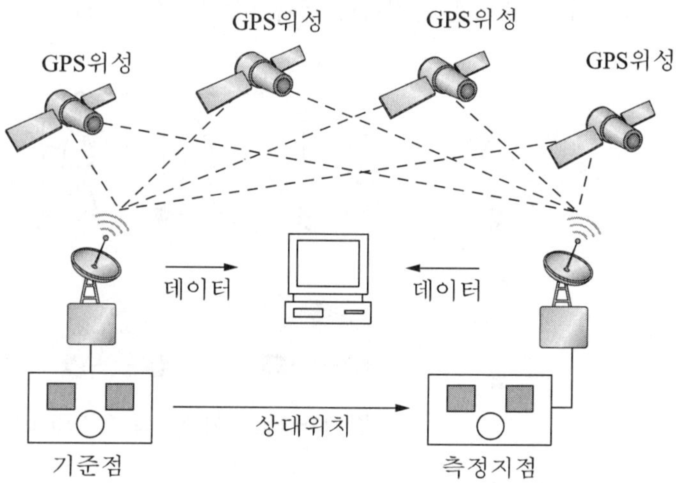

그림 11-14. GPS 간섭계 측위의 구성과 개념도

2) 스태틱 측량의 준비와 측정 계산

① 측정하는 시간대를 점검한다. 미리 위성으로부터 수신한 데이터를 기초로 컴퓨터를 이용하여 측정하는 장소(관측점)로부터 4개 이상의 볼 수 있는 시간대를 계산한다(스케줄 프로그램을 자동계산).
② 측정계획을 세운다. 현지의 확인, 측정시각, 수신기, 전원 등을 준비한다.
③ 측정을 하기 위한 준비 데이터를 수신기에 입력한다.
④ 관측점에서 측정을 실시한다.
⑤ 온도와 기압을 측정한다.
⑥ 관측된 데이터를 GPS계산 Software에 입력하여 계산한다.
⑦ 주의 : 관측 중에는 동시에 4개 이상의 위성이 관측되어야 한다.

11.3.4 키네마틱 측량(Kinematic Surveying)

① 기지점에 안테나와 수신기(고정국)를 설치한다.
② 다른 1점(미지점)에 안테나와 수신기(이동국)를 설치한다.
③ 이동국은 이동하면서 많은 관측점(미지점)을 측정한다.
④ 이동 중에는 위성의 전파를 수신해 가면서 측정을 시행한다.
⑤ 동시에 같게 편성한 4개의 신호는 1점 부근의 많은 데이터를 관측한다.
(예를 들면, 측정간격 5초에 10데이터)
⑥ 이동국은 점점 다른 관측점으로 이동하고 많은 기선의 거리와 성분을 단시간에 측량한다(이 방법은 공사측량 등에 이용될 수 있다).

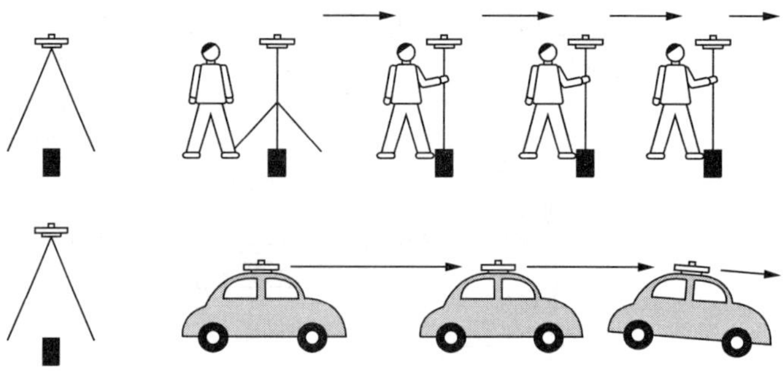

그림 11-15. 키네마틱 측량의 예

11.3.5 Differential GPS (DGPS)

C/A코드 하나만 사용할 경우 10～30 m 이상의 정밀도로 위치를 결정하는 것은 현실적으로 불가능한데 이것은 수신기가 결정하는 위성까지의 거리자료에 여러 가지 오차요인이 복합적으로 영향을 미치기 때문이다. 특히, 미 국방성에서 고의로 민간 GPS 이용의 정밀도를 저하시키기 위한 SA (Selective Availability)가 시행 중일 때는 이보다 더욱 정밀도가 떨어지나, 최근에 SA가 폐지됨에 따라 정확도가 더욱 높이지게 되었다. 또한, P코드를 사용하더라도 적용이 불가능한 특정분야에 있어서 만약 어떤 제2의 장치가 수신기 근처에 존재하여 지금 현재 수신 받는 자료가 얼마만큼 빗나간 양이라는 것을 수신기에게 알려줄 수만 있다면 위치결정의 오차를 극소화 시킬 수 있는데, 바로 이 방법이 Differential GPS 또는 DGPS이다. DGPS는 이러한 목적에 부합되어 매우 정확한 좌표를 알아낼 수 있다. 또한 DGPS 기법은 단독측위 기법의 정밀도를 향상시키기 위해 개발된 것으로 2대 이상의 수신기와 통신 매체가 필요하다.

DGPS를 구현하기 위한 고려사항으로는 차분을 취하는 방법, 오차 보정형태, 오차를

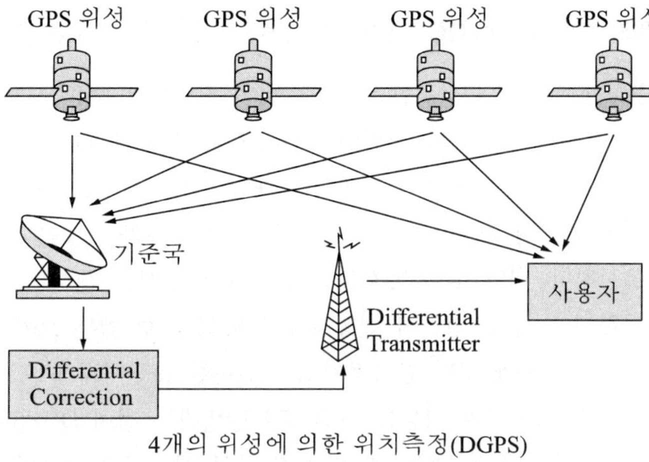

그림 11-16. DGPS의 개념도

보정하는 시기 등이 있다.

기준점에 설치된 1대의 수신기에서는 이미 알고 있는 기준점의 위치 정보를 이용하여 관측된 각 위성에 포함된 오차량을 계산할 수 있다. 이것을 위성마다의 거리오차 보정치(Range Correction)로 환산하여 국제 표준 형식인 RTCM SC-104 (Radio Technical Co mmission for Maritime Service Special Co mmittee-104) 자료 형태로 전환한 후, 통신 매체를 통해 탑재된 수신기에 전달하면 이동체에서는 저가의 항법용 수신기를 가지고도 차량 등의 대해서는 수 m, 정지한 대상에 대해서는 1 m 이내의 실시각 위치 측정이 가능하다. 그리고 오차보정이 행해지는 영역(domain)은 의사거리영역과 항법해영역이 있는데 일반적으로 쓰이는 의사거리영역에서의 보정은 RTCM SC-104에서 표준을 정하고 있다. 이러한 DGPS 방법은 거의 동시에 데이터를 교환하기 때문에 공통적으로 발생하는 오차원인이 제거되어 정확한 실제 좌표를 얻을 수 있다. 기준국은 미리 정적측량(Static Survey) 등을 통하여 매우 정밀한 위치를 알고 있는 지점에 설치한다.

이 기법은 주로 ITS와 GIS분야에 활용되고 있다. DGPS용 통신매체로는 FM 부가방송 서비스나 beacon 통신망, 이동통신 혹은 위성 통신망 등이 사용될 수 있으며, 현재 후처리 DGPS서비스 차원에서 인터넷을 이용한 보정값 전송방법에 대한 연구도 활발히 진행되고 있다. 그리고 저속의 무선데이터통신에서도 잘 동작하도록 설계되었으며, DGPS 항법뿐 아니라 실시간 이동측위(Real-Time Kinematic Surveying)에서도 이용된다.

GPS의 수많은 응용 중 하나로서 승용차와 트럭의 항법 및 유도에 사용되기 시작하였으며, 향후 ITS (Intelligent Transportation System)의 발전과 함께 보편화될 것으로 예상된다. 또한 차량 운전자들이 교통혼잡에 대처하고, 대기오염을 감소시키는 효과가 있을 것이다.

11.3.6 Real-Time Kinematic (RTK) - 실시간 이동측위

광범위한 관측점의 좌표들을 1~2 cm의 정밀도로 빠른 시간 내에 획득하기 위해 개발된 것이 실시각 이동측량 기법인 RTK (Real Time Kinematic)이다.

그림 11-17에서 보듯이 RTK의 기본개념은 오차보정을 위해 전송하는 데이터가 거리오차 보정치가 아닌 기준국에서 수신한 반송파 자료라는 것을 제외하고는 DGPS의 계념과 거의 유사하다. 다만, RTK에서는 기준점에서 수신한 각 위성의 반송파 자료를 지속적으로 제공하여야 하고, 정보의 전송장애로 발생할 수 있는 오차의 한계가 DGPS보다 상대적으로 크기 때문에 보다 안정적이고도 신속한 통신매체가 요구된다. 또한 측정지점의 수신기가 RTK 자료처리 기능을 가진 고가장비라는 점이 DGPS와 다르다. 현재 GPS를 응용하는 여러 분야에서 DGPS와 RTK가 주로 사용되고 있으며 GIS나 측량, 항법 등 모든 응용분야가 RTK 기법의 사용에 초점을 맞추어 실용화되고 있다.

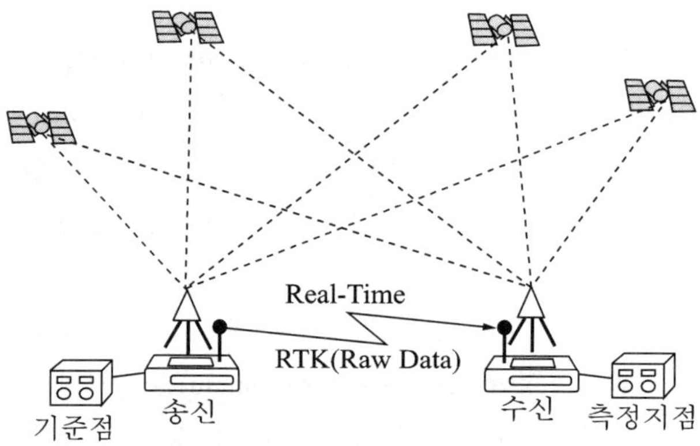

그림 11-17. RTK의 개념도

11.4 GPS의 오차

GPS의 오차는 시스템 오차와 수신기 오차 및 위성의 배치상태에 따른 오차로 구분할 수 있다.

시스템 오차에는 위성시계오차, 위성궤도오차, 전리층 굴절오차, 대류권 굴절오차 및 SA에 의한 오차로 구분될 수 있다.

표 11-12. GPS시스템 오차의 분류

GPS시스템 오차	오차범위(m)
위성시계오차(Satellite Clock Error)	0~1.5
위성궤도오차(SV Ephemeris Error)	1~5
전리층 굴절오차(Ionospheric refraction)	0~30
대류권 굴절오차(Tropospheric refraction)	0~30
선택적 이용성(Selective Availability ; SA)	0~30

11.4.1 GPS시스템 오차

1) 위성시계의 오차

위성에 탑재된 원자시계의 오차로부터 발생하는 오차이나, 다행히 위성시계의 오차는 어느 정도 예측이 가능하므로 주관제국에서 이를 조정함으로써 최소화시키고 있다.

2) 위성궤도의 오차

위성의 궤도는 추적국이 취득한 데이터를 바탕으로 예측하여 그 파라미터를 위성이 코드정보와 함께 방송하도록 관제하고 있다. 그러나 예측된 궤도와 실궤도 사이에는 차이가 생기며, 이에 따라 거리 오차가 발생한다.

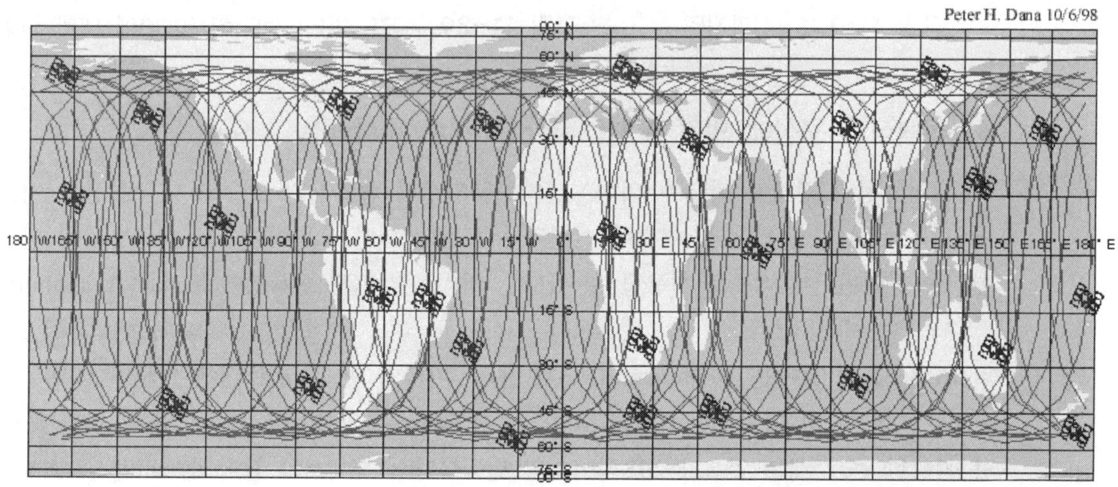

그림 11-18. 위성궤도

3) 대기권의 전파지연

위성의 고도가 20,200 km 정도 되므로 신호가 위성을 통과하여 수신기까지 오는 동안 대기권을 이루는 전리층과 대류권을 통과하게 되는데 이때에 생기는 전파지연(Delay) 때문에 오차가 생긴다. 특히 전리층에서의 전파지연은 전리층의 전자활동이 활발한 정오경에 커지고 활동이 미약한 자정 무렵에는 작아지며, 그 차가 일별, 계절별로 상당한 격차를 보인다. 주관제소에서는 상기 지연량들을 예측하여 코드정보와 함께 방송하므로 수신기는 측위계산 시 이를 보정하여 위치오차를 줄이고 있다.

※ 전리층 & 대류권 굴절오차는 위성이 수평면에 근접할수록 증가하며 이는 통과 층의 길이가 증가하기 때문이다. 특히, 일주파 수신기를 사용할 경우에는 대기층에 따른 오차를 최소화하기 위해 Elevation Mask를 적당히 조절하는 것이 좋다.

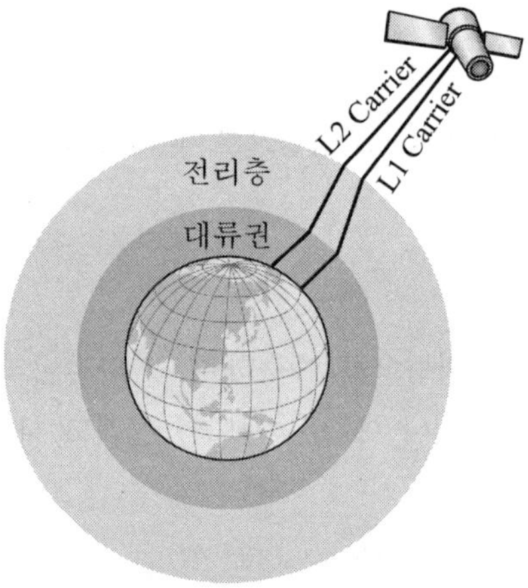

그림 11-19. 전파지연

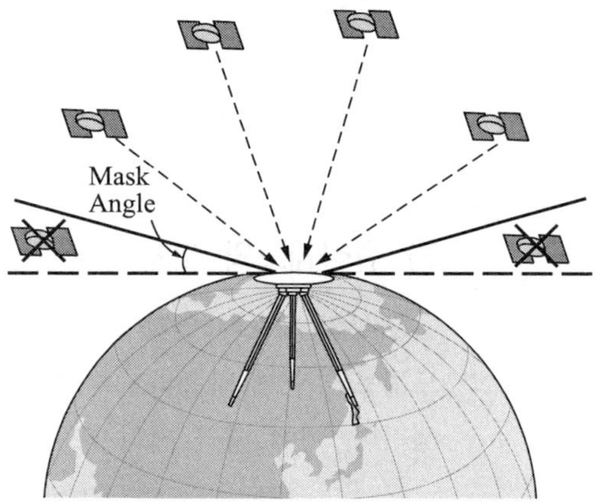

그림 11-20. 고도각(Elevation Mask)에 대한 굴절

4) 선택적 이용성에 의한 오차(Selective Availability ; SA)

미 국방성의 정책적 판단에 의하여 오차를 일부러 증가시킨 것으로 미국방성이 이를 인위적으로 늘리고 있는데, 이것이 선택적 이용성에 의한 오차이다. 즉, 미국방성이 인가한 사용자만이 선택적으로 사용할 수 있다는 의미로 선택적 이용성(Selective Availability ; SA)인 것이다.

SA 실시 시 오차는 100 m 2ndRMS가 된다. 미국의 연방항법플랜에 의하면 GPS측위오차는 어떠한 경우든 100 m 2ndRMS를 넘지 않도록 한다고 공시되어 있어, 항법에 이용하는 한 큰 문제는 없으나 GIS데이터의 취득이나 측량에서와 같이 수 cm에서 수 mm의 정밀도로 위치를 구해야 하는 경우에는 단독측위가 아닌 상대측위를 실시하여야 한다. 여기서 측위오차가 100 m 2ndRMS 이내라는 것은 “100 m twice the root meansquare

표 11-13. SA에 따른 오차변화

정밀도	SA (有)	SA (無)
수평방향 위치오차	100 m (95%), 300 m (99.99%)	20 m (95%)
수직방향 위치오차	150 m (95%)	30 m (95%)
시간오차	340 ns	40 ns
속도오차	0.3 m/s	

horizontal error"의 약어로, 평면에서 95% 오차확율의 범위 내에서 위치 오차가 100 m임을 의미한다. 그림 11-21과 표 11-13은 표는 SA가 시행될 때와 시행되지 않을 때를 비교한 것이다.

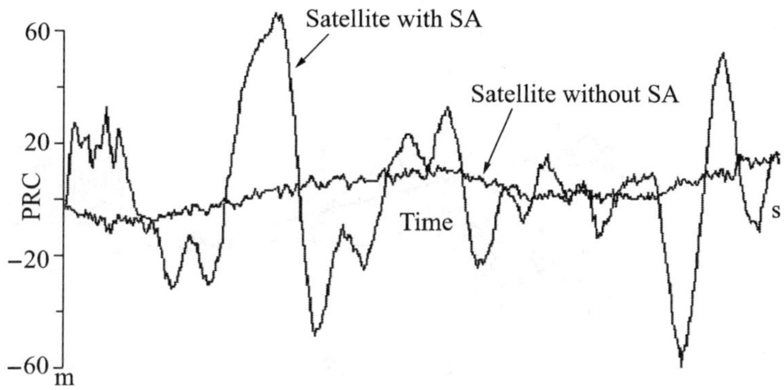

그림 11-21. SA 오차

11.4.2 GPS수신기오차

GPS수신기오차는 수신기와 관련된 오차를 말하며, DGPS와 상대측위를 통해 보정할 수 없는 오차들로 구성된다.

- 수신기 채널의 잡음(Channel Noise)
- 신호의 다중경로(Multi-path)
- 사이클슬립(Cycle slip)

표 11-14. GPS수신기오차의 분류

GPS수신기오차	오차범위(m)
수신기 채널 잡음(Channel Noise)	0∼10
다중경로(Multi-path)	0∼1

1) 수신기 Channel Noise

수신기 Channel Noise는 수신기 자체가 갖는 전기적 잡음을 말하며, 보통 calibration 과정을 통해 channel biases를 결정하고 모든 연속적인 측정값에 이를 적용하는 방법을 사용한다. 그러나 수신기의 노후화로 인해 noise가 증가하므로 수신기 channel의 잡음이 높은 경우, 다른 수신기를 사용하는 것이 적당하다.

2) 다중경로(Multi-path)

상대적으로 미소한 오차로서 수신기 내의 Multi-path rejection 프로그램에 의한 신호비교를 사용해 보정할 수 있다. 측지용 수신기는 안테나에 Ground-Plane을 장착하고 있어 이러한 영향을 최소화한다. 가장 이상적인 방법은 다중경로의 원인이 되는 장애물에서 멀리 떨어져 관측하는 것이다.

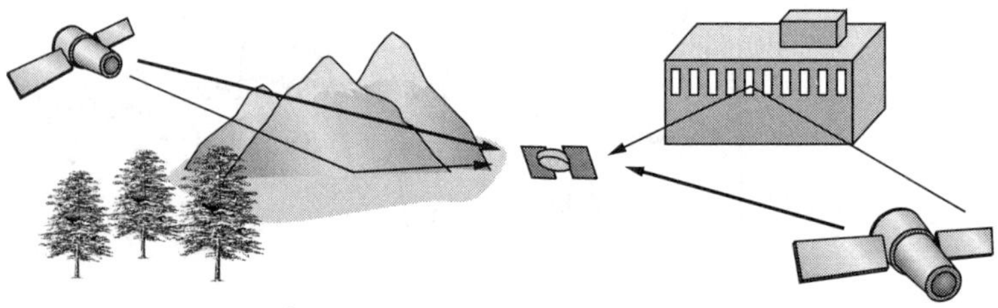

그림 11-22. GPS신호의 다중경로

3) 사이클슬립(Cycle slip)

사이클슬립(cycle slip)이란 GPS 측량 시 반송파의 위상추적회로에서 위상값을 순간적으로 놓침으로서 발생하는 오차를 말한다. 사이클슬립의 원인은 주위의 지형지물로 인한 신호의 단절, 반송파에 포함된 잡음, 반송파의 낮은 신호강도, 낮은 위성고도이다.

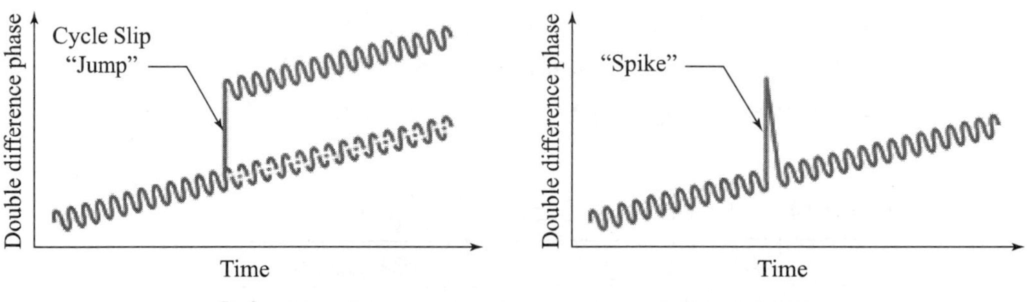

출처 : https://www.e-education.psu.edu/geog862/node/1728

그림 11-23. 사이클슬립(Cycle Slip)

사이클슬립의 효과는 GPS 수신기의 위상추적회로의 종류에 따라 다르지만 일반적으로 반송파 파장의 정수배만큼 위상차가 달라지므로 그만큼 거리측정에 오차가 생기는 것이다. 최근의 기선해석 소프트웨어는 사이클슬립의 영향을 자동으로 소거해주는 기능을 포함하고 있다.

11.4.3 위성의 배치상태에 따른 기하학적오차(DOP)

위성의 기하학적 위치에 따른 오차는 관측하는 위성의 기하학적 분포에 따라 발생하는 오차를 말한다. 다시 말해서 위성의 기하학적 배치가 적절치 못할 때의 관측은 그 결과에 심각한 영향을 준다. 위성의 기하학적 배치상태가 정밀도에 어떻게 영향을 주는가를 추정할 수 있는 하나의 척도로서 DOP (Dilution of Presision)를 사용한다. 만일 위성이 전 수평면에 걸쳐 다른 고도각으로 배치되어 있다면 위성관측에 좋은 조건이며 DOP값이 적다(고정밀도). 반대로 적은 수의 위성이 전 수평면에 걸쳐 같은 고도각으로 배치되어 있다면 DOP값이 높은 것이다(저정밀도).

DOP값은 측위법으로부터 관측방정식을 구성하고 이들 방정식들을 미지수들인 수신기의 위치(ϕ, λ, h)와 수신기의 시계오차(δt)에 대하여 계산함으로써 구할 수 있다.

또한 DOP는 위치, 높이, 시간에 대한 함수로서 다음과 같이 구분하여 계산할 수 있다.

$$\text{기하학적 DOP (GDOP)} = \frac{\sqrt{(\sigma_\phi^2 + \sigma_\lambda^2 + \sigma_h^2 + c^2\sigma_{\delta t}^2)}}{\sigma_0} \tag{6.1}$$

$$\text{위치 DOP (PDOP)} = \frac{\sqrt{(\sigma_\phi^2 + \sigma_\lambda^2 + \sigma_h^2)}}{\sigma_0} \tag{6.2}$$

$$\text{평면위치 DOP (HDOP)} = \frac{\sqrt{(\sigma_\phi^2 + \sigma_\lambda^2)}}{\sigma_0} \tag{6.3}$$

$$\text{수직위치 DOP (VDOP)} = \frac{\sigma_h^2}{\sigma_0} \tag{6.4}$$

$$\text{시간 DOP (TDOP)} = \frac{\sigma_{\delta t}^2}{\sigma_0} \tag{6.5}$$

여기서, ϕ, λ, h : 측점의 위도, 경도, 타원체상의 높이

c : 진공 중에서의 빛의 속도

σ_ϕ, σ_λ, σ_h : 각각 ϕ, λ, h의 표준편차

$\sigma_{\delta t}$: 수신기의 시계오차에 대한 표준편차

σ_0 : 거리에 대한 기준표준편차

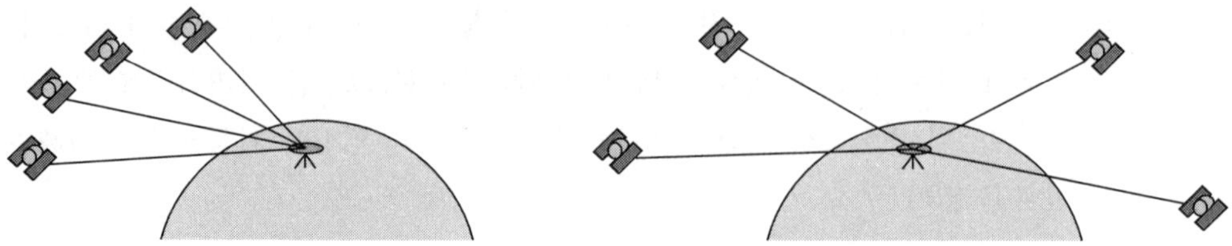

(a) DOP값 높다(저정밀도). (b) DOP값 낮다(고정밀도).

그림 11-24. 위성의 배치상태에 따른 DOP

11.5 GNSS와 지적측량

11.5.1 지적측량에서의 GNSS 도입 필요성

새로운 측량장비와 측량기술의 등장은 작업의 효율을 높이고 비용을 절감시켜 측량작업자의 부담을 감소시킨다. 일반측량 분야에서 오래 전에 도입된 GNSS 측량이 그 대표적인 경우로 측량작업의 신속성은 물론 새로운 업무영역 창출에도 일조하고 있다. 그러나 일반측량에 비하여 고도의 정확도를 요구하고 사법적인 측면이 강한 지적측량의 특성을 고려할 때, 새로운 측량장비와 기법의 적용에 신중을 기함은 당연하다.

GNSS는 광범위한 지역에 걸친 기준점측량에서는 종래 지상측량에 의한 방법과 비교할 수 없을 정도의 효율이 입증되고 있다. 예를 들어, 일본의 경우 1996년도에 조사한 공공측량 등의 실태조사에 따르면 GNSS를 사용한 기준점측량은 기준점측량작업 전체의 17%를 차지하고 있고 특히 1, 2급 기준점측량은 기준점측량작업 전체의 52%를 차지하고 있는 것으로 보고되고 있다. 물론 적용상의 한계가 있을 수 있지만 측량목적에 맞게 작업규정을 만든다면 지적재조사 사업과 같은 막대한 재원이 소요되는 국가사업에서 큰 비용절감을 달성할 수 있을 것이다.

11.5.2 GNSS 측량방법

지적측량에 GNSS의 이용범위는 측량방법론에 있어서 지적기준점측량과 세부측량 모두 활용이 가능하다. GNSS를 이용한 기준점의 설치는 기본적으로 거리를 위성에 의하여 측정할 뿐 삼변측량에 의한 방법과 유사하다고 볼 수 있다. 지적측량에 이용하기 위한

GNSS의 측량방법으로는

- 정지측량(Static Survey)
- 신속정지측량(Rapid-Static Survey or Fast-Static Survey)
- 이동측량(Kinematic Survey)
- 단일기준국 실시각 이동측량(Single - Real Time Kinematic Survey)
- 다중기준국 실시간 이동측량(Network - RTK)

1) 정지측량(Static Survey)

정지측량은 기초측량 및 세부측량에 있어 가장 일반적인 방법으로서 하나의 GNSS기선을 두 개의 수신기로 측정하는 방법이다. GNSS 데이터가 동시에 수집되고 처리된 한 쌍의 수신기를 연결하는 직선은 그 기선의 벡터이다. 측점간의 좌표차이는 WGS84 지심좌표계에 기초한 3차원 X, Y, Z를 사용하여 계산되며, 지역좌표계에 맞추기 위하여 변환하여야 한다.

수신기 중 한 대는 기지점에 설치하고 나머지 한 대는 미지점에 설치하여 위성신호를 동시에 수신하여야 하는데 관측시간은 관측조건과 요구정밀도에 따라 다르다. 기지점과의 거리, 세션관측시간, 데이터 취득간격은 「GNSS에 의한 지적측량규정」제7조에 따른다. 자료처리는 후처리에 의한다.

2) 신속정지측량(Rapid Static Survey)

신속정지측량은 2주파 수신기를 이용하며, 정지측량과 같은 방식이나 관측시간을 5~10분 정도로 단축시킬 수 있고 기선벡터의 정도도 거의 동일하다. 신속정지측량이 정지측량 방법과 다른 점은 수신기가 소구점에서 머무르는 시간이 짧다는 것이다. 자료처리는 후처리에 의한다.

3) 이동측량(Kinematic Survey)

이동측량은 정지측량의 관측시간이 길게 소요되는 것을 해결하여 측량작업의 생산성을 높이기 위하여 개발된 방식이다. 즉, 기선벡터의 계산에 필요한 정수파의 수치를 신속하게 결정하는 방법을 다양하게 개발, 실용화한 것으로 움직이는 물체에 대한 궤적의 표현이다. 관측시간은 방식에 따라 다르나 점당 최저 0.5초에서 최대 10분 정도의 관측시간이 소요된다. 자료처리는 후처리에 의한다.

4) 단일기준국 실시각 이동측량(Single-Real Time Kinematic Survey)

관측한 데이터를 컴퓨터로 계산하여 관측점에서 곧바로 기선벡터를 구할 수 있는 방식이다. 기준점에 설치한 GNSS수신기로부터 취득, 계산된 데이터를 무선으로 이동용 GNSS수신기에 전송시켜 실시각으로 이동점의 정확한 위치를 나타나게 한다. 보통 이용 가능한 거리로는 3～5 km이나 무전기의 성능에 따라 좌우된다. 오늘날에는 PDA나 이동 전화를 이용하여 더 넓은 지역을 측량하는 방법이 연구, 개발되고 있다.

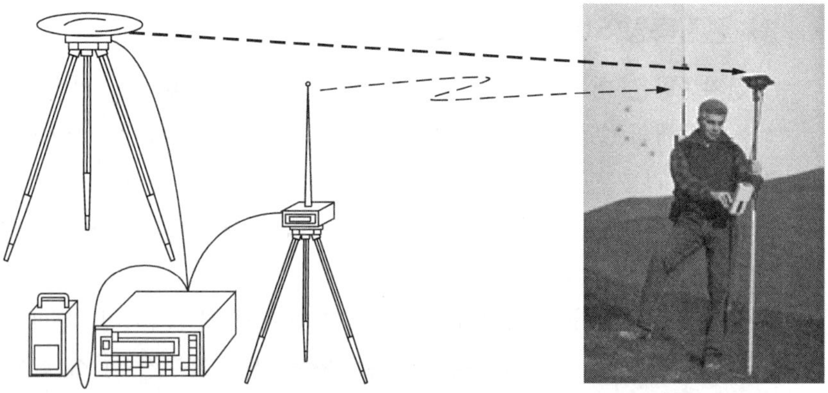

라디오모뎀으로 GNSS데이터를 전송하여 현장에서 측량성과 취득

그림 11-25. 단일기준국 실시간 이동측량

5) 다중기준국 실시각 이동측량(Network-Real Time Kinematic Survey)

3점 이상의 고정점(국토지리정보원에서 운영 중인 위성기준점)에서 관측한 자료를 이용하여 계산한 보정정보와 이동점에 설치한 GNSS 안테나를 이용해 관측한 자료를 이용하여 이동점의 위치를 결정하는 작업을 말한다. Network-RTK 측량은 다음의 순서를 따른다.

① 이동점에 설치한 GNSS 수신기로 GNSS 위성신호를 수신한다.
② 이동점의 대략적인 위치를 결정하여 네트워크 RTK 서버로 전송한다.
③ 네트워크 RTK 서버는 이동점의 대략적인 위치 주변의 위성기준점을 이용해 보정정보를 생성하고 통신장치를 이용하여 이동점에 송신한다.
④ 이동점의 대략적인 위치와 수신된 보정정보를 이용하여 고정해를 얻고 이동점의 위치를 결정한다.

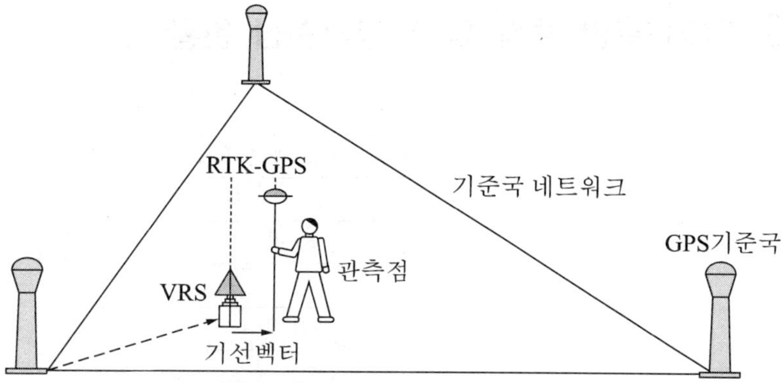

그림 11-26. Network-RTK 개념

관측시간은 보통 15초~1분이며, 이용가능 거리는 이동국이 보정정보 생성에 사용되는 위성기준점 네트워크 내부에 있어야 한다(부득이한 경우 네트워크 외부에서 10 km 이내일 것).

11.5.3 위성기준점의 역할

국토교통부에서 지난 1998~2020년까지 설치한 60개의 GNSS 위성기준점은 GNSS 정지측량의 고정점의 역할과 함께 Netwok-RTK 측량의 기준국 역할로 기능할 수 있다.

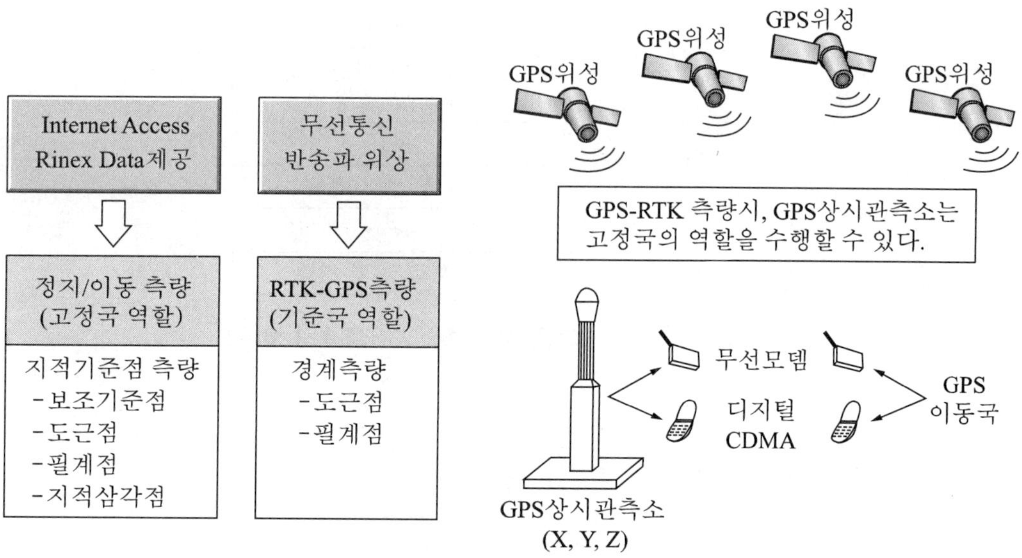

그림 11-27. GNSS 위성기준점의 역할

11.5.4 GNSS측량 흐름 및 위성기준점 현황

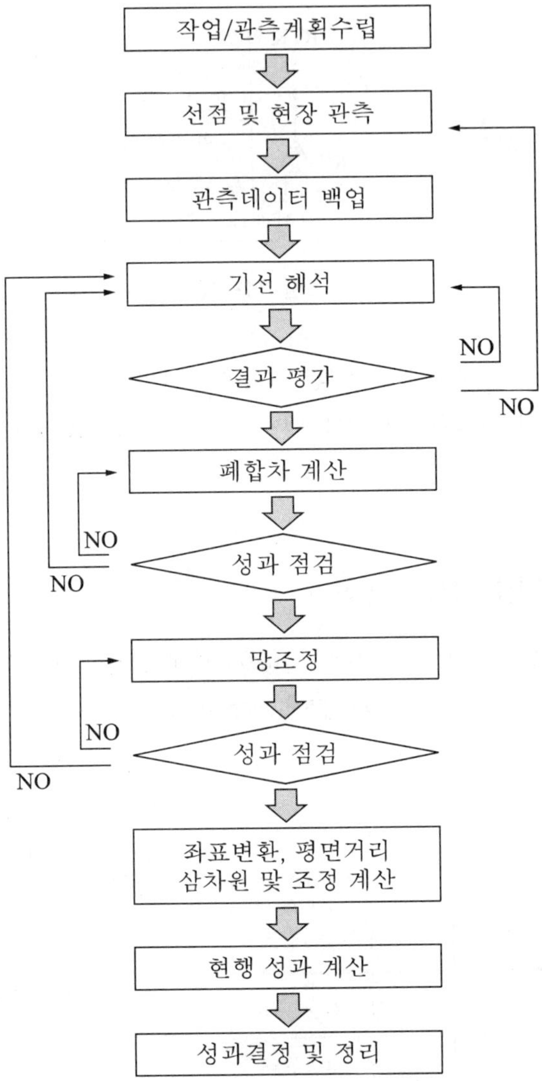

그림 11-28. GNSS측량 흐름도

그림 11-29. GNSS 위성기준점 현황

11.6 GNSS에 의한 지적측량규정

제1장 총칙

제1조(목적) 이 규정은 「지적측량 시행규칙」 제5조 및 제7조 제2항에 따라 GNSS (Global Navigation Satellite System)측량기를 사용하여 실시하는 지적측량에 필요한 측량방법 및 절차 등 세부사항을 규정함을 목적으로 한다.

제2조(적용범위) 지적위성측량으로 지적측량을 실시하는 경우에는 「공간정보의 구축 및 관리 등에 관한 법률」, 같은 법 시행령, 같은 법 시행규칙 및 「지적측량시행규칙」, 「지적업무처리규정」에서 정하는 것을 제외하고는 이 규정에 따른다.

제3조(용어의 정의) 이 규정에서 사용하는 용어의 정의는 다음과 같으며, 여기서 정하지 아니한 기타 용어는 일반적인 해석에 따른다.

1. “지적위성측량”이라 함은 GNSS측량기를 사용하여 실시하는 지적측량을 말한다.
2. “세계좌표”란 세계측지계를 기준으로 한 경도, 위도, 타원체고 또는 T.M. (Transvere Mercator) 투영법에 의한 평면직각좌표와 표고를 말한다.
3. “지역좌표”란 베셀타원체를 기준으로 한 경도, 위도, 높이 또는 가우스상사이중투영에 의한 평면직각좌표와 구소삼각원점 등을 기준으로 한 평면좌표를 말한다.
4. “고정점”이란 조정계산 시 이용하는 경위도와 높이 또는 평면직각종횡선좌표 와 높이의 성과가 고시된 기지점을 말한다.
5. “표고점”이란 수준점으로부터 직접 또는 간접수준측량에 의하여 표고를 결정하여 지적위성측량시 표고의 기지점으로 사용할 수 있는 점을 말한다.
6. “정지측량(Static Survey)”이란 GNSS측량기를 관측지점에 일정시간 동안 고정하여 연속적으로 위성데이터를 취득한 후 기선해석 및 조정계산을 수행하는 측량방법을 말한다.
7. “단일기준국 실시간 이동측량[Single-RTK 측량(Real Time Kinematic Survey)]”이란 기지점(통합기준점 및 지적기준점)에 설치한 GNSS측량기로부터 수신된 보정정보와 이동국이 수신한 GNSS 반송파 위상 신호를 실시간 기선해석을 통해 이동국의 위치를 결정하는 측량을 말한다.
8. “다중기준국 실시간 이동측량(Network-RTK 측량)”이란 3점 이상의 위성기준점을 이용하여 산출한 보정정보와 이동국이 수신한 GNSS 반송파 위상 신호를 실시간 기선해석을 통해 이동국의 위치를 결정하는 측량을 말한다.
9. “세션(Session)”이란 당해 측량을 위하여 일정한 관측간격을 두고 GNSS측량기를 동시에 설치하여 지적위성측량을 실시하는 작업 단위를 말한다.
10. “기선해석”이란 2대 이상의 고정된 GNSS측량기 사이의 3차원 기선벡터(ΔX, ΔY, ΔZ)를 결정하는 것을 말한다.
11. “망조정”이란 기선해석이 완료된 GNSS 관측데이터의 최종 성과를 산정하기 위하여 기지점을 고정하여 통합 조정하는 것을 말한다.
12. “라이넥스[RINEX (Receiver Independent Exchange Format)]”란 GNSS 관측데이터의 저장과 교환에 사용되는 세계 표준의 GNSS 데이터 자료형식을 말한다.
13. “고정밀 자료처리 소프트웨어”란 GNSS 기반 고정밀 위치결정, 위성 궤도 추정, 시간측정 등의 목적으로 개발된 과학기술용 자료처리 소프트웨어를 말한다.
14. “궤도력”이란 GNSS 위성의 위치 계산에 사용되는 정밀력, 신속력, 초신속력, 방송력, 개략력을 말한다.

제2장 선점 및 측량

제4조(관측준비) 지적위성측량 작업 착수 전에 GNSS 관측을 위하여 다음 각 호를 고려하여야 한다.

1. GNSS 측량기 대수, 투입인력, 위성기준점 및 기지점 분포현황 조사
2. GNSS 개략 궤도력 정보를 이용하여 위성배치상태가 최적의 시간대 선정
3. 관측점은 기지점 및 소구점으로 구성
4. 관측망은 기지점과 소구점을 결합한 폐합다각형이 되도록 구성하고 지적위성측량 관측계획 망도 작성
5. 세션구성은 삼각형, 사각형 또는 혼합형으로 2세션 이상일 경우 인접세션과 최소 1변 이상이 중복되도록 구성

제5조(소구점의 선점) ① 소구점은 인위적인 전파장애, 지형·지물 등의 영향을 받지 않도록 다음 각 호의 장소를 피하여 선점하여야 한다.

1. 건물내부, 산림속, 고층건물이 밀집한 시가지, 교량아래 등 상공시계 확보가 어려운 곳
2. 초고압송전선, 고속철도 등의 전차경로 등 전기불꽃의 영향을 받는 곳
3. 레이더안테나, TV중계탑, 방송국, 우주통신국 등 강력한 전파의 영향을 받는 곳

② 후속작업으로 토털스테이션 이용 등을 고려하여 1방향 이상의 기지점 또는 소구점 시통이 가능하도록 선점하여야 한다.

제6조(관측) ① 관측 시 위성의 조건은 다음 각 호의 기준에 의한다.

1. 관측점으로부터 위성에 대한 고도각이 15° 이상에 위치할 것
2. 위성의 작동상태가 정상일 것
3. 관측점에서 동시에 수신 가능한 위성 수는 정지측량에 의하는 경우에는 4개 이상, 이동측량에 의하는 경우에는 5개 이상일 것

② GNSS측량기에 입력하는 안테나의 높이 등에 관하여는 GNSS측량기에서 정해진 방법에 따라 측정하고, 관측 후 확인한다.

③ 관측 시 주의사항은 다음 각 호와 같다.

1. 안테나 주위의 10미터 이내에는 자동차 등의 접근을 피할 것
2. 관측 중에는 무전기 등 전파발신기의 사용을 금한다. 다만, 부득이한 경우에는 안테나로부터 100미터 이상의 거리에서 사용할 것
3. 발전기를 사용하는 경우에는 안테나로부터 20미터 이상 떨어진 곳에서 사용할 것
4. 관측 중에는 수신기 표시장치 등을 통하여 관측상태를 수시로 확인하고 이상 발생시에는 재관측을 실시할 것

④ 관측 완료 후 점검결과 제1항 내지 제3항의 관측조건에 맞지 아니한 경우에는 다시

관측을 하여야 한다.

⑤ 지적위성측량을 실시하는 경우에는 지적위성측량관측부를 작성하여야 한다.

제7조(정지측량) GNSS측량기를 사용하여 정지측량방법으로 기초측량 또는 세부측량을 하고자 하는 때에는 다음 각 호의 기준에 의한다.

1. 기지점과 소구점에 GNSS측량기를 동시에 설치하여 세션단위로 실시할 것
2. 관측성과의 기선벡터 점검을 위하여 다른 세션에 속하는 관측망과 1변 이상이 중복되게 관측할 것.
3. 관측시간 등은 다음 표에 의할 것

구분	지적삼각측량	지적삼각보조측량	지적도근측량	세부측량
기지점과의 거리	10 km 미만	5 km 미만	2 km 미만	1 km 미만
세션 관측시간	60분 이상	30분 이상	10분 이상	5분 이상
데이터 취득간격	30초 이하	30초 이하	15초 이하	15초 이하

제8조(이동측량) ① GNSS측량기를 사용하여 지적도근측량 또는 세부측량을 하고자 하는 경우에는 단일기준국 실시간 이동측량 또는 다중기준국 실시간 이동측량에 의한다.

② 단일기준국 실시간 이동측량(Single-RTK) 및 다중기준국 실시간 이동측량(Network-RTK)으로 실시할 경우 기준은 다음 각 호와 같다.

1. 관측 전 이동국 GNSS측량기의 초기화 작업을 완료할 것
2. 관측 중 위성신호의 단절 또는 통신장치의 이상으로 보정정보를 안정적으로 수신할 수 없는 경우 이동국 GNSS측량기를 재초기화 할 것
3. GNSS측량기 안테나를 기준으로 고도각 15° 이상에 정상 작동 중인 GNSS위성이 5개 이상일 것
4. GNSS측량기에 표시하는 PDOP이 3 이상이거나 위치정밀도가 수평 ±3 cm 이상 또는 수직 ±5 cm 이상인 경우 관측을 중지할 것
5. 1, 2회의 관측치가 제5항 제4호의 오차 이내일 경우에는 1회 관측치를 기준으로 결과부를 작성
6. 지역좌표를 구하고자 할 경우에는 GNSS측량기에서 제공하는 소프트웨어를 이용하여 좌표변환 계산방법에 의할 것
7. 관측시간 및 관측횟수는 다음 표에 따른다. 다만, 단일기준국 실시간 이동측량(Single-RTK 측량) 시 기선거리는 5 km 이내로 한다.

구분	관측횟수	관측간격	관측시간(고정해)	데이터 취득간격
도근측량	2회	60분 이상	60초 이상	1초
세부측량	2회	60분 이상	15초 이상	1초

③ 단일기준국 실시간 이동측량(Single-RTK 측량)에 의한 방법은 다음 각 호와 같다.

1. 기지점에 기준국을 설치하고 위치를 결정하고자 하는 지적도근점이나 경계점 등을 이동국으로 하여 GNSS측량기를 순차적으로 설치하여 이동하며 관측을 실시할 것
2. 관측 노선(단위)을 포함하도록 기준국을 달리하여 2회 관측할 것

④ 다중기준국 실시간 이동측량(Network-RTK 측량)에 의한 방법은 다음 각 호와 같다.

1. 이동국은 보정정보 생성에 사용되는 상시관측소 네트워크 내부에 있을 것. 다만 부득이한 경우 네트워크 외부에서 10 km 이내일 것.
2. 통신장치를 이용하여 위성기준점 네트워크 보정신호를 수신하여 고정해를 얻고 이동국을 순차로 이동하면서 관측을 실시할 것

⑤ 단일기준국 실시간 이동측량(Single-RTK) 및 다중기준국 실시간 이동측량(Network-RTK)에 의한 경우 제2항 제1호부터 제4호까지의 조건을 만족하지 못하거나 다음 각 호의 경우에는 측량방법을 달리하여 실시한다.

1. 초기화 시간이 3회 이상 3분을 초과하는 경우
2. 보정정보의 송수신이 불안정한 경우
3. 보정정보 지연시간이 5초 이상인 경우
4. 세션 간 측량성과의 오차가 5.0 cm를 초과하는 경우

제9조(GNSS데이터 관리) ① GNSS측량기로부터 수신된 원시 데이터는 GNSS 공통 포맷인 라이넥스(Rinex) 파일로 변환하여 원시데이터와 함께 관리하여야 한다.

② 라이넥스(Rinex) 변환은 GNSS측량기 장비사에서 제공하는 소프트웨어 또는 공통변환 소프트웨어를 사용하여야 하며 후속작업에 활용할 수 있도록 관리하여야 한다.

③ 라이넥스(Rinex) 변환시에는 GNSS측량기 장비사의 안테나 모델, 안테나 기준위치로부터 위상중심변동 보정값, 안테나고 등의 변수를 안테나 모델에 적합하게 설정하여야 한다.

제3장 성과계산

제10조(기선해석) 지적위성측량에 의한 기선해석은 다음 각 호의 기준에 의한다.

1. 당해 관측지역의 가장 가까운 위성기준점(최소 2점 이상) 또는 세계좌표를 이미 알고 있는 측량기준점을 기점으로 하여 인접하는 기지점 또는 소구점을 순차적으로 각 성분의 교차(ΔX, ΔY, ΔZ)를 해석할 것
2. 기지점과 소구점간의 거리가 50킬로미터를 초과하는 경우에는 정밀궤도력에 의하고 기타는 방송궤도력을 이용할 수 있음
3. 제2호의 기준에도 불구하고 고정밀 자료처리 소프트웨어를 사용할 경우에는 초신속 또는 신속궤도력을 이용할 수 있음

4. 기선해석의 방법은 세션별로 실시하되 단일기선해석방법에 의할 것
5. 기선해석시에 사용되는 단위는 미터단위로 하고 계산은 소수점 이하 셋째자리까지 할 것
6. 2주파 이상의 관측데이터를 이용하여 처리할 경우에는 전리층 보정을 할 것
7. 기선해석의 결과는 고정해에 의하며, 그 결과를 기초로 소프트웨어에서 제공하는 형식으로 기선해석계산부를 작성할 것

제11조(기선해석의 점검) ① 서로 다른 세션에 속하는 중복기선으로 최소변수의 폐합다각형을 구성하여 기선벡터 각 성분(ΔX, ΔY, ΔZ)의 폐합차를 계산한다.
② 제1항에 의한 폐합차의 허용범위는 다음 표에 의하며, 그 기준을 초과하는 경우에는 다시 관측을 하여야 한다.

폐합기선장의 총합	ΔX, ΔY, ΔZ의 폐합차	비 고
10 km 미만	3 cm 이내	
10 km 이상	2 cm + 1ppm × D 이내	D : 기선장(km)

제12조(망조정) GNSS 데이터의 망조정은 자유망조정으로 처리하여 기지점들의 성과를 점검 후 다점고정망으로 모든 기지점을 고정하여 처리하며 다음 각 호의 기준에 의한다.
1. 자유망조정은 기지점 중 한 점을 고정하고 기지점들을 처리하며, 기지점들간의 성과부합여부를 확인할 것
2. 자유망조정 결과 기지점들에 이상이 없을 때 모든 기지점을 고정하여 다점고정망조정으로 처리할 것
3. 고정밀 자료처리 소프트웨어를 사용할 경우에는 기지점 및 소구점을 동시에 조정하여 처리할 수 있음

제13조(세계좌표의 계산) 관측점의 세계좌표는 제10조의 규정에 의한 기선해석성과를 기준으로 조정계산에 의해 결정하되, 조정계산은 다음 각 호의 기준에 의한다.
1. 고정점은 위성기준점, 통합기준점 또는 정확한 세계좌표를 알고 있는 지적측량기준점으로 할 것
2. 계산방법은 기선해석에 사용하는 소프트웨어에서 정한 방법에 의할 것

제14조(지역좌표의 계산) ① 제13조의 규정에 의거 세계좌표를 지역좌표로 변환하는 때에는 좌표변환계산방법 또는 조정계산방법에 의한다.
② 제1항의 규정에 의한 좌표변환계산방법은 다음 각호에 의한다.
1. 당해 관측지역에서 측정한 모든 기지점을 점검하여 변환계수 산출에 사용할 3점 이상의 양호한 점을 결정할 것
2. 제1호의 규정에 의한 기지점의 지역좌표와 그 기지점을 좌표변환계산에 의하여 산

출한 지역좌표간의 수평성분교차(ΔX, ΔY)의 허용범위는 다음 표에 의하며, 그 기준을 초과하는 경우에는 조정계산에 의할 것

측량 범위	수평성분교차	비고
2 km × 2 km 이내	6 cm + 2 cm × $\sqrt{N}$ 이내	N은 좌표변환시 사용한 기지점수
5 km × 5 km 이내	10 cm + 4 cm × $\sqrt{N}$ 이내	
10 km × 10 km 이내	15 cm + 4 cm × $\sqrt{N}$ 이내	

3. 제1호의 규정에 의하여 결정한 기지점을 이용하여 변환계수를 산출하고 이를 모든 관측점에 적용하여 지역좌표를 산출할 것. 다만, 좌표변환계수가 결정되어 있는 지역에는 그 값을 적용할 것
4. 좌표변환계산의 단위 및 자리수는 다음 표에 의할 것

구분	단위	계산 자리수	결정 자리수
평면직각 종·횡선수치	m	소수점 이하 3자리	소수점 이하 2자리
경위도	도, 분, 초	소수점 이하 4자리	소수점 이하 4자리
표고	m	소수점 이하 3자리	소수점 이하 3자리

③ 제1항의 규정에 의한 조정계산방법은 다음 각 호에 의한다.

1. 당해 관측지역에서 측정한 모든 기지점을 대상으로 기지점 성과를 점검하고 조정계산에 사용할 2점 이상의 고정점을 결정할 것
2. 제1호의 규정에 의하여 결정한 고정점을 이용하여 지역좌표를 산출할 것

제15조(표고의 계산) ① 지적기준점의 표고 산출은 직접·간접수준측량 또는 지적위성측량에 의한다.

② 지적위성측량에 의한 표고결정은 정지측량 또는 이동측량에 의하며, 통합기준점, 수준점 및 표고가 등록된 지적기준점 등을 기지점으로 하여야 한다.

③ 지적위성측량에 의한 표고결정은 다음 각호의 기준에 의한다.

1. 3점 이상의 표고점의 지오이드고를 내삽하여 소구점의 지오이드고를 산출하여 그 값과 타원체고와의 차이를 표고로 하며, 다음 산식에 의하여 계산할 것
   소구점표고 = 소구점타원체고 − 소구점지오이드고
2. 소구점으로부터 2킬로미터 이내에 표고점이 있는 경우에는 소구점과 표고점간의 타원체고의 차이를 표고차로 하며, 다음 산식에 의하여 계산할 것
   소구점표고 = 표고점표고 + (표고점타원체고 − 소구점타원체고)
3. 국가 지오이드모델을 이용하는 경우에는 다음 기준에 의할 것
   가. 기지점에서 지오이드모델로부터 구한 지오이드고에서 고시된 지오이드고 차이

를 계산하고 소구점 지오이드고에 감하여 보정지오이드고를 산출하고 그 값과 타원체고와의 차이를 표고로 하며, 다음 산식에 의하여 계산할 것

나. 보정지오이드고 = 소구점 지오이드모델 지오이드고 − (기지점 지오이드모델 지오이드고 − 고시 지오이드고)

다. 소구점표고 = 소구점타원체고 − 보정지오이드고

제16조(성과작성) 지적위성측량의 성과 및 측량기록은 관측데이터파일, 지적위성측량부, 지적위성측량성과검사부 등에 정리한다.

제4장 성과검사

제17조(성과검사방법) 지적위성측량의 성과검사는 다음 각호의 방법에 의한다.

1. 지적위성측량관측표, 지적위성측량관측망도 등에 근거하여 관측환경, 세션 및 관측망 구성 등이 적합한지를 검사할 것
2. 지적위성측량관측기록부 등에 근거하여 위성측량기의 설치 및 입력 요소 등의 설정이 적합한지를 검사할 것
3. 기선해석계산부, 기선벡터점검계산부, 기선벡터점검계산망도 등에 근거하여 제10조 및 제11조의 기준에 따라 기선해석이 되었는지 검사할 것
4. 좌표변환계산부, 점간거리계산부 등에 의해 기지점 좌표의 부합 등을 확인하고 제14조에 의한 지역좌표의 산출이 이루어졌는지 검사할 것
5. 지적위성측량성과표의 기재사항과 관측데이터의 관리 상태를 점검할 것
6. 지적위성측량성과의 결정은 「지적측량시행규칙」 제27조의 규정에 의할 것

제5장 GNSS측량기

제18조(GNSS측량기) 지적위성측량에 사용하는 GPS측량기는 수신기, 안테나, 소프트웨어 및 부대장비로 구성되며, 다음 각 호의 기준에 의한다.

1. 측량방법에 따른 GNSS측량기의 성능은 다음 표의 기준에 의할 것

구분	기선거리 측정정도
정지측량	±(5 mm + 1 ppm × 기선거리) 이내
이동측량	±(20 mm + 2 ppm × 기선거리) 이내

2. 안테나는 위성의 전파를 수신하여 수신기에 전달할 수 있어야 하며, 측점에 정확하게 정치할 수 있는 구심 기능과 수평조정 기능을 갖는 장치가 있을 것
3. 소프트웨어는 지적위성측량의 사전 계획수립을 위한 위성에 관련된 정보획득과 관측데이터의 점검, 기선해석, 조정계산 및 좌표변환 등의 기능을 가질 것

제19조(GNSS측량기의 점검) ① 지적위성측량(측량검사를 포함한다)을 하는 때에는 GNSS측량기에 대한 기능점검을 하여 사용하고 측량 중에도 이상 유무를 확인하여야 한다.
② 기능점검은 다음 각 호의 기준에 의한다.
1. 안테나 장착을 위한 광학구심장치, 각종 케이블 및 접속부분, 전원장치 등이 정상일 것
2. 안테나 및 수신기가 정상적으로 작동할 것

③ 제1호에 의한 점검을 한 때에는 지적위성측량기점검기록부를 작성하여야 한다.

제20조(소프트웨어의 제한) ① 지적위성측량의 성과계산에 사용되는 소프트웨어는 GNSS측량기에 부속된 소프트웨어 또는 동등 이상의 기능을 가져야 한다.
② 기선해석 소프트웨어는 서로 다른 GNSS측량기에서 관측한 데이터의 조합에 의한 처리가 가능하여야 한다. 이 경우 관측한 데이터는 GNSS측량기 공통변환형식(RINEX 파일)으로 변환하여 사용할 수 있다.

MEMO

12

지적재조사측량

12.1 지적재조사 사업

12.1.1 개설

한국의 지적제도는 구한말부터 부분적으로 시작하여 1910년에 전 국토에 대한 토지조사사업에 의하여 이루어졌으나 방대한 사업을 당시의 미흡한 측량장비와 측량술로 마무리함으로써 오늘의 지적관리 정확도에는 많은 문제점을 안고 있다.

특히 도해적인 측량에서 필수적으로 수반되는 축척에 의한 문제와 지적도의 접합과정에서 발생하는 오차와 도면의 신축에 따른 오차가 오늘날 경계분쟁의 큰 원인으로 나타나고 있다.

지적재조사는 토지의 실제 현황과 일치하지 아니하는 지적공부(地籍公簿)의 등록사항을 바로 잡고 종이에 구현된 지적(地籍)을 디지털 지적으로 전환함으로써 국토를 효율적으로 관리함과 아울러 국민의 재산권 보호에 기여함을 목적으로 한다.

12.1.2 현 지적도의 문제점

① 100여 년 전 당시 측량기술의 부정확성으로 정확도가 떨어지며, 종이 지적도는 시간이 지날수록 훼손 또는 변형되는 문제점이 있다.

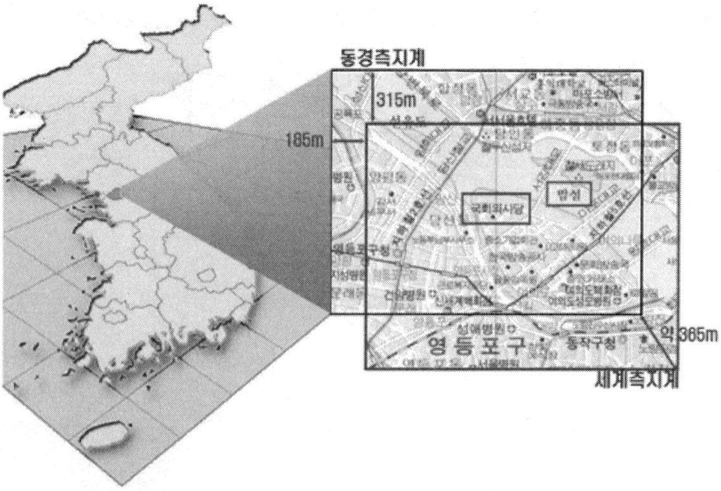

그림 12-1. 현 측지계에서 세계측지계로 전환 시 차이(출처 : http://www.newjijuk.go.kr)

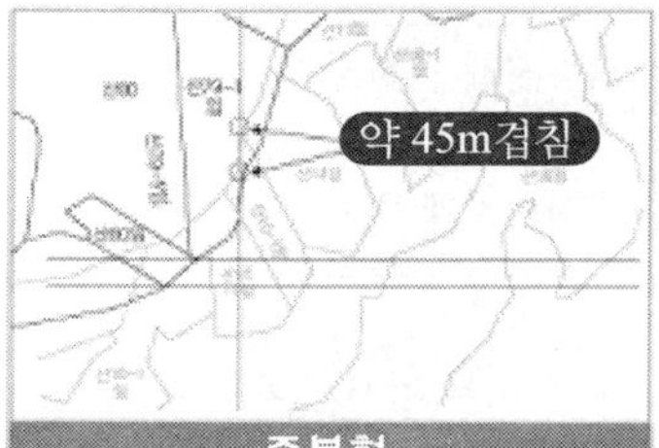

중복형

일필지의 일부가 중복 등록되어 발생되는 현상

공백형

행정구역 접합지역의 벌어짐이나 인접 필지 사이에 공백부분이 발생되는 현상

편위형

일단의 토지경계가 한쪽으로 치우치거나 회전하는 형태로 밀리는 현상

불규칙형

지적공부상 경계와 현실경계가 여러 형태로 다양하게 불일치되는 현상

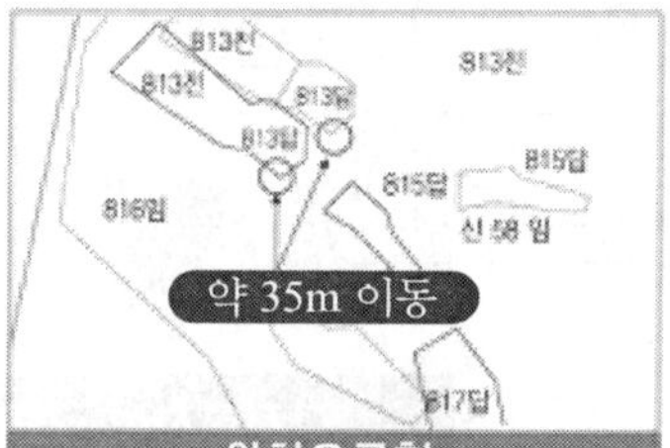

위치오류형

일필지의 토지가 형상과 면적은 일치하나 지적공부의 등록위치와 전혀 다른 곳에 실제 경계가 위치하는 경우

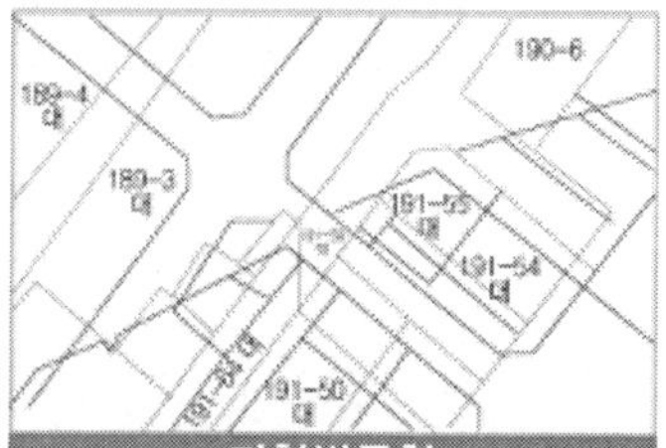

지형변동형

등록당시와 현재의 이용 상황이 다른 사례로 천재지변, 재난, 재해 등으로 토지형상이 변동되어 경계가 보존되지 못하고 있는 경우

그림 12-2. 지적불부합 유형(출처 : http://www.newjijuk.go.kr)

② 전 국토 3,700만 필지 중 554만 필지(약 15%) 가량이 현 지적도와 불일치한 상황이다. 또한, 잘못된 토지 경계로 인한 이웃 간 분쟁으로 사회적 갈등이 증가하고 이로 인한 소송 등 사회적 비용이 연간 약 3,800억 원이 소요되고 있다.

③ 현 지적도는 일본 동경원점을 기준으로 하고 있으며, 세계측지계와는 365 m 차이가 발생한다. 따라서 재조사를 통한 디지털 지적을 구축하여 정확하게 등록하여 세계 표준에 맞춰가야 한다.

12.1.3 지적재조사 사업 개요

지적재조사는 국토를 새롭게 측량하여 정확한 지적정보를 기반으로 최신의 IT기술과 접목하고, 디지털 지적정보 제공 등 한국형 스마트지적을 완성함으로써 스마트 국토시대를 개척하는 국가사업이다.

사업은 약 1조 3,000억의 비용으로 2012년~2030년까지이며, 전 국토 3,700여만 필지 중 약 554만 필지의 불부합지를 정리하여 디지털지적을 구축하는 것이다.

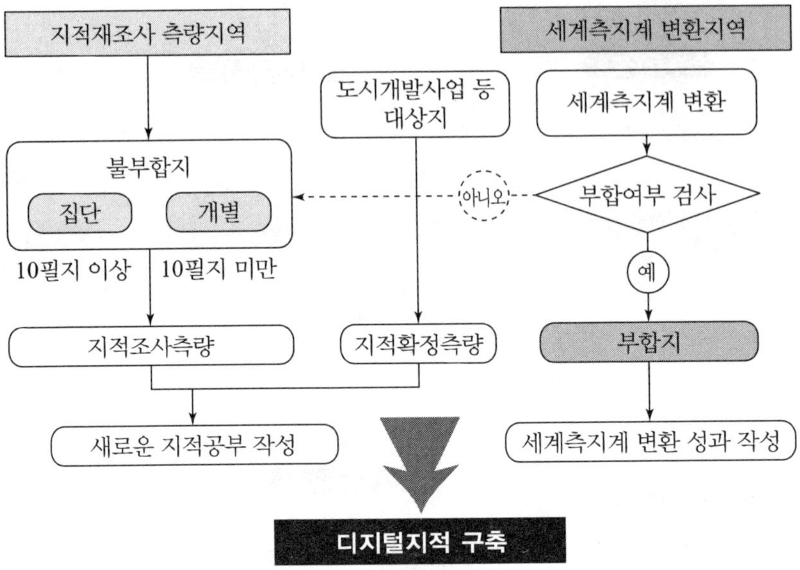

그림 12-3. 지적재조사 사업 추진체계(출처 : http://www.newjijuk.go.kr)

그림 12-4. 지적재조사 사업 절차(출처 : http://www.newjijuk.go.kr)

12.1.4 지적재조사 사업 효과

1) 국민의 재산권 보호

① 지상·지하·지표의 정보를 등록함으로써 국민의 재산권 보호

② 토지의 경계가 분명해짐에 따라 경계분쟁이 감소

③ 분쟁해소를 통한 사회적 갈등 해소

④ 토지경계 확인을 위한 지적측량 비용 감소

2) 토지이용가치 상승 및 지역경제 활성화

① 불규칙한 토지모양을 직선으로 정리하여 토지이용이 편리
② 맹지(진입로가 없는 토지)는 경계조정을 통해 도로를 확보하여 건물을 짓거나 활용
③ 토지활용도 증가로 상권확대 등 지역경제 발전 기여
④ 필지단위로 지표, 지상, 지하정보를 통합 관리

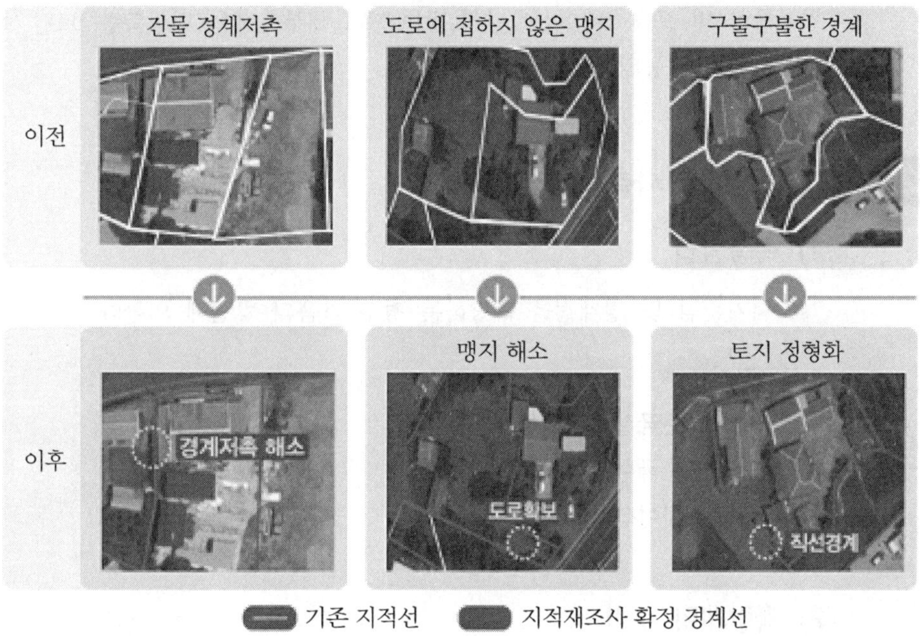

그림 12-5. 지적재조사 효과(출처 : http://www.newjijuk.go.kr)

3) 정확한 토지정보 제공 및 행정절차 간소화

① 중복정보 및 불일치 정보 정정(행정력 낭비 감소)
② 새로운 측량기술로 정확한 측량성과 제공(최대오차 7 cm)
③ 건축 및 개발 등에 필요한 행정절차 간소화
④ 경계점표지등록부를 활용해 줄자만으로 간단히 경계위치 확인 가능
⑤ 수준 높은 첨단 디지털 정보서비스 제공 및 언제 어디서나 토지정보 확인 가능

12.2 지적재조사 측량

지적재조사측량은 지적기준점을 정하기 위한 기초측량과 일필지의 경계와 면적을 정하는 세부측량으로 구분한다.

기초측량과 세부측량은 국가기준점 및 지적기준점을 기준으로 측정하며, 기초측량은 위성측량 및 토털스테이션측량의 방법으로, 세부측량은 위성측량, 토털 스테이션측량 및 항공사진측량 등의 방법으로 한다.

12.2.1 지적재조사측량

1) 측량방법

지적기준점 및 경계점을 측량하는 경우 다음의 방법에 의한다.

① 정지측량
② 다중기준국실시간이동측량
③ 단일기준국실시간이동측량
④ 토털스테이션측량

2) 측량계획 수립

지적측량수행자는 사업지역에 대하여 토지소재, 면적, 측량방법, 작업여건, 측량기간, 인원, 장비 등을 조사·검토하여 지적재조사측량 수행계획서를 지적소관청에 제출한 다음 아래의 순서대로 지적재조사측량을 시행하여야 한다. 다만, 시·도지사 또는 지적소관청과 협의한 경우에는 그러하지 아니한다.

① 측량계획 수립
② 지적기준점측량
③ 사업지구의 내·외 경계측량
④ 임시경계점표지 설치
⑤ 경계점의 측정
⑥ 측량성과의 계산 및 점검
⑦ 측량성과의 작성
⑧ 면적의 산정

3) 지적위성측량의 기준

지적위성측량에 대한 기준은 다음과 같다.

① 동시수신 위성 수는 정지측량에 의하는 경우 4개 이상, 다중기준국실시간이동측량 · 단일기준국실시간이동측량(이하 "이동측량"이라 한다)에 의하는 경우 5개 이상이어야 한다.
② 위성의 최저 고도각은 15°를 기준으로 한다. 다만, 상공시야의 확보가 어려운 지점에서는 최저 고도각을 30°까지 할 수 있다.
③ 이동측량 시 위성수신기에서 표시하는 PDOP (위치정밀도 저하율)이 3 이상, 정밀도가 수평 ± 3 cm 이상, 수직 ± 5 cm 이상인 경우 관측을 중지 한다.
④ 이동측량 시 위성수신기 초기화 시간이 3회 이상 3분을 초과할 경우 관측을 중지한다.
⑤ 측정 중 수신기 표시장치 등을 통하여 측정 상태를 수시로 확인하고 이상 발생 시에는 다시 측정한다.
⑥ 보정정보 지연시간이 5초를 초과하거나 세션 간 측량성과의 오차가 5 cm를 초과하는 경우에는 다시 측정한다.
⑦ 측정 중 특이사항(날씨, 상공의 시계확보, 주위상황 등)을 지적위성측량관측기록부에 기재한다.
⑧ 위성수신기 환경설정은 위성수신기 제조사에서 제공하는 측량장비별 매뉴얼에 따른다.

관측 시 주의사항은 다음과 같다.

① 안테나 주위의 10미터 이내에는 안테나 높이 보다 높은 자동차 등의 접근을 피할 것
② 측정 중에는 위성수신기 인근에서 휴대전화, 무전기 등(이하 "각종 통신장치"라 한다)의 사용을 제한할 것
③ 발전기를 사용하는 경우에는 각종 통신장치를 안테나로부터 20미터 이상 떨어진 곳에서 사용할 것

지적위성측량 및 토털스테이션측량에 사용되는 측량기기 성능은 표 12-1～표 12-2 기준 이상이어야 한다.

표 12-1. 위성수신기 성능기준

구분	정밀도	수신주파수	비고
정지측량	±(5 mm ± 1 ppm · D)	L_1, L_2	D : 기선거리(km)
이동측량	±(10 mm ± 1 ppm · D)		

표 12-2. 토털스테이션 측량기기 성능기준

각도 측정부		거리측정부		비고
수평각	정밀도	측정거리	정밀도	D : 기선거리(km)
1초 이하	±2초 이하	6 km	± (5 mm ± 1 ppm · D)	

4) 지적기준점 측량

① 지적기준점의 측량계획 및 확인 · 선점 등에 관하여는 「지적업무처리규정」 제9조 및 제10조를 따른다.

② 지적기준점좌표는 세계측지계좌표로 산출한다. 다만, 사업지구의 내 · 외 경계를 결정하기 위하여 필요한 경우 지역측지계좌표를 산출할 수 있다.

③ 정지측량으로 지적기준점측량을 실시하는 경우 다음의 순서에 따른다.

1. 일정별 위성의 궤도정보에 따라 수신 가능한 위성들의 궤도와 밀도를 분석하여 관측일정표와 관측망도를 작성한다.
2. 관측망도에서 순차적인 세션을 결정하고 기지점과 관측점에 위성수신기를 동시에 설치하여 세션단위로 측정한다.
3. 관측성과의 기선백터 점검을 위하여 다른 세션에 속하는 관측망과 1변 이상이 중복되게 측정을 실시한다.
4. 측정시간과 데이터 수신간격은 표 12-3과 같다.
5. 정지측량의 기선해석 및 점검 등은 표 12-4와 같다.

표 12-3. 측정시간과 데이터 수신간격

기점과의 거리	측정시간	데이터 수신간격
5 km 이상	60분 이상	30초 이하
5 km 이하	30분 이상	

표 12-4. 정지측량(static)의 기선해석 및 점검

1. 지적위성측량에 의한 기선벡터의 산출(이하 "기선해석"이라 한다)은 아래 기준에 따라 산출한다.
   - 당해 관측지역의 가장 가까운 기준점(위성기준점, 통합기준점) 및 지적기준점을 기점으로 하여 인접하는 기지점 또는 소구점을 순차적으로 각 성분의 교차(ΔX, ΔY, ΔZ)를 해석할 것
   - 기지점과 소구점간의 거리가 50킬로미터를 초과하는 경우에는 정밀궤도력에 의하고 기타는 방송궤도력에 의할 것. 다만, 정밀기선해석 소프트웨어를 사용할 경우에는 신속궤도력을 이용할 수 있음.

- 기선해석의 방법은 세션별로 실시하되 단일기선해석방법에 의할 것
- 기선해석 시 사용되는 단위는 미터단위로 하고 계산은 소수점이하 셋째자리까지 할 것
- 2주파 이상의 관측데이터를 이용하여 처리할 경우에는 전리층 보정을 할 것
- 기선해석의 결과는 고정해에 의하며, 그 결과를 기초로 하여 기선처리 소프트웨어에서 제공하는 형식으로 기선해석계산부를 작성할 것

2. 기선해석의 결과는 아래와 같이 그 성과를 점검하여야 한다.
- 서로 다른 세션에 속하는 중복기선으로 최소변수의 폐합다각형을 구성하여 기선벡터 각 성분(ΔX, ΔY, ΔZ)의 폐합차를 계산한다.
- 제1호에 의한 폐합차의 허용범위는 다음 표에 의하며, 그 기준을 초과하는 경우에는 다시 관측을 하여야 한다.

폐합기선장의 총합	ΔX, ΔY, ΔZ의 폐합차	비고
10 km 미만	3 cm 이내	D : 기선장(km)
10 km 이상	2 cm + 1 ppm × D 이내	

3. 기선해석 및 점검은 소프트웨어에서 정한 방법에 의할 것

④ 이동측량으로 지적도근점측량을 실시하는 경우 다음의 기준을 따른다.

1. 측정시간과 데이터 수신간격은 표 12-5와 같다.
2. 단일기준국실시간이동측량의 경우 기준국을 제외한 3점 이상(표고산출 시 4점 이상)의 기지점을 관측하여 GNSS측량기에서 제공하는 프로그램을 이용 수평, 수직성분의 오차 보정량을 소구점성과에 반영하여야 한다.
3. 1, 2회의 관측성과가 연결교차 ± 0.03 m 범위 이내일 때에는 1회 관측성과를 기준으로 측량성과를 작성한다.

⑤ 토털스테이션측량 방법으로 지적기준점측량을 실시하는 경우 「지적측량시행규칙」 제8조부터 제15조까지를 적용한다.

표 12-5. 이동측량시 지적도근점 측정기준

구분	측정횟수 (세션)	관측간격	측정시간	데이터 수신간격
다중기준국 실시간이동측량	2회	60분 이상	고정해를 얻고 나서 60초 이상	1초
단일기준국 실시간이동측량	기준국을 달리하여 2회			

※ 단일기준국실시간 이동측량시 기준국 통합기준점 또는 정지측량에 의한 지적기준점을 사용하며, 기지점과의 거리는 5 km 이내

표 12-6. 수평각과 수평거리 기준

구분		측정횟수	측정단위	허용교차
수평각	방향관측법	1대회	초	±30″ 이내(1측회 폐색)
	배각법	2배각	초	±20″ 이내(2배각 교차)
수평거리		2회	0.001 m	측정치의 교차가 평균치의 3천분의 1 이하일 때에는 그 평균치

※ 기지점과 경계점 및 기지점과 보조점의 거리는 300 m 이내로 한다.

5) 경계점 측량

① 이동측량으로 경계점측량을 실시하는 경우 표 12-5에 따른다. 다만, 측정시간은 고정해를 얻고 나서 15초 이상으로 한다.

② 토털스테이션 측량방법으로 경계점측량을 실시하는 경우 다음의 기준을 따른다.

1. 도선법 및 방사법에 따라 경계점을 측정한다.
2. 수평각과 수평거리의 측정횟수・측정단위 및 허용교차는 표 12-6과 같다.

6) 사업지구의 내・외 경계

① 지적재조사사업지구의 경계는 지정된 사업지구 외곽 필지의 바깥쪽 경계로 한다. 다만, 사업지구의 내・외를 지나는 도로・구거・하천・제방 등 국・공유지 등의 경우 사업지구 지정・고시 도면에 의한 경계를 기준(국・공유지에 인접한 필지의 바깥쪽 경계를 서로 연결)으로 사업시행자가 직권으로 분할하여 사업지구의 내・외 경계를 결정한다.

② 사업지구의 경계는 인접 지역의 기지경계선과 부합여부를 확인하여야 한다.

③ 사업지구의 내・외 경계는 지적재조사사업지구 지정 이전의 측량방법에 따라 현지에 경계를 복원한 후 그 경계점표지를 세계측지계기준으로 현지측량을 통하여 확정하여야 한다.

7) 면적산정

① 필지별 면적은 경계점좌표에 따른 좌표면적계산법으로 계산하며 산출면적은 1천분의 1 m^2 단위로 정한다.

② 면적산정을 할 때에는 지적도의 축척이 600분의 1인 지역과 경계점좌표등록부에 등록하는 지역의 토지 면적은 제곱미터 이하 한 자리 단위로 하되, 0.1제곱미터 미만의 끝수가 있는 경우 0.05제곱미터 미만일 때에는 버리고 0.05제곱미터를 초과할

때에는 올리며, 0.05제곱미터일 때에는 구하려는 끝자리의 숫자가 0 또는 짝수이면 버리고 홀수이면 올린다. 다만, 1필지의 면적이 0.1제곱미터 미만일 때에는 0.1제곱미터로 한다.

12.2.2 경계점표지의 설치

1) 경계설정의 기준

① 지적소관청은 다음의 순위로 지적재조사를 위한 경계를 설정하여야 한다.

㉠ 지상경계에 대하여 다툼이 없는 경우 토지소유자가 점유하는 토지의 현실경계

㉡ 지상경계에 대하여 다툼이 있는 경우 등록할 때의 측량기록을 조사한 경계

㉢ 지방관습에 의한 경계

② 지적소관청은 제①항 각 호의 방법에 따라 지적재조사를 위한 경계설정을 하는 것이 불합리하다고 인정하는 경우에는 토지소유자들이 합의한 경계를 기준으로 지적재조사를 위한 경계를 설정할 수 있다.

③ 지적소관청은 지적재조사를 위한 경계를 설정할 때에는 「도로법」, 「하천법」 등 관계 법령에 따라 고시되어 설치된 공공용지의 경계가 변경되지 아니하도록 하여야 한다. 다만, 해당 토지소유자들 간에 합의한 경우에는 그러하지 아니하다.

2) 임시경계점표지의 설치

임시경계점표지는 경계설정의 기준 및 다음의 세부기준에 따라 설치하여야 한다.

① 지상경계에 대하여 다툼이 없는 경우에는 담장・구조물 등 지형지물을 경계로 한다. 이 경우 세부적인 경계설정은 “제1장 지적측량 총론 1.4.1 경계의 설정기준”을 따르며 경계설정 예시는 표 12-10과 같다.

② 지상경계에 대하여 다툼이 있는 경우에는 다음의 절차에 따라 경계를 결정한다.

㉠ 지적공부・토지이동결의서・측량결과도 및 측량이력과 지적전산 파일 등을 조사・분석한다.

㉡ 축척이 서로 다른 지역의 경계가 접하는 부분은 등록 선・후와 등록 축척을 조사・분석한다.

㉢ ㉠목과 ㉡목에서 조사・분석한 결과를 토대로 등록할 때의 측량기록과 동일한 측량방법으로 인근 필지의 경계를 확인한 후 경계를 지상에 표시하여 설정한다.

③ 경계가 서로 연접해 있는 토지소유자들이 경계에 합의한 경우에는 그 경계에 경계점표지를 설치한다.

3) 경계점표지의 설치

① 담장・구조물 등 뚜렷한 지형지물에 경계점 위치를 표시하여 사용할 수 있다.

② 설치한 임시경계점의 위치와 최종 확정된 경계점의 위치가 다른 경우에는 토지소유자 등을 입회시켜 새로운 경계점표지를 설치하여야 한다.

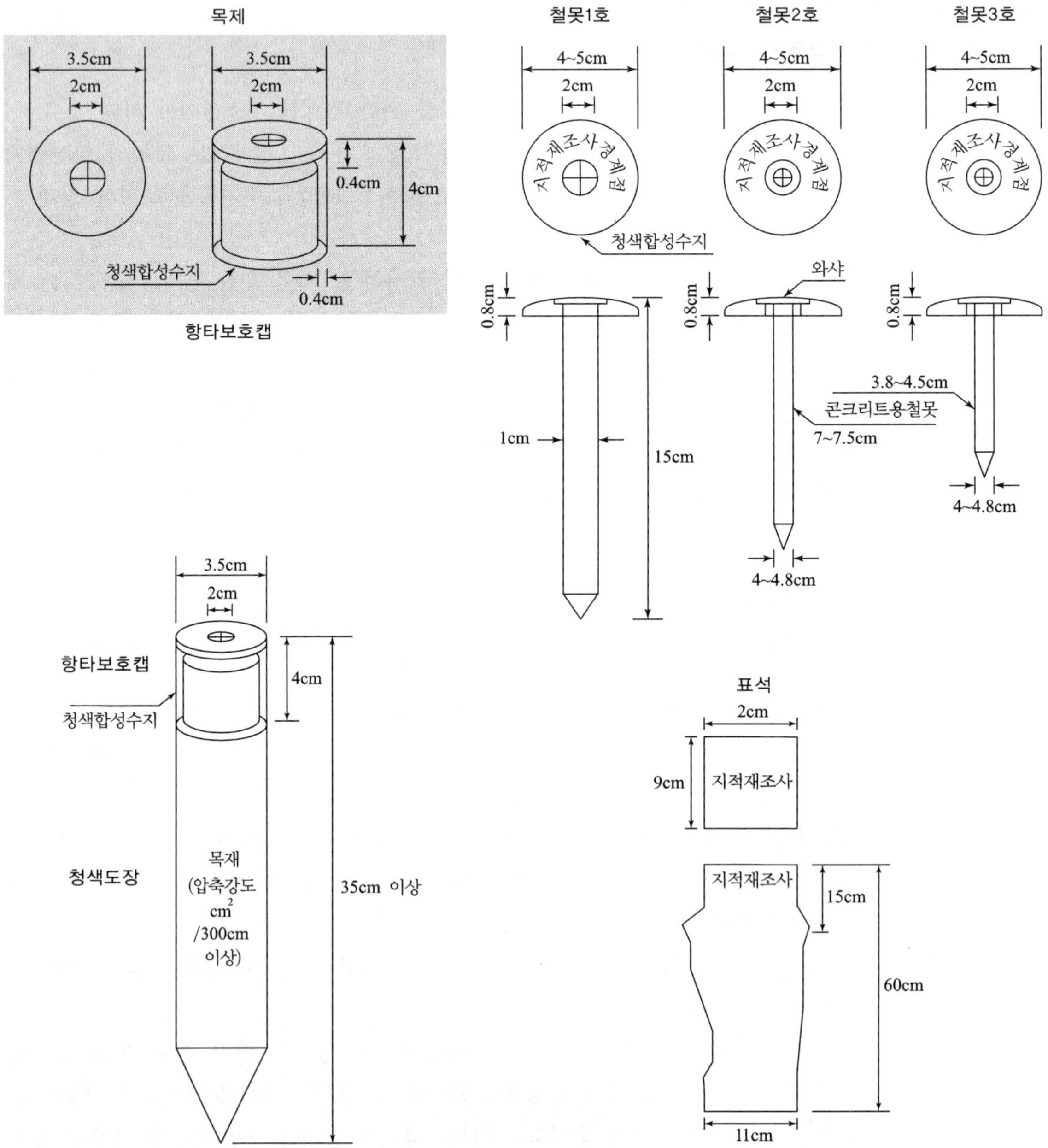

그림 12-6. 경계점표지의 규격

12.2.3 측량성과의 계산 및 성과물

1) 측량성과 계산 및 결정

측량성과의 계산 및 결정은 다음의 사항을 따르며, 측량성과가 연결교차를 초과할 때에는 다시 측정하여야 한다.

① 경위도의 단위는 도・분・초이며 계산 및 결정은 소수점 이하 넷째자리까지로 한다.
② 각의 관측 및 결정은 초단위로 한다.
③ 타원체고・안테나고・표고의 측정 및 결정은 0.001 m로 한다.
④ 거리와 평면직각 좌표는 0.001 m까지 계산하여 0.01 m로 결정한다.

표 12-7. 성과작성 목록

구분	작 성 목 록	비고
지적위성측량 (정지측량, 이동측량)	1. 지적위성측량부(별지 제2호) 2. 관측데이터 및 RINEX 파일 3. 장비별 S/W 출력물	공통
	1. 망조정 Report 파일 2. 망조정 성과 파일	정지 측량
토털스테이션 측량	1. 기지점방위각 및 거리계산부 2. 지적도근측량부 3. 배각관측 또는 다각점관측 및 거리계산부 4. 도근측량계산부(배각법 또는 다각점) 5. 도근점망도 6. 도근점성과표 • 지적삼각(보조)점을 측량하는 경우 「지적측량시행규칙」 별지서식 참조	지적 기준점 측량
성과물 및 조서 등	1. 지적재조사측량부(별지 제3호) 2. 지상경계점등록부 3. 지적확정예정조서 4. 토지현황조사서 5. 환지조서(사유발생시) 6. 측량관련 파일(GDB, DXF, SV3, CSV, DAT)	

※ 대규모 지역일 경우 도면의 축척은 협의하여 결정

표 12-8. 측량성과파일 코드 일람표

코드	내용	규격	도식	제도형태
1	확정예정 경계선(점)	기본값	▬	검은색
3	종전 지적선	기본값	▬	녹색
5	경계조정선	기본값	▭	회색
301	건물현황선	기본값	▬	파란색

• 기타 측량성과파일 코드는「지적업무처리규정」제24조 제5항 제4호 및 제28조 제8항을 적용한다.

2) 측량성과 작성 및 제출

지적측량수행자는 측량성과물을 작성하여 지적소관청에 제출한다. 이 경우 측량파일(GDB, DXF, SHP, DAT)의 레이어코드 및 속성코드는 표 12-8에 따른다.

측량성과물을 제출 후 경계가 변동된 경우에는 변동된 경계에 따른 측량성과물을 지적소관청에 제출하여야 한다.

12.2.4 측량성과

1) 측량성과 검사기준

측량성과 검사대상은 지적기준점, 사업지구의 내·외 경계점, 경계점으로 한다. 지적재조사측량 성과검사는 측량에 사용한 기지점과 신설점, 신설점 상호간의 실측거리에 의하여 비교한다. 이 경우 검사성과와의 연결교차 허용기준은 다음과 같다.

- 지적기준점 : ± 0.03미터
- 경계점 : ± 0.07미터

지적기준점측량 성과검사는 시·도지사가 하며 경계점측량 성과검사는 지적소관청이 사업지구 특성에 맞는 표본을 추출하여 검사한다. 지적재조사측량을 지적소관청이 시행한 경우의 측량성과 검사는 시·도지사가 하여야 한다.

2) 측량성과 검사방법

측량성과검사는 현지측량 검사를 원칙으로 하며 사업지구 특성에 맞게 표 12-9의 측량방법에 따라 검사할 수 있다.

표 12-9. 검사방법

구분	데이터수신간격	측 정 시 간
정지측량	30초 이하	10분 이상
이동측량	1초	고정해를 유지한 상태로 10초 이상

※ 토털스테이션측량을 하는 경우 수평각은 방향관측법으로 하며 수평거리는 1회 이상

측량성과 검사자는 관측데이터 파일(RINEX 포함)과 측량장비의 원시데이터 파일을 비교하여 다음의 사항을 분석하여야 한다.

① 위성의 배치 및 동시 수신 위성수의 적정성
② 위성수신기 제원과 안테나 높이 입력의 적정성
③ PDOP 및 수평·수직정밀도 허용범위 초과 여부
④ 측량장비별 관측환경 설정 및 측정시간의 적정성

3) 측량성과 검사항목

지적재조사측량성과의 검사항목은 다음과 같다.

① 상공장애도 조사의 적정성
② 측량방법의 적정성
③ 지적기준점설치망 구성의 적정성
④ 지적기준점 선점 및 표지설치의 적정성
⑤ 사업지구의 내·외 경계의 적정성
⑥ 임시경계점표지 및 경계점표지 설치의 적정성
⑦ 측량성과 계산 및 점검의 적정성
⑧ 측량성과 작성의 적정성
⑨ 면적산정의 적정성

4) 측량성과 검사기간

시·도지사 또는 지적소관청은 지적재조사측량성과의 검사에 필요한 자료를 제출받은 때에는 제출받은 날로부터 20일 이내에 성과검사를 하여야 한다.

표 12-10. 지적재조사 경계설정 예시

구분		경계설정 방법	참고도	사례
인공구조물 경계	담장	담장의 중앙	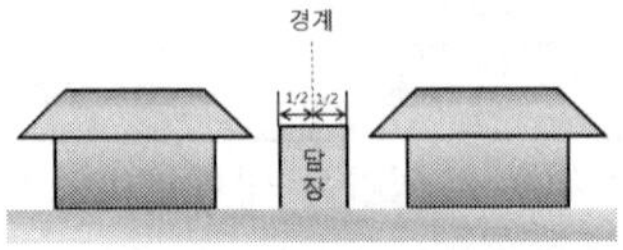	담장이 존재하는 경우
			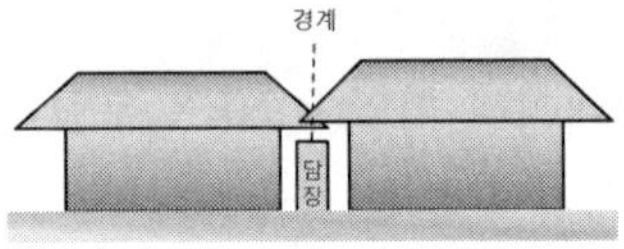	담장이 존재하며 처마가 겹치는 경우
		담장의 우측	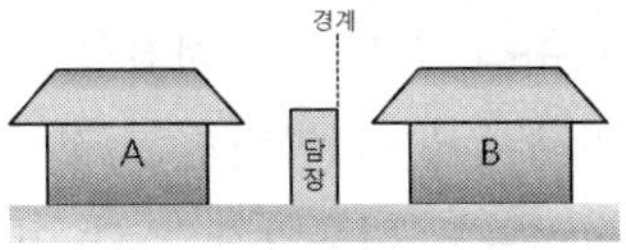	담장을 A가 설치한 경우
		담장의 좌측	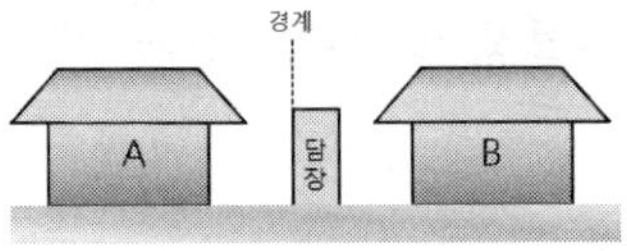	담장을 B가 설치한 경우
		담장 외벽선	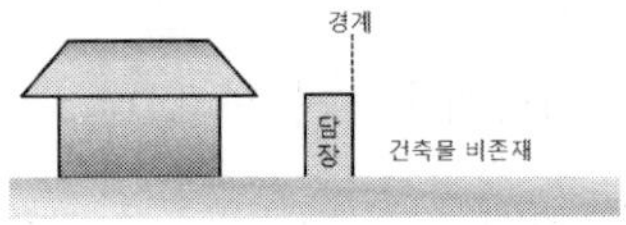	건축물과 농지·임야 등 사이에 담장으로 경계가 형성된 경우
	건축물	건축물의 처마끝선 중앙	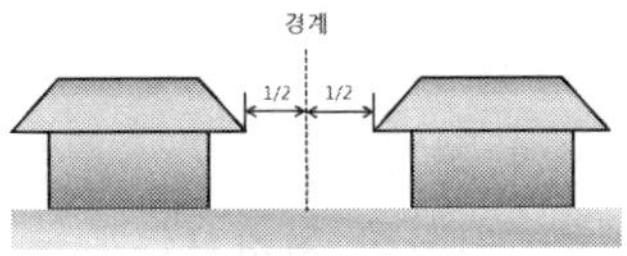	두 건축물 사이에 담장이 없는 경우
		두 건축물의 처마끝선 중앙	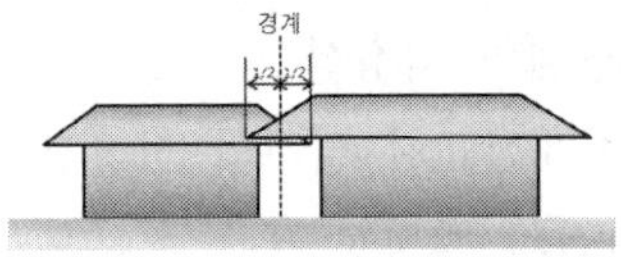	두 건축물 사이에 담장이 없고 처마가 겹치는 경우
		대상 건축물의 처마끝선	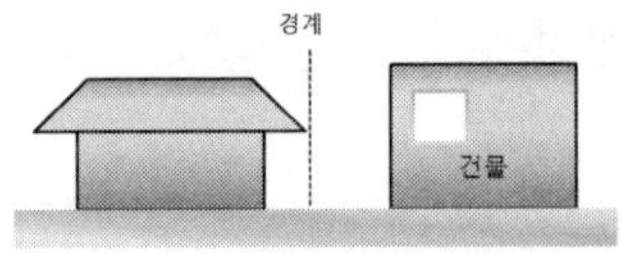	두 건축물 사이에 담장이 없으며, 한쪽 건축물 처마가 존재하는 경우
		두 건축물 벽면선 간의 중앙	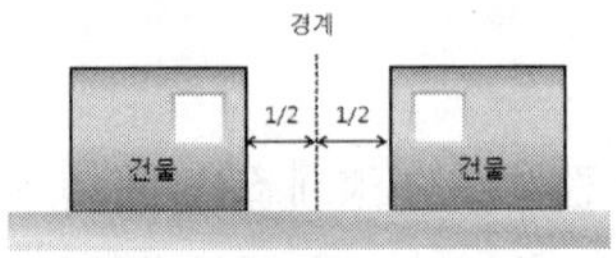	두 건축물 모두 처마가 존재하지 않는 경우
		대상 건축물의 처마 끝선	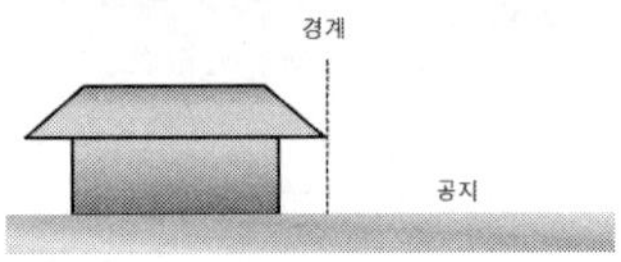	독립 건축물로서 인접지가 공지이면서 관계 법령에서 벽면후퇴 규제가 없는 경우

구분	경계설정 방법	참고도	사례
	대상 시설물의 끝선	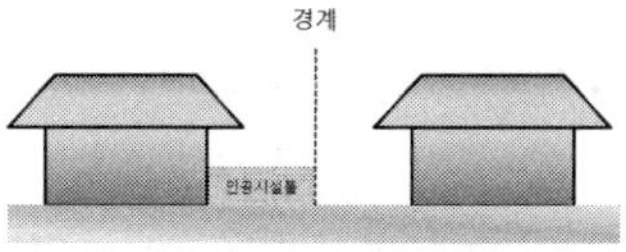	두 건축물 사이에 어느 한쪽의 주택부분에 인공물의 시설물이 있는 경우
옹벽	옹벽의 하단 끝	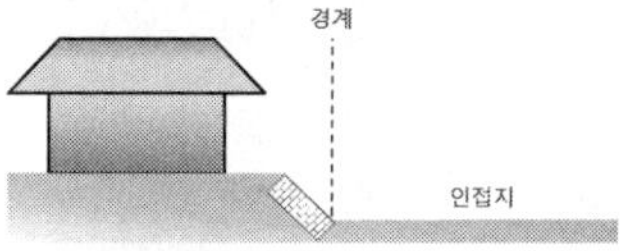	옹벽으로 경사면이 이루어져 있는 경우
옹벽	경사면과 구거 인접선	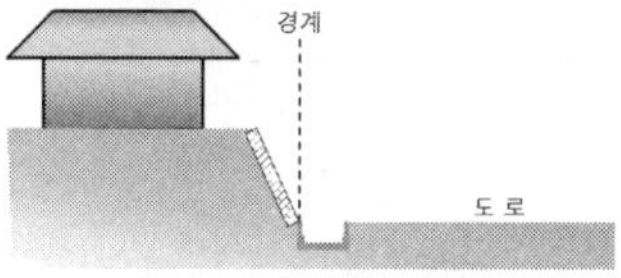	건축물 보호를 위한 옹벽으로 도로와 인접해 배수구가 있는 경우 ※옹벽이 도로시설물인 경우는 옹벽 상단
옹벽	옹벽의 상단부	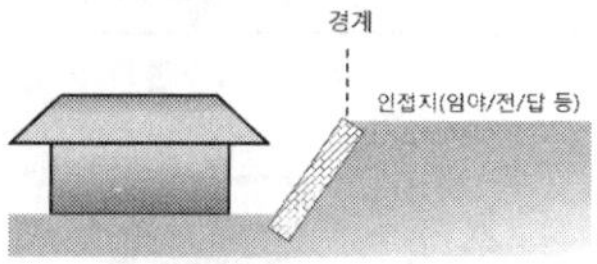	건축물 보호를 위해 옹벽을 설치한 경우 ※ 옹벽을 인접지(임야/전/답 등)에서 설치한 경우 옹벽의 하단
축대	축대 하단	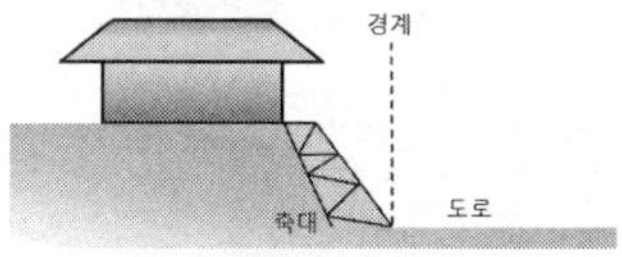	건축물 보호를 위해 축대 설치한 경우 ※ 축대가 도로시설물인 경우는 옹벽 상단
축대	보강축대의 하단	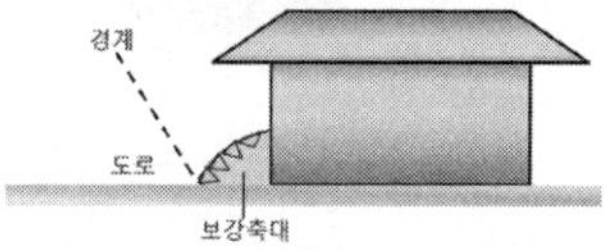	건축물 보호를 위해 보강축대를 설치한 경우 ※ 보강축대가 도로시설물인 경우는 경사면 상단
축대	축대 하단	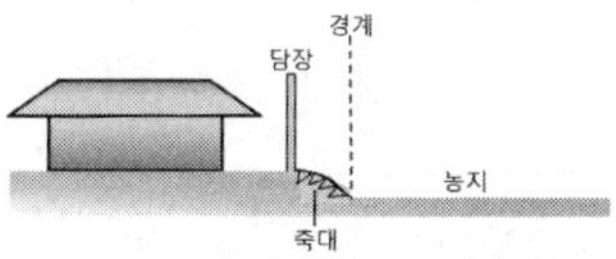	농경지와 대지 사이에 담장이 있고 축대를 담장을 위해 설치 ※ 축대를 농지에서 설치한 경우는 담장
축대	축대 하단	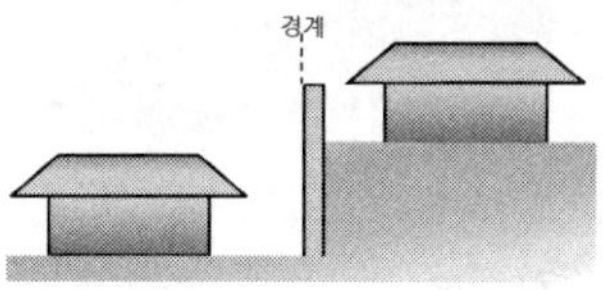	건축물 사이에 담장 이 있고 고저가 있는 경우
석축	석축의 하단	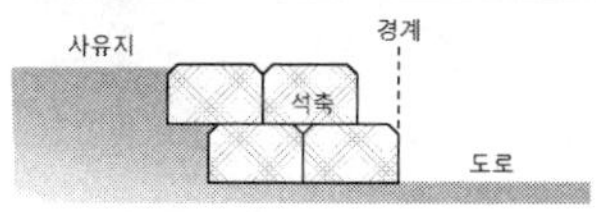	석축에 의해 경계가 형성되는 경우 ※ 석축이 도로시설물인 경우는 석축 상단
석축	석축의 하단	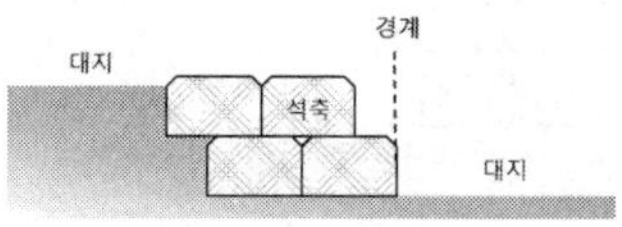	석축에 의해 경계가 형성되는 경우 ※ 석축이 아래쪽 대지에서 설치한 경우는 석축 상단

구분	경계설정 방법	참고도	사례
도로	도로경계석 끝선	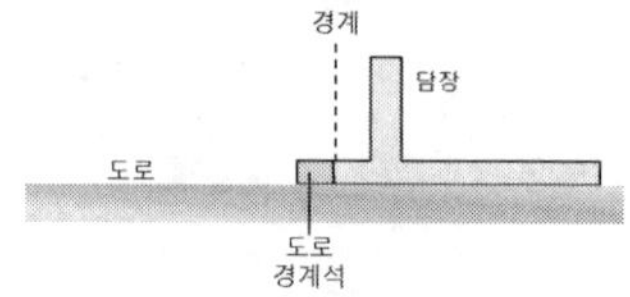	도로구역 결정고시선(도로의 경계가 경계석으로 된 경우)
	인도 경계석의 끝선	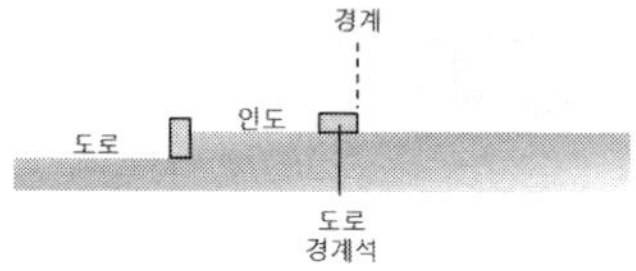	도로구역 결정고시선(도로의 경계가 인도인 경우)
	경사면 하단	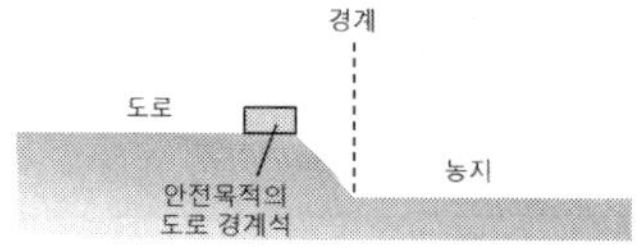	도로구역 결정고시선(경사부분이 도로시설물인 경우)
	담장외벽	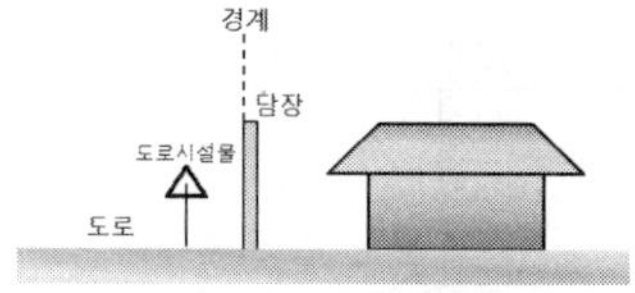	도로구역 결정고시선(도로 등 국·공유지 사이에 담장이 설치된 경우)
	도로의 선형을 연결하여 경계 설정	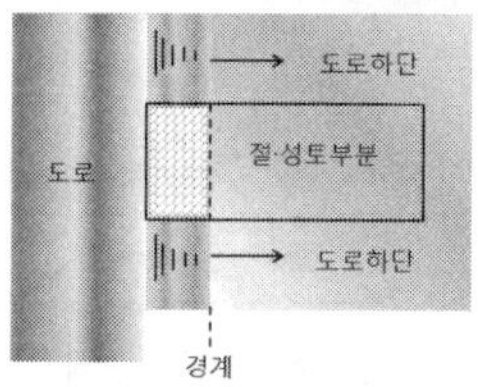	도로구역 결정고시선(도로와 인접된 전, 답, 공지 등이 성토가 이루어져 있는 경우)
제방	제방 경사면 하단	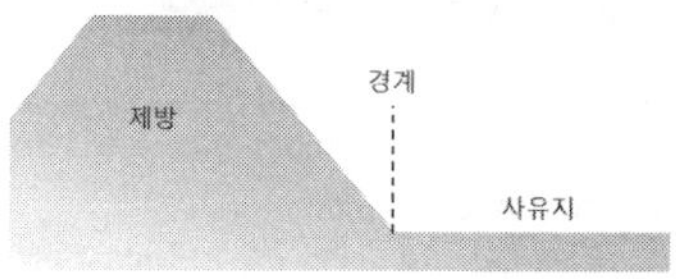	하천구역 결정고시선(제방과 사유지가 인접되어 있는 경우)
		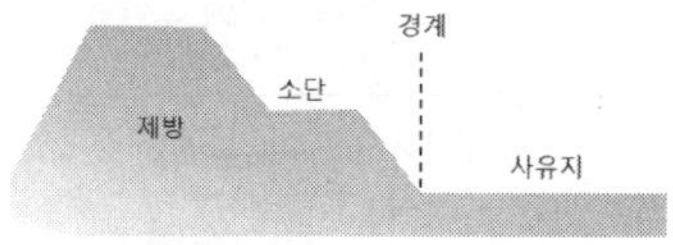	하천구역 결정고시선(소단으로 이루어진 제방과 사유지가 인접되어 있는 경우)
	사유지와 인접한 구거의 끝	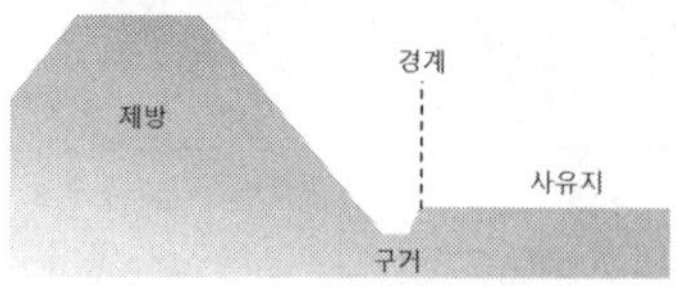	하천구역 결정고시선(제방 경사면 하단부에 구거가 설치되어 있고 이와 사유지가 인접되어 있는 경우)
구거	사유지와 접하는 구거의 끝선	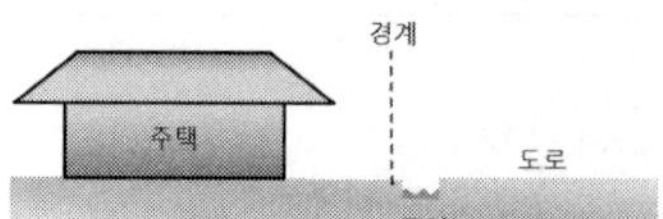	도로, 제방 등과 같은 국·공유지와 인접되어 설치되어 있고, 구거가 사유지와 접하고 있는 경우

구분		경계설정 방법	참고도	사례
		구거의 중앙	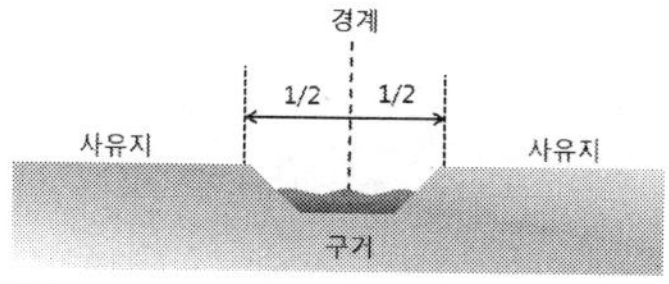	양쪽 사유지 소유자가 공동비용으로 구거를 설치한 경우
		설치 소유자의 토지에 편입하여 경계 설정	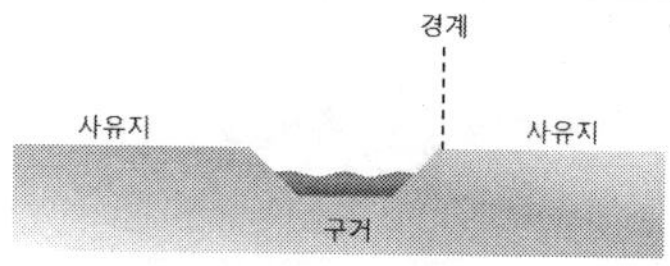	좌측 사유지 소유자가 단독비용으로 구거를 설치한 경우(단면도 상)
		구거의 양끝을 경계로 설정	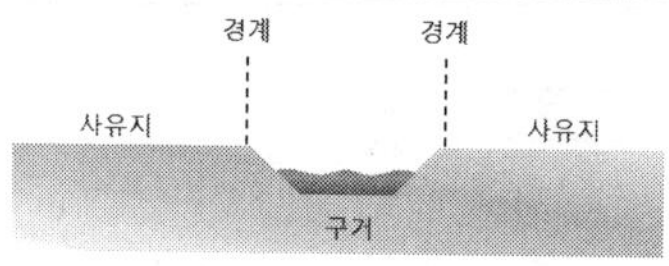	사유지와 사유지가 접하는 곳에 국유지의 구거가 존재하는 경우
자연물 경계	논두렁 및 밭두렁	중앙으로 경계설정	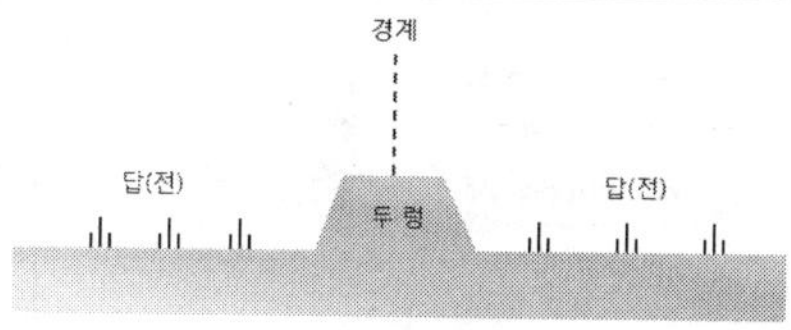	고저차가 없는 농지 사이에 논(밭) 두렁이 있는 경우
		낙수되는 논(밭)두렁의 끝	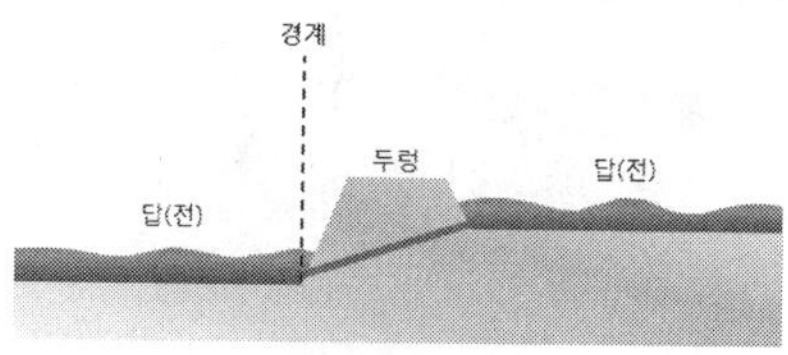	인접된 논(밭)의 높낮이가 달라 낙수가 있는 경우
		경사면 하단	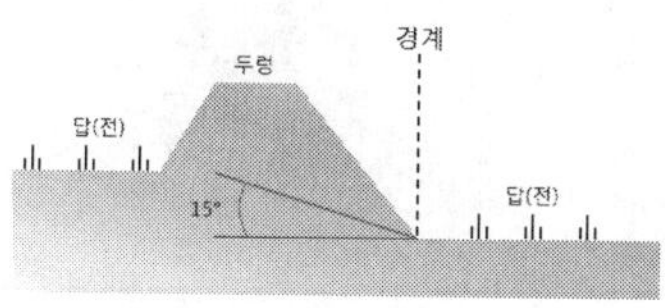	고저차가 있는 농지 사이에 논(밭) 두렁이 있고, 경사가 약 15도 이상으로 급한 경우
		경사면 중앙	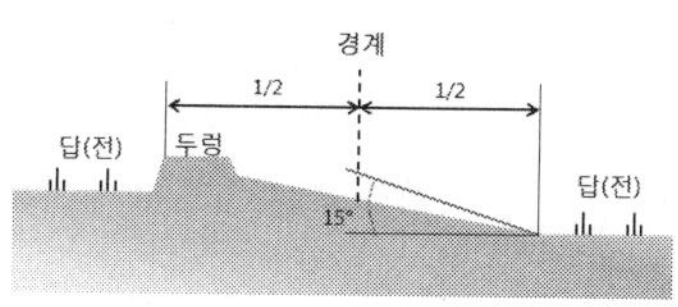	고저차가 있는 농지 사이에 논(밭) 두렁이 있고, 경사가 약 15도 이하로 완만한 경우
		경작지를 소유자에 편입하여 경계 설정	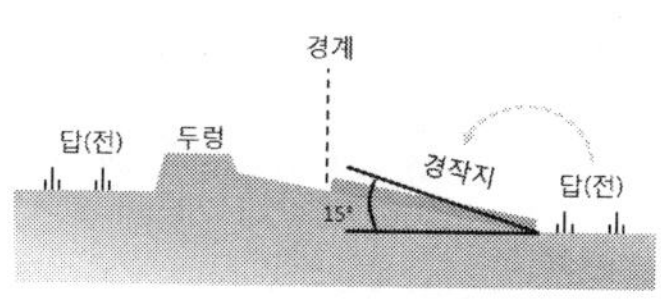	고저차가 있는 농지 사이에 논(밭) 두렁이 있고, 경사가 약 15도 이하로 완만하며 어느 소유자에 의해 경작이 이루어지고 있는 경우
		경작지 끝 선	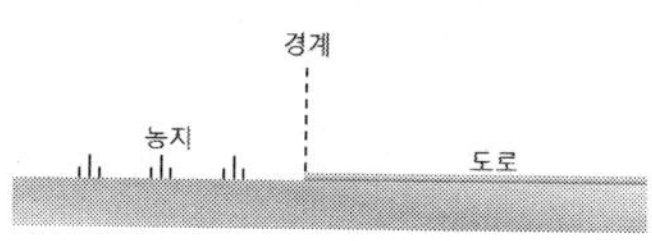	고저차가 없는 농지가 도로 등과 접하고 있을 경우

구분	경계설정 방법	참고도	사례
	경사면(법면)의 하단	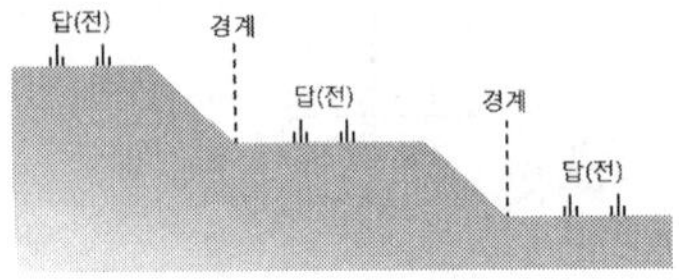	계단식으로 이루어져 있는 경우
	논(밭)용지의 경작지 끝선, 즉 용수로 및 배수로 끝선	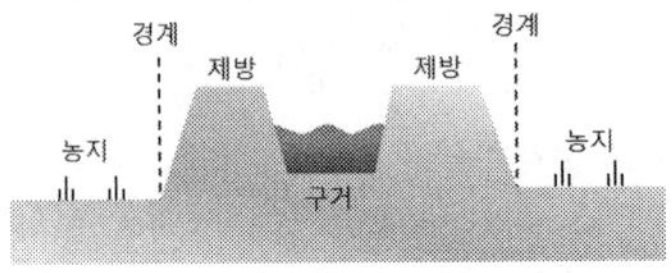	논(밭), 용수로 및 배수로, 논(밭)으로 이루어져 있는 경우
나무	나무 외벽선	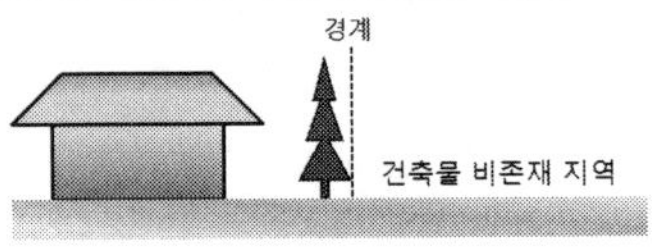	나무로 경계가 형성된 경우
나무	나무 외벽선	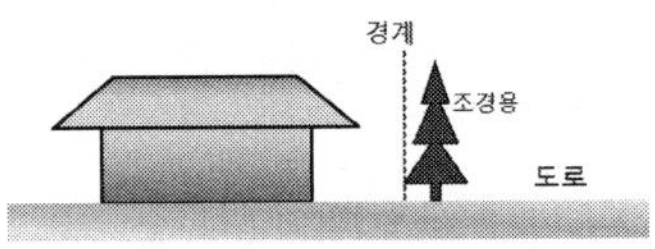	나무가 도로 조경용으로 형성된 경우
계곡 및 능선	산 능선 또는 계곡	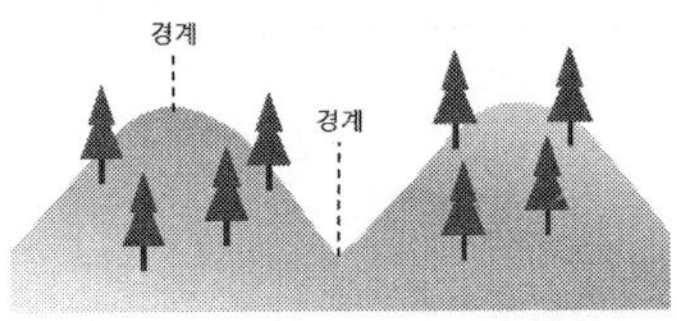	
기타	대축척인 토지와 소축척 임야와 경계선	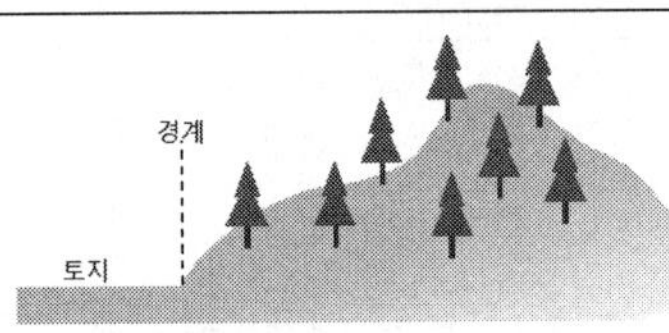	축척이 다른 토지와 임야의 경우

13

부록

1. 항공사진측량작업규정
2. 무인비행장치 이용 공공측량 작업지침
3. 지적공부 세계측지계 변환규정

13.1 항공사진측량작업규정

제1장 총칙

제1조(목적) 이 규정은 측량・수로조사 및 지적에 관한 법률 제12조 및 같은 법 시행규칙 제8조에 의하여 국토지리정보원이 행하는 수치지형도 및 지형도(이하 "지도"라 한다) 제작을 위한 항공사진측량 방법의 제반사항을 규정하여 작업방법, 규격, 정확도 등의 통일을 기하는데 그 목적이 있다.

제2조(용어의 정의) 이 규정에서 사용하는 용어의 정의는 다음 각 호와 같다.

1. "항공사진측량"이라 함은 대공표지설치, 항공사진촬영, 지상기준점측량, 항공삼각측량, 세부도화 등을 포함하여 수치지형도 제작용 도화원도 및 도화파일이 제작되기까지의 과정을 말한다.
2. "대공표지"라 함은 항공삼각측량과 세부도화 작업에 필요한 지점의 위치를 항공사진상에 나타나게 하기 위하여 그 점에 표지를 설치하는 작업을 말한다.
3. "항공사진촬영"이라 함은 항공기에서 항공사진측량용 카메라를 이용한 항공사진 또는 영상의 촬영을 말하며, 필름의 노출과 현상, 사진의 인화, 건조까지의 사진처리와 디지털항공사진을 제작, 출력하는 과정을 포함한다.
4. "항공사진"은 항공사진측량용 카메라로부터 촬영된 "아날로그항공사진"과 "디지털항공사진"으로 분류하며 디지털항공사진은 "디지털항공사진측량용 카메라로 촬영한 영상" 또는 "항공사진측량용 카메라로 촬영한 필름을 항공사진전용스캐너로 독취한 영상"을 말한다.
5. "지상기준점측량"이라 함은 항공삼각측량 및 세부도화 작업에 필요한 기준점의 성과를 얻기 위하여 현지에서 실시하는 지상측량을 말한다.
6. "항공삼각측량"이라 함은 도화기 또는 좌표측정기에 의하여 항공사진상에서 측정된 구점의 모델좌표 또는 사진좌표를 지상기준점 및 GPS/INS 외부표정 요소를 기준으로 지상좌표로 전환시키는 작업을 말한다.
7. "세부도화"라 함은 기준점측량 성과와 도화기를 사용하여 요구하는 지역의 지형지물을 지정된 축척으로 측정묘사 하는 실내작업을 말하며 좌표전개, 정리점검, 가편집데이터 제작을 포함한다.
8. "수정도화"라 함은 최신의 항공사진을 이용하여 세부도화데이터, 가편집데이터 등을 수정하는 도화작업을 말한다.
9. "내부표정"이라 함은 촬영 당시 광속의 기하상태를 재현하는 작업으로 기준점 위치, 렌즈의 왜곡, 사진의 초점거리와 사진의 주점을 결정하고 부가적으로 사진의 오차를 보정하여 사진좌표의 정확도를 향상시키는 것을 말한다.
10. "상호표정"이라 함은 세부도화 시 한 모델을 이루는 좌우사진에서 나오는 광속이 촬영면상에 이루는 종시차를 소거하여 목표 지형지물의 상대위치를 맞추는 작업을 말한다.
11. "절대표정"이라 함은 축척을 정확히 맞추고 수준을 정확하게 맞추는 과정을 말한다.
12. "지상표본거리(GSD, Ground Sample Distance)"라 함은 각 화소(Pixel)가 나타내는 X, Y 지상거리를 말한다.

제3조(적용) 항공사진측량 방법에 의한 지도제작은 별도의 특별한 규정이 있는 경우를 제외하고는 이 규정에서 정하는 바에 의한다.

제4조(위치의 기준) 위치의 기준은 측량 · 수로조사 및 지적에 관한 법 제6조 규정에 의한다.

제5조(투영방법) 투영방법은 측량 · 수로조사 및 지적에 관한 법 제6조 규정에 따른 기준을 사용하며 각 원점의 좌표는 X(N) 600,000 m, Y(E) 200,000 m로 하며, 좌표계 X축상에서의 축척계수는 1.0000으로 한다. 다만, 단일 평면좌표계의 경우는 투영원점의 수치를 X(N) 2,000,000 m, Y(E) 1,000,000 m으로 하며, 좌표계 X축상에서의 축척계수는 0.9996으로 한다.

제6조(도엽코드 및 도곽의 크기) 도엽코드 및 도곽의 크기는 수치지도작성작업규칙 제5조 규정에 의한다.

제2장 대공표지

제7조(재료) 대공표지는 합판, 알루미늄, 합성수지, 직물 등으로 내구성이 강하여 후속작업이 완료될 때까지 보존될 수 있어야 한다.

제8조(형상 및 크기) 대공표지는 설치목적, 항공사진의 축척, 지형의 배색, 관측 장비 등을 고려하여 형상, 크기, 색을 결정하며 표준양식은 <별표 1>과 같다.

제9조(설치방법) 대공표지의 설치는 다음 각 호의 방법에 의한다.

1. 대공표지는 사전에 토지소유자와 협의하여 설치하는 것을 원칙으로 한다.
2. 설치장소는 천정으로부터 45° 이상의 시계를 확보할 수 있어야 하며, 식별이 용이한 배경을 선택하여야 한다.
3. 지상에 적당한 장소가 없을 때에는 수목 또는 지붕위에 설치할 수 있으며 수목에 설치할 때는 직접 페인트로 그릴 수도 있다.
4. 표석이 없는 지점에 설치할 때는 중심말뚝을 설치하여 그 중심을 표시한다.
5. 대공표지의 보존을 위해 표지판 상 1/3을 이용하여 다음 각목을 표시한다.
   가. 계획기관명 나. 작업기관명
   다. 파손엄금 라. 보존기간(연월일)
6. 대공표지 설치를 완료하면 지상사진을 촬영하고 <별표 2>의 대공표지 점의 조서를 작성하여야 한다.

제10조(설치시기 및 관리) 대공표지는 항공사진 및 영상촬영 전 가까운 시일 내에 설치하여야 하며 촬영 시까지 파손 또는 망실되지 않도록 관리하여야 한다.

제11조(확인) ① 촬영 작업 종료 후에는 5배 확대사진 또는 출력하여 대공표지의 상태를 확인하여야 한다.
② 대공표지가 선명하게 확인되지 않을 때에는 전체 대공표지 설치점수의 10%를 넘지 않는 범위 내에서 점각할 수 있다.

제12조(성과) 대공표지 설치작업이 완료되면 다음 각 호의 성과를 제출하여야 한다.

1. 대공표지 점의 조서
2. 대공표지 점의 표정도

제3장 항공사진촬영

제13조(항공사진의 축척) ① 항공사진의 축척은 사용카메라의 초점거리와 촬영항공기의 지상고도의 비로 산출한다.

② 디지털항공카메라로 촬영한 디지털항공사진의 축척은 지상표본거리로 대체하도록 한다.

③ 도화축척, 항공사진축척 및 지상표본거리의 관계는 <별표 3>과 같다.

제14조(항공기) 항공기는 다음 각 호의 성능을 보유하여야 한다.

1. 촬영에 필요한 장비를 실고 안정적으로 비행을 실시할 수 있어야 한다.
2. 촬영 시 필요한 항공사진측량용 카메라의 설치가 가능하고 작동에 불편이 없도록 안정적으로 공간이 확보되어야 한다.
3. GPS/INS의 장치를 이용할 경우 GPS 안테나를 기체위에 설치할 수 있어야 한다.
4. 항공사진측량용 카메라는 렌즈부분이 배기가스 등으로 인한 이상굴절 및 기름분무의 영향을 받지 않는 위치에 장착되어야 한다.
5. 촬영에 필요한 장비를 안정적으로 운용할 수 있는 충분한 전원을 확보하여야 한다.

제15조(항공사진측량용 카메라) 항공사진측량용 카메라는 다음 성능의 것을 표준으로 한다.

① 항공사진측량용 카메라는 필요에 따라 협각, 보통각, 광각, 초광각 렌즈를 선택할 수 있으며 카메라의 적정 성능유지를 위하여 정기적으로 점검을 받아야 한다.

② 항공사진측량용 카메라의 렌즈 왜곡수차는 0.01 mm 이하이며, 초점거리는 0.01 mm 단위까지 명확하여야 한다.

③ 칼라항공사진을 사용하는 항공사진측량용 카메라는 색수차가 보정된 것을 사용한다.

④ 디지털항공사진카메라는 일정폭으로 개별영상이 만들어져야하며, 개별영상은 도화기 등에서 입체시 구현 및 도화가 가능하여야 한다.

⑤ GPS/INS 장치를 이용하여 촬영을 실시하는 경우는 INS가 항공사진측량용카메라 본체에 장착되어 있어야 한다.

⑥ 항공기의 속도로 인한 영상의 흘림을 보정하는 장치(Forward Motion Compensation, Time Delayed Integration) 등을 갖추거나 실제적인 영상보정이 가능한 촬영방식을 이용하여 영상의 품질을 확보할 수 있어야 한다.

⑦ 디지털항공사진카메라는 필요한 면적과 소정의 각 화소(Pixel)가 나타내는 X, Y 지상거리를 확보할 수 있어야 한다.

⑧ 렌즈의 교환 없이 칼라, 흑백 및 적외선 영상의 동시 취득이 가능하여야 한다.

⑨ 디지털항공사진 카메라는 8 bit 이상의 방사해상도를 취득할 수 있어야 한다.

⑩ 촬영 작업기관은 디지털항공사진 카메라의 적정 성능유지를 위하여 정기적으로 점검을 받아야 한다.

제16조(항공사진필름 및 영상) ① 항공필름은 다음 성능의 것을 표준으로 한다.

1. 항공사진용 필름은 필름베이스가 일률적이고 0.015% 이하의 신축율을 가져야 한다.
2. 필름은 특별히 지정한 것 이외는 전정색(Panchromatic) 필름을 원칙으로 한다.

② 디지털항공사진카메라 영상은 다음 성능의 것을 표준으로 한다.

1. 디지털항공사진카메라는 취득한 디지털영상을 수치사진으로 출력할 수 있어야 한다.
2. 노이즈가 적은 고화질의 화상을 출력할 수 있어야 한다.
3. 일반적인 영상포맷을 사용하며 손실 없이 저장하여야 한다.

제17조(GPS/INS) GPS/INS 장치는 항공사진의 노출 위치를 계산하기 위하여 항공기에 탑재한 GPS 및 항공사진 노출 시의 기울기를 산출하기 위한 3축 자이로와 가속도계로 구성하는 INS(관성측위장치), 계산 소프트웨어, 컴퓨터 및 주변기기로 구성되는 시스템으로 다음 성능의 것을 표준으로 한다.

① GPS/INS 장치의 성능은 GPS 후처리방법으로 다음 표와 같다.

항목		기준	비고
GPS	위치	0.15 m 이하	
	고도	0.15 m 이하	
	데이터취득간격	1초 이하	2주파 수신
INS	롤링각	0.010도	촬영 비행 방향 흔들림
	피칭각	0.010도	촬영 비행 방향 직각 흔들림
	헤딩각	0.015도	촬영 비행 방향의 회전
	취득간격	0.005초	

② INS는 3축의 기울기 및 가속도를 계측할 수 있어야 한다.

③ GPS데이터와 INS데이터를 결합하여 항공사진의 노출된 위치 및 자세를 산출하여야 한다.

④ GPS/INS를 항공기에 설치할 때에는 GPS안테나와 항공카메라의 렌즈중심축과의 이격거리를 토탈스테이션 등을 이용하여 직접측량 후 그 결과값을 GPS/INS 프로그램에서 직접 활용이 가능하여야 한다.

제18조(검정장) ① 검정장은 항공카메라의 위치정확도와 공간해상도의 검정이 가능한 장소를 말한다.

② 검정장은 평탄한 곳을 선정하되 규격은 3 km × 3 km 이상으로 정한다.

③ 항공카메라 검정을 위한 촬영 시 동서방향을 원칙으로 하며 보정값 산출을 위하여 남북방향으로 최소 2코스 이상 촬영을 실시해야한다.

④ 위치정확도 검정을 위하여 평면·표고 측량이 가능한 명확한 검사점이 있어야 하며, 스트립당 최소 2점 이상 존재해야 한다.

⑤ 공간해상도 검정을 위하여 <별표 17>의 규격에 맞는 분석도형이 3개 이상 설치되어 있어야 한다.

⑥ 촬영작업기관은 검정장에 대한 항공사진촬영 전 촬영계획기관과 사전협의를 실시하고 항공촬영을 실시하여야 한다.

제19조(검정) ① 검정은 검정장을 이용하여 항공카메라의 위치정확도와 공간해상도의 평가 및 이상 유무를 검사하는 것을 말한다.

② 위치정확도 검정은 검정장의 기준점과 검사점에 대한 항공삼각측량 후 위치정확도를 검정하는 것을 말한다. 검사점의 위치정확도는 제56조 2호를 준용한다.

③ 공간해상도 검정은 항공사진에 촬영된 분석도형의 시각적 해상도(l)와 영상의 선명도(c)를 검정하는 것을 말하며, 각각 아래의 식으로 계산한다.

시각적 해상도(l)는 $l = \dfrac{\pi \times \text{직경비}\left(= \dfrac{\text{내부직경}(d)}{\text{외부직경}(D)}\right)}{\text{흑백선수}} \times \text{실제외부직경}$

영상선명도(c)는 $c = \dfrac{\text{시각적해상도}(l)}{\text{지상표본거리}(\text{GSD})}$ 로 계산한다.

④ 검정데이터들은 <별표 18>의 양식에 따라 작성해야 한다.
⑤ 검정데이터의 유효기간은 1년 이내로 한다. 다만 이 기간 중 카메라를 비행기 본체에서 탈부착하거나 부착상태에서 변위가 발생하는 충격을 받았을 경우, 촬영계획기관에 보고하고 재검정을 실시하여야 한다.

제20조(항공사진의 중복도) 항공사진은 반드시 입체시 사진이어야 하며 중복도는 촬영 진행방향으로 60%, 인접 코스간 30%를 표준으로 하며, 필요에 따라 촬영 진행 방향으로 80% 인접코스 중복을 50%까지 중복하여 촬영할 수 있다. 다만, 선형방식의 디지털카메라에서는 인접코스의 중복만을 적용한다.

제21조(촬영방향) 촬영방향은 동서를 원칙으로 하되 촬영구역의 모양, 지형, 지세 및 풍향을 고려하여 변경할 수 있다.

제22조(촬영계획서 제출) 촬영 작업기관은 착수 전에 다음 각 호 사항을 포함한 촬영계획서를 제출하여야 하며 촬영계획을 변경할 때에도 또한 같다.

1. 촬영항공기의 종류 및 등록번호
2. 촬영카메라(필터포함)의 종류
3. 촬영필름의 종류, 촬영영상의 저장매체, 유효년도
4. 예정공정표
5. 촬영종사자명단
6. GPS/INS장비와 처리프로그램의 세부사양(품명, 규격, 사양, 성능의 표기)
7. 카메라 정기점검서, 카메라 위치정확도 및 공간해상도 검사표(별표18) 등 검정과 관련된 자료 일체

제23조(촬영비행조건) 촬영비행은 다음 각 호의 정하는 바에 의한다.

1. 촬영비행은 시정이 양호하고 구름 및 구름의 그림자가 사진에 나타나지 않도록 맑은 날씨에 하는 것을 원칙으로 한다.
2. 촬영비행은 태양고도가 산지에서는 30° 평지에서는 25° 이상일 때 행하며 험준한 지형에서는 음영부에 관계없이 영상이 잘 나타나는 태양고도의 시간에 행하여야 한다.
3. 촬영비행은 예정 촬영고도에서 가급적 일정한 높이로 직선이 되도록 한다.
4. 계획촬영 코스로부터 수평이탈은 계획촬영 고도의 15% 이내로 한하고 계획고도로부터의 수직이탈은 5% 이내로 한다. 단, 사진축척이 1/5,000 이상일 경우에는 수직이탈 10% 이내로 할 수 있다.
5. GPS/INS 장비를 이용하여 촬영하는 경우 GPS 기준국은 촬영대상지역 내 GPS상시관측소를 이용하고, 작업 반경 30 km 이내에 GPS상시관측소가 없을 경우 별도의 지상 GPS 기준국을 설치하여 한다.
6. GPS 기준국은 GPS상시관측소를 이용하는 경우를 제외하고, 다음에 유의하여 설치 및 관측을 하여야 한다.
   가. 수신 앙각(angle of elevation)이 15도 이상인 상공시야 확보
   나. 수신간격은 항공기용 GPS와 동일하게 1초 이하의 데이터 취득
   다. 수신하는 GPS 위성의 수는 5개 이상, GPS 위성의 PDOP (Positional Dilution of Precision)는 3.5 이하
7. GPS 기준국의 최종 측량성과 산출은 국토지리정보원에 설치한 국가기준점과 GPS상시관측소를 고정점으로 사용하여야 한다.

제24조(사진 및 영상촬영) ① 노출시간은 촬영계절, 촬영시간대, 천후, 대지속도(비행속도), 카메라의 진동, 사진필름의 감도 등 제조건을 감안하여 노출허용한도를 초과 또는 미달해서는 안 되며 최소한 5배 이상 확대할 경

우에도 선명도가 유지되어야 한다.

② 카메라는 연직방향으로 향하여 촬영하며 사진화면의 수평면에 대한 경사각은 5그레이드(4.5도) 이내로 한다.

③ 편류각은 촬영코스 방향에서 10그레이드(9도) 이내로 한다.

④ 필름양단의 1 m는 촬영에 사용하지 못한다.

⑤ 매 코스의 시점과 종점에서의 사진은 2매이상 촬영지역 밖에 있어야 한다.

⑥ GPS/INS 장비를 이용하여 촬영할 경우 촬영경로 변경시 항공기의 회전각은 날개의 수평각이 25° 미만을 유지하여야 한다.

제25조(재촬영여부의 판정자료) ① 촬영 작업 기관은 판정을 받기 위하여 성과납품 이전에 촬영코스별 검사표, 밀착사진 1부 및 표정도(1/50,000 지도), GPS/INS처리데이터 및 품질관리 자료를 계획기관에 제출하여야 한다.
② 작업기관이 판정결과에 이의가 있을 때에는 다음 각 호의 자료중 지정한 것을 제출하여 재판정을 받는다.

1. 촬영 원필름 또는 최초 영상데이터
2. (항공사진의 경우) 양화필름
3. (항공사진의 경우) 5배 확대사진
4. GPS/INS처리 및 관련 자료
5. 기타 필요한 자료

제26조(재촬영 요인의 판정기준) 다음 각 호에 해당하는 경우에는 재촬영하여야 한다.

1. 항공기의 고도가 계획촬영 고도의 15% 이상 벗어날 때
2. 촬영 진행방향의 중복도가 53% 미만인 경우가 전 코스 사진매수의 1/4 이상일 때
3. 인접한 사진축척이 현저한 차이가 있을 때
4. 인접 코스간의 중복도가 표고의 최고점에서 5% 미만일 때
5. 구름이 사진에 나타날 때
6. 적설 또는 홍수로 인하여 지형을 구별할 수 없어 도화가 불가능하다고 판정될 때
7. 필름의 불규칙한 신축 또는 노출불량으로 입체시에 지장이 있을 때
8. 촬영시 노출의 과소, 연기 및 안개, 스모그(smog), 촬영셔터(shutter)의 기능불능, 현상처리의 부적당 등으로 사진의 영상이 선명하지 못할 때
9. 보조자료(고도, 시계, 카메라번호, 필름번호) 및 사진지표가 사진 상에 분명하지 못할 때
10. 후속되는 작업 및 정확도에 지장이 있다고 인정될 때
11. 지상GPS기준국과 항공기에서 수신한 GPS신호가 단절되어 GPS데이터 처리가 불가능할 때
12. 디지털항공사진 카메라의 경우 촬영코스 당 지상표본거리(GSD)가 당초 계획하였던 목표 값보다 큰 값이 10% 이상 발생하였을 때

제27조(재촬영 방법) 재 촬영코스 전체를 촬영하는 것을 원칙으로 하고 아래 방법에 따라 재촬영하여야 한다. 단, 당해코스 전부를 촬영할 필요가 없다고 인정될 경우에는 필요한 부분만 촬영할 수 있다.

1. 동일 지역 내의 촬영은 원칙적으로 동일카메라로 행한다.
2. 촬영비행은 제21조 및 제22조에 의한다.
3. 접합부에 있어서는 전 코스의 중단사진과 최소 2모델이 중복되어야 한다.

제28조(촬영필름) 필름의 현상, 정착, 수세, 건조 등 사진처리에 있어 다음 각 호의 사항을 유의하여야 한다.

1. 촬영필름은 현상에 앞서 시험현상을 하여야 한다.
2. 필름의 영상은 피사체의 조건에 따라 농도계조가 선명하게 재현되도록 분포되어 해상력이 양호해야 하며 사진 보조 자료가 명시되어야 한다.
3. 현상액은 당해 필름의 지정처방 또는 그 이상의 것으로 처방하되 미립자 현상이라야 한다.
4. 정착액은 산성경막 처방의 것을 사용하되 감광은이 남아 있지 않도록 완전 정착하여야 한다.
5. 수세는 정착제가 남아 있지 않도록 충분히 하여야 한다.
6. 촬영필름 및 영상의 처리는 신축 및 비틀림이나 손상이 가지 않도록 건조하고 영상데이터의 손실이 없도록 하여야 한다.

제29조(밀착인화 및 출력) ① 사용인화지는 반광택 또는 무광택 인화지로서 국토지리정보원에서 지정한 규격으로 출력한다.

② 인화 및 출력작업 시 원 필름 및 원 데이터와 인화지는 완전 밀착되어 영상과 주변의 제원이 전부 나타나며 초점의 흔들림 등이 있어서는 안 된다.

③ 사진처리는 사후 변색되지 않도록 완전 처리한다.

제30조(GPS/INS데이터의 처리) 사진 및 촬영영상과 동시에 취득한 GPS/ INS데이터와 지상GPS기준국 데이터는 다음과 같이 처리하도록 한다.

1. GPS/INS촬영시 순차적으로 자동 생성되는 사진에 대한 촬영점 번호와 도화목적으로 부여되는 실제 항공사진의 번호(주기)는 일치되도록 하여야 한다.
2. GPS/INS촬영시 디지털항공사진의 파일명중 마지막 3자리는 촬영점 번호와 일치하여야 한다.
3. 촬영과 동시에 취득된 GPS와 INS데이터를 관측시간을 이용하여 동기화 과정을 통하여 융합되도록 하여야 한다.
4. 융합된 GPS/INS데이터를 처리시 센서오차를 점검하도록 하며 일정값 이상의 오차가 발견될 경우에는 데이터 처리시간 및 자이로의 초기값 변경을 통하여 반복처리 하도록 한다.

제31조(INS좌표축 보정값 산출) INS와 촬영카메라 좌표축 불일치(Misalignment)값은 다음 각 호와 같이 산출한다.

1. 지상기준점 측량에 의해서 획득된 성과를 기준으로 항공삼각측량에 의하여 산출된 각 항공사진의 외부표정요소 값과 GPS/INS 촬영시 생성되는 외부표정요소 값을 비교하여 산출하도록 한다. 단, 일정시간이 경과한 후에는 재산출하도록 한다.
2. 제1호에서 산출된 결과에 대하여 지역별로 약간의 차이가 발생할 수 있으므로 촬영대상 지역에 적용할 수 있도록 보정하도록 한다.

제32조(사진 및 영상의 외부표정요소 계산) 촬영된 각 사진 및 영상의 외부표정 요소는 다음 각 호와 같이 산출하도록 한다.

1. 항공사진 및 디지털항공사진(GPS/INS부착)의 촬영이 이루어진 시각정보, 촬영점과 사진번호 일치결과, GPS/INS융합결과, INS좌표축 회전량 보정값 등을 이용하도록 한다.
2. 각 촬영점에 대한 사진 및 영상의 외부표정 요소를 산출하도록 한다.

제33조(성과제출) ① 항공사진카메라에 의한 촬영 및 사진작업이 완료되면 다음 각 호의 자료를 제출하여야 한다.

1. 촬영된 원필름 또는 디지털항공사진 취득자료
2. 밀착인화사진 또는 출력사진
3. 표정도(1/50,000)
4. 촬영기록부(별표 4)
5. 촬영코스별 검사표(별표 5)

② 촬영된 필름은 반드시 필름 통에 보관하고 필름양단과 필름통 표면에는 제3항의 사항을 명기하여야 하며, 디지털항공사진영상자료의 경우 데이터저장매체에 보관하여 제출한다.

③ 현상완료 된 필름 및 디지털항공사진영상자료에 <별표 11>과 같이 다음 각 호의 사항을 포함한 사진주기를 명기하여야 한다.

1. 계획기관명
2. 촬영지역명
3. 촬영년월일
4. 코스 및 사진번호
5. 사진축척

④ GPS/INS에 의한 항공사진 촬영성과품은 다음 각 호와 같다.

1. 지상GPS기준국 데이터 및 성과
2. 비행중의 GPS/INS데이터
   가. 촬영코스 상의 최소 위성수
   나. 촬영코스 상의 PDOP값(그래프)
   다. 각 사진 상의 외부표정요소
   라. 사용한 프로그램 및 관련 자료
3. 검정장 측정값과 GPS안테나, IMU 및 항공카메라의 렌즈중심축과의 이격거리

⑤ 디지털 항공사진카메라의 경우 다음 각 호를 성과품에 포함한다.

1. 카메라 정기점검서, 카메라 위치정확도 및 공간해상도 검사표(별표18) 등 검정과 관련된 자료 일체
2. 디지털 항공사진 영상(비압축형식)
3. 출력된 미리보기 사진(100배 손실 압축 파일)
4. 표정도(1/50,000)
5. 촬영기록부(별표 4)
6. 촬영코스별 검사표(별표 5)
7. 선형 방식의 경우에는 일정폭으로 연속해서 절단한 단위 영상으로 입체시 구현 및 도화가 가능한 센서 모델
8. 그밖에 성과 확인에 필요한 자료

제4장 지상기준점측량

제34조(계획) 계획기관은 계획된 지역에 대하여 필요한 경우 보안지역, 지형상 특수성 등을 고려하여 작업착수 전에 현지를 답사하여 계획서를 작성한다.

제35조(계획서제출) 작업기관은 착수 전에 다음 각 호의 사항을 포함한 계획서를 제출하여야 한다.

1. 관측 장비의 명칭, 수량 및 종사원 명단
2. 작업계획도

제36조(측량의 구분) 지상기준점 측량은 평면기준점 측량과 표고기준점 측량으로 구분하며 그 실시 방법은 다음 각 호와 같다.

1. 평면기준점측량 : 삼변, 삼각, 다각, GPS측량
2. 표고기준점측량 : 직접수준측량
3. 불가피한 경우에는 다른 방법에 의할 수도 있다.

제37조(선점) 지상기준점 측량의 선점은 다음 각 호의 방법에 의하여 실시하여야 한다.

1. 모든 지상기준점은 가급적 인접모델에서 상호 사용할 수 있도록 하고 사진 상에서 명확히 분별될 수 있는 지점으로 천정부터 45°이상의 시계로 한다.
2. 선점의 위치는 반영구 또는 영구적이며 경사변화가 없도록 한다.
3. 지형지물을 이용한 평면기준점은 선상 교차점이 적합하며 가상적인 표시는 피하여야 한다.
4. 표고기준점은 항공사진상에서 1 mm 이상의 크기로 나타나는 평탄한 위치이며 사진 상의 색조가 적절하여야 하며 순백색 또는 흑색 등의 단일색조를 가진 곳은 가급적 피하여야 한다.
5. 평면기준점의 배치는 전면기준점측량(FG) 방식에서는 모델당 4점, 항공삼각측량(AT) 방식에서는 블록(Block) 외곽에 촬영 진행방향으로는 2모델마다 1점씩 모델 중복부분에 촬영방향과 직각방향으로는 코스 중복부분마다 1점씩 배치하는 것을 원칙으로 하고 항공삼각측량의 정확도 향상을 위해 블록의 크기, 모양에 따라 20% 범위 내에서 증가시킬 수 있다.
   가. GPS/INS외부표정 요소 값을 이용할 경우에는 블록의 외곽에 우선적으로 배치하되 촬영 진행방향으로 6모델마다 1점 촬영 직각방향으로 코스 중복 부분마다 1점씩 배치하도록 한다.
   나. GPS/INS외부표정 요소 값을 이용하는 디지털항공사진 카메라의 영상인 경우에는 동일 축척의 항공사진카메라의 6모델에 해당되는 기선장의 거리에 따라 평면기준점을 1점씩 배치하고 촬영직각방향으로 촬영코스 중복부분마다 1점씩 배치하는 것을 원칙으로 하되 촬영 횡중복도가 40%가 넘는 경우에는 촬영 2코스 당 1점씩 배치할 수 있다.
6. 표고기준점의 배치는 전면기준점측량(FG) 방식에서는 모델당 6점, 항공삼각측량(AT) 방식에서는 모델당 4모서리에 4점을 배치하는 것을 원칙으로 한다. 단, 필요할 경우 수준노선을 따라 사진상 3 cm ~ 5 cm마다 정확한 지점에 표고를 산출할 수 있다.
   가. GPS/INS 외부표정요소 값을 이용할 경우에는 블록의 외곽을 우선적으로 배치하되 각 촬영진행 방향으로 4모델 간격으로 1점, 촬영 직각방향으로 코스 중복부분마다 1점씩 배치하도록 한다.
   나. GPS/INS외부표정 요소 값을 이용하는 디지털항공사진 카메라의 영상인 경우에는 동일 축척의 항공사진카메라의 4모델에 해당되는 기선장의 거리에 따라 1점, 촬영코스 중복부분마다 1점씩 배치하는 것을 원칙으로 하되 횡중복도가 40%가 넘는 경우에는 촬영 2코스 당 1점씩 배치할 수 있다.

7. 항공삼각측량(AT) 방식 중 독립모델법(Independent Model Method)에 의한 성과계산의 기준이 되는 블록(BLOCK)의 크기는 코스 당 모델수 30모델 이내, 코스수는 7코스 이내로 전체 200모델을 표준으로 하며 블록의 형상은 사각형을 원칙으로 하며 광속조정법(Bundle Adjustment)의 경우는 모델수의 제한을 두지 않는다.

제38조(관측망의 구성) 관측망은 다음 각호의 방법으로 구성하여야 한다.

1. 관측망은 기지변에서 기지변에 폐합 또는 결합시킨다.
2. 모든 삼각형의 내각의 20°～120°범위이어야 한다.

제39조(작업방법 및 관측) 작업방법 및 관측은 다음 각호의 방법에 의한다.

1. 작업방법은 <별표 6>과 같다
2. 관측은 <별표 7>과 같다

제40조(편심요소의 측정) 구점의 위치가 건물 모서리 등으로 기계를 설치할 수 없거나 시통관계로 삼각망을 형성하지 못할 경우에는 편심요소를 측정하여 좌표를 산출할 수 있으며 그 제한은 <별표 8>과 같다. 단, 편심거리는 50 m를 초과할 수 없다

제41조(계산) ① 계산은 소정의 계산식에 의한다.

② 기록된 관측데이터로부터 계산 등의 공정을 연속처리 할 수 있는 시스템을 사용할 수 있다.

③ 계산은 다음 각 호의 자리 수까지 산출한다.

1. 평면직각좌표 : 0.001 (m)
2. 경위도 : 0.001 (초)
3. 표고 : 0.001 (m)
4. 각 : 1 (초)
5. 변장 : 0.001 (m)

④ 1, 2급 기준점 측량에서 표고의 계산은 0.01 m 단위까지로 할 수 있다

⑤ GPS로 관측시 기선해석은 다음 각호와 같이 실시한다.

1. 계산은 다음 각목의 자리수까지 산출한다.
   가. 기선벡터성분 : 0.001 (m)
2. 기선해석의 고정점에 쓰이는 관측점의 경도, 위도 및 타원체 고도는 정적상대측위방법에 의하여 실시하며 국토지리정보원에서 설치한 국가기준점 또는 인근의 GPS상시관측소를 동시 2개 이상 사용하여 계산한 결과를 사용하고, 이후의 기선해석은 이에 의해 구해진 값을 순차적으로 입력한다.

제42조(평면기준점 오차의 한계) 모든 작업이 끝난 평면기준점의 오차의 한계는 <별표 9>와 같다.

제43조(수준망의 구성) 수준노선은 기본수준점에 결합시키는 것을 원칙으로 한다. 다만 부득이 한 경우에는 기본수준점에 폐합시킬 수 있다.

제44조(관측) 관측은 측량기기 성능기준이 3급 이상인 레벨을 사용하여야 하며 측량방법은 다음 각 호에 의한다.

1. 레벨은 2지점에 세운 표척의 중앙에 정치함을 원칙으로 한다.
2. 관측거리는 70 m를 표준으로 한다.
3. 표척은 2개를 1조로 하고 출발점에 세운 표척은 반드시 도착점에 세워야 한다.
4. 표척의 읽음은 mm로 한다.
5. 관측오차는 3급 수준측량의 허용범위인 15 mm $\sqrt{S}$ 이내이어야 하며 초과하였을 경우에는 재관측을 하여야 한다.

제45조(계산) 수준측량의 계산은 고차식을 표준으로 한다.

제46조(표고기준점 오차의 한계) 모든 작업이 끝난 표고기준점의 오차의 한계는 <별표 10>과 같다.

제47조(정리) 현지측량 결과는 다음 각 호와 같이 정리하여야 한다.

1. 확정된 기준점은 사진상에 기준점을 중심으로 직경 8 mm의 원(평면기준점은 적색, 표고기준점은 청색)으로 표시하여 고유 점번호를 기입한다.
2. 관측 및 계산의 결과는 관측기록부, 계산부(전산시는 제외) 망도, 점의조서는 <별표 11>, 성과총괄표 <별표 12>를 작성하여야 하며 점의 조서 및 기준점 성과표의 개항 및 세항도는 점 부근 약도와 중복되는 입체사진 전체를 대조하여 명시하여야 한다.

제48조(점검) ① 작업책임자는 정리가 끝난 성과를 점검하여 서명 날인하여야 한다.
② 정리가 끝난 성과는 현지 또는 도화기상에서 점검하여 후속작업에 사용여부를 결정한다.

제5장 항공삼각측량

제49조(계획서 제출) 작업기관은 착수전에 다음 각호의 사항을 포함한 계획서를 제출하여야 한다.

1. 관측장비의 명칭(성능유지 검사표 포함)
2. 모델색인도
3. 예정공정표
4. 작업종사원 명단
5. 사용할 프로그램

제50조(프로그램) 사용할 프로그램은 계획기관의 사전승인을 받아 사용하여야 한다.

제51조(연결점의 선점) 연결점(Pass Point)은 다음 각 호에 의하여 선점하여야 한다.

1. 부근이 되도록 평탄하고 사진상에서 그 위치를 쉽게 관측할 수 있어야 한다.
2. 연속 2모델이 사진상에서 명확한 입체시가 가능하고 인접모델간의 중복부분 중간에 위치하여야 한다.
3. 모델중간의 연결점은 주점부근이어야 하며, 모델 양단의 주점기선에 직각방향으로 주점부터 항공사진상의 거리 7 cm 이상으로 등거리이어야 한다.
4. 후속작업에 필요한 때에는 항공사진상에서 선명한 위치를 보조점으로 선정한다.
5. 디지털 항공사진을 이용한 경우 자동매칭에 의한 방법으로 수행하며 각 모델에서 자동매칭이 이루어지지

않은 부분은 위 호를 기준으로 선점하여 연결점을 생성하여야 한다.

제52조(결합점의 선점) 연결점의 결합점(Tie Point)으로 사용할 수 없는 경우 다음 각 호에 의하여 선점하여야 한다.

1. 결합점은 코스 상호간에 견고하게 연결이 되도록 선점하여야 한다.
2. 가급적 인접코스 간의 중복부분 중간에 위치하여야 하며 관계되는 항공사진 전체에서 선명한 점이어야 한다.
3. 결합점은 연결점과 동일점일 수도 있다.
4. 디지털 항공사진을 이용한 경우 자동매칭에 의한 방법으로 수행하며 각 코스에서 자동매칭이 이루어지지 않은 부분은 위 호를 기준으로 선점하여 결합점을 생성하여야 한다.

제53조(점각 등) ① 선점된 연결점 및 결합점은 항공사진 및 양화필름에 정확히 점각하고 점을 중심으로 직경 5 mm의 청색 또는 적색원으로 표시하여 지정된 기호를 기입하여야 한다.
② 디지털 항공사진을 이용한 경우 자동매칭에 의한 방법으로 수행하여야 하며 광속조정법(Bundle adjustment)을 사용한다. 이 경우 반드시 사진의 외부 표정요소와 사진의 중심좌표 값이 산출되는 것을 원칙으로 한다.
③ 디지털카메라 중 푸시브롬형태(Pushbroom Type)로 촬영되는 디지털 영상은 코스별로 외부 표정요소 등이 일괄 처리되는 것을 원칙으로 한다.

제54조(표정도 작성) ① 작업기관은 선점이 끝난 후 다음 각 호의 사항이 포함된 표정도를 작성하여야 한다.

1. 사진축척 및 모델축척
2. 항공사진상 평균기선장
3. 각종 기준점 및 연결점과 결합점의 번호
4. 모델번호

② 디지털항공사진의 경우에는 프로젝트 파일 및 촬영인덱스 파일로 대체할 수 있다.

제55조(관측) 항공삼각측량의 관측은 다음 각 호에 의한다.

1. 관측 장비는 공간영상도화업에 등록된 도화기 또는 좌표측정기를 사용하여야 한다.
2. 도화기를 이용할 경우 상호표정 후 잔여시차는 0.02 mm 이내이어야 한다.
3. 도화기 사용시 각 모델 또는 블록 내에 포함되는 관측점은 각 2회씩 측정하여 사진좌표를 산출하되 도화기 사용 시는 교차가 평면좌표는 사진상 20μ 이내, 표고좌표는 0.1‰Z 이내, 좌표측정기 사용시는 X, Y의 각 교차가 사진 상 10μ 이내이어야 하며 교차가 허용범위 내에 있을 때에는 그 평균치를 사용하고 교차가 허용범위를 초과하였을 때는 재측정 하여야 한다.
4. 디지털항공사진을 이용하여 관측할 경우 X, Y의 각 교차가 0.5픽셀 이내여야 하며 자동매칭에 의한 방법으로 항공삼각측량을 할 경우 제3호의 과정을 생략 할 수 있다.

제56조(조정계산 및 오차의 한계) 항공삼각측량의 조정계산방법 및 오차의 한계는 다음 각 호에 의한다.

1. 각 사진의 외부표정요소 계산은 코스 또는 블록을 단위로 독립모델법 및 번들법 등의 조정방법에 의해서 결정한다.
2. 조정계산 후의 기준점 잔차, 연결점 및 결합점의 조정 값으로부터의 잔차는 평면위치와 표고 모두 다음 표 이내이어야 한다.

도화축척	표준편차(m)	최대값(m)
1/500～1/600	0.14	0.28
1/1,000～1/1,200	0.20	0.40
1/2,500～1/3,000	0.36	0.72
1/5,000	0.72	1.44
1/10,000	0.90	1.80
1/25,000	1.00	2.00

3. 조정 계산식은 원칙적으로 사진의 기울기와 투영 중심의 위치를 미지수로 한 투영변환식을 사용하며, 대기 굴절 및 지구곡률 보정 등에 한하여 정오차에 대응한 자체검정법(Self-Calibration)을 부가할 수 있다. 다만, 자체검정법은 수치도화시의 스테레오 모델의 구축 시에 재현할 수 있는 것으로 한정한다.
4. 연결점 및 결합점이 작업에 필요한 정도가 될 때까지 오류점의 재관측 및 추가 관측을 자동 및 수동으로 실시하여 재조정 계산을 실시하는 것으로 한다.
5. 기준점으로 계산에 사용하지 않는 점이 있는 경우는 그 점명 및 이유를 계산부에 명기한다.

제57조(정리) 작업종류 후에는 계획도에 준하여 다음 각 호의 자료를 작성하여야 한다.

1. 항공삼각측량 표정도(1/25,000, 1/50,000지형도 또는 수치지형도)
2. 항공삼각측량 성과표 또는 파일
3. 항공삼각측량 프로젝트 백업파일
4. 항공삼각측량에 사용하지 않았던 지상기준점 현황 및 사유
5. 기타 참고자료

제58조(점검) ① 작업책임자는 정리가 끝난 성과를 점검하여 서명 날인한다.
② 정리가 끝난 성과는 현지 또는 도화기상에서 점검하여 후속작업 사용여부를 결정한다.

제59조(기준점 메터데이터) ① 기준점 메타데이터라 함은 항공사진측량에 사용되는 각종 기준점의 위치를 조서 형식으로 표시한 것으로 항공사진 및 위성영상데이터 등 지형관련 자료의 보정에 사용한다.
② 메타데이터의 작성은 대공표지점, 지상기준점(평면, 표고), 항공삼각측량(종・횡 연결점), 검사점 및 보조점으로 한다.
③ 기준점 메타데이터의 작성은 엑셀(Excel)형식으로 하며 <별표 16>에 의한다.

제6장 세부도화

제60조(계획서 제출) 작업기관은 착수 전 다음 각호의 사항을 포함한 작업계획서를 제출하여야 한다.

1. 사용할 도화기의 명칭(고유번호, 성능, 등록유무 표기)
2. 모델색인도
3. 예정공정표
4. 작업참여자 명단

제61조(사용도화기) 사용하는 도화기는 요구되는 각종 축척 및 정확도를 유지할 수 있는 성능을 가진 장비이어야 한다.

제62조(도화축척) 도화축척은 원칙적으로 최종도면의 축척과 동일하게 하여야 한다.

제63조(도화데이터의 저장매체) 세부도화가 완료된 데이터는 보관 및 관리가 용이한 전산매체를 활용하여 저장하도록 한다.

제64조(기준점입력) 도화기에 연결된 컴퓨터에 좌표값을 입력하는 것을 원칙으로 한다.

제65조(표정) 세부도화의 표정은 다음 각호의 방법에 의한다.

1. 내부표정은 4개 이상의 지표와 카메라 제원(초점거리, 렌즈왜곡수차 등)을 사용하여야 하며, 그 잔차는 0.02 mm 이내이어야 하며, 디지털항공사진 또는 항공사진영상(자동입력 항공사진)을 이용할 경우에는 생략할 수 있다.
2. 상호표정의 잔여시차는 0.02 mm 이내이어야 한다.
3. 대지표정의 평면위치 및 표고의 교차는 <별표 13>과 같다.

제66조(도화파일의 기호) 도화파일의 기호는 수치지도작성작업규칙에 준하며 약부호, 문자 등을 사용할 수 있다.

제67조(묘사) ① 세부도화의 묘사는 도화축척별로 편리한 방법을 택하며 묘사의 허용범위는 <별표 14>와 같다.
② 세부도화에 표현되는 대상 및 기호는 항공사진촬영 당시의 지형·지물로 하며 영속성이 없는 지형·지물이라도 필요하다고 인정되는 것 또는 지형·지물을 표현하지 않으면 표현상 불합리하게 되는 것 등은 표시하여야 한다.
③ 세부도화 되는 모든 데이터는 3차원 좌표(X, Y, Z)값이 존재하여야 한다.
④ 곡선데이터의 최소 간격은 축척 1/1,000은 1 m, 1/5,000은 5 m, 1/25,000은 10 m로 하고 중간점을 생략할 수 있는 각도는 1/1,000과 1/5,000은 6°, 1/25,000은 10°를 기준으로 하는 것을 원칙으로 한다.
⑤ 판독이 불확실한 지형·지물의 경우에는 최대한 위치를 묘사하되 그 부분의 범위를 표시하고 현지 지리조사시 현지보완 측량하여 보완하도록 한다.
⑥ 축척 1/1,000 이상에서는 지형·지물(도로, 건물, 담장 등)이 중복될 경우 중복 묘사하여야 한다.
⑦ 철도를 묘사할 경우 축척 1/1,000은 철도폭의 각 레일, 1/5,000에서는 철도의 중심선, 1/25,000에서는 복선철도의 중심선(단선철도일 경우 단선철도의 중심선)을 묘사하여야 한다.
⑧ 실형 건물 중 직선 건물은 각 모서리에 하나의 점 데이터만 있어야 하고 반드시 폐합(폴리곤 형성)되어야 한다.
⑨ 1/1,000에서 지류의 경계는 경지계를 사용하여야 하고 반드시 폐합(폴리곤 형성)되어야 하며, 기호는 필지별로 하나씩 필지 중앙에 부여함을 원칙으로 한다.
⑩ 표고점은 다음 각호와 같은 위치에 선정하여 측정 부여한다.

1. 산정
2. 도로의 분기점 및 기타 중요한 부분
3. 계곡의 입구, 하천의 합류점, 하천부지, 제방, 댐
4. 주요한 경사변환점 또는 부근을 대표하는 지점

5. 오목지의 가장 깊은 곳
6. 평탄지에서는 도상 4 cm마다 표고점을 부여 한다. 단, 고속도로, 국도, 지방도로, 시가지의 간선도로에서는 도상 2 cm마다 표고점을 부여한다.
7. 축척 1/1,000에서의 논에서는 필지마다 하나씩의 표고점을 부여한다.
8. 기타 지형을 명확하게 하기 위하여 필요한 지점

⑪ 표고점은 독립하여 2회 측정하여 그 평균값으로 하며 2회 측정의 교차는 0.2‰Z 이내이어야 한다.
⑫ 축척별 등고선 간격은 <별표 15>와 같다.

제68조(수정도화) ① 사진판독에 사용하는 사진의 축척은 수정도화 축적과 동일한 것을 원칙으로 한다.
② 사진판독에 의한 수정량 및 수정대상물의 파악은 입체시에 의한 방법과 사진영상 및 확대사진을 이용하는 방법을 병용하여 누락이 없도록 하여야 한다.
③ 절대표정은 기존의 지상기준점, 도화파일 및 GPS/INS 성과를 이용하여 항공삼각측량을 실시하는 것을 원칙으로 하며, 표정이 어려울 경우에는 지상기준점 측량 및 항공삼각측량을 실시하여 보완하여야 한다.
④ 수정도화의 묘사는 제67조를 준용한다.

제69조(정리점검) ① 책임자는 도화데이터의 오기 및 누락 등을 점검하여 성과를 정리한 후 도화일지와 모델표정도를 작성한다.
② 정리점검이 끝난 성과는 후속작업 사용여부를 결정 한다.

제70조(도화데이터의 저장매체) 가편집 된 도화데이터는 모델별 또는 도엽별로 편집 저장하여야 하는데 저장매체는 도화데이터를 장기간 보관하는데 어려움이 없고 데이터의 손상을 방지할 수 있는 전산매체이어야 한다.

제71조(가편집) ① 가편집 되는 도화데이터는 세부도화데이터를 기준으로 세부도화데이터에 나타난 사항과 기타 자료에 의하여야 한다.
② 표시하는 대상물의 색은 도로가 적색, 해안 및 하천은 청색, 식생은 녹색, 등고선은 흑색으로 표시함을 원칙으로 하며 기타 표고점, 등고선의 수치 등은 명확하게 나타날 수 있는 색을 선택하여야 한다.
③ 등고선의 편집은 도화데이터를 원칙으로 하나 지형의 고저기복과 지세표현을 명확히 하기 위하여 산지에 한하여 주곡선 간격의 1/3 이내에서 수정 편집할 수 있다.

제72조(재검토기한) 「훈령 · 예규 등의 발령 및 관리에 관한 규정」에 따라 이 고시에 대하여 2020년 1월 1일을 기준으로 매 3년이 되는 시점(매 3년째의 12월 31일까지를 말한다)마다 그 타당성을 검토하여 개선 등의 조치를 하여야 한다.

부칙 〈제2020-1261호, 2020.3.19.〉

제1조(시행일) 이 고시는 발령한 날부터 시행한다.

[별표1] 대공표지 표준양식

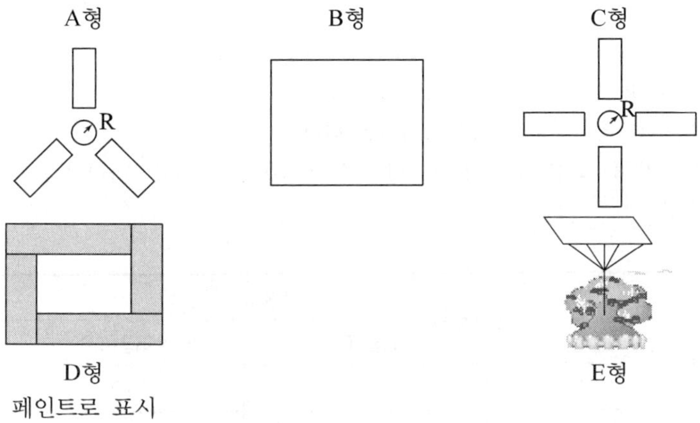

A, B, C형 : 지상 점
D형 : 지상 점 또는 옥상 점
E형 : 수목 위 설치 점
R : 촬영축척에 따라 결정

[별표3] 도화축척, 항공사진축척, 지상표본거리와의 관계

도화축척	항공사진축척	지상표본거리
1/500～1/600	1/3,000～1/4,000	8 cm 이내
1/1,000～1/1,200	1/5,000～1/8,000	12 cm 이내
1/2,500～1/3,000	1/10,000～1/15,000	25 cm 이내
1/5,000	1/18,000～1/20,000	42 cm 이내
1/10,000	1/25,000～1/30,000	65 cm 이내
1/25,000	1/37,500 \	80 cm 이내

[별표6] 지상기준점측량 작업방법

항목	구분	1급 기준점측량	2급기 준점측량
결합 및 폐합 방식	1개 다각 망에서의 기지점 수	2＋신점수/5 이상(단수절상)	
	단위 다각형의 변수	10변 이하	12변 이하
	노선의 수	5변 이하	6변 이하
		수목 등 지형의 상황에 따라서 계획기관의 승인을 얻어 변수는 증가할 수 있다.	
	절점간 거리	250 m 이상	150 m 이상
	노선장	3 km 이하	2 km 이하
		GPS측량기를 사용하는 경우는 5 km 이하로 한다.	
	편심거리의 제한	$S/e \geq 6$ (S : 측점간거리, e : 편심거리)	
	노선도형	선점은 두 기지점을 잇는 직선에서 양측 40° 이하의 지역 내 선점하고 노선중의 협각은 60° 이상을 원칙으로 한다. 다만 지형의 상황에 따라 부득이 한 경우에는 예외로 한다.	

[별표7] 지상기준점측량 관측

1. T · S측량

가. 수평각, 연직각 및 거리관측은 1시준마다 동시에 실시하는 것을 원칙으로 한다.

나. 수평각 관측은 1시준 1읽음, 망원경 정 · 반의 관측을 1대회로 한다.

다. 연직각 관측은 1시준 1읽음, 망원경 정 · 반의 관측을 1대회로 한다.

라. 거리관측은 1시준 2읽음을 1 Set (세트)로 한다. 거리관측 시 기상관측(온도, 기압)은 거리관측 개시 직전 또는 종료직후에 실시한다.

마. 관측 대회 수는 다음 표와 같다.

항목 \ 구분, 기기		1 km 이상	1 km 미만	
		1급 TS	1급 TS	2급 TS
수평각 관측	읽음 단위	1″	1″	10″
	대회 수	2	2	3
	수평눈금	0°, 90°	0°, 90°	0°, 90°, 120°
연직각 관측	읽음 단위	1″	1″	10″
	대회 수	1		
거리 관측	읽음 단위	1 mm		
	세트 수	2		

바. 수평관측에 있어서 1조의 관측방향수는 5방향 이하로 한다.

사. 기록은 데이터레코드를 이용한다.

2. GPS관측

가. 관측망도에는 동시에 복수의 GPS측량기를 이용하는 관측(이하 "세션"이라 한다)계획을 기록한다.

나. 관측은 기지점 및 구하는 점을 연결하는 노선이 폐합된 다각형을 구성하여 다음과 같이 실시한다.

1) 다른 세션의 조합에 의한 점검을 위하여 다각형을 형성한다.

2) 다른 세션에 의한 점검을 위하여 1변 이상의 중복관측을 실시한다.

다. 관측은 1개의 세션을 1회 실시한다.

라. 관측시간은 다음 표를 표준으로 한다.

관측방법	관측시간	데이터수신 간격	비 고
정지측위	30분 이상	30초 이하	1급 기준점측량(10 km 미만), 2급 기준점측량

마. GPS위성의 작동상태, 비행정보 등을 고려하여 한곳으로 몰려 있는 위성배치의 사용은 피한다.

바. 수신 고도각은 15°를 표준으로 한다.

사. GPS위성의 수는 동시에 4개 이상을 사용한다. 다만 신속정지측일 경우에는 5개 이상으로 한다.

[별표8] 편심요소의 측정 제한

편심거리	측정장비		측각단위	측거단위	측각횟수
	수평각	수평거리			
50 m 미만	1″독	강권척	1″	1 cm	2배각

[별표9] 평면기준점 오차의 한계

도화축척	표준편차
1/500 ~ 1/600	±0.1 m 이내
1/1,000 ~ 1/1,200	〃
1/2,500 ~ 1/3,000	±0.2 m 이내
1/5,000 ~ 1/6,000	〃
1/10,000 이하	±0.5 m 이내

[별표10] 표고기준점 오차의 한계

도화축척	표준편차
1/500 ~ 1/600	±0.05 m 이내
1/1,000 ~ 1/1,200	±0.10 m 이내
1/2,500 ~ 1/3,000	±0.15 m 이내
1/5,000 ~ 1/6,000	±0.2 m 이내
1/10,000 이하	±0.3 m 이내

[별표11] 사진주기 작성방법

1. 항공사진의 경우
   가. 주기는 촬영업체로고, 고도계, 시계 밑 공란에 방위표, 회계연도, 발주기관, 촬영지역, 촬영축척, 촬영년월일, 촬영코스번호, 촬영업체명을 기록한다.
   나. 주기서체는 중고딕체로 한다.

2. 디지털 항공사진의 경우
   가. 주기는 디지털항공사진을 상단 여백에 아래와 같이 방위표, 회계년도, 발주기관, 촬영지역, 지상해상도, 촬영년월일, 촬영코스번호 및 촬영업체명을 기록한다.
   나. 주기서체는 중고딕체로 한다.

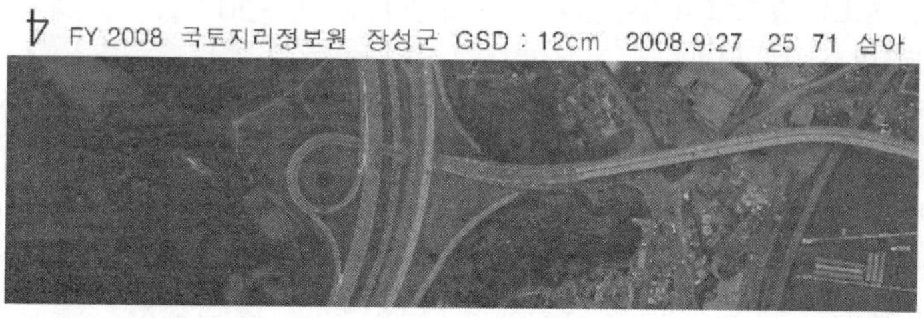

[별표13] 대지표정 평면위치 및 표고 교차(세부도화)

도화축척	평면위치의 교차	표고의 차
1/500	0.15 m 이내	0.15 m 이내
1/1,000	0.20 m 이내	0.17 m 이내
1/2,500	0.40 m 이내	0.30 m 이내
1/5,000	0.8 m 이내	0.6 m 이내
1/10,000	1.0 m 이내	1.2 m 이내
1/25,000	1.5 m 이내	2.0 m 이내

[별표15] 축척별 등고선 간격

축 척	계곡선	주곡선	간곡선
1/1,000	5 m	1 m	0.5 m
1/5,000	25 m	5 m	2.5 m
1/25,000	50 m	10 m	5 m

[별표16] 기준점 메타데이터

사업명	제작년도	제작업체	사업코드	점번호	도(광역시)	군(시,구)	면(동)	원점구분	경위도		지상기준점				항공삼각측량점		
									경도	위도	X	Y	Z	H	GX	GY	GZ

코스번호	사진번호	촬영년도	촬영축척(GSD)	카메라		사진의 외부표정요소						점의 조서	5천도 엽번호	patch 경로
				종류	초점거리	x	y	z	Omega	Phi	Kappa			

□ 작성방법

- 사업명 : [축척(숫자 4자리) + 지구명(한글 6문자)]
  - 축척 : 1/1,000은 1000으로 표기
  - 지구명 : 1/1,000 수치지형도 수정제작(○○○지구)은 ○○○지구로 표기

  ※ 사업명 표시 형식(예) : 1000 ○○○지구
- 제작년도 : [제작년도(숫자 4자리)]
- 제작업체 : [제작업체(한글 7문자)]
- 사업코드 : [년도(숫자 4자리) + 구분자(영문 1문자) + 사업번호(숫자 3자리)]
  - 구분자 : 공간영상과(S), 측지과(G), 지리정보과(M), 국토조사과(L)

  ※ 사업번호 표시 형식(예), 사업코드참조

  2008S001 (2008년도 S 공간영상과 001)
- 점번호(지상기준점) : [도엽번호(숫자 5자리) + 구분자(영문 1문자) + 일련번호(숫자 3자리)]
  - 구분 : 평면기준점(T), 표고기준점(L), 평면/표고기준점(TL), 보조점(TP), 검사점(E)
  - 일련번호 : 기준점 구분 순서로 연속하여 배정

  ※ 평면기준점의 표시 형식(예)

  37608T001 (37608 도엽번호 T 평면 001 일련번호)
- 점번호(항공삼각측량점) : [코스번호(4자리) + 사진번호(2자리) + 기준점(1자리) + 일련번호(2자리)]
  - 기준점 : 평면(1), 표고(2)

  ※ 항공삼각측량점의 표시 형식(예)

  090144102 (09-1 코스번호 44 사진번호 1 평면 02 일련번호)
- 행정구역명 : [광역시 · 도(한글 5문자) + 시 · 군 · 구(한글 4문자) + 읍 · 면 · 동(한글 5문자)]

  ※ 행정구역명의 표시 형식(예)

  강원도 인제군 기린면, 대전광역시 중구 은행동, 강원도 원주시 반곡관설동
- 원점구분 : [원점(한글 2문자)]
  - 원점구분은 동부, 중부, 서부 및 동해로 표시
- 경위도 : [도(숫자 3자리) + 분(숫자 2자리) + 초(숫자 5자리)]

  ※ 경위도의 표시 형식(예)

  경도 : 127도 30분 12.345초

  위도 : 35도 15분 30.678초

- 지상기준점(m) : [X(숫자 9자리), Y(숫자 9자리), Z 및 H(숫자 7자리)]
  - 지상기준점 측량 결과 산출된 좌표, (X, Y, Z, H)
  - Z : 타원체고(GPS를 이용한 경우), H : 표고
  - m단위의 숫자로 표기하며, 소수이하 2자리까지 표기
- 항공삼각측량점(m) : [GX(숫자 9자리), GY(숫자 9자리), GZ(숫자 7자리)]
  - 항공삼각측량 결과 계산된 지상좌표 (G_X, G_Y, G_Z)
  - m단위의 숫자로 표기하며, 소수이하 2자리까지 표기
- 코스번호 및 사진번호 : [번호(숫자 2자리)]
- 촬영년도 : [년(숫자 4자리) + 월(숫자 2자리) + 일(숫자 2자리)]
- 촬영축척(GSD) ; [축척(숫자 5자리), GSD(숫자 2자리) cm]
  ※ 촬영축척의 표시 형식(예)
  촬영축척 : 1/4,800은 분모 4800으로 표기, GSD : 12 cm는 12로 표기
- 카메라 : [카메라 종류(문자 10자리)] 및 [초점거리(숫자 6자리) mm]
  - 촬영한 카메라의 기종(Ultra-camX, Ultra-camD DMC, RC30, LMK, ADS40, ADS80, RC20)을 직접 입력하며, 카메라의 초점거리는 6자리로 소수 이하 2자리까지 표기
- 외부표정요소
  - 6개 요소 : x, y, z, Omega, Phi, Kappa (단위 : deg)
  ※ 독립모델법으로 한 경우 EOP 생략
- 점의조서 작성양식을 참조·작성하여 조서를 링크
- patch 경로 : Image patch 파일 링크(patch 파일명은 점번호와 동일)
- GCP patch : 기준점을 중심으로 200 × 200 pixel
  - 파일형식 : TIFF, N (북쪽)을 기준으로 제작
  - 파일명 : 사업코드 + 점번호.TIFF (예 : 2008S00137608T001.TIFF)
  - 형태(예) : 기준점형상 크기(8 mm × 8 mm)

[별표17] 해상도 분석 도형

기준	직경	내부 흑백선쌍 갯수
GSD 10 cm 초과	4 m	16개
GSD 10 cm 이하	2 m	16개

※ 지상표본거리 GSD ($= \frac{H}{f} \times$ 픽셀크기)

- 촬영고도(H), 초점거리(f) 및 물리적인 픽셀크기를 이용하여 산출된 지상표본거리(GSD : Ground Sample Distance)를 cm 단위로 기록한다.
- 예시 : 촬영고도(1,000 m) × 픽셀크기(12 μm)/초점거리(120,000 mm) = 10 cm

13.2 무인비행장치 이용 공공측량 작업지침

제1장 총칙

제1조(목적) 이 지침은 「공공측량 작업규정」 제50조의2에 따라 무인비행장치 측량에 필요한 사항을 정하는 것을 목적으로 한다.

제2조(용어의 정의) 이 지침에서 사용하는 용어의 정의는 다음 각 호와 같다.

1. "무인비행장치 측량"이란 무인비행장치로 촬영된 무인항공사진 등을 이용하여 정사영상, 수치표면모델 및 수치지형도 등을 제작하는 과정을 말한다.
2. "무인비행장치"란 「항공안전법 시행규칙」 제5조 제5호에 따른 무인비행장치 중 측량용으로 사용되는 것을 말한다.
3. "무인항공사진"이란 무인비행장치에 탑재된 디지털카메라로부터 촬영된 항공사진을 말한다.
4. "무인항공사진촬영"이란 무인비행장치에 탑재된 디지털카메라를 이용한 무인항공사진의 촬영을 말한다.
5. "지상기준점측량"이란 항공삼각측량 등에 필요한 기준점의 성과를 얻기 위하여 현지에서 실시하는 지상측량을 말한다.
6. "항공삼각측량"이란 지상기준점 등의 성과를 기준으로 사진좌표를 지상좌표로 전환시키는 작업을 말한다.
7. "수치도화"란 수치도화시스템으로 지형지물을 수치형식으로 측정하여 이를 컴퓨터에 수록하는 작업을 말한다.
8. "벡터화"란 좌표가 있는 영상 등으로부터 점, 선, 면의 벡터데이터를 추출하는 작업을 말한다.
9. "수치표면자료(DSD; Digital Surface Data)"란 기준좌표계에 의한 3차원 좌표 성과를 보유한 자료로서 지면 및 비지면 자료가 모두 포함된 점자료를 말한다.
10. "수치표면모델(DSM; Digital Surface Model)"이란 수치표면자료를 이용하여 격자형태로 제작한 지형모형을 말한다.

제3조(적용) ① 무인비행장치 측량은 이 지침을 따르는 것을 원칙으로 하며, 지침에 포함되지 아니한 사항은 「항공사진측량 작업규정」, 「영상지도제작에 관한 작업규정」, 「항공레이저측량 작업규정」, 「수치지도 작성 작업규칙」, 「수치지형도 작성 작업규정」, 「공공측량 작업규정」등을 준용한다.
② 제1항의 경우에도 불구하고 공공측량시행자가 지시 또는 승인한 경우에는 정확도 및 양식 등 필요로 하는 내용을 수정하여 적용할 수 있다.

제4조(위치의 기준) 위치의 기준은 「공간정보의 구축 및 관리 등에 관한 법률」 제6조 및 같은 법 시행령 제7조에 의한다.

제5조(사업자 및 조종자 준수사항) 무인비행장치 측량을 수행하려는 사업자 및 조종자는 「항공안전법」 및 「항공사업법」을 준수하여야 한다.

제6조(사용장비 및 성능기준) ① 무인비행장치는 본 지침에 의한 성과품을 안전하게 취득할 수 있도록 다음의 성능을 갖추어야 한다.

1. 무인비행장치는 계획한 노선에 따른 안전한 이·착륙과 자동운항 또는 반자동 운항이 가능하여야 한다.
2. 무인비행장치는 기체의 이상 발생 등 사고의 위험이 있을 때 자동으로 귀환할 수 있어야 한다.
3. 무인비행장치는 운항 중 기체의 상태를 실시간으로 모니터링할 수 있어야 한다.

② 무인비행장치에 탑재된 디지털카메라는 최소한 다음의 성능을 갖추어야 한다.

1. 노출시간, 조리개 개방시간, ISO 감도를 촬영에 적합하도록 설정할 수 있거나, 설정되어 있어야 한다.
2. 초점거리 및 노출시간 등의 정보를 확인할 수 있어야 한다.
3. 카메라의 이미지 센서 크기와 영상의 픽셀 수를 확인할 수 있어야 한다.
4. 카메라의 렌즈는 단초점렌즈의 이용을 원칙으로 한다.

③ 수치지형도 제작을 위한 디지털 카메라는 별도의 카메라 왜곡보정(검정)을 수행한 것을 사용하는 것을 원칙으로 한다. 다만, 측량목적 달성에 지장이 없는 경우 공공측량시행자와 협의하여 자체검정(Self-Calibration)방법으로 산출된 보정값을 이용할 수 있다.

제7조(작업순서) 무인비행장치를 이용한 작업절차는 다음과 같으며, 공공측량시행자가 지시 또는 승인한 경우에는 순서를 변경하거나 일부를 생략할 수 있다.

1. 작업계획 수립
2. 대공표지의 설치 및 지상기준점 측량
3. 무인항공사진촬영
4. 항공삼각측량
5. 수치표면모델(DSM) 생성 등
6. 정사영상 제작
7. 지형·지물의 묘사
8. 수치지형도 제작
9. 품질관리 및 정리점검

제2장 대공표지 설치 및 지상기준점측량

제8조(대공표지) 대공표지의 설치는 「항공사진측량 작업규정」을 따른다. 다만, 측량목적 달성에 지장이 없는 경우 공공측량시행자와 협의하여 형태 및 설치방법을 달리할 수 있다.

제9조(지상기준점의 배치) ① 지상기준점은 작업지역의 형태, 코스의 방향, 작업 범위 등을 고려하여 외곽 및 작업지역에 <별표 1>과 같이 가능한 고르게 배치하되, 작업지역의 각 모서리와 중앙 부분에는 지상기준점이 배치되도록 하여야 한다.

② 지상기준점의 선점은 사진 상에서 명확히 분별될 수 있는 지점으로 한다.

③ 지상기준점의 수량은 1 km^2당 9점 이상을 원칙으로 한다.

④ 제3항에도 불구하고 공공측량시행자가 최종성과품에 대한 충분한 정확도를 확보할 수 있다고 인정한 경우에는 기준점의 배치 수량을 변경할 수 있다. 다만, 기준점의 배치 수량을 변경한 경우에는 작업계획서에 반영하여야 한다.

제10조(지상기준점 측량방법) ① 지상기준점 측량방법은 다음 각 호에 따르는 것을 원칙으로 한다.

1. 평면기준점측량은「공공측량 작업규정」의 공공삼각점측량이나 네트워크 RTK 측량 방법 또는「항공사진측량 작업규정」의 지상기준점측량 방법을 준용함을 원칙으로 한다.
2. 표고기준점측량은「공공측량 작업규정」의 공공수준점측량 방법을 준용함을 원칙으로 한다.

② 공공측량시행자가 승인한 경우에는 제1항의 측량방법을 변경할 수 있다.

③ 제1항의 평면 및 표고기준점 정확도는「공공측량 작업규정」 또는「항공사진측량 작업규정」에서 정한 바에 따른다.

제11조(검사점 측량방법 등) ① 검사점의 수량은 지상기준점 수량의 최소 1/3 이상으로 하여야 하며, 작업의 난이도에 따라 충분한 수량을 확보하여야 한다. 다만, 검사점의 수량이 3점 이하인 경우에는 3점으로 한다.

② 검사점의 배치는 측량 대상지역에 고르게 분포하되, 지상기준점 인근에 배치하지 않아야 하며, 사진 상에서 명확히 분별될 수 있는 지점으로 한다. 정확도가 높은 지점을 선별하여 검사점을 배치해서는 안 된다.

③ 검사점 측량은 지상기준점과 동일한 방법으로 측량함을 원칙으로 한다. 다만, 필요한 경우 네트워크 RTK 측량 방법으로 평면검사점측량을 수행할 수 있다.

④ 검사점은 데이터 처리 과정에서 점검이나 조정에 사용할 수 없으며, 성과물의 정확도 검증을 위한 검사점으로만 사용되어야 한다.

⑤ 검사점 측량의 정확도는「공공측량 작업규정」 또는「항공사진측량 작업규정」에서 정한 바에 따른다.

제12조(성과 등) 측량 결과는 다음 각 호와 같이 정리한다.

1. 관측기록부
2. 계산부(네트워크 RTK 측량은 제외)
3. 관측망도(네트워크 RTK 측량은 제외)
4. 점의조서
5. 지상기준점 및 검사점 성과표(별표 2)
6. 관측데이터
7. 기타 필요한 성과

제3장 무인항공사진촬영

제13조(촬영계획) ① 촬영계획은 요구 정밀도, 사용 장비, 지형 형상, 기상여건 등을 고려하여 수립한다.

② 중복도는 촬영 진행방향으로 65% 이상, 인접코스 간에는 60% 이상으로 하며, 지형의 기복이 크거나 고층건물이 존재하는 경우에는 촬영 진행방향으로 85% 이상, 인접 코스간에는 80% 이상으로 촬영하여야 한다.

구분	평탄한 저지대 지역	매칭점이 부족하거나 높이차가 있는 지역	높이차가 크거나 고층 건물이 있는 지역
촬영 방향 중복도	66% 이상	75% 이상	86% 이상
인접 코스 중복도	60% 이상	70% 이상	80% 이상

③ 무인항공사진의 지상표본거리는 공공측량시행자와 협의하여 결정하되,「항공사진측량 작업규정」의 축척별 지상표본거리 이내이어야 한다.

④ 촬영대상면적, 촬영고도, 중복도, 비행코스 및 카메라의 기본정보를 무인비행장치 전용 촬영계획 프로그램에 입력하여 이론적인 지상표본거리, 촬영 소요시간, 사진 매수 등의 정보를 확인한다.
⑤ 최종성과물이나 작업 난이도에 따라 시행 기관과 협의하여 중복도를 달리할 수 있다. 단, 중복도를 달리할 경우에는 작업계획서에 반영되어야 한다.

제14조(촬영비행 및 촬영) ① 촬영비행은 다음 각 호에 의한다.

1. 촬영비행은 시계가 양호하고 구름의 그림자가 사진에 나타나지 않는 맑은 날씨에 하는 것을 원칙으로 한다.
2. 촬영비행은 계획촬영고도에서 가급적 일정한 높이로 직선이 되도록 한다.
3. 계획촬영 코스로부터의 수평 또는 수직이탈이 가능한 최소화 되도록 한다.
4. 무인비행장치는 설정된 비행계획에 따라 자동으로 비행함을 원칙으로 한다.

② 촬영은 다음 각 호에 의한다.

1. 노출시간은 촬영계절, 촬영시간대, 기상, 비행속도, 카메라의 진동 등을 감안하여 선명도가 유지되도록 설정하여야 한다.
2. 카메라는 가능한 연직방향으로 향하여 촬영함을 원칙으로 한다.
3. 매 코스의 시점과 종점에서 사진은 최소한 2매 이상 촬영지역 밖에 있어야 하며, 대상지역을 완전히 포함하도록 여유분을 두어 사진을 촬영하여야 한다.

제15조(재촬영) ① 다음 각 호에 해당하는 경우에는 재촬영하여야 한다.

1. 촬영대상지역에 제13조의 중복도로 촬영되지 않은 지역이 존재하여 측량성과의 제작에 지장을 줄 가능성이 있는 경우
2. 촬영 시 노출의 과소, 블러링(Blurring) 등으로 무인항공사진이 선명하지 못하여 후속작업에 지장이 있는 경우
3. 적설 또는 홍수로 인하여 지형을 구별할 수 없어 수치도화 또는 벡터화에 지장이 있는 경우
4. 기타 후속작업 및 정확도에 지장이 있다고 인정되는 경우

② 재촬영 범위 및 방법은 공공측량시행자와 협의하여 결정한다.

제16조(성과 등) 무인항공사진촬영 결과는 다음 각 호와 같이 정리한다.

1. 무인항공사진
2. 촬영기록부(별표 3)
3. 촬영코스별 검사표(별표 4)
4. 그밖에 성과 확인에 필요한 자료

제4장 항공삼각측량

제17조(항공삼각측량 작업방법) ① 항공삼각측량은 자동매칭에 의한 방법으로 수행하여야 하며, 광속조정법(Bundle Adjustment) 및 이에 상당하는 기능을 갖춘 소프트웨어를 사용하여야 한다.
② 사용 소프트웨어는 다음 각 호의 기능을 갖추어야 한다.

1. 결합점의 자동선정
2. 결합점의 3차원 위치계산
3. 영상별 외부표정요소 계산

③ 지상기준점의 성과는 지상기준점이 표시된 모든 무인항공사진에 반영되어야 한다.

제18조(조정계산 및 오차의 한계) 항공삼각측량의 조정계산방법 및 오차의 한계는 다음 각 호에 의한다.

1. 각 무인항공사진의 외부표정요소 계산은 광속조정법 등의 조정방법에 의해서 결정한다.
2. 조정계산 결과의 평면위치와 표고의 정확도는 모두 「항공사진측량 작업규정」 기준 이내이어야 한다.
3. 결합점이 요구되는 정확도를 만족할 때까지 오류점의 재관측 및 추가 관측을 자동 및 수동으로 실시하여 재조정 계산을 실시한다.

제19조(성과 등) 항공삼각측량 결과는 다음 각 호와 같이 정리한다.

1. 항공삼각측량 성과 파일(외부표정요소)
2. 항공삼각측량 전 과정이 포함된 레포트 파일
3. 항공삼각측량 프로젝트 백업파일
4. 그 밖에 성과 확인에 필요한 자료

제5장 수치표면모델의 생성 등

제20조(수치표면자료의 생성) ① 무인항공사진의 외부표정요소 등을 기반으로 영상매칭방법을 이용하여 고정밀 3차원 좌표를 보유한 점(이하 점자료)으로 구성된 수치표면자료를 생성한다. 다만, 라이다(Lidar)에 의한 경우는 「항공레이저측량 작업규정」의 작업방법에 따라 수행할 수 있다.
② 수치표면자료의 높이는 정표고 성과로 제작하여야 한다.
③ 필요에 따라 보완측량을 실시하여 수치표면자료를 수정할 수 있다.

제21조(수치지면자료의 생성) ① 수치지면자료를 필요로 하는 경우에는 수치표면자료에서 수목, 건물 등의 지표 피복물에 해당하는 점자료를 제거하여 수치지면자료를 제작할 수 있다. 다만, 공공측량시행자와 협의된 경우에는 작업지역의 범위, 지표 피복물 제거 방법 및 제거 대상 등을 변경할 수 있다.
② 필요에 따라 보완측량을 실시하여 수치지면자료를 수정할 수 있다.

제22조(수치표면모델 또는 수치표고모델의 제작) 수치표면모델 또는 수치표고모델의 제작이 필요한 경우에는 다음 각 호에 따라 제작할 수 있다.

1. 수치표면모델은 수치표면자료를 이용하여 다음 각 목과 같이 격자자료로 제작되어야 한다. 다만, 공공측량시행자가 승인한 경우에는 격자 간격 등을 변경할 수 있다.
   가. 정사영상제작에 이용하는 수치표면자료의 격자간격은 영상의 2화소 이내 크기에 해당하는 간격이어야 한다.
   나. 격자자료는 사용목적 및 점밀도를 고려하여 성과물의 정확도를 확보할 수 있는 보간방법으로 제작하여야 한다.
2. 수치표고모델의 제작이 필요한 경우에는 수치지면자료를 이용하여 격자자료로 제작할 수 있으며, 격자간격 및 보간 방법은 제1호에 의한다. 다만, 필요에 따라 도로, 철도, 교통시설물, 호안, 제방 및 건물 등의 바닥면이 지형과 일치하도록 1 : 1,000 수치지도 또는 정사영상 등에서 불연속선(breakline)을 추출하여 수정 및 편집을 수행할 수 있다.

제23조(정확도 점검) ① 수치표면자료 또는 수치지면자료, 수치표면모델 또는 수치표고모델 등의 수직위치 정확도는 다음 각 호와 같다.

1. 정사영상 제작을 위한 수직위치 정확도는 「영상지도 제작에 관한 작업규정」을 준용한다.
2. 수치표면모델 또는 수치표고모델이 최종성과물일 경우에는 「항공레이저측량 작업규정」의 수직위치 정확도를 준용한다.

② 수치표면자료 또는 수치지면자료, 수치표면모델 또는 수치표고모델 등의 정확도 점검방법은 「항공레이저측량 작업규정」을 따르고, 기준은 제1항을 따른다.

제24조(성과 등) 정리하여야 할 성과는 다음 각 호와 같다.

1. 수치표면모델(DSM) 또는 수치표고모델(DEM)
2. 수치표면모델(DSM) 또는 수치표고모델(DEM) 검사표(별표 5)
3. 수치표면모델(DSM) 또는 수치표고모델(DEM) 오류 정정표(별표 6)

제6장 정사영상 제작

제25조(정사영상 제작방법) ① 정사영상의 제작은 수치표면모델(또는 수치표면자료) 또는 수치표고모델(또는 수치지면자료)과, 무인항공사진 및 외부표정요소를 이용하여 소프트웨어에서 자동생성 방식으로 제작하는 것을 원칙으로 한다.

② 정사영상은 모델별 인접 정사영상과 밝기 값의 차이가 나지 않도록 제작하여야 한다.

제26조(영상집성) ① 인접 정사영상 간의 영상집성을 수행하기 전 과정으로 필요 시 영상 간의 밝기 값 차이를 제거하기 위한 색상보정을 실시하여야 한다.

② 중심투영에 의한 영향을 최소화 할 수 있는 범위 내에서 집성하여야 한다.

③ 영상을 집성하기 위한 접합선은 기복변위나 음영의 대조가 심하지 않은 산능선, 하천, 도로 등으로 설정하여 집성된 영상에서 접합선이 보이지 않도록 하고, 인접 영상 간 색상의 연속성을 유지하여야 한다.

④ 영상집성 후 경계부분에서 음영이나 접합선의 이격 등이 없어야 한다.

제27조(보안지역 처리) 일반인의 출입이 통제되는 국가보안시설 및 군사시설은 주변지역의 지형·지물 등을 고려하여 위장처리를 하여야 한다.

제28조(정사영상의 정확도) 정사영상의 정확도 및 점검항목은 「영상지도제작에 관한 작업규정」을 준용한다.

제29조(성과 등) 정리하여야 할 성과는 다음 각 호와 같다.

1. 정사영상 파일
2. 정사영상 검사표(별표 7)

제7장 지형 · 지물 묘사

제30조(묘사) ① 무인항공사진 또는 수치표면모델 및 정사영상 등을 이용하여 수치도화 또는 벡터화 방법 등으로 지형지물을 묘사하며, 묘사 대상은 공공측량시행자와 협의하여 결정한다.
② 수치도화 방법은 무인항공사진과 항공삼각측량 성과를 기반으로 수치도화시스템에서 입체시에 의해 3차원으로 지형 · 지물을 묘사하는 방법이다.
③ 벡터화 방법은 연속정사영상과 수치표면모델(또는 수치표고모델) 기반의 벡터화를 통하여 2차원으로 지형 · 지물을 묘사하는 방법이다. 다만, 높이 정보가 필요한 경우에는 공공측량시행자와 협의하여 수치표면모델 또는 수치표고모델로부터 표고 또는 등고선을 추출하여 이용할 수 있다.
④ 공공측량시행자가 승인한 경우에는 제2항 및 제3항 이외의 방법으로 지형 · 지물을 묘사할 수 있다.

제31조(수치도화에 의한 지형 · 지물의 묘사) ① 수치도화방법에 의한 지형 · 지물의 묘사는 「항공사진측량 작업규정」의 방법을 따른다.
② 제1항에도 불구하고, 공공측량시행자와 협의된 경우에는 묘사대상이나 묘사 방법, 표준 코드 등을 보완하여 사용할 수 있다.

제32조(벡터화에 의한 지형 · 지물의 묘사) ① 벡터화에 의한 지형 · 지물의 묘사는 「수치지형도 작성 작업규정」을 따르는 것을 원칙으로 한다.
② 공간정보의 분류체계는 「수치지도 작성 작업규칙」을 따르며, 세부 지형 · 지물의 표준코드는 「수치지형도 작성 작업규정」을 따르는 것을 원칙으로 한다.
③ 벡터화에 의한 지형 · 지물의 묘사의 허용범위는 「항공사진측량 작업규정」의 평면위치에 대한 기준을 준용함을 원칙으로 한다.
④ 제1항부터 제3항에도 불구하고, 필요에 따라 공공측량시행자와 협의하여 묘사대상이나 묘사 방법, 표준 코드 등을 변경하여 적용할 수 있다.

제33조(성과 등) 묘사 성과는 수치도화 파일 또는 벡터화 파일로 정리하여야 한다.

제8장 수치지형도 제작

제34조(수치지형도 제작) ① 수치지형도의 제작은 「수치지형도 작성 작업규정」을 따른다.
② 측량목적에 따라 공공측량시행자와 협의하여 제작방법을 달리할 수 있다. 단, 이 경우 작업계획서에 반영하여야 한다.

제9장 품질관리 및 정리점검

제35조(품질관리) ① 수치표면모델(또는 수치표면자료, 수치지면자료, 수치표고모델), 정사영상이 최종성과물인 경우 제23조, 제28조에 의한 정확도를 유지하여야 한다.
② 수치지형도에 대한 품질관리는 「수치지도 작성 작업규칙」에 의한다.

제36조(정리점검) 최종성과물에 따라 납품하여야 할 성과를 정리하여야 한다.

제37조(재검토 기한) 국토지리정보원장은 「훈령 · 예규 등의 발령 및 관리에 관한 규정」에 따라 이 고시에 대하여 2018년 7월 1일을 기준으로 매 3년이 되는 시점(매 3년째의 6월 30일까지를 말한다)마다 그 타당성을 검토하여 개선 등의 조치를 하여야 한다.

부칙 〈제2018-1075호, 2018. 3. 30〉

이 고시는 발령한 날부터 시행한다.

[별표1] 지상기준점의 배치

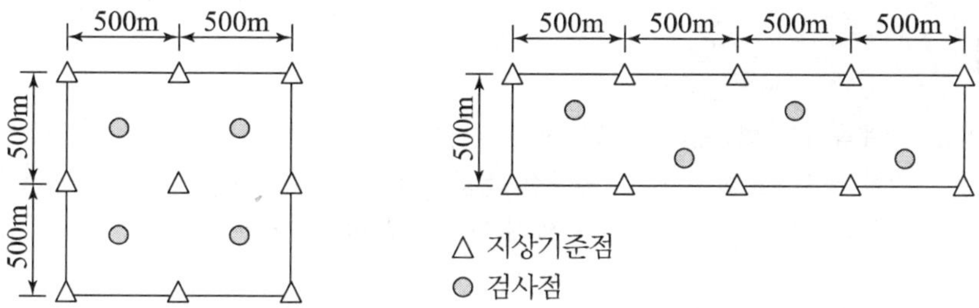

13.3 지적공부 세계측지계 변환규정

제1장 총칙

제1조(목적) 이 규정은 「공간정보의 구축 및 관리 등에 관한 법률」 제6조에 따른 부칙(법률 제9774호, 2009.6.9) 제5조 제2항 및 「지적재조사에 관한 특별법」 제4조에 따라 수립하여 고시된 기본계획에 의하여 세계측지계 기준으로 지적공부를 변환하기 위한 방법과 절차를 정함을 목적으로 한다.

제2조(정의) 이 규정에서 사용하는 용어의 정의는 다음과 같다.

1. "세계측지계 변환"이란 지역측지계 기준으로 등록된 지적공부를 세계측지계 기준으로 변환하는 것을 말한다.
2. "사업지구"란 세계측지계 기준으로 지적공부에 등록된 지역과 지적재조사 기본계획의 집단불부합지를 제외한 지역을 말한다.
3. "변환구역"이란 세계측지계 변환을 위하여 동일한 변환계수 및 이동량을 사용하는 구역을 말한다.
4. "공통점"이란 지역측지계와 세계측지계 성과를 모두 가지고 있는 지적기준점 중 세계측지계 변환에 이용되는 지적기준점을 말한다.

5. “변환계수”란 2차원 헬머트(Helmert) 변환모델에 적용하기 위하여 산출한 계수를 말한다.
6. “공통점변환”이란 세계측지계 변환을 위해 공통점을 이용하여 변환하는 방법을 말한다.
7. “2차원 헬머트(Helmert) 변환”이란 2차원 평면상에서 이동・축척・회전을 이용하여 도형의 좌표를 변환하는 모델을 말한다.
8. “편차량”이란 변환계수를 이용하여 세계측지계로 변환한 성과와 세계측지계 기준의 계산성과 또는 실측성과와의 차이를 말한다.

제3조(적용범위) ①이 규정은 지적공부의 세계측지계 변환에 관하여 다른 규정에 우선하여 적용한다.
② 지적공부의 세계측지계 변환 절차와 방법에 대하여 규정하지 아니한 사항은 「공간정보의 구축 및 관리 등에 관한 법률」(이하 “법”이라 한다), 「지적재조사에 관한 특별법」, 「지적측량시행규칙」, 「지적재조사측량규정」에서 규정한 것을 준용한다.

제2장 계획 및 준비

제4조(세계측지계 변환 시행자) ① 세계측지계 변환은 지적소관청이 시행한다.
② 지적소관청은 세계측지계 변환을 위한 지적기준점 조사 및 공통점 측량, 지적도・임야도(이하 “도면”이라 한다) 정비 등을「국가공간정보 기본법」 제12조에 따라 설립된 기관에게 대행하게 할 수 있다.

제5조(실시계획 수립) ① 지적소관청은 공통점 확보 및 변환구역 선정을 위해 다음 각 호의 사항을 검토하여 실시계획을 수립하여야 한다.
1. 사업 추진일정에 관한 사항
2. 인력, 장비, 예산 운영에 관한 사항
3. 공통점 확보를 위한 기준점 측량 및 분석에 관한 사항
4. 변환성과의 검증 및 관리 등에 관한 사항

② 지적소관청은 수립된 실시계획을 특별시장・광역시장・특별자치시장・도지사・특별자치도지사 및「지방자치법」 제175조에 따른 인구 50만 이상 대도시의 시장(자치구가 아닌 구를 두지 않은 시장은 제외한다. 이하 “시・도지사”라 한다)에게 제출하여야 한다.
③ 시・도지사는 제2항에 따른 실시계획을 검토하여 결과를 15일 이내에 지적소관청에 통보하여야 하며, 변경사항이 있는 경우 지적소관청은 정당한 사유가 없으면 실시계획을 수정하여야 한다.

제6조(자료제공) ① 지적소관청은 제4조 제2항에 의하여 대행하게 할 경우 필요한 지적기준점 자료 및 지적전산자료 등을 대행자에게 제공하여야 하며, 대행자는 지적소관청에 자료 제공을 요청할 때에는 다음 각 호의 서식을 작성하여 제출하여야 한다.
1. 보안각서(「부동산종합공부시스템 운영 및 관리규정」별지 제4호 서식)
2. 부동산종합공부 전산자료 수령증(「부동산종합공부시스템 운영 및 관리규정」 별지 제5호 서식)

② 지적소관청은 제1항에 따른 자료를 제공할 때에는 소유자 등 개인정보와 관련된 사항은 제외하여야 한다.
③ 대행자는 지적소관청으로부터 제공받은 자료를 해당 사업에만 사용하여야 하며, 사업이 완료되는 즉시 파기하고 별지 제9호서식의 파기확인서를 지적소관청에 제출하여야 한다.

제7조(지적기준점 조사) ① 시행자는 원활한 사업추진을 위하여 공통점 측량을 실시하기 전에 지적기준점 조사를 실시한다.
② 지적기준점 조사는 지적기준점의 분포, 망실여부, 계산부의 보존유무, 위성측량 가능여부 등을 확인한다.
③ 공통점은 지적기준점 조사 결과를 반영하여 선정한다.

제3장 세계측지계 변환

제8조(공통점 선정기준) ① 공통점은 제11조의 변환구역 선정 및 제13조의 변환구역 변환을 위해 다음 각 호에 해당되는 지적기준점으로 선정한다.
1. 전국 지적측량기준점 정비 및 측량성과 산출사업(2009년)으로 정비된 지적삼각점, 지적삼각보조점
2. 시 · 도지사 및 지적소관청이 지적기준점 정비사업을 별도로 수행하여 관리하고 있는 지적기준점
3. 지적확정측량이 완료되어 세계측지계 성과를 보유하고 있는 지적기준점
4. 성과가 상호 부합한다고 판단되어 지적소관청에서 자체적으로 활용하고 있는 지적기준점

② 공통점은 변환구역별 성과가 양호한 지적기준점으로 선정한다. 다만, 원점을 달리하는 경우에는 원점별로 선정하여야 한다.
③ 지적기준점이 다음 각 호에 해당하는 경우에는 공통점 선정에서 제외할 수 있다.
1. 위성측량 실시지역에서 건물이나 위성신호 왜곡 등으로 양호한 세계측지계 성과 취득이 어려운 경우
2. 토털스테이션 측량방법을 통해 양호한 세계측지계 성과 취득이 어려운 경우
3. 지적기준점의 지역측지계 성과가 주위 성과와 부합되지 않는 경우
4. 지적소관청에서 공통점으로 사용하는데 불필요하다고 인정하는 경우

④ 공통점 확보가 어려운 경우 지적기준점을 신설 또는 정비하여 공통점으로 선정할 수 있다.

제9조(공통점 측량) ① 변환구역 선정 및 변환계수 산출을 위한 공통점측량은 정지측량, 이동측량 또는 토털스테이션측량 방법으로 실시한다.
② 제1항에 따른 공통점 측량의 관측기준은 다음 각 호와 같으며, 그 밖에 필요한 사항은 「지적재조사 측량규정」에 따른다.
1. 정지측량

기지점과의 거리	측정시간	데이터 수신간격
5 km 이상	60분 이상	30초 이하
5 km 미만	30분 이상	

2. 이동측량

구분	측정횟수(세션)	관측간격	측정시간	데이터 수신간격
다중기준국 실시간 이동측량	2회	60분 이상	고정해를 얻고 나서 60초 이상	1초
단일기준국 실시간 이동측량	기준국을 달리하여 2회			

※ 단일기준국 실시간 이동측량 시 기준국은 통합기준점 또는 정지측량에 의한 지적기준점을 사용하며, 기지점과의 거리는 5 km 이내

3. 토털스테이션측량 : 「지적측량시행규칙」 제8조부터 제15조까지 적용

제10조(공통점 결정) ① 변환계수 산출에 필요한 공통점은 제8조에 따라 선정된 지적기준점 중에서 세계측지계 관측성과와 대상지역의 변환성과간 연결교차가 다음 각 호의 범위 이내인 지적기준점으로 결정한다.

1. 경계점좌표등록부 시행지역 : 7.5 cm
2. 그 밖의 지역 : 12.5 cm

② 사업시행자는 변환구역 내 필지에 대하여 변환 이전의 지적측량성과 결정방법으로 지적측량이 실시될 수 있도록 공통점 수량을 고려하여 결정한다.

제11조(변환구역 선정) ① 변환구역은 제10조에 따라 선정된 공통점 분석 결과를 반영하여 사업지구 내에서 선정하고, 구소삼각・특별소삼각지역은 별도의 변환구역으로 선정한다.

② 제1항에 따른 변환구역의 선정기준은 다음 각 호와 같다.

1. 지적공부 등록기준별(도해, 경계점좌표등록부)지역
2. 행정구역 단위인 리・동 지역
3. 주요 지형지물(도로, 구거, 하천 등)을 경계로 구분한 지역
4. 기타 지적소관청이 정하는 지역

제12조(변환구역의 결정) ① 지적소관청은 제11조에 따른 변환구역 선정 결과를 시・도지사에게 제출하여야 한다.

② 시・도지사는 제1항에 따른 변환구역 선정결과를 검토하여 변경사항이 있는 경우에는 15일 이내에 지적소관청에 통보하여야 하며, 변경사항이 없는 경우에는 변환구역이 결정된 것으로 본다.

제13조(변환방법) ① 제10조에 의해 결정된 공통점을 이용하여 2차원 헬머트(Helmert) 변환모델의 변환계수를 산출하고 제12조에 의하여 결정된 변환구역을 대상으로 변환한다.

② 제1항의 공통점을 이용한 변환방법이 변환구역 변환에 적합하지 않는 경우에는 평균편차조정방법, 현형변환방법 및 좌표재계산방법으로 변환할 수 있다.

제14조(평균편차조정방법) ① 평균편차조정방법은 제13조 제1항의 공통점을 이용한 방법으로 변환된 성과가 지역측지계 지적측량 성과와 들어맞지 않아 조정이 필요한 지역에 적용한다.

② 평균편차조정방법의 적용은 다음 각 호와 같다.

1. 변환구역 단위로 선정된 공통점을 이용하여 2차원 헬머트(Helmert)변환 모델에 의해 변환계수를 산출한다.
2. 산출된 변환계수로 조정이 필요한 변환구역 단위 공통점들의 편차량을 구한다.
3. 조정이 필요한 변환구역 단위 공통점들의 편차량을 지역측지계 지적측량성과와 들어맞도록 평균값을 구하여 조정한다.

제15조(현형변환방법) ① 현형변환방법은 지역측지계에서 현형법으로 지적측량성과를 결정하는 지역에 적용한다.

② 현형변환방법의 적용은 다음 각 호와 같다.

1. 해당 변환구역의 지적측량성과 자료를 확보한다. 다만, 자료를 확보할 수 없는 경우에는 지적측량을 실시하여야 한다.
2. 지역측지계 지적측량성과에 의해 결정된 경계점, 측판점 및 가감된 지적기준점 등을 공통점으로 선정한다.
3. 제10조 제2항에 의해 결정된 변환구역 내에서는 지역적 특성에 따라 현형성과 이동량을 조정한다.

제16조(좌표재계산방법) ① 좌표재계산방법은 경계점좌표등록부 시행 지역에서 지적확정측량 당시의 관측부 및 계산부가 보존되어 있는 경우에 적용한다.

② 좌표재계산방법은 다음 각 호의 순서에 따른다.

1. 지적확정측량 당시에 사용된 지적기준점의 세계측지계 성과를 산출한다.
2. 제1호에 따라 산출한 세계측지계 성과를 기준으로 지적확정측량 당시의 계산부상 각과 거리를 이용하여 필지경계를 재계산한다.

제17조(변환성과 검증) ① 변환성과 검증은 위치 검증과 면적 검증으로 구분하여 실시한다.

② 검증필지는 변환구역 내 모든 필지를 대상으로 하며, 부득이한 경우 지적소관청이 정하는 기준으로 할 수 있다.

③ 위치 검증성과는 필지별 2개 이상의 경계점을 대상으로 공통점의 지역측지계 성과에서 변환 전 필지의 도상좌표까지 각과 거리를 계산하고 이 값을 사용하여 공통점의 세계측지계 성과를 기준으로 좌표를 산출한다.

④ 변환성과의 위치 검증은 제3항에 따라 산출한 성과와 비교하여 검증하며, 위치 검증결과 차이가 다음 각 호의 범위 이내인 경우에는 변환성과를 최종성과로 결정한다.

1. 경계점좌표등록부 시행지역 : 5 cm
2. 그 밖의 지역 : 10 cm

⑤ 변환성과의 면적 검증은 다음 각 호에 의하여 검증한다.

1. 필지의 산출면적은 좌표면적계산법에 의하며, 1천분의 1제곱미터까지 계산하여 정한다.
2. 면적의 비교는 필지의 변환 전과 후의 산출면적을 비교하여 검증한다.
3. 제2호에 따른 허용면적 공차는 변환 전 산출면적 $\times \frac{1}{10,000}$ m^2 이내로 한다.

제18조(성과물 작성) ① 시행자는 세계측지계 변환이 완료된 때에는 다음 각 호의 성과물을 별지 제1호 서식부터 제8호 서식에 따라 작성한다.

1. 변환구역 위치도
2. 공통점 배치도
3. 변환계수 산출부
4. 공통점측량 관측표(정지측량)
5. 공통점측량 관측부(정지측량)
6. 공통점측량 관측부(단일기준국·다중기준국실시간이동측량)
7. 위치검증 계산부
8. 면적검증 계산부

② 기존에 확보된 공통점의 경우, 제1항 제4호 내지 제6호 서식의 작성을 제외한다.

제19조(성과검사의 방법 등) ① 공통점의 성과검사는 다음 각 호와 같다.

1. 「지적재조사에 관한 특별법 시행규칙」 제6조 제4항에 따른다.
2. 지적소관청은 성과검사가 완료된 공통점을 법 제8조에 따라 기준점 표지로 관리하여야 한다.

② 세계측지계 변환 성과검사는 다음 각 호와 같다.

1. 대행자가 세계측지계로 변환한 성과는 지적소관청이 검사하고, 지적소관청이 변환한 성과는 시·도지사가 검사하되 효율적 업무 추진을 위하여 부득이한 경우 지적소관청으로 위임할 수 있으며, 이 경우 측량자와 검사자를 달리하여 검사하여야 한다.

2. 제17조에 따른 변환성과 검증 결과가 인정범위를 초과하는 경우에는 그 원인을 조사하여 변환작업을 재수행하여야 한다.
3. 제2호에 따라 변환작업을 재수행한 결과가 제17조 제4항에 따른 범위를 초과하는 경우에는 변환성과 검증자료와 현장조사, 기존 지적측량 결과도, 수치지도, 정사영상 등을 종합적으로 검토하여 최종 지적불부합지로 결정한다.

③ 세계측지계 변환성과 검사항목은 다음 각 호와 같다.
1. 공통점 선정 및 변환계수 산출의 적정성
2. 공통점 측량의 적정성 및 결과물 점검(기존에 확보된 공통점은 제외)
3. 변환방법의 적정성
4. 변환성과 검증 결과
5. 변환 성과물 점검

제4장 변환 후 성과관리 등

제20조(성과관리) 지적소관청은 제19조의 규정에 따라 성과검사를 완료한 세계측지계 변환성과는 지적재조사 행정시스템에 등록하여 법 제2조 제19호의 지적공부로 등록하기 전까지 관리하여야 한다.

제21조(도면정비) ① 지적소관청은 세계측지계 변환 사업의 원활한 추진을 위하여 필요한 경우 지적(임야)도의 행정구역·축척·도곽별로 등록된 필지의 경계 간 이격·공백·중복 등의 오류 정비를 병행하여 추진한다.
② 제1항에 따른 도면정비는 「지적도·임야도 정비지침」(지적기획과-1555, 2011.6.28)에 따른다.

제22조(지적불부합지 정리) 지적소관청은 제19조 제2항 제3호에 따라 추출된 지적불부합지는 「지적재조사에 관한 특별법」 제7조에 따른 지적재조사사업으로 정리하거나 법 제84조에 따른 등록사항의 정정으로 정리할 수 있다.

제5장 보칙

제23조(재검토기한) 국토교통부장관은 「훈령·예규 등의 발령 및 관리에 관한 규정」에 따라 이 훈령에 대하여 2016년 8월 1일 기준으로 매3년이 되는 시점(매 3년째의 7월 31일까지를 말한다)마다 그 타당성을 검토하여 개선 등의 조치를 하여야 한다.

부칙 〈제972호, 2018.1.24〉

이 훈령은 발령한 날부터 시행한다.

참고문헌

안전행정부, <지적법령>, 안전행정부, 2004
안전행정부, <지적법해설>, 안전행정부, 2004
안전행정부, <지적의 이해 GPS>, 안전행정부, 2004
안전행정부, <GPS에 의한 지적측량규정>, 안전행정부, 2004
국토지리정보원, <가상기준점(VRS) 도입에 관한 연구>, 국토지리정보원, 2003
경상북도, <지적행정편람>, 경상북도, 1992
지적기술연구원, <지적세부측량>, 대한지적공사, 2003
강석진, <지적실무론>, 도서출판 바른길, 1999
강태석, <지적측량학>, 형설출판사, 1994
강태환, <지적측량>, 한올, 2019
권기욱 외, <위성측량의 이해>, 동화기술, 2011
교재편찬위원회, <측량학해설>, 청운문화사, 1999
김욱남, <지적세부측량>, 도서출판 바른길, 2000
김욱남 외, <위성측량실습>, 구미서관, 2008
김재덕 외 7인, <지적도근측량>, 동화기술, 2008
라용화 외, <신 지적측량>, 국토정보사, 2020//
류병찬, <최신지적학>, 건웅출판사, 2001
류병찬, <지적법해설>, 건웅출판사, 2002
박상진, <지적세부측량>, 건웅출판사, 2000
박순표 외 2인, <지적학개론>, 형설출판사, 1993
박운용, <기본측량학>, 형설출판사, 1997
송용희, <지적측량>, 고시넷, 2019
원명희, <지적학원론>, 신라출판사, 1990
오성식 외, <측량학개론 및 세부측량>, 동화기술, 2008
이진호, <대한제국토지 및 측량사>, 토지, 1989
이왕무 외, <최신 지적학>, 동화기술, 2009
조규전, <측량학>, 보성문화사, 1996
조규전, <측량정보공학>, 양서각, 2017
차득기, <GPS 측량이해>, 성림출판사, 2006
최한영, <지적측량원론>, 구미서관, 2012
최한영, <지적측량특론>, 구미서관, 2013
황보상원 외, <지적측량실무>, 엔플북스, 2013

土屋 淳, <신 GPS 측량의 기초>, 대한측량협회, 2005
國見利夫, <地籍測量>, 日本加除出版, 2011
土屋 淳, <GNSS 측량의 기초>, 양서각, 2011
西修二郎, <衛星測位入門 GNSS測位のしくみ> , 技報堂出版, 2016

Elliott Kaplan , Christopher Hegarty., <Understanding GPS/GNSS Principles and Applications>, Artech House Publishers, 2017

Hofmann-Wellenhof, Bernhard , Lichtenegger, Herbert , Wasle, Elmar., <Gnss - Global Navigation Satellite Systems Gps, Glonass, Galileo, and More>, Springer , 2007

Tan, Shusen., <Gnss Systems and Engineering The Chinese Beidou Navigation and Position Location Satellite>, Wiley, 2018

<Website>
국토지리정보원 http://www.ngii.go.kr
국토정보플랫폼 http://map.ngii.go.kr/mn/mainPage.do
바른땅 http://www.newjijuk.go.kr
Galileo, GLONASS 위성 http://www.gsa.europa.eu
http://www.sokkia.com.tw/NOVATEL/Documents/Papers/GLONASSOverview.pdf
http://www.spaceandtech.com/spacedata/constellations/glonass_consum.shtml

<관계법령>
국가공간정보 기본법
국가공간정보 기본법 시행령
공간정보의 구축 및 관리 등에 관한 법률
공간정보의 구축 및 관리 등에 관한 법률 시행령
공간정보의 구축 및 관리 등에 관한 법률 시행규칙
지적측량 시행규칙
지적업무처리규정
지적재조사에 관한 특별법
지적재조사에 관한 특별법 시행령
지적재조사에 관한 특별법 시행규칙
지적재조사업무규정
지적재조사측량규정
지적공부 세계측지계 변환규정
GNSS에 의한 지적측량규정
지적원도 데이터베이스 구축 작업기준
지적확정측량규정
지적측량수수료 산정기준 등에 관한 규정
무인비행장치 이용 공공측량 작업지침
항공레이저측량 작업규정
항공사진측량작업규정

찾아보기

• • • 차

저자 : **권 기 욱**

- 현) 세명대학교 부동산학과 교수
- 저서 : 「지적측량학」, 「위성측량의 이해」 등
- 활동 : 지적직 공무원 시험 출제위원, 지자체 지적재조사 및 경계결정, 도시계획, 설계자문 등 심의위원

저자 : **김 준 현**

- 현) 대구과학대학교 측지정보과 교수
- 저서 : 「무인비행장치 측량」, 「핵심 지적학」, 「핵심 지적관계법규」 등
- 활동 : 측량 및 지적 (산업)기사 자격증 관리 및 감독위원
  지적직 공무원 시험 출제위원
  지자체 도시계획, 지명위원, 부동산, 도로명주소 등 심의위원

핵심 지적측량학 정가 28,000원

발 행 2021년 3월 10일 초판 1쇄
저 자 권기욱 · 김준현
발행인 정우용
발행처 도서출판 **동 화 기 술**
경기도 파주시 광인사길 201(문발동, 파주출판도시)
Tel (031)955-4211~6 donghwapub@nate.com
Fax (031)955-4217 www.donghwapub.co.kr
(등록) 1977년 12월 19일/9-16호

Printed in Korea
ISBN 978-89-425-9314-9